≫现代统计学丛书≪

概率与统计

面向经济学

Probability and Statistics for Economists

[美] 布鲁斯·E. 汉森（Bruce E. Hansen）著

许岷 译

机械工业出版社
CHINA MACHINE PRESS

北京市版权局著作权合同登记　图字：01-2022-5762号。

图书在版编目（CIP）数据

概率与统计：面向经济学 /（美）布鲁斯·E.汉森（Bruce E. Hansen）著；许岷译. -- 北京：机械工业出版社，2024. 11. --（现代统计学丛书）. -- ISBN 978-7-111-76458-8

Ⅰ. O21

中国国家版本馆 CIP 数据核字第 20241JL282 号

机械工业出版社（北京市百万庄大街 22 号　邮政编码 100037）
策划编辑：刘　慧　　　　　　　　责任编辑：刘　慧
责任校对：杜丹丹　李可意　景　飞　责任印制：常天培
北京机工印刷厂有限公司印刷
2025 年 1 月第 1 版第 1 次印刷
186mm×240mm · 27.5 印张 · 514 千字
标准书号：ISBN 978-7-111-76458-8
定价：99.00 元

电话服务　　　　　　　　网络服务
客服电话：010-88361066　机　工　官　网：www.cmpbook.com
　　　　　010-88379833　机　工　官　博：weibo.com/cmp1952
　　　　　010-68326294　金　书　网：www.golden-book.com
封底无防伪标均为盗版　机工教育服务网：www.cmpedu.com

译者序

本书的作者布鲁斯·E. 汉森教授是国际著名计量经济学家，威斯康星麦迪逊分校杰出教授，他在教学一线深耕多年. 本书和另外一本书（《计量经济学》）是汉森教授根据自己 20 多年的教学讲义扩充而成的，他的这种兢兢业业的治学精神值得每一位教师敬仰和学习. 在英文版 2022 年正式出版之前，汉森教授定期更新讲义，并上传到网上，供教师、学生和从业者下载. 本书得到了许多好评，在计量经济学领域具有一定的影响力.

本书全面介绍了在计量经济学中所需的概率论与统计学知识，强调了相关理论在经济学中的应用. 与大多数概率论与统计学相关教材相比，本书知识全面，理论深入，聚焦前沿，除了传统的概率统计知识外，还介绍了一致收敛理论、压缩估计理论、非参数密度估计和经验过程理论等. 本书可作为经济学、统计学、数据科学以及应用数学等专业的研究生以及高年级本科生的教材，也可作为计量经济学研究人员的参考书.

受机械工业出版社的委托承担本书中文版的翻译工作，我感到十分荣幸. 本着学习的态度，我开启了一段漫长的翻译之旅. 至今还能想起，每晚 1 到 2 小时雷打不动坐在计算机前，不断地翻阅资料，一字一句地斟酌打磨的情景.

感谢北京工业大学张忠占教授、谢田法教授和杜江副教授在翻译期间给我提供的各方面的指导和支持. 感谢我的爱人常怡娜承担繁杂的家庭事务，让我能够安心翻译. 感谢我的两只猫咪 Blue 和 Tiger 一直以来的陪伴. 最后，还要感谢本书的作者汉森教授，有任何问题向他请教，他总能及时地给予详细答复.

另外，本书的出版得到国家自然科学基金青年科学基金项目"基于随机区间的空间计量模型统计推断及其应用研究"（No. 72301013）的支持，在此表示感谢。

鉴于译者专业水平和经验有限，疏漏难免，恳请广大读者对本书的不足之处多提宝贵意见，特此感谢.

许 岷

2024 年 5 月于北京工业大学

前　言

本书涵盖了经济学高年级本科生和研究生课程所需的核心内容, 是系列教材中的第一本, 系列教材还包括《计量经济学》[⊖].

两本教材可以配套使用, 但任何一本都可以作为独立的教材使用.

本书涵盖了中级数理统计学的内容. 中级是指使用微积分, 但不使用测度论. 本书的详细和严格程度与 Casella 和 Berger (2002)、Hogg 和 Craig (1995) 类似. 本书使用了 Hogg 和 Tanis (1997) 的例子, 面向经济学专业的学生. 本书力求让不同背景的学生都能理解, 但又不失数学严格性.

读者想要学习更浅显的理论, 可参考 Hogg 和 Tanis(1997); 想要学习更深入的理论, 可参考 Casella 和 Berger(2002) 或 Shao(2003). 以测度论为基础的概率论可参考 Ash(1972) 或 Billingsley(1995). 更高级的统计理论参考 van der Vaart(1998)、Lehmann 和 Casella(1998)、Lehmann 和 Romano(2005), 每本书侧重点不同. 与本书难度相当的数理统计教材有 Ramanathan(1993)、Amemiya(1994)、Gallant(1997) 和 Linton(2017).

带 * 号的节的理论技术推导不是本书关注的重点. 对数学细节感兴趣的读者可以选择阅读. 读者即使跳过带 * 号的节, 也不会影响对重要概念的理解.

第 1~5 章介绍概率论. 第 6~18 章介绍统计理论.

陈了第 9 章, 每章的最后一节是习题, 是本书的重要组成部分, 也是学习的重点.

本书可用作一学期的教材, 或选择部分内容作为四分之一学期的教材 (已在威斯康星大学讲授). 例如, 第 3 章可作为参考部分不讲授. 第 9 章适用于高年级学生. 第 11 章可简要介绍. 第 12 章可视为参考部分. 第 15~18 章是选讲部分, 由教师自行决定.

学生应该熟悉积分、微分、多变量微积分以及线性代数的知识. 这四门课通常在本科课程中讲授. 学习本书不需要掌握概率、统计或计量经济学的知识, 但如果掌握会有帮助.

之前学习过数学分析或训练"证明"思维的数学课程会很有帮助, 但不是必需的. 概率论和数理统计的语言是数学, 需要从公理推导出结果. 这与统计学的入门课程不同,

---

⊖　本书多次提到的《计量经济学》就是这本.　——编辑注

入门课程经常强调记住结果. 利用数学工具, 几乎无须死记硬背, 但需要详细的数学推导和证明. 建议先学习数学分析, 不仅因为我们使用数学分析的结果, 而且因为概率论和数理统计的思维方法和证明结构与数学分析相似. 本书从概率公理开始, 建立概率理论. 以此为基础, 构建统计理论. 数学分析的入门书 Rudin (1976) 是值得一直被推荐的, 更深入的理论推荐 Rudin (1987).

本书附录包含了对重要数学结果的简要总结, 供读者参考.

我花了 20 年完成本书和《计量经济学》. 20 年间, 我收到了来自学生、教师和其他读者主动提出的建议、更正、评论和问题. 如果没有这些了不起的来信, 这两本书是无法完成的. 由于收到了很多人的电子邮件和评论, 我无法记住所有人的名字. 与其公布一个不完整的名单, 不如向每一位提供反馈的人表示诚挚的感谢.

若干年前, Xiaoxia Shi 把我主讲的 Econ 709 课程的手稿输入成电子版. 在此, 特别感谢 Xiaoxia Shi. 该电子版成了本书的初稿.

衷心感谢我的家人: Korinna、Zoe 和 Nicholas. 没有他们这些年的爱和支持, 本书也是很难完成的. 本书的全部版税将捐赠给慈善机构.

记　号

实数 [实数轴 $\mathbb{R}$ 上的元素, 也称为**标量** (scalar)] 记为小写斜体, 如 x.

向量 ($\mathbb{R}^k$ 的元素) 通常用小写粗斜体, 如 $\boldsymbol{x}$ (矩阵代数的表达式), 例如, 记

$$\boldsymbol{x} = \begin{bmatrix} x_1 \\ x_2 \\ \vdots \\ x_k \end{bmatrix}$$

向量默认记为列向量. $\boldsymbol{x}$ 的**转置** (transpose) 是行向量

$$\boldsymbol{x}' = (x_1\ x_2\ \cdots x_m)$$

转置的符号在不同的学科有所不同. 在计量经济学中最常用的是 $\boldsymbol{x}'$. 在统计和数学中通常使用 $\boldsymbol{x}^{\mathrm{T}}$, 或偶尔使用 $\boldsymbol{x}^{\mathrm{t}}$.

矩阵用大写的粗斜体表示. 例如,

$$\boldsymbol{A} = \begin{bmatrix} a_{11} & a_{12} \\ a_{21} & a_{22} \end{bmatrix}$$

随机变量和随机向量使用大写斜体 X.

通常使用希腊字母 (如 β、θ 和 σ^2) 表示概率模型的参数. 估计量通常使用符号 $\hat{}$、$\tilde{}$ 或 $\bar{}$ 在对应的参数上方, 如 $\hat{\beta}$ 和 $\tilde{\beta}$ 都是 β 的估计量.

常用符号

a　标量

$\boldsymbol{a}$　向量

$\boldsymbol{A}$ 矩阵

X 随机变量或向量

$\mathbb{R}$ 实数轴

$\mathbb{R}_+$ 正实数轴

$\mathbb{R}^k$ k 维欧氏空间

$\mathbb{P}[A]$ 概率

$\mathbb{P}[A|B]$ 条件概率

$F(x)$ 累积分布函数

$\pi(x)$ 概率质量函数

$f(x)$ 概率密度函数

$\mathbb{E}[X]$ 数学期望

$\mathbb{E}[Y|X=x], \mathbb{E}[Y|X]$ 条件期望

$\mathrm{var}[X]$ 方差和协方差矩阵

$\mathrm{var}[Y|X]$ 条件方差

$\mathrm{cov}(X,Y)$ 协方差

$\mathrm{corr}(X,Y)$ 相关系数

$\overline{X}_n$ 样本均值

$\hat{\sigma}^2$ 样本方差

s^2 修正偏差的样本方差

$\hat{\theta}$ 估计量

$s(\hat{\theta})$ 估计量的标准误差

$\lim_{n\to\infty}$ 极限

$\mathrm{plim}_{n\to\infty}$ 概率极限

$\to$ 收敛

$\underset{p}{\to}$ 依概率收敛

$\underset{d}{\to}$ 依分布收敛

$L_n(\theta)$ 似然函数

$l_n(\theta)$ 对数似然函数

$\mathscr{I}_\theta$ 信息矩阵

$N(0,1)$ 标准正态分布

$N(\mu,\sigma^2)$ 均值为 μ, 方差为 σ^2 的正态分布

χ^2_k	自由度为 k 的卡方分布
$\boldsymbol{I}_n$	$n \times n$ 单位阵
$\mathrm{tr}\,\boldsymbol{A}$	矩阵 $\boldsymbol{A}$ 的迹
$\boldsymbol{A}'$	$\boldsymbol{A}$ 的转置
$\boldsymbol{A}^{-1}$	$\boldsymbol{A}$ 的逆
$\boldsymbol{A} > 0$	正定
$\boldsymbol{A} \geqslant 0$	半正定
$\|\boldsymbol{a}\|$	欧氏范数
$\mathbb{1}\{A\}$	示性函数 (若 A 为真等于 1, 否则等于 0)
$\approx$	近似等于
$\sim$	服从
$\log(x)$	自然对数函数
$\exp(x)$	指数函数
$\sum\limits_{i=1}^{n}$	从 $i=1$ 到 $i=n$ 求和

希腊字母

在经济学和计量经济学中, 使用希腊字母扩充拉丁字母很常见. 下表列出了各种希腊字母和它们的英文读音. 当有两个符号时, 第二个是大写 (除了 ϵ, 它与 ε 是等价的).

希腊字母	英文读音	键盘对应的拉丁字母
α	alpha	a
β	beta	b
γ, Γ	gamma	g
δ, Δ	delta	d
ε, ϵ	epsilon	e
ζ	zeta	z
η	eta	h
θ, Θ	theta	y
ι	iota	i
κ	kappa	k
λ, Λ	lambda	l
μ	mu	m

ν	nu	n
ξ, Ξ	xi	x
π, Π	pi	p
ρ	rho	r
σ, Σ	sigma	s
τ	tau	t
υ	upsilon	u
ϕ, Φ	phi	f
χ	chi	x
ψ, Ψ	psi	c
ω, Ω	omega	w

目 录

第 1 章　概率论基础

1.1　引言

概率论是经济学和计量经济学的基础. 概率论是一种处理不确定性的数学语言, 不确定性是现代经济理论的核心. 概率论也是数理统计的基础, 数理统计是计量经济学的基础.

概率可用来刻画不确定性、变异性和随机性. 如果某件事发生的结果未知, 称为"不确定". 例如, 在你的大学里, 明年入学的博士生将有多少人? "变异性" 表示在所有发生的情况中结果不完全相同. 例如, 每年博士入学的人数会发生波动. 随机性意味着变异性具有某种模式. 例如, 博士生的数量可能在 20 到 30 人之间波动, 其中 25 人比 20 人或 30 人更有可能. 概率为我们提供了一种描述不确定性、变异性和随机性的数学语言.

1.2　结果和事件

假设你抛一枚硬币, 将会发生什么? 结果将是正面 (H) 还是反面 (T) 朝上? 该结果无法提前获知, 故称结果是**随机的** (random).

假设你记录了一段时间内某个股票指数的价格变化. 该价格将会增加还是降低? 同样, 该结果无法提前获知, 故称结果是随机的.

假设随机选择一个人并调查他的经济状况. 他的时薪是多少? 该结果无法提前获知. 由于缺乏预知的能力, 故称结果是随机的.

我们将使用如下术语.

结果 (outcome) 是特定的试验结果. 例如, 在抛硬币试验中, 结果可能是 H 或 T. 在连续抛两枚硬币试验中, 结果可能是第一枚为正面, 第二枚为反面, 记为 HT. 在掷一个六面骰子试验中, 结果是为 $\{1, 2, 3, 4, 5, 6\}$.

样本空间 (sample space) S 是所有可能结果组成的集合. 在抛一枚硬币试验中, 样本空间为 $S = \{H, T\}$. 在抛两枚硬币试验中, 样本空间 $S = \{HH, HT, TH, TT\}$.

事件 (event) A 是样本空间 S 中某些结果组成的子集. 例如, 掷一个六面骰子实验中, $A = \{1, 2\}$ 构成一个事件.

图 1-1 展示了抛一枚硬币和两枚硬币试验的样本空间. 图 1-1b 中的椭圆表示事件 $\{HH, HT\}$.

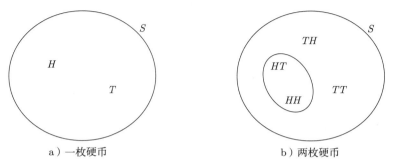

a) 一枚硬币　　　　　　　　　　　b) 两枚硬币

图 1-1　样本空间

集合论有助于描述事件, 我们将使用如下概念.

定义 1.1　对事件 A 和 B:

1. 如果 A 中的任一元素都是 B 中的元素, 则称 A 是 B 的**子集** (subset), 记为 $A \subset B$.

2. 如果事件中没有结果 $\varnothing = \{\}$, 则称其为**空集** (null, empty set).

3. 所有属于事件 A **或** (or) B 的结果组成的集合称为**并集** (union), 记为 $A \cup B$.

4. 属于事件 A **且** (and) B 的公共结果组成的集合称为**交集** (intersection), 记为 $A \cap B$.

5. 样本空间 S 中不属于事件 A 的结果组成的集合称为 A 的**补集** (complement).

6. 如果事件 A 和 B 没有公共结果, 即 $A \cap B = \varnothing$, 则称 A 和 B **不相交** (disjoint).

7. 如果事件 $A_1, A_2, \cdots$ 互不相交, 且其并集为样本空间 S, 则称 $A_1, A_2, \cdots$ 是 S 的一个**分割** (partition).

事件满足集合运算法则, 包括交换律、结合律和分配律. 下述法则是有用的.

定理 1.1　**分割定理** (partitioning theorem). 如果 $\{B_1, B_2, \cdots\}$ 是 S 的一个分割, 则对任意事件 A, 都有

$$A = \bigcup_{i=1}^{\infty} (A \cap B_i)$$

其中集合 $(A \cap B_i)$ 是互不相交的.

证明见 1.15 节.

1.3 概率函数

定义 1.2 若函数 $\mathbb{P}$ 把事件[注]映射到一个数值, 且满足下述**概率公理** (axiom of probability):

1. $\mathbb{P}[A] \geqslant 0$.
2. $\mathbb{P}[S] = 1$.
3. 若 $A_1, A_2, \cdots$ 互不相交, 则 $\mathbb{P}[\overset{\infty}{\underset{j=1}{\cup}} A_j] = \sum\limits_{j=1}^{\infty} \mathbb{P}[A_j]$.

则称函数 $\mathbb{P}$ 为**概率函数** (probability function).

在本书中, 利用记号 $\mathbb{P}[A]$ 表示事件 A 发生的概率. 其他常用的记号有 $P(A)$ 或 $\mathrm{Pr}(A)$.

让我们来检查该定义. "函数 $\mathbb{P}$ 将事件映射到一个数值" 表示 $\mathbb{P}$ 是定义在事件上, 映射到实数轴的函数. 因此, 概率是数. 现考虑公理. 公理 1 表明概率是非负的. 公理 2 本质上是概率的规范性: 全集发生的概率为 1.

公理 3 规定了一种重要的结构, 它表明概率在不相交的事件上是可加的, 即若 A 和 B 是不相交的, 则

$$\mathbb{P}[A \cup B] = \mathbb{P}[A] + \mathbb{P}[B]$$

例如, 在掷一个六面骰子的试验中, 可能的结果为 $\{1,2,3,4,5,6\}$. 由于结果是互不相交的, 根据公理 3, $\mathbb{P}[1 \text{ 或 } 2] = \mathbb{P}[1] + \mathbb{P}[2]$.

需要特别注意, 公理 3 只适用于不相交事件. 例如, 在掷一对骰子试验中, 令事件 A 表示 "第一个骰子的 1 正面朝上", 事件 B 表示 "第二个骰子的 1 正面朝上". 如果记 $\mathbb{P}[\text{"任一骰子 1 正面朝上"}] = \mathbb{P}[A \cup B] = \mathbb{P}[A] + \mathbb{P}[B]$, 则第二个等号是不成立的, 因为 A 和 B 的交集非空: 结果 "两个骰子均是 1 正面朝上" 既是 A 又是 B 的元素.

任一满足三条公理的函数 $\mathbb{P}$ 都是一个合理的概率函数. 在抛一枚硬币的试验中, 令 $\mathbb{P}[H] = 0.5$ 且 $\mathbb{P}[T] = 0.5$ (通常称为一个公平硬币), 则函数 $\mathbb{P}$ 是一个合理的概率函数. 另一个合理的概率函数可设 $\mathbb{P}[H] = 0.6$ 且 $\mathbb{P}[T] = 0.4$. 然而, 设 $\mathbb{P}[H] = -0.6$ 不是合理的 (违背了公理 1). 设 $\mathbb{P}[H] = 0.6$ 和 $\mathbb{P}[T] = 0.6$ 也不是合理的 (违背了公理 2).

尽管概率的定义给出了概率函数必须满足的条件, 但是并没有描述概率的含义 (meaning). 这是因为概率有多种解释. 一种观点认为, 在受控实验中, 概率是试验结果的相对频率 (relative frequency). 股市上涨的概率是上涨的频率. 失业时间超过一个月的概率是失业时间超过一个月的频率. 篮球运动员罚球命中的概率是该运动员罚球命

[注] σ 域中事件的定义见 1.14 节.

中的频率. 衰退发生的概率是衰退发生的频率. 在某些例子中, 由于试验是可重复的或结果多次发生, 故这种概率的定义是直观的. 但在其他情况下, 试验只能进行一次且无法重复. 例如, 在写这一段落时, 人们普遍关心的不确定性问题包括: "全球变暖会超过 2℃ 吗?" "COVID-19 流行病何时结束?" 在这些情况下, 由于结果只能发生一次, 很难把概率解释为频率. 通过想象在相同的初始条件下, 在不同宇宙进行随机试验, 从而抽象地看待 "相对频率" 来挽救这种解释. 虽然这种解决方案技术上是可行的, 但并不能让人完全满意.

另一种观点认为概率是主观的, 把概率解释为可信度 (degree of belief). "明天下雨的概率是 80%" 是我根据所掌握的信息, 对明天下雨的可能性做出个人主观评估. 由于信念是任意的, 该观点似乎过于宽泛. 主观解释要求主观概率遵循概率公理和规则, 主要缺点是不一定适合于科学论述.

上述两种观点定义的概率函数都需要满足相同的概率公理, 否则就不能使用 "概率" 这个概念.

下面考虑两个真实世界的例子来说明这个概念. 第一个例子来自金融市场. 用 U 表示指定某周 S&P500 指数增长, D 表示该指数降低. 这与抛硬币试验类似, 样本空间为 $\{U, D\}$. 计算 $\mathbb{P}[U] = 0.57, \mathbb{P}[D] = 0.43$ ⊖. 增长的概率是 57%, 比公平硬币正面朝上的概率高一些. 可解释为在随机选择的所有 "周" 中, 57% 的周指数会增长.

第二个例子考虑美国工资水平. 以随机选择的工薪族为例. 令 H 表示事件某人工资超过 25 美元/小时, L 表示事件某人工资低于 25 美元/小时. 这与抛硬币试验类似. 计算 $\mathbb{P}[H] = 0.31, \mathbb{P}[L] = 0.69$ ⊖. 为了解释这个概率, 想象随机调查一个人. 在调查之前, 对这个人一无所知, 故他的工资是不确定的和随机的.

1.4 概率函数的性质

由概率公理可推导出概率函数的如下性质.

定理 1.2 *对事件 A 和 B, 下列性质成立*:

1. $\mathbb{P}[A^c] = 1 - \mathbb{P}[A]$.
2. $\mathbb{P}[\varnothing] = 0$.
3. $\mathbb{P}[A] \leqslant 1$.
4. **单调不等式**: 若 $A \subset B$, 则 $\mathbb{P}[A] \leqslant \mathbb{P}[B]$.
5. **容斥原则** (inclusion-exclusion principle): $\mathbb{P}[A \cup B] = \mathbb{P}[A] + \mathbb{P}[B] - \mathbb{P}[A \cap B]$.

⊖ 由 1950 年至 2017 年 S&P500 周数据的样本计算得到.
⊖ 由 2009 年美国 50 742 个工薪族的样本计算得到.

6. **布尔不等式**: $\mathbb{P}[A \cup B] \leqslant \mathbb{P}[A] + \mathbb{P}[B]$.

7. **Bonferroni 不等式**: $\mathbb{P}[A \cap B] \geqslant \mathbb{P}[A] + \mathbb{P}[B] - 1$.

证明见 1.15 节.

性质 1 表明某事件不发生的概率等于 1 减去该事件发生的概率.

性质 2 表明 "没有事件发生" 的概率是 0. (在被问到 "课上发生了什么时", 请牢记这一点.)

性质 3 表明概率不能超过 1.

性质 4 表明较大的事件集发生的概率较大.

性质 5 是计算两个事件的并时的一个有用的分解.

性质 6 和性质 7 蕴含在容斥原则中, 在概率计算中经常使用. 布尔不等式表明事件并的概率小于或等于单个事件概率之和. Bonferroni 不等式表明事件交的概率大于或等于单个事件概率的函数. 这些不等式的一个有用特征是不等号右边只依赖单个事件的概率.

进一步, 一个与性质 2 相关的定义是任何以概率 0 或 1 发生的事件称为**平凡的** (trivial). 这种事件本质上是非随机的. 在抛一枚硬币的试验中, 定义样本空间 $\{H, T,$ Edge, Disappear$\}$, 其中 "Edge" 表示硬币沿着边缘立住, "Disappear" 表示硬币消失在空中. 若 $\mathbb{P}[\text{Edge}] = 0$ 且 $\mathbb{P}[\text{Disappear}] = 0$, 则这些事件是平凡的.

1.5 等可能结果

当从理论基础进行概率计算时, 通常需要考虑对称性的假设, 即假设所有试验结果都是等可能发生的. 标准的例子是抛硬币或掷骰子. 如果硬币正面朝上的概率等于反面朝上的概率, 那么把硬币视为 "**公平的**" (fair). 如果骰子的每一面出现的概率相同, 则把骰子视为 "公平的" (fair). 利用概率公理, 可推导出以下结论.

定理 1.3 等可能结果原理. 若试验有 N 个结果 $a_1, a_2, \cdots, a_N$, 且结果是对称的, 即每个结果是等可能发生的, 则 $\mathbb{P}[a_i] = \frac{1}{N}$.

例如, 一个公平硬币满足 $\mathbb{P}[H] = \mathbb{P}[T] = 1/2$. 一个公平骰子满足 $\mathbb{P}[1] = \cdots = \mathbb{P}[6] = 1/6$.

在某些情况下, 很难判断哪些结果是对称的和等可能的. 例如, 在掷两枚硬币的试验中, 定义样本空间为 $\{HH, TT, HT\}$, 其中 HT 代表 "一正一反". 若猜测所有的结果均等可能发生, 则 $\mathbb{P}[HH] = 1/3$. 然而, 若定义样本空间为 $\{HH, TT, HT, TH\}$ 且猜测所有的结果均等可能发生, 则 $\mathbb{P}[HH] = 1/4$. 这两个结果 (1/3 和 1/4) 不可能同时成立. 这表明, 由于存在一系列结果, 我们不能简单地使用等可能结果原理, 而应给出结果等可能发生的合理原因. 在抛两枚硬币试验中, 由于没有进一步分析对称性成立的原因, 故不能应用该性质. 我们将在 1.8 节再次讨论该问题.

1.6 联合事件

给定事件 H 和 C. 更具体地, 令 H 表示事件个人工资超过 25 美元/小时, C 表示事件拥有大学学位. 我们对联合事件 $H \cap C$ 的概率感兴趣. 事件 "H 且 C" 表示个人工资超过 25 美元/小时且拥有大学学位. 按照先前假设 $\mathbb{P}[H] = 0.31$, 同样可计算 $\mathbb{P}[C] = 0.36$. 联合事件 $H \cap C$ 发生的概率是多少?

由定理 1.2 可推出 $0 \leqslant \mathbb{P}[H \cap C] \leqslant 0.31$. (不等式上界由 Bonferroni 不等式确定.) 因此, 只要已知 $\mathbb{P}[H]$ 和 $\mathbb{P}[C]$, 可得联合概率的范围却不能确定具体的值. 事实证明, 真实的概率是 $\mathbb{P}[H \cap C] = 0.19$. ⊖

从三个已知概率和定理 1.2 的性质, 可计算各类事件交集的概率. 表 1-1 展示了结果. 实线框中的 4 个数表示联合事件发生的概率. 例如, 0.19 表示某人高工资且拥有大学学位的概率. 这四个概率中最大的是 0.52, 表示某人低工资且没有大学学位的概率. 因为对应的事件是样本空间的一个划分, 所以四个概率之和为 1. 每列的概率之和在最下面一行, 分别表示某人拥有大学学位 (C) 和没有学位 (N) 的概率. 每行的总和在最右边一栏, 分别表示某人高工资 (H) 和低工资 (L) 的概率.

表 1-1 联合概率: 工资和受教育程度

	C	N	总计
H	0.19	0.12	0.31
L	0.17	0.52	0.69
总计	0.36	0.64	1.00

再比如股票价格变化的例子. 如前所述, S&P500 股票指数在某一周上涨的概率是 57%. 现考虑该股指在连续两周的变化. 其联合概率是多少? 表 1-2 显示了结果. 用 U_t 表示指数增长, D_t 表示指数降低, U_{t-1} 表示指数在前一周增长, D_{t-1} 表示指数在前一周降低.

因为对应事件是样本空间的一个划分, 所以四个概率之和为 1. 股票价格连续两周上涨的概率是 32.2%, 连续两周下跌的概率是 18.8%. 涨价后下跌的概率是 24.5%, 下跌后上涨的概率也是 24.5%.

⊖ 根据 2009 年 50 742 名美国工薪族的样本计算得出.

表 1-2　联合概率: 股票收益率

	U_{t-1}	D_{t-1}	总计
U_t	0.322	0.245	0.567
D_t	0.245	0.188	0.433
总计	0.567	0.433	1.00

1.7　条件概率

以事件 A 和 B 为例, 用 A 表示事件 "在计量经济学课程考试中得到分数 A", B 表示事件 "每天学习计量经济学 12 小时". 我们可能对如下问题感兴趣: "事件 B 是否影响事件 A 发生的可能性?" 或者, 我们可能对如下问题感兴趣: "上大学是否影响获得高工资的可能性?" 再或者, "关税是否影响价格上涨的可能性?" 这些都是关于**条件概率** (conditional probability) 的问题.

抽象地讲, 考虑两个事件 A 和 B. 设事件 B 已发生, 则事件 A 只有其结果在交集 $A \cap B$ 中才会发生. 所以, 我们要问 "给定 B 发生的条件下, $A \cap B$ 发生的概率是多少?" 答案并不是简单的 $\mathbb{P}[A \cap B]$, 而是把 B 视为 "新" 的样本空间. 为此, 用 $\mathbb{P}[B]$ 来归一化全部概率, 得到如下定义.

定义 1.3　若 $\mathbb{P}[B] > 0$, 则在给定 B 发生的条件下, A 发生的**条件概率** (conditional probability) 为

$$\mathbb{P}[A|B] = \frac{\mathbb{P}[A \cap B]}{\mathbb{P}[B]}$$

记号 "$A|B$" 表示 "给定 B 条件下 A 发生" 或 "A 发生的前提是 B 为真". 更清晰地, 有时把 $\mathbb{P}[A]$ 称为**无条件概率** (unconditional probability), 以区别于 $\mathbb{P}[A|B]$.

以掷一个公平的骰子为例. 令 $A = \{1, 2, 3, 4\}$, $B = \{4, 5, 6\}$. 交集 $A \cap B = \{4\}$, 其发生的概率为 $\mathbb{P}[A \cap B] = 1/6$. B 事件发生的概率为 $\mathbb{P}[B] = 1/2$. 因此, $\mathbb{P}[A|B] = (1/6)/(1/2) = 1/3$. 也可通过观察给定 B 的条件下, 事件 $\{4\}$, $\{5\}$, $\{6\}$ 各以 $1/3$ 的概率发生. 给定 B 的条件下, A 仅在事件 $\{4\}$ 出现时发生. 因此, $\mathbb{P}[A|B] = \mathbb{P}[4|B] = 1/3$.

考虑工资和大学教育的例子. 根据 1.6 节给出的概率, 计算

$$\mathbb{P}[H|C] = \frac{\mathbb{P}[H \cap C]}{\mathbb{P}[C]} = \frac{0.19}{0.36} = 0.53$$

和

$$\mathbb{P}[H|N] = \frac{\mathbb{P}[H \cap N]}{\mathbb{P}[N]} = \frac{0.12}{0.64} = 0.19$$

对不同学位的人, 获得高工资的条件概率有相当大的差距: 53% 比 19%.

再以股票价格的变化为例, 计算

$$\mathbb{P}[U_t|U_{t-1}] = \frac{\mathbb{P}[U_t \cap U_{t-1}]}{\mathbb{P}[U_{t-1}]} = \frac{0.322}{0.567} = 0.568$$

和

$$\mathbb{P}[U_t|D_{t-1}] = \frac{\mathbb{P}[U_t \cap D_{t-1}]}{\mathbb{P}[D_{t-1}]} = \frac{0.245}{0.433} = 0.566$$

在这个例子中, 两个条件概率大体相等. 故某一周价格上涨的概率不受前一周结果影响. 这个重要的特例将在下节中进一步探讨.

1.8   独立性

若事件的发生是无关的, 则称它们**独立** (independent), 或者说, 给定某个事件的信息并不影响另一个事件发生的条件概率. 以抛两次硬币为例, 如果两次的机制不相关, 通常认为某次投掷不会影响另一次结果的发生. 同样, 掷两次骰子, 如果两次的机制不相关, 通常没有理由认为某次投掷会受到另一次结果的影响. 第三个例子考虑伦敦的犯罪率和上海的茶叶价格. 没有理由认为两个事件中的一个会影响另一个. 在上述每个例子中, 称事件是独立的.

上述讨论表明两个无关 (独立) 的事件 A 和 B 满足性质 $\mathbb{P}[A|B] = \mathbb{P}[A]$ 和 $\mathbb{P}[B|A] = \mathbb{P}[B]$, 即一枚硬币正面朝上 (H) 的概率不受另一枚硬币抛掷结果 (正面 H 或反面 T) 的影响. 从条件概率定义可知, $\mathbb{P}[A \cap B] = \mathbb{P}[A]\mathbb{P}[B]$. 其正式定义如下:

定义 1.4   若 $\mathbb{P}[A \cap B] = \mathbb{P}[A]\mathbb{P}[B]$, 则称事件 A 和 B **统计独立** (statistically independent).

更简洁地称为**独立** (independent). 根据定义推导出一个直接的结果, 得到以下等价关系.

定理 1.4   若事件 A 和 B 是独立的, 且 $\mathbb{P}[A] > 0$, $\mathbb{P}[B] > 0$, 则

$$\mathbb{P}[A|B] = \mathbb{P}[A]$$

$$\mathbb{P}[B|A] = \mathbb{P}[B]$$

考虑 1.6 节股票指数的例子. 我们发现 $\mathbb{P}[U_t|U_{t-1}] = 0.57$ 和 $\mathbb{P}[U_t|D_{t-1}] = 0.57$, 这表示某周股票价格上涨的概率不受上一周的影响, 即满足独立性的定义. 因此, 事件 U_t 和 U_{t-1} 是独立的.

如果事件是独立的, 那么联合概率可通过单个概率相乘来计算. 以独立地抛两枚硬币试验为例. 第一枚硬币可能的结果为 $\{H_1, T_1\}$, 第二枚硬币可能的结果为 $\{H_2, T_2\}$. 令 $p = \mathbb{P}[H_1]$ 且 $q = \mathbb{P}[H_2]$, 得到联合概率表 1-3.

表 1-3　联合概率: 独立事件

	H_1	T_1	
H_2	pq	$(1-p)q$	q
T_2	$p(1-q)$	$(1-p)(1-q)$	$1-q$
	p	$1-p$	1

其中 p 和 q 分别表示两枚硬币朝上的概率, 它们决定了表中的四个联合概率. 每一列的概率相加是 p 和 $1-p$, 每一行的概率相加是 q 和 $1-q$.

若两个事件是不独立的, 则称为**相依的** (dependent). 在这种情况下, 联合事件 $A \cap B$ 发生的概率与事件独立时的预期不同.

以工资和受教育程度为例. 我们已经分析过某人具有大学学位会影响其获得高工资的条件概率, 这表明两个事件是相依的. 现在考虑在 (错误的) 独立假设下, 由单个概率相乘计算联合概率会发生什么. 结果展示在表 1-4 中.

表 1-4　联合概率: 工资和受教育程度

	C	N	总计
H	0.11	0.20	0.31
L	0.25	0.44	0.69
总计	0.36	0.64	1.00

中心实线框内的概率是通过单个概率相乘得到 (例如 $\mathbb{P}[H \cap C] = 0.31 \times 0.36 = 0.11$). 可以看出, 与正确的联合概率相比, 对角线事件的概率远小于正确的, 非对角线事件的概率远大于正确的. 在此例中, 联合事件 $H \cap C$ 和 $L \cap N$ 发生的频率远大于工资和受教育程度独立时预期的结果.

可利用独立性来计算概率. 以抛两枚硬币试验为例. 如果连续抛两枚公平硬币是独立的, 那么两次均正面朝上的概率是

$$\mathbb{P}[H_1 \cap H_2] = \mathbb{P}[H_1] \times \mathbb{P}[H_2] = \frac{1}{2} \times \frac{1}{2} = \frac{1}{4}$$

这回答了 1.5 节中提出的问题. 事件 HH 的概率是 $1/4$ 而不是 $1/3$. 关键在于独立性假

设, 而不是结果是如何排列的.

再以掷一对公平骰子的试验为例. 如果掷两个骰子是独立的, 则出现两个 "1" 的概率是 $\mathbb{P}[1] \times \mathbb{P}[1] = 1/36$.

有人可能天真地认为独立性可推出事件互不相交, 但是事实是反过来才是正确的. 如果事件 A 和 B 是互不相交的, 则它们不可能独立, 即对不相交事件 $A \cap B = \varnothing$, 根据定理 1.2 的性质 2,

$$\mathbb{P}[A \cap B] = \mathbb{P}[\varnothing] = 0 \neq \mathbb{P}[A]\mathbb{P}[B]$$

根据独立性的定义, 等式右边不为 0.

独立性是许多概率计算问题的核心. 如果能把一个事件分成几个独立事件, 则该事件的概率等于单个事件概率的乘积.

以抛两枚硬币的试验为例, 考虑事件 $\{HH, HT\}$. 该事件等价于 {第一个硬币正面 H 朝上, 第二个硬币正面 H 或反面 T 朝上}. 如果抛两枚硬币相互独立, 则其概率为

$$\mathbb{P}[H] \times \mathbb{P}[H \text{ 或 } T] = \frac{1}{2} \times 1 = \frac{1}{2}$$

再举一个更复杂的例子, 掷一对骰子, 两面相加等于 7 的概率是多少? 可进行如下计算. 用 (x, y) 表示掷两次 (考虑顺序的) 骰子的结果. 下面的结果其和为 7: $\{(1,6),(2,5),(3,4),(4,3),(5,2),(6,1)\}$. 其结果是不相交的. 利用概率公理的第三条, 其和为 7 的概率为

$$\mathbb{P}[7] = \mathbb{P}[1,6] + \mathbb{P}[2,5] + \mathbb{P}[3,4] + \mathbb{P}[4,3] + \mathbb{P}[5,2] + \mathbb{P}[6,1]$$

假设两个骰子相互独立, 则联合概率可通过单个概率相乘计算. 对于公平骰子, 上式等于

$$\mathbb{P}[1] \times \mathbb{P}[6] + \mathbb{P}[2] \times \mathbb{P}[5] + \mathbb{P}[3] \times \mathbb{P}[4] + \mathbb{P}[4] \times \mathbb{P}[3] + \mathbb{P}[5] \times \mathbb{P}[2] + \mathbb{P}[6] \times \mathbb{P}[1]$$

$$= \frac{1}{6} \times \frac{1}{6} + \frac{1}{6} \times \frac{1}{6} + \frac{1}{6} \times \frac{1}{6} + \frac{1}{6} \times \frac{1}{6} + \frac{1}{6} \times \frac{1}{6} + \frac{1}{6} \times \frac{1}{6}$$

$$= 6 \times \frac{1}{6^2}$$

$$= \frac{1}{6}$$

现假设骰子是不公平的, 但仍是独立的. 每个骰子都是有偏的, 其中 "1" 面朝上的概率

为 2/6, "6" 面朝上的概率是 0. 此时修正概率的计算,

$$\mathbb{P}[1] \times \mathbb{P}[6] + \mathbb{P}[2] \times \mathbb{P}[5] + \mathbb{P}[3] \times \mathbb{P}[4] + \mathbb{P}[4] \times \mathbb{P}[3] + \mathbb{P}[5] \times \mathbb{P}[2] + \mathbb{P}[6] \times \mathbb{P}[1]$$

$$= \frac{2}{6} \times \frac{0}{6} + \frac{1}{6} \times \frac{1}{6} + \frac{1}{6} \times \frac{1}{6} + \frac{1}{6} \times \frac{1}{6} + \frac{1}{6} \times \frac{1}{6} + \frac{0}{6} \times \frac{2}{6}$$

$$= \frac{1}{9}$$

1.9 全概率公式

利用分割定理 (定理 1.1) 可推出一个重要的公式. 若 $\{B_i\}$ 是样本空间 S 的一个分割, 则

$$A = \bigcup_{i=1}^{\infty}(A \cap B_i)$$

由于事件 $(A \cap B_i)$ 是不相交的, 利用概率公理的第三条和条件概率的定义可得

$$\mathbb{P}[A] = \sum_{i=1}^{\infty} \mathbb{P}[A \cap B_i] = \sum_{i=1}^{\infty} \mathbb{P}[A|B_i]\mathbb{P}[B_i]$$

该公式称为全概率公式.

定理 1.5 **全概率公式** (law of total probability). 若 $\{B_1, B_2, \cdots\}$ 是 S 的一个分割, 且对所有的 i 均有 $\mathbb{P}[B_i] > 0$, 则

$$\mathbb{P}[A] = \sum_{i=1}^{\infty} \mathbb{P}[A|B_i]\mathbb{P}[B_i]$$

以掷一个公平的骰子为例. 令事件 $A = \{1, 3, 5\}$ 和 $B_j = \{j\}$. 计算

$$\sum_{i=1}^{6} \mathbb{P}[A|B_i]\mathbb{P}[B_i] = 1 \times \frac{1}{6} + 0 \times \frac{1}{6} + 1 \times \frac{1}{6} + 0 \times \frac{1}{6} + 1 \times \frac{1}{6} + 0 \times \frac{1}{6} = \frac{1}{2}$$

即 $\mathbb{P}[A] = 1/2$.

1.10 贝叶斯法则

一个著名的结果归功于牧师托马斯·贝叶斯 (Thomas Bayes).

定理 1.6 **贝叶斯法则** (Bayes rule). 若 $\mathbb{P}[A] > 0$ 且 $\mathbb{P}[B] > 0$, 则

$$\mathbb{P}[A|B] = \frac{\mathbb{P}[B|A]\mathbb{P}[A]}{\mathbb{P}[B|A]\mathbb{P}[A] + \mathbb{P}[B|A^c]\mathbb{P}[A^c]}$$

证明 用 (两次) 条件概率的公式, 得

$$\mathbb{P}[A \cap B] = \mathbb{P}[A|B]\mathbb{P}[B] = \mathbb{P}[B|A]\mathbb{P}[A]$$

求解后, 得

$$\mathbb{P}[A|B] = \frac{\mathbb{P}[B|A]\mathbb{P}[A]}{\mathbb{P}[B]}$$

在分割 $\{A, A^c\}$ 下, 利用全概率公式计算 $\mathbb{P}[B]$, 命题得证. ∎

贝叶斯法则在许多情景下都非常有用.

例如, 假设你路过一家体育酒吧, 看到一群人正观看一场当地的热门球队的体育比赛. 你突然听到酒吧里传来一阵兴奋的吼叫声, 请问当地的球队刚刚得分了吗? 可利用贝叶斯法则研究此问题. 令 $A = \{$球队得分$\}$, $B = \{$人群发出吼叫声$\}$. 设 $\mathbb{P}[A] = 1/10$, $\mathbb{P}[B|A] = 1$, $\mathbb{P}[B|A^c] = 1/10$ (有其他的事件可能导致人群吼叫). 那么

$$\mathbb{P}[A|B] = \frac{1 \times \frac{1}{10}}{1 \times \frac{1}{10} + \frac{1}{10} \times \frac{9}{10}} = \frac{10}{19} \approx 53\%$$

略高于 $1/2$. 在上述假设下, 人群吼叫虽然不能确定球队得分, 但仍有参考价值.⊖

再比如, 假设有两种类型的工人: 勤奋的工人 (H) 和懒惰的工人 (L). 从以往经验可知, $\mathbb{P}[H] = 1/4$, $\mathbb{P}[L] = 3/4$. 假设可以用一个筛选测试来判断申请人是否勤奋. 令 T 表示事件申请人在测试中获得高分. 设 $\mathbb{P}[T|H] = 3/4$, $\mathbb{P}[T|L] = 1/4$, 即该测试能提供一些信息, 但并不完美. 我们想要计算给定测试获得高分的条件下, 申请者勤奋的条件概率 $\mathbb{P}[H|T]$. 由贝叶斯公式可得,

$$\mathbb{P}[H|T] = \frac{\mathbb{P}[T|H]\mathbb{P}[H]}{\mathbb{P}[T|H]\mathbb{P}[H] + \mathbb{P}[T|L]\mathbb{P}[L]} = \frac{\frac{3}{4} \times \frac{1}{4}}{\frac{3}{4} \times \frac{1}{4} + \frac{1}{4} \times \frac{3}{4}} = \frac{1}{2}$$

申请者勤奋的概率只有 50%! 这说明测试没有用吗? 考虑如下问题: 给定测试得分低 (P) 的条件下, 申请者懒惰的概率是多少? 计算可得

$$\mathbb{P}[H|P] = \frac{\mathbb{P}[P|H]\mathbb{P}[H]}{\mathbb{P}[P|H]\mathbb{P}[H] + \mathbb{P}[P|L]\mathbb{P}[L]} = \frac{\frac{1}{4} \times \frac{1}{4}}{\frac{1}{4} \times \frac{1}{4} + \frac{3}{4} \times \frac{3}{4}} = \frac{1}{10}$$

⊖ 要想知道更合理的结果, 进入体育酒吧去了解真相吧!

只有 10%. 因此, 这个测试表明如果得分高, 不能确定申请者的工作习惯. 但是如果测试得分低, 则申请者不太可能勤奋.

再考虑现实世界中的受教育程度和工资的例子. 我们曾计算过, 给定某人拥有大学学位 (C) 的条件下, 获得高工资 (H) 的概率 $\mathbb{P}[H|C] = 0.53$. 利用贝叶斯公式计算, 给定某人高工资的条件下, 拥有大学学位的概率

$$\mathbb{P}[C|H] = \frac{\mathbb{P}[H|C]\mathbb{P}[C]}{\mathbb{P}[H]} = \frac{0.53 \times 0.36}{0.31} = 0.62$$

给定某人低工资 (L) 的条件下, 拥有大学学位的概率

$$\mathbb{P}[C|L] = \frac{\mathbb{P}[L|C]\mathbb{P}[C]}{\mathbb{P}[L]} = \frac{0.47 \times 0.36}{0.69} = 0.25$$

因此, 给定某人的工资信息 (工资高于或低于 25 美元), 可获得该人是否拥有大学学位的概率信息.

1.11　排列和组合

对某些计算, 掌握试验结果的计数方法是有用的, 如计数法则、排列和组合.

第一个定义是计数法则. 计数法则是组合各项任务时的计数方法. 例如, 假设你拥有 10 件衬衫、3 条牛仔裤、5 双袜子、4 件大衣和 2 顶帽子. 从每类衣服中选择一件, 能有多少种穿衣搭配? 答案是有 $10 \times 3 \times 5 \times 4 \times 2 = 1\,200$ 种不同的搭配.$^{\ominus}$

定理 1.7　计数法则 (counting rule). *如果一项工作包含 K 个不同任务, 其中第 k 项任务有 n_k 种实现方法, 那么整个工作有 $n_1 n_2 \cdots n_K$ 种实现方法.*

计数法则虽然直观上很简单, 但在很多建模中都很有用.

第二个定义是排列. **排列** (permutation) 是重新排序. 假设你在一个有 30 个学生的班级. 有多少种方法安排学生的顺序? 每一种安排方式都被称为一个 "排列". 为计算排列数, 观察到 30 个学生均可在第一个位置. 在此条件下, 有 29 个学生可以安排在第二个位置. 在上述两个条件下, 有 28 个学生可以排在第三个位置, 以此类推. 排列的总数为

$$30 \times 29 \times \cdots \times 1 = 30!$$

其中, 符号 ! 表示阶乘. (详见附录 A.3.)

一般的结论如下.

$\ominus$　当你 (或你的朋友) 说 "我没有什么可穿的" 时, 请牢记这一点.

定理 1.8 N 个元素的排列数为 $N!$.

假设从一个 30 人的班级中, 选出一个有序的由 5 名学生组成的小组参加比赛. 能选出多少种有序的小组? 计算方法与上面一样, 但是第五个位置被填满就停止. 因此, 这个数字是

$$30 \times 29 \times 28 \times 27 \times 26 = \frac{30!}{25!}$$

一般的结论如下.

定理 1.9 从 N 个元素中一次选出 K 个的**排列**数为

$$P(N, K) = \frac{N!}{(N - K)!}$$

第三个定义是组合. **组合** (combination) 不考虑元素的顺序. 例如, 重新考虑选出 5 名学生的例子, 现假设学生是无序的. 问题变为: 从一个有 30 名学生的班级中, 能选出多少种不考虑顺序的小组? 一般地, 从 N 个元素中选出一个含有 K 个元素的组共有多少种方法? 我们称其为 "组合数".

极端情况很容易处理. 如果 $K = 1$, 则有 N 种组合 (每个学生是一组). 如果 $K = N$, 则有一种组合 (整个班级是一组). 要计算一般的答案, 注意, 考虑顺序的组数是排列数 $P(N, K)$. 含有 K 个元素的一个组, 考虑顺序共有 $K!$ 种情况 (等于组中 K 个元素的排列数). 因此, 不考虑顺序的组的数量为 $P(N, K)/K!$. 我们得到下述定理.

定理 1.10 从 N 个元素中一次选出 K 个的**组合** (combination) 数为

$$\binom{N}{K} = \frac{N!}{K!(N - K)!}$$

符号 $\binom{N}{K}$ 表示 "从 N 个中选出 K 个", 是组合中常用的标记. 它们也被称为**二项式系数** (binomial coefficient), 因为它们是二项式展开的系数.

定理 1.11 **二项式定理** (binomial theorem). 对任意的整数 $N \geqslant 0$, 都有

$$(a + b)^N = \sum_{K=0}^{N} \binom{N}{K} a^K b^{N-K}$$

二项式定理的证明见 1.15 节.

本节介绍的排列法和组合法在某些计数应用中很有用, 但对概率的一般理解, 可能不是必需的. 我的观点是, 应该理解这些工具的用法, 在需要时可以检索这些工具, 而不是死记硬背.

1.12 放回抽样和无放回抽样

考虑一个有限集合的抽样问题. 例如, 一张 2 美元的强力球彩票由 5 个 1 到 69 之间的整数组成. 如果这 5 个号码都与中奖号码相匹配, 玩家就能赢得⊖一百万美元的奖金!

要计算中奖的概率, 需要计算所有可能的彩票总数. 答案取决于两个因素: (1) 数字能重复吗? (2) 是否考虑顺序? 根据这两个因素, 彩票总数有四种不同的值.

根据数字能否重复, 第一个问题被称为 "放回抽样" 和 "无放回抽样". 在实际的强力球游戏中, 69 个编号的乒乓球被放入一个有小出口的旋转空气机中. 随着球的反弹, 一些球从出口弹出. 最先弹出的五个是中奖号码. 这种设置称为 "无放回抽样", 因为某个球一旦从出口弹出, 它就不会出现在剩下的球中. 在这种设置中, 一张中奖彩票不能有重复的号码. 然而, 还有另一种游戏方法, 抽取第一个球, 将其放回空气机中, 然后重复. 这种设置称为 "放回抽样". 在这种设置中, 一张中奖彩票可以有重复的号码.

第二个问题, 是否考虑顺序, 与上一节中讨论的排列和组合的区别相同. 在强力球游戏中, 球以特定的顺序出现. 然而, 这个顺序不影响彩票是否中奖. 这就是不考虑顺序的情况. 如果游戏的规则不同, 球的顺序可能会影响是否中奖. 此时, 应使用考虑顺序的计数方法.

现在描述四个抽样问题. 我们想要计算从 N 个元素中抽取 K 个元素的可能结果数. 例如, 计算从集合 $\{1, 2, \cdots, 69\}$ 中抽取 5 个整数的可能结果数.

有序, 放回 (ordered, with replacement) 考虑按顺序选择元素. 第一个可以从 N 个元素中任选一个, 第二个也可以从 N 个元素中任选一个, 第三个还可以从 N 个元素中任选一个, 等等. 利用计数法则, 可能的结果总数为

$$N \times N \times \cdots \times N = N^K$$

在强力球彩票例子中, 总数为

$$69^5 = 1\ 564\ 031\ 359$$

这是一个非常大的数!

有序, 无放回 (ordered, without replacement) 排列数为 $N!/(N-K)!$. 在强力球彩票例子中, 总数为

$$\frac{69!}{(69-5)!} = \frac{69!}{64!} = 1\ 348\ 621\ 560$$

⊖ 也存在其他赢得奖金的组合规则.

这几乎与放回抽样的总数一样大.

无序, 无放回 (unordered, without replacement)　组合数为 $N!/(K!(N-K)!)$. 在强力球彩票例子中, 总数为

$$\frac{69!}{5!(69-5)!} = 11\ 238\ 513$$

这尽管是一个很大的数, 但比有序抽样的数小很多.

无序, 放回 (unordered, with replacement)　这是个复杂的问题. 结果不是 N^K (有序放回抽样数) 除以 $K!$, 因为每组内的有序排列数依赖于组内是否有重复元素. 诀窍在于把该问题表述为另一个问题. 事实上, 要计算的数与 N 个和为 K 的非负整数 $\{x_1, x_2, \cdots, x_N\}$ 的组数相同. 为证明这一点, 一张彩票 (无序且放回) 可表示为选出 "1" 的数量 x_1, "2" 的数量 x_2, "3" 的数量 x_3 等, 且设其和 $x_1 + x_2 + \cdots + x_N$ 必须等于 K. 根据经典的证明记号, 该问题的答案有一个巧妙的名字.

定理 1.12　星号和隔板定理 (stars and bars theorem)$^{\ominus}$. 和为 K 的 N 个任意非负整数的总数等于 $\dbinom{N+K-1}{K}$.

由于该定理的证明相当冗长, 故省略. 该定理给出了我们一开始所提问题的答案, 即放回条件下无序集的总数. 在强力球彩票的例子中, 总数为

$$\binom{69+5-1}{5} = \frac{73!}{5!68!} = 15\ 020\ 334$$

表 1-5 总结了四种抽样结果.

表 1-5　从 N 个元素中抽取 K 个元素的可能情况

	无放回抽样	放回抽样
有序	$\dfrac{N!}{(N-K)!}$	N^K
无序	$\dbinom{N}{K}$	$\dbinom{N+K-1}{K}$

实际的强力球游戏使用的是无序无放回抽样. 因此, 大约有 1 100 万张可能的彩票. 每张彩票出现的机会相同 (如果随机抽取的过程是公平的), 中奖的概率约为 1/11 000 000. 由于每出售 1 100 万张彩票, 有一个人赢得 100 万美元, 因此预期赔率 (忽略其他赔率)

$\ominus$　隔板法. 该方法因为 William Feller 在其经典教材 *An Introduction to Probability Theory and Its Applications* 中使用 "*" 和 "|" 阐述其原理而广为流传, 故形象地称为 "stars and bars theorem"——译者注.

约为 0.09 美元. 这是一个低赔率 (大大低于 "公平" 的赌注, 因为一张彩票售价 2 美元), 但足以使一些人产生很大兴趣.

1.13　扑克牌

扑克牌游戏是概率论的一个有趣应用. 类似的计算也在涉及多种选择的经济实例中很有用.

一副标准的扑克牌有 52 张, 包含 13 个点数 {2, 3, 4, 5, 6, 7, 8, 9, 10, J, Q, K, A} 每个点数都有四种花色 {梅花, 方块, 红桃, 黑桃}. 洗牌后 (牌的顺序是随机的), 一个玩家发五张牌[⊖], 称为 "一手牌"(hand). 牌的大小取决于有多张牌相同 [一对、两对、三张同点、满堂红 (三张同点, 另外两张同点)、四张同点]、五张牌是否连着 (称为 "顺子"), 以及五张牌是否同一花色 (称为 "同花"). 拿着最大牌的玩家获得胜利.

我们感兴趣的是玩家获胜的概率.

该问题是无序不放回抽样. 抽出 5 张牌的可能方法数为

$$\binom{52}{5} = \frac{52!}{47!5!} = \frac{48 \times 49 \times 50 \times 51 \times 52}{2 \times 3 \times 4 \times 5} = 48 \times 49 \times 5 \times 17 \times 13 = 2\ 598\ 960$$

由于抽取是对称和随机的, 每一手牌抽到的概率是相同的, 概率都是一个无限小的数字 $1/2\ 598\ 960$.

另一种计算该概率的方法如下. 想象一下, 选择特定的 5 张牌. 第一次抽到的是 5 张中 1 张的概率是 5/52, 第二次抽到的是剩余 4 张牌中 1 张的概率是 4/51, 第三次抽到的是剩余 3 张牌中 1 张的概率是 3/50, 等等. 所以抽到这 5 张牌的概率是

$$\frac{5 \times 4 \times 3 \times 2 \times 1}{52 \times 51 \times 50 \times 49 \times 48} = \frac{1}{2\ 598\ 960}$$

计算一手牌获胜的概率方法是枚举和计算这一手牌的总数, 再除以总数 2 598 960. 让我们考虑几个例子.

四张同点　考虑四张相同特定点数的牌 (如 K). 一手牌中包含四张 K 和一张其他牌, 其他牌可以是剩余 48 张中的任意一张. 因此, 五张牌中四张都是 K 有 48 种可能. 有 13 种点数, 因此四张同点共有 $13 \times 48 = 624$ 种可能. 因此, 抽到四张同点的概率为

$$\frac{13 \times 48}{13 \times 17 \times 5 \times 49 \times 48} = \frac{1}{17 \times 5 \times 49} = \frac{1}{4\ 165} \approx 0.0\%$$

⊖　我们忽略了经典规则中涉及的其他复杂情况.

三张同点   考虑三张相同特定点数的牌 (如 A 牌). 三张 A 牌一组共有 $\binom{4}{3} = 4$ 种. 有 48 张牌可以选择剩下的两张, 共有 $\binom{48}{2} = \frac{48!}{46!2!} = 47 \times 24$ 种, 然而, 这里面还包括两张一对的情况. 从 12 个点数中选择某个点数, 该点数组成一对共有 $\binom{4}{2} = 6$ 种, 所以共有 $12 \times 6 = 72$ 种. 因此, 除去成对的情况, 选两张牌共有 $47 \times 24 - 72 = 44 \times 24$ 种. 因此, 一手牌中有三张 A 牌且没有对子的总数为 $4 \times 44 \times 24$. 由于有 13 种可能的点数, 一手牌中三张同点的总数为 $13 \times 4 \times 44 \times 24$. 因此抽到三张同点的概率为

$$\frac{13 \times 4 \times 44 \times 24}{13 \times 17 \times 5 \times 49 \times 48} = \frac{88}{17 \times 5 \times 49} \approx 2.1\%$$

一对   考虑两张相同特定点数的牌 (如 "7"). 一对 "7" 共有 $\binom{4}{2} = 6$ 种. 有 48 张牌可以选择剩下的三张, 共有 $\binom{48}{3} = \frac{48!}{45!3!} = 23 \times 47 \times 16$ 种. 然而, 这里面还包括剩余三张同点和两张一对的情况. 共有 12 个点数, 每个点数有 $\binom{4}{3} = 4$ 种三张同点, 也有 $\binom{4}{2}$ 种两张一对, 其他三张从剩余 44 张中选取. 因此, 剩余三张同点或两张一对共有 $12 \times (4 + 6 \times 44)$ 种. 做减法, 一手牌中有两个 "7" 且没有其他对子的总数为

$$6 \times [23 \times 47 \times 16 - 12 \times (4 + 6 \times 44)]$$

再乘以 13 得, 抽到任意点数成一对的概率为

$$13 \times \frac{6 \times [23 \times 47 \times 16 - 12 \times (4 + 6 \times 44)]}{13 \times 17 \times 5 \times 49 \times 48} = \frac{23 \times 47 \times 2 - 3 \times (2 + 3 \times 44)}{17 \times 5 \times 49} \approx 42\%$$

从这些简单的计算可知, 如果你抽到一手随机的五张牌, 有很大机会抽到一对, 很小的机会抽到三张同点, 抽到四张同点的机会小到可以忽略不计.

1.14 σ 域[*]

如前所述, 定义 1.2 是不完整的. 当事件集不可数时, 有必要限制可允许的事件集, 以排除病态情况. 这是一个技术问题, 对实际计量经济学影响不大. 然而, 由于这个术语很常用. 了解下述定义是有帮助的. 概率的正确定义如下.

定义 1.5 概率函数 (probability function). $\mathbb{P}$ 是从 σ 域 $\mathscr{B}$ 到实数轴且满足三条概率公理的函数.

与之前不同的是, 定义 1.5 将定义域限制在 σ 域 $\mathscr{B}$ 上. 后者是对集合运算封闭的一组集合. 该限制意味着存在一些事件, 其概率无法定义.

σ 域的定义如下.

定义 1.6 如果一组集合 $\mathscr{B}$ 满足下述三条性质:

1. $\varnothing \in \mathscr{B}$.

2. 如果 $A \in \mathscr{B}$, 则 $A^{c} \in \mathscr{B}$.

3. 如果 $A_1, A_2, \cdots \in \mathscr{B}$, 则 $\cup_{i=1}^{\infty} A_i \in \mathscr{B}$.

则 $\mathscr{B}$ 被称为 **σ 域** (sigma field).

性质 3 的无穷并表明, 存在 i 使得 A_i 的元素都属于无穷并. 例如, $\cup_{i=1}^{\infty}[0, 1-1/i] = [0, 1)$.

另外, σ 域也称为 "σ 代数". 下面给出 σ 域的一个重要例子.

定义 1.7 称 $\mathbb{R}$ 中包含所有开区间 (a, b) 的最小 σ 域为**博雷尔 σ 域** (Borel sigma field). 它包含了所有的开区间、闭区间, 及其可数并、交和补.

σ 域可由一组包含事件交、并和补的有限集合**生成** (generated). 以抛硬币试验为例. 从事件 $\{H\}$ 开始, 它的补集为 $\{T\}$, 并集为 $S = \{H, T\}$, 并集的补集为 $\{\varnothing\}$. 由于不能再生成任何事件, 集合 $\{\{\varnothing\}, \{H\}, \{T\}, S\}$ 是一个 σ 域.

再考虑正实数轴, 以 $[0, 1]$ 和 $(1, 2]$ 为例. 其交集为 $\{\varnothing\}$, 并集为 $[0, 2]$, 它们的补集分别为 $(1, \infty), [0, 1] \cup (2, \infty), (2, \infty)$. 进一步, $\{\varnothing\}$ 的补集为 $[0, \infty)$. 由于不能再生成任何事件, 这些集合构成一个 σ 域.

当考虑无穷多的事件时, 由于存在病态的反例, 可能不能通过集合运算生成 σ 域. 这些反例是很难确定的, 并且不直观, 而且似乎对计量经济学实践没有实际意义. 因此, 计量经济学中通常忽略此问题.

σ 域的概念确实具有技术性! 这个概念在本书中不会再使用.

1.15 技术证明*

定理 1.1 证明 令 $\omega \in A$. 由于 $\{B_1, B_2, \cdots\}$ 是 S 的一个分割, 则存在 i 使得 $\omega \in B_i$. 令 $A_i = (A \cap B_i)$, 则 $\omega \in A_i \subset \cup_{i=1}^{\infty} A_i$, 即每个 A 中的元素都在 $\cup_{i=1}^{\infty} A_i$ 中.

现在令 $\omega \in \cup_{i=1}^{\infty} A_i$, 则存在 i 使得 $\omega \in A_i$. 这表明 $w \in A$, 即每个 $\cup_{i=1}^{\infty} A_i$ 中的元素都在 A_i 中.

因为 B_i 是互不相交的, 对 $i \neq j$, $A_i \cap A_j = (A \cap B_i) \cap (A \cap B_j) = A \cap (B_i \cap B_j) = \varnothing$. 因此, A_i 是互不相交的. ■

定理 1.2 性质 1 证明　A 和 A^c 是不相交的, 且 $A \cup A^c = S$. 利用概率公理第二条和第三条得

$$1 = \mathbb{P}[S] = \mathbb{P}[A] + \mathbb{P}[A^c] \tag{1.1}$$

移项得, $\mathbb{P}[A^c] = 1 - \mathbb{P}[A]$. ■

定理 1.2 性质 2 证明　我们有 $\varnothing = S^c$. 由定理 1.2 和概率公理的第二条得 $\mathbb{P}[\varnothing] = 1 - \mathbb{P}[S] = 0$. ■

定理 1.2 性质 3 证明　由概率公理的第一条得 $\mathbb{P}[A^c] \geqslant 0$. 由式 (1.1) 得

$$\mathbb{P}[A] = 1 - \mathbb{P}[A^c] \leqslant 1$$

■

定理 1.2 性质 4 证明　由假设 $A \subset B$ 得 $A \cap B = A$. 由分割定理 (定理 1.1) 得 $B = (B \cap A) \cup (B \cap A^c)$, 其中 A 和 $B \cap A^c$ 是不相交的. 由概率公理的第三条得

$$\mathbb{P}[B] = \mathbb{P}[A] + \mathbb{P}[B \cap A^c] \geqslant \mathbb{P}[A]$$

其中, 由概率公理的第一条得 $\mathbb{P}[B \cap A^c] \geqslant 0$. 因此, $\mathbb{P}[B] \geqslant \mathbb{P}[A]$. ■

定理 1.2 性质 5 证明　我们有 $\{A \cup B\} = A \cup \{B \cap A^c\}$, 其中 A 和 $\{B \cap A^c\}$ 是不相交的. 同样有 $B = \{B \cap A\} \cup \{B \cap A^c\}$, 其中 $\{B \cap A\}$ 和 $\{B \cap A^c\}$ 是不相交的. 由这两个关系和概率公理的第三条得

$$\mathbb{P}[A \cup B] = \mathbb{P}[A] + \mathbb{P}[B \cap A^c]$$

$$\mathbb{P}[B] = \mathbb{P}[B \cap A] + \mathbb{P}[B \cap A^c]$$

两式相减,

$$\mathbb{P}[A \cup B] - \mathbb{P}[B] = \mathbb{P}[A] - \mathbb{P}[B \cap A]$$

移项得所求结果. ■

定理 1.2 性质 6 证明　由容斥原则和 $\mathbb{P}[A \cap B] \geqslant 0$ (概率公理的第一条) 得

$$\mathbb{P}[A \cup B] = \mathbb{P}[A] + \mathbb{P}[B] - \mathbb{P}[A \cap B] \leqslant \mathbb{P}[A] + \mathbb{P}[B]$$

■

定理 1.2 性质 7 证明 由移项后的容斥原则和 $\mathbb{P}[A \cap B] \leqslant 1$ (概率公理的第三条) 得

$$\mathbb{P}[A \cap B] = \mathbb{P}[A] + \mathbb{P}[B] - \mathbb{P}[A \cup B] \geqslant \mathbb{P}[A] + \mathbb{P}[B] - 1$$

则结果成立. ∎

定理 1.11 证明 (二项式定理) 乘法展开后,

$$(a+b)^N = (a+b) \times \cdots \times (a+b) \tag{1.2}$$

是 a 和 b 的多项式, 共有 2^N 项. 每一项都是 K 个 a 和 $N-K$ 个 b 的乘积, 因此可写为 $a^K b^{N-K}$. 项的总数等于从 N 个 a 中选出 K 个 a 的组合数 $\binom{N}{K}$. 因此, 式 (1.2) 等于 $\sum_{K=0}^{N} \binom{N}{K} a^K b^{N-K}$. ∎

习题

1.1 令 $A = \{a, b, c, d\}, B = \{a, c, e, f\}$.

    (a) 求 $A \cap B$.

    (b) 求 $A \cup B$.

1.2 描述下列实验的样本空间 S.

    (a) 抛一枚硬币.

    (b) 掷一个六面骰子.

    (c) 掷两个六面骰子.

    (d) 投六次罚球 (在篮球比赛中).

1.3 从 52 张扑克牌中抽出五张牌, 组成一手牌.

    (a) 令 A 表示事件 "一手牌中有两张 K", 描述 A^c.

    (b) **顺子**表示五张连续的牌, 例如 $\{5, 6, 7, 8, 9\}$. **同花**表示五张牌是同一花色. 令 A 表示事件 "一手牌是顺子", B 表示事件 "一手牌中三张同点". A 和 B 是否相交?

    (c) 令 A 表示事件 "一手牌是顺子", B 表示事件 "一手牌是同花顺". A 和 B 是否相交?

1.4 对事件 A 和 B, 用 $\mathbb{P}[A]$, $\mathbb{P}[B]$ 和 $\mathbb{P}[A \cap B]$ 表示 "A 或 B 发生但不能同时发生" 的概率.

1.5 如果 $\mathbb{P}[A] = 1/2$, $\mathbb{P}[B] = 2/3$, A 和 B 是不相交的吗? 请给出解释.

1.6   证明 $\mathbb{P}[A \cup B] = \mathbb{P}[A] + \mathbb{P}[B] - \mathbb{P}[A \cap B]$.

1.7   证明 $\mathbb{P}[A \cap B] \leqslant \mathbb{P}[A] \leqslant \mathbb{P}[A \cup B] \leqslant \mathbb{P}[A] + \mathbb{P}[B]$.

1.8   设 $A \cap B = A$. A 和 B 可以独立吗？如果可以，请给出适当的条件.

1.9   证明

$$\mathbb{P}[A \cap B \cap C] = \mathbb{P}[A|B \cap C]\mathbb{P}[B|C]\mathbb{P}[C]$$

设 $\mathbb{P}[C] > 0$ 且 $\mathbb{P}[B \cap C] > 0$.

1.10   两个不等式 $\mathbb{P}[A|B] \leqslant \mathbb{P}[A]$, $\mathbb{P}[A|B] \geqslant \mathbb{P}[A]$ 哪个成立？或者二者均不成立？

1.11   请举例说明 $\mathbb{P}[A] > 0$，但是 $\mathbb{P}[A|B] = 0$ 成立.

1.12   请计算下列关于从一副标准牌 (52 张) 中抽取特定牌的概率.

    (a) 抽取一张牌是 K.

    (b) 抽取两张牌，给定第一张牌是 K 的条件下，抽到第二张牌是 K.

    (c) 抽取两张牌都是 K.

    (d) 抽取两张牌，给定第一张牌不是 K 的条件下，抽到第二张牌是 K.

    (e) 抽取两张牌，当第一张牌朝下放置时 (所以是未知的)，抽到第二张牌是 K.

1.13   你参加了一个游戏节目，主持人向你展示了标有 A, B, C, D, E 的五扇门. 主持人说其中一扇门后面有奖品，如果你选择了正确的门，你就能赢得奖品. 根据上述信息，你会用什么概率分布来模拟正确门的分布？

1.14   对于公平硬币和骰子，计算下面事件的概率.

    (a) 在抛三次硬币的实验中，得到连续三次正面朝上.

    (b) 给定前一次硬币反面朝上，得到正面朝上.

    (c) 在抛两次硬币的实验中，给定至少一次正面朝上，得到两次正面朝上.

    (d) 在掷一对骰子的实验中，掷出一个 6.

    (e) 在掷一对骰子的实验中，掷出一个 "蛇眼". (得到一对 1.)

1.15   如果从一副扑克牌中随机抽出四张牌，四张都是 A 的概率是多少？

1.16   假设患某种疾病的无条件概率为 0.002 5. 某种筛选测试能检测出这种疾病的概率为 0.9，假阳性率为 0.01. 给定检测结果为阳性的条件下，某人患这种疾病的概率是多少？

1.17   假设有 1% 的运动员使用违禁类固醇药物. 假设某项药物测试对这种疾病的检测率为 40%，假阳性率为 1%. 如果某名运动员检测结果呈阳性，那么该运动员服用违禁类固醇药物的条件概率是多少？

1.18   有时我们使用**条件独立** (conditional independence) 的概念，其定义如下. 令 A, B, C 表示具有三个正概率的事件. 如果 $\mathbb{P}[A \cap B|C] = \mathbb{P}[A|C]\mathbb{P}[B|C]$，则称 A

和 B 在给定 C 的条件下是条件独立的. 令 $A =\{$第一个骰子为 6 点$\}$, $B =\{$第二个骰子为 6 点$\}$, $C =\{$两个骰子点数相同$\}$. 证明 A 和 B 是独立的 (无条件下), 但给定 C, A 和 B 是相依的.

1.19 **蒙特霍尔** (Monte Hall). 这是一个著名的 (且出乎意料的难) 问题, 它基于美国一档由蒙特霍尔主持的老的电视游戏节目 "让我们做个交易". 节目的标准流程如下: 要求参赛者从三扇相同的门 A, B, C 中选择一扇. 奖品在三扇门中的一扇后. 如果参赛者选择了正确的门, 将获得奖品. 参赛者选了一扇门 (比如 A 门), 但没有立即打开它. 为了增加戏剧性, 主持人打开了剩下的两扇门中的一扇 (比如 B 门), 且这扇门后没有奖品. 然后, 主持人提出一个建议 "你可以改变你的选择" (比如换到 C 门). 可以想象, 参赛者可能做出了以下 (a)~(c) 的推理之一. 对这三个推理分别进行评论, 它们是否正确?

(a) "当我选择 A 门时, 拥有奖品的概率是 1/3. 并没有其他信息透露. 所以 A 门有奖品的概率仍然是 1/3."

(b) "原本每扇门后有奖品的概率是 1/3. 现在 B 门被排除了, A 门和 C 门有奖品的概率变为 1/2. 我仍选择 A 门还是变到 C 门都无所谓."

(c) "主持人无意间透露了信息. 如果 C 门后有奖品, 他会被迫打开 B 门. 如果 B 门后有奖品, 他将被迫打开 C 门. 因此, 很可能 C 门后有奖品."

(d) 假设每个门后有奖品的概率为 1/3. 分别计算 A 门和 C 门后有奖品的概率. 你对参赛者的建议是什么?

1.20 在 21 点游戏中, 你要从一副标准牌中抽取两张, 你的得分是两张牌的点数之和, 其中数字牌的得分由其数字决定, J, Q 和 K 计 10 分, A 计 1 分或 11 分 (由玩家选择). **21 点** (blackjack) 是指两张牌的得分是 21, 因此需要一张 A 和一张 10 分牌.

(a) 抽到的牌是 21 点的概率是多少?

(b) 庄家的两张牌一张正面朝下、一张正面朝上展示. 假设 "展示" 的牌是 A. 庄家是 21 点的概率是多少? (简单地, 假设你没看到其他任何牌.)

1.21 考虑从一副标准扑克牌中随机抽出五张牌. 计算以下概率.

(a) 顺子 (五张连续的牌, 花色可以不同).

(b) 同花 (五张牌花色相同, 顺序可以不同).

(c) 满堂红 (三张同点, 剩余为一对, 例如三张 K 和两张 "3").

1.22 在扑克游戏 "五张抽" 中, 玩家首先收到随机抽取的五张牌. 玩家可决定丢弃一些牌, 然后得到替换的牌. 假设玩家拿到的牌是一对和三张不相关的牌, 并决定丢弃这三张不相关的牌得到替换的牌. 计算替换后下列牌型的条件概率.

(a) 得到四张同点.

(b) 得到三张同点.

(c) 得到两对.

(d) 得到顺子或同花.

(e) 仍然是一对.

第 2 章 随机变量

2.1 引言

在实践中常常利用数字代表随机结果. 如果随机结果可用数字表示且是一维的, 称其为 "随机变量". 如果随机结果是多维的, 称其为 "随机向量".

随机变量是概率论中最重要和核心的概念之一. 它如此重要, 以至于我们大多时候忽略了其理论基础.

以抛硬币实验为例, 可能的结果是 H 或 T. 可把结果写成数字, 如果硬币正面朝上, 结果记为 $X = 1$, 如果硬币反面朝上, 结果记为 $X = 0$. 因为 X 的取值由抛硬币的结果决定, 故 X 是随机的.

2.2 随机变量的定义

定义 2.1 随机变量 (random variable) 是一个从样本空间 S 到实数轴 $\mathbb{R}$ 的实值函数.

随机变量常用一个大写的拉丁字母表示, 比如 X 和 Y. 在抛硬币的例子中, 随机变量

$$X = \begin{cases} 1, & \text{结果为 } H \\ 0, & \text{结果为 } T \end{cases}$$

图 2-1 展示了抛硬币实验中, 从样本空间到实数轴的映射, 其中 T 映射到 0, H 映射到 1. 抛硬币可能过于简单, 但其结构与任意只含两个结果的情况一致.

有必要从记号上区分随机变量及其**实现值** (realization). 在概率统计中, 一般使用大写字母 X 表示随机变量, 使用小写字母 x 表示一个实现值或特定值. 这似乎有些抽象. 可把 X 视为数值未知的随机对象, 可把 x 视为一个具体的数字或结果.

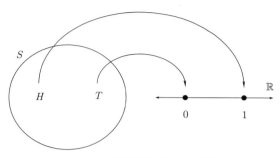

图 2-1 随机变量是一个函数

2.3 离散随机变量

我们把随机变量 X 定义为一个实值结果. 在大多数情况下, X 只在实数轴的某个子集中取值. 以抛硬币实验为例, 正面朝上记为 1, 反面朝上记为 0, 结果只取 0 和 1. 这是离散分布的例子.

定义 2.2 如果集合 $\mathscr{X}$ 中的元素是有限的或可数的, 则称其为**离散的** (discrete).

在实际应用中很多离散集都是非负整数. 例如, 在抛硬币实验中, $\mathscr{X} = \{0, 1\}$. 在掷骰子实验中, $\mathscr{X} = \{1, 2, 3, 4, 5, 6\}$.

定义 2.3 如果存在一个离散集合 $\mathscr{X}$ 满足 $\mathbb{P}[X \in \mathscr{X}] = 1$, 则称 X 是**离散随机变量** (discrete random variable). 满足这一性质的最小集合 $\mathscr{X}$ 称为 X 的**支撑** (support).

支撑是集合中取正概率的值. 当描述支撑时, 有时可用 $\mathscr{X} = \{\tau_1, \tau_2, \cdots, \tau_n\}$, $\mathscr{X} = \{\tau_1, \tau_2, \cdots\}$ 或 $\mathscr{X} = \{\tau_0, \tau_1, \tau_2, \cdots\}$ 表示, 称 τ_j 为**支撑点** (support point).

定义 2.4 随机变量 X 等于 x 的概率, 记为 $\pi(x) = \mathbb{P}[X = x]$, 称为随机变量的**概率质量函数** (probability mass function). 考虑支撑点 τ_j 时, $\pi_j = \pi(\tau_j)$.

以抛硬币实验为例, 设其正面朝上的概率为 p, 支撑 $\mathscr{X} = \{0, 1\} = \{\tau_0, \tau_1\}$, 概率质量函数的取值为 $\pi_0 = 1 - p$ 和 $\pi_1 = p$.

以掷骰子实验为例. 支撑 $\mathscr{X} = \{1, 2, 3, 4, 5, 6\} = \{\tau_j : j = 1, 2, \cdots, 6\}$, 概率质量函数为 $\pi_j = 1/6$, $j = 1, 2, \cdots, 6$.

一个可数随机变量的例子如下:

$$\mathbb{P}[X = k] = \frac{\mathrm{e}^{-1}}{k!}, \quad k = 0, 1, 2, \cdots \tag{2.1}$$

这是一个合理的概率函数, 因为 $\mathrm{e} = \sum\limits_{k=0}^{\infty} 1/k!$. 支撑为 $\mathscr{X} = \{0, 1, 2, \cdots\}$, 概率质量函数为 $\pi_j = \mathrm{e}^{-1}/(j!)$, $j \geqslant 0$. (这是 3.6 节定义的泊松分布的特例.)

通常利用条形图表示概率质量函数. 条形图可直观地表示事件发生的相对频率. 图 2-2a 展示了式 (2.1) 中的概率质量函数. 每个条形的高度表示支撑点处的概率 π_j. 虽然分布是可数的, 但可以忽略 $k \geqslant 6$ 时的概率, 故只绘制了 $k \leqslant 5$ 的概率质量函数. 可以看到, $k = 0$ 和 $k = 1$ 的概率大约为 0.37, $k = 2$ 的概率大约为 0.18, $k = 3$ 的概率大约为 0.06, $k = 4$ 的概率大约为 0.015.

再比如真实世界的例子, 图 2-2b 展示了 2009 年美国工薪阶层的受教育年限⊖. 可以看出, 受 12 年教育的概率 (大约 27%) 最高, 第二高的是受 16 年教育的概率 (大约 23%).

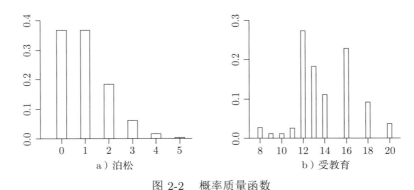

a) 泊松   b) 受教育

图 2-2　概率质量函数

2.4　变换

如果 X 是随机变量, $Y = g(X)$, 其中 $g : \mathscr{X} \to \mathscr{Y} \subset \mathbb{R}$, 那么 Y 也是一个随机变量. 更正式地说, 因为 X 是从样本空间 S 到 $\mathscr{X}$ 的映射, 且 g 是 $\mathscr{X}$ 到 $\mathscr{Y} \subset \mathbb{R}$ 的映射, 所以 Y 也是从 S 到 $\mathbb{R}$ 的映射.

我们对刻画 Y 的概率质量函数感兴趣. 设 X 的支撑为 $\mathscr{X} = \{\tau_1, \tau_2, \cdots\}$, 其概率质量函数为 $\pi_X(\tau_j)$.

对 X 的每个支撑点进行变换, 得到 $\mu_j = g(\tau_j)$. 若 μ_j 是唯一的 (没有其他值), 则 Y 的支撑为 $\mathscr{Y} = \{\mu_1, \mu_2, \cdots\}$, 概率质量函数为 $\pi_Y(\mu_j) = \pi_X(\tau_j)$. 变换 $X \to Y$ 使得支撑点从 τ_j 变换到 μ_j, 概率保持不变.

若 μ_j 是不唯一的, 则需要组合相应的概率. 本质上, 变换减少了支撑点的数量. 例如, 假设 X 的支撑为 $\{-1, 0, 1\}$. 令 $Y = X^2$, 则 Y 的支撑为 $\{0, 1\}$. 由于 -1 和 1 均映

⊖ 这里, 教育被定义为幼儿园以上的教育. 高中毕业生的受教育年限为 12 年, 大学毕业生的受教育年限为 16 年, 硕士学位的受教育年限为 18 年, 专业学位 (医学、法律或博士) 的受教育年限为 20 年.

射到 1, Y 的概率质量函数等于这两个概率之和, 即 Y 的概率质量函数为

$$\pi_Y(0) = \pi_X(0)$$

$$\pi_Y(1) = \pi_X(-1) + \pi_X(1)$$

一般地,

$$\pi_Y(\mu_i) = \sum_{j:g(\tau_j)=g(\tau_i)} \pi_X(\tau_j)$$

这个求和看起来很复杂, 但它仅仅表明将变换后值相等的变量的概率相加.

2.5 期望

随机变量 X 的**期望** (expectation) $\mathbb{E}[X]$ 是度量分布集中趋势的常用指标. 期望是一种以概率为权重的加权平均. 期望也被称为分布的**期望值** (expected value)、**平均值** (average) 或**均值** (mean). 本书更倾向于使用 "期望" 或 "期望值", 因为它们是最清楚的. 通常将期望写为 $\mathbb{E}[X]$, $\mathbb{E}(X)$ 或 $\mathbb{E}X$. 有时使用记号 $E[X]$ 或 $\mathrm{E}[X]$.

定义 2.5 对支撑为 $\{\tau_j\}$ 的离散随机变量 X, 其期望为

$$\mathbb{E}[X] = \sum_{j=1}^{\infty} \tau_j \pi_j$$

若该序列是收敛的 (收敛的定义见附录 A.1 节).

重要的是理解虽然 X 是随机的, 但 $\mathbb{E}[X]$ 是非随机的. 期望是分布的固定特征.

例 1 令 $X = 1$ 的概率为 p, $X = 0$ 的概率为 $1 - p$, 则其期望为

$$\mathbb{E}[X] = 0 \times (1 - p) + 1 \times p = p$$

例 2 掷公平骰子, 其期望为

$$\mathbb{E}[X] = 1 \times \frac{1}{6} + 2 \times \frac{1}{6} + 3 \times \frac{1}{6} + 4 \times \frac{1}{6} + 5 \times \frac{1}{6} + 6 \times \frac{1}{6} = \frac{7}{2}$$

例 3 令 $\mathbb{P}[X = k] = \frac{\mathrm{e}^{-1}}{k!}$, k 为非负整数. 这个概率分布的期望为

$$\mathbb{E}[X] = \sum_{k=0}^{\infty} k \frac{\mathrm{e}^{-1}}{k!} = 0 + \sum_{k=1}^{\infty} k \frac{\mathrm{e}^{-1}}{k!} = \sum_{k=1}^{\infty} \frac{\mathrm{e}^{-1}}{(k-1)!} = \sum_{k=0}^{\infty} \frac{\mathrm{e}^{-1}}{k!} = 1$$

例 4 受教育年限. 图 2-2b 中概率分布的期望为

$$\mathbb{E}[X] = 8 \times 0.027 + 9 \times 0.011 + 10 \times 0.011 + 11 \times 0.026 + 12 \times 0.274 +$$

$$13 \times 0.182 + 14 \times 0.111 + 16 \times 0.229 + 18 \times 0.092 + 20 \times 0.037 = 13.9$$

因此, 受教育年限的均值大约是 14.

期望是分布的**重心** (center of mass). 把图 2-2 中的概率质量函数想象成一组重量, 将其放在一个支点支撑的木板上. 为了使木板平衡, 支点需要放在期望 $\mathbb{E}[X]$ 处. 再以重心的视角观察图 2-2 会很受启发, 泊松分布的重心在 1 处, 受教育年限的重心是 14.

同样, 可定义期望的变换.

定义 2.6 对支撑为 τ_j 的离散随机变量 X, $g(X)$ 的**期望**为

$$\mathbb{E}[g(X)] = \sum_{j=1}^{\infty} g(\tau_j)\pi_j$$

如果该序列是收敛的.

应用变换时, 可以通过简化记号减少混乱. 例如, 记为 $\mathbb{E}|X|$ 而不是 $\mathbb{E}[|X|]$, 记为 $\mathbb{E}|X|^r$ 而不是 $\mathbb{E}[|X|^r]$.

期望具有线性性质.

定理 2.1 **期望的线性性质** (linearity of expectation). 对任意的常数 a 和 b, 都有

$$\mathbb{E}[a + bX] = a + \mathbb{E}[X]$$

证明 由期望的定义得

$$\mathbb{E}[a + bX] = \sum_{j=1}^{\infty} (a + b\tau_j)\pi_j$$
$$= a\sum_{j=1}^{\infty} \pi_j + b\sum_{j=1}^{\infty} \tau_j\pi_j$$
$$= a + b\mathbb{E}[X]$$

由于 $\sum\limits_{j=1}^{\infty} \pi_j = 1$ 且 $\sum\limits_{j=1}^{\infty} \pi_j\tau_j = \mathbb{E}[X]$. ■

2.6 离散随机变量的有限期望

期望有定义的条件有 "序列是收敛的". 包含这句话是因为有些序列是不收敛的, 此时, 期望是无限的或无法定义的.

例如, 设 X 的支撑点为 2^k, $k = 1, 2, \cdots$, 且其概率质量函数为 $\pi_k = 2^{-k}$. 因为

$$\sum_{k=1}^{\infty} \pi_k = \sum_{k=1}^{\infty} \frac{1}{2^k} = \frac{1}{2} + \frac{1}{4} + \frac{1}{8} + \cdots = 1$$

所以该概率函数是有效的. 其期望为

$$\mathbb{E}[X] = \sum_{k=1}^{\infty} 2^k \pi_k = \sum_{k=1}^{\infty} 2^k 2^{-k} = \infty$$

这个例子可对应赌局中的**圣彼得堡悖论** (St. Petersburg paradox). 抛一枚公平硬币 K 次直到正面朝上为止. 设定玩家收益 $X = 2^K$, 即如果 $K = 1$, 则玩家赢得 2 美元; 如果 $K = 2$, 则玩家赢得 4 美元; 如果 $K = 3$, 则玩家赢得 8 美元; 以此类推. 如上所示, 收益的期望为无穷. 这个游戏是个 "悖论", 因为即便期望是无穷的, 也很少有人愿意支付高价获得随机收益.⊖

图 2-3 展示了该收益的概率质量函数. 观察图中的概率是如何在右尾处缓慢衰减的. 期望等价于重心, 如果想象一个无限长的木板, 以图 2-3 的概率质量函数为砝码, 则不存在一个放置支点的位置, 使木板平衡. 无论支点放在哪里, 木板都会向右倾斜. 概率质量虽小但取值越来越大的点会占主导地位.

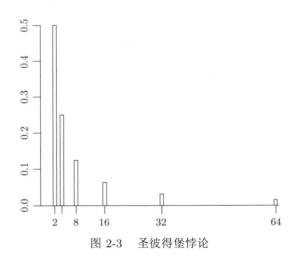

图 2-3   圣彼得堡悖论

上述是一个期望无穷大的非收敛的例子. 某些非收敛的例子中, 都无法定义期望. 假设修改圣彼得堡赌局的收益, 使其支撑点为 2^k 和 -2^k, 每个点的概率为 $\pi_k = 2^{-k-1}$. 则期望为

$$\mathbb{E}[X] = \sum_{k=1}^{\infty} 2^k \pi_k - \sum_{k=1}^{\infty} 2^k \pi_k = \sum_{k=1}^{\infty} \frac{1}{2} - \sum_{k=1}^{\infty} \frac{1}{2} = \infty - \infty$$

⊖   经济学家应该明白如果使用凹性效用, 则悖论不存在. 如果效用 $u(x) = x^{1/2}$, 则赌局的期望效用为 $\sum_{k=1}^{\infty} 2^{-k/2} = 2^{-1}/(1 - 2^{-1/2}) \approx 2.41$. 赌注的价值 (确定性等价) 是 5.83 美元, 因为这也产生了 2.41 的效用.

该序列既不收敛, 也不是 $+\infty$ 或 $-\infty$. (猜测两个无穷大的数相减可以抵消是诱人的, 但并不正确.) 在这种情况下, 称期望**没有定义**或**不存在**.

期望的无穷性可能会导致经济交易发生困难. 假设 X 是由于意外灾难导致的损失, 如火灾、龙卷风或地震. 因此, $X = 0$ 的概率很高, X 为正且很大的概率很低. 此时, 风险规避 (risk-adverse) 型经济主体会购买保险. 理想的保险合同应对随机损失 X 充分补偿. 在对称或没有摩擦的市场中, 保险公司提供保费为预期损失 $\mathbb{E}[X]$ 的合同. 然而, 当损失是无穷时, 就无法制定相应的合同.

2.7 分布函数

随机变量可用其分布函数来表示.

定义 2.7 事件 $\{X \leqslant x\}$ 的概率称为**分布函数** $F(x) = \mathbb{P}[X \leqslant x]$.

$F(x)$ 也称为**累积分布函数** (cumulative distribution function, CDF). 常简写为 $X \sim F$, 即 "随机变量 X 具有分布函数 F" 或 "随机变量 X 服从 F". 符号 "$\sim$" 表示左边的变量具有右边的分布.

通常使用大写字母表示分布函数. 尽管可以使用任何记号, 最常用的是 F. 如果需要指明随机变量, 在写分布函数时加下标 X, 即 $F_X(x)$. 下标 X 表示 X 的分布为 F_X. 其中 "x" 可以使用任意的符号, 如把分布函数记为 $F_X(t)$ 或 $F_X(s)$. 当只考虑一维随机变量时, 我们把分布函数简记为 $F(x)$.

对支撑点为 τ_j 的离散随机变量, 支撑点处的累积分布函数为小于 j 的累积概率和, 即

$$F(\tau_j) = \sum_{k=1}^{j} \pi(\tau_k)$$

支撑点间的累积分布函数是常数. 因此, 离散随机变量的累积分布函数是一个阶梯函数, 每个支撑点都有大小为 $\pi(\tau_j)$ 的跳跃.

图 2-4 展示了图 2-2 中两个例子的分布函数.

由图可知, 每个分布函数都是一个阶梯函数, 阶梯在支撑点处. 因为支撑点的概率不等, 所以跳跃的大小是不同的. 一般地 (不仅对离散随机变量成立), 累积分布函数具有以下性质.

定理 2.2 **累积分布函数的性质**. 若 $F(x)$ 是一个分布函数, 则

1. $F(x)$ 是非降的.

2. $\lim\limits_{x \to -\infty} F(x) = 0$.

3. $\lim\limits_{x\to\infty} F(x) = 1$.

4. $F(x)$ 是**右连续**的, 即 $\lim\limits_{x\downarrow x_0} F(x) = F(x_0)$.

性质 1 和性质 2 由概率公理 (概率是非负的) 的第一条推出. 性质 3 是概率公理的第二条. 性质 4 表明 $F(x)$ 在阶梯处左不连续, 但右连续. 这条性质由分布函数 $\mathbb{P}[X \leqslant x]$ 的性质推出. 如果分布函数的定义为 $\mathbb{P}[X < x]$, 则 $F(x)$ 是左连续的.

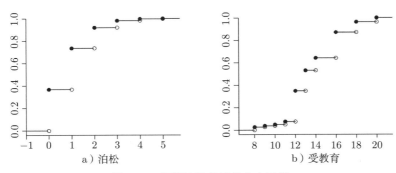

a) 泊松　　　　　　　　　b) 受教育

图 2-4　离散随机变量的分布函数

2.8　连续随机变量

如果随机变量 X 的取值是连续的, 则该随机变量不服从离散分布. 正式地, 如果随机变量的分布函数是连续的, 则称该随机变量是连续的.

定义 2.8　若 $X \sim F(x)$ 且 $F(x)$ 是连续的, 则 X 是**连续** (continuous) 随机变量.

例 5　均匀分布:

$$F(x) = \begin{cases} 0, & x < 0 \\ x, & 0 \leqslant x \leqslant 1 \\ 1, & x > 1 \end{cases}$$

函数 $F(x)$ 是全局连续的, 当 $x \to -\infty$ 时, 极限为 0; 当 $x \to \infty$ 时, 极限为 1. 因此, $F(x)$ 满足累积分布函数的性质.

例 6　指数分布:

$$F(x) = \begin{cases} 0, & x < 0 \\ 1 - \exp(-x), & x \geqslant 0 \end{cases}$$

函数 $F(x)$ 是全局连续的, 当 $x \to -\infty$ 时, 极限为 0; 当 $x \to \infty$ 时, 极限为 1. 因此, $F(x)$ 满足累积分布函数的性质.

例 7　时薪. 作为一个实际例子, 图 2-5 展示了 2009 年美国时薪的分布函数. 图形在 [0, 60] 美元范围内绘制. 该函数是连续且处处递增的. 这是因为时薪是连续变化的. 箭头表示时薪以 10 美元为间隔, 从 10 美元到 50 美元对应分布函数的值. 具体来说, 时薪 10 美元处分布函数的值为 0.14. 故 14% 的人的时薪小于或等于 10 美元. 时薪 20 美元处分布函数的值为 0.54. 故 54% 的人的时薪小于或等于 20 美元. 类似地, 时薪为 30 美元、40 美元和 50 美元的分布函数函数的值分别为 0.78、0.89 和 0.94.

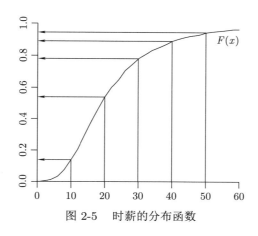

图 2-5　时薪的分布函数

可用差值描述分布函数. 以区间 (a, b) 为例. 随机变量 $X \in (a, b)$ 的概率为 $\mathbb{P}[a < X \leqslant b] = F(b) - F(a)$, 表示分布函数的差值. 因此, 分布函数的两点之差就是 X 位于对应区间内的概率. 例如, 随机抽取一人, 其工资在 10 到 20 美元之间的概率是 $0.54 - 0.14 = 0.40$. 类似地, 工资落在区间 [40, 50] 美元的概率为 $94\% - 89\% = 5\%$.

连续随机变量等于特定值的概率为 0. 考虑任意的数 x. 通过对序列的概率取极限计算 X 等于 x 的概率, 即考虑当 ϵ 递减向 0 时, X 落在区间 $[x, x + \epsilon]$ 的概率. 此时,

$$\mathbb{P}[X = x] = \lim_{\epsilon \to 0} \mathbb{P}[x \leqslant X \leqslant x + \epsilon] = \lim_{\epsilon \to 0} F(x + \epsilon) - F(x) = 0$$

其中 $F(x)$ 是连续的. 这看起来是个悖论. 虽然 X 等于任一具体值 x 的概率是 0, 但是 X 等于一些值的概率是 1. 这个悖论是由于实数轴的魔力和无穷不可数的丰富性产生的.

对连续随机变量, 有

$$\mathbb{P}[X < x] = \mathbb{P}[X \leqslant x] = F(x)$$

$$\mathbb{P}[X \geqslant x] = \mathbb{P}[X > x] = 1 - F(x)$$

2.9 分位数

对连续分布函数 $F(x)$, **分位数** (quantile) 函数 $q(\alpha)$ 定义为方程

$$\alpha = F\big(q(\alpha)\big)$$

的解. 实际上, 分位数函数是 $F(x)$ 的反函数

$$q(\alpha) = F^{-1}(\alpha)$$

分位数函数 $q(\alpha)$ 是定义在 $[0,1]$ 到 X 的取值范围的函数.

以百分比表示, $100 \times q(\alpha)$ 称为分布的**百分位数** (percentile). 例如, 第 95 百分位数等于 0.95 分位数.

特别地, **中位数** (median) 是分布的 0.5 分位数. **四分位数** (quartile) 是分布的 $0.25, 0.5$ 和 0.75 分位数. "四分位数" 把总体等分为四个部分. **五分位数** (quintile) 是分布的 $0.2, 0.4, 0.6$ 和 0.8 分位数. **十分位数** (decile) 是分布的 $0.1, 0.2, \cdots, 0.9$ 分位数.

分位数是描述分布散布程度的有用指标.

例 8 指数分布. $F(x) = 1 - \exp(-x), x \geqslant 0$. 为计算分位数 $q(\alpha)$, 令 $\alpha = 1 - \exp(-x)$, 求解 x. 则 $x = -\log(1 - \alpha)$. 例如, 0.9 分位数为 $-\log(1 - 0.9) \approx 2.3$, 0.5 分位数为 $-\log(1 - 0.5) \approx 0.7$.

例 9 时薪. 图 2-6 展示了时薪的分位数函数. 从纵轴的点 $0.25, 0.50, 0.75$, 画线到分布函数, 再用箭头画线到横轴. 它们表示时薪分布的四分位数, 分别为 12.82 美元、18.88 美元和 28.35 美元. 其解释是, 25% 的人的时薪小于或等于 12.82 美元, 50% 的人的时薪小于或等于 18.88 美元, 75% 的人的时薪小于或等于 28.35 美元.

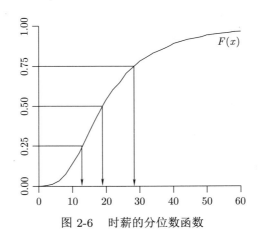

图 2-6　时薪的分位数函数

2.10　密度函数

连续随机变量没有概率质量函数. 类似的概念是分布函数的导数, 称为密度.

定义 2.9　设 $F(x)$ 是可微的, 则其**密度** (density) 为 $f(x) = \dfrac{\mathrm{d}}{\mathrm{d}x}F(x)$.

密度函数也称为**概率密度函数** (probability density function, PDF).

通常使用小写字母表示密度函数, 常用的选择是 f. 与分布函数类似, $f_X(x)$ 表示随机变量 X 的密度函数, 其中下标表示这是 X 的密度函数. 简写为 "$X \sim f$", 表示 "随机变量 X 的密度函数为 f".

定理 2.3　**概率密度函数的性质**. 函数 $f(x)$ 是密度函数当且仅当

1. 对所有的 x, $f(x) \geqslant 0$.

2. $\displaystyle\int_{-\infty}^{\infty} f(x)\mathrm{d}x = 1$.

密度是可积且全域积分为 1 的非负函数. 根据微积分基本定理, 有

$$\mathbb{P}[a \leqslant X \leqslant b] = \int_a^b f(x)\mathrm{d}x$$

这表明 X 落在区间 $[a, b]$ 中的概率是密度函数在 $[a, b]$ 上的积分, 即概率等于密度函数下的面积.

例 10　均匀分布. $F(x) = x$, $0 \leqslant x \leqslant 1$, 其密度为

$$f(x) = \frac{\mathrm{d}}{\mathrm{d}x}F(x) = \frac{\mathrm{d}}{\mathrm{d}x}x = 1$$

其中 $0 \leqslant x \leqslant 1$, 其他为 0. 该函数是非负的且满足

$$\int_{-\infty}^{\infty} f(x)\mathrm{d}x = \int_0^1 1\mathrm{d}x = 1$$

即满足密度函数的性质.

例 11　指数分布. $F(x) = 1 - \exp(-x)$, $x \geqslant 0$. 在 $x \geqslant 0$ 上, 其密度为

$$f(x) = \frac{\mathrm{d}}{\mathrm{d}x}F(x) = \frac{\mathrm{d}}{\mathrm{d}x}\big(1 - \exp(-x)\big) = \exp(-x)$$

其他为 0. 该函数是非负的且满足

$$\int_{-\infty}^{\infty} f(x)\mathrm{d}x = \int_0^1 \exp(-x)\mathrm{d}x = 1$$

即满足密度函数的性质. 密度函数可用来计算概率. 例如,

$$\mathbb{P}[1 \leqslant X \leqslant 2] = \int_1^2 \exp(-x)\mathrm{d}x = \exp(-1) - \exp(-2) \approx 0.23$$

例 12   时薪. 图 2-7 展示了时薪的密度函数.

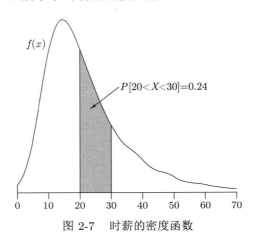

图 2-7   时薪的密度函数

解释密度函数的方法如下. 密度 $f(x)$ 相对较高的区域是 X 发生的可能性相对较大的区域. 密度 $f(x)$ 相对较低的区域是 X 发生的可能性相对较小的区域. 密度在尾部下降到零, 因为密度函数是可积的. 密度函数下的面积是概率. 例如, 在图 2-7 中, $20 < X < 30$ 阴影区域的面积为 0.24, 表示时薪在 20 美元到 30 美元的概率是 0.24. 密度函数在 15 美元左右有一个单峰, 是该分布的**众数** (mode).

时薪的密度是不对称的. 左尾比右尾更陡, 右尾比左尾更平缓. 这种非对称性称为**偏度** (skewness). 收入和财富分布常常是有偏的, 即相对于一般人群, 有人以很小, 但可能发生的概率获得非常高的薪水.

连续随机变量的支撑为使密度函数为正的值的集合.

定义 2.10   连续随机变量的**支撑** $\mathscr{X}$ 是包含 $\{x : f(x) > 0\}$ 的最小闭集.

2.11   连续随机变量的变换

如果 X 是服从连续分布 F 的随机变量, 那么对任意函数 $g(x)$, $Y = g(X)$ 仍是随机变量. Y 的分布是什么?

首先考虑支撑. 如果 X 的支撑是 $\mathscr{X}$ 且函数 $g : \mathscr{X} \to \mathscr{Y}$, 则 Y 的支撑为 $\mathscr{Y}$. 例如, 如果 X 的支撑是 $[0,1]$ 且 $g(x) = 1 + 2x$, 则 $Y = g(X)$ 的支撑是 $[1,3]$. 如果 X 的

支撑是 $\mathbb{R}_+$ 且 $g(x) = \log(x)$, 则 $Y = g(X)$ 的支撑为 $\mathbb{R}$.

设 Y 的概率函数为 $F_Y(y) = \mathbb{P}[Y \leqslant y] = \mathbb{P}[g(X) \leqslant y]$. 令 $B(y)$ 是集合 $\{x \in \mathbb{R} : g(x) \leqslant y\}$. 事件 $\{g(X) \leqslant y\}$ 和 $\{X \in B(y)\}$ 是等价的. 所以 Y 的分布函数为

$$F_Y(y) = \mathbb{P}[X \in B(y)]$$

因此, Y 的分布由 X 的概率函数确定.

当 $g(x)$ 单调递增时, $g(x)$ 有反函数

$$h(y) = g^{-1}(y)$$

则 $X = h(Y)$ 且 $B(y) = (-\infty, h(y)]$. Y 的分布函数为

$$F_Y(y) = \mathbb{P}[X \leqslant h(y)] = F_X(h(y))$$

它的密度函数是分布函数的导数. 根据链式法则, 可得

$$f_Y(y) = \frac{\mathrm{d}}{\mathrm{d}y} F_X(h(y)) = f_X(h(y)) \frac{\mathrm{d}}{\mathrm{d}y} h(y) = f_X(h(y)) \left| \frac{\mathrm{d}}{\mathrm{d}y} h(y) \right|$$

最后一个等号成立是因为 $h(y)$ 关于 y 的导数为正.

现考虑 $g(x)$ 单调递减的情况, 设其反函数为 $h(y)$, 则 $B(y) = [h(y), \infty)$,

$$F_Y(y) = \mathbb{P}[X \geqslant h(y)] = 1 - F_X(h(y))$$

它的密度函数是分布函数的导数,

$$f_Y(y) = -\frac{\mathrm{d}}{\mathrm{d}y} F_X(h(y)) = -f_X(h(y)) \frac{\mathrm{d}}{\mathrm{d}y} h(y) = f_X(h(y)) \left| \frac{\mathrm{d}}{\mathrm{d}y} h(y) \right|$$

最后一个等号成立是因为 $h(y)$ 关于 y 的导数为负.

当 $g(x)$ 严格单调时, Y 的密度为

$$f_Y(y) = f_X(g^{-1}(y))J(y)$$

其中

$$J(y) = \left| \frac{\mathrm{d}}{\mathrm{d}y} h(y) \right| = \left| \frac{\mathrm{d}}{\mathrm{d}y} g^{-1}(y) \right|$$

称为变换的**雅可比行列式** (Jacobian). 这个概念与微积分中类似.

由此得到下述定理.

定理 2.4 若 $X \sim f_X(x)$，$f(x)$ 是 $\mathscr{X}$ 上的连续函数. 设 $g(x)$ 严格单调，$g^{-1}(y)$ 在 $\mathscr{Y}$ 上连续可微，则对所有的 $y \in \mathscr{Y}$，都有

$$f_Y(y) = f_X(g^{-1}(y))J(y)$$

其中 $J(y) = \left| \dfrac{\mathrm{d}}{\mathrm{d}y} g^{-1}(y) \right|$.

定理 2.4 给出了一个变换 Y 的密度函数的简洁公式. 下述四个例子具体说明定理 2.4.

例 13 $f_X(x) = \exp(-x), x \geqslant 0$. 设 $Y = \lambda X$，$\lambda > 0$，即 $g(x) = \lambda x$. Y 的支撑为 $\mathscr{Y} = [0, \infty)$. 设函数 $g(x)$ 是单调递增的，其反函数为 $h(y) = y/\lambda$. 雅可比行列式是反函数的导数，

$$J(y) = \left| \frac{\mathrm{d}}{\mathrm{d}y} h(y) \right| = \frac{1}{\lambda}$$

Y 的密度函数为

$$f_Y(y) = f_X(g^{-1}(y))J(y) = \exp\left(-\frac{y}{\lambda}\right)\frac{1}{\lambda}$$

其中 $y \geqslant 0$. 由于

$$\int_0^\infty f_Y(y)\mathrm{d}y = \int_0^\infty \exp\left(-\frac{y}{\lambda}\right)\frac{1}{\lambda}\mathrm{d}y = \int_0^\infty \exp(-x)\mathrm{d}x = 1$$

其中第二个等号通过变量变换 $x = y/\lambda$ 得到，故密度是合理的.

例 14 $f_X(x) = 1, 0 \leqslant x \leqslant 1$. 设 $Y = g(X)$，其中 $g(x) = -\log(x)$. 由于 X 的支撑为 $[0,1]$，Y 的支撑为 $\mathscr{Y} = (0, \infty)$. 函数 $g(x)$ 单调递减，其反函数为

$$h(y) = g^{-1}(y) = \exp(-y)$$

对 $h(y)$ 求导得到雅可比行列式：

$$J(y) = \left| \frac{\mathrm{d}}{\mathrm{d}y} h(y) \right| = |-\exp(-y)| = \exp(-y)$$

注意，$f_X(g^{-1}(y)) = 1, y \geqslant 0$. 计算 Y 的密度，

$$f_Y(y) = f_X(g^{-1}(y))J(y) = \exp(-y)$$

其中 $y \geqslant 0$. 这是指数分布的密度函数. 也就是说，如果 X 服从均匀分布，则 $Y = -\log(X)$ 服从指数分布.

例 15 X 有任意连续可逆 (严格递增) 的累积分布函数 $F_X(x)$. 定义随机变量 $Y = F_X(x)$. Y 的支撑为 $\mathscr{Y} = [0,1]$: 则在 $[0, 1]$ 上 Y 的累积分布函数为

$$
\begin{aligned}
F_Y(y) &= \mathbb{P}[Y \leqslant y] \\
&= \mathbb{P}[F_X(x) \leqslant y] \\
&= \mathbb{P}[X \leqslant F_X^{-1}(y)] \\
&= F_X(F_X^{-1}(y)) \\
&= y
\end{aligned}
$$

求导得概率密度函数:

$$
f_Y(y) = \frac{\mathrm{d}}{\mathrm{d}y} y = 1
$$

这是服从 $U[0,1]$ 随机变量的密度函数. 故 $Y \sim U[0,1]$.

变换 $Y = F_X(x)$ 被称为**概率积分变换** (probability integral transformation). 无论初始 X 的分布是什么, 该公式都能将 Y 变换为均匀分布, 这个事实是相当奇妙的.

例 16 令 $f_X(x)$ 表示图 2-7 中时薪的密度函数. 令 $Y = \log(X)$. 如果 X 的支撑为 $\mathbb{R}_+$, 则 Y 的支撑为 $\mathbb{R}$, 其反函数为 $h(y) = \exp(y)$, 雅可比行列式为 $\exp(y)$. Y 的密度为 $f_Y(y) = f_X(\exp(y)) \exp(y)$. 如图 2-8 所示, 该密度函数比时薪的密度更对称, 偏度更小.

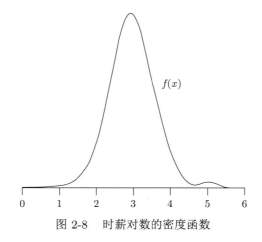

图 2-8　时薪对数的密度函数

2.12　非单调变换

令 $Y = g(X)$, $g(x)$ 是非单调的. 我们 (在某些情况下) 可通过分布函数的定义直接推出 Y 的分布. 例如, 令 $g(x) = x^2$, $\mathscr{X} = \mathbb{R}$, X 的密度函数为 $f_X(x)$.

Y 的支撑为 $\mathscr{Y} \subset [0, \infty)$. 对 $y \geqslant 0$,

$$
\begin{aligned}
F_Y(y) &= \mathbb{P}[Y \leqslant y] \\
&= \mathbb{P}[X^2 \leqslant y] \\
&= \mathbb{P}[|X| \leqslant \sqrt{y}] \\
&= \mathbb{P}[-\sqrt{y} \leqslant X \leqslant \sqrt{y}] \\
&= \mathbb{P}[X \leqslant \sqrt{y}] - \mathbb{P}[X \leqslant -\sqrt{y}] \\
&= F_X(\sqrt{y}) - F_X(-\sqrt{y})
\end{aligned}
$$

通过求导和链式法则, 计算密度

$$
\begin{aligned}
f_Y(y) &= \frac{f_X(\sqrt{y})}{2\sqrt{y}} + \frac{f_X(-\sqrt{y})}{2\sqrt{y}} \\
&= \frac{f_X(\sqrt{y}) + f_X(-\sqrt{y})}{2\sqrt{y}}
\end{aligned}
$$

进一步, 设 $f_X(x) = \frac{1}{\sqrt{2\pi}} \exp(-x^2/2)$ (标准正态密度). $Y = X^2$ 的密度函数为

$$
f_Y(y) = \frac{1}{\sqrt{2\pi y}} \exp(-y/2)
$$

其中 $y \geqslant 0$. 该分布被称为自由度为 1 的卡方分布, 记为 χ_1^2. 已证明若 X 服从标准正态分布, 则 $Y = X^2$ 服从 χ_1^2 分布.

2.13　连续随机变量的期望

2.5 节讨论了离散随机变量的期望. 本节考虑连续的情况.

定义 2.11　若 X 是连续的, 其密度函数为 $f(x)$, 则其**期望** (expectation) 定义为

$$
\mathbb{E}[X] = \int_{-\infty}^{\infty} x f(x) \mathrm{d}x
$$

积分需要收敛.

期望是以连续函数 $f(x)$ 为权重的 x 的加权平均. 与离散情况类似, 期望等于分布的重心. 为说明这一点, 取任意的密度函数, 想象将其放置到有一个支点的木板上. 当支点放在期望值处时, 木板将会平衡.

例 17　$f(x) = 1, 0 \leqslant x \leqslant 1$.

$$
\mathbb{E}[X] = \int_0^1 x \mathrm{d}x = \frac{1}{2}
$$

例 18 $f(x) = \exp(-x), x \geqslant 0$. 验证 $\mathbb{E}[X] = 1$. 分两步, 首先

$$\mathbb{E}[X] = \int_0^\infty x \exp(-x)\mathrm{d}x$$

利用分部积分, 令 $u = x$, $v = \exp(-x)$. 计算

$$\mathbb{E}[X] = \int_0^\infty \exp(-x)\mathrm{d}x = 1$$

故 $\mathbb{E}[X] = 1$.

例 19 时薪分布 (图 2-5). 期望为 23.92 美元. 检查图 2-7 中的密度图. 期望大约在灰色阴影区域的中间位置. 该位置是重心, 它平衡了左边高的众数和右边的厚尾.

类似地, 可定义变换的期望.

定义 2.12 *如果 X 的密度函数为 $f(x)$, 则 $g(X)$ 的期望为*

$$\mathbb{E}[g(X)] = \int_{-\infty}^\infty g(x)f(x)\mathrm{d}x$$

例 20 $X \sim f(x) = 1, 0 \leqslant x \leqslant 1$. 则 $\mathbb{E}[X^2] = \int_0^1 x^2 \mathrm{d}x = 1/3$.

例 21 时薪对数分布 (图 2-8). 期望值为 $\mathbb{E}[\log(\text{wage})] = 2.95$. 检查图 2-8 中的密度图. 由于曲线是近似对称的, 期望值近似为密度的中点.

与离散随机变量类似, 期望具有线性性质.

定理 2.5 期望的线性性质 *对任意的常数 a 和 b, 都有*

$$\mathbb{E}[a + bX] = a + b\mathbb{E}[X]$$

证明 设 X 是连续随机变量. 由 $\int_{-\infty}^\infty f(x)\mathrm{d}x = 1$ 且 $\int_{-\infty}^\infty xf(x)\mathrm{d}x = \mathbb{E}[X]$, 得

$$\begin{aligned}
\mathbb{E}[a + bX] &= \int_{-\infty}^\infty (a + bX)f(x)\mathrm{d}x \\
&= a\int_{-\infty}^\infty f(x)\mathrm{d}x + b\int_{-\infty}^\infty f(x)\mathrm{d}x \\
&= a + b\mathbb{E}[X]
\end{aligned}$$

■

例 22 $f(x) = \exp(-x), x \geqslant 0$. 利用变换 $Y = \lambda X$. 由期望的线性性质和 $\mathbb{E}[X] = 1$, 得

$$\mathbb{E}[Y] = \mathbb{E}[\lambda X] = \lambda\mathbb{E}[X] = \lambda$$

或者利用变量变换求解, 2.11 节已给出 Y 的密度为 $\exp(-y/\lambda)$ 的情况. 直接计算可得

$$\mathbb{E}[Y] = \int_0^\infty y \exp\left(-\frac{y}{\lambda}\right)\frac{1}{\lambda}\mathrm{d}y = \lambda$$

两种方法均说明 Y 的期望为 λ.

2.14 连续随机变量的有限期望

在圣彼得堡悖论的讨论中, 我们发现存在期望不收敛的离散分布. 连续情形也有相同的问题. 连续随机变量的期望也可能是无限的或无法定义的.

例 23 $f(x) = x^{-2}, x > 1$. 由于 $\int_1^\infty x^{-2}\mathrm{d}x = -x^{-1}|_1^\infty = 1$, 该密度是合理的. 然而, 其期望为

$$\mathbb{E}[X] = \int_1^\infty xf(x)\mathrm{d}x = \int_1^\infty x^{-1}\mathrm{d}x = \log(x)\Big|_1^\infty = \infty$$

因为积分 $\int_1^\infty x^{-1}\mathrm{d}x$ 不收敛, 所以期望是无穷的. 密度 $f(x) = x^{-2}$ 是帕累托分布 (Pareto distribution) 的特例. 帕累托分布常用于对厚尾分布建模.

例 24 $f(x) = \dfrac{1}{\pi(1+x^2)}, x \in \mathbb{R}$. 其期望

$$
\begin{aligned}
\mathbb{E}[X] &= \int_{-\infty}^\infty xf(x)\mathrm{d}x \\
&= \int_0^\infty \frac{x}{\pi(1+x^2)}\mathrm{d}x + \int_{-\infty}^0 \frac{x}{\pi(1+x^2)}\mathrm{d}x \\
&= \frac{\log(1+x^2)}{2\pi}\Big|_0^\infty - \frac{\log(1+x^2)}{2\pi}\Big|_0^\infty \\
&= \log(\infty) - \log(\infty)
\end{aligned}
$$

是无法定义的. 该分布称为柯西分布 (Cauchy distribution).

2.15 统一记号

在中级概率论课程中, 离散和连续随机变量的期望 (和其他数字特征) 的定义是不同的. 因此所有的证明尽管步骤是相同的, 但需要做两次. 在高级概率论课程中, 典型的做法是用 Riemann-Stieltjes 积分来定义期望 (见附录 A.8), 它结合了离散和连续的情况. 即使你不熟悉数学细节, 了解下述记号也是有用的.

定义 2.13 对任意的随机变量 X, 设其分布为 $F(x)$, 则其**期望**为

$$\mathbb{E}[X] = \int_{-\infty}^{\infty} x \mathrm{d}F(x)$$

其中积分需要收敛.

本章剩余部分将不再区分离散和连续随机变量. 为简单起见, 通常使用连续随机变量的记号 (使用密度和积分). 对一般的情况, 使用 Riemann-Stieltjes 积分.

2.16 均值和方差

分布函数的两个重要的数字特征是均值和方差, 通常用希腊字母 μ 和 σ^2 表示.

定义 2.14 X 的**均值**定义为 $\mu = \mathbb{E}[X]$.

均值可能是有限的、无限的或无法定义的.

定义 2.15 X 的**方差** 定义为 $\sigma^2 = \mathrm{var}[X] = \mathbb{E}\big[(X - E[X])^2\big]$.

方差必须是非负的: $\sigma^2 \geqslant 0$. 方差可能是有限的或无限的. 退化随机变量的方差为 0.

定义 2.16 对随机变量 X, 如果存在 c 使得 $\mathbb{P}[X = c] = 1$, 则称 X 是**退化的** (degenerate).

退化随机变量本质上是非随机的, 所以其方差为 0.

方差的单位是 X 单位的平方. 为了使方差的单位和 X 一致, 取方差的平方根, 并赋予其新名称.

定义 2.17 X 的**标准差** (standard deviation, sd) 是方差的正平方根, 记为 $\sigma = \sqrt{\sigma^2}$.

通常使用均值和方差刻画分布的中心趋势和离散程度.

下述两个定理给出了方差的两种有用的计算方法.

定理 2.6 $\mathrm{var}[X] = \mathbb{E}[X^2] - (\mathbb{E}[X])^2$.

为了证明, 展开二项式,

$$(X - \mathbb{E}[X])^2 = X^2 - 2X\mathbb{E}[X] + (\mathbb{E}[X])^2$$

取期望得

$$
\begin{aligned}
\mathrm{var}[X] &= \mathbb{E}\big[(X - \mathbb{E}[X])^2\big] \\
&= \mathbb{E}[X^2] - 2\mathbb{E}[X\mathbb{E}[X]] + \mathbb{E}\big[(\mathbb{E}[X])^2\big] \\
&= \mathbb{E}[X^2] - 2\mathbb{E}[X]\mathbb{E}[X] + (\mathbb{E}[X])^2 \\
&= \mathbb{E}[X^2] - (\mathbb{E}[X])^2
\end{aligned}
$$

第三个等号成立是因为 $\mathbb{E}[X]$ 是常数. 第四个等号合并了各项.

定理 2.7 $\mathrm{var}[a + bX] = b^2\mathrm{var}[X]$

为了证明, 利用期望的线性性质, 得

$$\mathbb{E}[a + bX] = a + b\mathbb{E}[X]$$

所以,

$$
\begin{aligned}
(a + bX) - \mathbb{E}[a + bX] &= a + bX - (a + b\mathbb{E}[X]) \\
&= b(X - \mathbb{E}[X])
\end{aligned}
$$

因此,

$$
\begin{aligned}
\mathrm{var}[a + bX] &= \mathbb{E}\big[((a + bX) - \mathbb{E}[a + bX])^2\big] \\
&= \mathbb{E}\big[(b(X - \mathbb{E}[X]))^2\big] \\
&= b^2\mathbb{E}\big[(X - \mathbb{E}[X])^2\big] \\
&= b^2\mathrm{var}[X]
\end{aligned}
$$

定理 2.7 表明方差具有加法位移不变性: X 和 $a + X$ 具有相同的方差.

例 25   设伯努利随机变量取值为 1 的概率为 p, 取值为 0 的概率为 $1 - p$:

$$
X = \begin{cases} 1, & \text{概率为 } p \\ 0, & \text{概率为 } 1 - p \end{cases}
$$

则 X 的期望和方差为

$$\mu = p$$
$$\sigma^2 = p(1 - p)$$

见习题 2.4.

例 26   指数随机变量的密度函数为

$$f(x) = \frac{1}{\lambda}\exp\left(-\frac{x}{\lambda}\right)$$

其中 $x \geqslant 0$. 其均值和方差为

$$\mu = \lambda$$
$$\sigma^2 = \lambda^2$$

见习题 2.5.

例 27 时薪 (图 2-5). 它的期望、方差、标准差为

$$\mu = 24$$
$$\sigma^2 = 429$$
$$\sigma = 20.7$$

例 28 受教育年限 (图 2-6b). 它的期望、方差、标准差为

$$\mu = 13.9$$
$$\sigma^2 = 7.5$$
$$\sigma = 2.7$$

2.17 矩

分布的矩是 X 的幂函数的期望. 下面定义非中心矩和中心矩.

定义 2.18 X 的 m 阶**矩** (moment) 定义为 $\mu'_m = \mathbb{E}[X^m]$.

定义 2.19 对 $m > 1$, X 的 m 阶**中心矩** (central moment) 定义为 $\mu_m = \mathbb{E}[(X - \mathbb{E}[X])^m]$.

矩是随机变量 X^m 的期望. 中心矩是 $(X - \mathbb{E}[X])^m$ 的期望. 奇数阶矩可能是有限的、无限的或无法定义的. 偶数阶矩是有限的或无限的. 对非负的 X, m 可取任意实数. 定义一阶矩为 $\mu_1 = \mathbb{E}[X]^{\ominus}$.

定理 2.8 对 $m > 1$, 中心矩具有加法位移不变性, 即 $\mu_m(a + X) = \mu_m(X)$.

2.18 詹森不等式

期望具有线性性质: $\mathbb{E}[a + bX] = a + b\mathbb{E}[X]$. 把同样的推导应用到非线性函数是无效的, 但对凸函数和凹函数可以得到一些结论.

定义 2.20 若对任意 $\lambda \in [0,1]$, x, y, 函数 $g(x)$ 满足

$$g(\lambda x + (1 - \lambda)y) \leqslant \lambda g(x) + (1 - \lambda)g(y)$$

则 $g(x)$ 是**凸的** (convex). 如果 $g(x)$ 满足

$$\lambda g(x) + (1 - \lambda)g(y) \leqslant g(\lambda x + (1 - \lambda)y)$$

则 $g(x)$ 是**凹的** (concave).

⊖ 原文 "定义一阶中心矩记为 $\mu_1 = \mathbb{E}[X]$", 但是按定义 $\mathbb{E}[X]$ 应为一阶矩, 故更正——译者注

凸函数的例子有指数函数 $g(x) = \exp(x)$ 和二次函数 $g(x) = x^2$. 凹函数的例子有对数函数 $\ln(x)$ 和平方根函数 $g(x) = x^{1/2}, x \geqslant 0$.

图 2-9 说明了凹性, 图中展示了一个凹函数 $f(x)$, 并在点 a 和 b 之间画了一条线. 该线位于函数的下方. 线上点 c 小于函数上的点 d.

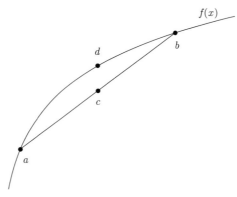

图 2-9   凹性

定理 2.9   詹森不等式 (Jensen's inequality). 对任意的随机变量 X, 若 $g(x)$ 是一个凸函数, 则

$$g(\mathbb{E}[X]) \leqslant \mathbb{E}[g(X)]$$

若 $g(x)$ 是一个凹函数, 则

$$\mathbb{E}[g(X)] \leqslant g(\mathbb{E}[X])$$

证明   考虑凸函数. 令 $a + bx$ 为 $x = \mathbb{E}[X]$ 处 $g(x)$ 的切线. 由于 $g(x)$ 是凸函数, 则 $g(x) \geqslant a + bx$. 令 $x = X$ 且取期望, 可得

$$\mathbb{E}[g(X)] \geqslant a + b\mathbb{E}[X] = g(\mathbb{E}[X])$$

命题得证.   ■

詹森不等式表明期望的凸函数小于凸变换的期望. 相反, 凹变换的期望小于期望的凹函数.

詹森不等式的例子如下:

1. $\exp(\mathbb{E}[X]) \leqslant \mathbb{E}[\exp(X)]$.
2. $(\mathbb{E}[X])^2 \leqslant \mathbb{E}[X^2]$.
3. $\mathbb{E}[\ln(X)] \leqslant \ln(\mathbb{E}[X])$.
4. $\mathbb{E}[X^{1/2}] \leqslant (\mathbb{E}[X])^{1/2}$.

2.19 詹森不等式的应用*

由詹森不等式可推出很多有用的结论.

定理 2.10 期望不等式 对任意的随机变量 X, 都有

$$|\mathbb{E}[X]| \leqslant \mathbb{E}|X|$$

证明 函数 $g(x) = |x|$ 是凸的. 对函数 $g(x)$ 利用詹森不等式即可得到结论. ∎

定理 2.11 李雅普诺夫不等式 (Lyapunov's inequality). 对任意的随机变量 X 和任意的 $0 < r \leqslant p$,

$$(\mathbb{E}|X|^r)^{1/r} \leqslant (\mathbb{E}|X|^p)^{1/p}$$

证明 当 $p \geqslant r$ 时, 函数 $g(x) = x^{p/r}(x > 0)$ 是凸的. 令 $Y = |X|^r$. 由詹森不等式得

$$g(\mathbb{E}[Y]) \leqslant \mathbb{E}[g(Y)]$$

或

$$|\mathbb{E}[X^r]|)^{p/r} \leqslant \mathbb{E}|X|^p$$

等式两边同时取 $1/p$ 次幂, 命题得证. ∎

定理 2.12 离散詹森不等式 (discrete Jensen's inequality). 若 $g(x) : \mathbb{R} \to \mathbb{R}$ 是凸的, 则对任意非负权重 $a_j \left(\sum_{j=1}^{m} a_j = 1 \right)$ 和任意实数 x_j,

$$g\left(\sum_{j=1}^{m} a_j x_j \right) \leqslant \sum_{j=1}^{m} a_j g(x_j) \tag{2.2}$$

证明 令 X 为离散随机变量, 其概率分布为 $\mathbb{P}[X = x_j] = a_j$. 由詹森不等式可得式 (2.2). ∎

定理 2.13 几何均值不等式 (geometric mean inequality). 对任意的实值权重 $a_j \left(\sum_{j=1}^{m} a_j = 1 \right)$ 和任意非负实数 x_j,

$$x_1^{a_1} x_2^{a_2} \cdots x_m^{a_m} \leqslant \sum_{j=1}^{m} a_j x_j \tag{2.3}$$

证明 由于对数函数是严格凹的, 由离散詹森不等式得

$$\ln(x_1^{a_1} x_2^{a_2} \cdots x_m^{a_m}) = \sum_{j=1}^{m} a_j \ln(x_j) \leqslant \ln\left(\sum_{j=1}^{m} a_j x_j\right)$$

等式两边取指数导出式 (2.3). ■

定理 2.14 Loève c_r 不等式 (Loève's c_r inequality). 对任意实数 x_j, 若 $0 < r \leqslant 1$, 则

$$\left|\sum_{j=1}^{m} x_j\right|^r \leqslant \sum_{j=1}^{m} |x_j|^r \tag{2.4}$$

如果 $r \geqslant 1$,

$$\left|\sum_{j=1}^{m} x_j\right|^r \leqslant m^{r-1} \sum_{j=1}^{m} |x_j|^r \tag{2.5}$$

特别地, 当 $m = 2$ 时, 结合上述两个不等式

$$|a+b|^r \leqslant c_r(|a|^r + |b|^r) \tag{2.6}$$

其中 $c_r = \max[1, 2^{r-1}]$.

证明 对 $r \geqslant 1$, 式 (2.5) 是詹森不等式 (2.2) 的另一种形式, 即令 $g(u) = u^r$ 和 $a_j = 1/m$. 对 $r < 1$, 定义 $b_j = |x_j| / \left(\sum_{j=1}^{m} |x_j|\right)$. 由 $0 \leqslant b_j \leqslant 1$ 和 $r < 1$ 得 $b_j \leqslant b_j^r$, 因此

$$1 = \sum_{j=1}^{m} b_j \leqslant \sum_{j=1}^{m} b_j^r$$

由此,

$$\left(\sum_{j=1}^{m} x_j\right)^r \leqslant \left(\sum_{j=1}^{m} |x_j|\right)^r \leqslant \sum_{j=1}^{m} |x_j|^r$$

命题得证. ■

定理 2.15 范数单调性 (Norm Monotonicity). 若 $0 < t \leqslant s$, 对任意实数 x_j, 都有

$$\left|\sum_{j=1}^{m} |x_j|^s\right|^{1/s} \leqslant \left|\sum_{j=1}^{m} |x_j|^t\right|^{1/t} \tag{2.7}$$

证明 设 $y_j = |x_j|^s$ 和 $r = t/s \leqslant 1$. 由 c_r 不等式得 $\left| \sum\limits_{j=1}^m y_j \right|^r \leqslant \sum\limits_{j=1}^m |y_j|^r$ 或

$$\left| \sum_{j=1}^m |x_j|^s \right|^{t/s} \leqslant \sum_{j=1}^m |x_j|^t$$

等式两边取 $1/t$ 次幂导出式 (2.7). ∎

2.20 对称分布

如果某随机变量的分布函数满足

$$F(x) = 1 - F(-x)$$

则称函数关于 0 **对称** (symmetric). 如果 X 的密度为 $f(x)$, 如果

$$f(x) = f(-x)$$

则称 X 是关于 0 对称.

例如, 标准正态密度 $\phi(x) = (2\pi)^{-1/2} \exp(-x^2/2)$ 是关于 0 对称的.

如果分布关于 0 对称, 则所有有限的奇数阶矩均为 0 (如果矩是有限的). 为证明这一点, 令 m 为奇数, 则

$$\mathbb{E}[X^m] = \int_{-\infty}^{\infty} x^m f(x) \mathrm{d}x = \int_0^{\infty} x^m f(x) \mathrm{d}x + \int_{-\infty}^0 x^m f(x) \mathrm{d}x$$

对 $-\infty$ 到 0 的积分, 做变量变换 $x = -t$, 则等式右边变为

$$\int_0^{\infty} x^m f(x) \mathrm{d}x + \int_0^{\infty} (-t)^m f(-t) \mathrm{d}t = \int_0^{\infty} x^m f(x) \mathrm{d}x - \int_0^{\infty} t^m f(t) \mathrm{d}t = 0$$

利用对称性可验证第一个等号. 如果矩是有限的, 则第二个等号成立. 最后一个等号的成立条件是容易忽视的. 如果 $\mathbb{E}[X]^m = \infty$, 则最后的等式为

$$\mathbb{E}[X^m] = \infty - \infty \neq 0$$

这种情况中, $\mathbb{E}[X^m]$ 是无法定义的.

更一般地, 若分布函数关于 0 对称, 则任意奇函数 (如果存在) 的期望为 0. 奇函数满足条件 $g(-x) = -g(x)$. 例如, $g(x) = x^3$ 和 $g(x) = \sin(x)$ 是奇函数. 为证明这一点, 令 $g(x)$ 为任一奇函数, 不失一般性, 设 $\mathbb{E}[X] = 0$. 那么, 做变量变换 $x = -t$, 得

$$\int_{-\infty}^0 g(x) f(x) \mathrm{d}x = \int_0^{\infty} g(-t) f(-t) \mathrm{d}t = -\int_0^{\infty} g(t) f(t) \mathrm{d}t,$$

其中第二个等号利用了 $g(x)$ 为奇函数和 $f(x)$ 是关于 0 对称的假设. 因此,

$$\mathbb{E}[g(X)] = \int_0^\infty g(x)f(x)\mathrm{d}x + \int_{-\infty}^0 g(x)f(x)\mathrm{d}x = \int_0^\infty g(x)f(x)\mathrm{d}x - \int_0^\infty g(t)f(t)\mathrm{d}t = 0$$

定理 2.16 如果 $f(x)$ 关于 0 对称, $g(x)$ 是奇函数, 且 $\int_0^\infty |g(x)|f(x)\mathrm{d}x < \infty$, 则 $\mathbb{E}[g(X)] = 0$.

2.21 截断分布

有时我们只能观察到分布的一部分. 例如, 密封拍卖某个有最低投标价格的艺术品. 假设竞拍者依据个人评估投标, 如果个人评估低于最低投标价格, 竞拍者不会投标. 因此, 无法观测到不会 "投标" 的竞拍者. 这是一个下截断 (truncation from below) 的例子. 截断是一种特殊的随机变量变换.

设随机变量 X 的分布函数为 $F(x)$, 若 X 满足截断条件 $X \leqslant c$ (上截断), 则截断分布函数为

$$F^*(x) = \mathbb{P}[X \leqslant x | X \leqslant c] = \begin{cases} \dfrac{F(x)}{F(c)}, & x < c \\ 1, & x \geqslant c \end{cases}$$

如果 $F(x)$ 是连续的, 则截断分布的密度函数为

$$f^*(x) = f(x | X \leqslant c) = \frac{f(x)}{F(c)}$$

其中 $x \leqslant c$. 截断分布的均值为

$$\mathbb{E}[X | X \leqslant c] = \frac{\displaystyle\int_{-\infty}^c xf(x)\mathrm{d}x}{F(c)}$$

如果 X 满足截断条件 $X \geqslant c$ (下截断), 则截断分布和其密度为

$$F^*(x) = \mathbb{P}[X \leqslant x | X \geqslant c] = \begin{cases} 0, & x < c \\ \dfrac{F(x) - F(c)}{1 - F(c)}, & x \geqslant c \end{cases}$$

和

$$f^*(x) = f(x | X \geqslant c) = \frac{f(x)}{1 - F(c)}$$

其中 $x \geqslant c$. 截断分布的均值为

$$\mathbb{E}[X|X \geqslant c] = \frac{\displaystyle\int_c^\infty x f(x)\mathrm{d}x}{1 - F(c)}$$

图 2-10 展示了下截断. 未截断的密度函数记为 $f(x)$. 截断密度记为 $f^*(x)$. 函数 $f^*(x)$ 中 $x < 2$ 的部分被删去, $x > 2$ 的部分上移从而保证密度的积分为 1.

一个有趣的例子是指数分布 $F(x) = 1 - \mathrm{e}^{-x/\lambda}$, 其密度函数为 $f(x) = \lambda^{-1}\mathrm{e}^{-x/\lambda}$, 均值为 λ. 截断密度为

$$f(x|X \geqslant c) = \frac{\lambda^{-1}\mathrm{e}^{-x/\lambda}}{\mathrm{e}^{-c/\lambda}} = \lambda^{-1}\mathrm{e}^{-(x-c)/\lambda}$$

这仍然是指数分布, 但 x 平移了 c. 截断均值为 $c + \lambda$, 等于原来指数分布的均值平移了 c. 这个性质称为指数分布的 "无记忆性".

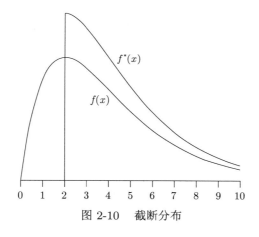

图 2-10   截断分布

2.22 删失分布

有时随机变量会有强制的边界. 例如, 令 X 表示期望的消费水平, X^* 满足约束 $X^* \leqslant c$ (下删失). 当 $X > c$ 时, 有 $X^* = c$. 那么

$$X^* = \begin{cases} X, & X \leqslant c \\ c, & X > c \end{cases}$$

类似地, 如果 X^* 满足约束 $X^* \geqslant c$. 当 $X < c$ 时, 有 $X^* = c$. 那么

$$X^* = \begin{cases} X, & X \geqslant c \\ c, & X < c \end{cases}$$

删失分布和截断分布有关但并不同. 在截断条件下, 随机变量超过边界的部分被删去. 在删失条件下, 超过边界的部分通过变量变换来满足约束.

当原来的随机变量 X 连续时, 随机变量 X^* 服从混合分布, 在非约束部分有连续密度, 约束部分在边界处有离散质量.

删失在经济学中很常见. 例如, 消费者购买商品的数量. 在这种情况下, 有约束条件 $X^* \geqslant 0$, 因此通常在 $X^* = 0$ 处有离散质量. 另一个标准的例子是 "顶端编码 (top-coding)", 设一个连续随机变量, 如收入, 可按类别记录, 或归并到一个顶端类别 "收入超过 Y 美元". 所有高于这个阈值的收入都被记录为 Y 美元.

删失随机变量的期望值为

$$X^* \leqslant c: \quad \mathbb{E}[X^*] = \int_{-\infty}^{c} x f(x) \mathrm{d}x + c(1 - F(c))$$

$$X^* \geqslant c: \quad \mathbb{E}[X^*] = \int_{c}^{\infty} x f(x) \mathrm{d}x + c F(c)$$

2.23 矩生成函数

下面介绍一个对后续证明有用的技术工具, 它并不是特别直观.

定义 2.21 X 的**矩生成函数** (moment generating function, MGF) 定义为 $M(t) = \mathbb{E}[\exp(tX)]$.

由于指数分布是非负的, 所以矩生成函数是有限的或无限的. 若矩生成函数是有限的, 则 X 的密度必须有薄尾. 当使用矩生成函数时, 假设它是有限的.

例 29 $U[0,1]$. 其密度函数为 $f(x) = 1, 0 \leqslant x \leqslant 1$, 则矩生成函数为

$$M(t) = \int_{-\infty}^{\infty} \exp(tx) f(x) \mathrm{d}x = \int_{0}^{1} \exp(tx) \mathrm{d}x = \frac{\exp(t) - 1}{t}$$

例 30 指数分布. 其密度函数为 $f(x) = \lambda^{-1} \exp(-x/\lambda), x \geqslant 0$, 则矩生成函数为

$$M(t) = \int_{-\infty}^{\infty} \exp(tx) f(x) \mathrm{d}x = \frac{1}{\lambda} \int_{0}^{\infty} \exp(tx) \exp\left(-\frac{x}{\lambda}\right) \mathrm{d}x = \frac{1}{\lambda} \int_{0}^{\infty} \exp\left(\left(t - \frac{1}{\lambda}\right)x\right) \mathrm{d}x$$

只有当 $t < 1/\lambda$ 时, 积分是收敛的. 假设积分收敛, 做变量变换 $y = (t - \frac{1}{\lambda})x$, 代入上述积分得

$$M(t) = -\frac{1}{\lambda\left(t - \dfrac{1}{\lambda}\right)} = \frac{1}{1 - \lambda t}$$

在此例中, 只有当 $t < 1/\lambda$ 时, 矩生成函数是有限的.

例 31 $f(x) = x^{-2}, x > 1$. 对应的矩生成函数为

$$M(t) = \int_1^\infty \exp(tx)x^{-2}\mathrm{d}x = \infty$$

其中 $t > 0$. 不收敛意味着本例无法计算矩生成函数.

矩生成函数的一个重要作用是它可以完全刻画 X 的分布. 具体性质如下.

定理 2.17 **矩和矩生成函数** 若 $M(t)$ 在 0 的邻域内是关于 t 有限, 则对任意有限矩, 都有 $M(0) = 1$,

$$\left.\frac{\mathrm{d}}{\mathrm{d}t}M(t)\right|_{t=0} = \mathbb{E}[X]$$

$$\left.\frac{\mathrm{d}^2}{\mathrm{d}t^2}M(t)\right|_{t=0} = \mathbb{E}[X^2]$$

$$\left.\frac{\mathrm{d}^m}{\mathrm{d}t^m}M(t)\right|_{t=0} = \mathbb{E}[X^m]$$

该定理说明了 "矩生成" 函数的含义. 由 $M(t)$ 在 $t = 0$ 处的曲率可得 X 的分布的各阶矩.

例 32 $U[0,1]$. 对应的矩生成函数为 $M(t) = t^{-1}(\exp(t) - 1)$. 利用洛必达法则 (定理 A.12), 得

$$M(0) = \exp(0) = 1$$

利用求导法则和洛必达法则,

$$\mathbb{E}[X] = \left.\frac{\mathrm{d}}{\mathrm{d}t}\frac{\exp(t) - 1}{t}\right|_{t=0} = \left.\frac{t\exp(t) - (\exp(t) - 1)}{t^2}\right|_{t=0} = \frac{\exp(0)}{2} = \frac{1}{2}$$

例 33 指数分布. 对应的矩生成函数为 $M(t) = (1 - \lambda t)^{-1}$. 一阶矩为

$$\mathbb{E}[X] = \left.\frac{\mathrm{d}}{\mathrm{d}t}\frac{1}{1 - \lambda t}\right|_{t=0} = \left.\frac{\lambda}{(1 - \lambda t)^2}\right|_{t=0} = \lambda$$

二阶矩为

$$\mathbb{E}[X^2] = \left.\frac{\mathrm{d}^2}{\mathrm{d}t^2}\frac{1}{1 - \lambda t}\right|_{t=0} = \left.\frac{2\lambda^2}{(1 - \lambda t)^3}\right|_{t=0} = 2\lambda^2$$

定理 2.17 证明 设 X 是连续的, 则有

$$M(t) = \int_{-\infty}^\infty \exp(tx)f(x)\mathrm{d}x$$

故

$$M(0) = \int_{-\infty}^{\infty} \exp(0x) f(x) \mathrm{d}x = \int_{-\infty}^{\infty} f(x) \mathrm{d}x = 1$$

其一阶导数为

$$\frac{\mathrm{d}}{\mathrm{d}t} M(t) = \frac{\mathrm{d}}{\mathrm{d}t} \int_{-\infty}^{\infty} \exp(tx) f(x) \mathrm{d}x$$

$$= \int_{-\infty}^{\infty} \frac{\mathrm{d}}{\mathrm{d}t} \exp(tx) f(x) \mathrm{d}x$$

$$= \int_{-\infty}^{\infty} \exp(tx) x f(x) \mathrm{d}x$$

当 $t = 0$ 时, 计算

$$\left. \frac{\mathrm{d}}{\mathrm{d}t} M(t) \right|_{t=0} = \int_{-\infty}^{\infty} \exp(0x) x f(x) \mathrm{d}x = \int_{-\infty}^{\infty} x f(x) \mathrm{d}x = \mathbb{E}[X]$$

类似地,

$$\frac{\mathrm{d}^m}{\mathrm{d}t^m} M(t) = \int_{-\infty}^{\infty} \frac{\mathrm{d}^m}{\mathrm{d}t^m} \exp(tx) f(x) \mathrm{d}x$$

$$= \int_{-\infty}^{\infty} \exp(tx) x^m f(x) \mathrm{d}x$$

因此,

$$\left. \frac{\mathrm{d}^m}{\mathrm{d}t^m} M(t) \right|_{t=0} = \int_{-\infty}^{\infty} \exp(0x) x^m f(x) \mathrm{d}x = \int_{-\infty}^{\infty} x^m f(x) \mathrm{d}x = \mathbb{E}[X^m]$$

定理得证. ∎

2.24 累积量

累积生成函数 (cumulant generating function) 定义为矩生成函数的对数:

$$K(t) = \log M(t)$$

由于 $M(0) = 1$, 可得 $K(0) = 0$. 利用幂级数展开得

$$K(t) = \sum_{r=1}^{\infty} \kappa_r \frac{t^r}{r!}$$

其中

$$\kappa_r = K^{(r)}(0)$$

是 $K(t)$ 的 r 阶导数在 $t = 0$ 处的值. 常数 κ_r 被称为分布的**累积量** (cumulant). 注意, 由 $M(0) = 1$ 可得 $\kappa_0 = K(0) = 0$.

累积量和中心矩有关. 可计算得到

$$K^{(1)}(t) = \frac{M^{(1)}(t)}{M(t)}$$

$$K^{(2)}(t) = \frac{M^{(2)}(t)}{M(t)} - \left(\frac{M^{(1)}(t)}{M(t)}\right)^2$$

所以, $\kappa_1 = \mu_1$ 且 $\kappa_2 = \mu_2' - \mu_1^2 = \mu_2$. 前六个累积量如下:

$$\kappa_1 = \mu_1$$
$$\kappa_2 = \mu_2$$
$$\kappa_3 = \mu_3$$
$$\kappa_4 = \mu_4 - 3\mu_2^2$$
$$\kappa_5 = \mu_5 - 10\mu_3\mu_2$$
$$\kappa_6 = \mu_6 - 15\mu_4\mu_2 - 10\mu_3^2 + 30\mu_2^3$$

前三个累积量与中心矩相等, 但是更高阶累积量是中心矩的多项式函数.

反之, 可利用累积量表示中心矩. 例如, 4 阶到 6 阶中心矩为

$$\mu_4 = \kappa_4 + 3\kappa_2^2$$
$$\mu_5 = \kappa_5 + 10\kappa_3\kappa_2$$
$$\mu_6 = \kappa_6 + 15\kappa_4\kappa_2 + 10\kappa_3^2 + 15\kappa_2^3$$

例 34 指数分布. 对应的矩生成函数为 $M(t) = (1 - \lambda t)^{-1}$, 累积生成函数为 $K(t) = -\ln(1 - \lambda t)$. 前四阶导数为

$$K^{(1)}(t) = \frac{\lambda}{1 - \lambda t}$$
$$K^{(2)}(t) = \frac{\lambda^2}{(1 - \lambda t)^2}$$
$$K^{(3)}(t) = \frac{2\lambda^3}{(1 - \lambda t)^3}$$
$$K^{(4)}(t) = \frac{6\lambda^4}{(1 - \lambda t)^4}$$

因此, 分布的前四阶累积量为 $\lambda, \lambda^2, 2\lambda^3$ 和 $6\lambda^4$.

2.25　特征函数

因为矩生成函数可能不是有限的, 特征函数常用在更正式的证明中.

定义 2.22　X 的**特征函数** (characteristic function, CF) 定义为 $C(t) = \mathbb{E}[\exp(\mathrm{i}tX)]$, 其中 $\mathrm{i} = \sqrt{-1}$.

由于 $\exp(\mathrm{i}u) = \cos(u) + \mathrm{i}\sin(u)$ 是有界的, 所以特征函数对所有的随机变量都是存在的.

若 X 的分布关于 0 对称, 则 $\mathbb{E}[\sin(X)] = 0$, 因为正弦函数是奇函数且有界. 因此, 服从关于 0 对称分布的随机变量, 其特征函数只与余弦函数有关.

定理 2.18　如果 X 的分布函数关于 0 对称, 则其特征函数满足 $C(t) = \mathbb{E}[\cos(tX)]$.

特征函数的性质与矩生成函数类似. 由于需要考虑复数, 特征函数的处理稍显复杂.

例 35　指数分布. 它的密度函数为 $f(x) = \lambda^{-1}\exp(-x/\lambda)$, $x \geqslant 0$, 特征函数为

$$C(t) = \int_0^\infty \exp(\mathrm{i}tx)\frac{1}{\lambda}\exp\left(-\frac{x}{\lambda}\right)\mathrm{d}x = \frac{1}{\lambda}\int_0^\infty \exp\left(\left(\mathrm{i}t - \frac{1}{\lambda}\right)x\right)\mathrm{d}x$$

做变量变换 $y = (\mathrm{i}t - \frac{1}{\lambda})x$, 计算积分得

$$C(t) = -\frac{1}{\lambda\left(\mathrm{i}t - \dfrac{1}{\lambda}\right)} = \frac{1}{1 - \lambda\mathrm{i}t}$$

对所有的 t, $C(t)$ 均是有限的.

2.26　期望: 数学细节*

本节给出期望的严格定义. 定义 Riemann-Stieltijes 积分为

$$I_1 = \int_0^\infty x\mathrm{d}F(x) \tag{2.8}$$

$$I_2 = \int_{-\infty}^0 x\mathrm{d}F(x) \tag{2.9}$$

其中 I_1 是在正实数轴上的积分, I_2 是负实数轴上的积分. 积分 I_1 可为 0、正数或正无穷. 积分 I_2 可为 0、负数或负无穷.

定义 2.23　随机变量 X 的期望 $\mathbb{E}[X]$ 定义为

$$\mathbb{E}[X] = \begin{cases} I_1 + I_2, & \text{如果 } I_1 < \infty \text{ 且 } I_2 > -\infty \\ \infty, & \text{如果 } I_1 = \infty \text{ 且 } I_2 > -\infty \\ -\infty, & \text{如果 } I_1 < \infty \text{ 且 } I_2 = -\infty \\ \text{无定义}, & \text{如果 } I_1 = \infty \text{ 且 } I_2 = -\infty \end{cases}$$

该定义允许期望是有限的、无限的或无定义的. 期望 $\mathbb{E}[X]$ 是有限的当且仅当

$$\mathbb{E}|X| = \int_{-\infty}^{\infty} |x| \mathrm{d}F(x) < \infty$$

此时, 通常称 $\mathbb{E}[X]$ 是**良定义的** (well-defined).

更一般地, 如果

$$\mathbb{E}|X|^r < \infty \tag{2.10}$$

则 X 的 r 阶矩是有限的. 利用李雅普诺夫不等式 (定理 2.11), 由式 (2.10) 可得 $\mathbb{E}|X|^s < \infty, 0 \leqslant s \leqslant r$. 例如, 若四阶矩是有限的, 则其一阶矩、二阶矩、三阶矩以及 3.9 阶绝对矩都是有限的.

习题

2.1　设 $X \sim U[0,1]$. 计算 $Y = X^2$ 的概率密度函数.

2.2　设 $X \sim U[0,1]$. 计算 $Y = \ln\left(\frac{X}{1-X}\right)$ 的分布函数.

2.3　定义

$$F(x) = \begin{cases} 0, & \text{如果 } x < 0 \\ 1 - \exp(-x), & \text{如果 } x \geqslant 0 \end{cases}$$

(a) 验证 $F(x)$ 是累积分布函数.

(b) 计算概率密度函数 $f(x)$.

(c) 计算 $\mathbb{E}[X]$.

(d) 计算 $Y = X^{1/2}$ 的概率密度函数.

2.4　设 X 为伯努利随机变量, 取值 1 的概率为 p, 取值 0 的概率为 $1 - p$.

$$X = \begin{cases} 1, & \text{概率为 } p \\ 0, & \text{概率为 } 1 - p \end{cases}$$

计算 X 的均值和方差.

2.5　设 X 的密度为 $f(x) = \dfrac{1}{\lambda} \exp\left(-\dfrac{x}{\lambda}\right)$, 求 X 的均值和方差.

2.6　计算下列分布的 $\mathbb{E}[X]$ 和 $\mathrm{var}[X]$.

(a) $f(x) = ax^{-a-1}, 0 < x < 1, a > 0$.

(b) $f(x) = \dfrac{1}{n}, x = 1, 2, \cdots, n$.

(c) $f(x) = \dfrac{3}{2}(x-1)^2, 0 < x < 2$.

2.7 设 X 的密度为

$$f_X(x) = \frac{1}{2^{r/2}\Gamma\left(\frac{r}{2}\right)} x^{r/2-1} \exp\left(-\frac{x}{2}\right)$$

其中 $x \geqslant 0$, 称其为**卡方分布** (chi-square distribution). 令 $Y = 1/X$. 验证 Y 的密度为

$$f_Y(y) = \frac{1}{2^{r/2}\Gamma\left(\frac{r}{2}\right)} y^{-r/2-1} \exp\left(-\frac{1}{2y}\right)$$

其中 $y \geqslant 0$, 称其为**逆卡方分布** (inverse chi-square distribution).

2.8 如果密度函数满足 $f(x) = f(-x), x \in \mathbb{R}$, 验证分布函数满足 $F(-x) = 1 - F(x)$.

2.9 设 X 的密度函数为 $f(x) = \mathrm{e}^{-x}, x > 0$. 令 $Y = \lambda X, \lambda > 0$. 计算 Y 的密度.

2.10 设 X 的密度函数为 $f(x) = \lambda^{-1}\mathrm{e}^{-x/\lambda}, x > 0, \lambda > 0$. 设 $Y = X^{1/\alpha}, \alpha > 0$. 计算 Y 的密度.

2.11 设 X 的密度函数为 $f(x) = \mathrm{e}^{-x}, x > 0$. 设 $Y = -\ln X$, 计算 Y 的密度.

2.12 计算密度 $f(x) = \frac{1}{2}\exp(-|x|)(x \in \mathbb{R})$ 的中位数.

2.13 计算满足最小化 $\mathbb{E}[(X-a)^2]$ 的 a. 结果应该是 X 的某个矩.

2.14 如果 X 是连续随机变量, 验证中位数 m 满足

$$\min_a \mathbb{E}|X-a| = \mathbb{E}|X-m|$$

提示: 求出 $\mathbb{E}|X-a|$ 的积分, 该积分是可微的.

2.15 分布的**偏度** (skewness) 定义为

$$\mathrm{skew} = \frac{\mu_3}{\sigma^3}$$

其中 μ_3 是 3 阶中心矩.

(a) 如果密度函数关于某点 a 对称的, 验证偏度为 0.

(b) 计算 $f(x) = \exp(-x)(x \geqslant 0)$ 的偏度.

2.16 设随机变量 X 的期望为 $\mathbb{E}[X] = 1$. 验证若 X 不是退化的, 则 $\mathbb{E}[X^2] > 1$.

提示: 用詹森不等式.

2.17 设随机变量 X 的均值为 μ, 方差为 σ^2. 验证 $\mathbb{E}[(X-\mu)^4] \geqslant \sigma^4$.

2.18 设随机变量 X 表示一段时间. 例如: 失业时长、工作年限、罢工时长、衰退时长、经济增长时长. X 的**风险函数** (hazard function) 定义为

$$h(x) = \lim_{\delta \to 0} \frac{\mathbb{P}[x \leqslant X \leqslant x+\delta | X \geqslant x]}{\delta}$$

该函数可解释为继续生存的概率的变化率. 如果 $h(x)$ 关于 x 是递增的 (递减的), 则称其为**递增 (递减) 风险函数**.

(a) 如果 X 的分布函数为 F, 密度为 f, 验证 $h(x) = f(x)/(1 - F(x))$.

(b) 设 $f(x) = \lambda^{-1} \exp(-x/\lambda)$. 计算风险函数 $h(x)$. 该函数是递增的、递减的, 或者都不是?

(c) 计算 3.23 节韦布尔分布的风险函数. 该函数是递增的、递减的, 或是都不是?

2.19 设 X 服从 $[0,1]$ 上均匀分布, 即 $X \sim U[0,1]$. (X 的密度为 $f(x) = 1$, $0 \leqslant x \leqslant 1$, 其他为 0.) 设 X 是截断的, 即对某个 $0 < c < 1$, $X \leqslant c$.

(a) 计算截断随机变量 X 的密度函数.

(b) 计算 $\mathbb{E}[X | X \leqslant c]$.

2.20 设 X 的密度函数为 $f(x) = \mathrm{e}^{-x}, x \geqslant 0$. 设 X 是删失的, 即 $X^* \geqslant c > 0$. 计算删失分布的均值.

2.21 有时实际的变量是连续的, 但在调查时只能讨论关于离散随机变量的问题. 例如, 工资可能是连续的, 但调查问题却是分类的. 例如,

工资/美元	频率
$0 \leqslant$ 工资 $\leqslant 10$	0.1
$10 <$ 工资 $\leqslant 20$	0.4
$20 <$ 工资 $\leqslant 30$	0.3
$30 <$ 工资 $\leqslant 40$	0.2

假设 40 美元是最大工资.

(a) 绘制离散分布函数, 将概率质量放在区间的最右端. 再把概率质量放在区间的最左端. 请比较两种方法. 关于真实的分布函数, 你能得到什么结论?

(b) 使用 (a) 中的两个离散分布计算预期工资, 请比较两种方法.

(c) 假设每个区间中分布是均匀的. 绘制其密度函数、分布函数和期望工资. 比较上述结果.

2.22 **一阶随机占优** (first-order stochastic dominance). 设 $F(x)$ 和 $G(x)$ 是分布函数, 如果 $F(x) \leqslant G(x)$ 对所有的 x 均成立, 且至少存在一个 x 使得 $F(x) < G(x)$, 则称 $F(x)$ 对 $G(x)$ "一阶随机占优". 验证如下性质: F 关于 G 一阶随机占优, 当且仅当每个在 X 上增加的效用的最大化效用更倾向于 $X \sim F$ 而不是 $X \sim G$.

第 3 章　参数分布

3.1　引言

参数分布 (parametric distribution) $F(x|\theta)$ 是由**参数** (parameter) $\theta \in \Theta$ 表示的分布. 对每个 θ, $F(x|\theta)$ 是有效的分布函数. 分布函数随着 θ 变化而变化. 集合 Θ 被称为**参数空间** (parameter space). 有时称 $F(x|\theta)$ 为分布**族** (family) . 参数分布的形状和函数形式通常比较简单, 并且易于操作.

经济学家经常使用参数分布构建经济模型. 选择某个特定分布的理由可能是基于其适当性、便利性或易操作性.

计量经济学家利用参数分布构建统计模型. 使用一个特定的分布描述一组观测. 分布的参数是未知的, 参数的选择 (估计) 值须匹配数据的特征. 因此, 最好能了解参数的变化如何影响分布形状的变化.

本章列举了经济学家常用的参数分布, 讨论了它们的特征, 如均值和方差等. 但介绍的分布并不完整, 也没必要完全记住所有分布的细节. 相反, 这些信息可用作参考.

3.2　伯努利分布

伯努利随机变量服从两点分布. 通常可用参数表示为

$$\mathbb{P}[X = 0] = 1 - p$$

$$\mathbb{P}[X = 1] = p$$

概率质量函数为

$$\pi(x|p) = p^x(1-p)^{1-x}, \quad 0 < p < 1$$

伯努利分布适用于任一有两个结果的随机变量, 例如抛一枚硬币. 参数 p 表示两个事件发生的可能性.

$$\mathbb{E}[X] = p$$

$$\mathrm{var}[X] = p(1-p)$$

3.3　Rademacher 分布

Rademacher 随机变量服从两点分布. 用参数表示为

$$\mathbb{P}[X = -1] = 1/2$$
$$\mathbb{P}[X = 1] = 1/2$$

且

$$\mathbb{E}[X] = 0$$
$$\mathrm{var}[X] = 1$$

3.4　二项分布

二项随机变量的支撑为 $\{0, 1, \cdots, n\}$, 概率质量函数为

$$\pi(x|n, p) = \binom{n}{x} p^x (1-p)^{n-x}, \quad x = 0, 1, \cdots, n$$
$$0 < p < 1$$

二项随机变量的值等于 n 个独立伯努利试验的结果. 如果抛一枚硬币 n 次, 正面朝上的次数服从二项分布.

$$\mathbb{E}[X] = np$$
$$\mathrm{var}[X] = np(1-p)$$

图 3-1a 展示了 $p = 0.3$ 和 $n = 10$ 时二项分布的概率质量函数.

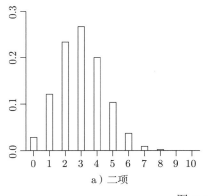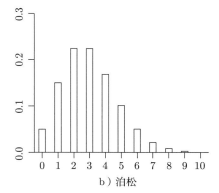

a）二项　　　　　　　　b）泊松

图 3-1　离散分布

3.5　多项分布

多项分布在计量经济学中有两个应用.

(1) 单一的**多项** (multinomial) 随机变量或**多项试验** (multinomial trial) 是一个 K 点分布, 其支撑为 $\{x_1, x_2, \cdots, x_K\}$. 概率质量函数为

$$\pi(x_j|p_1, p_2, \cdots, p_K) = p_j$$
$$\sum_{j=1}^{K} p_j = 1$$

也可表示为

$$\pi(x_j|p_1, p_2, \cdots, p_K) = p_1^{x_1} p_2^{x_2} \cdots p_K^{x_K}$$

多项随机变量可使用在分类结果 (如汽车、自行车、公交车或步行)、有序数值结果 (掷一个 K 面骰子), 以及任意支撑点集上的数值结果. 在计量经济学中, 这是 "多项" 随机变量最常见的应用之一.

$$\mathbb{E}[X] = \sum_{j=1}^{K} p_j x_j$$
$$\mathrm{var}[X] = \sum_{j=1}^{K} p_j x_j^2 - \left(\sum_{j=1}^{K} p_j x_j \right)^2$$

(2) **多项分布** (multinomial) 表示 n 个独立多项试验的结果集合. 它表示每个类别结果的和. 因此随机变量 $(X_1, X_2, \cdots, X_K)$ 满足 $\sum_{j=1}^{K} X_j = n$. 概率质量函数为

$$\mathbb{P}[X_1 = x_1, X_2 = x_2 \cdots, X_K = x_k | n, p_1, p_2, \cdots, p_K] = \frac{n!}{x_1! x_2! \cdots x_K!} p_1^{x_1} p_2^{x_2} \cdots p_K^{x_K}$$
$$\sum_{j=1}^{K} x_k = n$$
$$\sum_{j=1}^{K} p_j = 1$$

3.6　泊松分布

泊松随机变量的支撑为非负整数:

$$\pi(x|\lambda) = \frac{\mathrm{e}^{-\lambda} \lambda^x}{x!}, \quad x = 0, 1, 2 \cdots$$
$$\lambda > 0$$

参数 λ 表示均值和离散程度. 在经济学中, 泊松分布常用来刻画到达次数. 计量经济学家使用泊松分布描述计数 (整数型) 数据.

$$\mathbb{E}[X] = \lambda$$
$$\mathrm{var}[X] = \lambda$$

图 3-1b 展示了 $\lambda = 3$ 时泊松分布的概率质量函数.

3.7 负二项分布

泊松分布刻画计数数据的缺陷是只有单一参数 λ 控制均值和方差. 另一种选择是负二项分布:

$$\pi(x|r,p) = \binom{x+r-1}{x} p^x (1-p)^r, \quad x = 0, 1, 2 \cdots$$
$$0 < p < 1$$
$$r > 0$$

该分布有两个参数, 所以均值和方差可自由变化.

$$\mathbb{E}[X] = \frac{pr}{1-p}$$
$$\mathrm{var}[X] = \frac{pr}{(1-p)^2}$$

3.8 均匀分布

均匀 (uniform) 随机变量通常记为 $U[a,b]$, 其密度为

$$f(x|a,b) = \frac{1}{b-1}, \quad a \leqslant x \leqslant b$$
$$\mathbb{E}[X] = \frac{b+a}{2}$$
$$\mathrm{var}[X] = \frac{(b-a)^2}{12}$$

3.9 指数分布

指数 (exponential) 随机变量的密度为

$$f(x|\lambda) = \frac{1}{\lambda} \exp\left(-\frac{x}{\lambda}\right), \quad x \geqslant 0$$
$$\lambda > 0$$

由于指数分布的简洁性, 经济学家常在理论模型中应用指数分布, 但在计量经济学中该分布并不常用.

$$\mathbb{E}[X] = \lambda$$

$$\mathrm{var}[X] = \lambda^2$$

若 $U \sim U[0,1]$, 则 $X = -\ln U \sim \mathrm{exponential}(1)$. 图 3-2a 展示了 $\lambda = 1$ 时的指数密度函数.

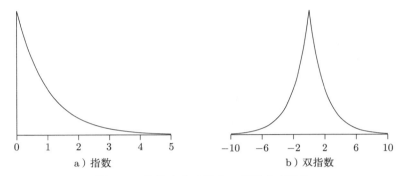

图 3-2   指数密度函数和双指数密度函数

3.10   双指数分布

双指数 (double exponential) 或**拉普拉斯** (Laplace) 随机变量的密度为

$$f(x|\lambda) = \frac{1}{2\lambda} \exp\left(-\frac{|x|}{\lambda}\right), \quad x \in \mathbb{R}$$

$$\lambda > 0$$

双指数分布被用在稳健性分析中.

$$\mathbb{E}[X] = 0$$

$$\mathrm{var}[X] = 2\lambda^2$$

图 3-2b 展示了 $\lambda = 2$ 时的双指数密度函数.

3.11   广义指数分布

广义指数 (generalized exponential) 随机变量的密度为

$$f(x|\lambda, r) = \frac{1}{2\Gamma(1/r)\lambda} \exp\left(-\left|\frac{x}{\lambda}\right|^r\right), \quad x \in \mathbb{R}$$

$$\lambda > 0$$

$$r > 0$$

其中 $\Gamma(\alpha)$ 是伽马函数 (见附录定义 A.20). 广义指数分布包括双指数分布和正态分布.

3.12　正态分布

正态 (normal) 随机变量通常记为 $X \sim N(\mu, \sigma^2)$, 其密度为

$$f(x|\mu, \sigma^2) = \frac{1}{\sqrt{2\pi\sigma^2}} \exp\left(-\frac{(x-\mu)^2}{2\sigma^2}\right), \quad x \in \mathbb{R}$$

$$\mu \in \mathbb{R}$$

$$\sigma^2 > 0$$

正态分布是计量经济学中最常用的分布之一. 当 $\mu = 0$ 和 $\sigma^2 = 1$ 时, 称为**标准正态** (standard normal) 分布. 标准正态密度函数通常记为 $\phi(x)$, 标准正态分布函数记为 $\Phi(x)$. 正态密度函数可记为 $\phi_\sigma(x - \mu)$, 其中 $\phi_\sigma(u) = \sigma^{-1}\phi(u/\sigma)$. 参数 μ 是位置参数, σ^2 是尺度参数.

$$\mathbb{E}[X] = \mu$$

$$\mathrm{var}[X] = \sigma^2$$

图 3-3 的两个子图展示了标准正态密度函数.

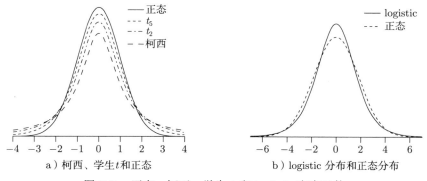

a) 柯西、学生 t 和正态　　　　b) logistic 分布和正态分布

图 3-3　正态、柯西、学生 t 和 logistic 密度函数

3.13 柯西分布

柯西 (Cauchy) 随机变量的密度和分布函数为

$$f(x) = \frac{1}{\pi(1+x^2)}, \quad x \in \mathbb{R}$$

$$F(x) = \frac{1}{2} + \frac{\arctan(x)}{\pi}$$

该密度函数的形状是钟形曲线, 但其尾部比正态分布更厚. 一个有趣的特征是它没有有限的矩.

图 3-3a 展示了柯西密度函数.

3.14 学生 *t* 分布

学生 *t* (student *t*) 随机变量通常记为 $X \sim t_r$ 或 $t(r)$, 其密度为

$$f(x|r) = \frac{\Gamma\left(\frac{r+1}{2}\right)}{\sqrt{r\pi}\,\Gamma\left(\frac{r}{2}\right)}\left(1+\frac{x^2}{r}\right)^{-\left(\frac{r+1}{2}\right)}, \quad -\infty < x < \infty \tag{3.1}$$

其中 $\Gamma(\alpha)$ 是伽马函数 (见附录定义 A.20). 参数 r 被称为 "自由度". 学生 *t* 分布用于正态抽样模型计算临界值.

$$\mathbb{E}[X] = 0, \quad 若 \ r > 1$$

$$\text{var}[X] = \frac{r}{r-2}, \quad 若 \ r > 2$$

学生 *t* 分布的低于 r 阶的矩是有限的; 大于或等于 r 阶的矩是无定义的.

当 $r = 1$ 时, 学生 *t* 分布变成了柯西分布. 随着 $r \to \infty$, 学生 *t* 分布变为正态 (详见下述定理). 因此, 柯西分布和正态分布是学生 *t* 分布的极限特例.

定理 3.1 当 $r \to \infty$ 时, 有 $f(x|r) \to \phi(x)$.

证明见 3.26 节.

尺度化学生 *t* 随机变量 (scaled student *t* random variable) 的密度为

$$f(x|r, \nu) = \frac{\Gamma\left(\frac{r+1}{2}\right)}{\sqrt{r\pi\nu}\,\Gamma\left(\frac{r}{2}\right)}\left(1+\frac{x^2}{r\nu}\right)^{-\left(\frac{r+1}{2}\right)}, \quad -\infty < x < \infty$$

其中 ν 是尺度参数. 尺度化学生 *t* 分布的方差为 $\nu r/(r-2)$.

图 3-3a 展示了 $r = 1$(柯西), $2, 5, \infty$ (正态) 的情况. 和正态分布一样, 学生 t 密度函数的形状是钟形的, 但 t 分布具有厚尾.

3.15 logistic 分布

logistic 随机变量的密度和分布函数为

$$F(x) = \frac{1}{1 + e^{-x}}, \quad x \in \mathbb{R}$$

$$f(x) = F(x)(1 - F(x))$$

该密度是钟形的, 与正态分布非常相似. 因为该分布的累积密度函数有封闭形式, 在计量经济学中常作为正态分布的替代.

$$\mathbb{E}[X] = 0$$

$$\text{var}[X] = \pi^2/3$$

若 U_1 和 U_2 相互独立, 且服从均值为 1 的指数分布, 则 $X = \ln U_1 - \ln U_2$ 服从 logistic 分布. 若 $U \sim U[0,1]$, 则 $X = \ln(U/(1 - U))$ 服从 logistic 分布.

图 3-3b 展示了尺度标准化 (方差为 1) 的 logistic 分布. 作为对比, 标准正态密度也绘制在图中.

3.16 卡方分布

卡方 (chi-square) 随机变量记为 $Q \sim \chi_r^2$ 或 $\chi^2(r)$, 其密度为

$$f(x|r) = \frac{1}{2^{r/2}\Gamma(r/2)} x^{r/2-1} \exp(-x/2), \quad x \geqslant 0$$

$$r > 0$$

(3.2)

其中 $\Gamma(\alpha)$ 是伽马函数 (见定义 A.20).

$$\mathbb{E}[X] = r$$

$$\text{var}[X] = 2r$$

当 $r = 2$ 时, 卡方分布等价于 $\lambda = 2$ 的指数分布. 卡方分布在渐近检验中常用来计算临界值.

推导卡方分布的矩生成函数是有用的.

定理 3.2 $Q \sim \chi_r^2$ 的矩生成函数为 $M(t) = (1 - 2t)^{-r/2}$.

证明见 3.26 节.

一个有趣的计算 (见习题 3.8) 推导了逆矩.

定理 3.3 若 $Q \sim \chi_r^2$, 其中 $r \geqslant 2$, 则 $\mathbb{E}\left[\dfrac{1}{Q}\right] = \dfrac{1}{r-2}$.

图 3-4a 展示了 $r = 2, 3, 4, 6$ 的卡方密度函数.

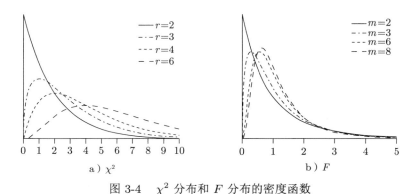

图 3-4 χ^2 分布和 F 分布的密度函数

3.17 伽马分布

伽马 (gamma) 随机变量的密度为

$$f(x|\alpha, \beta) = \frac{\beta^\alpha}{\Gamma(\alpha)} x^{\alpha-1} \exp(-x\beta), \quad x \geqslant 0$$

$$\alpha > 0$$

$$\beta > 0$$

其中 $\Gamma(\alpha)$ 是伽马函数 (定义 A.20). 卡方分布是 $\beta = 1/2$ 和 $\alpha = r/2$ 的伽马分布, 即 $\chi_r^2 \sim \text{gamma}(r/2, 1/2)$. 若 $Y \sim \text{gamma}(\alpha, \beta)$, 则 $Y \sim \chi_{2\alpha}^2/2\beta$. $\alpha = 1$ 的伽马分布为 $\lambda = 1/\beta$ 的指数分布.

伽马分布有时被认为是正实轴上一个灵活的参数族. 对该分布, α 是形状参数, β 是尺度参数. 该分布也用在贝叶斯分析中.

$$\mathbb{E}[X] = \frac{\alpha}{\beta}$$

$$\text{var}[X] = \frac{\alpha}{\beta^2}$$

3.18 *F* 分布

F 随机变量通常记为 $X \sim F_{m,r}$ 或 $F(m,r)$, 其密度为

$$f(x|m,r) = \frac{\left(\frac{m}{r}\right)^{m/2} x^{m/2-1} \Gamma\left(\frac{m+r}{2}\right)}{\Gamma\left(\frac{m}{2}\right)\Gamma\left(\frac{r}{2}\right)\left(1+\frac{m}{r}x\right)^{(m+r)/2}}, \quad x > 0 \tag{3.3}$$

其中 $\Gamma(\alpha)$ 是伽马函数 (定义 A.20). *F* 分布在正态抽样模型中用来计算临界值.

$$\mathbb{E}[X] = \frac{r}{r-2}, \quad 若 \ r > 2$$

随着 $r \to \infty$, *F* 分布简化为 Q_m/m, 是标准 χ_m^2. 故 *F* 分布是 χ_m^2 分布的推广.

定理 3.4　令 $X \sim F_{m,r}$. 随着 $r \to \infty$, mX 的密度函数趋近于 χ_m^2.

证明见 3.26 节.

乔治·斯内德科 (George Snedecor) 在 1934 年发表的论文中把 *F* 分布制成表. 他介绍了记号 "*F*", 将 *F* 分布与罗纳德·费希尔 (Ronald Fisher) 爵士在方差分析的工作相联系.

图 3-4b 展示了 $m = 2, 3, 6, 8$ 和 $r = 10$ 时 $F_{m,r}$ 的密度.

3.19 非中心卡方分布

非中心卡方分布 (non-central chi-square) 通常记为 $X \sim \chi_r^2(\lambda)$ 或 $\chi^2(r,\lambda)$, 其密度为

$$f(x) = \sum_{i=0}^{\infty} \frac{e^{-\lambda/2}}{i!}\left(\frac{\lambda}{2}\right)^i f_{r+2i}(x), \quad x > 0 \tag{3.4}$$

其中 $f_r(x)$ 是 χ_r^2 的密度函数式 (3.2). 可理解为以泊松密度为权重, 对卡方密度的加权平均. 非中心卡方分布用在多元正态模型和渐近统计的理论分析中. 参数 λ 被称为**非中心参数** (non-centrality parameter).

非中心卡方分布包括卡方分布. 卡方分布是非中心卡方分布 $\lambda = 0$ 时的特例.

$$\mathbb{E}[X] = r + \lambda$$

$$\text{var}[X] = 2(r + 2\lambda)$$

3.20　贝塔分布

贝塔 (beta) 随机变量的密度为

$$f(x|\alpha,\beta) = \frac{1}{B(\alpha,\beta)}x^{\alpha-1}(1-x)^{\beta-1}, \quad 0 \leqslant x \leqslant 1$$

$$\alpha > 0$$

$$\beta > 0$$

其中

$$B(\alpha,\beta) = \int_0^1 t^{\alpha-1}(1-t)^{\beta-1}\mathrm{d}t = \frac{\Gamma(\alpha)\Gamma(\beta)}{\Gamma(\alpha+\beta)}$$

是贝塔函数, $\Gamma(\alpha)$ 是伽马函数. 贝塔函数是 $[0,1]$ 上一个灵活的参数族分布.

$$\mathbb{E}[X] = \frac{\alpha}{\alpha+\beta}$$

$$\mathrm{var}[X] = \frac{\alpha\beta}{(\alpha+\beta)^2(\alpha+\beta+1)}$$

图 3-5a 展示了 $(\alpha,\beta) = (2,2), (2,5), (5,1)$ 时贝塔密度函数.

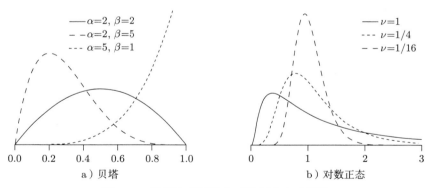

a）贝塔　　　　　　　　　　　b）对数正态

图 3-5　贝塔密度函数和对数正态密度函数

3.21　帕累托分布

帕累托 (Pareto) 随机变量的密度函数为

$$f(x|\alpha,\beta) = \frac{\alpha\beta^{\alpha}}{x^{\alpha+1}}, \quad x \geqslant \beta$$

$$\alpha > 0$$

$$\beta > 0$$

它常用来对厚尾分布建模. 参数 α 控制密度函数尾部趋近于 0 的速度.

$$\mathbb{E}[X] = \frac{\alpha\beta}{\alpha - 1}, \quad \alpha > 1$$
$$\mathrm{var}[X] = \frac{\alpha\beta^2}{(\alpha - 1)^2(\alpha - 2)}, \quad \alpha > 2$$

3.22 对数正态分布

对数正态 (lognormal) 随机变量的密度函数为

$$f(x|\theta, \nu) = \frac{1}{\sqrt{2\pi\nu}} x^{-1} \exp\left(-\frac{(\ln x - \theta)^2}{2\nu}\right), \quad x > 0$$
$$\theta \in \mathbb{R}$$
$$\nu > 0$$

该名称来自事实 $\ln(X) \sim N(\theta, \nu)$. 在应用计量经济学中, 把变量对数变换后建立正态模型很常见, 即对水平 (level) 应用对数正态模型. 对数正态分布是高度有偏的, 有一个厚的右尾.

$$\mathbb{E}[X] = \exp(\theta + \nu/2)$$
$$\mathrm{var}[X] = \exp(2\theta + 2\nu) - \exp(2\theta + \nu).$$

图 3-5b 展示了 $\theta = 1$, $\nu = 1, 1/4, 1/16$ 的对数正态密度函数.

3.23 韦布尔分布

韦布尔 (Weibull) 随机变量的密度函数和分布函数为

$$f(x|\alpha, \lambda) = \frac{\alpha}{\lambda}\left(\frac{x}{\lambda}\right)^{\alpha-1} \exp\left(-\left(\frac{x}{\lambda}\right)^{\alpha}\right), \quad x \geqslant 0$$
$$F(x|\alpha, \lambda) = 1 - \exp\left(-\left(\frac{x}{\lambda}\right)^{\alpha}\right)$$
$$\alpha > 0$$
$$\lambda > 0$$

韦布尔分布应用在生存分析中. 参数 α 控制形状, 参数 λ 控制尺度.

$$\mathbb{E}[X] = \lambda\Gamma(1 + 1/\alpha)$$

$$\mathrm{var}[X] = \lambda^2 \big(\Gamma(1 + 2/\alpha) - (\Gamma(1 + 1/\alpha))^2 \big)$$

其中 $\Gamma(\alpha)$ 是伽马函数.

若 $Y \sim \mathrm{exponential}(\lambda)$, 则 $X = Y^{1/\alpha} \sim \mathrm{Weibull}(\alpha, \lambda^{1/\alpha})$

图 3-6a 展示了 $\lambda = 1$, $\alpha = 1/2, 1, 2, 4$ 的韦布尔密度函数.

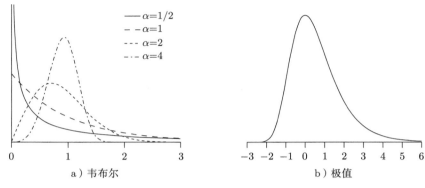

a）韦布尔   b）极值

图 3-6   韦布尔密度函数和第一类极值密度函数

3.24   极值分布

第一类极值 (type I extreme value) 分布 (也称为 **Gumbel**) 有两种形式. 最常用的密度和分布函数为

$$f(x) = \exp(-x) \exp(- \exp(-x)), \quad x \in \mathbb{R}$$
$$F(x) = \exp(- \exp(-x))$$

另一种 (最小化) 密度和分布函数为

$$f(x) = \exp(x) \exp(- \exp(x)), \quad x \in \mathbb{R}$$
$$F(x) = 1 - \exp(- \exp(x))$$

第一类极值分布在离散选择模型中使用.

若 $Y \sim \mathrm{exponential}(1)$, 则 $X = -\log Y$ 服从第一类极值分布. 若 X_1 和 X_2 是相互独立的第一类极值变量, 则 $Y = X_1 - X_2$ 服从 logistic 分布.

图 3-6b 展示了第一类极值密度函数.

3.25   混合正态分布

混合正态 (mixture of normal) 密度函数为

$$f(x|p_1,\mu_1,\sigma_1^2,\cdots,p_M,\mu_M,\sigma_M^2) = \sum_{m=1}^{M} p_m\phi_{\sigma_m}(x-\mu_m)$$

$$\sum_{m=1}^{M} p_m = 1$$

其中 M 是混合成分的数量. 混合正态分布可通过潜在变量解释. 存在 M 个潜在变量, 每个变量有不同的均值和方差. 经济学中经常使用混合分布对异质性建模. 混合分布也可灵活地逼近未知的密度函数. 由于混合正态分布结构简单, 可用于某些理论计算.

　　为说明混合正态分布的灵活性, 图 3-7 绘制了 6 个不同的混合正态密度函数$^{\ominus}$. 所有的分布都已归一化, 均值为 0 和方差为 1. 子标题的名称是描述性的, 不是正式名称.

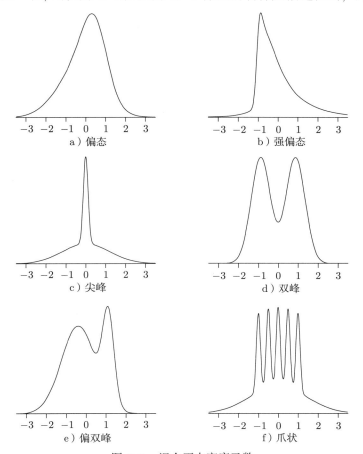

图 3-7　混合正态密度函数

　　$\ominus$　这些例子是根据 Marron 和 Wand (1992) 的图 1 和表 1 构造的.

3.26 技术证明*

定理 3.1 证明 由定理 A.28.6 得

$$\lim_{n\to\infty} \frac{\Gamma(n+x)}{\Gamma(n)n^x} = 1$$

令 $n = r/2$ 和 $x = 1/2$, 有

$$\lim_{r\to\infty} \frac{\Gamma\left(\dfrac{r+1}{2}\right)}{\sqrt{r\pi}\,\Gamma\left(\dfrac{r}{2}\right)} = \frac{1}{\sqrt{2\pi}}$$

利用指数分布定义 (见附录 A.4 节), 有

$$\lim_{r\to\infty} \left(1 + \frac{x^2}{r}\right)^r = \exp(x^2)$$

取平方根, 得

$$\lim_{r\to\infty} \left(1 + \frac{x^2}{r}\right)^{r/2} = \exp\left(\frac{x^2}{2}\right) \tag{3.5}$$

此外,

$$\lim_{r\to\infty} \left(1 + \frac{x^2}{r}\right)^{\frac{1}{2}} = 1$$

合并可得

$$\lim_{r\to\infty} \frac{\Gamma\left(\dfrac{r+1}{2}\right)}{\sqrt{r\pi}\,\Gamma\left(\dfrac{r}{2}\right)} \left(1 + \frac{x^2}{r}\right)^{-\left(\frac{r+1}{2}\right)} = \frac{1}{\sqrt{2\pi}}\exp\left(-\frac{x^2}{2}\right) = \phi(x) \qquad\blacksquare$$

定理 3.2 证明 密度式 (3.2) 的矩生成函数为

$$\int_0^\infty \exp(tq)f(q)\mathrm{d}q = \int_0^\infty \exp(tq)\frac{1}{\Gamma\left(\dfrac{r}{2}\right)2^{r/2}}q^{r/2-1}\exp(-q/2)\mathrm{d}q$$

$$= \int_0^\infty \frac{1}{\Gamma\left(\dfrac{r}{2}\right)2^{r/2}}q^{r/2-1}\exp\big(-q(1/2-t)\big)\mathrm{d}q \tag{3.6}$$

$$= \frac{1}{\Gamma\left(\dfrac{r}{2}\right)2^{r/2}}(1/2-t)^{-r/2}\Gamma\left(\frac{r}{2}\right)$$

$$= (1-2t)^{-r/2}$$

第三个等号由定理 A.28.3 可得. ■

定理 3.4 证明 通过变量变换得到密度式 (3.3), mF 的密度为

$$\frac{x^{m/2-1}\Gamma\left(\dfrac{m+r}{2}\right)}{r^{m/2}\Gamma\left(\dfrac{m}{2}\right)\Gamma\left(\dfrac{r}{2}\right)\left(1+\dfrac{x}{r}\right)^{(m+r)/2}} \tag{3.7}$$

利用定理 A.28.6, 令 $n = r/2$ 和 $x = m/2$, 有

$$\lim_{r\to\infty}\frac{\Gamma\left(\dfrac{m+r}{2}\right)}{r^{m/2}\Gamma\left(\dfrac{r}{2}\right)} = 2^{-m/2}$$

与式 (3.5) 类似, 有

$$\lim_{r\to\infty}\left(1+\frac{x}{r}\right)^{\frac{m+r}{2}} = \exp\left(\frac{x}{2}\right)$$

利用这个结果, 式 (3.7) 变为

$$\frac{x^{m/2-1}\exp\left(-\dfrac{x}{2}\right)}{2^{m/2}\Gamma\left(\dfrac{m}{2}\right)}$$

它是 χ_m^2 的密度. ■

习题

3.1 对伯努利分布, 验证

(a) $\sum_{x=0}^{1}\pi(x|p) = 1$.

(b) $\mathbb{E}[X] = p$.

(c) $\mathrm{var}[X] = p(1-p)$.

3.2 对二项分布, 验证

(a) $\sum_{x=0}^{n}\pi(x|n,p) = 1$. 提示: 利用二项式定理.

(b) $\mathbb{E}[X] = np$.

(c) $\mathrm{var}[X] = np(1-p)$.

3.3 对泊松分布, 验证

(a) $\sum\limits_{x=0}^{\infty} \pi(x|\lambda) = 1$.

(b) $\mathbb{E}[X] = \lambda$.

(c) $\text{var}[X] = \lambda$.

3.4 对均匀分布 $U[a, b]$, 验证

(a) $\int_a^b f(x|a, b)\mathrm{d}x = 1$.

(b) $\mathbb{E}[X] = (b - a)/2$.

(c) $\text{var}[X] = (b - a)^2/12$.

3.5 对指数分布, 验证

(a) $\int_0^{\infty} f(x|\lambda)\mathrm{d}x = 1$.

(b) $\mathbb{E}[X] = \lambda$.

(c) $\text{var}[X] = \lambda^2$.

3.6 对双指数分布, 验证

(a) $\int_{-\infty}^{\infty} f(x|\lambda)\mathrm{d}x = 1$.

(b) $\mathbb{E}[X] = 0$.

(c) $\text{var}[X] = 2\lambda^2$.

3.7 对卡方分布, 验证

(a) $\int_0^{\infty} f(x|r)\mathrm{d}x = 1$.

(b) $\mathbb{E}[X] = r$.

(c) $\text{var}[X] = 2r$.

3.8 验证定理 3.3. 提示: 验证 $x^{-1} f(x|r) = \dfrac{1}{r-2} f(x|r-2)$.

3.9 对伽马分布, 验证

(a) $\int_0^{\infty} f(x|\alpha, \beta)\mathrm{d}x = 1$.

(b) $\mathbb{E}[X] = \dfrac{\alpha}{\beta}$.

(c) $\text{var}[X] = \dfrac{\alpha}{\beta^2}$.

3.10 设 $X \sim \text{gamma}(\alpha, \beta)$. 令 $Y = \lambda X$. 计算 Y 的密度. 它服从什么分布?

3.11 对帕累托分布, 验证

(a) $\displaystyle\int_{\beta}^{\infty} f(x|\alpha,\beta)\mathrm{d}x = 1.$

(b) $F(x|\alpha,\beta) = 1 - \dfrac{\beta^{\alpha}}{x^{\alpha}},\ x \geqslant \beta.$

(c) $\mathbb{E}[X] = \dfrac{\alpha\beta}{\alpha-1}.$

(d) $\mathrm{var}[X] = \dfrac{\alpha\beta^2}{(\alpha-1)^2(\alpha-2)}.$

3.12 对 logistic 分布, 验证

(a) $F(x)$ 是合理的分布函数.

(b) 密度函数 $f(x) = \exp(-x)/\big(1+\exp(-x)\big)^2 = F(x)(1-F(x)).$

(c) 密度 $f(x)$ 关于 0 对称.

3.13 对于对数正态分布, 验证

(a) 对数正态的密度可由变换 $X = \exp(Y),\ Y \sim N(\theta,\nu)$ 得到.

(b) $\mathbb{E}[X] = \exp(\theta+\nu/2).$

3.14 对混合正态分布, 验证

(a) $\displaystyle\int_{-\infty}^{\infty} f(x)\mathrm{d}x = 1.$

(b) $F(x) = \sum\limits_{m=1}^{M} p_m \Phi\big(\tfrac{x-\mu_m}{\sigma_m}\big).$

(c) $\mathbb{E}[X] = \sum\limits_{m=1}^{M} p_m \mu_m.$

(d) $\mathbb{E}[X^2] = \sum\limits_{m=1}^{M} p_m(\sigma_m^2 + \mu_m^2).$

第 4 章 多 元 分 布

4.1 引言

第 2 章介绍了随机变量的概念. 现在把此概念拓展到多维随机变量, 即**随机向量** (random vector) 中. 为了更明确地说明随机变量和随机向量的区别, 把一维随机变量记为**一元** (univariate), 二维随机变量记为**二元** (bivariate), 任意维向量记为**多元** (multivariate).

本章从二元随机变量开始. 后续章节拓展到多元随机向量.

4.2 二元随机变量

二元随机变量是服从某个联合分布的两个随机变量. 通常用一对大写的拉丁字母表示, 如 (X, Y) 或 (X_1, X_2). 随机变量的特定取值用小写拉丁字母表示, 如 (x, y) 或 (x_1, x_2).

定义 4.1 **二元随机变量** (bivariate random variable) 是一对数值结果, 即从样本空间到 $\mathbb{R}^2$ 的函数.

图 4-1 展示了从抛两枚硬币实验的样本空间到 $\mathbb{R}^2$ 的映射, 其中 TT 映射到 $(0, 0)$, TH 映射到 $(0, 1)$, HT 映射到 $(1, 0)$, HH 映射到 $(1, 1)$.

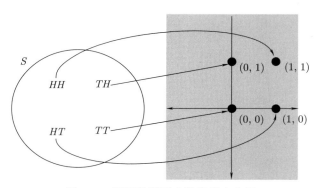

图 4-1　抛两枚硬币实验的样本空间

再举一个真实世界的例子, 考虑二元对 (工资, 工作年限). 我们对工资如何随着工作年限变化及它们的联合分布感兴趣. 图 4-2 展示了该映射. 椭圆代表了随机结果为 a, b, c, d, e 的样本空间 (可以把结果视为某个时间点工薪阶层个体). 图中 $\mathbb{R}^2$ 的正象限部分表示二元对 (工资, 工作年限). 箭头表示映射, 每个结果代表样本空间中的一个点. 每个结果映射到 $\mathbb{R}^2$ 中的一个点. 后者是一对随机变量 (工资, 工作年限), 它们的值标记在图中, 其中工资的单位为美元/小时工作年限的单位为年.

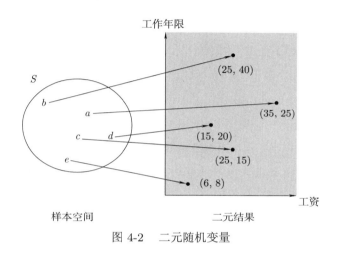

图 4-2　二元随机变量

4.3　二元分布函数

二元随机变量分布函数的定义如下.

定义 4.2　随机向量 (X, Y) 的**联合分布函数** (joint distribution function) 为 $F(x, y) = \mathbb{P}[X \leqslant x, Y \leqslant y] = \mathbb{P}[\{X \leqslant x\} \cap \{Y \leqslant y\}]$.

特别地, 术语 "联合" (joint) 表示多个随机变量的分布. 为简单起见, 当上下文意思清楚时, 可省略 "联合" 一词. 当想要明确 (X, Y) 的分布函数时, 可添加下标, 如 $F_{X,Y}(x, y)$. 当上下文意思清楚时, 下标可省略.

举联合分布函数的一个例子, $F(x, y) = (1 - e^{-x})(1 - e^{-y})$, $x, y \geqslant 0$.

联合分布函数的性质和单变量类似. 分布函数对每个参数都是单调不减的 (weakly increasing), 且满足 $0 \leqslant F(x, y) \leqslant 1$.

再举一个真实世界的例子. 图 4-3 展示了工资 (时薪) 和工作年限的联合分布⊖. 联合分布函数从原点的 0 增加到右上角的 1 附近. 该函数对每个变量都是递增的. 为了解

⊖　2009 年美国的工薪阶层. 工资从 0 美元到 60 美元, 工作年限从 0 年到 50 年.

释该图, 固定某个变量的值, 追踪另外一个变量的曲线. 例如, 固定工作年限为 30 年, 描绘工资的轨迹. 观察到该函数在 14 美元和 24 美元之间陡然上升, 然后趋于平缓. 或者, 固定时薪为 30 美元, 沿着工作年限的函数移动. 在这种情况下, 该函数的斜率稳定, 直到工作年限约 40 年时, 函数趋于平缓.

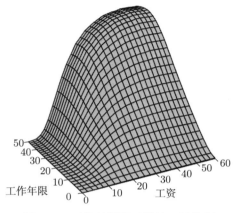

图 4-3   工作年限和工资的二元分布

图 4-4 展示了给定 (x, y) 的条件下, 联合分布函数是如何计算的. 如果 (X, Y) 落在阴影区域 [点 (x, y) 的左下方区域] 内, 则事件 $\{X \leqslant x, Y \leqslant y\}$ 发生. 分布函数是该事件发生的概率. 举一个实际例子, 若 $(x, y) = (30, 30)$, 则可计算工资小于或等于 30 美元, 工作年限小于或等于 30 年的联合概率. 在图 4-3 中读出这个数字是困难的. 但它等于 0.58, 即 58% 的工薪阶层满足这些条件.

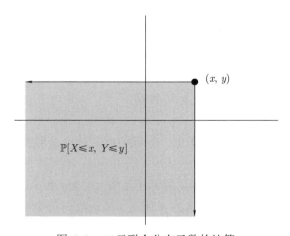

图 4-4   二元联合分布函数的计算

分布函数满足下列关系

$$\mathbb{P}[a < X \leqslant b, c < Y \leqslant d] = F(b, d) - F(b, c) - F(a, d) + F(a, c)$$

证明见习题 4.5, 结果展示在图 4-5 中.

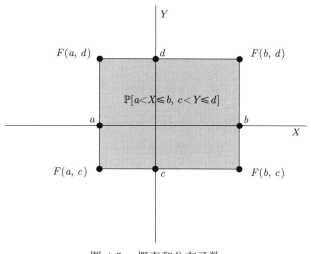

图 4-5　概率和分布函数

阴影部分是集合 $\{a < x \leqslant b, c < y \leqslant d\}$. (X, Y) 落在该集合中的概率是 X 落在 $(a, b]$ 和 Y 落在 $(c, d]$ 的联合概率, 可从分布函数的四个角计算得出. 例如,

$$\mathbb{P}[10 < 工资 \leqslant 20, 10 < 工作年限 \leqslant 20] = F(20, 20) - F(20, 10) - F(10, 20) + F(10, 10)$$

$$= 0.265 - 0.131 - 0.073 + 0.042$$

$$= 0.103$$

因此大约 10% 的工薪阶层满足这些条件.

4.4　概率质量函数

与一元随机变量类似, 可分别考虑离散的和连续的二元随机变量.

称一对随机变量是**离散的** (discrete), 如果存在离散集 $\mathscr{S} \subset \mathbb{R}^2$ 满足 $\mathbb{P}[(X, Y) \in \mathscr{S}] = 1$. 在很多情况下, 支撑集可取乘积形式, 即支撑集记为 $\mathscr{S} = \mathscr{X} \times \mathscr{Y}$, 其中 $\mathscr{X} \subset \mathbb{R}$ 和 $\mathscr{Y} \subset \mathbb{R}$ 是 X 和 Y 的支撑. 把这些支撑点记为 $\{\tau_1^x, \tau_2^x, \cdots\}$ 和 $\{\tau_1^y, \tau_2^y, \cdots\}$.

联合概率质量函数 (joint probability mass function) 是 $\pi(x,y) = \mathbb{P}[X = x, Y = y]$. 在支撑点上, 令 $\pi_{ij} = \pi(\tau_i^x, \tau_j^y)$. 不失一般性, 若对某些变量允许 $\pi_{ij} = 0$, 则假设支撑可取乘积形式.

例 1   某比萨餐馆向学生提供餐饮服务. 每位顾客在午餐期间购买 1 到 2 块比萨或 1 到 2 杯饮品. 令 X 为购买的比萨块数, Y 为购买的饮品杯数. 联合概率质量函数为

$$\pi_{11} = \mathbb{P}[X = 1, Y = 1] = 0.4$$

$$\pi_{12} = \mathbb{P}[X = 1, Y = 2] = 0.1$$

$$\pi_{21} = \mathbb{P}[X = 2, Y = 1] = 0.2$$

$$\pi_{22} = \mathbb{P}[X = 2, Y = 2] = 0.3$$

这是一个有效的概率函数, 因为所有的概率是非负的, 且四个概率和为 1.

4.5　概率密度函数

称 (X, Y) 服从**连续** (continuous) 分布, 如果联合分布函数 $F(x, y)$ 在 (x, y) 上连续. 在一元情况下, 概率密度函数是概率分布函数的导数. 在二元情况下是二重偏导数.

定义 4.3   当 $F(x, y)$ 连续可微时, 其**联合密度** (joint density) $f(x, y)$ 等于

$$f(x, y) = \frac{\partial^2}{\partial x \partial y} F(x, y)$$

当想要明确变量 (X, Y) 的密度时, 使用下标 [如 $f_{X,Y}(x, y)$]. 联合密度的性质和一元一致, 它们是非负函数, 且在 $\mathbb{R}^2$ 上积分为 1.

例 2 (X, Y) 在 $\mathbb{R}_+^2$ 上是连续的, 其联合密度为

$$f(x, y) = \frac{1}{4}(x + y)xy \exp(-x - y)$$

图 4-6 展示了联合密度. 通过计算其积分为 1, 验证其有效性. 积分为

$$\int_0^\infty \int_0^\infty f(x, y) \mathrm{d}x \mathrm{d}y$$

$$= \int_0^\infty \int_0^\infty \frac{1}{4}(x + y)xy \exp(-x - y) \mathrm{d}x \mathrm{d}y$$

$$= \frac{1}{4} \left(\int_0^\infty \int_0^\infty x^2 y \exp(-x - y) \mathrm{d}x \mathrm{d}y + \int_0^\infty \int_0^\infty xy^2 \exp(-x - y) \mathrm{d}x \mathrm{d}y \right)$$

$$= \frac{1}{4} \left(\int_0^\infty y \exp(-y) \mathrm{d}y \int_0^\infty x^2 \exp(-x) \mathrm{d}x + \int_0^\infty y^2 \exp(-y) \mathrm{d}y \int_0^\infty x \exp(-x) \mathrm{d}x \right)$$

$$= 1$$

因此 $f(x, y)$ 是有效的密度.

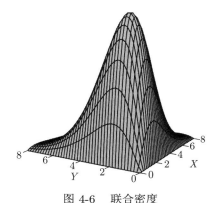

图 4-6 联合密度

二元密度的概率解释是, 随机变量 (X, Y) 落在 $\mathbb{R}^2$ 内某一区域的概率等于该区域密度函数下的面积. 为了验证这一点, 利用微积分第二基本定理 (定理 A.20).

$$\int_c^d \int_a^b f(x, y) \mathrm{d}x \mathrm{d}y = \int_c^d \int_a^b \frac{\partial^2}{\partial x \partial y} F(x, y) \mathrm{d}x \mathrm{d}y = \mathbb{P}[a \leqslant X \leqslant b, c \leqslant Y \leqslant d]$$

这与一元密度函数的性质一致. 但在二元情形中, 需要使用二重积分. 因此, 对任意 $A \subset \mathbb{R}^2$,

$$\mathbb{P}[(X, Y) \in A] = \int_{-\infty}^\infty \int_{-\infty}^\infty \mathbb{1}\{(x, y) \in A\} f(x, y) \mathrm{d}x \mathrm{d}y$$

特别地,

$$\mathbb{P}[a \leqslant X \leqslant b, c \leqslant Y \leqslant d] = \int_c^d \int_a^b f(x, y) \mathrm{d}x \mathrm{d}y$$

这是 X 和 Y 落在区间 $[a, b]$ 和 $[c, d]$ 的联合概率, 图 4-5 展示了这个区域在 (x, y) 平面上的情况. 上式说明 (X, Y) 落在这个区域的概率是联合密度 $f(x, y)$ 在该区域上的积分.

例如, 令 $f(x, y) = 1, 0 \leqslant x, y \leqslant 1$. 计算 $X \leqslant 1/2$ 和 $Y \leqslant 1/2$ 的概率, 即

$$\mathbb{P}[X \leqslant 1/2, Y \leqslant 1/2] = \int_0^{1/2} \int_0^{1/2} f(x, y) \mathrm{d}x \mathrm{d}y$$

$$= \int_0^{1/2} \mathrm{d}x \int_0^{1/2} \mathrm{d}y$$
$$= \frac{1}{4}$$

例 3　工资和工作年限. 图 4-7 展示了工资 (时薪) 对数和工作年限的二元联合密度图, 该密度的联合分布函数见图 4-4. 工资从 0 美元到 60 美元, 工作年限从 0 年到 50 年. 观察二元密度图, 并做些练习. 从某个工作年限水平开始 (如 10 年), 追踪工资密度函数形状的变化. 工资的密度是钟形的, 尖峰在 15 美元左右. 该形状与图 2-7 中工资的一元密度图一致.

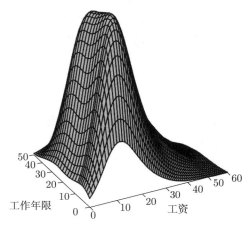

图 4-7　工作年限和工资对数的二元联合密度

4.6　边缘密度

随机向量 (X, Y) 的联合分布函数完全描述了随机向量每个分量的分布.

定义 4.4　随机变量 X 的**边缘分布** (marginal distribution) 为

$$F_X(x) = \mathbb{P}[X \leqslant x] = \mathbb{P}[X \leqslant x, Y \leqslant \infty] = \lim_{y \to \infty} F(x, y)$$

在连续情况下, 记为

$$F_X(x) = \lim_{y \to \infty} \int_{-\infty}^{y} \int_{-\infty}^{x} f(u, v) \mathrm{d}u \mathrm{d}v = \int_{-\infty}^{\infty} \int_{-\infty}^{x} f(u, v) \mathrm{d}u \mathrm{d}v$$

X 的边缘密度是边缘分布函数的导数, 即

$$f_X(x) = \frac{\mathrm{d}}{\mathrm{d}x} F_X(x) = \frac{\mathrm{d}}{\mathrm{d}x} \int_{-\infty}^{\infty} \int_{-\infty}^{x} f(u,v) \mathrm{d}u \mathrm{d}v = \int_{-\infty}^{\infty} f(x,y) \mathrm{d}y$$

类似地, Y 的边缘概率密度函数为

$$f_Y(y) = \frac{\mathrm{d}}{\mathrm{d}y} F_Y(y) = \int_{-\infty}^{\infty} f(x,y) \mathrm{d}x$$

边缘概率密度函数通过把其他变量 "积分掉" 得到.

　　边缘累积分布函数 (概率密度函数) 是累积分布函数 (概率密度函数), 用 "边缘" 一词与随机向量的联合累积分布函数 (概率密度函数) 加以区别. 特别地, 可把边缘概率密度函数视为概率密度函数.

　　定义 4.5　给定 X 和 Y 的联合密度 $f(x,y)$, X 和 Y 的**边缘密度**为

$$f_X(x) = \int_{-\infty}^{\infty} f(x,y) \mathrm{d}y$$

和

$$f_Y(y) = \int_{-\infty}^{\infty} f(x,y) \mathrm{d}x$$

　　例 1 (续)　边缘概率为

$$\mathbb{P}[X=1] = \mathbb{P}[X=1, Y=1] + \mathbb{P}[X=1, Y=2] = 0.4 + 0.1 = 0.5$$

$$\mathbb{P}[X=2] = \mathbb{P}[X=2, Y=1] + \mathbb{P}[X=2, Y=2] = 0.2 + 0.3 = 0.5$$

和

$$\mathbb{P}[Y=1] = \mathbb{P}[X=1, Y=1] + \mathbb{P}[X=2, Y=1] = 0.4 + 0.2 = 0.6$$

$$\mathbb{P}[Y=2] = \mathbb{P}[X=1, Y=2] + \mathbb{P}[X=2, Y=2] = 0.1 + 0.3 = 0.4$$

因此 50% 的顾客订购一块比萨, 50% 的顾客订购两块比萨. 60% 的顾客订购一杯饮品, 40% 的顾客订购两杯饮品.

　　例 2 (续)　X 的边缘密度为

$$f_X(x) = \int_0^{\infty} \frac{1}{4}(x+y)xy \exp(-x-y) \mathrm{d}y$$

$$= \left(x^2 \int_0^\infty y \exp(-y)\mathrm{d}y + x \int_0^\infty y^2 \exp(-y)\mathrm{d}y \right) \frac{1}{4} \exp(-x)$$

$$= \frac{x^2 + 2x}{4} \exp(-x)$$

其中 $x \geqslant 0$.

例 3 (续)   图 2-8 展示了工资的边缘密度函数. 图 4-7 通过将工作年限积分掉, 得到工资的边缘密度. 类似地, 工作年限的边缘密度可通过将工资积分掉得到.

4.7   二元期望

定义 4.6   实值随机变量 $g(X, Y)$ 的**期望** (expectation) 为

$$\mathbb{E}[g(X, Y)] = \sum_{(x,y)\in\mathbb{R}^2:\pi(x,y)>0} g(x,y)\pi(x,y), \text{对离散情况}$$

$$\mathbb{E}[g(X, Y)] = \int_{-\infty}^\infty \int_{-\infty}^\infty g(x,y)f(x,y)\mathrm{d}x\mathrm{d}y, \text{和对连续情况}$$

如果 $g(X)$ 仅依赖一个随机变量, 其期望可写为边缘密度的形式:

$$\mathbb{E}[g(X)] = \int_{-\infty}^\infty \int_{-\infty}^\infty g(x)f(x,y)\mathrm{d}x\mathrm{d}y = \int_{-\infty}^\infty g(x)f_X(x)\mathrm{d}x$$

特别地, 某个随机变量的期望值为

$$\mathbb{E}[X] = \int_{-\infty}^\infty \int_{-\infty}^\infty xf(x,y)\mathrm{d}x\mathrm{d}y = \int_{-\infty}^\infty xf_X(x)\mathrm{d}x$$

例 1 (续)   计算

$$\mathbb{E}[X] = 1 \times 0.5 + 2 \times 0.5 = 1.5$$

$$\mathbb{E}[Y] = 1 \times 0.6 + 2 \times 0.4 = 1.4$$

这是每位顾客订购比萨块数和饮品杯数的平均值. 二阶矩为

$$\mathbb{E}[X^2] = 1^2 \times 0.5 + 2^2 \times 0.5 = 2.5$$

$$\mathbb{E}[Y^2] = 1^2 \times 0.6 + 2^2 \times 0.4 = 2.2$$

方差为

$$\text{var}[X] = \mathbb{E}[X^2] - \left(\mathbb{E}[X]\right)^2 = 2.5 - 1.5^2 = 0.25$$

$$\text{var}[Y] = \mathbb{E}[Y^2] - \left(\mathbb{E}[Y]\right)^2 = 2.2 - 1.4^2 = 0.24$$

例 2 (续) X 的期望值为

$$
\begin{aligned}
\mathbb{E}[X] &= \int_0^\infty x f_X(x) \mathrm{d}x \\
&= \int_0^\infty x\left(\frac{x^2 + 2x}{4}\right) \exp(-x) \mathrm{d}x \\
&= \int_0^\infty \frac{x^2}{4} \exp(-x) \mathrm{d}x + \int_0^\infty \frac{x^2}{2} \exp(-x) \mathrm{d}x \\
&= \frac{5}{2}
\end{aligned}
$$

二阶矩为

$$
\begin{aligned}
\mathbb{E}[X^2] &= \int_0^\infty x^2 f_X(x) \mathrm{d}x \\
&= \int_0^\infty x^2\left(\frac{x^2 + 2x}{4}\right) \exp(-x) \mathrm{d}x \\
&= \int_0^\infty \frac{x^4}{4} \exp(-x) \mathrm{d}x + \int_0^\infty \frac{x^3}{2} \exp(-x) \mathrm{d}x \\
&= 9
\end{aligned}
$$

方差为

$$\text{var}[X] = \mathbb{E}[X^2] - \left(\mathbb{E}[X]\right)^2 = 9 - \left(\frac{5}{2}\right)^2 = \frac{11}{4}$$

例 3 (续) 时薪、工作年限和受教育年限的均值和方差展示在表 4-1 中.

表 4-1 均值和方差

	均值	方差
时薪	23.90	20.7^2
工作年限 (年)	22.21	11.7^2
受教育年限 (年)	13.98	2.58^2

4.8　离散随机变量 X 的条件分布

在本节和 4.9 节, 定义给定取值为 x 的随机变量 X 的条件下, 随机变量 Y 的条件分布和密度.

定义 4.7　若 X 服从离散分布, 给定 $X = x$ 的条件下, Y 的**条件分布函数** (conditional distribution function) 为

$$F_{Y|X}(y|x) = \mathbb{P}[Y \leqslant y | X = x]$$

对任意满足 $\mathbb{P}[X = x] > 0$ 的 x 均成立.

这是 y 的一个有效的分布函数, 即函数满足单调不减性, 渐近趋近于 0 和 1. 可认为 $F_{Y|X}(y|x)$ 给定 $X = x$ 时子总体的分布函数. 令 Y 表示时薪, X 表示工人的性别, 则 $F_{Y|X}(y|x)$ 表示男性和女性两个子总体工资的分布函数. 若令 X 表示受教育年限 (用离散变量测度), 则 $F_{Y|X}(y|x)$ 表示了每个教育水平工资的分布.

例 3（续）　时薪和受教育年限. 图 2-2b 展示了美国工薪阶层总体按教育年限划分的 10 个类. 每个类是全部工薪阶层的一个子总体, 每个子总体的工资都服从某个分布. 给定受教育年限 (x) 等于 12、16、18 和 20 的条件下, 即分别对应获得高中学历、本科学历、硕士学历和博士学历, 条件分布函数 $F(y|x)$ 展示在图 4-8 中. 这些分布函数的差异惊人地大. 随着教育水平的提高, 该分布均匀地向右移动. 分布最大的不同在拥有高中学历和本科学历的人与拥有硕士学历和博士学历的人之间.

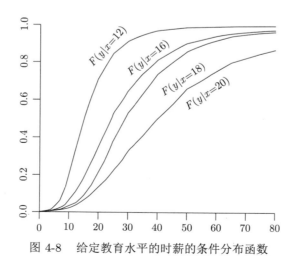

图 4-8　给定教育水平的时薪的条件分布函数

如果 Y 服从连续分布, 利用条件分布函数的导数可定义条件密度函数.

定义 4.8 若 $F_{Y|X}(y|x)$ 是关于 y 可微的, 且 $\mathbb{P}[X=x]>0$, 则给定 $X=x$ 的条件下, Y 的**条件密度函数** (conditional density function) 为

$$f_{Y|X}(y|x) = \frac{\partial}{\partial y}F_{Y|X}(y|x)$$

条件密度 $f_{Y|X}(y|x)$ 是一个有效的密度函数, 由于它是分布函数的导数. 条件密度可视为给定 X 的某个值后, 子总体 Y 的密度函数.

例 3 (续) 图 4-9 展示了与图 4-8 中条件分布函数对应的条件密度函数 $f(y|x)$. 检查密度函数, 易知概率质量是如何分配的. 比较拥有高中学历 $(x=12)$ 和本科学历 $(x=16)$ 的人的条件密度. 后者的密度函数向右偏移, 且分布更加分散. 因此, 拥有本科学历的人拥有更高的平均工资, 但他们工资的分布更分散. 尽管本科学历的条件密度大幅向右偏移, 但二者仍有很大的重叠区域. 比较拥有本科学历和硕士学历的人的条件密度. 后者的密度函数向右偏移, 但仅有很小的偏移. 因此, 这两个密度的相似性大于相异性. 现将这些条件密度与最后的密度相比, 即与拥有最高教育水平 $(x=20)$ 的人的密度函数相比. 最后的密度函数大幅向右偏移, 且分布非常分散.

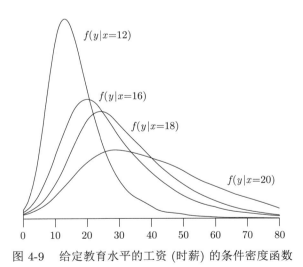

图 4-9 给定教育水平的工资 (时薪) 的条件密度函数

4.9 连续随机变量 X 的条件分布

连续随机变量条件密度的定义如下.

定义 4.9 对连续随机变量 X 和 Y, 给定 $X=x$ 的条件下, Y 的**条件密度** (conditional density) 为

$$f_{Y|X}(y|x) = \frac{f(x,y)}{f_X(x)}$$

对任意满足 $f_X(x) > 0$ 的 x 均成立.

如果你对此定义感到满意, 可跳过本节的剩余部分. 然而, 如果你想得到一个合理的解释, 请继续阅读.

回忆离散随机变量 X 条件分布函数的定义

$$F_{Y|X}(y|x) = \mathbb{P}[Y \leqslant y | X = x]$$

当 X 为连续随机变量时, 由于 $\mathbb{P}[X = x] = 0$, 所以不能使用上式定义的条件分布. 条件分布的定义如下.

定义 4.10 对连续随机变量 X 和 Y, 给定 $X = x$ 的条件下, Y 的**条件分布** (conditional distribution) 为

$$F_{Y|X}(y|x) = \lim_{\epsilon \downarrow 0} \mathbb{P}[Y \leqslant y | x - \epsilon \leqslant X \leqslant x + \epsilon]$$

该公式表示在 X 落在 x 任意小的邻域内的条件下, Y 小于 y 的概率. 这与离散时的定义一致. 幸运的是, 这个公式可以简化.

定理 4.1 若 $F(x,y)$ 是关于 x 可微的, 且 $f_X(x) > 0$, 则 $F_{Y|X}(y|x) = \dfrac{\frac{\partial}{\partial x}F(x,y)}{f_X(x)}$.

该结果表明, 条件分布函数是联合分布函数关于 x 的偏导数和 X 的边缘密度的比.

为验证此定理, 使用条件概率的定义和洛必达法则 (定理 A.12), 即两个趋于 0 的极限之比等于两个导数之比. 可知

$$\begin{aligned}
F_{Y|X}(y|x) &= \lim_{\epsilon \downarrow 0} \mathbb{P}[Y \leqslant y | x - \epsilon \leqslant X \leqslant x + \epsilon] \\
&= \lim_{\epsilon \downarrow 0} \frac{\mathbb{P}[Y \leqslant y, x - \epsilon \leqslant X \leqslant x + \epsilon]}{\mathbb{P}[x - \epsilon \leqslant X \leqslant x + \epsilon]} \\
&= \lim_{\epsilon \downarrow 0} \frac{F(x + \epsilon, y) - F(x - \epsilon, y)}{F_X(x + \epsilon) - F_X(x - \epsilon)} \\
&= \lim_{\epsilon \downarrow 0} \frac{\frac{\partial}{\partial x}F(x + \epsilon, y) + \frac{\partial}{\partial x}F(x - \epsilon, y)}{\frac{\partial}{\partial x}F(x + \epsilon) + \frac{\partial}{\partial x}F(x - \epsilon)}
\end{aligned}$$

$$
= \frac{2\dfrac{\partial}{\partial x}F(x,y)}{2\dfrac{\partial}{\partial x}F_X(x)}
$$

$$
= \frac{\dfrac{\partial}{\partial x}F(x,y)}{f_X(x)}
$$

命题得证.

为找到条件密度, 对条件分布函数取导数得

$$
f_{Y|X}(y|x) = \frac{\partial}{\partial y}F_{Y|X}(y|x)
$$

$$
= \frac{\partial}{\partial y}\frac{\dfrac{\partial}{\partial x}F(x,y)}{f_X(x)}
$$

$$
= \frac{\dfrac{\partial^2}{\partial y\partial x}F(x,y)}{f_X(x)}
$$

$$
= \frac{f(x,y)}{f_X(x)}
$$

该结果与本节开始给出的定义 4.9 一致.

我们已经证明该定义 (联合密度和边缘密度的比) 是离散随机变量 X 的推广.

4.10 可视化条件密度

为了可视化条件密度 $f_{Y|X}(y|x)$, 考虑从联合密度 $f(x,y)$ 开始. 条件密度是三维空间的一个二维平面. 固定 x, 沿着 y 切割联合密度, 产生一维未归一化的密度. 因为其积分不为 1, 所以它是未归一化的. 可通过除以 $f_X(x)$ 实现归一化. 注意,

$$
\int_{-\infty}^{\infty} f_{Y|X}(y|x)\mathrm{d}y = \int_{-\infty}^{\infty}\frac{f(x,y)}{f_X(x)}\mathrm{d}y = \frac{f_X(x)}{f_X(x)} = 1
$$

例 2 (续) 图 4-6 展示了联合密度函数. 为了可视化条件密度, 固定 x. 联合密度是 y 的函数, 描绘其形状. 归一化后变为条件密度函数. 通过改变 x, 得到不同的条件密度函数.

为了计算条件密度, 利用联合密度除以边缘密度, 得到

$$
f_{Y|X}(y|x) = \frac{f(x,y)}{f_X(x)}
$$

$$= \frac{\frac{1}{4}(x+y)xy\exp(-x-y)}{\frac{1}{4}(x^2+2x)\exp(-x)}$$

$$= \frac{(xy+y^2)\exp(-y)}{x+2}$$

例 3（续）　给定工作年限、工资的条件密度可通过图 4-7 中的联合密度除以工作年限的边缘密度得到. 图 4-10 展示了三种工作年限 (0 年、8 年和 20 年) 的条件密度函数. 三个条件密度的形状相似, 但随着工作年限的增加, 它们会向右移动且分布更分散.

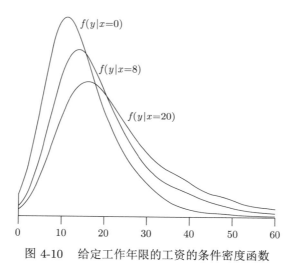

图 4-10　给定工作年限的工资的条件密度函数

如果比较图 4-9 和图 4-10 中的条件密度函数, 教育水平对工资的影响比工作年限大得多.

4.11　独立性

本节定义随机变量的独立性.

若两个事件同时发生的概率等于它们单独发生的概率的乘积, 即 $\mathbb{P}[A\cap B]=\mathbb{P}[A]\mathbb{P}[B]$, 则称两个事件 A 和 B 是独立的. 考虑事件 $A=\{X\leqslant x\}$ 和 $B=\{Y\leqslant y\}$. 两个事件都发生的概率为

$$\mathbb{P}[A\cap B]=\mathbb{P}[X\leqslant x,Y\leqslant y]=F(x,y)$$

两个概率的乘积为

$$\mathbb{P}[A]\mathbb{P}[B] = \mathbb{P}[X \leqslant x]\mathbb{P}[Y \leqslant y] = F_X(x)F_Y(y)$$

如果 $F(x,y) = F_X(x)F_Y(y)$, 则两式相等. 因此, 若事件 A 和 B 是独立的, 则联合分布函数可分解为 $F(x,y) = F_X(x)F_Y(y)$ 对所有 (x,y) 都成立. 这个性质也被用来定义随机变量的独立性.

定义 4.11　若对所有的 x 和 y, 都有

$$F(x,y) = F_X(x)F_Y(y)$$

则称随机变量 X 和 Y 是**统计独立的** (statistically independent), 记为 $X \perp\!\!\!\perp Y$.

由统计独立可推出所有形如 $A = \{X \in C_1\}$ 和 $B = \{Y \in C_2\}$ 的事件是独立的.

若 X 和 Y 不满足独立的性质, 则称它们是**统计相依的** (statistically dependent).

使用质量函数和密度定义独立性更便利. 对连续随机变量, 分布函数分别对 x 和 y 求微分, 得到 $f(x,y) = f_X(x)f_Y(y)$. 因此, 独立性的定义等价于联合密度函数可分解为边缘密度的乘积.

对离散随机变量, 类似的结论为 $\pi(x,y) = \pi_X(x)\pi_Y(y)$, 即联合概率质量函数可分解为边缘概率质量函数的乘积.

定理 4.2　若对所有的 x 和 y, 都有

$$\pi(x,y) = \pi_X(x)\pi_Y(y).$$

则称离散随机变量 X 和 Y 是统计独立的. 若 X 和 Y 都有可微的分布函数, 并且对所有的 x 和 y, 都有

$$f(x,y) = f_X(x)f_Y(y)$$

则称它们是统计独立的.

条件密度函数和独立性之间存在一个有趣的联系.

定理 4.3　若 X 和 Y 是独立且有连续的, 则

$$f_{Y|X}(y|x) = f_Y(y)$$

$$f_{X|Y}(x|y) = f_X(x)$$

因此, 条件密度等于边缘 (无条件) 密度, 即 $X = x$ 对 Y 密度函数的形状无影响, 得到这两个随机变量独立似乎是合理的. 为了验证它, 注意

$$f_{Y|X}(y|x) = \frac{f(x,y)}{f_X(x)} = \frac{f_X(x)f_Y(y)}{f_X(x)} = f_Y(y)$$

现考虑一些相关结果.

首先, 重写条件密度的定义, 得到密度形式的贝叶斯定理.

定理 4.4   密度函数形式的贝叶斯定理.

$$f_{Y|X}(y|x) = \frac{f_{X|Y}(x|y)f_Y(y)}{f_X(x)} = \frac{f_{X|Y}(x|y)f_Y(y)}{\displaystyle\int_{-\infty}^{\infty} f_{X|Y}(x|y)f_Y(y)\mathrm{d}y}$$

下述结果说明独立随机变量乘积的期望等于期望的乘积.

**定理 4.5   **若 X 和 Y 是独立的, 则对任意函数 $g : \mathbb{R} \to \mathbb{R}$, 且 $\mathbb{E}|g(X)| < \infty$, $\mathbb{E}|h(Y)| < \infty$, 都有

$$\mathbb{E}\big[g(X)h(Y)\big] = \mathbb{E}\big[g(X)\big]\mathbb{E}\big[h(Y)\big]$$

证明   对连续随机变量, 有

$$\begin{aligned}
\mathbb{E}\big[g(X)h(Y)\big] &= \int_{-\infty}^{\infty}\int_{-\infty}^{\infty} g(x)h(y)f(x,y)\mathrm{d}x\mathrm{d}y \\
&= \int_{-\infty}^{\infty}\int_{-\infty}^{\infty} g(x)h(y)f_X(x)f_Y(y)\mathrm{d}x\mathrm{d}y \\
&= \int_{-\infty}^{\infty} g(x)f_X(x)\mathrm{d}x \int_{-\infty}^{\infty} h(y)f_Y(y)\mathrm{d}y \\
&= \mathbb{E}\big[g(X)\big]\mathbb{E}\big[h(Y)\big]
\end{aligned}$$

∎

令 $g(x) = \mathbb{1}\{x \leqslant a\}$ 和 $h(y) = \mathbb{1}\{y \leqslant b\}$, 对任意的常数 a 和 b 都成立. 定理 4.5 说明, 由独立性可得 $\mathbb{P}[X \leqslant a, Y \leqslant b] = \mathbb{P}[X \leqslant a]\mathbb{P}[Y \leqslant b]$ 或

$$F(x,y) = F_X(x)F_Y(y)$$

对所有的 $(x,y) \in \mathbb{R}^2$ 都成立. 后者是独立性的定义. 因此, 独立性的定义中可使用 "当且仅当", 即 X 和 Y 是独立的当且仅当 $F(x,y) = F_X(x)F_Y(y)$ 成立.

定理 4.5 可推广到矩生成函数.

**定理 4.6   **设 X 和 Y 的矩生成函数分别为 $M_X(t)$ 和 $M_Y(t)$. 若 X 和 Y 是独立的, 则 $Z = X + Y$ 的矩生成函数为 $M_Z(t) = M_X(t)M_Y(t)$.

证明   利用指数函数的性质, $\exp(t(X+Y)) = \exp(tX)\exp(tY)$. 利用定理 4.5, 由于 X 和 Y 是独立的, 有

$$M_Z(t) = \mathbb{E}\big[\exp(t(X+Y))\big]$$

$$= \mathbb{E}\big[\exp(tX)\exp(tY)\big]$$

$$= \mathbb{E}\big[\exp(tX)\big]\mathbb{E}\big[\exp(tY)\big]$$

$$= M_X(t)M_Y(t)$$

此外, 独立随机变量经变换后仍是独立的. ■

定理 4.7 若 X 和 Y 是独立的, 则对任意函数 $g : \mathbb{R} \to \mathbb{R}$ 和 $h : \mathbb{R} \to \mathbb{R}$, 有 $U = g(X)$ 和 $V = h(Y)$ 是独立的.

证明 对任意 $u \in \mathbb{R}$ 和 $v \in \mathbb{R}$, 定义集合 $A(u) = \{x : g(x) \leqslant u\}$ 和 $B(v) = \{y : h(y) \leqslant v\}$. (U, V) 的联合分布为

$$
\begin{aligned}
F_{U,V}(u, v) &= \mathbb{P}[U \leqslant u, V \leqslant v] \\
&= \mathbb{P}[g(X) \leqslant u, h(Y) \leqslant v] \\
&= \mathbb{P}[X \in A(u), Y \in B(v)] \\
&= \mathbb{P}[X \in A(u)]\mathbb{P}[Y \in B(v)] \\
&= \mathbb{P}[g(X) \leqslant u]\mathbb{P}[h(Y) \leqslant v] \\
&= \mathbb{P}[U \leqslant u]\mathbb{P}[V \leqslant v] \\
&= F_U(u)F_V(v)
\end{aligned}
$$

故分布函数可分解, 满足独立性定义. 关键在第四个等号, 它利用了事件 $\{X \in A(u)\}$ 和 $\{Y \in B(v)\}$ 的独立性, 可利用定理 4.5 的推广得到. ■

例 1 (续) 订购比萨的块数和饮品的杯数是独立的还是相依的? 为回答这个问题, 检验联合概率是否等于单独概率的乘积? 回顾

$$\mathbb{P}[X = 1] = 0.5$$

$$\mathbb{P}[Y = 1] = 0.6$$

$$\mathbb{P}[X = 1, Y = 1] = 0.4$$

由于

$$0.5 \times 0.6 = 0.3 \neq 0.4$$

可得 X 和 Y 是相依的.

例 2 (续) $f_{Y|X}(y|x) = \dfrac{(xy + y^2)\exp(-y)}{x + 2}$ 和 $f_Y(y) = \dfrac{1}{4}(y^2 + 2y)\exp(-y)$. 由于二者不相等, 所以 X 和 Y 不是独立的. 从另一个角度看, $f(x, y) = \dfrac{1}{4}(x + y)xy\exp(-x - y)$ 不能被分解.

例 3 (续)   图 4-10 展示了在给定工作年限的条件下, 工资的条件密度. 由于条件密度随着工作年限变化, 所以工资和工作年限是不独立的.

4.12   协方差和相关系数

(X, Y) 联合分布的一个特征是协方差.

定义 4.12   若 X 和 Y 的方差有限, 则 X 和 Y 的**协方差** (covariance) 为

$$\mathrm{cov}(X, Y) = \mathbb{E}[(X - \mathbb{E}[X])(Y - \mathbb{E}[Y])]$$

$$= \mathbb{E}[XY] - \mathbb{E}[X]\mathbb{E}[Y]$$

定义 4.13   若 X 和 Y 的方差有限, 则 X 和 Y 的**相关系数** (correlation) 为

$$\mathrm{corr}(X, Y) = \frac{\mathrm{cov}(X, Y)}{\sqrt{\mathrm{var}[X]\mathrm{var}[Y]}}$$

若 $\mathrm{cov}(X, Y) = 0$, 则 $\mathrm{corr}(X, Y) = 0$. 此时, 通常称 X 和 Y 是**不相关的** (uncorrelated).

定理 4.8   若 X 和 Y 的方差有限, 且相互独立, 则称 X 和 Y 是不相关的.

反之则不成立. 设 $X \sim U[-1, 1]$. 由于其分布关于 0 对称, 有 $\mathbb{E}[X] = 0$ 和 $\mathbb{E}[X^3] = 0$. 令 $Y = X^2$, 则

$$\mathrm{cov}(X, Y) = \mathbb{E}[X^3] - \mathbb{E}[X]\mathbb{E}[X^2] = 0$$

故 X 和 Y 是不相关的, 但二者却是完全相依的! 这表示不相关的随机变量可能是相依的.

下述结果非常有用.

定理 4.9   若 X 和 Y 的方差有限, 则 $\mathrm{var}[X + Y] = \mathrm{var}[X] + \mathrm{var}[Y] + 2\mathrm{cov}(X, Y)$. 为证明该定理, 需要假设 X 和 Y 的均值为 0. 考虑平方项, 利用期望的线性性质得:

$$\mathrm{var}[X + Y] = \mathbb{E}\big[(X + Y)^2\big]$$

$$= \mathbb{E}\big[X^2 + Y^2 + 2XY\big]$$

$$= \mathbb{E}[X^2] + \mathbb{E}[Y^2] + 2\mathbb{E}[XY]$$

$$= \mathrm{var}[X] + \mathrm{var}[Y] + 2\mathrm{cov}(X, Y)$$

定理 4.10 若 X 和 Y 是不相关的, 则 $\mathrm{var}[X + Y] = \mathrm{var}[X] + \mathrm{var}[Y]$.
这可以定理 4.9[⊖]得出, 因为不相关性意味着 $\mathrm{cov}(X, Y) = 0$.

例 1 (续)　**交叉矩** (cross moment) 为

$$\mathbb{E}[XY] = 1 \times 1 \times 0.4 + 1 \times 2 \times 0.1 + 2 \times 1 \times 0.2 + 2 \times 2 \times 0.3 = 2.2$$

协方差为

$$\mathrm{cov}(X, Y) = \mathbb{E}[XY] - \mathbb{E}[X]\mathbb{E}[Y] = 2.2 - 1.5 \times 1.4 = 0.1$$

相关系数为

$$\mathrm{corr}(X, Y) = \frac{\mathrm{cov}(X, Y)}{\sqrt{\mathrm{var}[X]\mathrm{var}[Y]}} = \frac{0.1}{\sqrt{0.25 \times 0.24}} = 0.41$$

这是一个很高的相关系数. 正如预期, 购买比萨的块数和饮品的杯数是正相关的.

例 2 (续)　交叉矩为

$$\mathbb{E}[XY] = \int_0^\infty \int_0^\infty xy \frac{1}{4}(x + y)xy \exp(-x - y)\mathrm{d}x\mathrm{d}y = 6$$

协方差为

$$\mathrm{cov}(X, Y) = 6 - \left(\frac{5}{2}\right)^2 = -\frac{1}{4}$$

相关系数为

$$\mathrm{corr}(X, Y) = \frac{-\dfrac{1}{4}}{\sqrt{\dfrac{11}{4} \times \dfrac{11}{4}}} = -\frac{1}{11}$$

相关系数是负的, 即两个随机变量向相反的方向同时变化. 然而, 相关系数较小表明二者共同变化的趋势很小.

例 3 (续) 和**例 4**　工资、工作年限和教育水平的相关系数展示在表 4-2 中, 即相关系数矩阵.

⊖　原文为定理 4.10, 按上下文理解, 此处应为定理 4.9. ——译者注

表 4-2   相关系数矩阵

	工资	工作年限	教育水平
工资	1	0.06	0.40
工作年限	0.06	1	−0.17
教育水平	0.40	−0.17	1

上表表明教育水平和工资是高度相关的, 工资和工作年限是弱相关的, 教育水平和工作年限是负相关的. 弱相关的原因可能是, 在某一时间点上, 工作年限的变化主要是由不同群组 (不同年龄的人) 之间的差异导致的. 负相关的原因是, 不同群组的教育水平不同——越往后的群组的平均教育水平更高.

4.13   柯西–施瓦茨不等式

下述不等式经常用到.

定理 4.11   柯西–施瓦茨不等式 (Cauchy-Schwarz inequality). 对任意的随机变量 X 和 Y, 都有

$$\mathbb{E}|XY| \leqslant \sqrt{\mathbb{E}[X^2]\mathbb{E}[Y^2]}$$

证明   需要利用几何平均不等式 (定理 2.13):

$$|ab| = \sqrt{a^2}\sqrt{b^2} \leqslant \frac{a^2 + b^2}{2} \tag{4.1}$$

令 $U = |X|/\sqrt{\mathbb{E}[X^2]}$ 和 $V = |Y|/\sqrt{\mathbb{E}[Y^2]}$. 利用式 (4.1), 得

$$|UV| \leqslant \frac{U^2 + V^2}{2}$$

取期望, 得

$$\frac{\mathbb{E}|XY|}{\sqrt{\mathbb{E}[X^2]\mathbb{E}[Y^2]}} = \mathbb{E}|UV| \leqslant \mathbb{E}\left[\frac{U^2 + V^2}{2}\right] = 1$$

最后一个等号成立是因为 $\mathbb{E}[U^2] = 1$ 和 $\mathbb{E}[V^2] = 1$. 定理得证.   ■

柯西–施瓦茨不等式给出了协方差和相关系数的界.

定理 4.12   协方差不等式 (covariance inequality) 对任意方差有限的随机变量 X 和 Y, 都有

$$|\mathrm{cov}(X, Y)| \leqslant (\mathrm{var}[X]\mathrm{var}[Y])^{1/2}$$

$$|\mathrm{corr}(X, Y)| \leqslant 1$$

证明 由期望不等式 (定理 2.10) 和柯西–施瓦茨不等式, 得

$$|\mathrm{cov}(X, Y)| \leqslant \mathbb{E}|(X - \mathbb{E}[X])(Y - \mathbb{E}[Y])| \leqslant (\mathrm{var}[X]\mathrm{var}[Y])^{1/2}.$$

定理得证. ■

相关系数的上界是 1. 这一事实有助于我们理解相关系数的含义. 相关系数接近 0 时相关性较小, 接近 1 和 −1 时相关性较大.

4.14 条件期望

条件期望是计量经济学中的重要概念. 就像期望是分布函数的中心趋势, 条件期望刻画了条件分布的中心趋势.

定义 4.14 在给定 $X = x$ 的条件下, Y 的**条件期望** (conditional expectation) 是条件分布 $F_{Y|X}(y|x)$ 的期望, 记为 $m(x) = \mathbb{E}[Y|X = x]$. 对离散随机变量, 条件期望为

$$\mathbb{E}[Y|X = x] = \frac{\sum\limits_{j=1}^{\infty} \tau_j \pi(x, \tau_j)}{\pi_X(x)}$$

对连续随机变量, 条件期望为

$$\mathbb{E}[Y|X = x] = \int_{-\infty}^{\infty} y f_{Y|X}(y|x)\mathrm{d}y$$

我们也称 $\mathbb{E}[Y|X = x]$ 为**条件均值** (conditional mean).

在连续情况下, 利用条件概率密度函数的定义, 记 $\mathbb{E}[Y|X = x]$ 为

$$\mathbb{E}[Y|X = x] = \frac{\displaystyle\int_{-\infty}^{\infty} y f(y, x)\mathrm{d}y}{\displaystyle\int_{-\infty}^{\infty} f(x, y)\mathrm{d}y}$$

条件期望给出了在给定 X 等于特定的值 x 的条件下, Y 的平均值. 当 X 离散时, 条件期望是在 $X = x$ 的子总体中 Y 的条件期望. 例如, 若 X 为性别, 则 $\mathbb{E}[Y|X = x]$ 分别是男性和女性的期望值. 若 X 为教育水平, 则 $\mathbb{E}[Y|X = x]$ 是每个教育水平下 Y 的期望值. 当 X 连续时, 条件期望是在 $X \simeq x$ 的无限小总体中 Y 的期望值.

例 1 (续) 每个顾客的饮品杯数的条件期望为

$$\mathbb{E}[Y|X = 1] = \frac{1 \times 0.4 + 2 \times 0.1}{0.5} = 1.2$$

$$\mathbb{E}[Y|X=2] = \frac{1 \times 0.2 + 2 \times 0.3}{0.5} = 1.6$$

因此, 饭店应该给购买 2 块比萨的顾客推荐 (平均意义上) 更多的饮品.

例 2 (续)   给定 $X = x$ 时 Y 的条件期望为

$$\begin{aligned}
\mathbb{E}[Y|X=x] &= \int_0^\infty y f_{Y|X}(y|x)\mathrm{d}y \\
&= \int_0^\infty y \frac{(xy + y^2)\exp(-y)}{x+2}\mathrm{d}y \\
&= \frac{2x+6}{x+2}
\end{aligned}$$

当 $x \geqslant 0$ 时, 条件期望函数是向下倾斜的. 因此, 随着 x 的增加, Y 的期望是降低的.

例 3 (续)   图 4-11a 展示了给定工作年限时, 工资 (时薪) 的条件期望函数. 横轴表示工作年限, 纵轴表示工资. 由图可知, 没有工作经历的人期望工资为 16.50 美元. 随着工作年限的增加, 工资的增加是接近线性的, 工作年限为 20 年时, 工资大约为 26 美元. 工作年限超过 20 年时, 期望工资会降低, 工作年限为 50 年时, 工资大约为 21 美元. 总体来说, 工资和工作年限的关系呈倒 U 形, 在工作早期, 随着工作年限的增加, 工资增加. 在工作后期, 工作年限增加时, 工资会降低.

例 4 (续)   图 4-11b 展示了给定教育水平时工资的条件期望函数. 横轴表示教育水平. 由于教育水平是离散的, 其条件期望也是一个离散函数. 查看图 4-11b, 随着教育水平的提高, 工资的条件期望单调增加. 教育水平为 8 年的个体, 工资的均值为 11.75 美元; 教育水平为 12 年的个体, 工资的均值为 17.61 美元; 教育水平为 14、16、18 和 20 年的个体, 工资的均值分别为 21.49、30.12、35.16 和 51.76 美元.

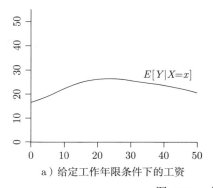
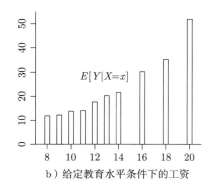

a）给定工作年限条件下的工资   b）给定教育水平条件下的工资

图 4-11   条件期望函数

4.15 重期望公式

函数 $m(x) = \mathbb{E}[Y|X = x]$ 不是随机的. 相反, 它是联合分布的特征. 然而, 有时把条件期望视为随机变量. 把随机变量 X 代入函数 $m(x)$ 中, 得到 $m(X) = \mathbb{E}[Y|X]$. 由于 $m(X)$ 是 X 的变换, 所以也是一个随机变量.

如何理解 $m(X)$ 是随机变量? 在例 1 中, $\mathbb{E}[Y|X = 1] = 1.2$ 和 $\mathbb{E}[Y|X = 2] = 1.6$. 我们知道 $\mathbb{P}[X = 1] = \mathbb{P}[X = 2] = 0.5$, 因此 $m(X)$ 是服从两点分布的随机变量, 取值为 1.2 和 1.6 的概率都是 1/2.

这一点看起来似乎是抽象的和令人困惑的. 从另一种角度考虑, 把 $m(x)$ 视为 $X = x$ 时的条件期望, 而 $m(X)$ 是随机变量 X 的函数 (或变换).

把 $\mathbb{E}[Y|X]$ 视为随机变量, 可进行一些有趣的推导. 例如, $\mathbb{E}[Y|X]$ 的期望是什么? 以连续情况为例,

$$
\begin{aligned}
\mathbb{E}\big[\mathbb{E}[Y|X]\big] &= \int_{-\infty}^{\infty} \mathbb{E}[Y|X = x] f_X(x)\mathrm{d}x \\
&= \int_{-\infty}^{\infty} \int_{-\infty}^{\infty} y f_{Y|X}(y|x) f_X(x)\mathrm{d}y\mathrm{d}x \\
&= \int_{-\infty}^{\infty} \int_{-\infty}^{\infty} y f(y, x)\mathrm{d}y\mathrm{d}x \\
&= \mathbb{E}[Y]
\end{aligned}
$$

即各分组均值的平均为总体均值.

以离散情况为例:

$$
\begin{aligned}
\mathbb{E}\big[\mathbb{E}[Y|X]\big] &= \sum_{i=1}^{\infty} \mathbb{E}[Y|X = \tau_i]\pi_X(\tau_i) \\
&= \sum_{i=1}^{\infty} \frac{\sum_{j=1}^{\infty} \tau_j \pi(\tau_i, \tau_j)}{\pi_X(\tau_i)}\pi_X(\tau_i) \\
&= \sum_{i=1}^{\infty} \sum_{j=1}^{\infty} \tau_j \pi(\tau_i, \tau_j) \\
&= \mathbb{E}[Y]
\end{aligned}
$$

这个结果非常重要.

定理4.13   重期望公式 (law of iterated expectation). 若 $\mathbb{E}|Y| < \infty$, 则 $\mathbb{E}\big[\mathbb{E}[Y|X]\big] = \mathbb{E}[Y]$.

例 1 (续)   由前面计算得 $\mathbb{E}[Y] = 1.4$. 利用重期望公式得,

$$\mathbb{E}[Y] = \mathbb{E}[Y|X = 1]\mathbb{P}[X = 1] + \mathbb{E}[Y|X = 2]\mathbb{P}[X = 2]$$

$$= 1.2 \times 0.5 + 1.6 \times 0.5$$

$$= 1.4$$

和前面计算结果相同.

例 4 (续)   由前面计算得 $\mathbb{E}[Y] = 5/2$. 利用重期望公式,

$$\mathbb{E}[Y] = \int_0^\infty \mathbb{E}[Y|X = x]f_X(x)\mathrm{d}x$$

$$= \int_0^\infty \left(\frac{2x + 6}{x + 2}\right)\left(\frac{x^2 + 2x}{4}\exp(-x)\right)\mathrm{d}x$$

$$= \int_0^\infty \left(\frac{x^2 + 3x}{2}\right)\exp(-x)\mathrm{d}x$$

$$= \frac{5}{2}$$

和前面计算结果相同.

例 4 (续)   图 4-11b 展示了给定教育水平下, 工资的条件期望. 图 2-2b 展示了教育水平的边缘概率. 利用重期望公式, 工资的无条件期望等于边缘取值和概率的乘积的和:

$$\mathbb{E}[工资] = 11.75 \times 0.027 + 12.20 \times 0.011 + 13.78 \times 0.011 + 13.78 \times 0.011+$$

$$14.04 \times 0.026 + 17.61 \times 0.274+$$

$$20.17 \times 0.182 + 21.49 \times 0.111 + 30.12 \times 0.229+$$

$$35.16 \times 0.092 + 51.76 \times 0.037$$

$$= 23.90$$

这和平均工资相同.

4.16   条件方差

条件分布的另一个特征是条件方差.

定义 4.15　在给定 $X = x$ 的条件下, Y 的**条件方差** (conditional variance) 为条件分布 $F_{Y|X}(y|x)$ 的方差, 记为 $\text{var}[Y|X = x]$ 或 $\sigma^2(x)$, 它等于

$$\text{var}[Y|X = x] = \mathbb{E}[(Y - m(x))^2 | X = x]$$

条件方差 $\text{var}[Y|X = x]$ 是 x 的非负函数. 当 X 是离散的, $\text{var}[Y|X = x]$ 是在 $X = x$ 的子总体中 Y 的方差. 当 X 是连续的, $\text{var}[Y|X = x]$ 是在 $X \approx x$ 的无限小子总体中 Y 的方差.

将二次项展开, 条件方差可转换为

$$\text{var}[Y|X = x] = \mathbb{E}[Y^2 | X = x] - (\mathbb{E}[Y|X = x])^2 \tag{4.2}$$

定义 $\text{var}[Y|X] = \sigma^2(X)$, 条件方差可视为随机变量. 条件方差和条件期望有如下关系.

定理 4.14　$\text{var}[Y] = \mathbb{E}[\text{var}[Y|X]] + \text{var}[\mathbb{E}[Y|X]]$.

方程右边的第一项常称为**组内方差** (within group variance), 而第二项称为**组间方差** (across group variance).

下面证明定理在连续情况下成立. 利用式 (4.2),

$$
\begin{aligned}
\mathbb{E}\big[\text{var}[Y|X]\big] &= \int \text{var}[Y|X = x] f_X(x)\mathrm{d}x \\
&= \int \mathbb{E}[Y^2 | X = x] f_X(x)\mathrm{d}x - \int m(x)^2 f_X(x)\mathrm{d}x \\
&= \mathbb{E}[Y^2] - \mathbb{E}[m(X)^2] \\
&= \text{var}[Y] - \text{var}[m(X)]
\end{aligned}
$$

第三个等号由 Y^2 的重期望公式得到. 第四个等号由 $\text{var}[Y] = \mathbb{E}[Y^2] - (\mathbb{E}[Y])^2$ 和 $\text{var}[m(X)] = \mathbb{E}[m(X)^2] - (\mathbb{E}[m(X)])^2 = \mathbb{E}[m(X)^2] - (\mathbb{E}[Y])^2$ 得到.

例 1 (续)　每位顾客饮品杯数的条件方差为

$$\mathbb{E}[Y^2 | X = 1] - (\mathbb{E}[Y|X = 1])^2 = \frac{1^2 \times 0.4 + 2^2 + \times 0.1}{0.5} - 1.2^2 = 0.16$$

$$\mathbb{E}[Y^2 | X = 2] - (\mathbb{E}[Y|X = 2])^2 = \frac{1^2 \times 0.2 + 2^2 \times 0.3}{0.5} - 1.6^2 = 0.24$$

购买两块比萨的顾客, 购买饮料杯数的变异性更大.

例 2 (续)　条件二阶矩为

$$\mathbb{E}[Y^2|X=x] = \int_0^\infty y^2 f_{Y|X}(y|x)\mathrm{d}y$$

$$= \int_0^\infty y^2 \frac{(xy+y^2)\exp(-y)}{x+2}\mathrm{d}y$$

$$= \frac{6x+24}{x+2}$$

条件方差

$$\mathrm{var}[Y|X=x] = \mathbb{E}[Y^2|X=x] - (\mathbb{E}[Y|X=x])^2$$

$$= \frac{6x+24}{x+2} - \left(\frac{2x+6}{x+2}\right)^2$$

$$= \frac{2x^2+12x+12}{(x+2)^2}$$

与 x 有关.

例 3 (续)　图 4-12a 展示了在给定工作年限的条件下, 工资的条件方差函数. 由图可见, 方差是工作年限的驼峰形函数. 当工作年限在 0 到 25 年时, 方差明显在增加. 当工作年限在 25 到 50 年之间时, 方差稍有降低.

例 4 (续)　图 4-12b 展示了在给定教育水平的条件下, 工资的条件方差函数. 条件方差随着教育水平的变化而大幅变化. 高中毕业生工资的方差为 150, 大学毕业生为 573, 博士毕业生为 1646. 这巨大且重要的变化意味着工资的平均水平随着教育水平的提高而显著增加, 工资的分散程度亦如此. 教育水平对条件方差的影响远大于工作年限.

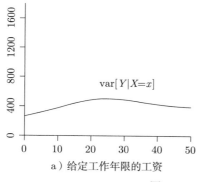

a）给定工作年限的工资

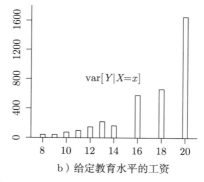

b）给定教育水平的工资

图 4-12　条件方差函数

4.17　赫尔德不等式和闵可夫斯基不等式*

下列不等式是柯西–施瓦茨不等式的一个有用的推广.

定理 4.15　赫尔德不等式 (Hölder inequality). 对任意的随机变量 X 和 Y, 任意满足 $1/p + 1/q = 1$ 的 $p \geqslant 1$, $q \geqslant 1$, 都有

$$\mathbb{E}|XY| \leqslant (\mathbb{E}|X|^p)^{1/p}(\mathbb{E}|X|^q)^{1/q}$$

证明　利用几何平均不等式 (定理 2.13), 对任意非负的 a 和 b, 都有

$$ab = (a^p)^{1/p}(b^q)^{1/q} \leqslant \frac{a^p}{p} + \frac{b^q}{q} \tag{4.3}$$

不失一般性, 设 $\mathbb{E}|X|^p = 1$ 和 $\mathbb{E}|X|^q = 1$. 由式 (4.3) 得

$$\mathbb{E}|XY| \leqslant \frac{\mathbb{E}|X|^p}{p} + \frac{\mathbb{E}|X|^q}{q} = \frac{1}{p} + \frac{1}{q} = 1$$

不等式得证. ∎

定理 4.16　闵可夫斯基不等式 (Minkowski's inequality). 对任意的随机变量 X 和 Y, 任意的 $p \geqslant 1$, 都有

$$(\mathbb{E}|X + Y|^p)^{1/p} \leqslant (\mathbb{E}|X|^p)^{1/p} + (\mathbb{E}|Y|^p)^{1/p}$$

证明　由三角不等式和赫尔德不等式, 得

$$
\begin{aligned}
\mathbb{E}|X + Y|^p &= \mathbb{E}\big[|X + Y||X + Y|^{p-1}\big] \\
&\leqslant \mathbb{E}\big(|X|\,|X + Y|^{p-1}\big) + \mathbb{E}\big(|Y|\,|X + Y|^{p-1}\big) \\
&\leqslant (\mathbb{E}|X|^p)^{1/p}\big(\mathbb{E}|X + Y|^{(p-1)q}\big)^{1/q} + (\mathbb{E}|Y|^p)^{1/p}\big(\mathbb{E}|X + Y|^{(p-1)q}\big)^{1/q} \\
&= \big((\mathbb{E}|X|^p)^{1/p} + (\mathbb{E}|Y|^p)^{1/p}\big)\big(\mathbb{E}|X + Y|^p\big)^{(p-1)/p}
\end{aligned}
$$

其中第二个不等号通过选择 p 满足 $1/p + 1/q = 1$ 得到, 最后的等号利用 $q = p/(p - 1)$ 可得. 等式两边同时除以 $(\mathbb{E}|X + Y|^p)^{(p-1)/p}$, 完成证明. ∎

4.18　向量记号

记 m 维向量为

$$\boldsymbol{x} = \begin{bmatrix} x_1 \\ x_2 \\ \vdots \\ x_m \end{bmatrix}$$

它是 m 维欧氏空间 $\mathbb{R}^m$ 中的元素.

列向量 $\boldsymbol{x}$ 的**转置** (transpose) 是行向量

$$\boldsymbol{x}' = (x_1 \ x_2 \ \cdots \ x_m)$$

转置的记号在不同的领域不同. 上述记号是计量经济学中最常见的表示. 在统计学和数学中通常使用记号 $\boldsymbol{x}^{\mathrm{T}}$.

欧氏范数 (Euclidean norm) 是向量 $\boldsymbol{x}$ 的欧氏距离, 定义为

$$||\boldsymbol{x}|| = \left(\sum_{i=1}^{m} x_i^2 \right)^{1/2} = (\boldsymbol{x}'\boldsymbol{x})^{1/2}$$

多元随机向量记为

$$\boldsymbol{X} = \begin{bmatrix} X_1 \\ X_2 \\ \vdots \\ X_m \end{bmatrix}$$

一些作者使用记号 $\vec{X}$ 或 X 表示随机向量.

等式 $\{\boldsymbol{X} = \boldsymbol{x}\}$ 或不等式 $\{\boldsymbol{X} \leqslant \boldsymbol{x}\}$ 成立当且仅当向量的每个元素都满足该等式或不等式. 因此, $\{\boldsymbol{X} = \boldsymbol{x}\}$ 等价于 $\{X_1 = x_1, X_2 = x_2, \cdots, X_m = x_m\}$. 类似地, $\{X \leqslant x\}$ 等价于 $\{X_1 \leqslant x_1, X_2 \leqslant x_2, \cdots, X_m \leqslant x_m\}$. 概率 $\mathbb{P}[\boldsymbol{X} \leqslant \boldsymbol{x}]$ 等价于 $\mathbb{P}[X_1 \leqslant x_1, X_2 \leqslant x_2, \cdots, X_m \leqslant x_m]$.

对 $\mathbb{R}^m$ 上的积分可使用如下记号. 设 $f(\boldsymbol{x}) = f(x_1, x_2, \cdots, x_m)$, 则

$$\int f(\boldsymbol{x})\mathrm{d}\boldsymbol{x} = \int \cdots \int f(x_1, \cdots, x_m)\mathrm{d}x_1 \cdots \mathrm{d}x_m$$

故关于向量变元 $\mathrm{d}\boldsymbol{x}$ 的积分简记为一个 m 维积分. 等式左边的标记更简单易读. 需要明确变元时使用等式右边的标记.

4.19　三角不等式*

定理 4.17　对任意的实数 x_j, 都有

$$\left| \sum_{j=1}^{m} x_j \right| \leqslant \sum_{j=1}^{m} |x_j| \tag{4.4}$$

证明　令 $m = 2$. 观察发现

$$-|x_1| \leqslant x_1 \leqslant |x_1|$$

$$-|x_2| \leqslant x_2 \leqslant |x_2|$$

两式相加得

$$-|x_1| - |x_2| \leqslant x_1 + x_2 \leqslant |x_1| + |x_2|$$

即为 $m = 2$ 时的式 (4.4). 对 $m > 2$, 应用式 (4.4) $m - 1$ 次可得.　∎

定理 4.18　对任意向量 $\boldsymbol{x} = (x_1, x_2, \cdots, x_m)'$, 都有

$$||\boldsymbol{x}|| \leqslant \sum_{i=1}^{m} |x_i| \tag{4.5}$$

证明　不失一般性, 设 $\sum_{i=1}^{m} |x_i| = 1$. 可知 $|x_i| \leqslant 1$ 和 $x_i^2 \leqslant |x_i|$. 因此有

$$||\boldsymbol{x}||^2 = \sum_{i=1}^{m} x_i^2 \leqslant \sum_{i=1}^{m} |x_i| = 1$$

等式两边开方完成证明.　∎

定理 4.19　施瓦茨不等式 (Schwarz inequality). 对任意的 m 维向量 $\boldsymbol{x}$ 和 $\boldsymbol{y}$, 都有

$$|\boldsymbol{x}'\boldsymbol{y}| \leqslant ||\boldsymbol{x}|| \, ||\boldsymbol{y}|| \tag{4.6}$$

证明　不失一般性, 设 $||\boldsymbol{x}|| = 1$ 且 $||\boldsymbol{y}|| = 1$, 需要证明 $|\boldsymbol{x}'\boldsymbol{y}| \leqslant 1$. 利用定理 4.17 和式 (4.1) 得 $|x_i y_i| = |x_i||y_i|$, 计算

$$|\boldsymbol{x}'\boldsymbol{y}| = \left| \sum_{i=1}^{m} x_i y_i \right| \leqslant \sum_{i=1}^{m} |x_i y_i| \leqslant \frac{1}{2} \sum_{i=1}^{m} x_i^2 + \frac{1}{2} \sum_{i=1}^{m} y_i^2 = 1$$

最后的等号成立是因为 $||\boldsymbol{x}|| = 1$ 和 $||\boldsymbol{y}|| = 1$, 即为式 (4.6).　∎

定理 4.20 对任意 m 维向量 $\boldsymbol{x}$ 和 $\boldsymbol{y}$, 都有

$$||\boldsymbol{x} + \boldsymbol{y}|| \leqslant ||\boldsymbol{x}|| + ||\boldsymbol{y}|| \tag{4.7}$$

证明 利用式 (4.6):

$$||\boldsymbol{x} + \boldsymbol{y}||^2 = \boldsymbol{x}'\boldsymbol{x} + 2\boldsymbol{x}'\boldsymbol{y} + \boldsymbol{y}'\boldsymbol{y}$$
$$\leqslant ||\boldsymbol{x}||^2 + 2||\boldsymbol{x}||\,||\boldsymbol{y}|| + ||\boldsymbol{y}||^2$$
$$= (||\boldsymbol{x}|| + ||\boldsymbol{y}||)^2$$

等式两边开方完成证明. ■

4.20 多元随机向量

考虑随机向量 $\boldsymbol{X} \in \mathbb{R}^m$.

定义 4.16 **多元随机向量** (multivariate random vector) 是从样本空间到 $\mathbb{R}^m$ 的函数, 记为 $\boldsymbol{X} = (X_1, \cdots, X_m)'$.

多元随机向量分布函数、质量函数和密度函数的定义如下.

定义 4.17 **联合分布函数** (joint distribution function) 为 $F(\boldsymbol{x}) = \mathbb{P}[\boldsymbol{X} \leqslant \boldsymbol{x}] = \mathbb{P}[X_1 \leqslant x_1, \cdots, X_m \leqslant x_m]$.

定义 4.18 对离散随机向量, **联合概率质量函数** (joint probability mass function) 为 $\pi(\boldsymbol{x}) = \mathbb{P}[\boldsymbol{X} = \boldsymbol{x}]$.

定义 4.19 当 $F(\boldsymbol{x})$ 连续可微时, 其**联合密度** (joint density) $f(\boldsymbol{x})$ 为

$$f(\boldsymbol{x}) = \frac{\partial^m}{\partial x_1 \cdots \partial x_m} F(\boldsymbol{x})$$

定义 4.20 随机向量 $\boldsymbol{X} \in \mathbb{R}^m$ 的**期望** (expectation) 是其元素的期望构成的向量:

$$\mathbb{E}[\boldsymbol{X}] = \begin{bmatrix} \mathbb{E}[X_1] \\ \mathbb{E}[X_2] \\ \vdots \\ \mathbb{E}[X_m] \end{bmatrix}$$

定义 4.21 $\boldsymbol{X} \in \mathbb{R}^m$ 的 $m \times m$ 维**协方差矩阵** (covariance matrix) 为

$$\mathrm{var}[\boldsymbol{X}] = \mathbb{E}[(\boldsymbol{X} - \mathbb{E}[\boldsymbol{X}])(\boldsymbol{X} - \mathbb{E}[\boldsymbol{X}])']$$

通常记为 $\mathrm{var}[\boldsymbol{X}] = \boldsymbol{\Sigma}$.

随机向量的协方差 $\mathrm{var}[\boldsymbol{X}]$ 是一个矩阵, 其元素为

$$\boldsymbol{\Sigma} = \begin{bmatrix} \sigma_1^2 & \sigma_{12} & \cdots & \sigma_{1m} \\ \sigma_{21} & \sigma_2^2 & \cdots & \sigma_{2m} \\ \vdots & \vdots & & \vdots \\ \sigma_{m1} & \sigma_{m2} & \cdots & \sigma_m^2 \end{bmatrix}$$

其中 $\sigma_j^2 = \mathrm{var}[X_j]$, $\sigma_{ij} = \mathrm{cov}(X_i, X_j)$, $i, j = 1, 2, \cdots, m$ 且 $i \neq j$.

定理 4.21 协方差矩阵的性质. 对任意 $m \times m$ 维协方差矩阵 $\boldsymbol{\Sigma}$, 满足

1. 对称性: $\boldsymbol{\Sigma} = \boldsymbol{\Sigma}'$.

2. 半正定性: 对任意 $m \times 1$ 维向量 $\boldsymbol{a} \neq \boldsymbol{0}$, 有 $\boldsymbol{a}'\boldsymbol{\Sigma}\boldsymbol{a} \geqslant 0$.

证明 对称性成立, 因为 $\mathrm{cov}(X_i, X_j) = \mathrm{cov}(X_j, X_i)$. 对于半正定性, 有

$$\boldsymbol{a}'\boldsymbol{\Sigma}\boldsymbol{a} = \boldsymbol{a}'\mathbb{E}\big[(\boldsymbol{X} - \mathbb{E}[\boldsymbol{X}])(\boldsymbol{X} - \mathbb{E}[\boldsymbol{X}])'\big]\boldsymbol{a}$$

$$= \mathbb{E}\big[\boldsymbol{a}'(\boldsymbol{X} - \mathbb{E}[\boldsymbol{X}])(\boldsymbol{X} - \mathbb{E}[\boldsymbol{X}])'\boldsymbol{a}\big]$$

$$= \mathbb{E}\big[\big(\boldsymbol{a}'(\boldsymbol{X} - \mathbb{E}[\boldsymbol{X}])\big)^2\big]$$

$$= \mathbb{E}[Z^2]$$

其中 $Z = \boldsymbol{a}'(\boldsymbol{X} - \mathbb{E}[\boldsymbol{X}])$. 由 $Z^2 \geqslant 0$ 得 $\mathbb{E}[Z^2] \geqslant 0$ 且 $\boldsymbol{a}'\boldsymbol{\Sigma}\boldsymbol{a} \geqslant 0$. ∎

定理 4.22 若 $\boldsymbol{X} \in \mathbb{R}^m$ 的期望为 $m \times 1$ 维向量 $\boldsymbol{\mu}$, 协方差矩阵为 $m \times m$ 维矩阵 $\boldsymbol{\Sigma}$, 且 $\boldsymbol{A}$ 的维数为 $q \times m$, 则 $\boldsymbol{A}\boldsymbol{X}$ 是均值为 $\boldsymbol{A}\boldsymbol{\mu}$, 协方差矩阵为 $\boldsymbol{A}\boldsymbol{\Sigma}\boldsymbol{A}'$ 的随机向量.

定理 4.23 对 $\boldsymbol{X} \in \mathbb{R}^m$, $\mathbb{E}\|\boldsymbol{X}\| < \infty$ 成立当且仅当 $\mathbb{E}|X_j| < \infty$, $j = 1, 2, \cdots, m$.

证明* 设 $\mathbb{E}|X_j| \leqslant C < \infty$, $j = 1, 2, \cdots, m$. 利用三角不等式 (定理 4.18), 可得

$$\mathbb{E}\|\boldsymbol{X}\| \leqslant \sum_{j=1}^m \mathbb{E}|X_j| \leqslant mC < \infty$$

反之, 向量的欧氏范数总是大于每个元素的长度. 所以对任意 j, $|X_j| \leqslant \|\boldsymbol{X}\|$. 因此, 若 $\mathbb{E}\|\boldsymbol{X}\| < \infty$, 则 $\mathbb{E}|X_j| < \infty$, $j = 1, 2, \cdots, m$. ∎

4.21 多元向量对

二元随机变量的大多数概念可应用到多元向量中. 令 $(\boldsymbol{X}, \boldsymbol{Y})$ 为一对多元随机向量, 维数分别为 $m_{\boldsymbol{X}}$ 和 $m_{\boldsymbol{Y}}$. 为方便阐述, 我们考虑连续随机向量.

定义 4.22 $(\boldsymbol{X}, \boldsymbol{Y}) \in \mathbb{R}^{m_X} \times \mathbb{R}^{m_Y}$ 的**联合分布** (joint distribution) 函数为

$$F(\boldsymbol{x}, \boldsymbol{y}) = \mathbb{P}[\boldsymbol{X} \leqslant \boldsymbol{x}, \boldsymbol{Y} \leqslant \boldsymbol{y}]$$

$(\boldsymbol{X}, \boldsymbol{Y}) \in \mathbb{R}^{m_X} \times \mathbb{R}^{m_Y}$ 的**联合密度** (joint density) 函数为

$$f(\boldsymbol{x}, \boldsymbol{y}) = \frac{\partial^{m_X + m_Y}}{\partial x_1 \cdots \partial y_{m_Y}} F(\boldsymbol{x}, \boldsymbol{y})$$

$\boldsymbol{X}$ 和 $\boldsymbol{Y}$ 的**边缘密度** (marginal density) 为

$$f_{\boldsymbol{X}}(\boldsymbol{x}) = \int f(\boldsymbol{x}, \boldsymbol{y}) \mathrm{d}\boldsymbol{y}$$

$$f_{\boldsymbol{Y}}(\boldsymbol{y}) = \int f(\boldsymbol{x}, \boldsymbol{y}) \mathrm{d}\boldsymbol{x}$$

给定 $\boldsymbol{X} = \boldsymbol{x}$ 的条件下 $\boldsymbol{Y}$ 的**条件密度**和给定 $\boldsymbol{Y} = \boldsymbol{y}$ 的条件下 $\boldsymbol{X}$ 的条件密度分别为

$$f_{\boldsymbol{Y}|\boldsymbol{X}}(\boldsymbol{y}|\boldsymbol{x}) = \frac{f(\boldsymbol{x}, \boldsymbol{y})}{f_{\boldsymbol{X}}(\boldsymbol{x})}$$

$$f_{\boldsymbol{X}|\boldsymbol{Y}}(\boldsymbol{x}|\boldsymbol{y}) = \frac{f(\boldsymbol{x}, \boldsymbol{y})}{f_{\boldsymbol{Y}}(\boldsymbol{y})}$$

给定 $\boldsymbol{X} = \boldsymbol{x}$ 的条件下, $\boldsymbol{Y}$ 的**条件期望** (conditional expectation) 为

$$\mathbb{E}[\boldsymbol{Y}|\boldsymbol{X} = \boldsymbol{x}] = \int \boldsymbol{y} f_{\boldsymbol{Y}|\boldsymbol{X}}(\boldsymbol{y}|\boldsymbol{x}) \mathrm{d}\boldsymbol{y}$$

如果其联合密度函数可分解为

$$f(\boldsymbol{x}, \boldsymbol{y}) = f_{\boldsymbol{X}}(\boldsymbol{x}) f_{\boldsymbol{Y}}(\boldsymbol{y})$$

则随机向量 $\boldsymbol{Y}$ 和 $\boldsymbol{X}$ 是**独立的** (independent). 连续随机变量 $(X_1, \cdots, X_m)$ 是**相互独立的** (mutually independent), 如果其密度函数可分解为边缘密度的乘积, 即

$$f(x_1, \cdots, x_m) = f_1(x_1) \cdots f_m(x_m)$$

4.22 多元变量变换

设 $\boldsymbol{X} \in \mathbb{R}^m$ 为多元随机向量, $\boldsymbol{Y} = g(\boldsymbol{X}) \in \mathbb{R}^q$, 其中 $g(\boldsymbol{x}) : \mathbb{R}^m \to \mathbb{R}^q$ 是一对一映射, 则求解 $\boldsymbol{Y}$ 的联合密度有一个著名的公式.

定理 4.24 设 $\boldsymbol{X}$ 的概率密度函数为 $f_{\boldsymbol{X}}(\boldsymbol{x})$, $g(\boldsymbol{x})$ 为一对一映射, 且 $h(\boldsymbol{y}) = g^{-1}(\boldsymbol{y})$ 是可微的, 则 $\boldsymbol{Y} = g(\boldsymbol{X})$ 的密度函数为

$$f_{\boldsymbol{Y}}(\boldsymbol{y}) = f_{\boldsymbol{X}}(h(\boldsymbol{y}))J(\boldsymbol{y})$$

其中

$$J(\boldsymbol{y}) = \left| \det \left(\frac{\partial}{\partial \boldsymbol{y}'} h(\boldsymbol{y}) \right) \right|$$

是变换的雅可比矩阵.

写出导数矩阵的细节. 令 $h(\boldsymbol{y}) = (h_1(\boldsymbol{y}), h_2(\boldsymbol{y}), \cdots, h_m(\boldsymbol{y}))'$, 则

$$\frac{\partial}{\partial \boldsymbol{y}'} h(\boldsymbol{y}) = \begin{bmatrix} \dfrac{\partial h_1(\boldsymbol{y})}{\partial y_1} & \dfrac{\partial h_1(\boldsymbol{y})}{\partial y_2} & \cdots & \dfrac{\partial h_1(\boldsymbol{y})}{\partial y_m} \\ \dfrac{\partial h_2(\boldsymbol{y})}{\partial y_1} & \dfrac{\partial h_2(\boldsymbol{y})}{\partial y_2} & \cdots & \dfrac{\partial h_2(\boldsymbol{y})}{\partial y_m} \\ \vdots & \vdots & & \vdots \\ \dfrac{\partial h_m(\boldsymbol{y})}{\partial y_1} & \dfrac{\partial h_m(\boldsymbol{y})}{\partial y_2} & \cdots & \dfrac{\partial h_m(\boldsymbol{y})}{\partial y_m} \end{bmatrix}$$

例 5 令 X_1 和 X_2 相互独立, 其密度分别为 e^{-x_1} 和 e^{-x_2}. 做变换 $Y_1 = X_1$ 和 $Y_2 = X_1 + X_2$. 逆变换为 $X_1 = Y_1$ 和 $X_2 = Y_2 - Y_1$, 导数矩阵为

$$\frac{\partial}{\partial \boldsymbol{y}'} h(\boldsymbol{y}) = \begin{bmatrix} 1 & 0 \\ -1 & 1 \end{bmatrix}$$

因此 $J = 1$. $\boldsymbol{Y}$ 的支撑为 $\{0 \leqslant Y_1 \leqslant Y_2 < \infty\}$. 联合密度函数为

$$f_Y(\boldsymbol{y}) = \mathrm{e}^{-y_2} \mathbb{1}\{y_1 \leqslant y_2\}$$

对 Y_1 积分计算 Y_2 的边缘密度:

$$f_2(y_2) = \int_0^\infty \mathrm{e}^{-y_2} \mathbb{1}\{y_1 \leqslant y_2\} \mathrm{d}y_1 = \int_0^{y_2} \mathrm{e}^{-y_2} \mathrm{d}y_1 = y_2 \mathrm{e}^{-y_2}$$

其中 $y_2 \in \mathbb{R}$. 这是参数为 $\alpha = 2$, $\beta = 1$ 的伽马密度函数.

4.23 卷积

一个计算随机变量和的分布的有用方法是利用卷积定理.

定理 4.25 卷积定理 (convolution theorem). 若 X 和 Y 是独立的随机变量, 其密度为 $f_X(x)$ 和 $f_Y(y)$, 则 $Z = X + Y$ 的密度为

$$f_Z(z) = \int_{-\infty}^{\infty} f_X(s)f_Y(z-s)\mathrm{d}s = \int_{-\infty}^{\infty} f_X(z-s)f_Y(s)\mathrm{d}s$$

证明 定义 (X, Y) 到 (W, Z) 的变换, 其中 $Z = X + Y$, $W = X$. 雅可比为 1. (W, Z) 的联合密度为 $f_X(w)f_Y(z-w)$. Z 的边缘密度通过联合密度对 W 积分得到, 即第一个式子. 第二个式子由变量变换可得. ∎

公式 $\displaystyle\int_{-\infty}^{\infty} f_X(s)f_Y(z-s)\mathrm{d}s$ 被称为 f_X 和 f_Y 的**卷积** (convolution).

例 6 设 $X \sim U[0,1]$ 和 $Y \sim U[0,1]$ 是独立的, 且 $Z = X + Y$. Z 的支撑为 $[0,2]$. 利用卷积定理, Z 的密度函数为

$$
\begin{aligned}
\int_{-\infty}^{\infty} f_X(s)f_Y(z-s)\mathrm{d}s &= \int_{-\infty}^{\infty} \mathbb{1}\{0 \leqslant s \leqslant 1\}\mathbb{1}\{0 \leqslant z-s \leqslant 1\}\mathrm{d}s \\
&= \int_0^1 \mathbb{1}\{0 \leqslant s \leqslant 1\}\mathrm{d}s \\
&= \begin{cases} \displaystyle\int_0^z \mathrm{d}s, & z \leqslant 1 \\ \displaystyle\int_{z-1}^1 \mathrm{d}s, & 1 \leqslant z \leqslant 2 \end{cases} \\
&= \begin{cases} z, & z \leqslant 1 \\ 2-z, & 1 \leqslant z \leqslant 2 \end{cases}
\end{aligned}
$$

故 Z 的密度为三角分布或 $[0,1]$ 上的 "帐篷" 状分布.

例 7 设 X 和 Y 是独立的, 密度均为 $\lambda^{-1}\exp(-x/\lambda)$, $x \geqslant 0$. 令 $Z = X + Y$, 且支撑为 $[0,\infty)$. 由卷积定理得

$$
\begin{aligned}
f_Z(z) &= \int_{-\infty}^{\infty} f_X(t)f_Y(z-t)\mathrm{d}t \\
&= \int_{-\infty}^{\infty} \mathbb{1}\{t \geqslant 0\}\mathbb{1}\{z-t \geqslant 0\}\frac{1}{\lambda}\mathrm{e}^{-t/\lambda}\frac{1}{\lambda}\mathrm{e}^{-(z-t)/\lambda}\mathrm{d}t \\
&= \int_0^z \frac{1}{\lambda^2}\mathrm{e}^{-z/\lambda}\mathrm{d}t \\
&= \frac{z}{\lambda^2}\mathrm{e}^{-z/\lambda}
\end{aligned}
$$

这是参数为 $\alpha = 2$ 和 $\beta = 1/\lambda$ 的伽马密度.

4.24 层级分布

经济学中搭建概率框架的一个常用方法是利用层级结构. 层级结构的每一层都是随机变量, 其分布的参数也被视为随机变量. 由此产生了一个可信的经济结构. 产生的概率分布在某些情况下是一个已知的分布, 或是一个新的分布.

例如, 想要对零售商店卖出的货物建模. 基准模型是商店有 N 个顾客, 每个顾客以某个概率 p 做出购买的决定. 这是一个销售量的二项模型: $X \sim \text{binomial}(N, p)$. 如果顾客的数量 N 是不可观测的, 将其视为随机变量. 一个简单的模型是 $N \sim \text{Poisson}(\lambda)$. 下面检查这个模型.

一般地, 二层层级模型的形式为

$$X|Y \sim f(x|y)$$

$$Y \sim g(y)$$

X 和 Y 的联合密度等于 $f(x, y) = f(x|y)g(y)$. X 的边缘密度为

$$f(x) = \int f(x, y) \mathrm{d}y = \int f(x|y)g(y) \mathrm{d}y$$

也可构建更复杂的结构. 三层层级模型的形式为

$$X|Y, Z \sim f(x|y, z)$$

$$Y|Z \sim g(y|z)$$

$$Z \sim h(z)$$

X 的边缘密度为

$$f(x) = \iint f(x|y, z)g(y|z)h(z) \mathrm{d}z \mathrm{d}y$$

二项–泊松分布 (binomial-Poisson). 如前所述的零售商模型. 给定 N 个顾客的条件下, 销售量 X 的分布为二项分布, 顾客数量的分布为泊松分布:

$$X|N \sim \text{binomial}(N, p)$$

$$N \sim \text{Poisson}(\lambda)$$

X 的边缘分布为

$$\mathbb{P}[X=x] = \sum_{n=x}^{\infty} \binom{n}{x} p^x (1-p)^{n-x} \frac{\mathrm{e}^{-\lambda} \lambda^n}{n!}$$

$$= \frac{(\lambda p)^x \mathrm{e}^{-\lambda}}{x!} \sum_{n=x}^{\infty} \frac{((1-p)\lambda)^{n-x}}{(n-x)!}$$

$$= \frac{(\lambda p)^x \mathrm{e}^{-\lambda}}{x!} \sum_{t=0}^{\infty} \frac{((1-p)\lambda)^t}{t!}$$

$$= \frac{(\lambda p)^x \mathrm{e}^{-\lambda p}}{x!}$$

第一个等号是以泊松分布为权重的二项分布之和. 第二行写出阶乘与合并项. 第二行做变量变换 $t=n-x$ 得第三行. 第三行的求和部分是参数为 $(1-p)\lambda$ 的泊松密度之和. 最后一行是 Poisson(λp) 的概率质量函数. 因此

$$X \sim \text{Poisson}(\lambda p)$$

由此可见, 二项–泊松模型可推导出销售量的泊松分布.

该结果说明 (或许令人惊讶的), 若到达顾客的数量服从泊松分布, 每个顾客是否购买服从二项分布, 则销售量服从泊松分布.

贝塔–二项分布 (beta-binomial). 回顾零售商模型, 再次假设给定顾客数量的条件下, 销售量服从二项分布. 现考虑是否购买的概率 p 是变化的, 即可将 p 视为随机的. 一个合适的简单模型是设概率 $p \sim \text{beta}(\alpha, \beta)$. 层级模型为

$$X|N \sim \text{binomial}(N, p)$$

$$p \sim \text{beta}(\alpha, \beta)$$

X 的边缘分布为

$$\mathbb{P}[X=x] = \int_0^1 \binom{N}{x} p^x (1-p)^{N-x} \frac{p^{\alpha-1}(1-p)^{\beta-1}}{\mathrm{B}(\alpha, \beta)} \mathrm{d}p$$

$$= \frac{\mathrm{B}(x+\alpha, N-x+\beta)}{\mathrm{B}(\alpha, \beta)} \binom{N}{x}$$

其中 $x = 0, 1, \cdots, N$. 这和二项分布不同, 被称为**贝塔–二项分布** (beta-binomial), 其分散程度比二项分布大. 经济学中偶尔会用到贝塔–二项分布.

混合方差分布 (variance mixture). 正态分布是 "薄尾" 的, 即密度会迅速降到 0. 可使用混合正态方差来构造一个厚尾的随机变量. 考虑层级模型

$$X|Q \sim N(0, Q)$$

$$Q \sim F$$

分布 F 满足 $\mathbb{E}[Q] = 1$ 和 $\mathbb{E}[Q^2] = \kappa$. X 的前四阶矩为

$$\mathbb{E}[X] = \mathbb{E}[\mathbb{E}[X|Q]] = 0$$

$$\mathbb{E}[X^2] = \mathbb{E}[\mathbb{E}[X^2|Q]] = \mathbb{E}[Q] = 1$$

$$\mathbb{E}[X^3] = \mathbb{E}[\mathbb{E}[X^3|Q]] = \mathbb{E}[Q] = 0$$

$$\mathbb{E}[X^4] = \mathbb{E}[\mathbb{E}[X^4|Q]] = \mathbb{E}[3Q^2] = 3\kappa$$

这些计算运用了第 5 章介绍的正态矩性质. X 的前三个矩和标准正态的矩相等. 四阶矩是 3κ, 而标准正态的是 3. 由于 $\kappa \geqslant 1$ (见习题 2.16), X 的尾部比标准正态更厚.

混合正态分布 (normal mixture). 模型为

$$X|T \sim \left\{ \begin{array}{ll} N(\mu_1, \sigma_1^2), & T = 1 \\ N(\mu_2, \sigma_2^2), & T = 2 \end{array} \right.$$

$$\mathbb{P}[T = 1] = p$$

$$\mathbb{P}[T = 2] = 1 - p$$

混合正态分布在经济学中常用在多 "潜在类型" 建模中. 随机变量 T 决定了抽取的随机变量 X 的 "类型". X 的边缘密度等于正态混合密度:

$$f(x|p_1, \mu_1, \sigma_1^2, \mu_2, \sigma_2^2) = p\phi_{\sigma_1}(x - \mu_1) + (1 - p)\phi_{\sigma_2}(x - \mu_2)$$

4.25 条件期望的存在性和唯一性*

4.14 节分别定义了离散和连续随机变量的条件期望. 我们研究它们的原因是, 在这些情况下条件期望是容易刻画和理解的. 然而, 一般来说, 条件期望的存在并不需要随机变量是离散的或连续的.

为了说明这一点, 需要概率论中更深入的理论. 该理论说明条件期望对所有的联合分布 (Y, X) 均存在, 其中 Y 的期望有限.

定理 4.26　条件期望的存在性. 令 (Y, X) 服从某个联合分布. 若 $\mathbb{E}|Y| < \infty$, 则存在函数 $m(x)$ 使得对所有的集合 A, 其中 $\mathbb{P}[X \in A]$ 有定义, 都有

$$\mathbb{E}[\mathbb{1}\{X \in A\}Y] = \mathbb{E}[\mathbb{1}\{X \in A\}m(X)] \tag{4.8}$$

函数 $m(x)$ 几乎处处唯一, 即若 $h(X)$ 满足式 (4.8), 则存在集合 S 使得 $\mathbb{P}[S] = 1$ 成立, 且 $m(x) = h(x), x \in S$. 函数 $m(x) = \mathbb{E}[Y|X = x]$ 和 $m(X) = \mathbb{E}[Y|X]$ 称为**条件期望**.

证明见 Ash (1972) 的定理 6.3.3.

如前所述, 当 (Y, X) 是离散的或有联合密度时, 由式 (4.8) 的定义的条件期望 $m(x)$ 是前面定义的特例. 通过式 (4.8) 定义的条件期望, 定理 4.26 可保证对所有有限均值的分布条件期望都存在. 该定义允许 Y 是离散的或连续的, 即无论 X 是标量还是向量, 无论向量的元素是离散的或连续的.

4.26　可识别性

结构化计量经济学模型的一个关键且重要的问题是可识别性, 即一个参数由观测变量的分布唯一决定. 在无条件的期望和有条件的期望情况下, 可识别性是相对直接的. 为清楚起见, 值得深入探讨这个概念.

令 F 为概率分布函数, 例如 (Y, X) 的联合分布. 令 $\mathscr{F}$ 为分布族, $\boldsymbol{\theta}$ 为感兴趣的参数 (如均值 $\mathbb{E}[Y]$).

定义 4.23　若对所有的 $F \in \mathscr{F}$ 存在唯一的值 $\boldsymbol{\theta} \in \mathbb{R}^k$, 则参数 $\boldsymbol{\theta}$ 在 $\mathscr{F}$ 上是**可识别的** (identified).

等价地, 若在分布族 $\mathscr{F}$ 上, $\boldsymbol{\theta}$ 可用映射 $\boldsymbol{\theta} = g(F)$ 表示, 则 $\boldsymbol{\theta}$ 是可识别的. 对分布族 $\mathscr{F}$ 的限制是必要的. 大多数参数仅在分布空间的严格子集中可识别.

例如, 均值 $\mu = \mathbb{E}[Y]$. 若 $\mathbb{E}|Y| < \infty$, 则它是唯一确定的. 所以 μ 在集合 $\mathscr{F} = \left\{ F : \int_{-\infty}^{\infty} |y| \mathrm{d}F(y) < \infty \right\}$ 上显然是可识别的. 然而, μ 等于正无穷、负无穷时, 它也是有定义的. 因此, 分别利用式 (2.8) 和式 (2.9) 中定义的 I_1 和 I_2, 可推导出 μ 在集合 $\mathscr{F} = \{ F : \{I_1 < \infty\} \cup \{I_2 > -\infty\} \}$ 上是可识别的.

接下来, 考虑条件期望. 定理 4.26 证明了 $\mathbb{E}|Y| < \infty$ 是可识别性的充分条件.

定理 4.27　条件期望的可识别性. 令 (Y, X) 服从某个联合分布. 若 $\mathbb{E}|Y| < \infty$, 则条件期望 $m(X) = \mathbb{E}[Y|X]$ 是几乎处处可识别的.

不考虑退化的情况, 可识别性似乎只是参数的一般性质. 在某些情况下这是正确的, 但对更复杂的参数未必成立. 例如, 考虑删失的情况. 令 Y 是分布为 F 的随机变量. 设

Y 从上删失, 令 Y^* 通过下述删失法则定义:

$$Y^* = \begin{cases} Y, & Y \leqslant \tau \\ \tau, & Y > \tau \end{cases}$$

即 Y^* 的上限是 τ. 随机变量 Y^* 的分布为

$$F^*(u) = \begin{cases} F(u), & u \leqslant \tau \\ 1, & u \geqslant \tau \end{cases}$$

令 $\mu = \mathbb{E}[Y]$ 为感兴趣的参数. 难点在于, 除了没有删失的情况 $\mathbb{P}[Y \geqslant \tau] = 0$, 无法从 F^* 计算 μ. 因此均值 μ 在删失分布中是无法识别的.

一个解决可识别性的常用方法是假设一个参数分布. 例如, 令 $\mathscr{F}$ 为正态分布族 $Y \sim N(\mu, \sigma^2)$. 验证参数 (μ, σ^2) 对所有的 $F \in \mathscr{F}$ 可识别是可能的, 即如果我们知道删失分布是正态的, 则可从删失分布唯一确定参数. 这被称为**参数可识别性** (parametric identification), 因为识别性定义在参数分布上. 在现代计量经济学中, 参数可识别性是次优解, 因为只有通过使用一个任意的和不可验证的参数假设才能证明可识别性.

一种悲观的观点认为, 不对删失数据进行参数假设就无法识别其参数. 有趣的是, 这种观点是无根据的. 现已证明可以识别 F 的所有分位数 $q(\alpha)$, $\alpha \leqslant \mathbb{P}[Y \leqslant \tau]$. 例如, 如果分布的 20% 是删失的, 可识别分位数 $\alpha \in (0, 0.8)$. 这被称为**非参数可识别性** (nonparametric identification), 因为参数的识别没有依赖参数分布的限制.

我们从这个练习中了解到, 在删失数据背景下, 矩只能具有参数可识别性, 而非删失分位数是非参数可识别的. 上述讨论说明, 对可识别性的研究能够帮助我们把注意力聚焦到现有数据分布中的信息.

习题

4.1 令 $f(x, y) = 1/4$, $-1 \leqslant x \leqslant 1$ 且 $-1 \leqslant y \leqslant 1$ (其他为 0).

(a) 证明 $f(x, y)$ 是有效的密度函数.

(b) 计算 X 的边缘密度.

(c) 计算给定 $X = x$ 的条件下, Y 的条件密度函数.

(d) 计算 $\mathbb{E}[Y|X = x]$.

(e) 计算 $\mathbb{P}[X^2 + Y^2 < 1]$.

(f) 计算 $\mathbb{P}[|X + Y| < 2]$.

4.2 令 $f(x, y) = x + y$, $0 \leqslant x \leqslant 1$ 且 $0 \leqslant y \leqslant 1$ (其他为 0).

(a) 证明 $f(x, y)$ 是有效的密度函数.

(b) 计算 X 的边缘密度.

(c) 计算 $\mathbb{E}[Y]$, $\text{var}[X]$, $\mathbb{E}[XY]$ 和 $\text{corr}(X, Y)$.

(d) 计算给定 $X = x$ 的条件下, Y 的条件密度函数.

(e) 计算 $\mathbb{E}[Y|X = x]$.

4.3 令

$$f(x, y) = \frac{2}{(1 + x + y)^3}$$

$x \geqslant 0$ 且 $y \geqslant 0$.

(a) 证明 $f(x, y)$ 是有效的密度函数.

(b) 计算 X 的边缘密度.

(c) 计算 $\mathbb{E}[Y]$, $\text{var}[X]$, $\mathbb{E}[XY]$ 和 $\text{corr}(X, Y)$.

(d) 计算给定 $X = x$ 的条件下, Y 的条件密度函数.

(e) 计算 $\mathbb{E}[Y|X = x]$.

4.4 令 X 和 Y 的联合概率密度函数为 $f(x, y) = g(x)h(y)$ 对某些函数 $g(x)$ 和 $h(y)$ 成立. 令 $a = \displaystyle\int_{-\infty}^{\infty} g(x)\mathrm{d}x$ 和 $b = \displaystyle\int_{-\infty}^{\infty} h(x)\mathrm{d}x$.

(a) a 和 b 应该满足什么条件使得 $f(x, y)$ 是一个二元概率密度函数?

(b) 计算 X 和 Y 的边缘概率密度函数.

(c) 证明 X 和 Y 是独立的.

4.5 令 $F(x, y)$ 为 (X, Y) 的分布函数. 证明

$$\mathbb{P}[a < X \leqslant b, c < Y \leqslant d] = F(b, d) - F(b, c) - F(a, d) + F(a, c)$$

提示: 利用图 4-5.

4.6 令 X 和 Y 的联合概率密度函数为

$$f(x, y) = \begin{cases} cxy, & x, y \in [0, 1], x + y \leqslant 1 \\ 0, & \text{其他} \end{cases}$$

(a) 当 c 取何值时 $f(x, y)$ 是一个联合概率密度函数.

(b) 计算 X 和 Y 的边缘分布.

(c) X 和 Y 是独立的吗?

4.7 令 X 和 Y 的密度为 $f(x, y) = \exp(-x - y)$, $x > 0$ 且 $y > 0$. 计算 X 和 Y 的边缘密度. X 和 Y 是独立的还是相依的?

4.8 令 X 和 Y 的密度为 $f(x,y) = 1$, $0 < x < 1$ 且 $0 < y < 1$. 计算 $Z = XY$ 的密度函数.

4.9 令 X 和 Y 的密度为 $f(x,y) = 12xy(1-y)$, $0 < x < 1$ 且 $0 < y < 1$. X 和 Y 是独立的还是相依的?

4.10 证明任意的随机变量与常数是不相关的.

4.11 令 X 和 Y 为独立的随机变量, 均值为 μ_X 和 μ_Y, 方差为 σ_X^2 和 σ_Y^2. 利用上述均值和方差, 推导 XY 和 Y 相关系数的表达式.

提示: "XY" 并不是排印错误.

4.12 证明下述结论: 若 $(X_1, X_2, \cdots, X_m)$ 是两两不相关的, 则

$$\mathrm{var}\left[\sum_{i=1}^{m} X_i\right] = \sum_{i=1}^{m} \mathrm{var}[X_i]$$

4.13 设 X 和 Y 是联合正态的, 即其联合概率密度函数为

$$f(x,y) = \frac{1}{2\pi\sigma_X\sigma_Y\sqrt{1-\rho^2}} \exp\left(-\frac{1}{2(1-\rho^2)}\left(\frac{x^2}{\sigma_X^2} - 2\frac{\rho_{xy}}{\sigma_X\sigma_Y} + \frac{y^2}{\sigma_Y^2}\right)\right)$$

(a) 推导 X 和 Y 的边缘分布, 判断其是否为正态分布.

(b) 推导给定 $X = x$ 的条件下, Y 的条件分布. 判断其是否为正态的.

(c) 推导 (X, Z) 的联合分布, 其中 $Z = (Y/\sigma_Y) - (\rho X/\sigma_X)$, 并验证 X 和 Z 是独立的.

4.14 设 $X_1 \sim \mathrm{gamma}(r, 1)$ 和 $X_2 \sim \mathrm{gamma}(s, 1)$ 是独立的. 计算 $Y = X_1 + X_2$ 的分布.

4.15 设给定 $X = x$ 的条件下, Y 的分布为 $N(x, x^2)$, X 的边缘分布为 $U[0,1]$.

(a) 计算 $\mathbb{E}[Y]$.

(b) 计算 $\mathrm{var}[Y]$.

4.16 对任意有限方差的随机变量 X 和 Y, 证明

(a) $\mathrm{cov}(X, Y) = \mathrm{cov}(X, \mathbb{E}[Y|X])$.

(b) X 和 $Y - \mathbb{E}[Y|X]$ 是不相关的.

4.17 设给定 X 的条件下 Y 的分布为 $N(X, X)$, $\mathbb{E}[X] = \mu$, $\mathrm{var}[X] = \sigma^2$. 计算 $\mathbb{E}[Y]$ 和 $\mathrm{var}[Y]$.

4.18 考虑层级分布

$$X|Y \sim N(Y, \sigma^2)$$

$$Y \sim \text{gamma}(\alpha, \beta)$$

(a) 计算 $\mathbb{E}[X]$.

　　提示: 利用重期望公式 (定理 4.13).

(b) 计算 $\text{var}[X]$.

　　提示: 利用定理 4.14.

4.19 考虑层级分布

$$X|N \sim \chi^2_{2N}$$

$$N \sim \text{Poisson}(\lambda)$$

(a) 计算 $\mathbb{E}[X]$.

(b) 计算 $\text{var}[X]$.

4.20 计算 $a + bX$ 和 $c + dY$ 的协方差和相关系数.

4.21 如果两个随机变量是独立的, 那么它们一定是不相关的吗? 举例说明随机变量是独立的, 但却不是不相关的.

　　提示: 仔细思考定理 4.8.

4.22 令 X 为有有限方差的随机变量. 计算下面随机变量的相关系数.

(a) X 和 X.

(b) X 和 $-X$.

4.23 利用赫尔德不等式 (定理 4.15) 证明下述结论.

(a) $\mathbb{E}|X^3 Y| \leqslant \mathbb{E}(|X|^4)^{3/4} \mathbb{E}(|Y|^4)^{1/4}$.

(b) $\mathbb{E}|X^a Y^b| \leqslant \mathbb{E}(|X|^{a+b})^{a/(a+b)} (|Y|^{a+b})^{b/(a+b)}$.

4.24 推广闵可夫斯基不等式 (定理 4.16) 来证明, 当 $p \geqslant 1$ 时, 有

$$\left(\mathbb{E}\left| \sum_{i=1}^{\infty} X_i \right|^p \right)^{1/p} \leqslant \sum_{i=1}^{\infty} (\mathbb{E}|X_i|^p)^{1/p}$$

第 5 章 正态及相关分布

5.1 引言

正态分布是应用计量经济学中最重要的概率分布之一. 利用正态模型可建立回归模型. 许多参数模型也是在正态条件下推导出的. 渐近推断利用正态性作为近似分布. 许多推断过程使用正态及其相关分布计算临界值, 例如使用正态分布、学生 t 分布、卡方分布和 F 分布等. 因此, 理解正态及其相关分布的性质是至关重要的.

5.2 一元正态分布

定义 5.1 若随机变量 Z 的密度为

$$\phi(x) = \frac{1}{\sqrt{2\pi}} \exp\left(-\frac{x^2}{2}\right), \quad x \in \mathbb{R}$$

则称随机变量 Z 服从**标准正态分布** (standard normal distribution), 记为 $Z \sim N(0,1)$.

标准正态密度通常记为 $\phi(x)$, 其分布函数没有解析形式 (closed form), 可记为

$$\Phi(x) = \int_{-\infty}^{x} \phi(u)\mathrm{d}u$$

图 3-3 展示了标准正态密度函数.

$\phi(x)$ 的积分为 1 (故是一个密度) 并不显然, 需要技术推导.

定理 5.1 $\displaystyle\int_{-\infty}^{\infty} \phi(x)\mathrm{d}x = 1.$

证明见习题 5.1.

标准正态密度 $\phi(x)$ 关于 0 对称. 因此 $\phi(x) = \phi(-x)$ 且 $\Phi(x) = 1 - \Phi(-x)$.

定义 5.2 若 $Z \sim N(0,1)$, $X = \mu + \sigma Z$, $\mu \in \mathbb{R}$ 且 $\sigma \geqslant 0$, 则 X 服从**正态分布** (normal distribution), 记为 $X \sim N(\mu, \sigma^2)$.

定理 5.2   若 $X \sim N(\mu, \sigma^2)$, $\sigma > 0$, 则 X 的密度为

$$f(x|\mu, \sigma^2) = \frac{1}{\sqrt{2\pi\sigma^2}} \exp\left(-\frac{(x-\mu)^2}{2\sigma^2}\right), \quad x \in \mathbb{R}$$

该密度由变量变换可得.

定理 5.3 $X \sim N(\mu, \sigma^2)$ 的矩生成函数为 $M(t) = \exp(\mu t + \sigma^2 t^2/2)$.

证明见习题 5.6.

5.3   正态分布的矩

标准正态分布所有的正整数矩都是有限的, 因为其密度的尾部是指数下降的.

定理 5.4   若 $Z \sim N(0, 1)$, 则对任意的 $r > 0$, 有

$$\mathbb{E}|Z|^r = \frac{2^{r/2}}{\sqrt{\pi}} \Gamma\left(\frac{r+1}{2}\right)$$

其中 $\Gamma(t)$ 是伽马函数.

证明见 5.11 节.

由于正态密度关于 0 对称, 所以所有的奇数矩均为 0. 密度是标准化的, 所以 $\mathrm{var}[Z] = 1$. 见习题 5.3.

定理 5.5 $Z \sim N(0, 1)$ 的均值和方差分别为 $\mathbb{E}[Z] = 0$ 和 $\mathrm{var}[Z] = 1$.

利用定理 5.4 或分部积分公式, 可计算 Z 的偶数矩.

定理 5.6   对任意的正整数 m, 都有 $\mathbb{E}[Z^{2m}] = (2m-1)!!$.

附录 A.3 节介绍了双阶乘的定义. 利用定理 5.6 可得 $\mathbb{E}[Z^4] = 3$, $\mathbb{E}[Z^6] = 15$, $\mathbb{E}[Z^8] = 105$ 和 $\mathbb{E}[Z^{10}] = 945$.

5.4   正态累积量

累积量是矩的多项式函数, 它由累积量生成函数的幂级数展开得到. 累积量生成函数是矩生成函数的自然对数. 由于 $Z \sim N(0, 1)$ 的矩生成函数为 $M(t) = \exp(t^2/2)$, 累积量生成函数 $K(t) = t^2/2$, 不再是幂级数展开式. 故标准正态分布的累积量为

$$\kappa_2 = 1$$

$$\kappa_j = 0, \quad j \neq 2$$

正态分布有一个特殊性质: 除了二阶累积量外, 其余累积量均为 0.

5.5 正态分位数

正态分布常用在统计推断中. 正态分位数用在假设检验和置信区间的构造中. 因此, 对正态分位数有基本的理解有助于实际应用. 一些重要的正态分位数列在表 5-1 中.

表 5-1 正态概率和分位数

	$\mathbb{P}[Z \leqslant x]$	$\mathbb{P}[Z > x]$	$\mathbb{P}[|Z| > x]$
$x = 0.00$	0.50	0.50	1.00
$x = 1.00$	0.84	0.16	0.32
$x = 1.65$	0.950	0.050	0.100
$x = 1.96$	0.975	0.025	0.050
$x = 2.00$	0.977	0.023	0.046
$x = 2.33$	0.990	0.010	0.020
$x = 2.58$	0.995	0.005	0.010

传统的统计和计量经济学教材包含大量的正态 (和其他) 分布的分位数表. 现在没有必要了, 因为这些计算已经嵌入到各类统计软件中. 为方便表述, 表 5-2 列出了 MATLAB、R 和 Stata 中计算常用统计分布的分布函数对应的命令. 表 5-3 列出了上述分布中计算逆概率 (分位数) 对应的命令.

表 5-2 分布函数的数值计算方法

	给定 x 条件下计算 $\mathbb{P}[Z \leqslant x]$		
	MATLAB	R	Stata
$N(0,1)$	normcdf(x)	pnorm(x)	normal(x)
χ_r^2	chi2cdf(x,r)	pchisq(x,r)	chi2(r,x)
t_r	tcdf(x,r)	pt(x,r)	1 - ttail(r,x)
$F_{r,k}$	fcdf(x,r,k)	pf(x,r,k)	F(r,k,x)
$\chi_r^2(d)$	ncx2cdf(x,r,d)	pchisq(x,r,d)	nchi2(r,d,x)
$F_{r,k}(d)$	ncfcdf(x,r,k,d)	pf(x,r,k,d)	1 - nFtail(r,k,d,x)

表 5-3 分位数的数值计算方法

	给定 p 条件下求解 $p = \mathbb{P}[Z \leqslant x]$		
	MATLAB	R	Stata
$N(0,1)$	norminv(p)	qnorm(p)	invnormal(p)
χ_r^2	chi2inv(p,r)	qchisq(p,r)	invchi2(r,p)
t_r	tinv(p,r)	qt(p,r)	invttail(r,1-p)
$F_{r,k}$	finv(p,r,k)	qf(p,r,k)	invF(r,k,p)
$\chi_r^2(d)$	ncx2inv(p,r,d)	qchisq(p,r,d)	invchi2(r,d,p)
$F_{r,k}(d)$	ncfinv(p,r,k,d)	qf(p,r,k,d)	invnFtail(r,k,d,1-p)

5.6 截断和删失正态分布

在某些应用中, 了解截断和删失正态分布的矩是有用的. 下述内容作为参考.

首先考虑截断正态分布的矩.

定义 5.3   函数 $\lambda(x) = \phi(x)/\Phi(x)$ 称为**逆米尔斯比** (inverse Mills ratio)[注].

该名称归功于 John P. Mills 1926 年发表的文章. 定理 5.7 列举了一些逆米尔斯比的性质. 此处不提供定理的证明, 因为证明并不关键.

定理 5.7   逆米尔斯比的性质.

1. $\lambda(-x) = \phi(x)/(1 - \Phi(x))$.
2. $\lambda(x) > 0$, $x \in \mathbb{R}$.
3. $\lambda(0) = \sqrt{2/\pi}$.
4. 对 $x > 0$, 有 $\lambda(x) < \sqrt{2/\pi} \exp(-x^2/2)$.
5. 对 $x < 0$, 有 $0 < x + \lambda(x) < 1$.
6. 对 $x \in \mathbb{R}$, 有 $\lambda(x) < 1 + |x|$.
7. $\lambda'(x) = -\lambda(x)(x + \lambda(x))$ 且满足 $-1 < \lambda'(x) < 0$.
8. $\lambda(x)$ 严格递减, 且在 $\mathbb{R}$ 上是凸的.

对任意的截断点 c, 定义标准化截断点 $c^* = (c - \mu)/\sigma$.

定理 5.8   截断正态分布的矩. 若 $X \sim N(\mu, \sigma^2)$, 则对 $c^* = (c - \mu)/\sigma$, 如下性质成立:

1. $\mathbb{E}[\mathbb{1}\{X < c\}] = \Phi(c^*)$.
2. $\mathbb{E}[\mathbb{1}\{X > c\}] = 1 - \Phi(c^*)$.
3. $\mathbb{E}[X\mathbb{1}\{X < c\}] = \mu\Phi(c^*) - \sigma\phi(c^*)$.
4. $\mathbb{E}[X\mathbb{1}\{X > c\}] = \mu(1 - \Phi(c^*)) + \sigma\phi(c^*)$.
5. $\mathbb{E}[X|X < c] = \mu - \sigma\lambda(c^*)$.
6. $\mathbb{E}[X|X > c] = \mu + \sigma\lambda(-c^*)$.
7. $\mathrm{var}[X|X < c] = \sigma^2(1 - c^*\lambda(c^*) - \lambda(c^*)^2)$.
8. $\mathrm{var}[X|X > c] = \sigma^2(1 + c^*\lambda(-c^*) - \lambda(-c^*)^2)$.

上述定理表明, 当 X 从上截断时, X 的均值是减小的. 相反, 当 X 从下截断时, 均值是增加的.

由定理 5.8 的性质 5 和性质 6, 截断对均值的影响是使均值远离截断点. 由性质 7 和性质 8, 只要截断部分小于原始分布的一半时, 方差减小. 然而, 截断部分较大时, 方

[注]   函数 $\lambda(x) = \phi(x)/(1 - \Phi(x))$ 也常称为 "逆米尔斯比".

差增加.

现在考虑删失的情况. 对任意的随机变量 X, 定义**从下删失** (censoring from below) 为

$$X_* = \begin{cases} X, & X \geqslant c \\ c, & X < c \end{cases}$$

定义**从上删失** (censoring from above) 为

$$X^* = \begin{cases} X, & X \leqslant c \\ c, & X > c \end{cases}$$

定理 5.9 给出了删失正态分布的矩.

定理 5.9　删失正态分布的矩. 若 $X \sim N(\mu, \sigma^2)$, 则对 $c^* = (c - \mu)/\sigma$, 有如下性质成立:

1. $\mathbb{E}[X^*] = \mu + \sigma c^*(1 - \Phi(c^*)) - \sigma\phi(c^*)$.
2. $\mathbb{E}[X_*] = \mu + \sigma c^*\Phi(c^*) + \sigma\phi(c^*)$.
3. $\mathrm{var}[X^*] = \sigma^2\big(1 + (c^{*2} - 1)(1 - \Phi(c^*)) - c^*\phi(c^*) - (c^*(1 - \Phi(c^*)) - \phi(c^*))^2\big)$.
4. $\mathrm{var}[X_*] = \sigma^2\big(1 + (c^{*2} - 1)(1 - \Phi(c^*)) - c^*\phi(c^*) - (c^*\Phi(c^*) + \phi(c^*))^2\big)$.

5.7　多元正态分布

令 $\{Z_1, Z_2, \cdots, Z_m\}$ 独立同分布且服从 $N(0, 1)$. 由于 Z_i 间相互独立, 则其联合密度为边缘密度的乘积:

$$f(x_1, x_2, \cdots, x_m) = f(x_1)f(x_2)\cdots f(x_m)$$

$$= \prod_{i=1}^{m} \frac{1}{\sqrt{2\pi}} \exp\left(-\frac{x_i^2}{2}\right)$$

$$= \frac{1}{(2\pi)^{m/2}} \exp\left(-\frac{1}{2}\sum_{i=1}^{m} x_i^2\right)$$

$$= \frac{1}{(2\pi)^{m/2}} \exp\left(-\frac{\boldsymbol{x}'\boldsymbol{x}}{2}\right)$$

这被称为 "多元标准正态分布".

定义 5.4 若 m 维向量 $\boldsymbol{Z}$ 的密度为

$$f(x) = \frac{1}{(2\pi)^{m/2}} \exp\left(-\frac{\boldsymbol{x}'\boldsymbol{x}}{2}\right)$$

则称 Z 服从**多元标准正态分布** (multivariate standard normal distribution), 记为 $Z \sim N(0, I_m)$.

定理 5.10 设 $Z \sim N(0, I_m)$, 则其均值和协方差矩阵分别为 $\mathbb{E}[Z] = 0$ 和 $\mathrm{var}[Z] = I_m$.

定义 5.5 若 $Z \sim N(0, I_m)$, $X = \mu + BZ$, B 为 $q \times m$ 维, 则 X 服从**多元正态分布** (multivariate normal distribution), 记为 $X \sim N(\mu, \Sigma)$, 其中 μ 为 $q \times 1$ 维均值向量, $\Sigma = BB'$ 为 $q \times q$ 维协方差矩阵.

定理 5.11 若 $X \sim N(\mu, \Sigma)$, 其中 Σ 是可逆的, 则 X 的概率密度函数为

$$f(\boldsymbol{x}) = \frac{1}{(2\pi)^{m/2}(\det \boldsymbol{\Sigma})^{1/2}} \exp \left(-\frac{(\boldsymbol{x} - \boldsymbol{\mu})' \boldsymbol{\Sigma}^{-1} (\boldsymbol{x} - \boldsymbol{\mu})}{2} \right)$$

X 的密度函数可由变量变换 $X = \mu + BZ$ 得到, 其中雅可比行列式为 $(\det \boldsymbol{\Sigma})^{-1/2}$.

5.8 多元正态分布的性质

定理 5.12 $X \sim N(\mu, \Sigma)$ 的均值和协方差阵分别为 $\mathbb{E}[X] = \mu$ 和 $\mathrm{var}[X] = \Sigma$.

定理的证明由定义 $X = \mu + BZ$ 和定理 4.22 可得.

一般地, 不相关的随机变量不一定是独立的. 一个重要的例外是, 不相关的多元正态随机变量是独立的.

定理 5.13 若 (X, Y) 服从多元正态分布, 且 $\mathrm{cov}(X, Y) = 0$, 则 X 和 Y 相互独立.

证明见 5.11 节.

我们常用矩生成函数推导正态分布的性质.

定理 5.14 若 $m \times 1$ 维随机变量 $X \sim N(\mu, \Sigma)$, 则其矩生成函数为 $M(t) = \mathbb{E}[\exp(t'X)] = \exp\left[t'\mu + \frac{1}{2}t'\Sigma t\right]$, 其中 t 为 $m \times 1$ 维的.

证明见习题 5.12.

下列定理特别重要, 正态随机向量的仿射函数[一]也服从正态分布.

定理 5.15 若 $X \sim N(\mu, \Sigma)$, 则 $Y = a + BX \sim N(a + B\mu, B\Sigma B')$.

证明见 5.11 节.

定理 5.16 若 (Y, X) 服从多元正态分布,

一 若向量 x 的函数 $f(x)$ 满足 $f(x) = a + Bx$, 则称 $f(x)$ 为仿射函数.

$$\begin{bmatrix} \boldsymbol{Y} \\ \boldsymbol{X} \end{bmatrix} \sim N\left(\begin{bmatrix} \boldsymbol{\mu_Y} \\ \boldsymbol{\mu_X} \end{bmatrix}, \begin{bmatrix} \boldsymbol{\Sigma_{XX}} & \boldsymbol{\Sigma_{YX}} \\ \boldsymbol{\Sigma_{XY}} & \boldsymbol{\Sigma_{YY}} \end{bmatrix} \right)$$

其中 $\boldsymbol{\Sigma_{YY}} > 0$ 和 $\boldsymbol{\Sigma_{XX}} > 0$, 则条件分布函数为

$$\boldsymbol{Y}|\boldsymbol{X} \sim N(\boldsymbol{\mu_Y} + \boldsymbol{\Sigma_{YX}}\boldsymbol{\Sigma_{XX}^{-1}}(\boldsymbol{X} - \boldsymbol{\mu_X}), \boldsymbol{\Sigma_{YY}} - \boldsymbol{\Sigma_{YX}}\boldsymbol{\Sigma_{XX}^{-1}}\boldsymbol{\Sigma_{XY}})$$

$$\boldsymbol{X}|\boldsymbol{Y} \sim N(\boldsymbol{\mu_X} + \boldsymbol{\Sigma_{XY}}\boldsymbol{\Sigma_{YY}^{-1}}(\boldsymbol{Y} - \boldsymbol{\mu_Y}), \boldsymbol{\Sigma_{XX}} - \boldsymbol{\Sigma_{XY}}\boldsymbol{\Sigma_{YY}^{-1}}\boldsymbol{\Sigma_{YX}})$$

证明见 5.11 节.

定理 5.17 若

$$\boldsymbol{Y}|\boldsymbol{X} \sim N(\boldsymbol{X}, \boldsymbol{\Sigma_{YY}})$$

且

$$\boldsymbol{X} \sim N(\boldsymbol{\mu}, \boldsymbol{\Sigma_{XX}})$$

则

$$\begin{bmatrix} \boldsymbol{Y} \\ \boldsymbol{X} \end{bmatrix} \sim N\left(\begin{bmatrix} \boldsymbol{\mu} \\ \boldsymbol{\mu} \end{bmatrix}, \begin{bmatrix} \boldsymbol{\Sigma_{YY}} + \boldsymbol{\Sigma_{XX}} & \boldsymbol{\Sigma_{XX}} \\ \boldsymbol{\Sigma_{XX}} & \boldsymbol{\Sigma_{XX}} \end{bmatrix} \right)$$

且

$$\boldsymbol{X}|\boldsymbol{Y} \sim N(\boldsymbol{\Sigma_{YY}}(\boldsymbol{\Sigma_{YY}} + \boldsymbol{\Sigma_{XX}})^{-1}\boldsymbol{\mu} + \boldsymbol{\Sigma_{XX}}(\boldsymbol{\Sigma_{YY}} + \boldsymbol{\Sigma_{XX}})^{-1}\boldsymbol{Y},$$

$$\boldsymbol{\Sigma_{XX}} - \boldsymbol{\Sigma_{XX}}(\boldsymbol{\Sigma_{YY}} + \boldsymbol{\Sigma_{XX}})^{-1}\boldsymbol{\Sigma_{XX}})$$

5.9 卡方分布、t 分布、F 分布和柯西分布

很多重要的分布可由多元正态随机变量及其变换推导而得.

下述七个定理说明卡方分布、学生 t 分布、F 分布、非中心 χ^2 分布和柯西分布随机变量都可表示为正态随机变量的函数.

定理 5.18 令 $\boldsymbol{Z} \sim N(\boldsymbol{0}, \boldsymbol{I}_r)$ 服从多元正态分布, 则 $\boldsymbol{Z}'\boldsymbol{Z} \sim \chi_r^2$.

定理 5.19 若 $\boldsymbol{X} \sim N(\boldsymbol{0}, \boldsymbol{A})$, 其中 $\boldsymbol{A} > 0$ 为 $r \times r$ 维的, 则 $\boldsymbol{X}'\boldsymbol{A}^{-1}\boldsymbol{X} \sim \chi_r^2$.

定理 5.20 令 $Z \sim N(0, 1)$ 和 $Q \sim \chi_r^2$ 独立, 则 $T = Z/\sqrt{Q/r} \sim t_r$.

定理 5.21 令 $Q_m \sim \chi_m^2$ 和 $Q_r \sim \chi_r^2$ 独立, 则 $(Q_m/m)/(Q_r/r) \sim F_{m,r}$.

定理 5.22 若 $\boldsymbol{X} \sim N(\boldsymbol{\mu}, \boldsymbol{I}_r)$, 则 $\boldsymbol{X}'\boldsymbol{X} \sim \chi_r^2(\lambda)$, 其中 $\lambda = \boldsymbol{\mu}'\boldsymbol{\mu}$.

定理 5.23 若 $\boldsymbol{X} \sim N(\boldsymbol{\mu}, \boldsymbol{A})$, 其中 $\boldsymbol{A} > 0$ 为 $r \times r$ 维的, 则 $\boldsymbol{X}'\boldsymbol{A}^{-1}\boldsymbol{X} \sim \chi_r^2(\lambda)$, 其中 $\lambda = \boldsymbol{\mu}'\boldsymbol{A}^{-1}\boldsymbol{\mu}$.

定理 5.24 若 $T = Z_1/Z_2$, 其中 Z_1 和 Z_2 是相互独立的正态随机变量, 则 T 服从柯西分布.

前六个定理的证明见 5.11 节. 由定理 5.20 可得柯西分布, 因为柯西分布是 $r = 1$ 时 t 分布的特例. 由对称性, Z_1/Z_2 和 $Z_1/|Z_2|$ 的分布是相同的.

5.10 Hermite 多项式*

Hermite 多项式是经典的实数轴上正态密度的正交多项式, 它会偶尔出现在计量经济学理论中, 包括 Edgeworth 展开 (见 9.8 节).

第 j 个 Hermite 多项式定义为

$$He_j(x) = (-1)^j \frac{\phi^{(j)}(x)}{\phi(x)}$$

显式公式为

$$He_j(x) = j! \sum_{m=0}^{\lfloor j/2 \rfloor} \frac{(-1)^m}{m!(j-2m)!} \frac{x^{j-2m}}{2^m}$$

Hermite 多项式的前七项为

$$He_0(x) = 1$$
$$He_1(x) = x$$
$$He_2(x) = x^2 - 1$$
$$He_3(x) = x^3 - 3x$$
$$He_4(x) = x^4 - 6x^2 + 3$$
$$He_5(x) = x^5 - 10x^3 + 15x$$
$$He_6(x) = x^6 - 15x^4 + 45x^2 - 15$$

在物理学中的另一种表达是

$$H_j(x) = 2^{j/2} He_j(\sqrt{2}x)$$

Hermite 多项式具有如下性质.

定理 5.25 Hermite 多项式的性质. 对任意的非负整数 $m < j$, 都有

1. $\int_{-\infty}^{\infty} \left(He_j(x)\right)^2 \phi(x)\mathrm{d}x = j!;$

2. $\int_{-\infty}^{\infty} He_m(x)He_j(x)\phi(x)\mathrm{d}x = 0;$

3. $\int_{-\infty}^{\infty} x^m He_j(x)\phi(x)\mathrm{d}x = 0;$

4. $\dfrac{\mathrm{d}}{\mathrm{d}x}\left(He_j(x)\phi(x)\right) = -He_{j+1}(x)\phi(x).$

5.11 技术证明*

定理 5.4 证明

$$
\begin{aligned}
\mathbb{E}|Z|^r &= \int_{-\infty}^{\infty} |x|^r \frac{1}{\sqrt{2\pi}} \exp(-x^2/2)\mathrm{d}x \\
&= \frac{\sqrt{2}}{\sqrt{\pi}} \int_0^{\infty} x^r \exp(-x^2/2)\mathrm{d}x \\
&= \frac{2^{r/2}}{\sqrt{\pi}} \int_0^{\infty} u^{(r-1)/2} \exp(-u)\mathrm{d}t \\
&= \frac{2^{r/2}}{\sqrt{\pi}} \Gamma\left(\frac{r+1}{2}\right)
\end{aligned}
$$

第三个等号利用了变量变换 $u = x^2/2$, 最后一个等号利用定义 A.20. ∎

定理 5.8 证明 令 $Z = (X - \mu)/\sigma$, 它具有标准正态密度 $\phi(x)$, 则有分解 $X = \mu + \sigma Z$.

对性质 1, 注意到 $\mathbb{1}\{X < c\} = \mathbb{1}\{Z < c^*\}$, 则

$$
\mathbb{E}[\mathbb{1}\{X < c\}] = \mathbb{E}[\mathbb{1}\{Z < c^*\}] = \Phi(c^*)
$$

对性质 2, 注意到 $\mathbb{1}\{X > c\} = 1 - \mathbb{1}\{X \leqslant c\}$, 则

$$
\mathbb{E}[\mathbb{1}\{X > c\}] = 1 - \mathbb{E}[\mathbb{1}\{X \leqslant c\}] = 1 - \Phi(c^*)
$$

对性质 3, 利用 $\phi'(x) = -x\phi(x)$ (见习题 5.2), 得

$$
\mathbb{E}[Z\mathbb{1}\{Z < c^*\}] = \int_{-\infty}^{c^*} z\phi(z)\mathrm{d}z = -\int_{-\infty}^{c^*} \phi'(z)\mathrm{d}z = -\phi(c^*)
$$

利用此结果、$X = \mu + \sigma Z$ 和性质 1, 有

$$
\mathbb{E}[X\mathbb{1}\{X < c\}] = \mu\mathbb{E}[\mathbb{1}\{Z < c^*\}] + \sigma\mathbb{E}[Z\mathbb{1}\{Z < c^*\}]
$$

$$= \mu\Phi(c^*) - \sigma\phi(c^*)$$

性质得证.

对性质 4, 利用性质 3 和 $\mathbb{E}[X\mathbb{1}\{X < c\}] + \mathbb{E}[X\mathbb{1}\{X \geqslant c\}] = \mu$ 推导得

$$\mathbb{E}[X\mathbb{1}\{X > c\}] = \mu - \big(\mu\Phi(c^*) - \sigma\phi(c^*)\big)$$

$$= \mu(1 - \Phi(c^*)) + \sigma\phi(c^*)$$

对性质 5, 注意到

$$\mathbb{P}[X < c] = \mathbb{P}[Z < c^*] = \Phi(c^*)$$

则应用性质 3 可得

$$\mathbb{E}[X|X < c] = \frac{\mathbb{E}[X\mathbb{1}\{X < c\}]}{\mathbb{P}[X < c]} = \mu - \sigma\frac{\phi(c^*)}{\Phi(c^*)} = \mu - \sigma\lambda(c^*)$$

性质得证.

对性质 6, 进行类似的计算,

$$\mathbb{E}[X|X > c] = \frac{\mathbb{E}[X\mathbb{1}\{X > c\}]}{\mathbb{P}[X > c]} = \mu + \sigma\frac{\phi(c^*)}{1 - \Phi(c^*)} = \mu + \sigma\lambda(-c^*)$$

对性质 7, 如果将 c 替换为 c^*, 其结果对 μ 不变且与 σ^2 成比例. 不失一般性, 对 $Z \sim N(0,1)$ 进行计算而不是 X. 利用 $\phi'(x) = -x\phi(x)$ 和分部积分公式, 可得

$$\mathbb{E}[Z^2\mathbb{1}\{Z < c^*\}] = \int_{-\infty}^{c^*} x^2\phi(x)\mathrm{d}x = -\int_{-\infty}^{c^*} x\phi'(x)\mathrm{d}x = \Phi(c^*) - c^*\phi(c^*) \tag{5.1}$$

截断方差为

$$\mathrm{var}[Z|Z < c^*] = \frac{\mathbb{E}[Z^2\mathbb{1}\{Z < c^*\}]}{\mathbb{P}[Z < c^*]} - \big(\mathbb{E}[Z|Z < c^*]\big)^2$$

$$= 1 - c^*\frac{\phi(c^*)}{\Phi(c^*)} - \left(\frac{\phi(c^*)}{\Phi(c^*)}\right)^2$$

$$= 1 - c^*\lambda(c^*) - \lambda(c^*)^2$$

乘以 σ^2 即得性质. 性质 8 可通过类似的计算得到. ∎

定理 5.9 证明 记 $X^* = c\mathbb{1}\{X > c\} + X\mathbb{1}\{X \leqslant c\}$. 故

$$\mathbb{E}[X^*] = c\mathbb{E}[\mathbb{1}\{X > c\}] + \mathbb{E}[X\mathbb{1}\{X \leqslant c\}]$$

$$= c(1 - \Phi(c^*)) + \mu\Phi(c^*) - \sigma\phi(c^*)$$

$$= \mu + c(1 - \Phi(c^*)) - \mu(1 - \Phi(c^*)) - \sigma\phi(c^*)$$

$$= \mu + \sigma c^*(1 - \Phi(c^*)) - \sigma\phi(c^*)$$

如性质 1 所述. 类似地, $X_* = c\mathbb{1}\{X < c\} + X\mathbb{1}\{X \geqslant c\}$. 故

$$\mathbb{E}[X_*] = c\mathbb{E}[\mathbb{1}\{X < c\}] + \mathbb{E}[X\mathbb{1}\{X \geqslant c\}]$$

$$= c\Phi(c^*) + \mu(1 - \Phi(c^*)) - \sigma\phi(c^*)$$

$$= \mu + \sigma c^*\Phi(c^*) + \sigma\phi(c^*)$$

如性质 2 所述.

对性质 3, 观察到如果将 c 替换为 c^*, 则其结果对 μ 不变且与 σ^2 成比例. 不失一般性, 对 $Z \sim N(0,1)$ 计算而不是 X. 计算可得

$$\mathbb{E}[Z^{*2}] = c^{*2}\mathbb{E}[\mathbb{1}\{Z > c^*\}] + \mathbb{E}[Z^2\mathbb{1}\{Z \leqslant c^*\}]$$

$$= c^{*2}(1 - \Phi(c^*)) + \Phi(c^*) - c^*\phi(c^*)$$

故

$$\mathrm{var}[Z^*] = \mathbb{E}[Z^{*2}] - (\mathbb{E}[Z^*])^2$$

$$= c^{*2}(1 - \Phi(c^*)) + \Phi(c^*) - c^*\phi(c^*) - \left(c^*(1 - \Phi(c^*)) - \phi(c^*)\right)^2$$

$$= 1 + (c^{*2} - 1)(1 - \Phi(c^*)) - c^*\phi(c^*) - \left(c^*(1 - \Phi(c^*)) - \phi(c^*)\right)^2$$

如性质 3 所述. 性质 4 可用类似的方法证明. ∎

定理 5.13 证明 由协方差 $\mathrm{cov}(\boldsymbol{X}, \boldsymbol{Y}) = 0$ 可得 $\boldsymbol{\Sigma}$ 是分块对角化的:

$$\boldsymbol{\Sigma} = \begin{bmatrix} \boldsymbol{\Sigma_X} & 0 \\ 0 & \boldsymbol{\Sigma_Y} \end{bmatrix}$$

故 $\boldsymbol{\Sigma}^{-1} = \mathrm{diag}\{\boldsymbol{\Sigma_X^{-1}}, \boldsymbol{\Sigma_Y^{-1}}\}$, 令 $\det(\boldsymbol{\Sigma}) = \det(\boldsymbol{\Sigma_X})\det(\boldsymbol{\Sigma_Y})$. 因此

$$f(x,y) = \frac{1}{(2\pi)^{m/2}(\det(\boldsymbol{\Sigma_X})\det(\boldsymbol{\Sigma_Y}))^{1/2}} \times$$

$$\exp\left(-\frac{(\boldsymbol{x} - \boldsymbol{\mu_X}, \boldsymbol{y} - \boldsymbol{\mu_Y})'\mathrm{diag}\{\boldsymbol{\Sigma_X^{-1}}, \boldsymbol{\Sigma_Y^{-1}}\}(\boldsymbol{x} - \boldsymbol{\mu_X}, \boldsymbol{y} - \boldsymbol{\mu_Y})}{2}\right)$$

$$= \frac{1}{(2\pi)^{m_x/2}(\det(\boldsymbol{\Sigma_X}))^{1/2}} \exp\left(-\frac{(\boldsymbol{x}-\boldsymbol{\mu_X})'\boldsymbol{\Sigma_X^{-1}}(\boldsymbol{x}-\boldsymbol{\mu_X})}{2}\right) \times$$

$$\frac{1}{(2\pi)^{m_y/2}(\det(\boldsymbol{\Sigma_Y}))^{1/2}} \exp\left(-\frac{(\boldsymbol{y}-\boldsymbol{\mu_Y})'\boldsymbol{\Sigma_Y^{-1}}(\boldsymbol{y}-\boldsymbol{\mu_Y})}{2}\right)$$

为两个多元正态密度的乘积. 因为联合概率密度函数可分解, 所以随机向量 $\boldsymbol{X}$ 和 $\boldsymbol{Y}$ 是独立的. ∎

定理 5.15 证明 $\boldsymbol{Y}$ 的矩生成函数为

$$\mathbb{E}\big(\exp(\boldsymbol{t}'\boldsymbol{Y})\big) = \mathbb{E}[\exp(\boldsymbol{t}'(\boldsymbol{a}+\boldsymbol{BX}))]$$

$$= \exp(\boldsymbol{t}'\boldsymbol{a})\mathbb{E}[\exp(\boldsymbol{t}'\boldsymbol{BX})]$$

$$= \exp(\boldsymbol{t}'\boldsymbol{a})\mathbb{E}\left[\exp\left(\boldsymbol{t}'\boldsymbol{B\mu}+\frac{1}{2}\boldsymbol{t}'\boldsymbol{B\Sigma B't}\right)\right]$$

$$= \exp\left(\boldsymbol{t}'(\boldsymbol{a}+\boldsymbol{B\mu})+\frac{1}{2}\boldsymbol{t}'\boldsymbol{B\Sigma B't}\right)$$

这是 $N(\boldsymbol{a}+\boldsymbol{B\mu}, \boldsymbol{B\Sigma B'})$ 的矩生成函数. ∎

定理 5.16 证明   利用定理 5.15 和矩阵乘法, 有

$$\begin{bmatrix} \boldsymbol{I} & -\boldsymbol{\Sigma_{YX}}\boldsymbol{\Sigma_{XX}^{-1}} \\ 0 & \boldsymbol{I} \end{bmatrix} \begin{bmatrix} \boldsymbol{Y} \\ \boldsymbol{X} \end{bmatrix} \sim$$

$$N\left(\begin{bmatrix} \boldsymbol{\mu_Y}-\boldsymbol{\Sigma_{YX}}\boldsymbol{\Sigma_{XX}^{-1}}\boldsymbol{\mu_X} \\ \boldsymbol{\mu_X} \end{bmatrix}, \begin{bmatrix} \boldsymbol{\Sigma_{YY}}-\boldsymbol{\Sigma_{YX}}\boldsymbol{\Sigma_{XX}^{-1}}\boldsymbol{\Sigma_{XY}} & 0 \\ 0 & \boldsymbol{\Sigma_{XX}} \end{bmatrix}\right)$$

协方差为 0 表示 $\boldsymbol{Y}-\boldsymbol{\Sigma_{YX}}\boldsymbol{\Sigma_{XX}^{-1}}\boldsymbol{X}$ 和 $\boldsymbol{X}$ 相互独立, 其分布为

$$N(\boldsymbol{\mu_Y}-\boldsymbol{\Sigma_{YX}}\boldsymbol{\Sigma_{XX}^{-1}}\boldsymbol{\mu_X}, \boldsymbol{\Sigma_{YY}}-\boldsymbol{\Sigma_{YX}}\boldsymbol{\Sigma_{XX}^{-1}}\boldsymbol{\Sigma_{XY}})$$

即

$$\boldsymbol{Y}|\boldsymbol{X} \sim N(\boldsymbol{\mu_Y}+\boldsymbol{\Sigma_{YX}}\boldsymbol{\Sigma_{XX}^{-1}}(\boldsymbol{X}-\boldsymbol{\mu_X}), \boldsymbol{\Sigma_{YY}}-\boldsymbol{\Sigma_{YX}}\boldsymbol{\Sigma_{XX}^{-1}}\boldsymbol{\Sigma_{XY}})$$

性质得证. $\boldsymbol{X}|\boldsymbol{Y}$ 的结果由对称性得到. ∎

定理 5.18 证明 $\boldsymbol{Z}'\boldsymbol{Z}$ 的矩生成函数为

$$\mathbb{E}[\exp(t\boldsymbol{Z}'\boldsymbol{Z})] = \int_{\mathbb{R}^r} \exp(t\boldsymbol{x}'\boldsymbol{x})\frac{1}{(2\pi)^{r/2}}\exp\left(-\frac{\boldsymbol{x}'\boldsymbol{x}}{2}\right)\mathrm{d}\boldsymbol{x}$$

$$= \int_{\mathbb{R}^r} \frac{1}{(2\pi)^{r/2}} \exp\left(-\frac{\boldsymbol{x}'\boldsymbol{x}}{2}(1-2t)\right) \mathrm{d}\boldsymbol{x}$$

$$= (1-2t)^{-r/2} \int_{\mathbb{R}^r} \frac{1}{(2\pi)^{r/2}} \exp\left(-\frac{\boldsymbol{u}'\boldsymbol{u}}{2}\right) \mathrm{d}\boldsymbol{u}$$

$$= (1-2)^{-r/2} \tag{5.2}$$

第三个等号利用了变量变换 $\boldsymbol{u} = (1-2t)^{1/2}\boldsymbol{x}$, 最后一个等号是正态概率积分. 式 (5.2) 等于定理 3.2 中给出的 χ_r^2 的矩生成函数. 故 $\boldsymbol{Z}'\boldsymbol{Z} \sim \chi_r^2$. ■

定理 5.19 证明 由 $\boldsymbol{A} > 0$ 得分解 $\boldsymbol{A} = \boldsymbol{C}\boldsymbol{C}'$, 其中 $\boldsymbol{C}$ 是非奇异的 (见 A.11 节), 则 $\boldsymbol{A}^{-1} = \boldsymbol{C}^{-1\prime}\boldsymbol{C}^{-1}$, 利用定理 5.15, 有

$$\boldsymbol{Z} = \boldsymbol{C}^{-1}\boldsymbol{X} \sim N(\boldsymbol{0}, \boldsymbol{C}^{-1}\boldsymbol{A}\boldsymbol{C}^{-1\prime}) = N(\boldsymbol{0}, \boldsymbol{C}^{-1}\boldsymbol{C}\boldsymbol{C}'\boldsymbol{C}^{-1\prime}) = N(\boldsymbol{0}, \boldsymbol{I}_r)$$

故利用定理 5.18, 有

$$\boldsymbol{X}'\boldsymbol{A}^{-1}\boldsymbol{X} = \boldsymbol{X}\boldsymbol{C}^{-1\prime}\boldsymbol{C}^{-1}\boldsymbol{X} = \boldsymbol{Z}'\boldsymbol{Z} \sim \chi_r^2(\boldsymbol{\mu}^{*\prime}\boldsymbol{\mu}^*)$$

由于

$$\boldsymbol{\mu}^{*\prime}\boldsymbol{\mu}^* = \boldsymbol{\mu}'\boldsymbol{C}^{-1\prime}\boldsymbol{C}^{-1}\boldsymbol{\mu} = \boldsymbol{\mu}'\boldsymbol{A}^{-1}\boldsymbol{\mu} = \lambda$$

等于 $\chi_r^2(\lambda)$, 故定理得证. ■

定理 5.20 证明 利用重期望公式 (定理 4.13), $Z/\sqrt{Q/r}$ 的分布为

$$F(x) = \mathbb{P}\left[\frac{Z}{\sqrt{Q/r}} \leqslant x\right]$$

$$= \mathbb{E}\left[\mathbb{1}\left\{Z \leqslant x\sqrt{\frac{Q}{r}}\right\}\right]$$

$$= \mathbb{E}\left[\mathbb{P}\left[Z \leqslant x\sqrt{\frac{Q}{r}}\Big|Q\right]\right]$$

$$= \mathbb{E}\left[\varPhi\left(x\sqrt{\frac{Q}{r}}\right)\right]$$

利用定理 A.28.3, 对其求导得密度,

$$f(x) = \frac{\mathrm{d}}{\mathrm{d}x}\mathbb{E}\left[\varPhi\left(x\sqrt{\frac{Q}{r}}\right)\right]$$

$$= \mathbb{E}\left[\frac{\mathrm{d}}{\mathrm{d}x}\varPhi\left(x\sqrt{\frac{Q}{r}}\right)\right]$$

$$= \mathbb{E}\left[\phi\left(x\sqrt{\frac{Q}{r}}\right)\sqrt{\frac{Q}{r}}\right]$$

$$= \int_0^\infty \left(\frac{1}{\sqrt{2\pi}}\exp\left(-\frac{qx^2}{2r}\right)\right)\sqrt{\frac{q}{r}}\left(\frac{1}{\Gamma\left(\frac{r}{2}\right)2^{r/2}}q^{r/2-1}\exp(-q/2)\right)\mathrm{d}q$$

$$= \frac{\Gamma\left(\frac{r+1}{2}\right)}{\sqrt{r\pi}\Gamma\left(\frac{r}{2}\right)}\left(1+\frac{x^2}{r}\right)^{-\left(\frac{r+1}{2}\right)}$$

这是式 (3.1) 中学生 t 密度函数. ∎

定理 5.21 证明　令 $f_m(u)$ 为 χ_m^2 的密度. 利用定理 5.20 类似的证明, Q_m/Q_r 的密度函数为

$$f_S(s) = \mathbb{E}[f_m(sQ_r)Q_r]$$

$$= \int_0^\infty f_m(s\nu)\nu f_r(\nu)\mathrm{d}\nu$$

$$= \frac{1}{2^{(m+r)/2}\Gamma\left(\frac{m}{2}\right)\Gamma\left(\frac{r}{2}\right)}\int_0^\infty (s\nu)^{m/2-1}\mathrm{e}^{-s\nu/2}\nu^{r/2}\mathrm{e}^{-\nu/2}\mathrm{d}\nu$$

$$= \frac{s^{m/2-1}}{2^{(m+r)/2}\Gamma\left(\frac{m}{2}\right)\Gamma\left(\frac{r}{2}\right)}\int_0^\infty \nu^{(m+r)/2-1}\mathrm{e}^{-(s+1)\nu/2}\mathrm{d}\nu$$

$$= \frac{s^{m/2-1}}{\Gamma\left(\frac{m}{2}\right)\Gamma\left(\frac{r}{2}\right)(1+s)^{(m+r)/2}}\int_0^\infty t^{(m+r)/2-1}\mathrm{e}^{-t}\mathrm{d}t$$

$$= \frac{s^{m/2-1}\Gamma\left(\frac{m+r}{2}\right)}{\Gamma\left(\frac{m}{2}\right)\Gamma\left(\frac{r}{2}\right)(1+s)^{(m+r)/2}}$$

第五个等号由变量变换 $\nu = 2t/(1+s)$ 可得, 第六个等号利用定义 A.20. 这是 Q_m/Q_r 的密度.

为得到 $(Q_m/m)/(Q_r/r)$ 的密度, 做变量变换 $x = sr/m$. 由此可得密度函数式 (3.3). ∎

定理 5.22 证明　和定理 5.18 的证明类似, 需要验证当 $\boldsymbol{X} \sim N(\boldsymbol{\mu}, \boldsymbol{I}_r)$ 时 $Q = \boldsymbol{X}'\boldsymbol{X}$ 的矩生成函数等于密度函数式 (3.4) 的矩生成函数.

首先, 计算 $Q = \boldsymbol{X}'\boldsymbol{X}$ 的矩生成函数, 其中 $\boldsymbol{X} \sim N(\boldsymbol{\mu}, \boldsymbol{I}_r)$. 构造一个 $r \times r$ 矩阵 $\boldsymbol{H} = [\boldsymbol{H}_1, \boldsymbol{H}_2]$, 使其第一列等于 $\boldsymbol{H}_1 = \boldsymbol{\mu}(\boldsymbol{\mu}'\boldsymbol{\mu})^{-1/2}$, 注意到 $\boldsymbol{H}_1'\boldsymbol{\mu} = \lambda^{1/2}$ 和 $\boldsymbol{H}_2'\boldsymbol{\mu} = \boldsymbol{0}$. 定义 $\boldsymbol{Z} = \boldsymbol{H}'\boldsymbol{X} \sim N(\boldsymbol{\mu}^*, \boldsymbol{I}_q)$, 其中

$$\boldsymbol{\mu}^* = \boldsymbol{H}'\boldsymbol{\mu} = \left[\begin{array}{c} \boldsymbol{H}_1'\boldsymbol{\mu} \\ \boldsymbol{H}_2'\boldsymbol{\mu} \end{array}\right] = \left[\begin{array}{c} \lambda^{1/2} \\ \boldsymbol{0} \end{array}\right] \begin{array}{c} 1 \\ r-1 \end{array}$$

此时有 $Q = \boldsymbol{X}'\boldsymbol{X} = \boldsymbol{Z}'\boldsymbol{Z} = Z_1^2 + \boldsymbol{Z}_2'\boldsymbol{Z}_2$, 其中 $Z_1 \sim N(\lambda^{1/2}, 1)$ 和 $\boldsymbol{Z}_2 \sim N(\boldsymbol{0}, \boldsymbol{I}_{r-1})$ 是独立的. 注意 $\boldsymbol{Z}_2'\boldsymbol{Z}_2 \sim \chi^2_{r-1}$, 所以利用式 (3.6) 求其矩生成函数为 $(1 - 2t)^{-(r-1)/2}$. Z_1^2 的矩生成函数为

$$\begin{aligned}
\mathbb{E}[\exp(tZ_1^2)] &= \int_{-\infty}^{\infty} \exp(tx^2)\frac{1}{\sqrt{2\pi}}\exp\left(-\frac{1}{2}(x - \sqrt{\lambda})^2\right)\mathrm{d}x \\
&= \int_{-\infty}^{\infty} \frac{1}{\sqrt{2\pi}}\exp\left(-\frac{1}{2}(x^2(1-2t) - 2x\sqrt{\lambda} + \lambda)\right)\mathrm{d}x \\
&= (1-2t)^{-1/2}\exp\left(-\frac{\lambda}{2}\right)\int_{-\infty}^{\infty}\frac{1}{\sqrt{2\pi}}\exp\left(-\frac{1}{2}\left(u^2 - 2u\sqrt{\frac{\lambda}{1-2t}}\right)\right)\mathrm{d}u \\
&= (1-2t)^{-1/2}\exp\left(-\frac{\lambda t}{1-2t}\right)\int_{-\infty}^{\infty}\frac{1}{\sqrt{2\pi}}\exp\left(-\frac{1}{2}\left(u - \sqrt{\frac{\lambda}{1-2t}}\right)^2\right)\mathrm{d}u \\
&= (1-2t)^{-1/2}\exp\left(-\frac{\lambda t}{1-2t}\right)
\end{aligned}$$

其中第三个等号利用变量变换 $u = (1-2t)^{1/2}x$. 故 $Q = Z_1^2 + \boldsymbol{Z}_2'\boldsymbol{Z}_2$ 的矩生成函数为

$$\begin{aligned}
\mathbb{E}[\exp(tQ)] &= \mathbb{E}[\exp(t(Z_1^2 + \boldsymbol{Z}_2'\boldsymbol{Z}_2))] \\
&= \mathbb{E}[\exp(tZ_1^2)]\mathbb{E}[\exp(t\boldsymbol{Z}_2'\boldsymbol{Z}_2)] \\
&= (1-2t)^{-r/2}\exp\left(-\frac{\lambda t}{1-2t}\right)
\end{aligned} \tag{5.3}$$

其次, 计算式 (3.4) 的矩生成函数, 它等于

$$\begin{aligned}
&\int_0^{\infty}\exp(tx)\sum_{i=0}^{\infty}\frac{\mathrm{e}^{-\lambda/2}}{i!}\left(\frac{\lambda}{2}\right)^i f_{r+2i}(x)\mathrm{d}x \\
&= \sum_{i=0}^{\infty}\frac{\mathrm{e}^{-\lambda/2}}{i!}\left(\frac{\lambda}{2}\right)^i\int_0^{\infty}\exp(tx)f_{r+2i}(x)\mathrm{d}x
\end{aligned}$$

$$= \sum_{i=0}^{\infty} \frac{\mathrm{e}^{-\lambda/2}}{i!} \frac{1}{i!} \left(\frac{\lambda}{2}\right)^i (1-2t)^{-(r+2i)/2}$$

$$= \mathrm{e}^{-\lambda/2}(1-2t)^{-r/2} \sum_{i=0}^{\infty} \frac{1}{i!} \left(\frac{\lambda}{2(1-2t)}\right)^i$$

$$= \mathrm{e}^{-\lambda/2}(1-2t)^{-r/2} \exp\left(\frac{\lambda}{2(1-2t)}\right)$$

$$= (1-2t)^{-r/2} \exp\left(\frac{\lambda t}{1-2t}\right) \tag{5.4}$$

第二个等号利用了式 (3.6). 第四个等号利用了指数函数的定义. 利用 Q 的密度式 (3.4) 可证明式 (5.3) 等于式 (5.4). 定理得证. ∎

定理 5.23 证明   由 $\boldsymbol{A} > 0$ 得 $\boldsymbol{A} = \boldsymbol{C}\boldsymbol{C}'$, 其中 $\boldsymbol{C}$ 是非奇异的 (见 A.11 节). 则 $\boldsymbol{A}^{-1} = \boldsymbol{C}^{-1\prime}\boldsymbol{C}^{-1}$. 利用定理 5.15, 得

$$\boldsymbol{Y} = \boldsymbol{C}^{-1}\boldsymbol{X} \sim N(\boldsymbol{C}^{-1}\boldsymbol{\mu}, \boldsymbol{C}^{-1}\boldsymbol{A}\boldsymbol{C}^{-1\prime}) = N(\boldsymbol{C}^{-1}\boldsymbol{\mu}, \boldsymbol{C}^{-1}\boldsymbol{C}\boldsymbol{C}'\boldsymbol{C}^{-1\prime}) = N(\boldsymbol{\mu}^*, \boldsymbol{I}_r)$$

其中 $\boldsymbol{\mu}^* = \boldsymbol{C}^{-1}\boldsymbol{\mu}$. 故利用定理 5.22, 有

$$\boldsymbol{X}'\boldsymbol{A}^{-1}\boldsymbol{X} = \boldsymbol{X}'\boldsymbol{C}^{-1\prime}\boldsymbol{C}^{-1}\boldsymbol{X} = \boldsymbol{Y}'\boldsymbol{Y} \sim \chi_r^2(\boldsymbol{\mu}^{*\prime}\boldsymbol{\mu}^*)$$

由于

$$\boldsymbol{\mu}^{*\prime}\boldsymbol{\mu}^* = \boldsymbol{\mu}'\boldsymbol{C}^{-1\prime}\boldsymbol{C}^{-1}\boldsymbol{\mu} = \boldsymbol{\mu}'\boldsymbol{A}^{-1}\boldsymbol{\mu} = \lambda$$

故为 $\chi_r^2(\lambda)$. 定理得证. ∎

习题

5.1   证明 $\displaystyle\int_{-\infty}^{\infty} \phi(z)\mathrm{d}z = 1$. 利用变量变换和高斯积分 (定理 A.27).

5.2   对标准正态密度 $\phi(x)$, 证明 $\phi'(x) = -x\phi(x)$.

5.3   利用习题 5.2 和分部积分公式, 证明 $\mathbb{E}[Z^2] = 1$, 其中 $Z \sim N(0,1)$.

5.4   利用习题 5.2、习题 5.3 和分部积分公式, 证明 $\mathbb{E}[Z^4] = 3$, 其中 $Z \sim N(0,1)$.

5.5   证明 $Z \sim N(0,1)$ 的矩生成函数为 $m(t) = \mathbb{E}[\exp(tZ)] = \exp(t^2/2)$.

5.6   证明 $X \sim N(\mu, \sigma^2)$ 的矩生成函数为 $m(t) = \mathbb{E}[\exp(tX)] = \exp(t\mu + t^2\sigma^2/2)$.
    提示: 做变换 $X = \mu + \sigma Z$.

5.7 利用习题 5.5 的矩生成函数证明 $\mathbb{E}[Z^2] = m''(0) = 1$ 和 $\mathbb{E}[Z^4] = m^{(4)}(0) = 3$.

5.8 计算正态密度 $\phi(x)$ 的卷积 $\displaystyle\int_{-\infty}^{\infty} \phi(x)\phi(y-x)\mathrm{d}x$. 证明它可写为一个正态密度.

5.9 证明若 T 服从自由度为 $r > 2$ 的学生 t 分布, 则 $\mathrm{var}[T] = \dfrac{r}{r-2}$.

  提示: 利用定理 3.3 和定理 5.20.

5.10 试把多元正态 $N(\mathbf{0}, \boldsymbol{I}_k)$ 的密度分解为 $N(0,1)$ 密度的乘积. 即证明

$$\frac{1}{(2\pi)^{k/2}} \exp\left(-\frac{\boldsymbol{x}'\boldsymbol{x}}{2}\right) = \phi(x_1)\cdots\phi(x_k)$$

5.11 证明 $Z \in \mathbb{R}^m$ 的矩生成函数为 $\mathbb{E}[\exp(\boldsymbol{t}'Z)] = \exp\left(\dfrac{1}{2}\boldsymbol{t}'\boldsymbol{t}\right)$, $\boldsymbol{t} \in \mathbb{R}^m$.

  提示: 利用习题 5.5 和 Z 的元素间是独立的.

5.12 证明 $\boldsymbol{X} \sim N(\boldsymbol{\mu}, \boldsymbol{\Sigma}) \in \mathbb{R}^m$ 的矩生成函数为

$$M(\boldsymbol{t}) = \mathbb{E}[\exp(\boldsymbol{t}'\boldsymbol{X})] = \exp\left(\boldsymbol{t}'\boldsymbol{\mu} + \frac{1}{2}\boldsymbol{t}'\boldsymbol{\Sigma}\boldsymbol{t}\right).$$

  提示: 做变换 $\boldsymbol{X} = \boldsymbol{\mu} + \boldsymbol{\Sigma}^{1/2}\boldsymbol{Z}$.

5.13 证明 $\boldsymbol{X} \sim N(\boldsymbol{\mu}, \boldsymbol{\Sigma}) \in \mathbb{R}^m$ 的特征函数为

$$C(\boldsymbol{t}) = \mathbb{E}[\exp(\mathrm{i}\boldsymbol{t}'\boldsymbol{X})] = \exp\left(\mathrm{i}\boldsymbol{\mu}'\boldsymbol{t} - \frac{1}{2}\boldsymbol{t}'\boldsymbol{\Sigma}\boldsymbol{t}\right)$$

  其中 $\boldsymbol{t} \in \mathbb{R}^m$.

  提示: 从 $m = 1$ 开始验证. 利用积分计算 $\mathbb{E}[\exp(\mathrm{i}\boldsymbol{t}Z)] = \exp\left(-\dfrac{1}{2}\boldsymbol{t}^2\right)$. 用习题 5.11 和习题 5.12 中相同的计算, 将其推广到 $\boldsymbol{X} \sim N(\boldsymbol{\mu}, \boldsymbol{\Sigma})$, $\boldsymbol{t} \in \mathbb{R}^m$.

5.14 设随机变量 $Y = \sqrt{Q}e$, 其中 $e \sim N(0,1)$, $Q \sim \chi_1^2$, 且 e 和 Q 是独立的. 已知 $\mathbb{E}[e] = 0$, $\mathbb{E}[e^2] = 1$, $\mathbb{E}[e^3] = 0$, $\mathbb{E}[e^4] = 3$, $\mathbb{E}[Q] = 1$ 和 $\mathrm{var}[Q] = 2$. 计算

  (a) $\mathbb{E}[Y]$.

  (b) $\mathbb{E}[Y^2]$.

  (c) $\mathbb{E}[Y^3]$.

  (d) $\mathbb{E}[Y^4]$.

  (e) 比较 $N(0,1)$ 的前四阶矩和上述矩. 区别是什么? (请明确说明.)

5.15 令 $X = \displaystyle\sum_{i=1}^{n} a_i e_i^2$, 其中 a_i 是常数, e_i 是独立的 $N(0,1)$. 计算:

    (a) $\mathbb{E}[X]$.

    (b) $\text{var}[X]$.

5.16 证明若 $Q \sim \chi_k^2(\lambda)$, 则 $\mathbb{E}[Q] = k + \lambda$.

5.17 设 X_i 是独立的 $N(\mu_i, \sigma_i^2)$. 计算加权平均 $\sum\limits_{i=1}^{n} \omega_i X_i$ 的分布.

5.18 证明若 $e \sim N(\mathbf{0}, \boldsymbol{I}_n \sigma^2)$ 和 $\boldsymbol{H}'\boldsymbol{H} = \boldsymbol{I}_n$, 则 $\boldsymbol{u} = \boldsymbol{H}'e \sim N(\mathbf{0}, \boldsymbol{I}_n \sigma^2)$.

5.19 证明若 $e \sim N(\mathbf{0}, \boldsymbol{\Sigma})$ 和 $\boldsymbol{\Sigma} = \boldsymbol{A}\boldsymbol{A}'$, 则 $\boldsymbol{u} = \boldsymbol{A}^{-1}e \sim N(\mathbf{0}, \boldsymbol{I}_n)$.

第 6 章　抽　　样

6.1　引言

现从概率论转换到统计学. 统计学关心如何从数据中推断参数.

6.2　样本

概率论研究了随机向量 $\boldsymbol{X}$ 的性质. 统计理论把相关研究拓展到随机向量族中. 最简单的是研究一类独立同分布的随机向量.

定义 6.1　如果随机向量 $\{\boldsymbol{X}_1, \boldsymbol{X}_2, \cdots, \boldsymbol{X}_n\}$ 满足相互独立且有共同的边缘分布 F, 称其是**独立同分布的** (independent and identically distributed, i.i.d.).

"独立性" 表示 $\boldsymbol{X}_i$ 和 $\boldsymbol{X}_j$ $(i \neq j)$ 是独立的. "同分布" 表示 $\boldsymbol{X}_i$ 和 $\boldsymbol{X}_j$ 服从相同的 (联合) 分布 $F(x)$.

一个数据集是一组数, 通常称为观测. 例如, 个体水平工资数据集可能包含个体信息, 个体被描述为一个**观测值** (observation), 每行信息包括了个体的薪水或工资、年龄、教育水平和其他特征. 这种数据集通常被称为一个**样本** (sample). 使用这个名称的原因是, 在统计分析中, 通常把观测值视为随机抽样得到的随机变量的实现值.

定义 6.2　如果 $\boldsymbol{X}_i$ 是独立同分布的且均服从分布 F, 称一组随机向量 $\{\boldsymbol{X}_1, \boldsymbol{X}_2, \cdots, \boldsymbol{X}_n\}$ 是从总体 F 中抽取的**随机样本** (random sample).

该定义略显重复, 只是说明随机样本是一组独立同分布随机变量.

分布 F 被称为**总体分布** (population distribution) 或简记为**总体** (population). 可认为它是一个无限总体或数学的抽象概念. 观测值的数量 n 通常被称为**样本量** (sample size). 有两个隐喻帮助我们理解随机抽样. 第一, 存在一个真实的或潜在的大小为 N 的总体, 其中 N 远大于 n. 随机抽样等价于从大小为 N 的总体中抽取一个大小为 n 的子集. 这个隐喻和**抽样调查** (survey sampling) 保持一致. 此时, 随机性和同分布的性质来自抽样设计. 第二, 随机抽样可看作**数据生成过程** (data generating process). 想象一个观测值的生成过程. 例如, 一个可控制的实验或观测实验, 这个过程重复 n 次. 此处, 总体是一个可生成观测值的概率模型.

抽样的一个重要特征是观测值的数量.

定义 6.3 **样本量** (sample size) n 是样本中观测值的数量.

在计量经济学中, 样本量最常用的记号为 n. 其他常用的选择为 N 和 T. 样本量可从 1 到数百万变化. 称一个观测值是一个 "个体", 它并不表示是一个人. 在经济数据集中, 观测值常常从家庭、企业、工厂、机器、专利、货物、商店、国家、省、市、县、学校、班级、学生、年、月、日或其他实体中得到.

通常使用没有下标的 X 表示服从总体分布 F 的随机变量, 有下标的 X_i 表示样本中的随机观测值, x_i 或 x 表示一个具体值或实现值.

图 6-1 展示了抽样过程. 左边是字母从 "a" 到 "z" 的总体. 随机抽取五个字母得到右边的样本.

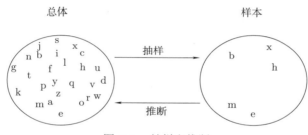

图 6-1   抽样和推断

推断问题的目的是了解潜在过程——总体分布函数或数据生成过程. 图 6-1 下方的箭头表示推断问题. 推断是指通过样本 (本例中的观测值 $\{b, e, h, m, x\}$) 推断原来总体的性质.

经济学数据可通过各种方式获得, 如抽样调查、政府记录、直接观测、网页抓取、田间实验和实验室试验等. 把观测值视为随机样本的实现值, 对数据假设一个特定的概率结构. 在某些情况下, 这种假设是可行的, 但有时则不然. 一般来说, 样本收集的方式会影响使用的推断方法和参数估计量的性质. 由于随机抽样已经有成熟的统计理论和推断方法, 本书只考虑通过随机抽样得到的数据. 在计量经济学应用中, 更复杂的抽样形式很常见, 包括分层抽样、整群抽样、面板数据、时间序列数据和空间数据. 利用上述这些方法得到的观测值都存在某种相依性, 导致推断变得复杂. 大多数高等计量经济学理论探讨如何明确地刻画这类相依性, 从而进行有效的统计推断.

也可考虑从**异质** (heterogeneous) 分布 F_i 中抽取独立不同分布的样本 X_i. 对大多数情况而言, 这种方式只是增加了符号的复杂度, 并没有提供更重要的信息.

概率论中一个有用的推论是独立同分布随机变量的变换仍然独立同分布, 即若 $\{\boldsymbol{X}_i : i = 1, 2, \cdots, n\}$ 是独立同分布的, 且对存在函数 $g(\boldsymbol{x}) : \mathbb{R}^m \to \mathbb{R}^q$ 满足 $\boldsymbol{Y}_i = g(\boldsymbol{X}_i)$, 则 $\{\boldsymbol{Y}_i : 1, 2, \cdots, n\}$ 是独立同分布的.

6.3　经验例子

本节利用一个经典的经济学数据集来解释抽样的概念. 该数据集来自 2009 年 3 月美国现行人口调查, 这次调查收集了美国人口的大量信息. 为说明方便, 使用已婚 (目前有配偶的)、拥有 12 年潜在工作经历的黑人女性工薪阶层作为子样本. 该子样本包含 20 个观测值. (选择该子样本的主要原因是保证样本量较小.)

表 6-1 展示了这些观测值. 每一行代表一个个体的观测, 包括一个人的数据. 每一列代表个体的变量 (测度指标). 第二列表示报告的工资 (年度总收入除以工作时间). 第三列表示受教育年限.

表 6-1　2009 年 3 月美国现行人口调查数据集的观测值

观测	工资	受教育年限	观测	工资	受教育年限
1	37.93	18	11	21.63	18
2	40.87	18	12	11.09	16
3	14.18	13	13	10.00	13
4	16.83	16	14	31.73	14
5	33.17	16	15	11.06	12
6	29.81	18	16	18.75	16
7	54.62	16	17	27.35	14
8	43.08	18	18	24.04	16
9	14.42	12	19	36.06	18
10	14.90	16	20	23.08	16

有两种基本的方式查看表 6-1. 第一种, 把观测值视为数字, 解释为 20 个个体的工资水平和教育水平. 从这种视角了解这些特定人——特定总体——的工资和教育水平, 此外再无其他信息. 第二种, 把观测值视为从大总体抽样得到的随机样本, 从这种视角了解工资和教育水平的总体. 我们对这些人的工资和教育水平本身并不感兴趣, 而是对总体的工资和教育水平感兴趣. 这 20 个人的信息作为了解更大群组的一个窗口. 第二种视角是统计学的视角.

我们将会学到, 仅仅使用 20 个观测值推断一般的总体是困难的. 为达到合理的精度, 需要更多样本. 这里选择了一个有 20 个观察值的样本是因为数字简单和教学便利性.

在接下来的几章中, 本例会使用在各类估计和推断方法中.

6.4 统计量、参数和估计量

统计学的目标是了解总体的特征. 这些特征被称为**参数** (parameter). 通常利用希腊字母表示参数, 如 μ, β 或 θ, 有时也使用拉丁字母.

定义 6.4 **参数** θ 是总体 F 的任一函数.

例如, 总体期望 $\mu = \mathbb{E}[X]$ 是 F 的一阶矩.

统计量是由样本构建的.

定义 6.5 **统计量** (statistic) 是样本 $\{X_i : 1, 2, \cdots, n\}$ 的函数.

回顾随机变量和其实现值之间的区别. 类似地, 作为随机样本函数的统计量 (故是一个随机变量) 和作为实现值函数的统计量 (是一个实现值) 之间存在差别. 当把统计量视为随机的, 它是随机样本的函数. 当把统计量视为实现值, 它是一组实现值的函数. 这种区别可解释为 "观测数据之前" 和 "观测到数据之后". 在 "观测数据之前", 不清楚统计量取何值. 从这个角度, 统计量是未知的和随机的. 在观测到数据之后, 特别是计算统计量之后, 统计量是一个具体的数值, 故是一个实现值, 它是一个数, 不会变化. 随机性来自数据生成过程, 即如果重复生成过程, 样本是不同的, 因此具体的实现值也是不同的.

一些统计量常被用来估计参数.

定义 6.6 参数 θ 的估计量 $\hat{\theta}$ 是统计量, 可视为 θ 的一个猜测.

有时称 $\hat{\theta}$ 是一个**点估计量** (point estimator), 以区别于**区间估计量** (interval estimator). 注意, 定义估计量时使用了一个模糊的短语 "视为一个猜测". 使用这种模糊的定义是故意的. 使用此定义, 希望这个概念包含更多的潜在估计量.

通常使用记号 "$\hat{\theta}$" 表示参数 θ 的估计量. 该记号使我们能够较直接地理解其内涵.

有时称 $\hat{\theta}$ 为 "估计量", 有时称为 "估计值". 如果把 $\hat{\theta}$ 视为随机观测的函数, 即是随机变量, 则称 $\hat{\theta}$ 为**估计量** (estimator). 由于 $\hat{\theta}$ 是随机的, 可使用概率论计算其分布. 如果 $\hat{\theta}$ 是从具体的样本中计算出的具体值 (或实现值), 则称 $\hat{\theta}$ 为**估计值** (estimate), 因此, 在研究估计理论时, 通常把 $\hat{\theta}$ 视为 θ 的估计量, 但在具体的应用中, 把 $\hat{\theta}$ 视为 θ 的估计值.

构造统计量的一个标准方法是利用**替换原理** (analog principle). 其思路是把 θ 视为总体 F 的函数, 则 θ 的估计量是样本对应的函数. 下节介绍样本均值时, 该原理可能会更明确.

6.5 样本均值

统计学中最基本的参数是总体均值 $\mu = \mathbb{E}[X]$. 利用变量变换, 很多感兴趣的参数可用总体均值表示. 总体均值是 (无限大的) 总体的平均值.

利用替换原理估计 μ, 在样本中应用相同的函数. 由于 μ 是总体中 X 的平均值, 则替换估计量是样本中的平均值, 记为样本均值.

定义 6.7 样本均值 (sample mean) 为 $\overline{X}_n = \frac{1}{n} \sum_{i=1}^{n} X_i$.

通常利用记号 $\overline{X}_n$ 表示样本均值, 有时记为 $\overline{X}$ (读作 "X bar") . 如前所述, 样本均值 $\hat{\mu} = \overline{X}_n$ 是总体均值 μ 的标准估计量. 我们使用记号 $\overline{X}_n$ 或 $\hat{\mu}$ 表示该估计量.

由于样本均值是样本的函数, 所以它是一个统计量. 如 6.4 节讨论的, 它是随机的. 因此, 对不同的随机样本, 样本均值不同.

为了说明, 考虑表 6-1 中的随机样本. 表中列出了两个变量: 工资和受教育年限. 这些变量的总体均值为 $\mu_{\text{工资}}$ 和 $\mu_{\text{受教育年限}}$. 在该例中, "总体" 是 2009 年美国已婚 (目前有配偶的)、拥有 12 年潜在工作经历的黑人女性工薪阶层在概念上无限大的. 没有明显的理由认为任意不同的总体分布应相同, 如挪威、柬埔寨或海王星上的工薪阶层. 但是对相近的总体, 如考虑有 15 年工作年限 (而不是 12 年) 的相近子群体, 总体均值可能是接近的. 了解概括总体的参数, 探究哪些是合适的, 哪些是不合适的, 对理解总体是有帮助的.

在本例中, 样本均值为

$$\overline{X}_{\text{工资}} = 25.73$$

$$\overline{X}_{\text{受教育年限}} = 15.7$$

以这些信息为基础, 该总体平均工资的估计值约为 26 美元每小时. 平均受教育年限的估计值约为 16 年.

6.6 变量变换的期望值

许多参数可表示为 X 变量变换的期望. 例如, 二阶矩为 $\mu'_2 = \mathbb{E}[X^2]$. 通常, 我们将这个参数族记为

$$\theta = \mathbb{E}[g(X)]$$

若 $\mathbb{E}|g(X)| < \infty$, 则参数是有限的. 随机变量 $Y = g(X)$ 是随机变量 X 的变换. 参数 θ 是 Y 的期望.

参数 θ 的替换估计量为 $g(X_i)$ 的样本均值, 即

$$\hat{\theta} = \frac{1}{n}\sum_{i=1}^{n} g(X_i)$$

这与 $Y_i = g(X_i)$ 的样本均值相同.

例如, μ'_2 的替换估计量为

$$\hat{\mu}'_2 = \frac{1}{n}\sum_{i=1}^{n} X_i^2$$

再例如, 考虑参数 $\theta = \mu_{\log(X)} = \mathbb{E}[\log(X)]$. 替换估计量为

$$\hat{\theta} = \overline{X}_{\log(X)} = \frac{1}{n}\sum_{i=1}^{n} \log(X_i)$$

变量的对数变换在经济学应用中很常见. 这样做的原因很多, 使得差成比例而非线性. 在本例的数据集中, 估计值为

$$\overline{X}_{\log(\text{工资})} = 3.13$$

重要的是意识到该式不是 $\log(\overline{X})$. 事实上, 詹森不等式 (定理 2.12) 证明了 $\overline{X}_{\log(\text{工资})} < \log(\overline{X})$. 在本例中, $3.13 < 3.25 \approx \log(25.73)$.

6.7 参数的函数

更一般地, 许多参数可记为分布的矩的变换. 这类参数可记为

$$\beta = h(\mathbb{E}[g(X)])$$

其中 g 和 h 是函数.

例如, X 的总体方差为

$$\sigma^2 = \mathbb{E}[(X - \mathbb{E}[X])^2] = \mathbb{E}[X^2] - (\mathbb{E}[X])^2$$

它是 $\mathbb{E}[X]$ 和 $\mathbb{E}[X^2]$ 的函数. 本例中函数 g 的形式为 $g(x) = (x^2, x)$, 函数 h 的形式为, $h(a, b) = a - b^2$. 总体标准差为

$$\sigma = \sqrt{\sigma^2} = \sqrt{\mathbb{E}[X^2] - (\mathbb{E}[X])^2}$$

本例中, $h(a, b) = (a - b^2)^{1/2}$.

再例如, X 的几何平均为

$$\beta = \exp(\mathbb{E}[\log(X)])$$

在本例中, 函数为 $g(x) = \log(x)$ 和 $h(u) = \exp(u)$.

$\beta = h(\mathbb{E}[g(X)])$ 的**嵌入式估计量** (plug-in estimator) 为

$$\hat{\beta} = h(\hat{\theta}) = h\left(\frac{1}{n}\sum_{i=1}^{n} g(X_i)\right)$$

该估计量被称为 "嵌入式估计量", 这是因为把估计量 $\hat{\theta}$ "嵌入" 到公式 $\beta = h(\theta)$ 中.

例如, σ^2 的嵌入式估计量为

$$\hat{\sigma}^2 = \frac{1}{n}\sum_{i=1}^{n} X_i^2 - \left(\frac{1}{n}\sum_{i=1}^{n} X_i\right)^2 = \frac{1}{n}\sum_{i=1}^{n}(X_i - \overline{X}_n)^2$$

σ 的嵌入式估计量是样本方差的平方根:

$$\hat{\sigma} = \sqrt{\hat{\sigma}^2}$$

几何平均的嵌入式估计量为

$$\hat{\beta} = \exp\left(\frac{1}{n}\sum_{i=1}^{n}\log(X_i)\right)$$

利用样本均值和嵌入式估计量, 对能够表示为矩的显式函数的参数, 可构造其估计量. 这包含很大一类参数.

为了说明, 6.6 节讨论的三个变量的样本标准差为

$$\hat{\sigma}_{\text{工资}} = 12.1$$

$$\hat{\sigma}_{\ln(\text{工资})} = 0.490$$

$$\hat{\sigma}_{\text{受教育年限}} = 2.00$$

如果没有深入的统计知识, 很难解释这些数字. 一个粗略的规则是计算均值和样本标准差的比值. 在工资的例子中, 比值为 2, 说明工资分布的分散程度和分布的均值是可比的. 故分布是分散的: 工资的差异较大. 相反, 对受教育年限, 该比值约为 8. 这说明相比均值, 受教育年限的分布较集中. 这并不令人惊讶, 因为大多数人至少接受了 12 年的教育.

再例如, 工资分布的样本几何平均为

$$\hat{\beta} = \exp(\overline{X}_{\ln(工资)}) = \exp(3.13) \approx 22.9$$

注意, 几何平均数小于算数平均数 (本例中, $\overline{X}_{工资} = 25.73$). 该不等式可由詹森不等式推得. 对有严重偏斜的分布 (例如工资的分布), 几何平均数接近分布的中位数. 中位数在有偏分布中比算数平均更合适度量 "典型个体". 在上述 20 个样本中, 中位数为 23.55, 于算术平均相比, 中位数更接近几何平均.

6.8   抽样分布

统计量是随机样本的函数, 也是随机变量, 服从某个概率分布. 由于该分布由抽样导出, 所以常把统计量的分布称为**抽样分布** (sampling distribution). 若统计量 $\hat{\theta} = \hat{\theta}(X_1, X_2, \cdots, X_n)$ 是独立同分布样本的函数 (而不是其他), 则其分布由观测值的分布 F、样本量 n 和统计量的函数形式共同决定. $\hat{\theta}$ 的抽样分布通常是未知的, 部分原因是分布 F 是未知的.

估计量 $\hat{\theta}$ 的目标是了解参数 θ. 为了得到更精确的推断和更准确的度量, 需要知道统计量的抽样分布. 因此, 在统计理论中, 学者们为研究估计量的抽样分布付出了很大努力. 由于样本均值的形式较简单, 且在统计方法中处于中心地位, 所以我们从研究样本均值 $\overline{X}_n$ 的分布开始. 事实证明, 许多复杂估计量的理论都以样本均值的线性近似为基础.

有以下几种理解 $\overline{X}_n$ 的分布的方法:

1. 精确的偏差和方差.
2. 正态条件下的精确分布.
3. 当 $n \to \infty$ 时的渐近分布.
4. 基于高阶渐近近似的渐近展开.
5. 自助近似法.

本书探讨前四种方法. 在《计量经济学》中介绍自助近似法.

6.9   估计的偏差

考虑 $\mu = \mathbb{E}[X]$ 的估计量 $\overline{X}_n$, 找到 $\overline{X}_n$ 的精确偏差. 固定记号是有用的. 定义 X 的总体均值和总体方差为

$$\mu = \mathbb{E}[X]$$

和

$$\sigma^2 = \mathbb{E}[(X - \mu)^2]$$

如果统计量抽样分布的中心是错误的, 称估计量是**有偏的** (biased). 通常利用期望度量分布的中心, 抽样分布的期望度量偏差.

定义 6.8 参数 θ 的估计量 $\hat{\theta}$ 的**偏差** (bias) 为

$$\text{bias}[\hat{\theta}] = \mathbb{E}[\hat{\theta}] - \theta$$

如果偏差为 0, 称估计量是**无偏的** (unbiased). 然而, 某个估计量对某些分布 F 可能是无偏的, 但对其他分布是有偏的. 为了让定义更准确, 我们将介绍一族分布. 分布 F 是一个具体的分布. 设 F 是分布族 $\mathscr{F}$ 的元素. 例如, 假设 $\mathscr{F}$ 是有限均值的分布族.

定义 6.9 在 $\mathscr{F}$ 中, 如果 $\text{bias}[\hat{\theta}] = 0$ 对任意的 $F \in \mathscr{F}$ 成立, 称参数 θ 的估计量 $\hat{\theta}$ 是无偏的.

分布族 $\mathscr{F}$ 说明在很多情况中, 某个估计量在某些条件下 (如某个具体的分布族) 是无偏的, 但在其他条件下则不然. 在具体的例子中, 这一点能够变得更清晰.

回到样本均值, 计算其期望:

$$\mathbb{E}[\overline{X}_n] = \frac{1}{n} \sum_{i=1}^{n} \mathbb{E}[X_i] = \frac{1}{n} \sum_{i=1}^{n} \mu = \mu$$

第一个等号由期望的线性性质得到. 第二个等号是因为观测值独立同分布且 $\mu = \mathbb{E}[X]$. 第三个等号是简单的代数运算. 故样本均值的期望等于总体期望, 样本均值是无偏的. 唯一的假设 (除了独立同分布抽样外) 是期望有限.

定理 6.1 若 $\mathbb{E}|X| < \infty$, 则 $\overline{X}_n$ 是 $\mu = \mathbb{E}[X]$ 的无偏估计.

样本均值不是唯一的无偏估计. 例如, X_1 (第一个观测值) 满足 $\mathbb{E}[X_1] = \mu$, 也是无偏的. 一般地, 任意加权平均

$$\frac{\sum\limits_{i=1}^{n} \omega_i X_i}{\sum\limits_{i=1}^{n} \omega_i}$$

是 μ 的无偏估计, 其中 $\omega_i \geqslant 0$.

有些估计量是有偏的. 例如, $c\overline{X}_n$ ($c \neq 1$) 的期望为 $c\mu \neq \mu$, 当 $\mu \neq 0$ 时它是有偏的.

　　某个估计量对某些分布是无偏的, 但对其他的分布可能是有偏的. 考虑估计量 $\tilde{\mu} = 0$. 当 $\mu \neq 0$ 时, 它是有偏的. 但当 $\mu = 0$ 时, 它是无偏的. 看起来这是个简单的例子, 但能帮助我们理解估计量的无偏或有偏.

　　仿射函数可保持无偏性.

　　定理 6.2　若 $\hat{\theta}$ 是 θ 的无偏估计量, 则 $\hat{\beta} = a\hat{\theta} + b$ 是 $\beta = a\theta + b$ 的无偏估计量.

　　非线性变换通常不能保证无偏性. 若 $h(\theta)$ 是非线性的, 则 $\hat{\beta} = h(\hat{\theta})$ 通常不是 $\beta = h(\theta)$ 的无偏估计. 在某些情况下, 可推导出偏差的方向. 詹森不等式 (定理 2.9) 表明若 $h(u)$ 是凹函数, 则

$$\mathbb{E}[\hat{\beta}] = \mathbb{E}[h(\hat{\theta})] \leqslant h(\mathbb{E}[\hat{\theta}]) = h(\theta) = \beta$$

$\hat{\beta}$ 是向下有偏的. 类似地, 若 $h(u)$ 是凸函数, 则

$$\mathbb{E}[\hat{\beta}] = \mathbb{E}[h(\hat{\theta})] \geqslant h(\mathbb{E}[\hat{\theta}]) = h(\theta) = \beta$$

$\hat{\beta}$ 是向上有偏的.

　　例如, 设 $\mu = \mathbb{E}[X] \geqslant 0$. μ 的一个合理的估计是

$$\hat{\mu} = \begin{cases} \overline{X}_n, & \overline{X}_n \geqslant 0 \\ 0, & \text{其他} \end{cases}$$
$$= h(\overline{X}_n)$$

其中 $h(u) = u\mathbb{1}\{u > 0\}$. 由于 $h(u)$ 是凸的, 可推出 $\hat{\mu}$ 是向上有偏的: $\mathbb{E}[\hat{\mu}] \geqslant \mu$.

　　上面的例子说明, "合理的估计" 和 "无偏估计" 不必同时满足. 无偏性似乎是估计量的一个有用性质, 但无偏性只是许多理想的性质之一. 在许多情况下, 如果一个估计量有其他良好的性质, 有一定的偏差也是允许的.

　　回顾表 6-1 中的样本统计量. 工资、对数工资和受教育年限的样本均值是其总体均值的无偏估计量. 其他估计量 (方差、标准差和几何平均) 都是样本矩的非线性函数, 所以不需要进一步推导可知, 它们不一定是其总体方差、标准差和几何平均的无偏估计.

6.10　估计的方差

　　如前所述, 估计量 $\hat{\theta}$ 的分布被称为 "抽样分布". 抽样分布的一个重要特征是方差. 方差是描述分布分散程度的关键指标. 估计量的方差常称为**抽样方差** (sampling variance). 理解估计量的抽样方差是点估计的核心理论之一. 本节介绍样本均值的抽样方差, 只需要简单的计算.

考虑样本均值 $\overline{X}_n$ 的方差. 关键是如下等式. X_i 相互独立的假设表明 X_i 是不相关的. 不相关性表明和的方差等于方差的和:

$$\mathrm{var}\left[\sum_{i=1}^{n} X_i\right] = \sum_{i=1}^{n} \mathrm{var}[X_i]$$

见习题 4.12. 同分布的假设表明 $\mathrm{var}[X_i] = \sigma^2$ 对不同的 i 成立. 故上式等于 $n\sigma^2$,

$$\mathrm{var}[\overline{X}_n] = \mathrm{var}\left[\frac{1}{n}\sum_{i=1}^{n} X_i\right] = \frac{1}{n^2}\mathrm{var}\left[\sum_{i=1}^{n} X_i\right] = \frac{\sigma^2}{n}$$

定理 6.3 若 $\mathbb{E}[X^2] < \infty$, 则 $\mathrm{var}[\overline{X}_n] = \sigma^2/n$.

有趣的是, 样本均值的方差依赖于总体方差 σ^2 和样本量 n. 特别地, 样本均值的方差随着样本量的增加而降低. 因此 μ 的估计量 $\overline{X}_n$ 在 n 较大时更精确.

考虑统计量的仿射变换, 如 $\hat{\beta} = a\overline{X}_n + b$.

定理 6.4 若 $\hat{\beta} = a\hat{\theta} + b$, 则 $\mathrm{var}[\hat{\beta}] = a^2\mathrm{var}[\hat{\theta}]$.

对非线性变换 $h(\overline{X}_n)$, 精确的方差通常不易求出.

6.11 均方误差

估计准确性的标准度量是均方误差 (MSE).

定义 6.10 θ 的估计量 $\hat{\theta}$ 的**均方误差** (mean squared error) 为

$$\mathrm{mse}[\hat{\theta}] = \mathbb{E}[(\hat{\theta} - \theta)^2]$$

展开平方项, 得

$$\begin{aligned}
\mathrm{mse}[\hat{\theta}] &= \mathbb{E}[(\hat{\theta} - \theta)^2] \\
&= \mathbb{E}[(\hat{\theta} - \mathbb{E}[\hat{\theta}] + \mathbb{E}[\hat{\theta}] - \theta)^2] \\
&= \mathbb{E}[(\hat{\theta} - \mathbb{E}[\hat{\theta}])^2] + 2\mathbb{E}[\hat{\theta} - \mathbb{E}[\hat{\theta}]](\mathbb{E}[\hat{\theta}] - \theta) + (\mathbb{E}[\hat{\theta}] - \theta)^2 \\
&= \mathrm{var}[\hat{\theta}] + (\mathrm{bias}[\hat{\theta}])^2
\end{aligned}$$

故均方误差等于方差加偏差的平方. 均方误差是结合了方差和偏差的估计量准确性的度量.

定理 6.5 对任意有限方差的估计量, $\mathrm{mse}[\hat{\theta}] = \mathrm{var}[\hat{\theta}] + (\mathrm{bias}[\hat{\theta}])^2$.

当估计量是无偏的, 均方误差等于其方差. 由于 $\overline{X}_n$ 是无偏的, 所以

$$\text{mse}[\overline{X}_n] = \text{var}[\overline{X}_n] = \frac{\sigma^2}{n}$$

6.12　最优无偏估计

本节推导 μ 的最优线性无偏估计 (BLUE). "最优" 表示 "方差最小". "线性" 表示是 "X_i 的线性函数". 这类估计量为 $\tilde{\mu} = \sum_{i=1}^{n} \omega_i X_i$, 其中权重 ω_i 可自由选择. 要满足无偏性, 有

$$\mathbb{E}[\tilde{\mu}] = \mathbb{E}\left[\sum_{i=1}^{n} \omega_i X_i\right] = \sum_{i=1}^{n} \omega_i \mathbb{E}[X_i] = \sum_{i=1}^{n} \omega_i \mu = \mu$$

当且仅当 $\sum_{i=1}^{n} \omega_i = 1$ 时成立. $\tilde{\mu}$ 的方差为

$$\text{var}[\tilde{\mu}] = \text{var}\left[\sum_{i=1}^{n} \omega_i X_i\right] = \sigma^2 \sum_{i=1}^{n} \omega_i^2$$

因此, 最优的 (方差最小的) 估计量为 $\tilde{\mu} = \sum \omega_i X_i$, 满足在约束 $\sum_{i=1}^{n} \omega_i = 1$ 下, 使得 $\sum_{i=1}^{n} \omega_i^2$ 最小.

用拉格朗日法 (Lagrangian methods) 求解. 问题是最小化

$$L(\omega_1, \omega_2, \cdots, \omega_n) = \sum_{i=1}^{n} \omega_i^2 - \lambda\left(\sum_{i=1}^{n} \omega_i - 1\right)$$

关于 ω_i 的一阶条件为 $2\omega_i - \lambda = 0$ 或 $\omega_i = \lambda/2$. 该条件表明各个最优权重是相等的, 即满足 $\omega_i = 1/n$ 使得 $\sum_{i=1}^{m} \omega_i = 1$ 成立. 最优线性无偏估计为

$$\sum_{i=1}^{n} \frac{1}{n} X_i = \overline{X}_n$$

这表明样本均值是最优线性无偏估计.

定理 6.6　最优线性无偏估计量 (best linear unbiased estimator, BLUE). 若 $\sigma^2 < \infty$, 则样本均值 $\overline{X}_n$ 在所有 μ 的线性无偏估计量中方差最小.

上述定理指出, 在各类加权平均估计量中, 没有比样本均值更优的. 然而, 由于有线性估计量的约束, 该结果不是一个一般结论.

11.6 节的定理 11.2 将给出一个更强的结论. 为了对比, 在此提前给出.

定理 6.7 最优无偏估计量. 若 $\sigma^2 < \infty$, 则样本均值 $\overline{X}_n$ 是所有 μ 的无偏估计量中方差最小的.

该定理比定理 6.6 更强, 因为没有线性估计量的限制. 根据定理 6.7, $\overline{X}_n$ 为 μ 的**最优无偏估计量**.

6.13 方差的估计

回顾 σ^2 的嵌入式估计量:

$$\hat{\sigma}^2 = \frac{1}{n} \sum_{i=1}^{n} X_i^2 - \left(\frac{1}{n} X_i \right)^2 = \frac{1}{n} \sum_{i=1}^{n} (X_i - \overline{X}_n)^2$$

计算 $\hat{\sigma}^2$ 是否为 σ^2 的无偏估计量. 从一个理想的估计量开始, 定义

$$\tilde{\sigma}^2 = \frac{1}{n} \sum_{i=1}^{n} (X_i - \mu)^2$$

这是 μ 已知时 σ^2 的估计量. 它是独立同分布随机变量 $(X_i - \mu)^2$ 的样本平均值, 其期望为

$$\mathbb{E}[\tilde{\sigma}^2] = \mathbb{E}\big[(X_i - \mu)^2\big] = \sigma^2$$

故 $\tilde{\sigma}^2$ 是 σ^2 的无偏估计量.

接下来, 使用一个代数技巧. 重写 $\hat{\sigma}^2$ 的表达式为

$$\begin{aligned}
\hat{\sigma}^2 &= \frac{1}{n} \sum_{i=1}^{n} (X_i - \mu)^2 - \left(\frac{1}{n} (X_i - \mu) \right)^2 \\
&= \tilde{\sigma}^2 - (\overline{X}_n - \mu)^2
\end{aligned} \tag{6.1}$$

(见习题 6.8). 式 (6.1) 证明了样本方差估计量等于理想的估计量减去 μ 的调整估计量. 由此可见, $\hat{\sigma}^2$ 的偏差趋于 0. 此外, 可计算精确的偏差. 由于 $\mathbb{E}[\tilde{\sigma}^2] = \sigma^2$ 和 $\mathbb{E}[(\overline{X}_n - \mu)^2] = \sigma^2/n$, 有

$$\mathbb{E}[\hat{\sigma}^2] = \sigma^2 - \frac{\sigma^2}{n} = \left(1 - \frac{1}{n} \right) \sigma^2 < \sigma^2$$

定理 6.8   若 $\mathbb{E}[X^2] < \infty$, 则 $\mathbb{E}[\hat{\sigma}^2] = (1 - \frac{1}{n})\sigma^2$.

$\hat{\sigma}^2$ 向下有偏的直觉解释是观测值 X_i 不以真实的均值为中心, 而以样本均值 $\overline{X}_n$ 为中心. 这表明样本中心化变量 $X_i - \overline{X}_n$ 的变异性低于理想的中心化变量 $X_i - \mu$ 的变异性.

由于 $\hat{\sigma}^2$ 是按比例有偏的, 可通过调整比例修正. 定义

$$s^2 = \frac{n}{n-1}\hat{\sigma}^2 = \frac{1}{n-1}\sum_{i=1}^{n}(X_i - \overline{X}_n)^2$$

易见, s^2 是 σ^2 的无偏估计量. 通常称 s^2 为**修正偏差的方差估计量** (bias-corrected variance estimator).

定理 6.9   若 $\mathbb{E}[X^2] < \infty$, 则 $\mathbb{E}[s^2] = \sigma^2$, 所以 s^2 是 σ^2 的无偏估计量.

估计量 s^2 通常比 $\hat{\sigma}^2$ 更优. 然而, 在一般的应用中, 二者差别很小.

你可能注意到记号 s^2 与标准记号不同. 标准记号是在原记号上加一个帽子 (ˆ) 来表示估计量. 这是有历史原因的. 在早期手工排版的时代, 估计量 $\hat{\beta}$ 的记号是很难排印的, 因此倾向于使用 b 表示 β, s^2 表示 σ^2 等. 由于这一传统, 用记号 s^2 表示修正偏差的方差估计量被延续下来.

为说明, 6.12 节讨论的三个变量修正偏差的样本标准差分别为

$$s_{\text{工资}} = 12.4$$

$$s_{\log(\text{工资})} = 0.503$$

$$s_{\text{受教育年限}} = 2.05$$

6.14   标准误差

由于方差依赖于未知参数, 估计量的方差只能部分解释估计的准确性. 例如, $\text{var}[\overline{X}_n]$ 依赖于 σ^2. 为了解抽样方差, 需要把未知参数 (如 σ^2) 用估计量代替, 计算抽样方差的估计量. 为了与前述点估计量的单位保持一致, 通常对抽样方差取平方根, 得到以下概念.

定义 6.11   参数 θ 的估计量 $\hat{\theta}$ 的**标准误差** (standard error) $s(\hat{\theta}) = \hat{V}^{1/2}$ 是 $V = \text{var}[\hat{\theta}]$ 的估计量 $\hat{V}$ 的平方根.

由于涉及两个估计, 该定义略显拗口. 首先, θ 的估计是 $\hat{\theta}$. 其次, V 的估计是 $\hat{V}$. 求 $\hat{\theta}$ 的目的是了解 θ, 求 $\hat{V}$ 的目的是了解 V, V 是 $\hat{\theta}$ 精度的度量. 为方便解释, 取平方根.

总体期望 μ 的估计量 $\overline{X}_n$ 的精确方差为 σ^2/n. 若使用 σ^2 的无偏估计量 s^2, 则

$\mathrm{var}[\overline{X}_n]$ 的无偏估计量为 s^2/n. $\overline{X}_n$ 的标准误差是方差估计量取平方根, 或

$$s(\overline{X}_n) = \frac{s}{\sqrt{n}}$$

由此可知, 没有理由预期标准误差是 $V^{1/2}$ 的无偏估计量. 事实上, 若 $\hat{V}$ 是 V 的无偏估计量, 则由詹森不等式可知, $s(\hat{\theta}) = \hat{V}^{1/2}$ 是向下有偏的. 在实践中可忽略这一点, 因为没有公认的方法来修正这种偏差.

标准误差与点估计一起评价估计量的精度. 因此 $\overline{X}_n$ 和 $s(\overline{X}_n)$ 需要同时给出.

例 1　平均工资. 点估计为 25.73, 标准差 s 等于 12.4. 给定样本量 $n = 20$, 标准误差为 $12.4/\sqrt{20} \approx 2.78$.

例 2　教育水平. 点估计为 15.7, 标准差为 2.05. 标准误差为 $2.05/\sqrt{20} \approx 0.46$.

6.15　多元均值

令 $\boldsymbol{X} \in \mathbb{R}^m$ 为随机向量且 $\boldsymbol{\mu} = \mathbb{E}[\boldsymbol{X}] \in \mathbb{R}^m$ 为其期望. 给定随机样本 $\{\boldsymbol{X}_1, \boldsymbol{X}_2, \cdots, \boldsymbol{X}_n\}$, $\boldsymbol{\mu}$ 的矩估计量为 $m \times 1$ 维样本均值:

$$\overline{\boldsymbol{X}}_n = \frac{1}{n} \sum_{i=1}^{n} \boldsymbol{X}_i = \begin{bmatrix} \overline{X}_{1n} \\ \overline{X}_{2n} \\ \vdots \\ \overline{X}_{mn} \end{bmatrix}$$

把估计量记为 $\hat{\boldsymbol{\mu}} = \overline{\boldsymbol{X}}_n$. 在我们的例子中, $X_1 = $ 工资, $X_2 = $ 受教育年限.

大多数一元样本均值的性质可推广到多元均值.

1. 多元均值是总体期望的无偏估计: $\mathbb{E}[\overline{\boldsymbol{X}}_n] = \boldsymbol{\mu}$, 由于每个元素均是无偏的.

2. 样本均值的仿射函数是无偏的: 估计量 $\hat{\boldsymbol{\beta}} = \boldsymbol{A}\overline{\boldsymbol{X}}_n + \boldsymbol{c}$ 是 $\boldsymbol{\beta} = \boldsymbol{A}\boldsymbol{\mu} + \boldsymbol{c}$ 的无偏估计量.

3. $\overline{\boldsymbol{X}}_n$ 的精确协方差矩阵为 $\mathrm{var}[\overline{\boldsymbol{X}}_n] = \mathbb{E}\big[(\overline{\boldsymbol{X}}_n - \mathbb{E}[\overline{\boldsymbol{X}}_n])(\overline{\boldsymbol{X}}_n - \mathbb{E}[\overline{\boldsymbol{X}}_n])'\big] = n^{-1}\boldsymbol{\Sigma}$, 其中 $\boldsymbol{\Sigma} = \mathrm{var}[\boldsymbol{X}]$.

4. $\overline{\boldsymbol{X}}_n$ 的均方误差矩阵为 $\mathrm{mse}[\overline{\boldsymbol{X}}_n] = \mathbb{E}\big[(\overline{\boldsymbol{X}}_n - \boldsymbol{\mu})(\overline{\boldsymbol{X}}_n - \boldsymbol{\mu})'\big] = n^{-1}\boldsymbol{\Sigma}$.

5. $\overline{\boldsymbol{X}}_n$ 是 $\boldsymbol{\mu}$ 的最优无偏估计.

6. $\boldsymbol{\Sigma}$ 的替换嵌入式估计量为 $n^{-1} \sum_{i=1}^{n} (\boldsymbol{X}_i - \overline{\boldsymbol{X}}_n)(\boldsymbol{X}_i - \overline{\boldsymbol{X}}_n)'$.

7. 上述估计量是 $\boldsymbol{\Sigma}$ 的有偏估计量.

8. 一个无偏的协方差阵估计量为 $\hat{\boldsymbol{\Sigma}} = (n-1)^{-1} \sum\limits_{i=1}^{n} (\boldsymbol{X}_i - \overline{\boldsymbol{X}}_n)(\boldsymbol{X}_i - \overline{\boldsymbol{X}}_n)'$.

回顾一下, 随机变量的协方差是协方差阵的非对角线元素. 故无偏的样本协方差估计量是 $\hat{\boldsymbol{\Sigma}}$ 的非对角线元素, 记为

$$s_{\boldsymbol{XY}} = \frac{1}{n-1} \sum_{i=1}^{n} (\boldsymbol{X}_i - \overline{\boldsymbol{X}}_n)(\boldsymbol{Y}_i - \overline{\boldsymbol{Y}}_n)$$

$\boldsymbol{X}$ 和 $\boldsymbol{Y}$ 的样本相关系数为

$$\hat{\rho}_{\boldsymbol{XY}} = \frac{s_{\boldsymbol{XY}}}{s_{\boldsymbol{X}} s_{\boldsymbol{Y}}} = \frac{\sum\limits_{i=1}^{n} (\boldsymbol{X}_i - \overline{\boldsymbol{X}}_n)(\boldsymbol{Y}_i - \overline{\boldsymbol{Y}}_n)}{\sqrt{\sum\limits_{i=1}^{n} (\boldsymbol{X}_i - \overline{\boldsymbol{X}}_n)^2} \sqrt{\sum\limits_{i=1}^{n} (\boldsymbol{Y}_i - \overline{\boldsymbol{Y}}_n)^2}}$$

例如,

$$\hat{\text{cov}}(\text{工资}, \text{受教育年限}) = 14.8$$

$$\hat{\text{corr}}(\text{工资}, \text{受教育年限}) = 0.58$$

在小样本中 $(n = 20)$, 工资和教育水平是正相关的, 而且相关系数非常大.

6.16 次序统计量*

定义 6.12 $\{X_1, X_2, \cdots, X_n\}$ 的**次序统计量** (order statistic) 是按升序排列的有序值, 记为 $\{X_{(1)}, X_{(2)}, \cdots, X_{(n)}\}$.

例如, $X_{(1)} = \min_{1 \leqslant i \leqslant n} X_i$, $X_{(n)} = \max_{1 \leqslant i \leqslant n} X_i$. 考虑表 6-1 中工资的观测值. 观察到 工资$_{(1)}$ = 10.00, 工资$_{(2)}$ = 11.06, $\cdots$, 工资$_{(19)}$ = 43.08 和 工资$_{(20)}$ = 54.62.

当 X_i 是独立同分布的, 次序统计量分布很容易描述.

考虑最大值 $X_{(n)}$. 由于 $\{X_{(n)} \leqslant x\}$ 等价于 $\{X_i \leqslant x\}$ 对所有的 i 成立, 有

$$\mathbb{P}[X_{(n)} \leqslant x] = \mathbb{P}\left[\bigcap_{i=1}^{n} \{X_i \leqslant x\} \right] = \prod_{i=1}^{n} \mathbb{P}[X_i \leqslant x] = F(x)^n$$

接着, 观察到第 $n-1$ 个次序统计量满足 $X_{(n-1)} \leqslant x$, 即 $\{X_i \leqslant x\}$ 对 $n-1$ 个观测值成立, 但对剩余的一个观测值有 $\{X_i > x\}$. 由于存在这样的组合正好有 n 个, 有

$$P[X_{(n-1)} \leqslant x] = n\mathbb{P}\left[\bigcap_{i=1}^{n-1} \{X_i \leqslant x\} \cap \{X_n > x\} \right]$$

$$= n \prod_{i=1}^{n-1} \mathbb{P}[X_i \leqslant x] \times \mathbb{P}[X_n > x] = nF(x)^{n-1}(1 - F(x))$$

一般的结果如下.

定理 6.10 若 X_i 是独立同分布的且服从连续分布 $F(x)$, 则 $X_{(j)}$ 的分布为

$$\mathbb{P}[X_{(j)} \leqslant x] = \sum_{k=j}^{n} \binom{n}{k} F(x)^k (1 - F(x))^{n-k}$$

$X_{(j)}$ 的密度为

$$f_{(j)}(x) = \frac{n!}{(j-1)!(n-j)!} F(x)^{j-1}(1 - F(x))^{n-j}(1 - F(x))^{n-j} f(x)$$

定理 6.10 没有特别直观的解释, 但在某些应用经济学问题中是有用的.

定理 6.10 证明 令 Y 表示事件 X_i 小于等于 x 发生的个数, 则 Y 是 $p = F(x)$ 的二项随机变量. 事件 $\{X_{(j)} \leqslant x\}$ 等价于事件 $\{Y \geqslant j\}$, 即至少有 j 个 $\{X_{(i)} \leqslant x\}$ 发生. 利用二项模型,

$$\mathbb{P}[X_{(j)} \leqslant x] = \mathbb{P}[Y \geqslant j] = \sum_{k=j}^{n} \binom{n}{k} F(x)^k (1 - F(x))^{n-k}$$

即为前述模型. 其密度可由微分运算和简单整理得到. 完整的推导见 Casella 和 Berger (2002, 定理 5.4.4).

6.17 样本均值的高阶矩*

已证明 $\overline{X}_n$ 的二阶中心矩为 σ^2/n. 高阶矩同样是 X 的矩和样本量的函数. 重新尺度化样本均值保证其方差为常数. 定义 $Z_n = \sqrt{n}(\overline{X}_n - \mu)$, 其均值为 0, 方差为 σ^2.

简单起见并不失一般性, 设 $\mu = 0$ 来计算高阶矩. Z_n 的三阶矩为

$$\mathbb{E}[Z_n^3] = \frac{1}{n^{3/2}} \sum_{i=1}^{n} \sum_{j=1}^{n} \sum_{k=1}^{n} \mathbb{E}[X_i X_j X_k]$$

注意,

$$\mathbb{E}[X_i X_j X_k] = \begin{cases} \mathbb{E}[X_i^3] = \mu_3, & i = j = k, (n \text{ 种情况}) \\ 0, & \text{其他} \end{cases}$$

故

$$\mathbb{E}[Z_n^3] = \frac{\mu_3}{n^{1/2}} \tag{6.2}$$

这表明标准化样本均值 Z_n 的三阶矩为观测值三阶中心矩乘以一个尺度因子. 若 X 是有偏的, 则 Z_n 在同样的方向有偏.

Z_n 的四阶矩 (再次设 $\mu = 0$) 为

$$\mathbb{E}[Z_n^4] = \frac{1}{n^2} \sum_{i=1}^{n} \sum_{j=1}^{n} \sum_{k=1}^{n} \sum_{l=1}^{n} \mathbb{E}[X_i X_j X_k X_l]$$

注意到

$$\mathbb{E}[X_i X_j X_k X_l] = \begin{cases} \mathbb{E}[X_i^4] = \mu_4, & i = j = k = l, (n \text{ 种情况}) \\ \mathbb{E}[X_i^2]\mathbb{E}[X_k^2] = \sigma^4, & i = j \neq k = l, (n(n-1) \text{ 种情况}) \\ \mathbb{E}[X_i^2]\mathbb{E}[X_j^2] = \sigma^4, & i = k \neq j = l, (n(n-1) \text{ 种情况}) \\ \mathbb{E}[X_i^2]\mathbb{E}[X_j^2] = \sigma^4, & i = l \neq j = k, (n(n-1) \text{ 种情况}) \\ 0, & \text{其他} \end{cases}$$

故

$$\mathbb{E}[Z_n^4] = \frac{\mu_4}{n} + 3\sigma^4 \left(\frac{n-1}{n} \right) = 3\sigma^4 + \frac{\kappa_4}{n} \tag{6.3}$$

其中 $\kappa_4 = \mu_4 - 3\sigma^4$ 是 X 的四阶累积量 (见 2.24 节累积量的定义). 回顾 $Z \sim N(0, \sigma^2)$ 的四阶中心矩为 $3\sigma^4$. Z_n 的四阶矩接近于正态分布的四阶矩, 偏差依赖于 X 的四阶累积量.

对高阶矩, 可进行类似的烦琐计算. 一个简单但不直观的方法是利用累积量生成函数 $K(t) = \log(M(t))$ 计算 Z_n 的各阶矩, 其中 $M(t)$ 是 X 的矩生成函数 (见 2.24 节). 由于观测值是独立的, $S_n = \sum_{i=1}^{n} X_i$ 的累积量生成函数为 $\ln(M(t)^n) = nK(t)$. 可推得 S_n 的 r 阶累积量为 $nK^{(r)}(0) = n\kappa_r$, 其中 $\kappa_r = K^{(r)}(0)$ 是 X 的 r 阶累积量. 重新尺度化后, 计算 $Z_n = \sqrt{n}(\overline{X}_n - \mu)$ 的 r 阶累积量为 $\kappa_r/n^{r/2-1}$. 利用 2.24 节介绍的中心矩和累积量的关系, 推导 Z_n 的三阶到六阶矩为

$$\mathbb{E}[Z_n^3] = \kappa_3/n^{1/2} \tag{6.4}$$

$$\mathbb{E}[Z_n^4] = \kappa_4/n + 3\kappa_2^2$$

$$\mathbb{E}[Z_n^5] = \kappa_5/n^{3/2} - 10\kappa_3\kappa_2/n^{1/2}$$

$$\mathbb{E}[Z_n^6] = \kappa_6/n^2 + (15\kappa_4\kappa_2 + 10\kappa_3^2)/n + 15\kappa_2^3 \tag{6.5}$$

由于 $\kappa_2 = \sigma^2$ 和 $\mu_3 = \kappa_3$, 前两个式子等于式 (6.2) 和式 (6.3). 后两个公式给出了 Z_n 的五阶和六阶矩, 它们均是 X 的累积量和样本量 n 的函数.

该性质可用来计算 Z_n 的任意非负整数阶矩. 奇数 r 阶矩为

$$\mathbb{E}[Z_n^r] = \sum_{j=0}^{(r-3)/2} a_{rj} n^{-1/2-j}$$

偶数 r 阶矩为

$$\mathbb{E}[Z_n^r] = (r-1)!!\sigma^{2r} + \sum_{j=1}^{(r-2)/2} b_{rj} n^{-j}$$

其中 a_{rj} 和 b_{rj} 是常数与下标和为 r 的累积量之积的和. 这些是 Z_n 的精确 (有限样本下) 矩. $\overline{X}_n$ 的中心矩可通过重新尺度化得到.

6.18 正态抽样模型

尽管在非常宽泛的条件下, 已经得到 $\overline{X}_n$ 的期望和方差, 但我们也对 $\overline{X}_n$ 的分布感兴趣. 已有许多方法计算 $\overline{X}_n$ 的分布. 一种经典的方法是假设观测值服从正态分布, 很容易推出一套完美的精确理论.

令 $\{X_1, X_2, \cdots, X_n\}$ 表示来自 $N(\mu, \sigma^2)$ 的随机样本, 称这种模型为**正态抽样模型** (normal sampling model). 考虑样本均值 $\overline{X}_n$, 它是观测值的线性函数. 定理 5.15 证明了多元正态随机向量的线性函数是正态的. 因此, $\overline{X}_n$ 服从正态分布. 已经知道样本均值 $\overline{X}_n$ 的期望为 μ, 方差为 σ^2/n. 因此, $\overline{X}_n$ 服从 $N(\mu, \sigma^2/n)$.

定理 6.11 若 X_i 是独立同分布样本, 且服从 $N(\mu, \sigma^2)$, 则 $\overline{X}_n \sim N(\mu, \sigma^2/n)$.

这是一个重要的结论. 它表明当观测值服从正态分布时, 样本均值的抽样分布是一个精确分布. 这比仅仅知道其均值和方差要强得多.

6.19 正态残差

定义**残差** (residual) 为 $\hat{e}_i = X_i - \overline{X}_n$. 它们是中心在其均值的观测值. 由于残差是正态向量 $\boldsymbol{X} = (X_1, X_2, \cdots, X_n)'$ 的线性函数, 所以残差也是正态的, 且均值为 0. 这是因为

$$\mathbb{E}[\hat{e}_i] = \mathbb{E}[X_i] - \mathbb{E}[\overline{X}_n] = \mu - \mu = 0$$

残差 $\hat{e}_i$ 和 $\overline{X}_n$ 的协方差为 0, 这是因为

$$\mathrm{cov}(\hat{e}_i, \overline{X}_n) = \mathbb{E}[\hat{e}_i(\overline{X}_n - \mu)]$$

$$= \mathbb{E}[(X_i - \mu)(\overline{X}_n - \mu)] - \mathbb{E}[(\overline{X}_n - \mu)^2]$$

$$= \frac{\sigma^2}{n} - \frac{\sigma^2}{n} = 0$$

由于 $\hat{e}_i$ 和 $\overline{X}_n$ 服从联合正态分布, 所以它们是独立的. 因此, 任何残差的函数 (包括方差估计量) 与 $\overline{X}_n$ 独立.

6.20   正态方差的估计

回顾定义在式 (6.1) 的方差估计量 $s^2 = (n-1)^{-1} \sum_{i=1}^{n} (X_i - \overline{X}_n)^2$,

$$s^2 = (n-1)^{-1} \sum_{i=1}^{n} (X_i - \mu)^2 - \frac{n}{n-1}(\overline{X}_n - \mu)^2$$

⊖令 $Z_i = (X_i - \mu)/\sigma$. 则

$$Q = \frac{(n-1)s^2}{\sigma^2} = \sum_{i=1}^{n} Z_i^2 - n\overline{Z}_n^2 = Q_n - Q_1$$

或 $Q_n = Q + Q_1$. 由于 Z_i 是独立同分布的且服从 $N(0,1)$, 则 Z_i 的平方和 Q_n 服从自由度为 n 的卡方分布 χ_n^2. 由于 $\sqrt{n}\overline{Z}_n \sim N(0,1)$, 则 $n\overline{Z}_n^2 \sim \chi_1^2$. 随机变量 Q 和 Q_1 是独立的, 因为 Q 只是正态残差的函数, 而 Q_1 是 $\overline{X}_n$ 的函数, 所以正态残差和 $\overline{X}_n$ 是独立的.

利用定理 4.6 计算 $Q_n = Q + Q_1$ 的矩生成函数. 给定 Q 和 Q_1 是独立的, 计算

$$\mathbb{E}[\exp(tQ_n)] = \mathbb{E}[\exp(tQ)]\mathbb{E}[\exp(tQ_1)]$$

即

$$\mathbb{E}[\exp(tQ)] = \frac{\mathbb{E}[\exp(tQ_n)]}{\mathbb{E}[\exp(tQ_1)]} = \frac{(1-2t)^{-n/2}}{(1-2t)^{-1/2}} = (1-2t)^{-(n-1)/2}$$

第二个等号利用了定理 3.2 中卡方分布的矩生成函数. 最后一个等号利用了 χ_{n-1}^2 的矩生成函数. 由此可知 Q 服从 χ_{n-1}^2. Q 和 $\overline{X}_n$ 独立, 这是因为 Q 是正态残差的函数.

下面给出更深入的结论.

⊖   等式第二项原文只有 $(\overline{X}_n - \mu)^2$, 按展开式, 应为 $\frac{n}{n-1}(\overline{X}_n - \mu)^2$. ——译者注

定理 6.12 若 X_i 是独立同分布的且服从 $N(\mu, \sigma^2)$, 则

1. $\overline{X}_n \sim N(\mu, \sigma^2/n)$.
2. $\dfrac{n\hat{\sigma}^2}{\sigma^2} = \dfrac{(n-1)s^2}{\sigma^2} \sim \chi^2_{n-1}$.
3. 上面两个统计量是独立的.

这是一个重要的定理. 推导过程已简略给出, 现在可以喘口气了. 虽然推导过程并不是特别重要, 但结论却很重要. 再次强调, 该定理指出在正态抽样模型中, 样本均值服从正态分布, 样本方差服从卡方分布, 且这两个统计量是独立的.

6.21 学生化比

一个重要的统计量是**学生化比** (studentized ratio) 或 t 比为

$$T = \frac{\sqrt{n}(\overline{X}_n - \mu)}{s}.$$

有时称为t **统计量** (t-statistic), 或称为z **统计量**.

可记为

$$\frac{\sqrt{n}(\overline{X}_n - \mu)/\sigma}{\sqrt{s^2/\sigma^2}}$$

由定理 6.12 得, $\sqrt{n}(\overline{X}_n - \mu)/\sigma \sim N(0,1)$, $s^2/\sigma^2 \sim \chi^2_{n-1}/(n-1)$, 且二者是独立的. 故

$$T \sim \frac{N(0,1)}{\sqrt{\chi^2_{n-1}/(n-1)}} \sim t_{n-1}$$

是自由度为 $n-1$ 的学生 t 分布.

定理 6.13 若 X_i 是独立同分布的且服从 $N(\mu, \sigma^2)$, 则

$$T = \frac{\sqrt{n}(\overline{X}_n - \mu)}{s} \sim t_{n-1}$$

服从自由度为 $n-1$ 的学生 t 分布.

这是统计理论中最著名的结果之一, 由 Gosset (1908) 发现. 介绍一段有趣的历史, Gosset 在吉尼斯啤酒公司 (Guinness Brewery) 工作的时候, 为防止商业机密泄露, 该公司禁止员工发表论文. 为了避开这条禁令, Gosset 以 "学生 (Student)" 的笔名发表了论文. 因此, 这个著名的分布被称为学生 t 分布, 而不是 Gosset t 分布! 下次喝吉尼斯黑啤酒时, 希望你能想起这一点.

6.22 多元正态抽样

令 $\{\boldsymbol{X}_1, \boldsymbol{X}_2, \cdots, \boldsymbol{X}_n\}$ 为服从 $N(\boldsymbol{\mu}, \boldsymbol{\Sigma}) \in \mathbb{R}^m$ 的随机样本. 这被称为**多元正态抽样模型** (multivariate normal sampling model). 样本均值 $\overline{\boldsymbol{X}}_n$ 是独立正态随机向量的线性函数. 故样本均值也是正态的.

定理 6.14 若 $\boldsymbol{X}_i$ 是独立同分布的且服从 $N(\boldsymbol{\mu}, \boldsymbol{\Sigma}) \in \mathbb{R}^m$, 则 $\overline{\boldsymbol{X}}_n \sim N\left(\boldsymbol{\mu}, \dfrac{1}{n}\boldsymbol{\Sigma}\right)$.

样本协方差阵的估计量 $\hat{\boldsymbol{\Sigma}}$ 的分布是卡方分布的多维推广, 称为 **Wishart** 分布, 见《计量经济学》的 11.15 节.

习题

大多数习题都假设随机样本 $\{X_1, X_2, \cdots, X_n\}$ 服从分布 F, 其密度为 f. 对一般的随机变量 $X \sim F$, 有 $\mathbb{E}[X] = \mu$ 和 $\mathrm{var}[X] = \sigma^2$. 样本均值和样本方差记为 $\overline{X}_n$ 和 $\hat{\sigma}^2 = n^{-1}\sum\limits_{i=1}^{n}(X_i - \overline{X}_n)^2$, 修正偏差的方差为 $s^2 = (n-1)^{-1}\sum\limits_{i=1}^{n}(X_i - \overline{X}_n)^2$.

6.1 设有额外的观测值 X_{n+1}. 证明

(a) $\overline{X}_{n+1} = (n\overline{X}_n + X_{n+1})/(n+1)$.

(b) $s_{n+1}^2 = \left((n-1)s_n^2 + (n/(n+1))(X_{n+1} - \overline{X}_n)^2\right)/n$.

6.2 对某一整数 k, 设 $\mu_k' = \mathbb{E}[X^k]$. 计算 μ_k' 的无偏估计量 $\hat{\mu}_k'$. (证明其无偏性.)

6.3 考虑中心矩 $\mu_k = \mathbb{E}[(X-\mu)^k]$. 设均值 μ 已知, 计算 μ_k 的估计量 $\hat{\mu}_k$. 一般情况下, 你期望 $\hat{\mu}_k$ 是有偏的还是无偏的?

6.4 计算习题 6.2 中得到的估计量 $\hat{\mu}_k'$ 的方差 $\mathrm{var}[\hat{\mu}_k']$.

6.5 提出 $\mathrm{var}[\hat{\mu}_k']$ 的估计量. 这类估计量中存在无偏估计吗?

6.6 证明 $\mathbb{E}[s] \leqslant \sigma$, 其中 $s = \sqrt{s^2}$.

提示: 利用詹森不等式 (定理 2.9).

6.7 计算 $\overline{X}_n$ 的偏度 $\mathbb{E}[(\overline{X}_n - \mu)^3]$. 在何种条件下, 它等于 0?

6.8 证明 $\hat{\sigma}^2 = n^{-1}\sum\limits_{i=1}^{n}(X_i - \mu)^2 - (\overline{X}_n - \mu)^2$.

6.9 计算下列参数的估计量:

(a) $\theta = \exp(\mathbb{E}[X])$.

(b) $\theta = \log(\mathbb{E}[\exp(X)])$.

(c) $\theta = \sqrt{\mathbb{E}[X^4]}$.

(d) $\theta = \mathrm{var}[X^2]$.

6.10 令 $\theta = \mu^2$.

(a) 计算 θ 的嵌入式估计量 $\hat{\theta}$.

(b) 计算 $\mathbb{E}[\hat{\theta}]$.

(c) 提出 θ 的一个无偏估计量.

6.11 令 p 表示某位篮球运动员罚球命中的概率, 且 p 未知. 该球员随机罚球 n 次, 其中 X 次命中.

(a) 计算 p 的无偏估计量 $\hat{p}$.

(b) 计算 $\mathrm{var}[\hat{p}]$.

6.12 已知 $\mathrm{var}[\overline{X}_n] = \sigma^2/n$.

(a) 计算 $\overline{X}_n$ 的标准差.

(b) 设 σ^2 已知, 想要估计量的标准差小于某个容忍度 τ, 需要样本量 n 多大?

6.13 计算 $\overline{X}_n$ 和 $\hat{\sigma}^2$ 的协方差. 在何种条件下, 协方差为 0?

提示: 利用习题 6.8 中的展开式. 该习题说明, 当随机样本不是来自正态分布时, t 比的分子和分母的协方差为 0 并不总是成立.

6.14 设 X 是独立不同分布的, 且 $\mathbb{E}[X_i] = \mu_i$ 和 $\mathrm{var}[X_i] = \sigma_i^2$.

(a) 计算 $\mathbb{E}[\overline{X}_n]$.

(b) 计算 $\mathrm{var}[\overline{X}_n]$.

6.15 设 $X_i \sim N(\mu_X, \sigma_X^2)(i = 1, 2, \cdots, n_1)$ 和 $Y_i \sim N(\mu_Y, \sigma_Y^2)(i = 1, 2, \cdots, n_2)$ 相互独立. 令 $\overline{X}_{n_1} = n_1^{-1} \sum\limits_{i=1}^{n_1} X_i$ 和 $\overline{Y}_{n_2} = n_2^{-1} \sum\limits_{i=1}^{n_2} Y_i$.

(a) 计算 $\mathbb{E}[\overline{X}_{n_1} - \overline{Y}_{n_2}]$.

(b) 计算 $\mathrm{var}[\overline{X}_{n_1} - \overline{Y}_{n_2}]$.

(c) 计算 $\overline{X}_{n_1} - \overline{Y}_{n_2}$ 的分布.

(d) 提出 $\mathrm{var}[\overline{X}_{n_1} - \overline{Y}_{n_2}]$ 的一个估计量.

6.16 令 $X \sim U[0, 1]$ 和 $Y = \max_{1 \leqslant i \leqslant n} X_i$.

(a) 计算 Y 的分布函数和密度函数.

(b) 计算 $\mathbb{E}[Y]$.

(c) 假设有一份合同按最高价格密封拍卖$^\ominus$. 有 n 个独立随机估值的投标人, 每个人都从 $U[0, 1]$ 中抽取. 为简单起见, 假设每个投标人都按自己的估值进行投标. 预期的中标价格是多少?

6.17 令 $X \sim U[0, 1]$ 和 $Y = X_{(n-1)}$ 是第 $n - 1$ 个次序统计量.

$\ominus$ 中标者是出价最高的投标人, 需支付他们最终出价的金额.

(a) 计算 Y 的分布函数和密度函数.

(b) 计算 $\mathbb{E}[Y]$.

(c) 假设有一本计量经济学教材按第二高价格密封拍卖[⊖]. 有 n 个独立随机估值的投标人, 每个人都从 $U[0,1]$ 中抽取. 为简单起见, 假设每个投标人都按自己的估值进行投标. 预期的中标价格是多少?

⊖   中标者是出价最高的投标人, 需支付出价第二高的金额.

第 7 章 大 数 定 律

7.1 引言

第 6 章推导了样本均值的期望和方差在正态抽样假设条件下的精确分布, 得到一些有用却不完整的结论. 当观测值不服从正态分布时, $\overline{X}_n$ 的分布是什么? 把样本均值的非线性函数作为估计量时, 其分布又是什么?

大样本渐近理论是回答这些问题的方法之一. 在样本量 n 趋近于正无穷时, 可以得到抽样分布的近似. 渐近理论中的基本工具是**弱大数定律** (weak law of large number, WLLN)、**中心极限定理** (central limit theorem, CLT) 和**连续映射定理** (continuous mapping theorem, CMT). 利用这些工具, 可得到计量经济学中大多数估计量抽样分布的近似.

本章介绍大数定律和连续映射定理.

7.2 渐近极限

"渐近分析" 是通过取合适的极限得到近似分布的方法. 渐近分析不仅是对序列取极限, 还对分布函数的序列取极限, 即样本量趋近于正无穷, 记为 "$n \to \infty$". "渐近" 不能按字面意思解释, 而是作为一种近似方法.

渐近分析的第一个基本要素是序列极限的概念.

定义 7.1 如果对任意的 $\delta > 0$, 存在 $n_\delta < \infty$, 使得对任意的 $n \geqslant n_\delta$, 都有 $|a_n - a| \leqslant \delta$, 则称序列 $\{a_n\}$ 的**极限** (limit) 为 a, 记为 $a_n \to a$, $n \to \infty$, 或者记为 $\lim\limits_{n \to \infty} a_n = a$.

换言之, 随着 n 增加, 若序列 a_n 逐渐接近 a, 则称 a_n 的极限为 a. 如果序列有极限, 则极限唯一 (一个序列不能有两个不同的极限). 如果 a_n 的极限为 a, 则称当 $n \to \infty$ 时, a_n **收敛** (converge) 到 a.

为说明这一点, 图 7-1 展示了一个与 n 有关的序列 a_n. 图中画出了序列的极限 a 和 a 的两个宽度为 δ 的区域, 满足 $|a_n - a| \leqslant \delta$ 的 n_δ 也标记在图上.

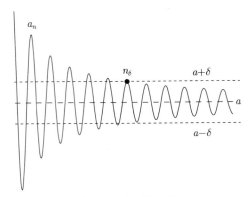

图 7-1   序列的极限

例 1   令 $a_n = n^{-1}$. 选择 $\delta > 0$. 若 $n \geqslant 1/\delta$, 则 $|a_n| = n^{-1} \leqslant \delta$, 即当 $a = 0$ 和 $n_\delta = 1/\delta$ 时, 收敛定义中的条件满足. 因此, a_n 收敛到 $a = 0$.

例 2   令 $a_n = n^{-1}(-1)^n$. 同样地, 若 $n \geqslant 1/\delta$, 则 $|a_n| = n^{-1} \leqslant \delta$. 因此, $a_n \to 0$.

例 3   令 $a_n = \sin(\pi n/8)/n$. 由于正弦函数的上界为 1, 所以 $|a_n| \leqslant n^{-1}$. 因此, 若 $n \geqslant 1/\delta$, 则 $|a_n| = n^{-1} \leqslant \delta$. 故 a_n 收敛到 0.

一般地, 证明序列 a_n 收敛到 0 的步骤如下: 固定 $\delta > 0$, 找到 n_δ, 使得当 $n \geqslant n_\delta$ 时, 有 $|a_n| \leqslant \delta$. 如果对任意的 δ 都满足上述条件, 则 a_n 收敛到 0. 通常令 $|a_n| = \delta$, 求解 n 来计算 n_δ.

7.3   依概率收敛

数列可能是收敛的, 但随机变量序列的收敛性如何? 例如, 考虑样本均值 $\overline{X}_n = n^{-1} \sum_{i=1}^{n} X_i$. 随着 n 增加, $\overline{X}_n$ 的分布随之改变. 该如何描述 $\overline{X}_n$ 的 "极限"? 在什么条件下它会收敛?

由于 $\overline{X}_n$ 是随机变量, 不能直接把数列极限的结果应用到随机变量序列, 需要定义随机变量的收敛性.

首先考虑随机变量 Z_n 的三个简单例子.

例 4 Z_n 服从两点分布, 其中 $\mathbb{P}[Z_n = 0] = 1 - p_n$, $\mathbb{P}[Z_n = a_n] = p_n$. 以下结论似乎是合理的: 若 $p_n \to 0$ 或 $a_n \to 0$, 则 Z_n 收敛到 0.

例 5 $Z_n = b_n Z$, 其中 Z 是随机变量. 以下结论似乎是合理的: 若 $b_n \to 0$, 则 Z_n 收敛到 0.

例 6 Z_n 的方差为 σ_n^2. 以下结论似乎是合理的: 若 $\sigma_n^2 \to 0$, 则 Z_n 收敛到 0.

随机变量有多种收敛概念. 计量经济学中最常用的收敛概念如下.

定义 7.2　若对任意 $\delta > 0$, 随机变量序列 $Z_n \in \mathbb{R}$ 满足

$$\lim_{n \to \infty} \mathbb{P}[|Z_n - c| \leqslant \delta] = 1 \tag{7.1}$$

则称 Z_n **依概率收敛** (converge in probability) 到 c, $n \to \infty$. 称 c 是 Z_n 的**概率极限** (probability limit), 或简记为 **plim**.

式 (7.1) 还可记为

$$\lim_{n \to \infty} \mathbb{P}[|Z_n - c| > \delta] = 0.$$

这个定义非常专业. 然而, 它简洁却正式地说明了随机变量序列在集中在某个点附近的概念. 对任意的 $\delta > 0$, 当 Z_n 在 $c - \delta$ 和 $c + \delta$ 内取值时, 事件 $\{|Z_n - c| \leqslant \delta\}$ 发生. 该事件的概率为 $\mathbb{P}[|Z_n - c| \leqslant \delta]$. 式 (7.1) 说明随着 n 的增加, 此概率趋近于 1. 上述定义需要对任意的 δ 均成立, 所以当 n 充分大时, Z_n 的分布集中在 c 附近任意小的区间内.

注意, 该定义讨论的是随机变量 Z_n 的分布, 而不是它们的实现值. 此外, 该定义使用了传统 (确定性) 极限的概念. 然而, 这里的定义把极限用到概率函数, 而不是直接应用到随机变量 Z_n 或其实现值.

下面三点应谨记. 首先, 收敛符号记为 $\underset{p}{\to}$, 其中箭头下的 "p" 表示依 "概率" 收敛. 也可记为 $\overset{p}{\to}$ 或 $\to_p$. 你应该尝试坚持一种记号, 而不是简单地写为 $Z_n \to c$. 区分概率收敛与传统 (非随机) 收敛非常重要. 其次, "随着 $n \to \infty$" 应指明极限是如何得到的. 这是因为尽管 $n \to \infty$ 是最常见的渐近极限, 但它并不是唯一的渐近极限. 最后, 箭头 "$\underset{p}{\to}$" 右边的表达式必须和样本量 n 无关. 因此, "$Z_n \underset{p}{\to} c_n$" 在理论上无意义, 不应使用.

考虑 7.2 节介绍的前两个例子.

例 1 (续)　取任意的 $\delta > 0$. 若 $a_n \to 0$, 则存在足够大的 n, 使得 $a_n < \delta$. 则 $\mathbb{P}[|Z_n| \leqslant \delta] = 1$, 满足式 (7.1).

例 2 (续)　取任意的 $\delta > 0$ 和 $\epsilon > 0$. 由于 Z 是随机变量, 服从分布函数 $F(x)$. 分布函数的性质是存在足够大的数 B, 使得 $F(B) \geqslant 1 - \epsilon$ 且 $F(-B) \leqslant \epsilon$. 若 $b_n \to 0$, 则存在足够大的 n, 使得 $\delta / b_n \geqslant B$. 则

$$\mathbb{P}[|Z_n| \leqslant \delta] = \mathbb{P}[|Z| \leqslant \delta / b_n]$$

$$= F(\delta / b_n) - F(-\delta / b_n)$$

$$\geqslant F(B) - F(-B)$$

$$\geqslant 1 - 2\epsilon$$

由于 ϵ 是任意的, 所以 $\mathbb{P}[|Z_n| \leqslant \delta] \to 1$, 满足式 (7.1).

例 6 将在下一节继续讨论.

7.4　切比雪夫不等式

取任意的随机变量 X, 其均值和方差都有限. 对所有的分布和 δ, 想要找到 $\mathbb{P}[|X - \mu| > \delta]$ 的界. 如果分布已知, 可计算其概率. 若 X 服从标准正态分布, 则 $\mathbb{P}[|X| > \delta] = 2(1 - \Phi(\delta))$. 若 X 服从 logistic 分布, 则 $\mathbb{P}[|X| > \delta] = 2(1 + \exp(\delta))^{-1}$. 若 X 服从帕累托分布, 则 $\mathbb{P}[|X| > \delta] = \delta^{-\alpha}$. 在帕累托分布的例子中, 因为概率是 δ 的幂函数, 而不是指数函数, 所以随着 δ 的增加, 收敛速度最慢. 当 α 较小时, 收敛速度最慢. 对帕累托参数, 分布方差有限需要满足 $\alpha > 2$. 我们推断最慢的收敛速度是在边界处达到. 因此, 在所考虑的例子中, 概率边界的最差情况为 $\mathbb{P}[|X| > \delta] \simeq \delta^{-2}$. 事实证明, 这的确是最差的情况. 这个界被称为切比雪夫不等式, 它是证明弱大数定律 (WLLN) 的关键.

为推导该不等式, 令 $Z = X - \mu$, 写出双边概率为

$$\mathbb{P}[|Z| \geqslant \delta] = \int_{\{|x| \geqslant \delta\}} f(x)\mathrm{d}x$$

其中 $f(x)$ 是 Z 的密度. 若 $\{|x| \geqslant \delta\}$ 发生, 则不等式 $1 \leqslant x^2/\delta^2$ 成立. 故上述积分小于

$$\int_{\{|x| \geqslant \delta\}} \frac{x^2}{\delta^2} f(x)\mathrm{d}x \leqslant \int_{-\infty}^{\infty} \frac{x^2}{\delta^2} f(x)\mathrm{d}x = \frac{\mathrm{var}[Z]}{\delta^2} = \frac{\mathrm{var}[X]}{\delta^2}$$

第一个不等号是因为把积分区域拓展到实数轴. 第二个等号利用了 Z 的方差的定义 (由于 Z 的均值为 0). 由此得到下述结论.

定理 7.1　切比雪夫不等式 (Chebyshev's inequality). 对任意的随机变量 X 和任意的 $\delta > 0$, 都有

$$\mathbb{P}[|X - \mathbb{E}[X]| \geqslant \delta] \leqslant \frac{\mathrm{var}[X]}{\delta^2}$$

考虑 7.3 节中的例 6. 由切比雪夫不等式和假设 $\sigma_n^2 \to 0$ 可知

$$\mathbb{P}[|Z_n - \mathbb{E}[Z_n]| > \delta] \leqslant \frac{\sigma_n^2}{\delta^2} \to 0$$

这和式 (7.1) 一致. 因此, $\sigma_n^2 \to 0$ 是等式成立的充分条件.

定理 7.2   对任意满足 $\mathrm{var}[Z_n] \to 0$ 的随机变量序列 Z_n, 都有 $Z_n - \mathbb{E}[Z_n] \underset{p}{\to} 0$, $n \to \infty$.

本节最后介绍一个切比雪夫不等式的推广.

定理 7.3   **马尔可夫不等式** (Markov's inequality). 对任意的随机变量 X 和任意的 $\delta > 0$, 有

$$\mathbb{P}[|X| \geqslant \delta] \leqslant \frac{\mathbb{E}[|X| \mathbb{1}\{|X| \geqslant \delta\}]}{\delta} \leqslant \frac{\mathbb{E}|X|}{\delta}$$

类似于切比雪夫不等式的证明, 可推出马尔可夫不等式.

7.5   弱大数定律

考虑样本均值 $\overline{X}_n$. 已经知道 $\overline{X}_n$ 是 $\mu = \mathbb{E}[X]$ 的无偏估计, 其方差为 σ^2/n. 由于 $\sigma^2/n \to 0$, $n \to \infty$, 定理 7.2 证明了 $\overline{X}_n \underset{p}{\to} \mu$. 这称为**弱大数定律** (weak law of large number, WLLN). 事实证明, 通过更复杂和详细的理论, 可证明弱大数定律成立, 不需要 X 的方差有限.

定理 7.4   **弱大数定律**. 若 X_i 独立同分布且 $\mathbb{E}|X| < \infty$, 则当 $n \to \infty$ 时, 有

$$\overline{X}_n = \frac{1}{n} \sum_{i=1}^{n} X_i \underset{p}{\to} \mathbb{E}[X]$$

证明见 7.14 节.

弱大数定律表明样本均值依概率收敛到总体期望. 一般地, 若估计量依概率收敛到总体的对应值, 则称其为**相合的** (consistent).

定义 7.3   若 $\hat{\theta} \underset{p}{\to} \theta$, $n \to \infty$, 则称参数 θ 的估计量 $\hat{\theta}$ 是**相合的**.

定理 7.5   若 X_i 独立同分布且 $\mathbb{E}|X| < \infty$, 则 $\hat{\mu} = \overline{X}_n$ 是总体期望 $\mu = \mathbb{E}[X]$ 的相合估计.

相合性是估计量应该具备的基本性质. 对任意给定的数据分布, 存在一个足够大的样本量 n, 使得估计量 $\hat{\theta}$ 以很高的概率任意接近真实值 θ. 然而, 该性质并没有说明样本量 n 需要多大. 因此, 相合性不能为实际问题提供实践指导. 尽管如此, 满足相合性仍是某个估计量是 "好" 估计量的最低要求, 且相合性为更多有用的近似理论提供了理论基础.

7.6   弱大数定律的反例

为了理解弱大数定律, 掌握其不成立的情况是有帮助的.

例 7　设观测值具有结构 $X_i = Z + U_i$, 其中 Z 是共有的部分, U_i 是个体独有的部分. 设 Z 和 U_i 是独立的, 且 U_i 相互独立, $\mathbb{E}[U] = 0$. 有

$$\overline{X}_n = Z + \overline{U}_n \underset{p}{\to} Z$$

样本均值依概率收敛, 但不是收敛到总体均值. 相反, 收敛到共同的部分 Z. 无论 Z 和 U 的相对方差是多少, 这一点都成立.

该例说明观测值独立性假设的重要性. 违背独立性假设会导致违背弱大数定律.

例 8　设观测值是独立的, 但有不同的方差. 设 $\text{var}[X_i] = 1$, $i \leqslant n/2$ 和 $\text{var}[X_i] = n$, $i > n/2$. (故一半观测值的方差远大于另一半的.) 因此 $\text{var}[\overline{X}_n] = (n/2 + n^2/2)/n^2 \to 1/2$, 不能收敛到 0. $\overline{X}_n$ 不满足依概率收敛.

该例说明 "同分布" 假设的重要性. 异质性足够大时, 弱大数定律就不成立.

例 9　设观测值独立同分布. 服从柯西分布, 密度为 $f(x) = 1/(\pi(1 + x^2))$. 假设 $\mathbb{E}|X| < \infty$ 无法满足. 柯西分布的特征函数⊖为 $C(t) = \exp(-|t|)$. 由此可知, $\overline{X}_n$ 的特征函数为

$$\mathbb{E}[\exp(\mathrm{i}t\overline{X}_n)] = \prod_{i=1}^{n} \mathbb{E}\left[\exp\left(\frac{\mathrm{i}tX_i}{n}\right)\right] = C\left(\frac{t}{n}\right)^n = \exp\left(-\left|\frac{t}{n}\right|\right)^n = \exp(-|t|) = C(t)$$

这是 X 的特征函数. 因此, $\overline{X}_n \sim$ 柯西分布, 与 X 同分布. $\overline{X}_n$ 不满足依概率收敛.

该例说明有限均值假设的重要性. 若 $\mathbb{E}|X| < \infty$ 不满足, 样本均值无法依概率收敛到有限值.

7.7　弱大数定律的例子

弱大数定律可用来证明许多样本矩的依概率收敛性.

1. 若 $\mathbb{E}[X] < \infty$, 则 $\dfrac{1}{n}\sum\limits_{i=1}^{n} X_i \underset{p}{\to} \mathbb{E}[X]$.

2. 若 $\mathbb{E}[X^2] < \infty$, 则 $\dfrac{1}{n}\sum\limits_{i=1}^{n} X_i^2 \underset{p}{\to} \mathbb{E}[X^2]$.

3. 若 $\mathbb{E}|X|^m < \infty$, 则 $\dfrac{1}{n}\sum\limits_{i=1}^{n} |X_i|^m \underset{p}{\to} \mathbb{E}|X|^m$.

4. 若 $\mathbb{E}[\exp(X)] < \infty$, 则 $\dfrac{1}{n}\sum\limits_{i=1}^{n} \exp(X_i) \underset{p}{\to} \mathbb{E}[\exp(X)]$.

5. 若 $\mathbb{E}[\log(X)] < \infty$, 则 $\dfrac{1}{n}\sum\limits_{i=1}^{n} \log(X_i) \underset{p}{\to} \mathbb{E}[\log(X)]$.

⊖　计算柯西分布的特征函数是高等微积分的练习题, 不在此处给出.

6. 对 $X_i \geqslant 0$, 有 $\dfrac{1}{n} \sum\limits_{i=1}^{n} \dfrac{1}{1+X_i} \underset{p}{\to} \mathbb{E}\left[\dfrac{1}{1+X}\right]$.

7. $\dfrac{1}{n} \sum\limits_{i=1}^{n} \sin(X_i) \underset{p}{\to} \mathbb{E}[\sin(X)]$.

7.8   切比雪夫不等式的例子

考虑利用切比雪夫不等式证明弱大数定律. 切比雪夫不等式的优点是适用于任意有限方差的分布. 缺点是潜在的概率界可能非常不准确.

考虑美国人时薪的分布, 其方差 $\sigma^2 = 430$. 设随机样本有 n 个观测, 工资的样本均值为 $\overline{X}_n$, 为总体期望 μ 的一个估计. 这个估计量有多准确? 例如, 需要多大的样本量才能保证 $\overline{X}_n$ 与真实值相差 1 美元的概率低于 1%?

已知 $\mathbb{E}[\overline{X}_n] = \mu$ 和 $\mathrm{var}[\overline{X}_n] = \sigma^2/n = 430/n$. 由切比雪夫不等式可知

$$\mathbb{P}[|\overline{X}_n - \mu| \geqslant 1] = \mathbb{P}[|\overline{X}_n - \mathbb{E}[\overline{X}_n]| \geqslant 1] \leqslant \mathrm{var}[\overline{X}_n] = \frac{430}{n}$$

此时概率上界为

$$\mathbb{P}[|\overline{X}_n - \mu| \geqslant 1] \leqslant \begin{cases} 1, & n = 430 \\ 0.5, & n = 860 \\ 0.25, & n = 1\,720 \\ 0.01, & n = 43\,000 \end{cases}$$

根据切比雪夫不等式, 为了使样本均值和真实值的差距不超过 1 美元的概率达到 99%, 样本量至少为 43 000!

样本量需要如此之大是因为, 切比雪夫不等式对所有可能的分布和阈值都成立. 这说明切比雪夫不等式是相对保守的. 该不等式是真实的, 但夸大了概率值.

不过, 计算过程证明了弱大数定律. $\overline{X}_n$ 和 μ 相差为 1 美元的概率上界随着 n 的增加逐渐下降.

7.9   向量的矩

先前的讨论聚焦到 X 是实值 (标量) 的情况, 若推广至 $\boldsymbol{X} \in \mathbb{R}^m$ 并没有重要的改变. $\boldsymbol{X}$ 的 $m \times m$ 维协方差阵为

$$\boldsymbol{\Sigma} = \mathrm{var}[\boldsymbol{X}] = \mathbb{E}[(\boldsymbol{X} - \boldsymbol{\mu})(\boldsymbol{X} - \boldsymbol{\mu})']$$

若 $\mathbb{E}\|\boldsymbol{X}\|^2 < \infty$, 则 $\boldsymbol{\Sigma}$ 中的元素是有限的.

随机样本 $\{\boldsymbol{X}_1, \boldsymbol{X}_2, \cdots, \boldsymbol{X}_n\}$ 包含从 $\boldsymbol{X}$ 的分布抽取的 n 个独立同分布观测值. (每次抽样都是一个 m 维向量.) 向量的样本均值

$$\overline{\boldsymbol{X}}_n = \frac{1}{n}\sum_{i=1}^{n}\boldsymbol{X}_i = \begin{pmatrix} \overline{X}_{n,1} \\ \overline{X}_{n,2} \\ \vdots \\ \overline{X}_{n,m} \end{pmatrix}$$

是由每个变量的样本均值组成的向量.

向量依概率收敛的定义是向量中所有的元素都依概率收敛. 因此, $\overline{\boldsymbol{X}}_n \underset{p}{\rightarrow} \boldsymbol{\mu}$ 当且仅当 $\overline{X}_{n,j} \underset{p}{\rightarrow} \mu_j$, $j = 1, 2, \cdots, m$. 当 $\mathbb{E}|X_j| < \infty$, $j = 1, 2, \cdots, m$, 或等价地, $\mathbb{E}||\boldsymbol{X}|| < \infty$ 时, 后者成立. 下面给出正式的定理.

定理 7.6 随机向量的弱大数定律. 若 $\boldsymbol{X}_i \in \mathbb{R}^m$ 独立同分布且 $\mathbb{E}||\boldsymbol{X}|| < \infty$, 则当 $n \rightarrow \infty$ 时, 有

$$\overline{\boldsymbol{X}}_n = \frac{1}{n}\sum_{i=1}^{n}\boldsymbol{X}_i \underset{p}{\rightarrow} \mathbb{E}[\boldsymbol{X}]$$

7.10 连续映射定理

回顾连续函数的定义.

定义 7.4 若对任意的 $\epsilon > 0$, 总是存在 $\delta > 0$, 使得当 $||x - c|| \leqslant \epsilon$ 时, $||h(x) - h(c)|| \leqslant \epsilon$ 成立, 则称函数 $h(x)$ 在 $x = c$ 处**连续** (continuous).

换言之, 如果**输入** (input) 的微小变化引起**输出** (output) 的变化也是微小的, 那么这个函数是连续的. 如果输入的微小变化引起输出的巨大变化, 那么函数是不连续的. 图 7-2 阐述了这一点. 每个子图表示一个函数: 图 7-2a 是连续的, 图 7-2b 是不连续的.

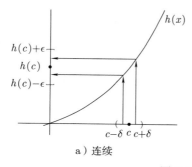

a）连续

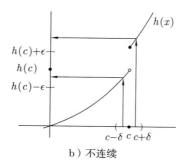

b）不连续

图 7-2 连续性

检查图 7-2a 中的连续函数 $h(x)$. 在 x 轴标记了点 c, 括号表示集合 $\{|x - c| \leqslant \delta\}$. 在 y 轴标记了点 $h(c)$, 中括号表示集合 $|h(x) - h(c)| \leqslant \epsilon$. 箭头表示 x 轴上 $[c - \delta, c + \delta]$ 中的点如何映射到 y 轴上 $[h(c) - \epsilon, h(c) + \epsilon]$ 中的点.

检查图 7-2b 中的不连续函数 $h(x)$, 标记与图 a 中相同的集合. 箭头表示 x 轴上 $[c, c + \delta)$ 中的点映射到 y 轴上 $[h(c) - \epsilon, h(c) + \epsilon]$ 外的点. 由于函数在点 c 处不连续, 对某个 δ 成立. 故 x 的微小变化导致 $h(x)$ 的巨大变化.

对具有概率收敛性的随机变量应用连续函数, 新的随机变量也具有概率收敛性, 即连续映射保持概率收敛性.

定理 7.7　连续映射定理 (continuous mapping theorem, CMT). 若 $Z_n \underset{p}{\to} c, n \to \infty$ 且 $h(\cdot)$ 在点 c 处连续, 则 $h(Z_n) \underset{p}{\to} h(c), n \to \infty$.

证明见 7.14 节.

例如, 若 $Z_n \underset{p}{\to} c$, 则

$$Z_n + a \underset{p}{\to} c + a$$

$$aZ_n \underset{p}{\to} ac$$

$$Z_n^2 \underset{p}{\to} c^2$$

这是因为函数 $h(u) = u + a$, $h(u) = au$ 和 $h(u) = u^2$ 都是连续的. 而且若 $c \neq 0$, 则

$$\frac{a}{Z_n} \underset{p}{\to} \frac{a}{c}$$

条件 $c \neq 0$ 是重要的, 因为当 $c \neq 0$ 时, $h(u) = a/u$ 在 $u = 0$ 处是不连续的.

再次利用图 7-2. 设 $Z_n \underset{p}{\to} c$ 在 x 轴, $Y_n = h(Z_n)$ 在 y 轴. 在图 7-2a 中, 对较大的 n, Z_n 落在 plim c 的 δ 邻域内, 映射 $Y_n = h(Z_n)$ 落在 $h(c)$ 的 ϵ 邻域内. 故 $Y_n \underset{p}{\to} h(c)$. 然而, 在图 7-2b 中这一点并不满足. 尽管 Z_n 仍落在 plim c 的 δ 邻域内, 但是函数在 c 处的不连续性会导致 Y_n 不在 $h(c)$ 的 ϵ 邻域内, 而 Y_n 不依概率收敛到 $h(c)$.

考虑当 $h(\cdot)$ 连续时, $\beta = h(\theta)$ 的嵌入式估计量 $\hat{\beta} = h(\hat{\theta})$. 在定理 7.6 的条件下, $\hat{\theta} \underset{p}{\to} \theta$. 利用连续映射定理, 有 $\hat{\beta} = h(\hat{\theta}) \underset{p}{\to} h(\theta) = \beta$.

定理 7.8　若 X_i 独立同分布且 $\mathbb{E}\|g(X)\| < \infty$, $h(u)$ 在 $u = \theta = \mathbb{E}[g(X)]$ 处连续, 则对 $\hat{\theta} = \dfrac{1}{n} \sum\limits_{i=1}^{n} g(X_i)$, 有 $\hat{\beta} = h(\hat{\theta}) \underset{p}{\to} \beta = h(\theta), n \to \infty$.

连续映射定理的一个有用性质是不要求变换后变量的任意阶矩有限. 设 X 的均值和方差有限, 但高阶矩不必有限. 考虑参数 $\beta = \mu^3$ 和其估计量 $\hat{\beta} = \overline{X}_n^3$. 由于 $\mathbb{E}|X|^3 = \infty$, 有 $\mathbb{E}|\hat{\beta}| = \infty$. 但是样本均值 $\overline{X}_n$ 是相合的, 即 $\overline{X}_n \xrightarrow{p} \mu = \mathbb{E}[X]$. 应用连续映射定理可知 $\hat{\beta} \xrightarrow{p} \mu^3 = \beta$. 因此, $\hat{\beta}$ 是相合的, 即使它的均值不是有限的.

7.11 连续映射定理的例子

1. 若 $\mathbb{E}|X| < \infty$, 则 $\overline{X}_n^2 \xrightarrow{p} \mu^2$.

2. 若 $\mathbb{E}|X| < \infty$, 则 $\exp(\overline{X}_n) \xrightarrow{p} \exp(\mu)$.

3. 若 $\mathbb{E}|X| < \infty$, 则 $\log(\overline{X}_n) \xrightarrow{p} \log(\mu)$.

4. 若 $\mathbb{E}[X^2] < \infty$, 则 $\hat{\sigma}^2 = \dfrac{1}{n} \sum\limits_{i=1}^{n} X_i^2 - \overline{X}_n^2 \xrightarrow{p} \mathbb{E}[X^2] - \mu^2 = \sigma^2$.

5. 若 $\mathbb{E}[X^2] < \infty$, 则 $\hat{\sigma} = \sqrt{\hat{\sigma}^2} \xrightarrow{p} \sqrt{\sigma^2} = \sigma$.

6. 若 $\mathbb{E}[X^2] < \infty$ 且 $\mathbb{E}[X] \neq 0$, $\hat{\sigma}/\overline{X}_n \xrightarrow{p} \sigma/\mathbb{E}[X]$.

7. 若 $\mathbb{E}|X| < \infty$, $\mathbb{E}|Y| < \infty$ 且 $\mathbb{E}[Y] \neq 0$, 则 $\overline{X}_n/\overline{Y}_n \xrightarrow{p} \mathbb{E}[X]/\mathbb{E}[Y]$.

7.12 分布的一致性*

弱大数定律 (定理 7.4) 指出, 对于任何有限期望值的分布, 当增加样本量时, 样本均值依概率趋近于总体期望. 然而, 该定律的困难之处在于, 不同分布的结果不一致. 特别地, 对任意的样本量 n, 无论 n 取多大, 总是存在一个有效的数据分布使样本均值以很高的概率远离总体均值.

弱大数定律说明若 $\mathbb{E}|X| < \infty$, 则对任意的 $\epsilon > 0$, 都有

$$\mathbb{P}[|\overline{X}_n - \mathbb{E}[X]| > \epsilon] \to 0, n \to \infty$$

然而, 下述结论也是正确的.

定理 7.9 令 $\mathscr{F}$ 表示一族满足 $\mathbb{E}|X| < \infty$ 的分布, 则对任意样本量 n 和 $\epsilon > 0$, 都有

$$\sup_{F \in \mathscr{F}} \mathbb{P}[|\overline{X}_n - \mathbb{E}[X]| > \epsilon] = 1 \tag{7.2}$$

式 (7.2) 表明对任意的 n, 总是存在一个概率分布使样本均值与总体期望相差 ϵ 的概率为 1. 这时无法满足**一致收敛性** (uniform convergence). 尽管 $\overline{X}_n$ 逐点收敛到 $\mathbb{E}[X]$,

但是对于所有满足 $\mathbb{E}|X| < \infty$ 的分布却不是一致收敛的.

定理 7.9 证明   对任意的 $p \in (0, 1)$, 定义两点分布

$$X = \begin{cases} 1, & \text{概率为 } 1-p \\ \dfrac{p-1}{p}, & \text{概率为 } p \end{cases}$$

该随机变量满足 $\mathbb{E}|X| = 2(1-p) < \infty$, 所以 $F \in \mathscr{F}$. 同时也满足 $\mathbb{E}[X] = 0$.

全部样本都满足 $X = 1$ 的概率为 $(1-p)^n$. 此时, $\overline{X}_n = 1$. 则对 $\epsilon < 1$, 有

$$\mathbb{P}[|\overline{X}_n| > \epsilon] \geqslant \mathbb{P}[\overline{X}_n = 1] = (1-p)^n$$

故

$$\sup_{F \in \mathscr{F}} \mathbb{P}[|\overline{X}_n - \mathbb{E}[X]| > \epsilon] \geqslant \sup_{0 < p < 1} \mathbb{P}[|\overline{X}_n > \epsilon|] \geqslant \sup_{0 < p < 1} (1-p)^n = 1$$

第一个不等式成立是因为分布族 $\mathscr{F}$ 包含两点分布族. 式 (7.2) 得证.   ■

这似乎与弱大数定律是矛盾的. 弱大数定律表明对任意有限期望的分布, 随着样本量的增加, 样本均值逐渐趋近总体期望. 式 (7.2) 表明对任意的样本量, 总是存在一个分布, 使样本均值不趋近于总体期望. 二者的区别在于, 弱大数定律分布固定, 考虑 $n \to \infty$ 的情况. 而式 (7.2) 样本量固定, 找到最差的分布.

解决矛盾的方法是限制分布的类别. 事实证明, 一个充分条件是对高于 1 阶矩进行限制. 考虑有界的二阶矩, 即设 $\mathrm{var}[X] \leqslant B$, 对某个 $B < \infty$ 成立. 该限制排除了某类两点分布, 这类分布的参数 p 是任意小的. 在该限制下, 弱大数定律对所有限制的分布满足一致性.

定理 7.10   令 $\mathscr{F}_2$ 表示一族满足 $\mathrm{var}[X] \leqslant B, B < \infty$ 的分布, 则对任意的 $\epsilon > 0$, 当 $n \to \infty$, 都有

$$\sup_{F \in \mathscr{F}_2} \mathbb{P}[|\overline{X}_n - \mathbb{E}[X]| > \epsilon] \to 0$$

定理 7.10 证明   限制 $\mathrm{var}[X] \leqslant B$ 表明对任意的 $F \in \mathscr{F}_2$, 都有

$$\mathrm{var}[\overline{X}_n] = \frac{1}{n}\mathrm{var}[X] \leqslant \frac{1}{n}B \tag{7.3}$$

应用切比雪夫不等式 (7.1), 式 (7.3) 转换为

$$\mathbb{P}[|\overline{X}_n - \mathbb{E}[X]| > \epsilon] \leqslant \frac{\mathrm{var}[\overline{X}_n]}{\epsilon^2} \leqslant \frac{B}{\epsilon^2 n}$$

不等式右边不依赖分布, 只依赖边界 B. 故

$$\sup_{F \in \mathscr{F}_2} \mathbb{P}[|\overline{X}_n - \mathbb{E}[X]| > \epsilon] \leqslant \frac{B}{\epsilon^2 n} \to 0$$

当 $n \to \infty$ 时.   ■

定理 7.10 表明一致收敛性在更强的矩条件下成立. 注意, 仅假设方差有限是不够的. 证明过程中利用了方差的有界性.

另一个解决方案是将弱大数定律应用到尺度化的样本均值.

定理 7.11   令 $\mathscr{F}_*$ 表示 $\sigma^2 < \infty$ 的一族分布. 定义 $X_i^* = X_i/\sigma$ 和 $\overline{X}_n^* = n^{-1} \sum_{i=1}^{n} X_i^*$, 则对任意的 $\epsilon > 0$, 当 $n \to \infty$ 时, 都有

$$\sup_{F \in \mathscr{F}_*} \mathbb{P}[|\overline{X}_n^* - \mathbb{E}[X^*]| > \epsilon] \to 0$$

7.13   几乎处处收敛和强大数定律*

依概率收敛有时称为**弱收敛** (weak convergence). 令一个相关概念是**几乎处处收敛** (almost sure convergence), 也称为**强收敛** (strong convergence). (在概率论中, "几乎处处" 意味着 "概率等于 1". 随机事件发生的概率等于 1 被称为**几乎处处**.)

定义 7.5   若

$$\mathbb{P}[\lim_{n \to \infty} Z_n = c] = 1 \tag{7.4}$$

则称随机变量序列 $Z_n \in \mathbb{R}$ **几乎处处收敛** (converge almost surely) 到 c, $n \to \infty$, 记为 $Z_n \underset{\text{a.s.}}{\to} c$.

收敛性式 (7.4) 强于式 (7.1), 这是因为式 (7.4) 是极限的概率, 而式 (7.1) 是概率的极限. 几乎处处收敛强于依概率收敛表明 $Z_n \underset{\text{a.s.}}{\to} c$ 可推出 $Z_n \underset{p}{\to} c$.

回顾 7.3 节中两点分布 $\mathbb{P}[Z_n = 0] = 1 - p_n$ 和 $\mathbb{P}[Z_n = a_n] = p_n$. 已证明 Z_n 依概率收敛到 0, 如果 $p_n \to 0$ 或 $a_n \to 0$. 例如, 只要 $p_n \to 0$, 允许 $a_n \to \infty$. 相反, 要使 Z_n 几乎处处收敛到 0, 必须有 $a_n \to 0$.

在随机抽样理论中, 样本均值几乎处处收敛到总体期望. 这称为 "强大数定律".

定理 7.12   **强大数定律** (strong law of large number, SLLN). 若 X_i 独立同分布且 $\mathbb{E}[X] < \infty$, 则当 $n \to \infty$ 时, 有

$$\overline{X}_n = \frac{1}{n} \sum_{i=1}^{n} X_i \underset{\text{a.s.}}{\to} \mathbb{E}[X]$$

强大数定律比弱大数定律更精确, 所以更受概率学家和理论统计学家的青睐. 然而, 对大多数实际问题, 弱大数定律已经够用. 因此, 在计量经济学中主要使用弱大数定律.

证明强大数定律需要使用更高级的数学工具. 我们为感兴趣的读者提供细节证明, 不关心证明的读者可跳过.

为简化证明, 限制二阶矩 $\mathbb{E}[X^2] < \infty$. 这样的限制避免涉及更深入的理论. 可查阅概率论教材中完整的证明过程, 如 Ash (1972) 或 Billingsley (1995).

强大数定律的证明依赖于下述比切比雪夫不等式更强的不等式, 证明见 7.14 节.

定理 7.13 Kolmogorov 不等式. 若 X_i 独立, $\mathbb{E}[X] = 0$, 且 $\mathbb{E}[X^2] < \infty$, 则对任意的 $\epsilon > 0$, 都有

$$\mathbb{P}\left[\max_{1 \leqslant j \leqslant n} \left| \sum_{i=1}^{j} X_i \right| > \epsilon\right] \leqslant \epsilon^{-2} \sum_{i=1}^{n} \mathbb{E}[X_i^2]$$

7.14 技术证明*

定理 7.4 证明   不失一般性, 设 $\mathbb{E}[X] = 0$. 需要证明对任意的 $\delta > 0$ 和 $\eta > 0$, 存在 $N < \infty$ 使得对任意的 $n \geqslant N$, 都有 $\mathbb{P}[|\overline{X}_n| > \delta] \leqslant \eta$. 固定 δ 和 η. 令 $\epsilon = \delta\eta/3$. 选择足够大的 C, 使得

$$\mathbb{E}[|X|\mathbb{1}\{|X| > C\}] \leqslant \epsilon \tag{7.5}$$

由于 $\mathbb{E}|X| < \infty$, 所以上式可能成立. 定义随机变量

$$W_i = X_i\mathbb{1}\{|X_i| \leqslant C\} - \mathbb{E}[X\mathbb{1}\{|X| \leqslant C\}]$$

$$Z_i = X_i\mathbb{1}\{|X_i| > C\} - \mathbb{E}[X\mathbb{1}\{|X| > C\}]$$

因此,

$$\overline{X}_n = \overline{W}_n + \overline{Z}_n$$

且

$$\mathbb{E}|\overline{X}_n| \leqslant \mathbb{E}|\overline{W}_n| + \mathbb{E}|\overline{Z}_n| \tag{7.6}$$

现证明不等式右边期望和的上界为 3ϵ.

首先, 利用三角不等式和期望不等式 (定理 2.10), 得

$$\mathbb{E}|Z| = \mathbb{E}|X\mathbb{1}\{|X| > C\} - \mathbb{E}[X\mathbb{1}\{|X| > C\}]|$$

$$\leqslant \mathbb{E}|X\mathbb{1}\{|X| > C\}| + |\mathbb{E}[X\mathbb{1}\{|X| > C\}]|$$

$$\leqslant 2\mathbb{E}|X\mathbb{1}\{|X| > C\}|$$

$$\leqslant 2\epsilon \tag{7.7}$$

因此, 利用三角不等式和式 (7.7) 得

$$\mathbb{E}|\overline{Z}_n| = \mathbb{E}\left|\frac{1}{n}\sum_{i=1}^{n} Z_i\right| \leqslant \frac{1}{n}\sum_{i=1}^{n}\mathbb{E}|Z_i| \leqslant 2\epsilon \tag{7.8}$$

其次, 进行类似的推导,

$$|W_i| = |X_i\mathbb{1}\{|X_i| \leqslant C\} - \mathbb{E}[X\mathbb{1}\{|X| \leqslant C\}]|$$

$$\leqslant |X_i\mathbb{1}\{|X_i| \leqslant C\}| + |\mathbb{E}[X\mathbb{1}\{|X| \leqslant C\}]|$$

$$\leqslant 2|X_i\mathbb{1}\{|X_i| \leqslant C\}|$$

$$\leqslant 2C \tag{7.9}$$

其中最后的不等式是式 (7.5). 利用詹森不等式 (定理 2.9)、W_i 是独立同分布的且均值为 0, 以及式 (7.9), 可得

$$(\mathbb{E}|\overline{W}_n|)^2 \leqslant \mathbb{E}[|\overline{W}_n|^2] = \frac{\mathbb{E}[W^2]}{n} \leqslant \frac{4C^2}{n} \leqslant \epsilon^2 \tag{7.10}$$

最后的不等式对 $n \geqslant 4C^2/\epsilon^2 = 36C^2/\delta^2\eta^2$ 成立. 由式 (7.6)、式 (7.8) 和式 (7.10), 得

$$\mathbb{E}|\overline{X}_n| \leqslant 3\epsilon \tag{7.11}$$

最后, 利用马尔可夫不等式 (定理 7.3) 和式 (7.11), 得

$$\mathbb{P}[|\overline{X}_n| > \delta] \leqslant \frac{\mathbb{E}|\overline{X}_n|}{\delta} \leqslant \frac{3\epsilon}{\delta} = \eta$$

最后的等号利用 ϵ 的定义. 此时, 已证明对任意的 $\delta > 0$ 和 $\eta > 0$, 存在 $n \geqslant 36C^2/\delta^2\eta^2$, 使得 $\mathbb{P}[|\overline{X}_n| > \delta] \leqslant \eta$ 成立. ∎

定理 7.7 证明   固定 $\epsilon > 0$. $h(u)$ 在点 c 处连续表明存在 $\delta > 0$, 满足 $||u - c|| \leqslant \delta$, 使得 $||h(u) - h(c)|| \leqslant \epsilon$. 令 $u = Z_n$, 得

$$\mathbb{P}[||h(Z_n) - h(c)|| \leqslant \epsilon] \geqslant \mathbb{P}[||Z_n - c|| \leqslant \delta] \to 1$$

由假设 $Z_n \underset{p}{\to} c$ 可以证明最后的收敛性质当 $n \to \infty$ 时成立, 即 $h(Z_n) \underset{p}{\to} h(c)$. ∎

定理 7.12 证明 不失一般性, 设 $\mathbb{E}[X] = 0$. 利用代数式

$$\sum_{i=m+1}^{\infty} i^{-2} \leqslant \frac{1}{m} \tag{7.12}$$

该式可由 $\sum\limits_{i=m+1}^{\infty} i^{-2}$ 是单位矩形在曲线 x^{-2} 下从 m 到无穷的面积之和, 该和小于积分.

定义 $S_n = \sum\limits_{i=1}^{n} i^{-1} X_i$. 利用 Kronecker 引理 (定理 A.6), 若 S_n 收敛, 则 $\lim\limits_{n \to \infty} \overline{X}_n = 0$. 由柯西准则 (定理 A.2) 可知, 如果对任意的 $\epsilon > 0$, 都有

$$\inf_m \sup_{j > m} |S_j - S_m| \leqslant \epsilon$$

则 S_n 收敛. 令 A_ϵ 为事件, 其补集为

$$A_\epsilon^c = \bigcap_{m=1}^{\infty} \left\{ \sup_{j > m} \left| \sum_{i=m+1}^{j} \frac{1}{i} X_i \right| > \epsilon \right\}$$

其概率为

$$\mathbb{P}[A_\epsilon^c] \leqslant \lim_{m \to \infty} \mathbb{P}\left[\sup_{j > m} \left| \sum_{i=m+1}^{j} \frac{1}{i} X_i \right| > \epsilon \right] \leqslant \lim_{m \to \infty} \frac{1}{\epsilon^2} \sum_{i=m+1}^{\infty} \frac{1}{\epsilon^2} \sum_{i=m+1}^{\infty} \frac{1}{i^2} \mathbb{E}[X^2]$$

$$\leqslant \lim_{m \to \infty} \frac{\mathbb{E}[X^2]}{\epsilon^2} \frac{1}{m} = 0$$

第二个不等式利用了 Kolmogorov 不等式 (定理 7.13), 第三个不等式利用了式 (7.12). 因此, 对任意的 $\epsilon > 0$, 都有 $\mathbb{P}[A_\epsilon^c] = 0$ 和 $\mathbb{P}[A_\epsilon] = 1$, 即 S_n 依概率 1 收敛. ∎

定理 7.13 证明 令 $S_i = \sum\limits_{j=1}^{i} X_j$. 令 A_i 表示事件 $|S_i|$ 是第一个 $|S_j|$ 超过 ϵ 的示性函数. 正式地表述为

$$A_i = \mathbb{1}\left\{ |S_i| > \epsilon, \max_{j < i} |S_j| \leqslant \epsilon \right\} \tag{7.13}$$

则

$$A = \sum_{i=1}^{n} A_i = \mathbb{1}\left\{ \max_{i \leqslant n} |S_i| > \epsilon \right\}$$

记 $S_n = S_i + (S_n - S_i)$, 可推出

$$\mathbb{E}[S_i^2 A_i] = \mathbb{E}[S_n^2 A_i] - \mathbb{E}[(S_n - S_i)^2 A_i] - 2\mathbb{E}[(S_n - S_i)S_i A_i]$$

$$= \mathbb{E}[S_n^2 A_i] - \mathbb{E}[(S_n - S_i)^2 A_i]$$

$$\leqslant \mathbb{E}[S_n^2 A_i]$$

第一个等号可由代数计算得出. 第二个等号利用 $(S_n - S_i)$ 和 $S_i A_i$ 是独立的, 且均值为 0. 最后一个等号利用了 $(S_n - S_i)^2 A_i \geqslant 0$. 由此得

$$\sum_{i=1}^{n} \mathbb{E}[S_i^2 A_i] \leqslant \sum_{i=1}^{n} \mathbb{E}[S_n^2 A_i] = \mathbb{E}[S_n^2 A] \leqslant \mathbb{E}[S_n^2]$$

与定理 7.3 (马尔可夫不等式) 的证明类似, 利用上述推导, 有

$$\epsilon^2 \mathbb{P}\left[\max_{1 \leqslant j \leqslant n} \left| \sum_{i=1}^{j} X_i \right| > \epsilon \right] = \epsilon^2 \mathbb{E}[A] = \sum_{i=1}^{n} \mathbb{E}[\epsilon^2 A_i] \leqslant \sum_{i=1}^{n} \mathbb{E}[S_i^2 A_i] \leqslant \mathbb{E}[S_n^2] = \sum_{i=1}^{n} \mathbb{E}[X_i^2]$$

最后一个等号利用了 S_n 是均值为 0 的独立随机变量之和.   ∎

习题

7.1 对下列序列, 证明当 $n \to \infty$ 时, 有 $a_n \to 0$.

(a) $a_n = 1/n^2$.

(b) $a_n = \dfrac{1}{n^2} \sin\left(\dfrac{\pi}{8} n \right)$.

(c) $a_n = \sigma^2/n$.

7.2 序列 $a_n = \sin\left(\dfrac{\pi}{2} n \right)$ 是否收敛?

7.3 假设 $a_n \to 0$. 证明

(a) $a_n^{1/2} \to 0$ (设 $a_n \geqslant 0$).

(b) $a_n^2 \to 0$.

7.4 考虑随机变量 Z_n, 其概率分布为

$$Z_n = \begin{cases} -n, & \text{概率为 } 1/n \\ 0, & \text{概率为 } 1 - 2/n \\ n, & \text{概率为 } 1/n \end{cases}$$

(a) 当 $n \to \infty$ 时, $Z_n \xrightarrow{p} 0$ 成立吗?

(b) 计算 $\mathbb{E}[Z_n]$.

(c) 计算 $\mathrm{var}[Z_n]$.

(d) 现假设分布为

$$Z_n = \begin{cases} 0, & \text{概率为 } 1 - 1/n \\ n, & \text{概率为 } 1/n \end{cases}$$

计算 $\mathbb{E}[Z_n]$.

(e) 证明 $Z_n \xrightarrow{p} 0 \ (n \to \infty)$ 和 $\mathbb{E}[Z_n] \to 0$ 是无关的.

7.5 计算下列随机变量序列的概率极限 (如果存在的话).

(a) $Z_n \sim U[0, 1/n]$.

(b) $Z_n \sim$ Bernoulli (p_n), 其中 $p_n = 1 - 1/n$.

(c) $Z_n \sim$ Poisson (λ), 其中 $\lambda = 1/n$.

(d) $Z_n \sim$ exponential (λ_n), 其中 $\lambda_n = 1/n$.

(e) $Z_n \sim$ Pareto (α_n, β), 其中 $\beta = 1$, $\alpha_n = n$.

(f) $Z_n \sim$ gamma (α_n, β_n), 其中 $\alpha_n = n$, $\beta_n = n$.

(g) $Z_n = X_n/n$, 其中 $X_n \sim$ binomial (n, p).

(h) Z_n 的均值为 μ, 方差为 a/n^r, $a > 0$ 且 $r > 0$.

(i) $Z_n = X_{(n)}$, 即第 n 个次序统计量, 当 $X \sim U[0, 1]$ 时.

(j) $Z_n = X_n/n$, 其中 $X_n \sim \chi_n^2$.

(k) $Z_n = 1/X_n$, 其中 $X_n \sim \chi_n^2$.

7.6 设随机样本 $\{X_1, X_2, \cdots, X_n\}$. 利用弱大数定律和连续映射定理, 下列哪个统计量依概率收敛? 需要哪些矩存在?

(a) $\dfrac{1}{n} \sum\limits_{i=1}^{n} X_i^2$.

(b) $\dfrac{1}{n} \sum\limits_{i=1}^{n} X_i^3$.

(c) $\max_{i \leqslant n} X_i$.

(d) $\dfrac{1}{n} \sum\limits_{i=1}^{n} X_i^2 - \left(\dfrac{1}{n} \sum\limits_{i=1}^{n} X_i \right)^2$.

(e) $\dfrac{\sum\limits_{i=1}^{n} X_i^2}{\sum\limits_{i=1}^{n} X_i}$, 设 $\mathbb{E}[X] > 0$.

(f) $\mathbb{1}\left\{\dfrac{1}{n}\displaystyle\sum_{i=1}^{n} X_i > 0\right\}$.

(g) $\dfrac{1}{n}\displaystyle\sum_{i=1}^{n} X_i Y_i$.

7.7 考虑加权样本均值 $\overline{X}_n^* = \dfrac{1}{n}\displaystyle\sum_{i=1}^{n}\omega_i X_i$, 其中 ω_i 非负且满足 $\dfrac{1}{n}\displaystyle\sum_{i=1}^{n}\omega_i = 1$. 设 X_i 是独立同分布的.

(a) 证明 $\overline{X}_n^*$ 是 $\mu = \mathbb{E}[X]$ 的无偏估计.

(b) 计算 $\mathrm{var}[\overline{X}_n^*]$.

(c) 证明 $\overline{X}_n^* \underset{p}{\to} \mu$ 成立的充分条件是 $n^{-2}\displaystyle\sum_{i=1}^{n}\omega_i^2 \to 0$.

(d) 证明 (c) 问中条件成立的充分条件是 $\max_{i\leqslant n}\omega_i \to 0$, $n \to \infty$.

7.8 抽取随机样本 $\{X_1, X_2, \cdots, X_n\}$, 将其随机分为两个样本量相同的子样本 1 和 2. (为简单起见, 设 n 为偶数.) 令 $\overline{X}_{1n}$ 和 $\overline{X}_{2n}$ 分别表示子样本的均值. $\overline{X}_{1n}$ 和 $\overline{X}_{2n}$ 都是 $\mu = \mathbb{E}[X]$ 的相合估计吗? (请证明.)

7.9 证明修正偏差的方差估计量 s^2 是总体方差 σ^2 的相合估计.

7.10 计算样本均值的标准误差 $s(\overline{X}_n) = s/\sqrt{n}$ 的概率极限.

7.11 抽取随机样本 $\{X_1, X_2, \cdots, X_n\}$, 其中 $X > 0$ 且 $\mathbb{E}|\log X| < \infty$. 考虑样本几何平均

$$\hat{\mu} = \left(\prod_{i=1}^{n} X_i\right)^{1/n}$$

和总体几何平均

$$\mu = \exp(\mathbb{E}[\log X])$$

证明 $\hat{\mu} \underset{p}{\to} \mu$, $n \to \infty$.

7.12 设随机变量 Z 满足 $\mathbb{E}[Z] = 0$ 且 $\mathrm{var}[Z] = 1$. 利用切比雪夫不等式 (定理 7.1) 找到 δ 使得 $\mathbb{P}[|Z| > \delta] \leqslant 0.05$. 和精确的 δ 比较, 即由 $\mathbb{P}[|Z| > \delta] = 0.05$ 成立, $Z \sim N(0, 1)$ 求解出的 δ. 解释二者有差别的原因.

7.13 设 $Z_n \underset{p}{\to} c$, $n \to \infty$. 利用依概率收敛的定义, 不能使用连续映射定理, 证明 $Z_n^2 \underset{p}{\to} c^2$, $n \to \infty$.

7.14 对超大样本, 如政府数据或人口普查数据, 计算样本统计量 (样本均值和样本方差) 时, 弱大数定律有什么作用?

第 8 章 中心极限定理

8.1 引言

第 7 章介绍了大数定律, 大数定律表明样本均值收敛到它们的总体均值. 这是渐近理论的第一步, 但没有涉及分布的近似. 本章将渐近理论拓展到下一个阶段, 得到样本均值分布的渐近近似. 这是大多数计量经济学估计量进行推断的基础 (假设检验和置信区间).

8.2 依分布收敛

我们的首要目标是得到样本均值 $\overline{X}_n$ 的抽样分布. 抽样分布是观测值的分布 F 和样本量 n 的函数. 对抽样分布进行适当的标准化, 当 $n \to \infty$ 时对抽样分布取极限得到渐近近似.

为了阐述该理论, 首先定义抽样分布的渐近极限, 常用的概念是**依分布收敛** (convergence in distribution). 如果分布函数 $G_n(u) = \mathbb{P}[Z_n \leqslant u]$ 的序列收敛到极限分布函数 $G(u)$. 为区别于观测值的分布 F, 分别使用记号 G_n 和 G 表示 Z_n 和 Z 的分布函数.

定义 8.1 令 Z_n 表示随机变量或向量的序列, 其分布为 $G_n(u) = \mathbb{P}[Z_n \leqslant u]$. 如果对任意的 u, $G(u) = \mathbb{P}[Z \leqslant u]$ 是连续的, 有 $G_n(u) \to G(u), n \to \infty$, 则称当 $n \to \infty$ 时, Z_n **依分布收敛** 到 Z, 记为 $Z_n \underset{d}{\to} Z$.

在这些条件下, 也称 G_n **弱收敛** (converge weakly) 到 G. 通常把 Z 和其分布 $G(u)$ 称为 Z_n 的**渐近分布** (asymptotic distribution)、**大样本分布** (large sample distribution) 或**极限分布** (limit distribution). 定义中的条件 "关于任意的 u, $G(u)$ 是连续的" 只是技术问题, 可放心地忽略. 我们感兴趣的大多数渐近分布考虑 "极限分布 $G(u)$ 是**处处连续的** (everywhere continuous)" 的情况, 所以条件 " $G(u)$ 是连续的" 不适用.

当极限分布 G 是退化的 (即 $\mathbb{P}[Z = c] = 1$ 对某些 c 成立), 收敛性记为 $Z_n \underset{d}{\to} c$, 或等价于依概率收敛 $Z_n \underset{p}{\to} c$.

8.3   样本均值

　　如 8.2 节讨论的, 样本均值 $\overline{X}_n$ 的抽样分布是观测值的分布 F 和样本量 n 的函数. 我们想要计算 $\overline{X}_n$ 的渐近分布, 需要找到随机变量 Z 使得 $\overline{X}_n \xrightarrow{d} Z$. 由弱大数定律得 $\overline{X}_n \xrightarrow{p} \mu$. 依概率收敛到某个常数和依分布收敛是等价的, 即 $\overline{X}_n \xrightarrow{d} \mu$. 由于极限分布是退化的, 所以这不是一个有用的分布. 为了得到非退化的分布, 需要重新尺度化 $\overline{X}_n$. 由 $\mathrm{var}[\overline{X}_n - \mu] = \sigma^2/n$ 得 $\mathrm{var}[\sqrt{n}(\overline{X}_n - \mu)] = \sigma^2$. 重新标准化的统计量为

$$Z_n = \sqrt{n}(\overline{X}_n - \mu)$$

此时, 有 $\mathbb{E}[Z_n] = 0$ 和 $\mathrm{var}[Z_n] = \sigma^2$. 均值和方差不随样本量 n 变化. 现在计算 Z_n 的渐近分布.

　　在大多数情况下, 即使 F 是已知的, 也无法计算 Z_n 的精确分布. 但存在一些例外, 第一个重要的例外是当 $X \sim N(\mu, \sigma^2)$ 时. 此时, $Z_n \sim N(0, \sigma^2)$. 分布不随 n 变化, 即 Z_n 的渐近分布为 $N(0, \sigma^2)$.

　　当 $X \sim \chi_1^2$ 时, 考虑 Z_n 的精确分布. 此时, $\sum_{i=1}^{n} X_i$ 服从精确的卡方分布, 其形式为 $\sqrt{n}\big((\chi_n^2/n) - 1\big)$. 图 8-1 展示了 $n = 3, 10, 100$ 的分布函数. 图中也包含分布 $N(0, 2)$, 其均值和方差与精确卡方分布相同. 由图可知, Z_n 的分布与 n 较小时的正态分布差异很大, 随着 n 增加, Z_n 的分布逐渐接近 $N(0, 2)$. 当 $n = 100$ 时, 二者非常接近. 该图说明了一个有趣的结果, Z_n 的渐近分布是正态分布. 下一节将进行进一步探讨.

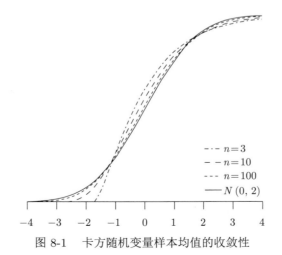

图 8-1　卡方随机变量样本均值的收敛性

8.4　矩的探索

考虑 $Z_n = \sqrt{n}(\overline{X}_n - \mu)$ 的矩, 其均值为 0, 方差为 σ^2. 6.17 节计算了 $Z_n = \sqrt{n}(\overline{X}_n - \mu)$ 的精确的有限样本矩. 观察三阶矩和四阶矩, 并计算它们在 $n \to \infty$ 时的极限:

$$\mathbb{E}[Z_n^3] = \kappa_3/n^{1/2} \to 0$$

$$\mathbb{E}[Z_n^4] = \kappa_4/n + 3\sigma^4 \to 3\sigma^4$$

这是 $N(0, \sigma^2)$ 的三阶矩和四阶矩的极限! (见 5.3 节.) 因此, 随着样本量的增加, 这些矩收敛到正态分布对应的矩.

观测五阶矩和六阶矩:

$$\mathbb{E}[Z_n^5] = \kappa_5/n^{3/2} - 10\kappa_3\kappa_2/n^{1/2} \to 0$$

$$\mathbb{E}[Z_n^6] = \kappa_6/n^2 + (15\kappa_4\kappa_2 + 10\kappa_3^2)/n + 15\sigma_2^6 \to 15\sigma_2^6$$

这些极限是 $N(0, \sigma^2)$ 的五阶矩和六阶矩.

实际上, 若 X 存在有限的 r 阶矩, 则 $\mathbb{E}[Z_n^r]$ 收敛到 $\mathbb{E}[Z^r]$, 其中 $Z \sim N(0, \sigma^2)$.

矩的收敛性隐含着分布的收敛性, 但这在数学上仍不充分. 不过, 它还是提供了很多证据表明 Z_n 的渐近分布是正态的.

8.5　矩生成函数的收敛性

事实表明, 大多数情况 (包括样本均值) 几乎无法直接从 Z_n 的分布函数证明分布的收敛性. 但是, 使用矩生成函数 $M_n(t) = \mathbb{E}[\exp(tZ_n)]$ 较简单. 矩生成函数是 Z_n 分布的变换, 完全刻画了分布的特征.

我们似乎有理由相信, 若 $M_n(t)$ 收敛到极限函数 $M(t)$, 则 Z_n 的分布也收敛. 这是正确的, 被称为 Lévy 连续定理.

定理 8.1　Lévy 连续定理 (Lévy continuity theorem). 若 $\mathbb{E}[\exp(tZ_n)] \to \mathbb{E}[\exp(tZ)]$ 对任意的 $t \in \mathbb{R}$ 都成立, 则 $Z_n \xrightarrow{d} Z$.

现计算 $Z_n = \sqrt{n}(\overline{X}_n - \mu)$ 的矩生成函数. 不失一般性, 设 $\mu = 0$. 回顾 $M(t) = \mathbb{E}[\exp(tX)]$ 是 X 的矩生成函数, $K(t) = \log(M(t))$ 是累积量生成函数. 记

$$Z_n = \sum_{i=1}^{n} \frac{X_i}{\sqrt{n}}$$

为独立随机变量之和. 由定理 4.6 得, 独立随机变量和的矩生成函数是矩生成函数的乘积. $X_i/\sqrt{n}$ 的矩生成函数为 $\mathbb{E}[\exp(tX/\sqrt{n})] = M(t/\sqrt{n})$, Z_n 的矩生成函数为

$$M_n(t) = \prod_{i=1}^{n} M\left(\frac{t}{\sqrt{n}}\right) = \left[M\left(\frac{t}{\sqrt{n}}\right)\right]^n$$

因此, Z_n 的累积量生成函数有简单的形式

$$K_n(t) = \log M_n(t) = nK\left(\frac{t}{\sqrt{n}}\right) \tag{8.1}$$

利用累积量生成函数的定义, 其幂级数展开为

$$K(s) = \kappa_0 + s\kappa_1 + s^2\frac{\kappa_2}{2} + s^3\frac{\kappa_3}{6} + \cdots \tag{8.2}$$

其中 κ_j 是 X 的累积量. 由 $\kappa_0 = 0$, $\kappa_1 = 0$ 和 $\kappa_2 = \sigma^2$ 得

$$K(s) = \frac{s^2}{2}\sigma^2 + \frac{s^3}{6}\kappa_3 + \cdots$$

将其代入 $K_n(t)$, 得

$$\begin{aligned}
K_n(t) &= n\left(\left(\frac{t}{\sqrt{n}}\right)^2\frac{\sigma^2}{2} + \left(\frac{t}{\sqrt{n}}\right)^3\frac{\kappa_3}{6} + \cdots\right) \\
&= \frac{t^2\sigma^2}{2} + \frac{t^3\kappa_3}{\sqrt{n}6} + \cdots \\
&\to \frac{t^2\sigma^2}{2}
\end{aligned}$$

当 $n \to \infty$ 时. 故 Z_n 的累积量生成函数收敛到 $t^2\sigma^2/2$, 因此有

$$M_n(t) = \exp(K_n(t)) \to \exp\left(\frac{t^2\sigma^2}{2}\right)$$

定理 8.2　对有有限矩生成函数的随机变量, 有

$$M_n(t) = \mathbb{E}[\exp(tZ_n)] \to \exp\left(\frac{t^2\sigma^2}{2}\right)$$

上述证明只是启发式的, 因为目前无法确定截断的幂级数展开是否有效. 对严格证明感兴趣的读者, 请查阅 8.15 节.

8.6 中心极限定理

定理 8.2 证明了 Z_n 的矩生成函数收敛到 $\exp(t^2\sigma^2/2)$, 这是 $N(0,\sigma^2)$ 的矩生成函数. 结合 Lévy 连续定理可知, Z_n 依分布收敛到 $N(0,\sigma^2)$. 定理 8.2 可应用到任意有限矩生成函数的随机变量. 这包括很多分布, 但不是所有的分布. 不包含的分布有帕累托分布和学生 t 分布. 为避免这个限制, 可利用特征函数 $C_n(t) = \mathbb{E}[\exp(itZ_n)]$ 重新证明, 特征函数对所有的随机变量都存在, 且能导出相同的渐近近似. 事实证明, 一个充分条件是有限方差, 而不需要其他条件.

定理 8.3 Lindeberg-Lévy 中心极限定理. 若 X_i 独立同分布. 且 $\mathbb{E}[X^2] < \infty$, 则当 $n \to \infty$ 时, 有

$$\sqrt{n}(\overline{X}_n - \mu) \xrightarrow{d} N(0, \sigma^2)$$

其中 $\mu = \mathbb{E}[X]$ 和 $\sigma^2 = \mathbb{E}[(X-\mu)^2]$.

如上讨论, 在有限样本中, 标准化统计量 $Z_n = \sqrt{n}(\overline{X}_n - \mu)$ 的均值为 0, 方差为 σ^2. 定理 8.3 表明 Z_n 是渐近正态的, 渐近正态性随着 n 的增加而变强.

中心极限定理是统计理论中最强大和神秘的定理之一, 它表明简单的平均过程可以导出正态性. 中心极限定理的第一个版本 (多次抛一枚公平硬币, 考虑正面朝上的次数) 是 1733 年由法国数学家 Abraham de Moivre 在私人手稿中提出的. 对独立随机变量的一般结论由俄罗斯数学家 Aleksandr Lyapunov 和芬兰数学家 Jarl Waldemar Lindeberg 提出. 上述定理被称为经典 (或 Lindeberg-Lévy) 中心极限定理要归功于 Lindeberg 和法国数学家 Paul Pierre Lévy.

8.6 节的核心论点是样本均值的矩生成函数是 X 的矩生成函数的局部变换. X 的累积量生成函数的是局部近似二次的, 对较大的 n, 样本均值的累积量生成函数是近似二次的. 正态分布的累积量生成函数是二次的. 因此, 样本均值是渐近正态的.

8.7 中心极限定理的应用

中心极限定理表明

$$\sqrt{n}(\overline{X}_n - \mu) \xrightarrow{d} N(0, \sigma^2) \tag{8.3}$$

即当 n 较大时, 随机变量 $\sqrt{n}(\overline{X}_n - \mu)$ 的分布函数近似为 $N(0,\sigma^2)$. 有时利用中心极限定理去近似非标准化统计量 $\overline{X}_n$ 的分布, 记为

$$\overline{X}_n \underset{a}{\sim} N\left(\mu, \frac{\sigma^2}{n}\right) \tag{8.4}$$

在数学上, 式 (8.4) 与式 (8.3) 没有差别. 式 (8.4) 是一种非正式的解释性陈述. 它表明 $\overline{X}_n$ 的渐近分布为 $N(\mu, \sigma^2/n)$. "a" 表示等式左边的近似 (重新标准化后的渐近) 分布是等式右边.

例 1   若 $X \sim \text{exponential}(\lambda)$, 则 $\overline{X}_n \underset{a}{\to} N(\lambda, \lambda^2/n)$. 如当 $\lambda = 5$ 和 $n = 100$ 时, $\overline{X}_n \underset{a}{\sim} N(5, 1/4)$.

例 2   当 $X \sim \text{gamma}(2,1)$ 和 $n = 500$ 时, $\overline{X}_n \underset{a}{\to} N(2, 1/250)$.

例 3   时薪. 由 $\mu = 24$, $\sigma^2 = 430$, $n = 1000$, 得 $\overline{a} \sim N(24, 0.43)$. 利用此方法计算 7.8 节的问题: 需要多大的样本量 n, 使得 $\overline{X}_n$ 和真实均值相差在 1 美元之内? 渐近正态性表明, 若 $n = 2\,862$, 则 $1/\text{sd}(\overline{X}_n) = \sqrt{2\,862/430} = 2.58$. 利用正态表, 得

$$\mathbb{P}[|\overline{X}_n - \mu| \geqslant 1] \underset{a}{\sim} \mathbb{P}[|N(0,1)| \geqslant 2.58] = 0.01$$

渐近近似表明样本量 $n = 2\,862$ 对此精度已经足够. 这与利用切比雪夫不等式得到的样本量 $n = 43\,000$ 有很大的不同.

8.8   多元中心极限定理

设 $\boldsymbol{Z}_n \in \mathbb{R}^k$ 是随机向量, 定义随机向量的依分布收敛: 联合分布函数收敛到某个极限分布.

多元收敛性可利用下述定理转换为一元收敛性.

定理 8.4   Cramér-Wold 方法 (Cramér-Wold device). $\boldsymbol{Z}_n \underset{d}{\to} \boldsymbol{Z}$ 成立当且仅当 $\boldsymbol{\lambda}'\boldsymbol{Z}_n \to \boldsymbol{\lambda}'\boldsymbol{Z}$ 对任意的 $\boldsymbol{\lambda} \in \mathbb{R}^k$ 都成立, 其中 $\boldsymbol{\lambda}'\boldsymbol{\lambda} = 1$.

考虑向量值观测值 $\boldsymbol{X}_i$ 和样本均值 $\overline{\boldsymbol{X}}_n$. $\overline{\boldsymbol{X}}_n$ 的均值为 $\boldsymbol{\mu} = \mathbb{E}[\boldsymbol{X}]$, 方差为 $n^{-1}\boldsymbol{\Sigma}$, 其中 $\boldsymbol{\Sigma} = \mathbb{E}[(\boldsymbol{X} - \boldsymbol{\mu})(\boldsymbol{X} - \boldsymbol{\mu})']$. 对 $\overline{\boldsymbol{X}}_n$ 做变换使其均值和方差不依赖于 n. 令 $\boldsymbol{Z}_n = \sqrt{n}(\overline{\boldsymbol{X}}_n - \boldsymbol{\mu})$, 其均值为 0, 方差为 $\boldsymbol{\Sigma}$, 都与 n 无关.

利用定理 8.4 得到定理 8.3 的多元版本.

定理 8.5   多元 Lindeberg-Lévy 中心极限定理. 若 $\boldsymbol{X}_i \in \mathbb{R}^k$ 独立同分布. 且 $\mathbb{E}||\boldsymbol{X}||^2 < \infty$, 则当 $n \to \infty$ 时, 有

$$\sqrt{n}(\overline{\boldsymbol{X}}_n - \boldsymbol{\mu}) \underset{d}{\to} N(\boldsymbol{0}, \boldsymbol{\Sigma})$$

其中 $\boldsymbol{\mu} = \mathbb{E}[\boldsymbol{X}]$ 和 $\boldsymbol{\Sigma} = \mathbb{E}[(\boldsymbol{X} - \boldsymbol{\mu})(\boldsymbol{X} - \boldsymbol{\mu})']$.

定理 8.4 和定理 8.5 的证明见 8.15 节.

8.9　delta 方法

本节介绍两个工具——拓展连续映射定理和 delta 方法. 我们常用 delta 方法计算嵌入式估计量 $\hat{\beta} = h(\hat{\theta})$ 的渐近分布, 其中 θ 和 β 可以是向量, 即 β 是包含多元输入的多元变换.

首先介绍拓展连续映射定理, 它保持了依分布收敛. 下述定理非常重要, 但表述有些复杂, 请耐心一些.

定理 8.6　连续映射定理. 若 $\boldsymbol{Z}_n \underset{d}{\to} \boldsymbol{Z}$, $n \to \infty$, 且 $h : \mathbb{R}^m \to \mathbb{R}^k$ 包含不连续点 D_h, 即 $\mathbb{P}[\boldsymbol{Z} \in D_h] = 0$, 则 $h(\boldsymbol{Z}_n) \underset{d}{\to} h(\boldsymbol{Z})$, $n \to \infty$.

由于证明需要更深入的理论, 本书不提供该定理的证明. 见 van der Varrt (1998) 的定理 2.3. 在计量经济学中, 该定理通常被称为**连续映射定理** (continuous mapping theorem). 该定理首先由 Mann 和 Wald (1943) 证明, 故也称为 **Mann-Wald 定理**.

定理 8.6 的条件似乎很复杂, 简单地说, 若 h 是连续的, 则 $h(Z_n) \underset{d}{\to} h(Z)$, 即连续变换保持依分布收敛性. 该性质在实际应用中非常有用. 大多数统计量 (近似) 是样本均值的函数. 由中心极限定理可知, 样本均值是渐近正态的. 由连续映射定理可推出样本均值函数的渐近分布.

定理 8.6 中的复杂条件允许 h 是不连续的, 但在不连续点取值的概率为 0. 例如, 考虑函数 $h(u) = u^{-1}$. 在 $u = 0$ 处, $h(u)$ 不连续. 但若其极限分布为零的概率为 0 (中心极限定理中的情况), 则 $h(u)$ 满足定理 8.6 的条件. 因此, 若 $Z_n \underset{d}{\to} Z \sim N(0, 1)$, 则 $Z_n^{-1} \underset{d}{\to} Z^{-1}$.

一个连续映射定理的特例是 Slutsky 定理.

定理 8.7　Slutsky 定理 (Slutsky's theorem). 若 $Z_n \underset{d}{\to} Z$ 且 $c_n \underset{p}{\to} c$, $n \to \infty$, 则

1. $Z_n + c_n \underset{d}{\to} Z + c$.
2. $Z_n c_n \underset{d}{\to} Zc$.
3. $\dfrac{Z_n}{c_n} \underset{d}{\to} \dfrac{Z}{c}$, 其中 $c \neq 0$.

尽管 Slutsky 定理只是连续映射定理的一个特例, 但它非常有用. 因为 Slutsky 定理给出了加、乘和除的情况.

虽然已知 $\hat{\theta}$ 的渐近分布, 嵌入式估计量 $\hat{\beta} = h(\hat{\theta})$ 是 $\hat{\theta}$ 的函数, 但是定理 8.6 并没有直接给出 $\hat{\beta}$ 的渐近分布. 这是因为 $\hat{\beta} = h(\hat{\theta})$ 是 $\hat{\theta}$ 的函数, 而不是标准化序列 $\sqrt{n}(\hat{\theta} - \theta)$ 的函数. 我们需要一个中间步骤: 一阶泰勒级数展开. 这一步在统计理论中非常关键, 称

为 delta 方法.

定理 8.8   delta 方法 (delta method). 若 $\sqrt{n}(\hat{\boldsymbol{\theta}} - \boldsymbol{\theta}) \underset{d}{\to} \xi$ 且 $h(\boldsymbol{u})$ 在 $\boldsymbol{\theta}$ 的邻域内是连续可微的, 则当 $n \to \infty$ 时,

$$\sqrt{n}\big(h(\hat{\boldsymbol{\theta}}) - h(\boldsymbol{\theta})\big) \underset{d}{\to} N(\boldsymbol{0}, \boldsymbol{H}'\xi) \tag{8.5}$$

其中 $\boldsymbol{H}(\boldsymbol{u}) = \dfrac{\partial}{\partial \boldsymbol{u}} h(\boldsymbol{u})'$ 和 $\boldsymbol{H} = \boldsymbol{H}(\boldsymbol{\theta})$. 特别地, 若 $\xi \sim N(\boldsymbol{0}, \boldsymbol{V})$, 则当 $n \to \infty$ 时, 有

$$\sqrt{n}\big(h(\hat{\boldsymbol{\theta}}) - h(\boldsymbol{\theta})\big) \underset{d}{\to} N(\boldsymbol{0}, \boldsymbol{H}'\boldsymbol{V}\boldsymbol{H}) \tag{8.6}$$

当 θ 和 h 是标量时, 式 (8.6) 记为

$$\sqrt{n}\big(h(\hat{\theta}) - h(\theta)\big) \underset{d}{\to} N\big(0, \big(h'(\theta)\big)^2 V\big).$$

证明见 8.15 节.

8.10   delta 方法的例子

设 X 为一维随机变量, 且其方差有限, 有 $\sqrt{n}(\overline{X}_n - \mu) \underset{d}{\to} N(0, \sigma^2)$. 由 delta 方法可推出如下结论:

1. $\sqrt{n}\big(\overline{X}_n^2 - \mu^2\big) \underset{d}{\to} N(0, (2\mu)^2 \sigma^2)$.

2. $\sqrt{n}\big(\exp(\overline{X}_n) - \exp(\mu)\big) \underset{d}{\to} N(0, \exp(2\mu)\sigma^2)$.

3. 对 $X > 0$, 有 $\sqrt{n}\big(\log(\overline{X}_n) - \log(\mu)\big) \underset{d}{\to} N(0, \frac{\sigma^2}{\mu^2})$.

设 X 和 Y 是二元随机变量, 且其方差有限, 有

$$\sqrt{n}\left(\begin{array}{c} \overline{X}_n - \mu_X \\ \overline{Y}_n - \mu_Y \end{array} \right) \underset{d}{\to} N(\boldsymbol{0}, \boldsymbol{\Sigma}).$$

由 delta 方法可得

1. $\sqrt{n}(\overline{X}_n \overline{Y}_n - \mu_X \mu_Y) \underset{d}{\to} N(0, \boldsymbol{h}'\boldsymbol{\Sigma}\boldsymbol{h})$, 其中 $\boldsymbol{h} = \begin{pmatrix} \mu_Y \\ \mu_X \end{pmatrix}$.

2. 若 $\mu_Y \neq 0$, 则 $\sqrt{n}\left(\dfrac{\overline{X}_n}{\overline{Y}_n} - \dfrac{\mu_X}{\mu_Y} \right) \underset{d}{\to} N(0, \boldsymbol{h}'\boldsymbol{\Sigma}\boldsymbol{h})$, 其中 $\boldsymbol{h} = \begin{pmatrix} 1/\mu_Y \\ -\mu_X/\mu_Y^2 \end{pmatrix}$.

3. $\sqrt{n}\big(\overline{X}_n^2 + \overline{X}_n \overline{Y}_n - (\mu_X^2 + \mu_X \mu_Y)\big) \underset{d}{\to} N(0, \boldsymbol{h}'\boldsymbol{\Sigma}\boldsymbol{h})$, 其中 $\boldsymbol{h} = \begin{pmatrix} 2\mu_X + \mu_Y \\ \mu_X \end{pmatrix}$.

8.11 嵌入式估计量的渐近分布

利用 delta 方法推导 β 嵌入式估计量 $\hat{\beta}$ 的渐近分布.

定理 8.9 假设 $\boldsymbol{X}_i \in \mathbb{R}^m$ 是独立同分布的, $\boldsymbol{\theta} = \mathbb{E}[g(\boldsymbol{X})] \in \mathbb{R}^l$, $\boldsymbol{\beta} = h(\boldsymbol{\theta}) \in \mathbb{R}^k$, $\mathbb{E}[\|g(\boldsymbol{X})\|^2] < \infty$ 和 $\boldsymbol{H}(\boldsymbol{u}) = \dfrac{\partial}{\partial \boldsymbol{u}} h(\boldsymbol{u})'$ 在 $\boldsymbol{\theta}$ 的邻域内连续. 令 $\hat{\boldsymbol{\beta}} = h(\hat{\boldsymbol{\theta}})$, 其中 $\hat{\boldsymbol{\theta}} = \dfrac{1}{n} \sum_{i=1}^{n} g(\boldsymbol{X}_i)$, 则当 $n \to \infty$ 时, 有

$$\sqrt{n}(\hat{\boldsymbol{\beta}} - \boldsymbol{\beta}) \underset{d}{\to} N(\boldsymbol{0}, \boldsymbol{V}_{\boldsymbol{\beta}})$$

其中 $\boldsymbol{V}_{\boldsymbol{\beta}} = \boldsymbol{H}' \boldsymbol{V} \boldsymbol{H}$, $\boldsymbol{V} = \mathbb{E}[(g(\boldsymbol{X}) - \boldsymbol{\theta})(g(\boldsymbol{X}) - \boldsymbol{\theta})']$, $\boldsymbol{H} = \boldsymbol{H}(\boldsymbol{\theta})$.

定理 7.8 证明了 β 的估计量 $\hat{\beta}$ 的相合性. 定理 8.9 证明了估计量的渐近正态性. 比较这些结果所需的条件是很有意义的. 相合性要求 $g(\boldsymbol{X})$ 的均值有限, 渐近正态性要求该变量的方差有限. 相合性要求 $h(u)$ 连续, 渐近正态性要求 $h(u)$ 连续可微.

8.12 协方差矩阵的估计

为了利用定理 8.9 中的渐近分布, 需要渐近协方差矩阵 $\boldsymbol{V}_{\boldsymbol{\beta}} = \boldsymbol{H}' \boldsymbol{V} \boldsymbol{H}$ 的估计量. 一个简单的嵌入式估计量为

$$\hat{\boldsymbol{V}}_{\boldsymbol{\beta}} = \hat{\boldsymbol{H}}' \hat{\boldsymbol{V}} \hat{\boldsymbol{H}}$$

$$\hat{\boldsymbol{H}} = \boldsymbol{H}(\hat{\boldsymbol{\theta}})$$

$$\hat{\boldsymbol{V}} = \frac{1}{n-1} \sum_{i=1}^{n} (g(\boldsymbol{X}_i) - \hat{\boldsymbol{\theta}})(g(\boldsymbol{X}_i) - \hat{\boldsymbol{\theta}})'$$

在定理 8.9 的假设下, 由弱大数定理可得 $\hat{\boldsymbol{\theta}} \underset{p}{\to} \boldsymbol{\theta}$ 和 $\hat{\boldsymbol{V}} \underset{p}{\to} \boldsymbol{V}$. 由连续映射定理可得 $\hat{\boldsymbol{H}} \underset{p}{\to} \boldsymbol{H}$ 和 $\hat{\boldsymbol{V}}_{\boldsymbol{\beta}} = \hat{\boldsymbol{H}}' \hat{\boldsymbol{V}} \hat{\boldsymbol{H}} \underset{p}{\to} \boldsymbol{H}' \boldsymbol{V} \boldsymbol{H} = \boldsymbol{V}_{\boldsymbol{\beta}}$. 我们已经证明了 $\hat{\boldsymbol{V}}_{\boldsymbol{\beta}}$ 是 $\boldsymbol{V}_{\boldsymbol{\beta}}$ 的相合估计.

定理 8.10 在定理 8.9 的假设下, 当 $n \to \infty$ 时, 有 $\hat{\boldsymbol{V}}_{\boldsymbol{\beta}} \underset{p}{\to} \boldsymbol{V}_{\boldsymbol{\beta}}$.

8.13 t 比

当 $k = 1$ 时, 结合定理 8.9 和定理 8.10 可得学生 t 统计量的渐近分布

$$T = \frac{\sqrt{n}(\hat{\beta} - \beta)}{\sqrt{\hat{V}_{\beta}}} \underset{d}{\to} \frac{N(0, V_{\beta})}{\sqrt{V_{\beta}}} \sim N(0, 1) \tag{8.7}$$

最后一个等号利用了正态随机变量的仿射变换也是正态的 (定理 5.15).

定理 8.11   在定理 8.9 的假设下, 当 $n \to \infty$ 时, $T \underset{d}{\to} N(0,1)$.

8.14   随机排序记号

对依概率收敛到 0 或随机有界的随机变量或向量, 使用简单的记号是方便的. 本节将介绍一些最常用的记号.

首先, 回顾一些刻画非随机收敛性和有界性的记号. 令 x_n 和 a_n $(n = 1, 2, \cdots)$ 为非随机序列. 记号

$$x_n = o(1)$$

(发音为 "小 o 1") 等价于 $x_n \to 0$, $n \to \infty$. 记号

$$x_n = o(a_n)$$

等价于 $a_n^{-1} x_n \to 0$, $n \to \infty$. 记号

$$x_n = O(1)$$

(发音为 "大 O 1") 等价于 x_n 是关于 n 一致有界的: 存在 $M < \infty$, 使得对任意的 n, 都有 $|x_n| \leqslant M$. 记号

$$x_n = O(a_n)$$

等价于 $a_n^{-1} x_n = O(1)$.

现介绍随机变量序列的相似概念. 令 Z_n 和 a_n $(n = 1, 2, \cdots)$ 分别为随机变量序列和数列. 记号

$$Z_n = o_p(1)$$

(发音为 "小 $o - P$ 1") 等价于 $Z_n \underset{p}{\to} 0$, $n \to \infty$. 例如, 对任意 θ 的相合估计量 $\hat{\theta}$, 记

$$\hat{\theta} = \theta + o_p(1)$$

记号

$$Z_n = o_p(a_n)$$

等价于 $a_n^{-1} Z_n = o_p(1)$.

同样地, 记号 $Z_n = O_p(1)$ (发音为 "大 $O - P$ 1") 表示 Z_n 依概率有界, 即对任意的 $\epsilon > 0$, 存在常数 $M_\epsilon < \infty$, 使得

$$\limsup_{n \to \infty} \mathbb{P}[|Z_n| > M_\epsilon] \leqslant \epsilon$$

记号

$$Z_n = O_p(a_n)$$

等价于 $a_n^{-1} Z_n = O_p(1)$.

$O_p(1)$ 比 $o_p(1)$ 更弱, 即 $Z_n = o_p(1)$ 可推出 $Z_n = O_p(1)$, 但反之不成立. 然而, 若 $Z_n = O_p(a_n)$, 则对任意满足 $a_n/b_n \to 0$ 的 b_n, 都有 $Z_n = o_p(b_n)$.

若随机变量 Z_n 依分布收敛, 则 $Z_n = O_p(1)$. 对满足定理 8.9 收敛性的估计量 $\hat{\beta}$, 有

$$\hat{\beta} = \beta + O_p(n^{-1/2}) \tag{8.8}$$

即估计量 $\hat{\beta}$ 等于真实的系数 β 加一个随机项. 该随机项乘以 $n^{1/2}$ 是依概率有界的. 式 (8.8) 等价于

$$n^{1/2}(\hat{\beta} - \beta) = O_p(1)$$

另一个有用的性质是, 若随机序列的矩有界, 则它们是随机有界的.

定理 8.12 若 Z_n 是随机变量, 且存在序列 a_n, 当 $\delta > 0$ 时, 有

$$\mathbb{E}|Z_n|^\delta = O(a_n)$$

则

$$Z_n = O_p(a_n^{1/\delta})$$

同样地, 由 $\mathbb{E}|Z_n|^\delta = o(a_n)$ 可推出 $Z_n = o_p(a_n^{1/\delta})$.

证明 由假设可知, 存在 $M < \infty$, 对任意的 n, 使得 $\mathbb{E}|Z_n|^\delta \leqslant Ma_n$ 成立. 对任意的 $\epsilon > 0$, 令 $B = \left(\dfrac{M}{\epsilon}\right)^{1/\delta}$. 利用马尔可夫不等式 (定理 7.3),

$$\mathbb{P}\left[a_n^{-1/\delta}|Z_n| > B\right] = \mathbb{P}\left[|Z_n|^\delta > \frac{Ma_n}{\epsilon}\right] \leqslant \frac{\epsilon}{Ma_n}\mathbb{E}|Z_n|^\delta \leqslant \epsilon$$

命题得证. ∎

利用连续映射定理和 Slutsky 定理可推出许多 $o_p(1)$ 和 $O_p(1)$ 的简单运算结果. 例如,

$$o_p(1) + o_p(1) = o_p(1)$$

$$o_p(1) + O_p(1) = O_p(1)$$

$$O_p(1) + O_p(1) = O_p(1)$$

$$o_p(1)o_p(1) = o_p(1)$$

$$o_p(1)O_p(1) = o_p(1)$$

$$O_p(1)O_p(1) = O_p(1)$$

8.15 技术证明*

定理 8.2 证明　不利用幂级数展开式 (8.2), 而使用均值展开

$$K(s) = K(0) + sK'(0) + \frac{s^2}{2}K''(s^*)$$

其中 s^* 介于 0 和 s 之间. 由于 $\mathbb{E}[X^2] < \infty$, 二阶导数 $K''(s)$ 在 0 处连续, 所以对较小的 s, 展开有效. 由 $K(0) = K'(0) = 0$ 得 $K(s) = \frac{s^2}{2}K''(s^*)$. 将其代入式 (8.1), 得

$$K_n(t) = nK\left(\frac{t}{\sqrt{n}}\right) = \frac{t^2}{2}K''\left(\frac{t^*}{\sqrt{n}}\right)$$

其中 t^* 介于 0 和 $t/\sqrt{n}$ 之间. 对任意的 t, 当 $n \to \infty$ 时, $t/\sqrt{n} \to 0$, 且 $K''(t^*/\sqrt{n}) \to K''(0) = \sigma^2$. 此时, 有

$$K_n(t) \to \frac{t^2\sigma^2}{2}$$

因此, $M_n(t) \to \exp(t^2\sigma^2/2)$. ∎

定理 8.4 证明　由 Lévy 连续定理 (定理 8.1) 可知, $\boldsymbol{Z}_n \underset{d}{\to} \boldsymbol{Z}$ 成立当且仅当 $\mathbb{E}[\exp(i\boldsymbol{s}'\boldsymbol{Z}_n)] \to \mathbb{E}[\exp(i\boldsymbol{s}'\boldsymbol{Z})]$ 对任意的 $\boldsymbol{s} \in \mathbb{R}^k$ 成立. 记 $\boldsymbol{s} = t\boldsymbol{\lambda}$, 其中 $t \in \mathbb{R}$, $\boldsymbol{\lambda} \in \mathbb{R}^k$ 且 $\boldsymbol{\lambda}'\boldsymbol{\lambda} = 1$. 因此, 收敛性成立当且仅当 $\mathbb{E}[\exp(it\boldsymbol{\lambda}'\boldsymbol{Z}_n)] \to \mathbb{E}[\exp(it\boldsymbol{\lambda}'\boldsymbol{Z})]$ 对 $t \in \mathbb{R}$, $\boldsymbol{\lambda} \in \mathbb{R}^k$ 成立, 其中 $\boldsymbol{\lambda}'\boldsymbol{\lambda} = 1$. 再次利用 Lévy 连续定理, 上式成立当且仅当 $\boldsymbol{\lambda}'\boldsymbol{Z}_n \underset{d}{\to} \boldsymbol{\lambda}'\boldsymbol{Z}$ 对任意的 $\boldsymbol{\lambda} \in \mathbb{R}^k$ 成立, 其中 $\boldsymbol{\lambda}'\boldsymbol{\lambda} = 1$. ∎

定理 8.5 证明　令 $\boldsymbol{\lambda} \in \mathbb{R}^k$, 其中 $\boldsymbol{\lambda}'\boldsymbol{\lambda} = 1$. 定义 $U_i = \boldsymbol{\lambda}'(\boldsymbol{X}_i - \boldsymbol{\mu})$, 则 U_i 是独立同分布的且 $\mathbb{E}[U^2] = \boldsymbol{\lambda}'\boldsymbol{\Sigma}\boldsymbol{\lambda} < \infty$. 利用定理 8.3, 得

$$\boldsymbol{\lambda}'\sqrt{n}(\overline{\boldsymbol{X}}_n - \boldsymbol{\mu}) = \frac{1}{\sqrt{n}}\sum_{i=1}^{n}U_i \underset{d}{\to} N(0, \boldsymbol{\lambda}'\boldsymbol{\Sigma}\boldsymbol{\lambda})$$

注意, 若 $\boldsymbol{Z} \sim N(\boldsymbol{0}, \boldsymbol{\Sigma})$, 则 $\boldsymbol{\lambda}'\boldsymbol{Z} \sim N(0, \boldsymbol{\lambda}'\boldsymbol{\Sigma}\boldsymbol{\lambda})$. 故

$$\boldsymbol{\lambda}'\sqrt{n}(\overline{\boldsymbol{X}}_n - \boldsymbol{\mu}) \underset{d}{\to} \boldsymbol{\lambda}'\boldsymbol{Z}$$

由于该式对任意的 $\boldsymbol{\lambda}$ 成立, 定理 8.4 的条件满足, 可得

$$\sqrt{n}(\overline{\boldsymbol{X}}_n - \boldsymbol{\mu}) \underset{d}{\to} \boldsymbol{Z} \sim N(\boldsymbol{0}, \boldsymbol{\Sigma})$$

命题得证.

定理 8.8 证明 利用向量的泰勒展开, 对每个元素 h,

$$h_j(\boldsymbol{\theta}_n) = h_j(\boldsymbol{\theta}) + h_{j\theta}(\boldsymbol{\theta}_{jn}^*)(\boldsymbol{\theta}_n - \boldsymbol{\theta})$$

其中 $\boldsymbol{\theta}_{nj}^*$ 落在 $\boldsymbol{\theta}_n$ 和 $\boldsymbol{\theta}$ 的线段内, 所以依概率收敛到 $\boldsymbol{\theta}$. 由此得, $a_{jn} = h_{j\theta}(\boldsymbol{\theta}_{jn}^*) - h_{j\theta} \underset{p}{\to} 0$.
联合考虑 h, 计算

$$\sqrt{n}(h(\boldsymbol{\theta}_n) - h(\boldsymbol{\theta})) = (\boldsymbol{H} + \boldsymbol{a}_n)' \sqrt{n}(\boldsymbol{\theta}_n - \boldsymbol{\theta}) \underset{d}{\to} \boldsymbol{H}'\boldsymbol{\xi} \tag{8.9}$$

利用定理 8.6 证明收敛性, 即由 $\boldsymbol{H} + \boldsymbol{a}_n \underset{d}{\to} \boldsymbol{H}$, $\sqrt{n}(\boldsymbol{\theta}_n - \boldsymbol{\theta}) \underset{d}{\to} \boldsymbol{\xi}$, 且二者的乘积是连续的, 得式 (8.5) 成立.

当 $\boldsymbol{\xi} \sim N(\boldsymbol{0}, \boldsymbol{V})$ 时, 式 (8.9) 的右边等于

$$\boldsymbol{H}'\boldsymbol{\xi} = \boldsymbol{H}'N(\boldsymbol{0}, \boldsymbol{V}) = N(\boldsymbol{0}, \boldsymbol{H}'\boldsymbol{V}\boldsymbol{H})$$

即式 (8.6) 成立.

习题

所有的习题均假设独立随机变量的样本有 n 个观测值.

8.1 令 X 为伯努利随机变量, 其中 $\mathbb{P}[X = 1] = p$ 和 $\mathbb{P}[X = 0] = 1 - p$.
   (a) 证明 $p = \mathbb{E}[X]$.
   (b) 计算 p 的矩估计量 $\hat{p}$.
   (c) 计算 $\mathrm{var}[\hat{p}]$.
   (d) 推导当 $n \to \infty$ 时, $\sqrt{n}(\hat{p} - p)$ 的渐近分布.

8.2 计算 $\mu_2' = \mathbb{E}[X^2]$ 的矩估计量 $\hat{\mu}_2'$. 证明存在 ν 使得 $\sqrt{n}(\hat{\mu}_2' - \mu_2') \underset{d}{\to} N(0, \nu^2)$ 成立. 证明 ν^2 是 X 的矩的函数.

8.3 计算 $\mu_3' = \mathbb{E}[X^3]$ 的矩估计量 $\hat{\mu}_3'$. 证明存在 ν 使得 $\sqrt{n}(\hat{\mu}_3' - \mu_3') \underset{d}{\to} N(0, \nu^2)$ 成立. 证明 ν^2 是 X 的矩的函数.

8.4 令 $\mu_k' = \mathbb{E}[X^k]$, $k \geqslant 1$ 为整数. 设 $\mathbb{E}[X^{2k}] < \infty$.

(a) 计算 μ'_k 的矩估计量 $\hat{\mu}'_k$.

(b) 推导当 $n \to \infty$ 时, $\sqrt{n}(\hat{\mu}'_k - \mu'_k)$ 的渐近分布.

8.5 令 X 服从参数 $\lambda = 1$ 的指数分布.

(a) 计算 X 分布的前四个累积值.

(b) 利用 8.4 节的公式计算 $Z_n = \sqrt{n}(\overline{X}_n - \mu)$ 的三阶矩和四阶矩, 其中 $n = 10$, 100, 1000.

(c) 当 n 取多大时, 三阶矩和四阶矩 "接近" 正态分布的三阶矩和四阶矩? (你自己来评估接近程度.)

8.6 令 $m_k = \left(\mathbb{E}|X|^k\right)^{1/k}$, 其中 $k \geqslant 1$ 为整数.

(a) 求出 m_k 的一个估计量 $\hat{m}_k$.

(b) 推导 $n \to \infty$ 时, $\sqrt{n}(\hat{m}_k - m_k)$ 的渐近分布.

8.7 设 $\sqrt{n}(\hat{\theta} - \theta) \underset{d}{\to} N(0, \nu^2)$. 利用 delta 方法计算下列统计量的渐近分布:

(a) $\hat{\theta}^2$.

(b) $\hat{\theta}^4$.

(c) $\hat{\theta}^k$.

(d) $\hat{\theta}^2 + \hat{\theta}^3$.

(e) $\dfrac{1}{1 + \hat{\theta}^2}$.

(f) $\dfrac{1}{1 + \exp(-\hat{\theta})}$.

8.8 设

$$\sqrt{n} \begin{pmatrix} \hat{\theta}_1 - \theta_1 \\ \hat{\theta}_2 - \theta_2 \end{pmatrix} \underset{d}{\to} N(\boldsymbol{0}, \boldsymbol{\Sigma}).$$

利用 delta 方法计算下列统计量的渐近分布:

(a) $\hat{\theta}_1 \hat{\theta}_2$.

(b) $\exp(\hat{\theta}_1 + \hat{\theta}_2)$.

(c) 当 $\theta_2 \neq 0$ 时, $\hat{\theta}_1 / \hat{\theta}_2^2$.

(d) $\hat{\theta}_1^3 + \hat{\theta}_1 \hat{\theta}_2^2$.

8.9 设 $\sqrt{n}(\hat{\theta} - \theta) \underset{d}{\to} N(0, \nu^2)$. 令 $\beta = \theta^2$ 和 $\hat{\beta} = \hat{\theta}^2$.

(a) 利用 delta 方法推导 $\sqrt{n}(\hat{\beta} - \beta)$ 的渐近分布.

(b) 描述当 $\theta = 0$ 时 (a) 中的渐近分布.

(c) 利用 (b) 的结果继续推导 $\theta = 0$ 的情况下 $n\hat{\beta} = n\hat{\theta}^2$ 的渐近分布.

(d) 比较 (a) 和 (c) 结果的差异.

8.10 令 $X \sim U[0,b]$ 和 $M_n = \max_{i \leqslant n} X_i$. 利用下列步骤推导渐近分布.

(a) 计算 $U[0,b]$ 的分布 $F(x)$.

(b) 证明

$$Z_n = n(M_n - b) = n\left(\max_{1 \leqslant i \leqslant n} X_i - b\right) = \max_{1 \leqslant i \leqslant n} n(X_i - b)$$

(c) 证明 Z_n 的累积分布函数为

$$G_n(x) = \mathbb{P}[Z_n \leqslant x] = \left(F\left(b + \frac{x}{n}\right)\right)^n$$

(d) 推导当 $n \to \infty$ 时, $G_n(x)$ 的极限, 其中 $x < 0$.

提示: 利用 $\lim_{n \to \infty} \left(1 + \frac{x}{n}\right)^n = \exp(x)$.

(e) 推导当 $n \to \infty$ 时, $G_n(x)$ 的极限, 其中 $x \geqslant 0$.

(f) 推导当 $n \to \infty$ 时, Z_n 的渐近分布.

8.11 令 $X \sim \text{exponential}(1)$ 和 $M_n = \max_{1 \leqslant i \leqslant n} X_i$. 推导 $Z_n = M_n - \log n$ 的渐近分布. 利用习题 8.10 中的类似步骤.

第 9 章　高等渐近理论 *

9.1　引言

本章介绍高等渐近理论. 如果你对计量经济学感兴趣, 这些理论会非常有用. 但是如果你对实证研究感兴趣, 这些理论就不那么有用. 读者可以选择学习本章. 对计量经济学理论感兴趣的学生需要详细地阅读本章. 本章介绍异方差随机变量的中心极限定理、一致中心极限定理、一致随机有界、矩的收敛性和高阶展开. 高阶展开不会在本书使用, 但却是**自助推断** (bootstrap inference) 渐近理论的核心. 自助推断将在《计量经济学》中介绍.

本章没有习题. 除非另有说明, 证明都在 9.11 节.

9.2　异方差中心极限定理

某些形式的中心极限定理允许异方差的分布.

定理 9.1　Lindeberg 中心极限定理 (Lindeberg central limit theorem). 设对每个 n, X_{ni} $(i = 1, 2, \cdots, r_n)$ 是独立的但分布不同, 其期望为 $\mathbb{E}[X_{ni}] = 0$, 方差为 $\mathbb{E}[X_{ni}^2]$. 设 $\overline{\sigma}_n^2 = \sum\limits_{i=1}^{r_n} \sigma_{ni}^2 > 0$, 且对任意的 $\epsilon > 0$, 都有

$$\lim_{n \to \infty} \frac{1}{\overline{\sigma}_n^2} \sum_{i=1}^{r_n} \mathbb{E}[X_{ni}^2 \mathbb{1}\{X_{ni}^2 \geqslant \epsilon \overline{\sigma}_n^2\}] = 0 \tag{9.1}$$

则当 $n \to \infty$ 时, 有

$$\frac{\sum\limits_{i=1}^{r_n} X_{ni}}{\overline{\sigma}_n} \xrightarrow{d} N(0, 1)$$

Lindeberg 中心极限定理的证明需要复杂的统计理论, 在此省略, 证明见 Billingsley (1995, 定理 27.2).

当把随机变量视为数组 (以 i 和 n 为下标) 或存在异方差时, 计量经济学家常使用 Lindeberg 中心极限定理. 在实际应用中, 该定理并没有特别之处.

Lindeberg 中心极限定理具有一般性, 它对期望和方差的序列强加最低条件. 关键假设是式 (9.1), 被称为 **Lindeberg 条件** (Lindeberg's condition). 该公式的原始形式很难去解释. 直观上, 式 (9.1) 排除了任意的单一观测值对渐近分布的控制. 由于式 (9.1) 非常抽象, 在很多情况中, 常使用更简单和易解释的条件. 下述所有的条件假设 $r_n = n$.

例如, **Lyapunov 条件** (Lyapunov's condition): 存在 $\delta > 0$, 使得

$$\lim_{n \to \infty} \frac{1}{\overline{\sigma}_n^{2+\delta}} \sum_{i=1}^{n} \mathbb{E}|X_{ni}|^{2+\delta} = 0 \tag{9.2}$$

Lyapunov 条件可推出 Lindeberg 条件, 由此得中心极限定理. 事实上, 利用式 (9.2) 可推出式 (9.1) 的上界:

$$\lim_{n \to \infty} \frac{1}{\overline{\sigma}_n^2} \sum_{i=1}^{n} \mathbb{E}\left[\frac{|X_{ni}|^{2+\delta}}{|X_{ni}|^{\delta}} \mathbb{1}\{X_{ni}^2 \geqslant \epsilon \overline{\sigma}_n^2\}\right]$$

$$\leqslant \lim_{n \to \infty} \frac{1}{\epsilon^{\delta/2} \overline{\sigma}_n^{2+\delta}} \sum_{i=1}^{n} \mathbb{E}|X_{ni}|^{2+\delta}$$

$$= 0$$

Lyapunov 条件仍然很难解释. 一个更简单的条件是考虑一致矩的界: 存在 $\delta > 0$, 使得

$$\sup_{n,i} \mathbb{E}|X_{ni}|^{2+\delta} < \infty \tag{9.3}$$

通常将其与方差下界组合, 得

$$\liminf_{n \to \infty} \frac{\overline{\sigma}_n^2}{n} > 0 \tag{9.4}$$

二者结合可推出 Lyapunov 条件. 注意, 由式 (9.3) 和式 (9.4) 得, 存在 $C < \infty$ 使得 $\sup_{n,i} \mathbb{E}[|X_{ni}|^{2+\delta}] \leqslant C$ 且 $\liminf_{n \to \infty} n^{-1}\overline{\sigma}_n^2 \geqslant C^{-1}$. 不失一般性, 设 $\mu_{ni} = 0$, 则式 (9.2) 的左边为

$$\lim_{n \to \infty} \frac{C^{2+\delta/2}}{n^{\delta/2}} = 0$$

Lyapunov 条件满足. 故中心极限定理也成立.

式 (9.4) 的另一种表达是假设方差的平均收敛到某个常数：

$$\frac{\overline{\sigma}_n^2}{n} = n^{-1} \sum_{i=1}^{n} \sigma_{ni}^2 \to \sigma^2 < \infty \tag{9.5}$$

该假设可应用在许多情景中.

现考虑基于 Lindeberg 中心极限定理异方差中心极限定理. 这是最简单和常用的异方差中心极限定理之一.

定理 9.2 设 X_{ni} 独立但不同分布, 条件式 (9.3) 和式 (9.5) 都成立, 则当 $n \to \infty$ 时, 有

$$\sqrt{n}(\overline{X}_n - \mathbb{E}[\overline{X}_n]) \underset{d}{\to} N(0, \sigma^2)$$

定理 9.2 的优势是允许 $\sigma^2 = 0$ (与定理 9.1 不同).

9.3 多元异方差中心极限定理

下面将定理 9.1 推广到多元情况.

定理 9.3 多元 Lindeberg 中心极限定理 (Multivariate Lindeberg CLT). 设对任意的 n, $\boldsymbol{X}_{ni} \in \mathbb{R}^k$ $(i = 1, 2, \cdots, r_n)$ 独立但不同分布, 其期望为 $\mathbb{E}[\boldsymbol{X}_{ni}] = 0$, 协方差矩阵为 $\boldsymbol{\Sigma}_{ni} = \mathbb{E}[\boldsymbol{X}_{ni}\boldsymbol{X}_{ni}']$. 令 $\overline{\boldsymbol{\Sigma}}_n = \sum_{i=1}^{n} \boldsymbol{\Sigma}_{ni}$ 和 $\nu_n^2 = \lambda_{\min}(\overline{\boldsymbol{\Sigma}}_n)$. 设 $\nu_n^2 > 0$, 对任意的 $\epsilon > 0$, 都有

$$\lim_{n \to \infty} \frac{1}{\nu_n^2} \sum_{i=1}^{r_n} \mathbb{E}\left[||\boldsymbol{X}_{ni}||^2 \mathbb{1}\{||\boldsymbol{X}_{ni}||^2 \geqslant \epsilon \nu_n^2\}\right] = 0 \tag{9.6}$$

则当 $n \to \infty$ 时, 有

$$\overline{\boldsymbol{\Sigma}}_n^{-1/2} \sum_{i=1}^{r_n} \boldsymbol{X}_{ni} \underset{d}{\to} N(\boldsymbol{0}, \boldsymbol{I}_k)$$

下面将定理 9.2 推广到多元情况.

定理 9.4 设 $\boldsymbol{X}_{ni} \in \mathbb{R}^k$ 独立但不同分布, 其期望为 $\mathbb{E}[\boldsymbol{X}_{ni}] = \boldsymbol{0}$, 协方差矩阵为 $\boldsymbol{\Sigma}_{ni} = \mathbb{E}[\boldsymbol{X}_{ni}\boldsymbol{X}_{ni}']$. 令 $\overline{\boldsymbol{\Sigma}}_n = \sum_{i=1}^{n} \boldsymbol{\Sigma}_{ni}$. 设

$$\overline{\boldsymbol{\Sigma}}_n \to \boldsymbol{\Sigma} > 0$$

且存在 $\delta > 0$, 使得

$$\sup_{n,i} \mathbb{E}||\boldsymbol{X}_{ni}||^{2+\delta} < \infty \tag{9.7}$$

则当 $n \to \infty$ 时, 有

$$\sqrt{n}\,\overline{\boldsymbol{X}} \xrightarrow{d} N(\boldsymbol{0}, \boldsymbol{\Sigma})$$

与定理 9.2 类似, 定理 9.4 的优点是允许协方差矩阵 $\boldsymbol{\Sigma}$ 是奇异的.

9.4　一致中心极限定理

Lindeberg-Lévy 中心极限定理 (定理 8.3) 说明对任意有有限方差的分布, 对于足够大的 n, 样本均值的分布是渐近正态的. 然而, 这并不意味着, 在大样本情况下, 正态分布一定是好的近似. 总是存在某个有限方差的分布, 使得正态近似的效果很差.

考虑 7.12 节中的例子, 其中 $\overline{X}_n \leqslant 1$. 标准化的样本均值满足

$$\frac{\overline{X}_n}{\sqrt{\operatorname{var}[\overline{X}_n]}} \leqslant \sqrt{\frac{np}{1-p}}$$

设 $p = 1/(n+1)$. 统计量在 1 处截断. 此时, $N(0,1)$ 近似不够准确, 特别在右尾处.

产生此问题的原因是不满足一致收敛性. 即使标准化样本均值的抽样分布收敛到正态分布, 一致收敛性也不一定满足. 对任一样本量, 总是存在一个分布不满足渐近正态性.

与一致大数定律类似, 解决办法是考虑一类特定的分布族. 然而, 与弱大数定律不同, 仅限制矩的上界是不够的, 还需要排除渐近方差趋于 0 的分布. 定理 9.5 给出了充分条件.

定理 9.5　*令 $\mathscr{F}$ 表示一族分布. 它们满足存在 $r > 2$, $B < \infty$ 和 $\delta > 0$, 有 $\mathbb{E}|X|^r \leqslant B$ 和 $\operatorname{var}[X] \geqslant \delta$, 则对任意的 x, 当 $n \to \infty$ 时, 都有*

$$\sup_{F \in \mathscr{F}} \left| \mathbb{P}\left[\frac{\sqrt{n}(\overline{X}_n - \mathbb{E}[X])}{\sqrt{\operatorname{var}[X]}} \leqslant x \right] - \Phi(x) \right| \to 0$$

其中 $\Phi(x)$ 是标准正态分布函数.

定理 9.5 表明标准化样本均值在 $\mathscr{F}$ 上一致收敛到正态分布. 这个条件要强于经典中心极限定理 (定理 8.3) 的逐点收敛.

定理 9.5 的证明很简单. 如果不成立, 那么存在分布的序列 $F_n \in \mathscr{F}$, 使得对某些 x,

$$\mathbb{P}_n\left[\frac{\sqrt{n}(\overline{X}_n - \mathbb{E}[X])}{\sqrt{\operatorname{var}[X]}} \leqslant x \right] \to \Phi(x) \tag{9.8}$$

不成立, 其中 $\mathbb{P}_n$ 表示在分布 F_n 下的概率. 然而, 根据定理 9.1 后的讨论, 定理 9.5 的假设意味着, 对序列 F_n, Lindeberg 条件式 (9.1) 成立, 推得 Lindeberg 中心极限定理成立. 故式 (9.8) 对任意的 x 成立.

9.5 一致可积性

为探讨分布不同的随机变量, 需要引入**一致可积** (uniform integrability) 的概念. 如果 $\mathbb{E}|X| = \int_{-\infty}^{\infty} |x| \mathrm{d}F < \infty$, 或等价地,

$$\lim_{M \to \infty} \mathbb{E}[|X| \mathbb{1}\{|X| > M\}] = \lim_{M \to \infty} \int_M^{\infty} |x| \mathrm{d}F = 0$$

那么随机变量 X 是**可积的** (integrable). 如果序列极限一致趋于 0, 那么随机变量序列称为一致可积的.

定义 若

$$\lim_{M \to \infty} \limsup_{n \to \infty} \mathbb{E}[|Z_n| \mathbb{1}\{|Z_n| > M\}] = 0$$

则称随机变量序列 Z_n 在 $n \to \infty$ 时是**一致可积的** (uniformly integrable).

如果 X_i 是独立同分布的且 $\mathbb{E}|X| < \infty$, 则序列 X_i 是一致可积的. 一致可积性比可积性更一般, 它考虑分布不同的随机变量, 但又同时满足足够的同质性条件. 这些同质条件使得对独立同分布随机变量成立的结论对一致可积的随机变量也成立. 例如, 若 X_i 是独立一致可积的序列, 则关于样本均值的弱大数定律成立.

一致可积性是一个更加抽象的概念, 可推出高于一阶的矩一致有界.

定理 9.6 若存在 $r > 1$, 使得 $\mathbb{E}|Z_n|^r \leqslant C < \infty$, 则 Z_n 是一致可积的.

现对随机变量幂函数应用一致可积性. 特别地, 如果 $|Z_n|^2$ 是一致可积的, 或

$$\lim_{M \to \infty} \limsup_{n \to \infty} \mathbb{E}[|Z_n|^2 \mathbb{1}\{|Z_n|^2 > M\}] = 0 \tag{9.9}$$

那么称 Z_n 是**一致平方可积的** (uniformly square integrable). 当 $\overline{\sigma}_n^2 \geqslant \delta > 0$ 时, 一致平方可积类似于 (或稍强于) Lindeberg 条件式 (9.1). 假设式 (9.9) 对 $Z_n = X_{ni}$ 成立, 则对任意的 $\epsilon > 0$, 存在足够大的 M, 使得 $\limsup_{n \to \infty} \mathbb{E}[Z_n^2 \mathbb{1}\{Z_n^2 > M\}] \leqslant \epsilon \delta$ 成立. 由 $\epsilon n \overline{\sigma}_n^2 \to \infty$ 得

$$\frac{1}{n \overline{\sigma}_n^2} \sum_{i=1}^{n} \mathbb{E}[X_{ni}^2 \mathbb{1}\{X_{ni}^2 \geqslant \epsilon n \overline{\sigma}_n^2\}] \leqslant \frac{\epsilon \delta}{\overline{\sigma}_n^2} \leqslant \epsilon$$

由此可推得式 (9.1).

9.6 一致随机有界

在一些应用中, 需要使用随机变量的随机排序,

$$\max_{1 \leqslant i \leqslant n} |X_i|$$

是样本 $\{X_1, X_2, \cdots, X_n\}$ 中最大的观测值. 若 X 分布的支撑是无界的, 则随着样本量 n 的增加, 最大观测值也会增加. 事实上, 一致可积性有下列性质.

定理 9.7   若 $|X_i|^r$ 是一致可积的, 则当 $n \to \infty$ 时, 有

$$n^{-1/r} \max_{1 \leqslant i \leqslant n} |X_i| \underset{p}{\to} 0 \tag{9.10}$$

式 (9.10) 表明, 在假设条件下, 最大的观测值比 $n^{1/r}$ 的发散速度慢. 随着 r 的增加, 速度变慢. 因此, 矩的阶数越高, 发散的速度越慢.

9.7 矩的收敛性

有时我们对统计量 Z_n 的矩 (通常是均值和方差) 感兴趣. 当 Z_n 是标准化样本均值时, 可推出 Z_n 整数矩的精确公式 (见 6.17 节). 但对其他统计量, 如样本均值的非线性函数, 无法得到精确的公式.

由 $Z_n \underset{d}{\to} Z$ 得, 可以使用 Z_n 的分布近似 Z 的分布. 在分布收敛的条件下, 考虑用 Z_n 的矩近似 Z 的矩. 若 Z_n 的矩收敛到 Z 的矩, 这种近似能够给出严格的证明. 本节考虑这种收敛性成立的条件.

首先, 给出渐近分布均值存在的充分条件.

定理 9.8   若 $Z_n \underset{d}{\to} Z$, $\mathbb{E}|Z_n| \leqslant C$, 则 $\mathbb{E}|Z| \leqslant C$.

其次, 考虑 $\mathbb{E}[Z_n]$ 收敛到 $\mathbb{E}[Z]$ 的条件. 有人可能会猜测在定理 9.8 的条件下, 上述收敛性成立. 但是, 存在反例说明定理 9.8 的条件是不够的. Z_n 表示随机变量, 其取值为 n 的概率为 $1/n$, 取值为 0 的概率为 $1 - 1/n$, 则 $Z_n \underset{d}{\to} Z$, $\mathbb{P}[Z = 0] = 1$ 且 $\mathbb{E}[Z_n] = 1$. 因此, 定理 9.8 的条件满足. 然而, $\mathbb{E}[Z_n] = 1$ 不收敛到 $\mathbb{E}[Z] = 0$. 矩的上界 $\mathbb{E}|Z_n| \leqslant C < \infty$ 无法保证矩的收敛性. 这是因为分布序列不满足 "**紧性**" (tightness), 导致有较小的概率质量$^{\ominus}$"逃离到无穷".

解决办法是一致可积性, 这是推导矩收敛性的关键条件.

定理 9.9   若 $Z_n \underset{d}{\to} Z$, Z_n 是一致可积的, 则 $\mathbb{E}[Z_n] \to \mathbb{E}[Z]$.

$\ominus$ n 处的概率质量.

最后给出 $Z_n = \sqrt{n}(\overline{X}_n - \mathbb{E}[\overline{X}_n])$ 的矩收敛到正态分布对应矩的条件. 6.17 节给出了 Z_n 整数矩的精确表达式. 现考虑非整数矩.

定理 9.10　若 X_{ni} 满足定理 9.2 的条件, 且 $\sup_{n,i} \mathbb{E}|X_{ni}|^r < \infty$ 对 $r > 2$ 成立, 则对任意的 $0 < s < r$, 都有 $\mathbb{E}|Z_n|^s \to \mathbb{E}|Z|^s$, 其中 $Z \sim N(0, \sigma^2)$.

9.8　样本均值的 Edgeworth 展开

中心极限定理说明当样本量 n 足够大时, 标准化估计是近似正态的. 在实际应用中, 近似程度有多好? 衡量精确分布和渐近分布差异的一种方式是**高阶展开** (higher-order expansion). 分布函数的高阶展开被称为 **Edgeworth 展开**.

令 $G_n(x)$ 表示随机样本标准化均值 $Z_n = \sqrt{n}(\overline{X}_n - \mu)/\sigma$ 的分布函数. Edgeworth 展开是 $G_n(x)$ 的级数表示:

$$G_n(x) = \varPhi(x) - n^{-1/2}\frac{\kappa_3}{6}He_2(x)\phi(x) - n^{-1}\left(\frac{\kappa_4}{24}He_3(x) + \frac{\kappa_3^2}{72}He_5(x)\right)\phi(x) + o(n^{-1})$$

$$(9.11)$$

其中 $\varPhi(x)$ 和 $\phi(x)$ 分别是标准正态分布函数和密度函数, κ_3 和 κ_4 是 X 的三阶和四阶累积量, $He_j(x)$ 是 j 阶 Hermite 多项式 (见 5.10 节).

下面给出式 (9.11) 的修正.

Edgeworth 展开式 (9.11) 有效的充分正则条件为 $\mathbb{E}[X^4] < \infty$, 且 X 的特征函数上界为 1. 后者被称为 Cramer 条件, 需要 X 服从绝对连续分布.

式 (9.11) 表明 $G_n(x)$ 的精确分布可写为正态分布之和, 用 $n^{-1/2}$ 修正偏度的主要影响, 用 n^{-1} 修正峰度的主要影响和偏度的次要影响. $n^{-1/2}$ 偏度修正是 x 的偶函数[⊖], 它对分布函数的影响关于 0 对称, 该项刻画了 Z_n 分布的偏度. n^{-1} 修正是 x 的奇函数[⊖], 即该项使概率质量对称地接近或远离中心. 该项刻画了 Z_n 分布的峰度.

现利用标准化均值 Z_n 的矩生成函数 $M_n(t) = \mathbb{E}[\exp(tZ_n)]$ 推导式 (9.11). 更严格地说, 进行很小的改动得到特征函数. 为简单起见, 设 $\mu = 0$ 和 $\sigma^2 = 1$. 在中心极限定理的证明中 (定理 8.3), 有

$$M_n(t) = \exp\left(nK\left(\frac{t}{\sqrt{n}}\right)\right)$$

其中 $K(t) = \log(\mathbb{E}[\exp(tX)])$ 是 X 的累积生成函数 (见 2.24 节). 在 $t = 0$ 处级数展开,

---

　　⊖　如果 $f(-x) = f(x)$, 函数称为偶函数.
　　⊖　如果 $f(-x) = -f(x)$, 函数是奇函数.

利用 $K(0) = K^{(1)}(0) = 0$, $K^{(2)}(0) = 1$, $K^{(3)}(0) = \kappa_3$, $K^{(4)}(0) = \kappa_4$, 得到

$$
\begin{aligned}
M_n(t) &= \exp\left(\frac{t^2}{2} + n^{-1/2}\frac{\kappa_3}{6}t^3 + n^{-1}\frac{\kappa_4}{24}t^4 + o(n^{-1})\right) \\
&= \exp(t^2/2) + n^{-1/2}\exp(t^2/2)\frac{\kappa_3}{6}t^3 + n^{-1}\exp(t^2/2)\left(\frac{\kappa_4}{24}t^4 + \frac{\kappa_3^2}{72}t^6\right) + o(n^{-1})
\end{aligned}
$$

$$(9.12)$$

第二个等式由指数函数的二阶展开得到.

利用正态分布的矩生成函数、$He_0(x) = 1$ 和定理 5.25 中的性质 4 重复分部积分公式, 得

$$
\begin{aligned}
\exp(t^2/2) &= \int_{-\infty}^{\infty} \mathrm{e}^{tx}\phi(x)\mathrm{d}x \\
&= \int_{-\infty}^{\infty} \mathrm{e}^{tx}He_0(x)\phi(x)\mathrm{d}x \\
&= t^{-1}\int_{-\infty}^{\infty} \mathrm{e}^{tx}He_1(x)\phi(x)\mathrm{d}x \\
&= t^{-2}\int_{-\infty}^{\infty} \mathrm{e}^{tx}He_2(x)\phi(x)\mathrm{d}x \\
&\quad\vdots \\
&= t^{-j}\int_{-\infty}^{\infty} \mathrm{e}^{tx}He_j(x)\phi(x)\mathrm{d}x
\end{aligned}
$$

由此, 对任意的 $j \geqslant 0$, 都有

$$
\exp(t^2/2)t^j = \int_{-\infty}^{\infty} \mathrm{e}^{tx}He_j(x)\phi(x)\mathrm{d}x
$$

将其代入式 (9.12), 得到

$$
\begin{aligned}
M_n(t) &= \int_{-\infty}^{\infty} \mathrm{e}^{tx}\phi(x)\mathrm{d}x + n^{-1/2}\frac{\kappa_3}{6}\int_{-\infty}^{\infty} \mathrm{e}^{tx}He_3(x)\phi(x)\mathrm{d}x + \\
&\quad n^{-1}\left(\frac{\kappa_4}{24}\int_{-\infty}^{\infty} \mathrm{e}^{tx}He_4(x)\phi(x)\mathrm{d}x + \frac{\kappa_3^2}{72}\int_{-\infty}^{\infty} \mathrm{e}^{tx}He_6(x)\phi(x)\mathrm{d}x\right) + o(n^{-1}) \\
&= \int_{-\infty}^{\infty} \mathrm{e}^{tx}\left(\phi(x) + n^{-1/2}\frac{\kappa_3}{6}He_3(x)\phi(x) + n^{-1}\left(\frac{\kappa_4}{24}He_4(x)\phi(x) + \frac{\kappa_3^2}{72}He_6(x)\phi(x)\right)\right)\mathrm{d}x
\end{aligned}
$$

$$= \int_{-\infty}^{\infty} e^{tx} d\left(\varPhi(x) - n^{-1/2} \frac{\kappa_3}{6} He_2(x)\phi(x) - n^{-1}\left(\frac{\kappa_4}{24} He_3(x) + \frac{\kappa_3^2}{72} He_5(x) \right)\phi(x) \right)$$

其中第三个等号利用了定理 5.25 的性质 4. 最后的等号是因为括号内为分布的矩生成函数, 等于式 (9.11). Z_n 的矩生成函数展开与式 (9.11) 相同.

9.9   光滑函数模型的 Edgeworth 展开

在大多数 Edgeworth 展开的应用中, 常考虑比样本均值更复杂的统计量. 下述结果应用到一般均值光滑函数, 这类函数包含了大多数估计量. 9.8 节的结论只是均值光滑函数的特例.

定理 9.11   设 $\boldsymbol{X}_i \in \mathbb{R}^m$ 是独立同分布的, $\beta = h(\boldsymbol{\theta}) \in \mathbb{R}$, $\boldsymbol{\theta} = \mathbb{E}[g(\boldsymbol{X})] \in \mathbb{R}^l$, $\mathbb{E}\|g(\boldsymbol{X})\|^4 < \infty$, $h(\boldsymbol{u})$ 在 $\boldsymbol{\theta}$ 的邻域内是四阶连续可导的, $\mathbb{E}[\exp(t\|g(\boldsymbol{X})\|)] \leqslant B < 1$, 则对 $\hat{\beta} = h(\hat{\boldsymbol{\theta}})$, $\hat{\boldsymbol{\theta}} = \dfrac{1}{n}\sum_{i=1}^{n} g(\boldsymbol{X}_i)$, $\boldsymbol{V} = \mathbb{E}\big[(g(\boldsymbol{X}) - \boldsymbol{\theta})(g(\boldsymbol{X}) - \boldsymbol{\theta})'\big]$, $\boldsymbol{H} = \boldsymbol{H}(\boldsymbol{\theta})$, 当 $n \to \infty$ 时,

$$\mathbb{P}\left[\frac{\sqrt{n}(\hat{\beta} - \beta)}{\sqrt{\boldsymbol{H'VH}}} \leqslant x \right] = \varPhi(x) + n^{-1/2}p_1(x)\phi(x) + n^{-1}p_2(x)\phi(x) + o(n^{-1})$$

在 x 处是一致的, 其中 $p_1(x)$ 是 2 阶偶数阶多项式, $p_2(x)$ 是 5 阶奇数阶多项式, 系数依赖于 $g(\boldsymbol{X})$ 的矩, 矩的阶数最高为 4.

证明见 Hall (1992) 中的定理 2.2.

Edgeworth 展开等于 9.8 节中对样本均值推出的式 (9.11). 二者的区别只是多项式的系数不同.

我们也对学生化统计量的展开感兴趣, 如 t 比. 如果方差估计量可表示为样本均值的函数, 那么也可应用定理 9.11.

定理 9.12   在定理 9.11 的假设下, 如果 $\mathbb{E}\|g(\boldsymbol{X})\|^8 < \infty$, $h(\boldsymbol{u})$ 在 $\boldsymbol{\theta}$ 的领域内五阶连续可导, $\boldsymbol{H'VH} > 0$, $\mathbb{E}\big[\exp\big(t\|g(\boldsymbol{X})\|^2\big)\big] \leqslant B < 1$, 且有 8.12 节定义的

$$T = \frac{\sqrt{n}(\hat{\beta} - \beta)}{\sqrt{\hat{V}_\beta}}$$

和 $\hat{V}_\beta = \hat{\boldsymbol{H}}'\hat{\boldsymbol{V}}\hat{\boldsymbol{H}}$, 则当 $n \to \infty$ 时, 有

$$\mathbb{P}[T \leqslant x] = \varPhi(x) + n^{-1/2}p_1(x)\phi(x) + n^{-1}p_2(x)\phi(x) + o(n^{-1})$$

在 x 处是一致的, 其中 $p_1(x)$ 是 2 阶偶数阶多项式, $p_2(x)$ 是 5 阶奇数阶多项式, 系数依赖于 $g(\boldsymbol{X})$ 的矩, 矩的阶数最高为 8.

Edgeworth 展开在形式上与其他展开相同, 唯一的区别是多项式的系数.

为证明由定理 9.11 可推出定理 9.12, 定义 $\overline{g}(\boldsymbol{X}_i)$ 为 $g(\boldsymbol{X}_i)$ 及其元素平方项和交叉项的向量组合. 令

$$\overline{\boldsymbol{\mu}}_n = \frac{1}{n}\sum_{i=1}^{n}\overline{g}(\boldsymbol{X}_i)$$

注意 $h(\hat{\boldsymbol{\theta}})$, $\hat{\boldsymbol{H}} = \boldsymbol{H}(\hat{\boldsymbol{\theta}})$, $\hat{V} = \frac{1}{n}\sum_{i=1}^{n} g(\boldsymbol{X}_i)g(\boldsymbol{X}_i)' - \hat{\boldsymbol{\theta}}\hat{\boldsymbol{\theta}}'$ 都是 $\overline{\boldsymbol{\mu}}_n$ 的函数. 对 $\sqrt{n}\overline{h}(\overline{\boldsymbol{\mu}}_n)$ 应用定理 9.11, 其中

$$\overline{h}(\overline{\boldsymbol{\mu}}_n) = \frac{h(\hat{\boldsymbol{\mu}}) - h(\boldsymbol{u})}{\sqrt{\hat{\boldsymbol{H}}'\hat{\boldsymbol{V}}\hat{\boldsymbol{H}}}}$$

由假设 $\mathbb{E}\|g(\boldsymbol{X})\|^8 < \infty$ 可得 $\mathbb{E}\|\overline{g}(\boldsymbol{X})\|^4 < \infty$. 由 $h(\boldsymbol{u})$ 是 5 阶连续可导的和 $\boldsymbol{H}'\boldsymbol{V}\boldsymbol{H} > 0$ 得 $\overline{h}(\boldsymbol{u})$ 是四阶连续可导的. 由此, 定理 9.11 的条件满足, 定理 9.12 成立.

定理 9.12 是标准 t 比的 Edgeworth 展开, 可解释为当使用正态分布 $\Phi(x)$ 作为精确分布 $\mathbb{P}[T \leqslant x]$ 的近似时, 误差为

$$\mathbb{P}[T \leqslant x] - \Phi(x) = n^{-1/2}p_1(x)\phi(x) + O(n^{-1}) = O(n^{-1/2})$$

有时我们对 t 比的绝对值 $|T|$ 的分布感兴趣, 其分布为[⊖]

$$\mathbb{P}[|T| \leqslant x] = \mathbb{P}[-x \leqslant T \leqslant x] = \mathbb{P}[T \leqslant x] - \mathbb{P}[T < -x]$$

由定理 9.12 得

$$\Phi(x) + n^{-1/2}p_1(x)\phi(x) + n^{-1}p_2(x)\phi(x) -$$

$$\left(\Phi(-x) + n^{-1/2}p_1(-x)\phi(-x) + n^{-1}p_2(-x)\phi(-x)\right) + o(n^{-1})$$

$$= 2\Phi(x) - 1 + n^{-1}2p_2(x)\phi(x) + o(n^{-1})$$

其中等式成立是因为 $\Phi(-x) = 1 - \Phi(x)$, $\phi(-x) = \phi(x)$, $p_1(-x) = p_1(x)$ (由于 ϕ 和 p_1 是偶函数), $p_2(-x) = -p_2(x)$ (由于 p_2 是奇函数). 因此, 将正态分布 $2\Phi(x) - 1$ 作为精确分布 $\mathbb{P}[|T| \leqslant x]$ 的近似, 误差为

$$\mathbb{P}[|T| \leqslant x] - (2\Phi(x) - 1) = n^{-1}2p_2(x)\phi(x) + o(n^{-1}) = O(n^{-1})$$

⊖ 原公式中最右边第二项为 $\mathbb{P}[T < x]$, 存在笔误, 应为 $\mathbb{P}[T < -x]$. ——译者注

事实上, $O(n^{-1/2})$ 偏度项对两个分布尾部的影响相同且相互抵消. 当一个尾部有较大的概率时, 另一个尾部有较小的概率 (相对而言更接近正态), 所以相互抵消. 相反, $O(n^{-1})$ 峰度项以相同的符号影响两个尾部, 所以影响加倍 (相比于正态分布, 分布的两个尾部概率同时取大或取小).

下面介绍 Edgeworth 展开的 delta 方法的一种. 本质上, 若两个随机变量相差为 $O_p(a_n)$, 则它们有相同的 Edgeworth 展开, 最多相差 $O(a_n)$.

定理 9.13 设随机变量 T 的分布函数的 Edgeworth 展开为

$$\mathbb{P}[T \leqslant x] = \Phi(x) + a_n^{-1} p_1(x)\phi(x) + o(a_n^{-1})$$

设随机变量 X 满足 $X = T + o_p(a_n^{-1})$, 则 X 的 Edgeworth 展开为

$$\mathbb{P}[X \leqslant x] = \Phi(x) + a_n^{-1} p_1(x)\phi(x) + o(a_n^{-1})$$

为证明此结果, 注意, 由 $X = T + o_p(a_n^{-1})$ 得对任意的 $\epsilon > 0$, 存在足够大的 n, 使得 $\mathbb{P}[|X - T| > a_n^{-1}\epsilon] \leqslant \epsilon$. 那么

$$
\begin{aligned}
\mathbb{P}[X \leqslant x] &\leqslant \mathbb{P}[X \leqslant x, |X - T| \leqslant a_n^{-1}\epsilon] + \epsilon \\
&\leqslant \mathbb{P}[T \leqslant x + a_n^{-1}\epsilon] + \epsilon \\
&= \Phi(x + a_n^{-1}\epsilon) + a_n^{-1} p_1(x + a_n^{-1}\epsilon)\phi(x + a_n^{-1}\epsilon) + \epsilon + o(a_n^{-1}) \\
&\leqslant \Phi(x) + a_n^{-1} p_1(x)\phi(x) + \frac{a_n^{-1}\epsilon}{\sqrt{2\pi}} + \epsilon + o(a_n^{-1}) \\
&\leqslant \Phi(x) + a_n^{-1} p_1(x)\phi(x) + o(a_n^{-1})
\end{aligned}
$$

最后一个不等号成立是因为 ϵ 的任意性. 类似地, $\mathbb{P}[X \leqslant x] \geqslant \Phi(x) + n^{-1/2} p_1(x)\phi(x) + o(a_n^{-1})$.

9.10 Cornish-Fisher 展开

定理 9.8 和定理 9.9 描述了分布函数的展开. 可将类似的展开应用到分布函数的分位数中, 这种展开称为 Cornish-Fisher 展开. 连续分布 $F(x)$ 的分位数是方程 $F(q) = \alpha$ 的解. 设统计量 T 的分布为 $G_n(x) = \mathbb{P}[T \leqslant x]$. 对任意的 $\alpha \in (0, 1)$, α 分位数 q_n 是方程 $G_n(q_n) = \alpha$ 的解. Cornish-Fisher 展开把 q_n 表示为 α 正态分位数 q 与近似误差项之和.

定理 9.14 设随机变量 T 分布的 Edgeworth 展开

$$G_n(x) = \mathbb{P}[T \leqslant x] = \Phi(x) + n^{-1/2}p_1(x)\phi(x) + n^{-1}p_2(x)\phi(x) + o(n^{-1})$$

在 x 处是一致的. 对 $\alpha \in (0,1)$, 令 q_n 和 q 分别是 $G_n(x)$ 和 $\Phi(x)$ 的 α 分位数, 即方程 $G_n(q_n) = \alpha$ 和 $\Phi(q) = \alpha$ 的解, 则

$$q_n = q + n^{-1/2}p_{11}(q) + n^{-1}p_{21}(q) + o(n^{-1}) \tag{9.13}$$

其中

$$p_{11}(x) = -p_1(x) \tag{9.14}$$

$$p_{21}(x) = -p_2(x) + p_1(x)p_1'(x) - \frac{1}{2}xp_1(x)^2 \tag{9.15}$$

在定理 9.12 的条件下, 函数 $p_{11}(x)$ 和 $p_{21}(x)$ 是 x 的偶函数和奇函数, 系数依赖于 $h(X)$ 的矩, 矩的阶数最高为 4.

利用泰勒展开, 定理 9.14 可由 Edgeworth 展开推出. 计算 q_n 处的 Edgeworth 展开, 将其代入式 (9.13) 得

$$\begin{aligned}
\alpha &= G_n(q_n) \\
&= \Phi(q_n) + n^{-1/2}p_1(q_n)\phi(q_n) + n^{-1}p_2(q_n)\phi(q_n) + o(n^{-1}) \\
&= \Phi\big(q + n^{-1/2}p_{11}(q) + n^{-1}p_{21}(q)\big) + \\
&\quad n^{-1/2}p_1(q + n^{-1/2}p_{11}(q))\phi(z_\alpha + n^{-1/2}p_{11}(q)) + \\
&\quad n^{-1}p_{21}(q) + o(n^{-1})
\end{aligned}$$

其次, 对 $\Phi(x)$ 进行关于 q 的二阶泰勒展开, $p_1(x)$ 和 $\phi(x)$ 是一阶展开. 由此得上式等于

$$\begin{aligned}
&\Phi(q) + n^{-1/2}\phi(q)(p_{11}(q) + p_1(q)) + \\
&n^{-1}\phi(q)\left(p_{21}(q) - \frac{qp_1(q)^2}{2} + p_1'(q)p_{11}(q) - qp_1(q)p_{11}(q) + p_2(q)\right) + o(n^{-1})
\end{aligned}$$

令该式等于 α, 推出 $p_{11}(x)$ 和 $p_{21}(x)$ 只能取式 (9.14) 和式 (9.15) 中的值.

9.11 技术证明*

定理 9.2 证明　不失一般性, 设 $\mathbb{E}[X_{ni}] = 0$. 首先, 设 $\sigma^2 = 0$. 由 $\mathrm{var}[\sqrt{n}\overline{X}] = \overline{\sigma}_n^2 \to \sigma^2 = 0$ 得, $\sqrt{n}\overline{X}_n \underset{p}{\to} 0$ 和 $\sqrt{n}\overline{X}_n \underset{d}{\to} 0$. 随机变量 $N(0,\sigma^2) = N(0,0)$ 依概率 1 为 0. 由此, $\sqrt{n}\overline{X}_n \underset{d}{\to} N(0,\sigma^2)$.

现设 $\sigma^2 > 0$. 此时, 式 (9.4) 成立. 联合式 (9.3) 得 Lyapunov 条件和 Lindeberg 条件. 故定理 9.1 成立, 即 $\overline{\sigma}_n^{-1/2}\sqrt{n}\overline{X}_n \underset{d}{\to} N(0,1)$. 联合式 (9.5) 得 $\sqrt{n}\overline{X}_n \underset{d}{\to} N(0,\sigma^2)$. ∎

定理 9.3 证明　设 $\boldsymbol{\lambda} \in \mathbb{R}^k$ 满足 $\boldsymbol{\lambda}'\boldsymbol{\lambda} = 1$. 定义 $U_{ni} = \boldsymbol{\lambda}_n' \overline{\boldsymbol{\Sigma}}^{-1/2} \boldsymbol{X}_{ni}$. 矩阵 $\boldsymbol{A}^{1/2}$ 称为 "$\boldsymbol{A}$ 的矩阵方根", 定义为方程 $\boldsymbol{A}^{1/2}\boldsymbol{A}^{1/2\prime} = \boldsymbol{A}$ 的解. 注意 U_{ni} 是独立的且有方差 $\sigma_{ni}^2 = \boldsymbol{\lambda}'\overline{\boldsymbol{\Sigma}}^{-1/2}\boldsymbol{\Sigma}_{ni}\overline{\boldsymbol{\Sigma}}_n^{-1/2}\boldsymbol{\lambda}$ 和 $\overline{\sigma}_n^2 = \sum_{i=1}^{r_n}\sigma_{ni}^2 = 1$. 因此, 式 (9.1) 得证. 利用施瓦茨不等式 (定理 4.19) 得

$$
\begin{aligned}
U_{ni}^2 &= \left(\boldsymbol{\lambda}'\overline{\boldsymbol{\Sigma}}_n^{-1/2}\boldsymbol{X}_{ni}\right)^2 \\
&\leqslant \boldsymbol{\lambda}'\overline{\boldsymbol{\Sigma}}_n^{-1}\boldsymbol{\lambda}||\boldsymbol{X}_{ni}||^2 \\
&\leqslant \frac{||\boldsymbol{X}_{ni}||^2}{\lambda_{\min}(\overline{\boldsymbol{\Sigma}}_n)} \\
&= \frac{||\boldsymbol{X}_{ni}||^2}{\nu_n^2}
\end{aligned}
$$

则由式 (9.6) 得

$$
\begin{aligned}
\frac{1}{\overline{\sigma}_n^2}\sum_{i=1}^{r_n}\mathbb{E}[U_{ni}^2\mathbb{1}\{U_{ni}^2 \geqslant \epsilon\overline{\sigma}_n^2\}] &= \sum_{i=1}^{r_n}\mathbb{E}[U_{ni}^2\mathbb{1}\{U_{ni}^2 \geqslant \epsilon\}] \\
&\leqslant \frac{1}{\nu_n^2}\sum_{i=1}^{r_n}\mathbb{E}[||\boldsymbol{X}_{ni}||^2\mathbb{1}\{||\boldsymbol{X}_{ni}||^2 \geqslant \epsilon\nu_n^2\}] \\
&\to 0
\end{aligned}
$$

因此, 式 (9.1) 成立. 可由定理 9.1 推出

$$
\sum_{i=1}^{r_n}u_{ni} = \boldsymbol{\lambda}'\overline{\boldsymbol{\Sigma}}_n^{-1/2}\sum_{i=1}^{r_n}\boldsymbol{X}_{ni} \underset{d}{\to} N(0,1) = \boldsymbol{\lambda}'\boldsymbol{Z}
$$

其中 $\boldsymbol{Z} \sim N(\boldsymbol{0}, \boldsymbol{I}_k)$. 由于对任意的 $\boldsymbol{\lambda}$ 都成立, 定理 8.4 的条件成立, 可推得

$$\overline{\boldsymbol{\Sigma}}_n^{-1/2} \sum_{i=1}^{r_n} \boldsymbol{X}_{ni} \xrightarrow{d} N(\boldsymbol{0}, \boldsymbol{I}_k)$$

命题得证. ■

定理 9.4 证明　令 $\boldsymbol{\lambda} \in \mathbb{R}^k$, 且满足 $\boldsymbol{\lambda}'\boldsymbol{\lambda} = 1$. 定义 $U_{ni} = \boldsymbol{\lambda}'\boldsymbol{X}_{ni}$. 利用施瓦茨不等式 (定理 4.19) 和假设式 (9.7), 有

$$\sup_{n,i} \mathbb{E}|U_{ni}|^{2+\delta} = \sup_{n,i} \mathbb{E}|\boldsymbol{\lambda}'\boldsymbol{X}_{ni}|^{2+\delta} \leqslant ||\boldsymbol{\lambda}||^{2+\delta} \sup_{n,i} \mathbb{E}||\boldsymbol{X}_{ni}||^{2+\delta} = \sup_{n,i} \mathbb{E}||\boldsymbol{X}_{ni}||^{2+\delta} < \infty$$

即式 (9.3) 成立. 注意

$$\frac{1}{n} \sum_{i=1}^{n} \mathbb{E}[U_{ni}^2] = \boldsymbol{\lambda}' \frac{1}{n} \sum_{i=1}^{n} \boldsymbol{\Sigma}_{ni} \boldsymbol{\lambda} = \boldsymbol{\lambda}' \overline{\boldsymbol{\Sigma}}_n \boldsymbol{\lambda} \to \boldsymbol{\lambda}' \boldsymbol{\Sigma} \boldsymbol{\lambda}$$

即式 (9.5) 成立. 因为 U_{ni} 是独立的, 由定理 8.5 得

$$\boldsymbol{\lambda}' \sqrt{n} \overline{\boldsymbol{X}}_n = \frac{1}{\sqrt{n}} \sum_{i=1}^{n} U_{ni} \xrightarrow{d} N(0, \boldsymbol{\lambda}' \boldsymbol{\Sigma} \boldsymbol{\lambda}) = \boldsymbol{\lambda}' \boldsymbol{Z}$$

其中 $\boldsymbol{Z} \sim N(\boldsymbol{0}, \boldsymbol{\Sigma})$. 因为对任意的 $\boldsymbol{\lambda}$ 都成立, 定理 8.4 的条件满足, 由此得

$$\sqrt{n} \overline{\boldsymbol{X}}_n \xrightarrow{d} N(\boldsymbol{0}, \boldsymbol{\Sigma})$$

命题得证. ■

定理 9.6 证明　固定 $\epsilon > 0$, 令 $M \geqslant (C/\epsilon)^{1/(r-1)}$, 则

$$\begin{aligned}
\mathbb{E}[|Z_n| \mathbb{1}\{|Z_n| > M\}] &= \mathbb{E}\left[\frac{|Z_n|^r}{|Z_n|^{r-1}} \mathbb{1}\{|Z_n| > M\}\right] \\
&\leqslant \frac{\mathbb{E}[|Z_n|^r \mathbb{1}\{|Z_n| > M\}]}{M^{r-1}} \\
&\leqslant \frac{\mathbb{E}|Z_n|^r}{M^{r-1}} \\
&\leqslant \frac{C}{M^{r-1}} \\
&\leqslant \epsilon
\end{aligned}$$

命题得证. ■

定理 9.7 证明   对任意 $\delta > 0$, 事件 $\{\max\limits_{1 \leqslant i \leqslant n} |X_i| > \delta n^{1/r}\}$ 表示至少有一个 $|X_i|$ 大于 $\delta n^{1/r}$, 等价于 $\bigcup\limits_{i=1}^{n}\{|X_i| > \delta n^{1/r}\}$ 或 $\bigcup\limits_{i=1}^{n}\{|X_i|^r > \delta^r n\}$. 利用布尔不等式 (定理 1.2, 性质 6) 和马尔可夫不等式 (定理 7.3), 有

$$
\begin{aligned}
\mathbb{P}\left[n^{-1/r}\max_{1 \leqslant i \leqslant n}|X_i| > \delta\right] &= \mathbb{P}\left[\bigcup_{i=1}^{n}\{|X_i|^r > \delta^r n\}\right] \\
&\leqslant \sum_{i=1}^{n}\mathbb{P}[|X_i|^r > n\delta^r] \\
&\leqslant \frac{1}{n\delta^r}\sum_{i=1}^{n}\mathbb{E}[|X_i|^r \mathbb{1}\{|X_i|^r > n\delta^r\}] \\
&= \frac{1}{\delta^r}\max_{i \leqslant n}\mathbb{E}[|X_i|^r \mathbb{1}\{|X_i|^r > n\delta^r\}]
\end{aligned}
$$

由于 $|X_i|^r$ 是一致可积的, 当 $n\delta^r \to \infty$ 时, 最后的等式收敛到 0, 即式 (9.10) 成立.   ■

定理 9.8 证明   首先建立下列的期望等式. 对任意的非负随机变量 X, $\mathbb{E}|X| < \infty$,

$$
\mathbb{E}[X] = \int_0^{\infty}\mathbb{P}[X > u]\mathrm{d}u \tag{9.16}
$$

为了证明, 令 $F(u)$ 是 X 的分布函数, $F^*(u) = 1 - F(u)$. 利用分部积分公式,

$$
\mathbb{E}[X] = \int_0^{\infty}u\mathrm{d}F(u) = -\int_0^{\infty}u\mathrm{d}F^*(u) = -[uF^*(u)]_0^{\infty} + \int_0^{\infty}F^*(u)\mathrm{d}u = \int_0^{\infty}\mathbb{P}[X > u]\mathrm{d}u
$$

令 $F_n(u)$ 和 $F(u)$ 表示 $|Z_n|$ 和 $|Z|$ 的分布函数. 利用式 (9.16), 定义 8.1、Fatou 引理 (定理 A.24)、式 (9.16) 和 $\mathbb{E}|Z_n| \leqslant C$, 得

$$
\begin{aligned}
\mathbb{E}|Z| &= \int_0^{\infty}(1 - F(x))\mathrm{d}x \\
&= \int_0^{\infty}\lim_{n\to\infty}(1 - F_n(x))\mathrm{d}x \\
&\leqslant \liminf_{n\to\infty}\int_0^{\infty}(1 - F_n(x))\mathrm{d}x \\
&= \liminf_{n\to\infty}\mathbb{E}|Z_n| \leqslant C
\end{aligned}
$$

命题得证.   ■

定理 9.9 证明　不失一般性, 设 Z_n 是标量且 $Z_n \geqslant 0$. 令 $a \wedge b = \min(a, b)$. 固定 $\epsilon > 0$. 利用定理 9.8, Z 是可积的. 利用假设, Z_n 是一致可积的. 因此, 存在 $M < \infty$, 使得对任意足够大的 n, 有

$$\mathbb{E}[Z - (Z \wedge M)] = \mathbb{E}[(Z - M)\mathbb{1}\{Z > M\}] \leqslant \mathbb{E}[Z\mathbb{1}\{Z > M\}] \leqslant \epsilon$$

和

$$\mathbb{E}[Z_n - (Z_n \wedge M)] = \mathbb{E}[(Z_n - M)\mathbb{1}\{Z_n > M\}] \leqslant \mathbb{E}[Z_n\mathbb{1}\{Z_n > M\}] \leqslant \epsilon$$

函数 $(Z_n \wedge M)$ 是连续有界的. 由 $Z_n \xrightarrow{d} Z$ 和有界性得 $\mathbb{E}[Z_n \wedge M] \to \mathbb{E}[Z \wedge M]$. 因此, 对足够大的 n, 有

$$|\mathbb{E}[(Z_n \wedge M) - (Z \wedge M)]| \leqslant \epsilon$$

应用三角不等式和上述三个不等式, 得

$$|\mathbb{E}[Z_n - Z]| \leqslant |\mathbb{E}[Z_n - (Z_n \wedge M)]| + |\mathbb{E}[(Z_n \wedge M) - (Z \wedge M)| + |\mathbb{E}[Z - (Z \wedge M)]| \leqslant 3\epsilon$$

由于 ϵ 的任意性, 可推得 $|\mathbb{E}[Z_n - Z]| \to 0$. ∎

定理 9.10 证明　由定理 9.2 得 $Z_n \xrightarrow{d} Z$. 由连续映射定理得 $Z_n^s \xrightarrow{d} Z^s$. 现证明 Z_n^s 是一致可积的. 利用李雅普诺夫不等式 (定理 2.11)、闵可夫斯基不等式 (定理 4.16) 和 $\sup_{n,i} \mathbb{E}|X_{ni}|^r = B < \infty$, 得

$$(\mathbb{E}|X_{ni} - \mathbb{E}[X_{ni}]|^2)^{1/2} \leqslant (\mathbb{E}|X_{ni} - \mathbb{E}[X_{ni}]|^r)^{1/r} \leqslant 2(\mathbb{E}|X_{ni}|^r)^{1/r} \leqslant 2B^{1/r} \tag{9.17}$$

由 Rosenthal 不等式得, 存在常数 $R_r < \infty$, 使得

$$\mathbb{E}\left|\sum_{i=1}^n (X_{ni} - \mathbb{E}|X_{ni}|)\right|^r \leqslant R_r \left\{ \left(\sum_{i=1}^n \mathbb{E}|X_{ni} - \mathbb{E}[X_{ni}]|^2\right)^{r/2} + \sum_{i=1}^n \mathbb{E}|X_{ni} - \mathbb{E}[X_{ni}]|^r \right\}$$

因此,

$$\mathbb{E}|Z_n|^r = \frac{1}{n^{r/2}} \mathbb{E}\left(\left|\sum_{i=1}^n (X_{ni} - \mathbb{E}[X_{ni}])\right|^r\right)$$

$$\leqslant \frac{1}{n^{r/2}} R_r \left\{ \left(\sum_{i=1}^n \mathbb{E}|X_{ni} - \mathbb{E}[X_{ni}]|^2\right)^{1/2} + \sum_{i=1}^n \mathbb{E}|X_{ni} - \mathbb{E}[X_{ni}]|^r \right\}$$

$$\leqslant \frac{1}{n^{r/2}} R_r \left\{ (n4B^{2/r})^{r/2} + n2^r B \right\}$$

$$\leqslant 2^{r+1} R_r B$$

第二个不等号由式 (9.17) 可得, $\mathbb{E}|Z_n|^r$ 是一致有界的, 故由定理 9.6, 对任意的 $s < r$, $|Z_n|^s$ 是一致可积的. 由于 $|Z_n|^s \xrightarrow{d} |Z|^s$ 且 $|Z_n|^s$ 是一致可积的, 利用定理 9.9 得 $\mathbb{E}|Z_n|^s \to \mathbb{E}|Z|^s$. ∎

第 10 章　极大似然估计

10.1　引言

参数模型的极大似然估计是一种重要的统计推断方法. 参数模型是有完全概率函数的统计模型, 广泛应用在结构经济学建模中.

10.2　参数模型

X 的**参数模型** (parametric model) 是依赖于未知参数向量 $\boldsymbol{\theta}$ 的完全概率函数. (在本章的许多例子中, 参数 θ 是标量. 但在大多数真实的应用中, 参数是向量.) 在离散情况中, 参数模型可记为概率质量函数 $\pi(X|\theta)$. 在连续情况中, 参数模型可记为密度函数 $f(x|\theta)$. 参数 θ 属于集合 Θ, Θ 称为**参数空间** (parameter space).

参数模型需要明确总体分布属于某个特定分布族, 称其为**参数族** (parametric family).

例如, 参数模型 $X \sim N(\mu, \sigma^2)$, 密度为 $f(x|\mu, \sigma^2) = \sigma^{-1}\phi((x-\mu)/\sigma)$, 参数为 $\mu \in \mathbb{R}$, $\sigma^2 > 0$.

参数模型 X 服从指数分布, 密度为 $f(x|\lambda) = \lambda^{-1}\exp(-x/\lambda)$, 参数 $\lambda > 0$.

参数模型不必是本书第 3 章列举的函数形式之一, 读者可根据实际情况提出恰当的参数模型. 只需要满足模型设定是完全概率函数.

我们关注无条件分布, 概率函数不依赖于条件变量. 在《计量经济学》中研究条件模型, 概率分布依赖于条件变量.

参数模型方法的优势是 $f(x|\theta)$ 是 X 的总体分布的完全描述, 对因果推断和政策分析很有用. 缺点是可能对模型误设比较敏感.

参数模型明确了所有观测值的分布. 本书关注随机样本, 即观测值是独立同分布的, 参数模型的设定如下.

定义 10.1　随机样本的**模型** (model) 假设 X_i 是独立同分布的, $i = 1, 2, \cdots, n$, 且密度函数 $f(x|\theta)$ 或质量函数 $\pi(x|\theta)$ 已知, 参数 $\theta \in \Theta$ 未知.

当存在一个参数使得模型对应真实数据时, 称模型是正确设定的.

定义 10.2   当存在唯一的参数 $\theta_0 \in \Theta$ 使得 $f(x|\theta_0) = f(x)$, 其中 $f(x)$ 为真实数据分布, 则称模型是**正确设定的** (correctly specified). 参数值 θ_0 称为**真实参数值** (true parameter value). 参数 θ_0 是**唯一的** (unique), 如果没有其他 θ 使得 $f(x|\theta_0) = f(x|\theta)$ 成立. 模型称为**错误设定的** (misspecified), 如果不存在参数 $\theta \in \Theta$ 使得 $f(x|\theta) = f(x)$ 成立.

例如, 设真实的密度为 $f(x) = 2\mathrm{e}^{-2x}$. 当 $\lambda_0 = 1/2$ 时, 指数模型 $f(x|\lambda) = \lambda^{-1}\exp(-x/\lambda)$ 是正确设定的. 当 $\beta_0 = 1/2$ 和 $\alpha_0 = 1$ 时, 伽马模型也是正确设定的. 相反, 对数正态模型是错误设定的, 因为不存在参数使得对数正态密度等于 $f(x) = 2\mathrm{e}^{-2x}$.

例如, 设真实密度为 $f(x) = \phi(x)$. 此时, 正确设定的模型是正态分布和学生 t 分布, logistic 模型不是正确设定的. 考虑混合正态模型 $f(x|p, \mu_1, \sigma_1^2, \mu_2, \sigma_2^2) = p\phi_{\sigma_1}(x - \mu_1) + (1-p)\phi_{\sigma_2}(x - \mu_2)$, 其中 $\phi(x)$ 是其特例, 所以它是正确设定的, 但是 "真实" 参数不是唯一的. 真实参数包括 $(p, \mu_1, \sigma_1^2, \mu_2, \sigma_2^2) = (p, 0, 1, 0, 1)$, 其中 p 是任意的, $(1, 0, 1, \mu_2, \sigma_2^2)$, 其中 μ_2 和 σ_2^2 是任意的, $(0, \mu_1, \sigma_1^2, 0, 1)$, 其中 μ_1 和 σ_1^2 是任意的. 因此, 虽然模型是正确设定的, 但它并不满足上述模型正确设定的定义.

似然理论通常是在模型正确设定的假设下提出的. 然而, 某个假设的参数模型可能是错误设定的. 在这种情况下, 需要讨论在模型错误设定下估计量的性质. 10.16~10.19 节讨论此情况.

似然分析的基本工具是似然函数、极大似然估计量和 Fisher 信息. 我们将依次推导出这些结果, 并描述它们的用途.

10.3   似然函数

似然函数是利用模型计算出观测值的联合分布. 由观测值的独立性可推出联合密度是密度的乘积. "同分布" 是指密度函数是相同的, 联合密度如下:

$$f(x_1, x_2, \cdots, x_n | \theta) = f(x_1|\theta)f(x_2|\theta) \cdots f(x_n|\theta) = \prod_{i=1}^{n} f(x_i|\theta)$$

观测数据的联合密度可视为 θ 的函数, 称为**似然函数** (likelihood function).

定义 10.3   连续随机变量的似然函数为

$$L_n(\theta) \equiv f(X_1, X_2, \cdots, X_n | \theta) = \prod_{i=1}^{n} f(X_i|\theta)$$

离散随机变量的似然函数为

$$L_n(\theta) \equiv \prod_{i=1}^{n} \pi(X_i|\theta)$$

在概率论中, 通常利用密度 (或分布) 刻画 X 取特定值的概率. 在似然分析中, 考虑翻转的情况. 由于数据已知, 我们用似然函数来刻画 θ 取何值时与数据最匹配.

估计的目标是找到最能描述数据的值 θ, 最好能最接近真实值 θ_0. 由于密度函数 $f(x|\theta)$ 描述了给定特定值 θ_0 的条件下, X 取何值最可能发生, 似然函数 $L_n(\theta)$ 描述了最可能产生观测值的参数值 θ. 和观测值最匹配的参数值 θ 使似然函数取到最大. 这是一个 θ 的合理估计量.

定义 10.4　参数 θ 的**极大似然估计** (maximum likelihood estimator) $\hat{\theta}$ 最大化 $L_n(\theta)$:

$$\hat{\theta} = \arg\max_{\theta \in \Theta} L_n(\theta)$$

例 1　$f(x|\lambda) = \lambda^{-1} \exp(-x/\lambda)$. 似然函数为

$$L_n(\lambda) = \prod_{i=1}^{n} \left(\frac{1}{\lambda} \exp\left(-\frac{X_i}{\lambda} \right) \right) = \frac{1}{\lambda^n} \exp\left(-\frac{n\overline{X}_n}{\lambda} \right)$$

最大化的一阶条件为

$$0 = \frac{\mathrm{d}}{\mathrm{d}\lambda} L_n(\lambda) = -n \frac{1}{\lambda^{n+1}} \exp\left(-\frac{n\overline{X}_n}{\lambda} \right) + \frac{1}{\lambda^n} \exp\left(-\frac{n\overline{X}_n}{\lambda} \right) \frac{n\overline{X}_n}{\lambda^2}$$

消除一般项, 求解得唯一解, 即为 λ 的极大似然估计 (MLE):

$$\hat{\lambda} = \overline{X}_n$$

当 $\overline{X}_n = 2$ 时, 似然函数如图 10-1a 所示. 极大值点标记为 $\hat{\lambda}$.

在大多数情况下, 计算对数似然函数的极大值比似然函数本身更容易.

定义 10.5　**对数似然函数** (log-likelihood) 为

$$\ell_n(\theta) = \log L_n(\theta) = \sum_{i=1}^{n} \log f(X_i|\theta)$$

对数似然函数是对数密度之和而不是乘积, 这是利用对数似然函数的原因之一. 此外, 很多参数模型的对数密度在计算时更稳健.

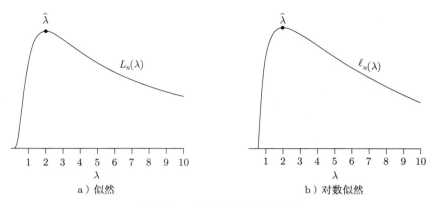

图 10-1   指数模型的似然函数

例 2 $f(x|\lambda) = \lambda^{-1}\exp(-x/\lambda)$. 对数密度为 $\log f(x|\lambda) = -\log\lambda - x/\lambda$. 对数似然函数为

$$\ell_n(\lambda) \equiv \log L_n(\lambda) = \sum_{i=1}^{n}\left(-\log\lambda - \frac{X_i}{\lambda}\right) = -n\log\lambda - \frac{n\overline{X}_n}{\lambda}$$

例 3 $\pi(x|p) = p^x(1-p)^{1-x}$. 对数质量函数为 $\log\pi(x) = x\log + (1-x)\log(1-p)$. 对数似然函数为

$$\ell_n(p) = \sum_{i=1}^{n} X_i\log p + (1-X_i)\log(1-p) = n\overline{X}_n\log p + n(1-\overline{X}_n)\log(1-p)$$

由于对数函数是单调递增函数, 最大化似然函数和对数似然函数的结果是一样的.

定理 10.1 $\hat{\theta} = \arg\max_{\theta\in\Theta}\ell_n(\theta)$.

例 4 $f(x|\lambda) = \lambda^{-1}\exp(-x/\lambda)$. 一阶条件为

$$0 = \frac{\mathrm{d}}{\mathrm{d}\lambda}\ell_n(\lambda) = -\frac{n}{\lambda} + \frac{n\overline{X}_n}{\lambda^2}$$

方程的唯一解为 $\hat{\lambda} = \overline{X}_n$. 二阶条件为

$$\frac{\mathrm{d}^2}{\mathrm{d}\lambda^2}\ell_n(\hat{\lambda}) = \frac{n}{\hat{\lambda}^2} - 2\frac{n\overline{X}_n}{\hat{\lambda}^3} = -\frac{n}{\overline{X}_n} < 0$$

二阶条件证明 $\hat{\lambda}$ 是极大值点而不是极小值点. 图 10-1b 展示了 $\overline{X}_n = 2$ 时的对数似然函数. 极大值点标记为 MLE $\hat{\lambda}$, 等于图 10-1a 中极大值点. 可见图 10-1a 中的似然函数 $L_n(\lambda)$ 和图 10-1b 中的对数似然函数 $\ell_n(\lambda)$ 形状相同.

例 5 $\pi(x|p) = p^x(1-p)^{1-x}$. 一阶条件为

$$0 = \frac{\mathrm{d}}{\mathrm{d}p}\ell_n(p) = \frac{n\overline{X}_n}{p} - \frac{n(1-\overline{X}_n)}{1-p}$$

唯一解为 $\hat{p} = \overline{X}_n$. 二阶条件为

$$\frac{\mathrm{d}^2}{\mathrm{d}p^2}\ell_n(\hat{p}) = -\frac{n\overline{X}_n}{\hat{p}^2} - \frac{n(1-\overline{X}_n)}{(1-\hat{p})^2} = -\frac{n}{\hat{p}(1-\hat{p})} < 0$$

故 $\hat{p}$ 是极大值点.

10.4 似然类推原理

构造估计量的一般方法是利用总体参数做样本类推. 现说明极大似然估计是真实参数的样本类推.

定义**期望对数密度** (expected log density) 函数为

$$\ell(\theta) = \mathbb{E}[\log f(X|\theta)]$$

它是参数 θ 的函数.

定理 10.2 当模型正确设定时, 真实参数 θ_0 最大化期望对数密度 $\ell(\theta)$:

$$\theta_0 = \arg\max_{\theta\in\Theta}\ell(\theta)$$

证明见 10.20 节.

该定理说明真实参数 θ_0 最大化对数密度的期望. $\ell(\theta)$ 的样本类推是似然函数的平均:

$$\overline{\ell}_n(\theta) = \frac{1}{n}\ell_n(\theta) = \frac{1}{n}\sum_{i=1}^{n}\log f(X_i|\theta)$$

因为 n^{-1} 不影响极大值点, 其极大值仍在 $\hat{\theta}$ 处取到. 以这种观点, MLE $\hat{\theta}$ 是 θ_0 的类推估计量, 因为 θ_0 极大化 $\ell(\theta)$, 而 $\hat{\theta}$ 极大化 $\overline{\ell}_n(\theta)$.

例 6 $f(x|\lambda) = \lambda^{-1}\exp(-x/\lambda)$. 对数密度为 $\log f(x|\lambda) = -\log\lambda - x/\lambda$, 其期望为

$$\ell(\lambda) = \mathbb{E}[\log f(x|\lambda)] = \mathbb{E}[-\log\lambda - x/\lambda] = -\log\lambda - \frac{\mathbb{E}[X]}{\lambda} = -\log\lambda - \frac{\lambda_0}{\lambda}$$

极大化的一阶条件为 $-\lambda^{-1} + \lambda_0\lambda^{-2} = 0$, 方程的唯一解为 $\lambda = \lambda_0$. 二阶条件是负的, 因此 λ 为极大值, 即真实参数 λ_0 是极大化 $\mathbb{E}[\log f(X|\lambda)]$ 的值.

例 7 $\pi(x|p) = p^x(1-p)^{1-x}$. 对数密度为 $\log \pi(x|p) = x \log p + (1-x) \log(1-p)$, 其期望值为

$$\ell(p) = \mathbb{E}[\log \pi(X|p)] = \mathbb{E}[X \log p + (1-X)\log(1-p)] = p_0 \log p + (1-p_0)\log(1-p)$$

极大化的一阶条件为

$$\frac{p_0}{p} - \frac{1-p_0}{1-p} = 0$$

唯一解为 $p = p_0$. 二阶条件是负的, 因此真实参数 p_0 是极大化 $\mathbb{E}[\log \pi(X|p)]$ 的值.

例 8   考虑方差已知的正态分布. X 的密度为

$$f(x|\mu) = \frac{1}{(2\pi\sigma_0^2)^{1/2}} \exp\left(-\frac{(x-\mu)^2}{2\sigma_0^2}\right)$$

对数密度为

$$\log f(x|\mu) = -\frac{1}{2}\log(2\pi\sigma_0^2) - \frac{(x-\mu)^2}{2\sigma_0^2}$$

因此,

$$\ell(\mu) = -\frac{1}{2}\log(2\pi\sigma_0^2) - \frac{\mathbb{E}[(X-\mu)^2]}{2\sigma_0^2} = -\frac{1}{2}\log(2\pi\sigma_0^2) - \frac{(\mu_0-\mu)^2}{2\sigma_0^2} - \frac{1}{2\sigma_0^2}$$

此式是 μ 的二次式, 可推出在 $\mu = \mu_0$ 处达到最大.

10.5   不变性

极大似然估计的一个特殊性质是估计的变换具有不变性, 并不是所有的估计量都有此性质.

定理 10.3   若 $\hat{\theta}$ 是 $\theta \in \mathbb{R}^m$ 的极大似然估计, 则对任意的变换 $\beta = h(\theta) \in \mathbb{R}^l$, β 的极大似然估计为 $\hat{\beta} = h(\hat{\theta})$.

证明见 10.20 节.

例 9 $f(x|\lambda) = \lambda^{-1}\exp(-x/\lambda)$, 参数 λ 的极大似然估计为 $\hat{\lambda} = \overline{X}_n$. 令 $\beta = 1/\lambda$, $h(\lambda) = 1/\lambda$. 重新参数化模型的对数密度为 $\log f(x|\beta) = \log \beta - x\beta$. 对数似然函数为

$$\ell_n(\beta) = n\log \beta - \beta n \overline{X}_n$$

极大似然估计为 $\hat{\beta} = 1/\overline{X}_n = h(\overline{X}_n)$.

不变性是一个重要的性质, 因为在应用中通常涉及估计量变换的计算. 不变性表明这些计算是总体对应变换的极大似然估计.

10.6　计算极大似然估计的例子

计算极大似然估计的步骤如下:

1. 求出 x 和 θ 的函数 $f(x|\theta)$.

2. 对 $f(x|\theta)$ 取对数得 $\ln f(x|\theta)$.

3. 对 $x = X_i$ 求和: $\ell_n(\theta) = \sum\limits_{i=1}^{n} \ln f(X_i|\theta)$.

4. 条件合适时, 求解一阶条件 (first-order condition, FOC) 来求极大值.

5. 核查二阶条件验证其极大性.

6. 如果不能求解一阶条件, 利用数值方法极大化 $\ell_n(\theta)$.

例 10　方差已知的正态分布. X 的密度为

$$f(x|\mu) = \frac{1}{(2\pi\sigma_0^2)^{1/2}} \exp\left(-\frac{(x-\mu)^2}{2\sigma_0^2} \right)$$

对数密度为

$$\log f(x|\mu) = -\frac{1}{2}\log(2\pi\sigma_0^2) - \frac{(x-\mu)^2}{2\sigma_0^2}$$

对数似然函数为

$$\ell_n(\mu) = -\frac{n}{2}\log(2\pi\sigma_0^2) - \frac{1}{2\sigma_0^2}\sum_{i=1}^{n}(X_i - \mu)^2$$

$\hat{\mu}$ 的一阶条件为

$$\frac{\partial}{\partial\mu}\ell_n(\hat{\mu}) = \frac{1}{\sigma_0^2}\sum_{i=1}^{n}(X_i - \hat{\mu}) = 0$$

方程的解为

$$\hat{\mu} = \overline{X}_n$$

二阶条件为

$$\frac{\partial^2}{\partial\mu^2}\ell_n(\hat{\mu}) = -\frac{n}{\sigma_0^2} < 0$$

图 10-2 展示了 $\overline{X}_n = 1$ 时的对数似然函数. 极大值点以 $\hat{\mu}$ 标记在图中.

例 11　均值已知的正态分布. X 的密度为

$$f(x|\sigma^2) = \frac{1}{(2\pi\sigma^2)^{1/2}} \exp\left(-\frac{(x-\mu_0)^2}{2\sigma^2} \right)$$

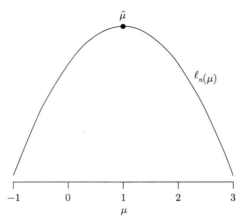

图 10-2 $N(\mu, 1)$ 的对数似然函数

对数密度为

$$\log f(x|\sigma^2) = -\frac{1}{2}\log(2\pi) - \frac{1}{2}\log(\sigma^2) - \frac{(x-\mu_0)^2}{2\sigma^2}$$

对数似然函数为

$$\ell_n(\sigma^2) = -\frac{n}{2}\log(2\pi) - \frac{n}{2}\log(\sigma^2) - \frac{\sum\limits_{i=1}^{n}(X_i - \mu_0)^2}{2\sigma^2}$$

$\hat{\sigma}^2$ 的一阶条件为

$$0 = -\frac{n}{2\hat{\sigma}^2} + \frac{\sum\limits_{i=1}^{n}(X_i - \mu_0)^2}{2\hat{\sigma}^4}$$

方程的解为

$$\hat{\sigma}^2 = \frac{1}{n}\sum_{i=1}^{n}(X_i - \mu_0)^2$$

二阶条件为

$$\frac{\partial^2}{\partial(\sigma^2)^2}\ell_n(\hat{\sigma}^2) = \frac{n}{2\hat{\sigma}^4} - \frac{\sum\limits_{i=1}^{n}(X_i - \mu_0)^2}{\hat{\sigma}^6} = -\frac{n}{2\hat{\sigma}^4} < 0$$

图 10-3 展示了 $\hat{\sigma}^2 = 1$ 时的对数似然函数. 极大值点以 $\hat{\sigma}^2$ 标记在图中.

例 12 $X \sim U[0, \theta]$. 这个问题更棘手. X 的密度为

$$f(x|\theta) = \frac{1}{\theta}, \quad 0 \leqslant x \leqslant \theta$$

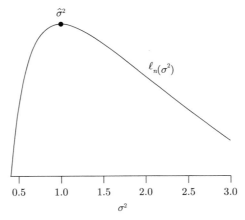

图 10-3　$N(\mu, \sigma^2)$ 的对数似然函数

对数密度为

$$
\log f(x|\theta) = \begin{cases} -\log(\theta), & 0 \leqslant x \leqslant \theta \\ -\infty, & \text{其他} \end{cases}
$$

令 $M_n = \max\limits_{i \leqslant n} X_i$. 对数似然函数为

$$
\ell_n(\theta) = \begin{cases} -n\log(\theta), & M_n \leqslant \theta \\ -\infty, & \text{其他} \end{cases}
$$

该对数似然函数的形状有些不同. 当 $\theta < M_n$ 时, 函数为负无穷; 当 $\theta \geqslant M_n$ 时, 函数是有限的. 当 $\theta = M_n$ 时函数取到最大值; 当 $\theta > M_n$ 时, 函数斜率为负. 因此, 对数似然函数在 M_n 处达到最大, 即

$$
\hat{\theta} = \max_{i \leqslant n} X_i
$$

这个结果并不惊奇. 令 $\hat{\theta} = \max\limits_{i \leqslant n} X_i$, 密度 $U[0, \hat{\theta}]$ 与观测数据匹配. 在所有和观测数据匹配的密度函数中, $U[0, \hat{\theta}]$ 是使似然函数达到最大的密度. 故 $\hat{\theta}$ 是极大似然估计.

　　该似然函数的另一个有趣特征是在极大值处不可导. 因此, 极大似然估计不满足一阶条件, 极大似然估计不能通过求解一阶条件得到.

　　图 10-4 展示了 $M_n = 0.9$ 的均匀分布的对数似然函数. 极大值以 $\hat{\theta}$ 标记在图中. 样本点用 $\times$ 标记在图中.

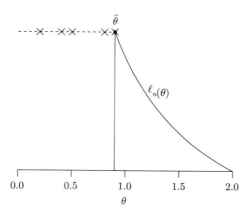

图 10-4   均匀分布的对数似然函数

例 13   混合分布. 设 $X \sim f_1(x)$ 的概率为 p, $X \sim f_2(x)$ 的概率为 $1 - p$, 其中密度 f_1 和 f_2 已知. X 的密度为

$$f(x|p) = f_1(x)p + f_2(x)(1 - p)$$

对数似然函数为

$$\ell_n(p) = \sum_{i=1}^{n} \log(f_1(X_i)p + f(X_i)(1 - p))$$

$\hat{p}$ 的一阶条件为

$$0 = \sum_{i=1}^{n} \frac{f_1(X_i) - f_2(X_i)}{f_1(X_i)\hat{p} + f_2(X_i)(1 - \hat{p})}$$

该式没有解析解, 需要利用数值方法求解 $\hat{p}$.

图 10-5 展示了 $f_1(x) = \phi(x - 1)$ 和 $f_2(x) = \phi(x + 1)$ 混合正态分布的对数似然函数. 最大值在 $\hat{p} = 0.69$ 处, 以 $\hat{p}$ 标记在图中.

例 14   双指数分布. 密度为 $f(x|\theta) \sim 2^{-1} \exp(-|x - \theta|)$. 对数密度为 $\log f(x|\theta) = -\log(2) - |x - \theta|$. 对数似然函数为

$$\ell_n(\theta) = -n\log(2) - \sum_{i=1}^{n} |X_i - \theta|$$

函数关于 θ 是连续的和分段线性的, 在 n 个样本点处为节点 (当 X_i 无重复时). 在节点处 $\ell_n(\theta)$ 关于 θ 的导数为

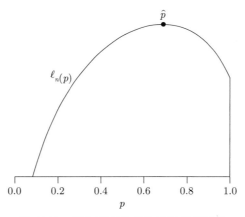

图 10-5　混合正态分布的对数似然函数

$$\frac{\mathrm{d}}{\mathrm{d}\theta}\ell_n(\theta) = \sum_{i=1}^{n} \operatorname{sgn}(X_i - \theta)$$

其中 $\operatorname{sgn}(x) = \mathbb{1}\{x > 0\} - \mathbb{1}\{x < 0\}$ 是 "x 的符号". 函数 $\frac{\mathrm{d}}{\mathrm{d}\theta}\ell_n(\theta)$ 是递减的阶梯函数, 在 n 个样本点阶梯函数的步长为 -2. 当 $\theta > \max_i X_i$ 时, 函数 $\frac{\mathrm{d}}{\mathrm{d}\theta}\ell_n(\theta)$ 等于 n; 当 $\theta < \min_i X_i$ 时, 函数 $\frac{\mathrm{d}}{\mathrm{d}\theta}\ell_n(\theta)$ 等于 $-n$. $\hat{\theta}$ 的一阶条件为

$$\frac{\mathrm{d}}{\mathrm{d}\theta}\ell_n(\hat{\theta}) = \sum_{i=1}^{n} \operatorname{sgn}(X_i - \hat{\theta}) = 0$$

为求解此方程, 分别考虑 n 为奇数和偶数的情况. 若 n 为奇数, 则 $\frac{\mathrm{d}}{\mathrm{d}\theta}\ell_n(\theta)$ 在第 $(n+1)/2$ 个次序观测值 [$(n+1)/2$ 次序统计量] 处取到 0, 该值与样本均值对应. 故极大似然统计是样本中位数. 若 n 是偶数, 则 $\frac{\mathrm{d}}{\mathrm{d}\theta}\ell_n(\theta)$ 在第 $n/2$ 个和第 $n/2+1$ 个次序观测值的区间内取值为 0, 即区间内所有的 θ 都满足一阶条件. 因此, 落在区间的任意值都是极大似然估计. 通常将其中点定义为极大似然估计, 与样本中位数对应. 无论 n 为奇数还是偶数, 极大似然估计都等于样本中位数.

图 10-6 展示了指数分布的对数似然函数的两个例子. 图 10-6a 展示了观测值 $\{1, 2, 3, 3.5, 3.75\}$ 构成的样本. 图 10-6b 展示了观测值 $\{1, 2, 3, 3.5, 3.75, 4\}$ 构成的样本. 图 10-6a 的样本量是奇数, 有唯一的极大似然估计 $\hat{\theta} = 3$, 如图所标记. 图 10-6b 的

样本量是偶数, 在某个区间内似然函数取到最大值. 中点 $\hat{\theta} = 3.25$ 被标记. 在上述两个例子中, 对数似然函数是连续分段线性的且在观测值节点是凹的.

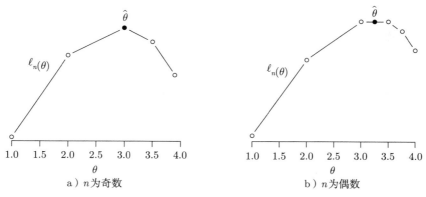

a) n 为奇数   b) n 为偶数

图 10-6   指数分布的对数似然函数

10.7   得分函数、黑塞矩阵和信息量

回顾对数似然函数

$$\ell_n(\theta) = \sum_{i=1}^{n} \log f(X_i|\theta)$$

设 $f(x|\theta)$ 是关于 θ 可导的. **似然得分** (likelihood score) 是似然函数的导数. 当 $\boldsymbol{\theta}$ 是一个向量时, 得分函数是偏导数构成的向量:

$$S_n(\boldsymbol{\theta}) = \frac{\partial}{\partial \boldsymbol{\theta}} \ell_n(\boldsymbol{\theta}) = \sum_{i=1}^{n} \frac{\partial}{\partial \boldsymbol{\theta}} \log f(X_i|\boldsymbol{\theta})$$

得分函数刻画了对数似然函数关于参数向量的敏感度. 得分函数的性质是, 当 θ 是极大似然估计时, 其值为 0, 即 $S_n(\hat{\theta}) = 0$, 其中 $\hat{\theta}$ 是一个内解 (interior solution).

似然黑塞矩阵 (likelihood Hessian) 是似然函数的非负二阶导数 (当其存在时). 当 $\boldsymbol{\theta}$ 是一个向量时, 黑塞矩阵的元素是二阶偏导数:

$$\mathscr{H}_n(\boldsymbol{\theta}) = -\frac{\partial^2}{\partial \boldsymbol{\theta} \partial \boldsymbol{\theta}'} \ell_n(\boldsymbol{\theta}) = -\sum_{i=1}^{n} \frac{\partial^2}{\partial \boldsymbol{\theta} \partial \boldsymbol{\theta}'} \log f(X_i|\boldsymbol{\theta})$$

黑塞矩阵表示对数似然函数的曲率, 数值越大表示函数越弯曲, 数值越小表示函数越平坦.

有效得分函数 (efficient score function) 是单个观测值对数似然的导数, 通过随机向量 $\boldsymbol{X}$ 和真实参数向量计算:

$$\boldsymbol{S} = \frac{\partial}{\partial \boldsymbol{\theta}} \log f(\boldsymbol{X}|\boldsymbol{\theta}_0)$$

有效得分函数在渐近分布和检验理论中有重要作用, 其重要性质是有效得分函数的期望为 0.

定理 10.4　设模型是正确设定的, $\boldsymbol{X}$ 的支撑不依赖 $\boldsymbol{\theta}$, $\boldsymbol{\theta}_0$ 是 Θ 的内点, 则有效得分函数 $\boldsymbol{S}$ 满足 $\mathbb{E}[\boldsymbol{S}] = 0$.

证明　根据莱布尼茨法则 (定理 A.22) 中的积分和求导互换, 有

$$\begin{aligned}
\mathbb{E}[\boldsymbol{S}] &= \mathbb{E}\left[\frac{\partial}{\partial \boldsymbol{\theta}} \log f(\boldsymbol{X}|\boldsymbol{\theta}_0)\right] \\
&= \frac{\partial}{\partial \boldsymbol{\theta}} \mathbb{E}[\log f(\boldsymbol{X}|\boldsymbol{\theta}_0)] \\
&= \frac{\partial}{\partial \boldsymbol{\theta}} \ell(\boldsymbol{\theta}_0) \\
&= 0
\end{aligned}$$

最后一个等号成立是因为 $\boldsymbol{\theta}_0$ 在内点处使 $\ell(\boldsymbol{\theta})$ 最大. 函数 $\ell(\boldsymbol{\theta})$ 可导是因为 $f(x|\boldsymbol{\theta})$ 可导. ∎

假设 $\boldsymbol{X}$ 的支撑不依赖 $\boldsymbol{\theta}$ 和 $\boldsymbol{\theta}_0$ 是 Θ 的内点都是**正则条件**[⊖] (regularity condition). 支撑不依赖参数的假设是积分和求导可互换顺序的条件. $\boldsymbol{\theta}_0$ 是 Θ 的内点使得所期望的对数似然函数 $\ell(\boldsymbol{\theta})$ 可满足一阶条件. 相反, 若似然函数的极大值在边界取到, 则一阶条件可能不成立.

大多数计量模型满足定理 10.4 的条件, 但有些不满足. 不满足的模型称为**非正则的** (nonregular). 例如, 均匀分布 $U[0, \theta]$ 的支撑集不满足支撑假设, 因为支撑 $[0, \theta]$ 依赖于 θ. 混合正态分布 $f(x|p, \mu_1, \sigma_1^2, \mu_2, \sigma_2^2) = p\phi_{\sigma_1}(x - \mu_1) + (1 - p)\phi_{\sigma_2}(x - \mu_2)$ 不满足边界条件, 其中 $p = 0$ 或 $p = 1$.

定义 10.6　**Fisher 信息量** (Fisher information) 是有效得分函数的方差:

$$\mathscr{I}_{\boldsymbol{\theta}} = \mathbb{E}[\boldsymbol{S}\boldsymbol{S}']$$

定义 10.7　**预期的黑塞矩阵** (expected Hessian) 为

$$\mathscr{H}_{\boldsymbol{\theta}} = -\frac{\partial^2}{\partial \boldsymbol{\theta} \partial \boldsymbol{\theta}'} \ell(\boldsymbol{\theta}_0)$$

⊖　这些条件通常在 (一般的) 模型中满足, 且是保证抽样成立的充分性假设.

当 $f(x|\boldsymbol{\theta})$ 关于 $\boldsymbol{\theta}$ 二阶可导且 X 的支撑不依赖 $\boldsymbol{\theta}$ 时, 预期的黑塞矩阵等于单个观测值的似然黑塞矩阵的期望:

$$\mathscr{H}_{\boldsymbol{\theta}} = -\mathbb{E}\left[\frac{\partial^2}{\partial\boldsymbol{\theta}\partial\boldsymbol{\theta}'}\log f(X|\boldsymbol{\theta}_0)\right]$$

定理 10.5 **信息矩阵等式** (information matrix equality). 设模型是正确设定的, X 的支撑不依赖于 $\boldsymbol{\theta}$. 则 Fisher 信息量等于预期的黑塞矩阵: $\mathscr{I}_{\boldsymbol{\theta}} = \mathscr{H}_{\boldsymbol{\theta}}$.

证明见 10.20 节.

这是一个迷人的结果, 它说明似然函数的曲率和得分函数的方差相等. 信息矩阵等式没有直观的解释. 它的重要性是简化了极大似然估计渐近方差的求解公式, 也可视为渐近方差的估计.

10.8 信息等式的例子

例 15 $f(x|\lambda) = \lambda^{-1}\exp(-x/\lambda)$. 已知 $\mathbb{E}[X] = \lambda_0, \operatorname{var}[X] = \lambda_0^2$. 对数密度 $\log(x|\theta) = -\log(\lambda) - x/\lambda$, 期望为 $\ell(\lambda) = -\log(\lambda) - \lambda_0/\lambda$. 对数密度的一阶导数和二阶导数为

$$\frac{\mathrm{d}}{\mathrm{d}\lambda}\log f(x|\lambda) = -\frac{1}{\lambda} + \frac{x}{\lambda^2}$$

$$\frac{\mathrm{d}^2}{\mathrm{d}\lambda^2}\log f(x|\lambda) = \frac{1}{\lambda^2} - 2\frac{x}{\lambda^3}$$

有效得分函数是一阶导数在 X 和 λ_0 处的值:

$$S = \frac{\mathrm{d}}{\mathrm{d}\lambda}\log f(X|\lambda_0) = -\frac{1}{\lambda_0} + \frac{X}{\lambda_0^2}$$

期望为

$$\mathbb{E}[S] = -\frac{1}{\lambda_0} + \frac{\mathbb{E}[S]}{\lambda_0^2} = -\frac{1}{\lambda_0} + \frac{\lambda_0}{\lambda_0^2} = 0$$

方差为

$$\operatorname{var}[S] = \operatorname{var}\left[-\frac{1}{\lambda_0} + \frac{X}{\lambda_0^2}\right] = \frac{1}{\lambda_0^4}\operatorname{var}[X] = \frac{\lambda_0^2}{\lambda_0^4} = \frac{1}{\lambda_0^2}$$

预期的黑塞矩阵为

$$\mathscr{H}_{\lambda} = -\frac{\mathrm{d}^2}{\mathrm{d}\lambda^2}\ell(\lambda_0) = -\frac{1}{\lambda_0^2} + 2\frac{\lambda_0}{\lambda_0^3} = \frac{1}{\lambda_0^2}$$

另一种解法为

$$\mathscr{H}_\lambda = \mathbb{E}\left[-\frac{\mathrm{d}^2}{\mathrm{d}\lambda^2}\log f(X|\lambda_0)\right] = -\frac{1}{\lambda_0^2} + 2\frac{\mathbb{E}[X]}{\lambda_0^3} = -\frac{1}{\lambda_0^2} + 2\frac{\lambda_0}{\lambda_0^3} = \frac{1}{\lambda_0^2}$$

故

$$\mathscr{I}_\lambda = \mathrm{var}[S] = \frac{1}{\lambda_0^2} = \mathscr{H}_\lambda$$

满足信息等式.

例 16　$X \sim N(0,\theta)$. 设方差为 θ 而不是 σ^2, 这个记号更容易求导. 已知 $\mathbb{E}[X] = 0$ 且 $\mathrm{var}[X] = \mathbb{E}[X^2] = \theta_0$. 对数密度为

$$\log f(x|\theta) = -\frac{1}{2}\log(2\pi) - \frac{1}{2}\log(\theta) - \frac{x^2}{2\theta}$$

期望其为

$$\ell(\theta) = -\frac{1}{2}\log(2\pi) - \frac{1}{2}\log(\theta) - \frac{\theta_0}{2\theta}$$

求一阶导数和二阶导数,

$$\frac{\mathrm{d}}{\mathrm{d}\theta}\log f(x|\theta) = -\frac{1}{2\theta} + \frac{x^2}{2\theta^2} = \frac{x^2 - \theta}{2\theta^2}$$

$$\frac{\mathrm{d}^2}{\mathrm{d}\theta^2}\log f(x|\theta) = \frac{1}{2\theta^2} - \frac{x^2}{\theta^3} = \frac{\theta - 2x^2}{2\theta^3}$$

有效得分函数为

$$S = \frac{\mathrm{d}}{\mathrm{d}\theta}\log f(X|\theta_0) = \frac{X^2 - \theta_0}{2\theta_0^2}$$

其均值为

$$\mathbb{E}[S] = \mathbb{E}\left[\frac{X^2 - \theta_0}{2\theta_0^2}\right] = 0$$

方差为

$$\mathrm{var}[S] = \frac{\mathbb{E}[(X^2 - \theta_0)^2]}{4\theta_0^4} = \frac{\mathbb{E}[X^4 - 2X^2\theta_0 + \theta_0^2]}{4\theta_0^4} = \frac{3\theta_0^2 - 2\theta_0^2 + \theta_0^2}{4\theta_0^4} = \frac{1}{2\theta_0^2}$$

预期的黑塞矩阵为

$$\mathscr{H}_\theta = -\frac{\mathrm{d}^2}{\mathrm{d}\theta^2}(\theta_0) = -\frac{1}{2\theta_0^2} + \frac{\theta_0}{\theta_0^3} = \frac{1}{2\theta_0^2}$$

等价地, 也可通过计算期望, 得

$$\mathscr{H}_\theta = \mathbb{E}\left[-\frac{\mathrm{d}^2}{\mathrm{d}\theta^2}\log f(X|\theta_0)\right] = \mathbb{E}\left[\frac{2X^2 - \theta_0}{2\theta_0^3}\right] = \frac{1}{2\theta_0^2}$$

故

$$\mathscr{I}_\theta = \mathrm{var}[S] = \frac{1}{2\theta_0^2} = \mathscr{H}_\theta$$

满足信息等式.

例 17　$X \sim 2^{-1}\exp(-|x - \theta|)$, $x \in \mathbb{R}$. 对数密度为 $\log f(x|\theta) = -\log(2) - |x - \theta|$.
对数密度的导数为

$$\frac{\mathrm{d}}{\mathrm{d}\theta}\log f(x|\theta) = \mathrm{sgn}(x - \theta)$$

在 $x = \theta$ 处二阶导数不存在. 有效得分函数是一阶导数在 X 和 θ_0 处的值:

$$S = \frac{\mathrm{d}}{\mathrm{d}\theta}\log f(X|\theta_0) = \mathrm{sgn}(X - \theta_0)$$

由于 X 的分布关于 θ_0 对称且 $S^2 = 1$, 可推出 $\mathbb{E}[S] = 0$ 且 $\mathbb{E}[S^2] = 1$. 预期的对数
密度为

$$\ell(\theta) = -\log(2) - \mathbb{E}|X - \theta|$$

$$= -\log(2) - \int_{-\infty}^{\infty}|x - \theta|f(x|\theta_0)\mathrm{d}x$$

$$= -\log(2) + \int_{-\infty}^{\theta}(x - \theta)f(x|\theta_0)\mathrm{d}x - \int_{\theta}^{\infty}(x - \theta)f(x|\theta_0)\mathrm{d}x$$

利用莱布尼茨法则 (定理 A.22) 得

$$\frac{\mathrm{d}}{\mathrm{d}\theta}\ell(\theta) = (\theta - \theta)f(x|\theta_0) - \int_{-\infty}^{\theta}f(x|\theta_0)\mathrm{d}x - (\theta - \theta)f(x|\theta_0) + \int_{\theta}^{\infty}f(x|\theta_0)\mathrm{d}x$$

$$= 1 - 2F(\theta|\theta_0)$$

预期的黑塞矩阵为

$$\mathscr{H}_\theta = -\frac{\mathrm{d}^2}{\mathrm{d}\theta^2}\ell(\theta_0) = -\frac{\mathrm{d}}{\mathrm{d}\theta}(1 - 2F(\theta|\theta_0)) = 2f(x_0|\theta_0) = 1$$

故

$$\mathscr{I}_\theta = \mathrm{var}[S] = 1 = \mathscr{H}_\theta$$

满足信息等式.

10.9　Cramér-Rao 下界

信息矩阵提供了无偏估计量的方差下界.

定理 10.6　Cramér-Rao 下界 (Cramér-Rao lower bound). 假设模型是正确设定的, X 的支撑集不依赖 θ, θ_0 是 Θ 的内点. 若 $\tilde{\theta}$ 是 θ 的无偏估计, 则 $\mathrm{var}[\tilde{\theta}] \geqslant (n\mathscr{I}_\theta)^{-1}$.

证明见 10.20 节.

定义 10.8　Cramér-Rao 下界 为 $(n\mathscr{I}_\theta)^{-1}$.

定义 10.9　如果估计量 $\tilde{\theta}$ 是 θ 的无偏估计量, 且 $\mathrm{var}[\tilde{\theta}] = (n\mathscr{I}_\theta)^{-1}$, 则称它是 **Cramér-Rao 有效的** (Cramér-Rao efficient).

Cramér-Rao 下界是一个著名的结论. 它表明在所有的无偏估计量中, 可能的最小方差是 Fisher 信息量和样本量乘积的倒数. 故 Fisher 信息量提供了估计精度的界限.

当 $\boldsymbol{\theta}$ 是一个向量时, Cramér-Rao 下界表明协方差矩阵的下界是 Fisher 信息量矩阵的逆, 即二者的差是半正定的.

10.10　Cramér-Rao 下界的例子

例 18　$f(x|\lambda) = \lambda^{-1}\exp(-x/\lambda)$. 已经计算得 $\mathscr{I}_\lambda = \lambda^{-2}$. 故 Cramér-Rao 下界为 λ^2/n. θ 的极大似然估计为 $\hat{\theta} = \overline{X}_n$. 这是无偏估计量, $\mathrm{var}[\overline{X}_n] = n^{-1}\mathrm{var}[X] = \lambda^2/n$, 等于 Cramér-Rao 下界. 因此, 极大似然估计是 Cramér-Rao 有效的.

例 19　$X \sim N(\mu, \sigma^2)$, 其中 σ^2 已知. 首先计算信息量. 对数密度的二阶导数为

$$\frac{\mathrm{d}^2}{\mathrm{d}\mu^2}\log f(x|\mu) = \frac{\mathrm{d}^2}{\mathrm{d}\mu^2}\left(-\frac{1}{2}\log(2\pi\sigma^2) - \frac{(x-\mu)^2}{2\sigma^2}\right) = -\frac{1}{\sigma^2}$$

信息量为 $\mathscr{I}_\mu = \sigma^{-2}$, Cramér-Rao 下界为 σ^2/n. 极大似然估计为 $\hat{\mu} = \overline{X}_n$, 是无偏估计量且方差 $\mathrm{var}[\hat{\mu}] = \sigma^2/n$, 等于 Cramér-Rao 下界. 故极大似然估计是 Cramér-Rao 有效的.

例 20　$X \sim N(\mu, \sigma^2)$, 其中 μ 和 σ^2 均未知. 需要计算参数向量 $\boldsymbol{\theta} = (\mu, \sigma^2)$ 的信息量矩阵. 对数密度为

$$\log f(x|\mu, \sigma^2) = -\frac{1}{2}\log(2\pi) - \frac{1}{2}\log\sigma^2 - \frac{(x-\mu)^2}{2\sigma^2}$$

一阶导数为

$$\frac{\partial}{\partial\mu}\log f(x|\mu, \sigma^2) = \frac{x-\mu}{\sigma^2}$$

$$\frac{\partial}{\partial\sigma^2}\log f(x|\mu, \sigma^2) = -\frac{1}{2\sigma^2} + \frac{(x-\mu)^2}{2\sigma^4}$$

二阶导数为

$$\frac{\partial^2}{\partial\mu^2}\log f(x|\mu,\sigma^2) = -\frac{1}{\sigma^2}$$

$$\frac{\partial^2}{\partial(\sigma^2)^2}\log f(x|\mu,\sigma^2) = \frac{1}{2\sigma^4} - \frac{(x-\mu)^2}{\sigma^6}$$

$$\frac{\partial^2}{\partial\mu\partial\sigma^2}\log f(x|\mu,\sigma^2) = -\frac{x-\mu}{2\sigma^4}.$$

预期的 Fisher 信息量为

$$\mathscr{I}_\theta = \mathbb{E}\begin{bmatrix} \dfrac{1}{\sigma^2} & \dfrac{X-\mu}{2\sigma^4} \\ \dfrac{X-\mu}{2\sigma^4} & \dfrac{(X-\mu)^2}{\sigma^6} - \dfrac{1}{2\sigma^4} \end{bmatrix} = \begin{bmatrix} \dfrac{1}{\sigma^2} & 0 \\ 0 & \dfrac{1}{2\sigma^4} \end{bmatrix}$$

Cramér-Rao 下界为

$$\mathrm{CRLB} = (n\mathscr{I}_\theta)^{-1} = \begin{bmatrix} \dfrac{\sigma^2}{n} & 0 \\ 0 & \dfrac{2\sigma^4}{n} \end{bmatrix}$$

该结果有两个有趣的性质. 首先, 信息矩阵是对角化的, 即 μ 和 σ^2 的信息无关. 其次, 当 σ^2 或 μ 已知时, 对角线的元素等于单个参数的 Cramér-Rao 下界.

考虑 μ 的估计, Cramér-Rao 下界为 σ^2/n, 等于样本均值的方差. 故样本均值是 Cramér-Rao 有效的.

考虑 σ^2 的估计, Cramér-Rao 下界为 $2\sigma^4/n$. 矩估计量为 $\hat{\sigma}^2$ (等于极大似然估计), 是有偏的. 无偏估计量为 $s^2 = (n-1)^{-1}\sum_{i=1}^n (X_i - \overline{X})^2$. 在正态抽样模型中, 其精确分布为 $\sigma^2\chi_{n-1}^2/(n-1)$, 方差为

$$\mathrm{var}[s^2] = \mathrm{var}\left[\frac{\sigma^2\chi_{n-1}^2}{n-1}\right] = \frac{2\sigma^4}{n-1} > \frac{2\sigma^4}{n}$$

故无偏估计量不是 Cramér-Rao 有效的.

如上例, 很多极大似然估计既不是无偏的, 也不是 Cramér-Rao 有效的.

10.11 参数函数的 Cramér-Rao 下界

本节推导变换 $\boldsymbol{\beta} = h(\boldsymbol{\theta})$ 的 Cramér-Rao 下界. 令 $\boldsymbol{H} = \dfrac{\partial}{\partial\boldsymbol{\theta}}h(\boldsymbol{\theta}_0)'$.

定理 10.7 变换的 Cramér-Rao 下界. 假设定理 10.6 的条件成立, 且 $\mathscr{I}_{\boldsymbol{\theta}} > 0$, $h(\boldsymbol{u})$ 在 $\boldsymbol{\theta}_0$ 处连续可微. 若 $\tilde{\boldsymbol{\beta}}$ 是 $\boldsymbol{\beta}$ 的无偏估计量, 则 $\mathrm{var}[\tilde{\boldsymbol{\beta}}] \geqslant n^{-1}\boldsymbol{H}'\mathscr{I}_{\boldsymbol{\theta}}^{-1}\boldsymbol{H}$.

证明见 10.20 节. 该定理给出了参数的任意光滑函数的估计量方差的下界.

10.12 相合估计

本节讨论极大似然估计 $\hat{\theta}$ (渐近) 相合性的条件. 回顾 $\hat{\theta}$ 是使对数似然函数极大化的值. 当 $\hat{\theta}$ 没有解析解时, 我们利用似然函数的性质证明 $\hat{\theta}$ 的相合性.

记平均似然函数为

$$\bar{\ell}_n(\theta) = \frac{1}{n}\ell_n(\theta) = \frac{1}{n}\sum_{i=1}^{n}\log f(X_i|\theta)$$

由于 $\log f(X_i|\theta)$ 是 X_i 的变换, 也是独立同分布的. 由弱大数定律 (定理 7.4) 得 $\bar{\ell}_n(\theta) \underset{p}{\to} \ell(\theta) = \mathbb{E}[\log f(X|\theta)]$. 似乎可以合理地预期最大化 $\bar{\ell}_n(\theta)$ 的 θ 值 (即 $\hat{\theta}$) 将依概率收敛到最大化 $\ell(\theta)$ 的 θ 值 (即 θ_0). 满足一定的条件后, 这种收敛性通常是成立的.

定理 10.8 设如下假设成立:

1. X_i 是独立同分布的.

2. $\mathbb{E}|\log f(X|\theta)| \leqslant G(X)$, $\mathbb{E}[G(X)] < \infty$.

3. $\log f(X|\theta)$ 关于 θ 以概率 1 连续.

4. Θ 是紧集.

5. 对任意的 $\theta \neq \theta_0$, 都有 $\ell(\theta) < \ell(\theta_0)$.

则 $\hat{\theta} \underset{p}{\to} \theta_0, n \to \infty$.

定理 10.8 说明在上述假设下, 极大似然估计是真实参数的相合估计. 这些条件相对较弱, 可应用在大多数计量模型中.

假设 1 表明观测值是独立同分布的, 在本书讨论的抽样框架下. 假设 2 表明对数密度存在有限期望的包络, 可推出对数密度的期望有限. 这是应用弱大数定律的必要条件.

假设 3 表明对数密度 $\log f(X|\theta)$ 在参数空间是几乎处处连续的. 允许存在不连续的点, 但取不连续点的概率为 0. 该条件用来构建对数密度样本平均的一致大数定律. 18.5 节将介绍其他可替换该假设的条件.

假设 4 具有技术性, 它表明参数空间是紧集. 该假设可通过对假设 3 补充更详细的条件而删去.

假设 5 是最关键的条件, 它表明 θ_0 是使得 ℓ 取到最大值的唯一一点, 称为**识别假设** (identification assumption).

10.13　渐近正态性

样本均值是渐近正态的. 本节将说明极大似然估计也是渐近正态的. 该结论在大多数没有明确极大似然估计表达式的情况下也是成立的.

极大似然估计渐近正态的原因是在大样本中, 极大似然估计可以通过有效得分函数的样本 (矩阵尺度的) 平均数来近似估计. 后者是独立同分布的, 均值为 0, 协方差矩阵等于 Fisher 信息量. 故中心极限定理表明极大似然估计是渐近正态的.

构建极大似然估计的线性近似有一定难度. 传统的方法是对极大似然估计的一阶条件进行均值展开, 以对数似然函数 (似然得分函数和黑塞矩阵) 的一阶导数和二阶导数为基础, 产生一个极大似然估计近似. 现代方法是对预期的对数密度一阶条件进行均值展开来求最大值.

事实证明, 第二种 (现代) 方法在更广泛的条件下成立, 但在技术上要求更高. 我们略过经典的方法, 说明现代方法的条件.

极大似然估计 $\hat{\boldsymbol{\theta}}$ 最大化平均对数似然函数 $\overline{\ell}_n(\boldsymbol{\theta})$, 所以满足一阶条件

$$0 = \frac{\partial}{\partial \boldsymbol{\theta}} \overline{\ell}_n(\hat{\boldsymbol{\theta}})$$

由于 $\hat{\boldsymbol{\theta}}$ 是 $\boldsymbol{\theta}_0$ 的相合估计 (定理 10.8), 当 n 充分大时, $\hat{\boldsymbol{\theta}}$ 趋近于 $\boldsymbol{\theta}_0$. 这使得上述一阶条件可在 $\boldsymbol{\theta} = \boldsymbol{\theta}_0$ 处进行一阶泰勒近似. 为简单起见, 忽略余项. 泰勒展开为

$$0 = \frac{\partial}{\partial \boldsymbol{\theta}} \overline{\ell}_n(\hat{\boldsymbol{\theta}}) \simeq \frac{\partial}{\partial \boldsymbol{\theta}} \overline{\ell}_n(\boldsymbol{\theta}_0) + \frac{\partial^2}{\partial \boldsymbol{\theta} \partial \boldsymbol{\theta}'} \overline{\ell}_n(\boldsymbol{\theta}_0)(\hat{\boldsymbol{\theta}} - \boldsymbol{\theta}_0)$$

也可记为

$$\sqrt{n}(\hat{\boldsymbol{\theta}} - \boldsymbol{\theta}_0) \simeq \left(-\frac{\partial^2}{\partial \boldsymbol{\theta} \partial \boldsymbol{\theta}'} \overline{\ell}_n(\boldsymbol{\theta}_0) \right)^{-1} \left(\sqrt{n} \frac{\partial}{\partial \boldsymbol{\theta}} \overline{\ell}_n(\boldsymbol{\theta}_0) \right) \tag{10.1}$$

求逆的项等于

$$\frac{1}{n} \sum_{i=1}^{n} -\frac{\partial^2}{\partial \boldsymbol{\theta} \partial \boldsymbol{\theta}'} \log f(X_i | \boldsymbol{\theta}_0) \xrightarrow{p} \mathbb{E} \left[-\frac{\partial^2}{\partial \boldsymbol{\theta} \partial \boldsymbol{\theta}'} \log f(X_i | \boldsymbol{\theta}_0) \right] = \mathscr{H}_{\boldsymbol{\theta}}$$

式 (10.1) 的第二项等于

$$\frac{1}{\sqrt{n}} \sum_{i=1}^{n} \frac{\partial}{\partial \boldsymbol{\theta}} \log f(X_i | \boldsymbol{\theta}_0) \xrightarrow{d} N(\mathbf{0}, \mathscr{I}_{\boldsymbol{\theta}})$$

利用中心极限定理, 由于向量 $\frac{\partial}{\partial \boldsymbol{\theta}} \log f(X_i|\boldsymbol{\theta}_0)$ 的均值为 0 (定理 10.4), 独立同分布且方差为 $\mathscr{I}_{\boldsymbol{\theta}}$, 可推出

$$\sqrt{n}(\hat{\boldsymbol{\theta}} - \boldsymbol{\theta}_0) \underset{d}{\to} \mathscr{H}_{\boldsymbol{\theta}} N(\mathbf{0}, \mathscr{I}_{\boldsymbol{\theta}}) = N(\mathbf{0}, \mathscr{H}_{\boldsymbol{\theta}}^{-1} \mathscr{I}_{\boldsymbol{\theta}} \mathscr{H}_{\boldsymbol{\theta}}^{-1}) = N(\mathbf{0}, \mathscr{I}_{\boldsymbol{\theta}}^{-1})$$

其中最后一个等号成立是因为信息等式定理 (定理 10.5).

由此可推出极大似然估计以 $n^{-1/2}$ 的速度收敛, 是渐近正态的, 且没有偏差项, 渐近方差等于 Fisher 信息量的逆.

现考虑完全正则条件下的渐近分布. 定义

$$\mathscr{H}_{\boldsymbol{\theta}}(\boldsymbol{\theta}) = -\frac{\partial^2}{\partial \boldsymbol{\theta} \partial \boldsymbol{\theta}'} \mathbb{E}[\log f(X|\boldsymbol{\theta})] \tag{10.2}$$

令 $\mathcal{N}$ 表示 $\boldsymbol{\theta}_0$ 的邻域.

定理 10.9 假设定理 10.8 的假设均成立, 再加上

1. $\mathbb{E}\|\frac{\partial}{\partial \boldsymbol{\theta}} \log f(X|\boldsymbol{\theta}_0)\|^2 < \infty$.

2. $\mathscr{H}_{\boldsymbol{\theta}}(\boldsymbol{\theta})$ 在 $\boldsymbol{\theta} \in \mathcal{N}$ 内是连续的.

3. $\frac{\partial}{\partial \boldsymbol{\theta}} \log f(X|\boldsymbol{\theta})$ 在 $\mathcal{N}$ 内是利普希茨连续的, 即对任意的 $\boldsymbol{\theta}_1, \boldsymbol{\theta}_2 \in \mathcal{N}$, 都有

$$\left\| \frac{\partial}{\partial \boldsymbol{\theta}} \log f(x|\boldsymbol{\theta}_1) - \frac{\partial}{\partial \boldsymbol{\theta}} \log f(x|\boldsymbol{\theta}_2) \right\| \leqslant B(x)\|\boldsymbol{\theta}_1 - \boldsymbol{\theta}_2\|$$

其中 $\mathbb{E}[B(X)^2] < \infty$.

4. $\mathscr{H}_{\boldsymbol{\theta}} > 0$.

5. $\boldsymbol{\theta}$ 是 Θ 的内点.

6. $\mathscr{I}_{\boldsymbol{\theta}} = \mathscr{H}_{\boldsymbol{\theta}}$.

则当 $n \to \infty$ 时,

$$\sqrt{n}(\hat{\boldsymbol{\theta}} - \boldsymbol{\theta}_0) \underset{d}{\to} N(0, \mathscr{I}_{\boldsymbol{\theta}}^{-1})$$

上述定理表明极大似然估计是渐近正态的, 渐近方差等于费希尔信息量的逆. 证明见《计量经济学》中介绍 M 估计量的章节.

假设 1 表明有效得分函数的二阶矩有限. 该假设在应用中心极限定理时有用. 假设 2 表明预期的对数密度的二阶导数在 $\boldsymbol{\theta}_0$ 附近连续. 该假设是为了保证展开的余项可忽略. 假设 3 表明得分函数是关于参数利普希茨连续的. 在一般的应用中, 该假设成立[⊖].

⊖ 或者, 假设 3 可替换为标准化得分过程 $n^{-1/2} \sum_{i=1}^{n} \frac{\partial}{\partial \boldsymbol{\theta}} \log f(X_i|\boldsymbol{\theta})$ 渐近连续等价的充分条件. 其概念见 18.6 节, 充分条件见 18.7 节.

假设 4 表明预期的黑塞矩阵是可逆的. 这是必要条件; 如果不满足, 则证明中求逆部分不成立. 该假设排除了冗余参数, 和识别性有关. 在不可识别或弱识别的条件下, 矩阵 $\mathscr{H}_{\boldsymbol{\theta}}$ 是奇异的. 假设 5 是均值展开的必要条件. 若真实参数在参数空间的边界, 则极大似然估计通常不具有渐近正态性. 假设 6 是信息矩阵等式. 当模型正确设定, X 的支撑不依赖 $\boldsymbol{\theta}$ 和定理 10.5 成立时, 假设 6 成立.

10.14   渐近 Cramér-Rao 有效性

Cramér-Rao 定理说明无偏估计量类的最小的协方差矩阵为 $(n\mathscr{I}_{\boldsymbol{\theta}})^{-1}$, 也就是说, 中心和尺度标准化的无偏估计量 $\sqrt{n}(\tilde{\boldsymbol{\theta}} - \boldsymbol{\theta}_0)$ 的方差不能小于 $\mathscr{I}_{\boldsymbol{\theta}}^{-1}$. 如果它的分布渐近为 $N(\mathbf{0}, \mathscr{I}_{\boldsymbol{\theta}}^{-1})$, 则称估计量是渐近 Cramér-Rao 有效的.

定义 10.10   估计量 $\tilde{\boldsymbol{\theta}}$ 称为**渐近 Cramér-Rao 有效的** (asymptotically Cramér-Rao efficient), 如果 $\sqrt{n}(\tilde{\boldsymbol{\theta}} - \boldsymbol{\theta}_0) \underset{d}{\to} \boldsymbol{Z}$, 其中 $\mathbb{E}[\boldsymbol{Z}] = 0$ 且 $\operatorname{var}[\boldsymbol{Z}] = \mathscr{I}_{\boldsymbol{\theta}}^{-1}$.

定理 10.10   在定理 10.9 的条件下, 极大似然估计是渐近 Cramér-Rao 有效的.

联合 Cramér-Rao 定理, 得到一个重要的有效性结论. 已经证明极大似然估计的渐近方差与无偏估计量类中最小的方差相等. 极大似然估计 (通常) 不是无偏的, 但它是渐近无偏的. 在这种情况下, 中心化和尺度化的渐近分布是**无偏的** (is free of bias)[⊖]. 故分布是适当中心化的和 (近似) 低偏差的.

上述定理存在局限性. 重尺度化的极大似然估计的均方误差收敛到最小方差. 但在某些情况下, 极大似然估计不存在有限方差! 渐近无偏性和低方差性是渐近分布的性质, 不是有限抽样分布的极限性质. Cramér-Rao 下界是在无偏估计类中建立起来的, 这就会产生一种可能: 存在有偏估计量, 其表现更好. 该理论依赖于参数似然模型和正确的模型设定, 这就排除了很多重要的计量经济学模型. 无论如何, 该定理是一个重要的进步.

10.15   方差估计

如果仅知道渐近分布是正态的, 而不知道渐近方差的信息, 信息是不完全的. 通常方差是未知的, 需要进行估计.

令 $\boldsymbol{V} = \mathscr{I}_{\boldsymbol{\theta}}^{-1} = \mathscr{H}_{\boldsymbol{\theta}}^{-1}$. 下面介绍几个渐近方差 $\boldsymbol{V}$ 的估计量.

预期的黑塞估计量 (expected Hessian estimator).   回顾预期的对数密度 $\ell(\boldsymbol{\theta})$ 和

⊖   若渐近分布的期望为 0, 则称渐近分布是无偏的 (is free of bias). ——译者注

式 (10.2). 将极大似然估计代入得

$$\hat{\mathscr{H}}_{\boldsymbol{\theta}} = \mathscr{H}_{\boldsymbol{\theta}}(\hat{\boldsymbol{\theta}})$$

方差的预期的黑塞估计为

$$\hat{\boldsymbol{V}}_0 = \hat{\mathscr{H}}_{\boldsymbol{\theta}}^{-1}$$

只有当 $\hat{\mathscr{H}}_{\boldsymbol{\theta}}$ 可表示为 $\boldsymbol{\theta}$ 的显式函数时才可计算. 但这种情况并不常见.

样本黑塞估计量 (sample Hessian estimator). 这是最常见的方差估计量. 根据预期的黑塞矩阵的公式, 它等于对数似然函数的二阶导数矩阵

$$\hat{\mathscr{H}}_{\boldsymbol{\theta}} = \frac{1}{n} \sum_{i=1}^{n} -\frac{\partial^2}{\partial \boldsymbol{\theta} \partial \boldsymbol{\theta}'} \log f(X_i|\hat{\boldsymbol{\theta}}) = -\frac{1}{n} \frac{\partial^2}{\partial \boldsymbol{\theta} \partial \boldsymbol{\theta}'} \ell_n(\hat{\boldsymbol{\theta}})$$

$$\hat{\boldsymbol{V}}_1 = \hat{\mathscr{H}}_{\boldsymbol{\theta}}^{-1}$$

如果导数是已知的, 二阶导数矩阵可计算出解析形式. 或者利用数值方法计算.

外积估计量 (outer product estimator). 由 Fisher 信息量公式得

$$\hat{\mathscr{I}}_{\boldsymbol{\theta}} = \frac{1}{n} \sum_{i=1}^{n} \left(\frac{\partial}{\partial \boldsymbol{\theta}} \log f(X_i|\hat{\boldsymbol{\theta}}) \right) \left(\frac{\partial}{\partial \boldsymbol{\theta}} \log f(X_i|\hat{\boldsymbol{\theta}}) \right)'$$

$$\hat{\boldsymbol{V}}_2 = \hat{\mathscr{I}}_{\boldsymbol{\theta}}^{-1}$$

可证明上述三个估计量都是相合的和渐近正态的.

定理 10.11 在定理 10.9 的条件下, 有

$$\hat{\boldsymbol{V}}_0 \underset{p}{\to} \boldsymbol{V}$$

$$\hat{\boldsymbol{V}}_1 \underset{p}{\to} \boldsymbol{V}$$

$$\hat{\boldsymbol{V}}_2 \underset{p}{\to} \boldsymbol{V}$$

其中 $\boldsymbol{V} = \mathscr{I}_{\boldsymbol{\theta}}^{-1} = \mathscr{H}_{\boldsymbol{\theta}}^{-1}$.

通过对 $n^{-1}\hat{\boldsymbol{V}}$ 的对角线元素取平方根得到渐近标准差. 当 θ 是标量时, $s(\hat{\theta}) = \sqrt{n^{-1}\hat{V}}$.

例 21 $f(x|\lambda) = \lambda^{-1} \exp(-x/\lambda)$. 回顾 $\hat{\lambda} = \overline{X}_n$, 对数密度的一阶导数和二阶导数分别为 $\dfrac{\mathrm{d}}{\mathrm{d}\lambda} \log f(x|\lambda) = -1/\lambda + x/\lambda^2$ 和 $\dfrac{\mathrm{d}^2}{\mathrm{d}\lambda^2} \log f(x|\lambda) = 1/\lambda^2 - 2x/\lambda^3$. 计算

$$\hat{\mathscr{H}}(\lambda) = \frac{1}{n} \sum_{i=1}^{n} -\frac{\mathrm{d}^2}{\mathrm{d}\lambda^2} \log f(X_i|\lambda) = \frac{1}{n} \sum_{i=1}^{n} \left(-\frac{1}{\lambda^2} + \frac{2X_i}{\lambda^3} \right) = -\frac{1}{\lambda^2} + \frac{2\overline{X}_n}{\lambda^3}$$

$$\hat{\mathscr{H}} = -\frac{1}{\overline{X}_n^2} + \frac{2\overline{X}_n}{\overline{X}_n^3} = \frac{1}{\overline{X}_n^2}$$

因此，

$$\hat{V}_0 = \hat{V}_1 = \overline{X}_n^2$$

且有

$$\hat{\mathscr{I}}(\lambda) = \frac{1}{n} \sum_{i=1}^{n} \left(\frac{\partial}{\partial\lambda} \log f(X_i|\lambda) \right)^2 = \frac{1}{n} \sum_{i=1}^{n} \left(\frac{X_i - \lambda}{\lambda^2} \right)^2$$

$$\hat{\mathscr{I}} = \hat{\mathscr{I}}(\hat{\lambda}) = \frac{1}{n} \sum_{i=1}^{n} \left(\frac{X_i - \overline{X}}{\overline{X}_n^2} \right)^2 = \frac{\hat{\sigma}^2}{\overline{X}^4}$$

因此，

$$\hat{V}_2 = \frac{\overline{X}^4}{\hat{\sigma}^2}$$

如果使用 $\hat{V}_0$ 或 $\hat{V}_1$，$\hat{\lambda}$ 的标准差为 $s(\hat{\theta}) = n^{-1/2}\overline{X}_n$. 如果使用 $\hat{V}_2$，标准差为 $s(\hat{\theta}) = n^{-1/2}\overline{X}_n^2$.

10.16 Kullback-Leibler 散度

极大似然估计和 Kullback-Leibler 散度之间存在一个有趣的联系.

定义 10.11 密度 $f(x)$ 和 $g(x)$ 的 Kullback-Leibler 散度为

$$\mathrm{KLIC}(f, g) = \int f(x) \log \left(\frac{f(x)}{g(x)} \right) \mathrm{d}x$$

Kullback-Leibler 散度被称为 " Kullback-Leibler 信息准则"，缩写为 KLIC. KLIC 距离是不对称的. 故 $\mathrm{KLIC}\,(f, g) \neq \mathrm{KLIC}\,(g, f)$.

定理 10.12 KLIC 的性质.

1. $\mathrm{KLIC}\,(f, f) = 0$.
2. $\mathrm{KLIC}\,(f, g) \geqslant 0$.
3. $f = \arg\min_g \mathrm{KLIC}\,(f, g)$.

证明 性质 1 成立是因为 $\log(f(x)/f(x)) = 0$. 对性质 2, 设 X 为随机变量, 密度为 $f(x)$. 由于对数函数是凹函数, 利用詹森不等式 (定理 2.9), 有

$$-\text{KLIC}(f, g) = \mathbb{E}\left[\log\left(\frac{g(X)}{f(X)}\right)\right] \leqslant \log\mathbb{E}\left[\frac{g(X)}{f(X)}\right] = \log\int g(x)\mathrm{d}x = 0$$

即性质 2 成立. 性质 3 由前两个性质推出, 即 KLIC (f, g) 是非负的, KLIC $(f, f) = 0$, 所以当 $g = f$ 时, KLIC (f, g) 达到最小. ■

令 $f_\theta = f(x|\theta)$ 表示某个参数族, 其中 $\theta \in \Theta$. 利用定理 10.12 的性质 3, 可推出 θ_0 最小化 f 和 f_θ 的 Kullback-Leibler 散度.

定理 10.13 若 $f(x) = f(x|\theta_0)$, $\theta_0 \in \Theta$, 则

$$\theta_0 = \underset{\theta \in \Theta}{\arg\min}\,\text{KLIC}(f, f_\theta)$$

定理 10.13 只是说明 Kullback-Leibler 散度通过密度相等得到最小化, 即参数等于真实值时 KLIC 达到最小.

10.17 近似模型

设 $f_\theta = f(x|\theta)$ 表示某个参数族, 其中 $\theta \in \Theta$. 如果真实的密度属于参数族, 称模型是正确设定的; 否则, 称模型是错误设定的. 例如, 考虑图 2-7 中时薪的密度 $f(x)$. $f(x)$ 的形状与对数密度的形状类似, 我们可以选择对数正态密度 $f(x|\theta)$ 作为时薪的参数族 (事实上, 在应用劳动经济学中该假设很常用). 然而, 尽管 $f(x)$ 接近对数正态, 但仍有差别. 因此, 可以称对数正态参数模型是错误设定的.

虽然模型是错误设定的, 但它仍是给定密度函数的一个很好的近似. 再次观察图 2-7, 时薪的密度很接近对数正态. 因此, 把对数正态密度作为近似模型似乎是合理的.

考虑近似模型的概念时, 一个自然的问题是如何选择其参数. 一种选择方法是最小化密度间的距离. 如果使用最小化 Kullback-Leibler 散度, 得到如下参数选择准则.

定义 10.12 模型 f_θ 的**伪真实参数** (pseudo-true parameter) θ_0 最小化 f_θ 和真实密度 f 之间的 Kullback-Leibler 散度,

$$\theta_0 = \underset{\theta \in \Theta}{\arg\min}\,\text{KLIC}(f, f_\theta)$$

该定义的一个优点是当模型正确设定时, 伪真实参数等于真实参数. "伪真实参数" 是指当 f_θ 是错误设定的参数模型时, 不存在真实参数, 但存在某个参数产生最佳拟合.

为进一步说明伪真实参数, 将 Kullback-Leibler 散度展开为

$$\text{KLIC}(f, f_\theta) = \int f(x) \log f(x) \mathrm{d}x - \int f(x) \log f(x|\theta) \mathrm{d}x$$

$$= \int f(x) \log f(x) \mathrm{d}x - \ell(\theta)$$

其中

$$\ell(\theta) = \int f(x) \log f(x|\theta) \mathrm{d}x = \mathbb{E}[\log f(X|\theta)]$$

由于 $\int f(x) \log f(x) \mathrm{d}x$ 不依赖 θ, θ_0 通过最大化 $\ell(\theta)$ 得到. 因此, $\theta_0 = \arg\max\limits_{\theta \in \Theta} \ell(\theta)$. 在模型正确设定的条件下, 真实参数也具有该性质.

定理 10.14   在错误设定的条件下, 为真实参数满足 $\theta_0 = \text{argmax}_{\theta \in \Theta} l(\theta)$.

该定理说明, 伪真实参数和真实参数一样, 都与极大似然估计类似, 使样本似然函数 $\ell(\theta)$ 最大化. 在有限样本下, 伪真实参数等于极大似然估计. 因此, 极大似然估计是伪真实参数的自然类推估计量.

例如, 通过估计对数正态模型的参数得到对数正态近似模型的参数估计. 对数正态模型等价于拟合正态模型的对数. 通过最小化 Kullback-Leibler 散度, 得到最佳拟合对数正态密度函数.

因此, 极大似然估计有两个作用. 首先, 当模型 $f(x|\theta)$ 是正确设定的, 极大似然估计是真实参数 θ_0 的估计量. 其次, 当模型是错误设定的, 极大似然估计是伪真实参数 θ_0 的估计量. 这说明无论模型正确设定与否, 极大似然估计都会产生 $f(x|\theta)$ 这类密度中最佳拟合模型. 如果模型是正确设定的, 极大似然估计是真实分布参数的估计量; 否则, 极大似然估计产生最小化 Kullback-Leibler 散度的近似模型参数的估计量.

10.18   模型错误设定下极大似然估计的分布

已经证明极大似然估计是伪真实值的类推估计量. 因此, 若定理 10.8 的假设成立, 则极大似然估计是伪真实值的相合估计量. 这个拓展的最重要的条件是 θ_0 是唯一最大值. 在模型错误设定的条件下, 这是一个较强的假设, 存在多个参数值可能都是好的近似.

模型错误设定会导致信息矩阵等式不成立. 如果我们检验定理 10.5 的证明, 式 (10.5) 利用了正确设定假设, 模型在真实参数的密度等于真实密度, 二者可消去. 在错误设定的条件下, 二者不相等, 无法消去, 导致信息矩阵等式不成立.

定理 10.15 在模型错误设定条件下, $\mathscr{I}_{\boldsymbol{\theta}} \neq \mathscr{H}_{\boldsymbol{\theta}}$.

利用模型正确设定下的相同步骤, 我们可推导错误设定下极大似然估计的渐近分布. 检查定理 10.9 中的非正式推导, 正确设定假设只在最后一个等式中使用. 删去这一步, 得到如下渐近分布.

定理 10.16 设除假设 6 外, 定理 10.9 中的其他条件成立. 则当 $n \to \infty$ 时, 有

$$\sqrt{n}(\hat{\boldsymbol{\theta}} - \boldsymbol{\theta}_0) \underset{d}{\to} N(\mathbf{0}, \mathscr{H}_{\boldsymbol{\theta}}^{-1} \mathscr{I}_{\boldsymbol{\theta}} \mathscr{H}_{\boldsymbol{\theta}}^{-1})$$

因此, 极大似然估计是伪真实值 $\boldsymbol{\theta}_0$ 的相合估计, 以 $n^{-1/2}$ 的速度收敛, 且是渐近正态的. 模型正确设定和错误设定之间的差别是, 渐近方差为 $\mathscr{H}_{\boldsymbol{\theta}}^{-1} \mathscr{I}_{\boldsymbol{\theta}} \mathscr{H}_{\boldsymbol{\theta}}^{-1}$ 而不是 $\mathscr{I}_{\boldsymbol{\theta}}^{-1}$.

10.19 模型错误设定下的方差估计

极大似然估计渐近方差的传统估计是在模型正确设定下得到的. 在模型错误设定下, 这些方差估计是不相合的. 相合估计需要 $V = \mathscr{H}_{\boldsymbol{\theta}}^{-1} \mathscr{I}_{\boldsymbol{\theta}} \mathscr{H}_{\boldsymbol{\theta}}^{-1}$ 的估计量. 利用嵌入式估计量

$$\hat{V} = \hat{\mathscr{H}}_{\boldsymbol{\theta}}^{-1} \hat{\mathscr{I}}_{\boldsymbol{\theta}} \hat{\mathscr{H}}_{\boldsymbol{\theta}}^{-1}$$

该估计量用到了黑塞矩阵和外积方差估计量. 无论模型正确设定还是错误设定, 它都是相合的.

定理 10.17 在定理 10.16 的条件下, 当 $n \to \infty$ 时, $\hat{V} \underset{p}{\to} V$.

$\hat{\boldsymbol{\theta}}$ 的渐近标准误差通过对 $n^{-1}\hat{V}$ 对角线元素取平方根得到. 当 θ 是标量时, $s(\hat{\theta}) = \sqrt{n^{-1}\hat{V}}$. 这些标准误差和传统的极大似然估计标准误差不同. $\hat{V}$ 的协方差估计量被称为**稳健协方差矩阵估计量** (robust covariance matrix estimator). 由 $\hat{V}$ 构建的标准误差称为**稳健标准误差** (robust standard error). "稳健" 在很多情况中使用, "稳健" 的含义常常是令人困惑的. 和 $\hat{V}$ 有关的稳健性在参数模型的错误设定下讨论. 无论模型是否正确设定, 协方差估计量 $\hat{V}$ 都是估计量 $\hat{\theta}$ 的协方差的有效估计. 因此, $\hat{V}$ 和其标准误差都 "对模型错误设定是稳健的".

Halbert White (1982, 1984) 发展了伪真实参数理论、伪真实值的极大似然估计的相合性和稳健协方差矩阵估计.

例 22 $f(x|\lambda) = \lambda^{-1} \exp(-x/\lambda)$. 前面已证明极大似然估计为 $\hat{\lambda} = \overline{X}_n$, $\hat{\mathscr{H}} = 1/\overline{X}_n^2$, $\hat{\mathscr{I}} = \hat{\sigma}^2/\overline{X}^4$. 稳健方差估计量 $\hat{V} = \hat{\mathscr{H}}^{-2}\hat{\mathscr{I}} = \overline{X}_n^4 \hat{\sigma}^2/\overline{X}^4 = \hat{\sigma}^2$.

在指数模型中, 尽管经典的以黑塞矩阵为基础的渐近方差估计量为 $\overline{X}_n^2$. 当模型错误设定时, 渐近方差的估计量为 $\hat{\sigma}^2$. 以黑塞矩阵为基础的估计量利用了 X 的方差为 λ^2,

尽管稳健估计量没有使用这个信息.

例 23 $X \sim N(0, \sigma^2)$. 计算 σ^2 的极大似然估计 $\hat{\sigma}^2 = n^{-1} \sum_{i=1}^{n} X_i^2, \dfrac{\mathrm{d}}{\mathrm{d}\sigma^2} \log f(x|\sigma^2) =$ $(x^2 - \sigma^2)/2\sigma^4, \dfrac{\mathrm{d}^2}{\mathrm{d}(\sigma^2)^2} \log f(x|\sigma^2) = (\sigma^2 - 2x^2)/2\sigma^6$. 因此,

$$\hat{\mathscr{H}} = \frac{1}{n} \sum_{i=1}^{n} \frac{-\hat{\sigma}^2 + 2X_i^2}{2\hat{\sigma}^6} = \frac{1}{2\hat{\sigma}^4}$$

且

$$\hat{\mathscr{I}} = \frac{1}{n} \sum_{i=1}^{n} \left(\frac{X_i^2 - \hat{\sigma}^2}{2\hat{\sigma}^4} \right)^2 = \frac{\hat{\nu}^2}{4\hat{\sigma}^8}$$

其中

$$\hat{\nu}^2 = \frac{1}{n} \sum_{i=1}^{n} (X_i - \hat{\sigma}^2)^2 = \widehat{\mathrm{var}}[X_i^2].$$

黑塞方差估计量为 $\hat{V}_1 = \hat{\mathscr{H}}^{-1} = 2\hat{\sigma}^4$, 外积估计量 $\hat{V}_2 = \hat{\mathscr{I}}^{-1} = 4\hat{\sigma}^8/\hat{\nu}^2$, 稳健方差估计量为 $\hat{V} = \hat{\mathscr{H}}^{-2}\hat{\mathscr{I}} = \hat{\nu}^2$.

经典的黑塞估计量 $2\hat{\sigma}^4$ 使用了假设 $\mathbb{E}[X^4] = 3\sigma^4$. 稳健估计量不使用该假设, 而是使用 X^2 方差的直接估计量.

这些比较说明, 在计算标准误差时有一个一般结果: 在许多情况下, 存在不止一个估计量. 在现实中应该选择哪一个? 可以根据不同的维度做出选择: 包括可计算性、便利性、稳健性和准确性. 可计算性和便利性是指在许多情况下, 使用现有软件包自动提供的函数, 编写简单的程序求解估计量, 或快速计算估计量. 然而, 如果方差估计量是你研究的重要组成部分, 这个理由不够有说服力. 稳健性是指得到在最广泛的条件下有效的方差估计量和标准误差. 在潜在的模型错误指定条件下, 需要稳健方差估计及其标准误差. 无论模型是否正确设定, 稳健方差估计量和标准误差在大样本中都是有效的. 准确性是指得到一个渐近方差的估计量, 该估计量对目标参数是准确的, 有较低的方差. V 的估计量 $\hat{V}$ 是随机的, 低方差估计量比高方差的更好. 虽然不确定哪种方差估计量的方差最小, 但是通常情况下, 基于黑塞矩阵估计量的方差会比稳健估计量低. 这是因为前者在估计之前利用了模型信息. 在上面给出的方差估计例子中, 稳健方差估计量是基于样本四阶矩的, 而黑塞估计量是基于样本方差的平方的. 四阶矩比二阶矩更不稳定, 更难估计, 所以不难猜测, 稳健方差估计量的准确性更低, 即其方差更大. 总体来说, 这是一种内在的**权衡** (trade-off). 稳健估计量在更广泛的条件下是有效的, 但黑塞估计量可能更准确, 至少在模型正确设定时.

当代计量经济学更倾向于采用稳健的方法. 这是因为统计模型和假设通常被视为近似的, 而不是正确设定的. 经济学家倾向于选择在更宽泛的可信假设下具有稳健性的方法. 因此, 我建议在计量经济学实际应用中使用稳健估计量 $\hat{\boldsymbol{V}} = \mathscr{H}^{-1}\hat{\mathscr{I}}\mathscr{H}^{-1}$.

10.20 技术证明*

定理 10.2 证明 取任意的 $\theta \neq \theta_0$. 由于对数函数的差等于比的对数, 有

$$\ell(\theta) - \ell(\theta_0) = \mathbb{E}[\log\big(f(X|\theta)\big) - \log\big(f(X|\theta_0)\big)] = \mathbb{E}\left[\log\left(\frac{f(X|\theta)}{f(X|\theta_0)}\right)\right] < \log\left(\mathbb{E}\left[\frac{f(X|\theta)}{f(X|\theta_0)}\right]\right)$$

由于对数函数是凹函数, 不等号由詹森不等式 (定理 2.9) 得. 因为 $f(X|\theta) \neq f(X|\theta_0)$ 的概率为正, 不等号严格成立. 令 $f(x) = f(x|\theta_0)$ 为真实密度. 上述等式的右边等于

$$\log\left(\int \frac{f(x|\theta)}{f(x|\theta_0)} f(x)\mathrm{d}x\right) = \log\left(\int \frac{f(x|\theta)}{f(x|\theta_0)} f(x|\theta_0)\mathrm{d}x\right)$$

$$= \log\left(\int f(x|\theta)\mathrm{d}x\right)$$

$$= \log(1)$$

$$= 0$$

第二个等号是因为任意的密度积分为 1. 已证明对任意的 $\theta \neq \theta_0$, 都有

$$\ell(\theta) = \mathbb{E}[\log\big(f(X|\theta)\big)] < \log\big(f(X|\theta_0)\big)$$

即 θ_0 使得 $\ell(\theta)$ 取到最大. ∎

定理 10.3 证明 记变换后参数的似然函数为

$$L_n^*(\boldsymbol{\beta}) = \max_{h(\boldsymbol{\theta}) = \boldsymbol{\beta}} L_n(\boldsymbol{\theta})$$

$\boldsymbol{\beta}$ 的极大似然估计使得 $L_n^*(\boldsymbol{\beta})$ 最大. 考虑 $h(\hat{\boldsymbol{\theta}})$ 处,

$$L_n^*(h(\hat{\boldsymbol{\theta}})) = \max_{h(\boldsymbol{\theta}) = h(\hat{\boldsymbol{\theta}})} L_n(\boldsymbol{\theta}) = L_n(\hat{\boldsymbol{\theta}})$$

最后一个等号成立是因为 $\boldsymbol{\theta} = \hat{\boldsymbol{\theta}}$ 时满足 $h(\boldsymbol{\theta}) = h(\hat{\boldsymbol{\theta}})$ 且最大化 $L_n(\hat{\boldsymbol{\theta}})$. 这说明 $L_n^*(h(\hat{\boldsymbol{\theta}}))$ 达到最大. 因此 $h(\hat{\boldsymbol{\theta}}) = \hat{\boldsymbol{\beta}}$ 是 $\boldsymbol{\beta}$ 的极大似然估计. ∎

定理 10.5 证明   预期的黑塞矩阵等于

$$\mathscr{H}_{\boldsymbol{\theta}} = -\frac{\partial^2}{\partial\boldsymbol{\theta}\partial\boldsymbol{\theta}'}\mathbb{E}[\log f(X|\boldsymbol{\theta}_0)]$$

$$= -\frac{\partial}{\partial\boldsymbol{\theta}}\mathbb{E}\left[\frac{\frac{\partial}{\partial\boldsymbol{\theta}'}f(X|\boldsymbol{\theta})}{f(X|\boldsymbol{\theta})}\right]\Bigg|_{\boldsymbol{\theta}=\boldsymbol{\theta}_0}$$

$$= -\frac{\partial}{\partial\boldsymbol{\theta}}\mathbb{E}\left[\frac{\frac{\partial}{\partial\boldsymbol{\theta}'}f(X|\boldsymbol{\theta})}{f(X|\boldsymbol{\theta}_0)}\right]\Bigg|_{\boldsymbol{\theta}=\boldsymbol{\theta}_0} + \tag{10.3}$$

$$\mathbb{E}\left[\frac{\frac{\partial}{\partial\boldsymbol{\theta}}f(X|\boldsymbol{\theta}_0)\frac{\partial}{\partial\boldsymbol{\theta}'}f(X|\boldsymbol{\theta}_0)}{f(X|\boldsymbol{\theta}_0)^2}\right] \tag{10.4}$$

第二个等号利用莱布尼茨法则把一个求导移入期望内. 第三个等号应用了乘积求导法则. 首先对第二行的分子求导 [式 (10.3)], 再对第二行的分母求导 [式 (10.4)].

利用莱布尼茨法则 (定理 A.22) 交换求导与期望, 式 (10.3) 等于

$$-\frac{\partial^2}{\partial\boldsymbol{\theta}\partial\boldsymbol{\theta}'}\mathbb{E}\left[\frac{f(X|\boldsymbol{\theta})}{f(X|\boldsymbol{\theta}_0)}\right]\Bigg|_{\boldsymbol{\theta}=\boldsymbol{\theta}_0} = -\frac{\partial^2}{\partial\boldsymbol{\theta}\partial\boldsymbol{\theta}'}\int\frac{f(X|\boldsymbol{\theta})}{f(X|\boldsymbol{\theta}_0)}f(x|\boldsymbol{\theta}_0)\mathrm{d}x\Bigg|_{\boldsymbol{\theta}=\boldsymbol{\theta}_0}$$

$$= -\frac{\partial^2}{\partial\boldsymbol{\theta}\partial\boldsymbol{\theta}'}\int f(x|\boldsymbol{\theta})\mathrm{d}x\Bigg|_{\boldsymbol{\theta}=\boldsymbol{\theta}_0} \tag{10.5}$$

$$= -\frac{\partial^2}{\partial\boldsymbol{\theta}\partial\boldsymbol{\theta}'}\,1$$

$$= 0$$

第一个等号是在模型正确设定条件下, 把期望表示为关于真实密度 $f(x|\boldsymbol{\theta}_0)$ 的积分. 由于正确设定的假设, 密度在第二行被消去. 第三个等号利用了密度函数的积分为 1 的性质.

利用有效得分函数 S 的定义, 式 (10.4) 等于 $\mathbb{E}[\boldsymbol{SS}'] = \mathscr{I}_{\boldsymbol{\theta}}$. 联合起来, 得 $\mathscr{H}_{\boldsymbol{\theta}} = \mathscr{I}_{\boldsymbol{\theta}}$. ∎

定理 10.6 证明   令 $\boldsymbol{x} = (x_1, x_2, \cdots, x_n)'$ 和 $\boldsymbol{X} = (X_1, X_2, \cdots, X_n)'$. $\boldsymbol{X}$ 的联合密度为

$$f(\boldsymbol{x}|\boldsymbol{\theta}) = f(x_1|\boldsymbol{\theta}) \times \cdots \times f(x_n|\boldsymbol{\theta})$$

似然得分函数为

$$S_n(\boldsymbol{\theta}) = \frac{\partial}{\partial\boldsymbol{\theta}}\log f(\boldsymbol{X}|\boldsymbol{\theta})$$

令 $\tilde{\boldsymbol{\theta}}$ 为 $\boldsymbol{\theta}$ 的无偏估计量, 记为 $\tilde{\theta}(\boldsymbol{X})$ 表示 $\boldsymbol{X}$ 的函数. 令 $\mathbb{E}_{\boldsymbol{\theta}}$ 表示关于 $f(x|\boldsymbol{\theta})$ 的期望, 即 $\mathbb{E}_{\boldsymbol{\theta}}[g(\boldsymbol{X})] = \int g(\boldsymbol{x}) f(\boldsymbol{x}|\boldsymbol{\theta}) \mathrm{d}\boldsymbol{x}$. $\tilde{\boldsymbol{\theta}}$ 的无偏性表明其期望为 $\boldsymbol{\theta}$. 故对任意的 θ, 都有

$$\boldsymbol{\theta} = \mathbb{E}_{\boldsymbol{\theta}}[\tilde{\boldsymbol{\theta}}(\boldsymbol{X})] = \int \tilde{\boldsymbol{\theta}}(\boldsymbol{x}) f(\boldsymbol{x}|\boldsymbol{\theta}) \mathrm{d}\boldsymbol{x}$$

等式左边的向量导数为

$$\frac{\partial}{\partial \boldsymbol{\theta}'} \boldsymbol{\theta} = \boldsymbol{I}_m$$

等式右边的向量导数为

$$\frac{\partial}{\partial \boldsymbol{\theta}'} \int \tilde{\boldsymbol{\theta}}(\boldsymbol{x}) f(\boldsymbol{x}|\boldsymbol{\theta}) \mathrm{d}\boldsymbol{x} = \int \tilde{\boldsymbol{\theta}}(\boldsymbol{x}) \frac{\partial}{\partial \boldsymbol{\theta}'} f(x|\boldsymbol{\theta}) \mathrm{d}\boldsymbol{x}$$
$$= \int \tilde{\boldsymbol{\theta}}(\boldsymbol{x}) \frac{\partial}{\partial \boldsymbol{\theta}'} \log f(\boldsymbol{x}|\boldsymbol{\theta}) f(\boldsymbol{x}|\boldsymbol{\theta}) \mathrm{d}\boldsymbol{x}$$

代入真实值得

$$\mathbb{E}[\tilde{\boldsymbol{\theta}}(\boldsymbol{X}) S_n(\boldsymbol{\theta}_0)'] = \mathbb{E}[(\tilde{\boldsymbol{\theta}} - \boldsymbol{\theta}_0) S_n(\boldsymbol{\theta}_0)']$$

其中等号成立是因为 $\mathbb{E}[S_n(\boldsymbol{\theta}_0)] = 0$ (定理 10.4). 令两个导数相等, 得

$$\boldsymbol{I}_m = \mathbb{E}[(\tilde{\boldsymbol{\theta}} - \boldsymbol{\theta}_0) S_n(\boldsymbol{\theta}_0)']$$

令 $\boldsymbol{V} = \mathrm{var}[\tilde{\boldsymbol{\theta}}]$. 已证明 $\tilde{\boldsymbol{\theta}} - \boldsymbol{\theta}_0$ 和 $S_n(\boldsymbol{\theta}_0)$ 的协方差矩阵为

$$\begin{bmatrix} \boldsymbol{V} & \boldsymbol{I}_m \\ \boldsymbol{I}_m & n\mathscr{I}_{\boldsymbol{\theta}} \end{bmatrix}$$

由于协方差矩阵是半正定的, 左乘和右乘同一个矩阵仍半正定, 如

$$\begin{bmatrix} \boldsymbol{I}_m & -(n\mathscr{I}_{\boldsymbol{\theta}})^{-1} \end{bmatrix} \begin{bmatrix} \boldsymbol{V} & \boldsymbol{I}_m \\ \boldsymbol{I}_m & n\mathscr{I}_{\boldsymbol{\theta}} \end{bmatrix} \begin{bmatrix} \boldsymbol{I}_m \\ -(n\mathscr{I}_{\boldsymbol{\theta}})^{-1} \end{bmatrix} = \boldsymbol{V} - (n\mathscr{I}_{\boldsymbol{\theta}})^{-1} \geqslant 0$$

由此得 $\boldsymbol{V} \geqslant -(n\mathscr{I}_{\boldsymbol{\theta}})^{-1}$. ■

定理 10.7 证明 证明过程与定理 10.6 类似. 令 $\tilde{\boldsymbol{\beta}} = \tilde{\boldsymbol{\beta}}(\boldsymbol{X})$ 是 $\boldsymbol{\beta}$ 的无偏估计量. 由无偏性可得

$$h(\boldsymbol{\theta}) = \boldsymbol{\beta} = \mathbb{E}_{\boldsymbol{\theta}}[\tilde{\boldsymbol{\beta}}(\boldsymbol{X})] = \int \tilde{\boldsymbol{\beta}}(\boldsymbol{x}) f(\boldsymbol{x}|\boldsymbol{\theta}) \mathrm{d}\boldsymbol{x}$$

等式左边的向量导数为

$$\frac{\partial}{\partial\boldsymbol{\theta}'}h(\boldsymbol{\theta}) = \boldsymbol{H}'$$

等式右边的向量导数为

$$\frac{\partial}{\partial\boldsymbol{\theta}'}\int\tilde{\boldsymbol{\beta}}(\boldsymbol{x})f(\boldsymbol{x}|\boldsymbol{\theta})\mathrm{d}\boldsymbol{x} = \int\tilde{\boldsymbol{\beta}}(\boldsymbol{x})\frac{\partial}{\partial\boldsymbol{\theta}'}\log f(\boldsymbol{x}|\boldsymbol{\theta})f(\boldsymbol{x}|\boldsymbol{\theta})\mathrm{d}\boldsymbol{x}$$

代入真实值得

$$\mathbb{E}[\tilde{\boldsymbol{\beta}}S_n(\boldsymbol{\theta}_0)'] = \mathbb{E}[(\tilde{\boldsymbol{\beta}} - \boldsymbol{\beta}_0)S_n(\boldsymbol{\theta}_0)']$$

令两个导数相等, 得

$$\boldsymbol{H}' = \mathbb{E}[(\tilde{\boldsymbol{\beta}} - \boldsymbol{\beta}_0)S_n(\boldsymbol{\theta}_0)']$$

右乘 $\mathscr{I}_{\boldsymbol{\theta}}^{-1}\boldsymbol{H}$, 得

$$\boldsymbol{H}'\mathscr{I}_{\boldsymbol{\theta}}^{-1}\boldsymbol{H} = \mathbb{E}[(\tilde{\boldsymbol{\beta}} - \boldsymbol{\beta}_0)S_n(\boldsymbol{\theta}_0)'\mathscr{I}_{\boldsymbol{\theta}}^{-1}\boldsymbol{H}]$$

为简单起见, 设 β 为标量. 应用期望不等式 (定理 2.10) 和柯西–施瓦茨不等式 (定理 4.11), 得

$$\begin{aligned}
\boldsymbol{H}'\mathscr{I}_{\boldsymbol{\theta}}^{-1}\boldsymbol{H} &= |\mathbb{E}[(\tilde{\beta} - \beta_0)S_n(\boldsymbol{\theta}_0)'\mathscr{I}_{\boldsymbol{\theta}}^{-1}\boldsymbol{H}]| \\
&\leqslant \mathbb{E}|(\tilde{\beta} - \beta_0)S_n(\boldsymbol{\theta}_0)'\mathscr{I}_{\boldsymbol{\theta}}^{-1}\boldsymbol{H}| \\
&\leqslant \left(\mathbb{E}[(\tilde{\beta} - \beta_0)^2]\mathbb{E}[(S_n(\boldsymbol{\theta}_0)'\mathscr{I}_{\boldsymbol{\theta}}^{-1}\boldsymbol{H})^2]\right)^{1/2} \\
&= (\mathrm{var}[\tilde{\beta}])^{1/2}(\boldsymbol{H}'\mathscr{I}_{\boldsymbol{\theta}}^{-1}\mathbb{E}[S_n(\boldsymbol{\theta}_0)S_n(\boldsymbol{\theta}_0)']\mathscr{I}_{\boldsymbol{\theta}}^{-1}\boldsymbol{H})^{1/2} \\
&= (\mathrm{var}[\tilde{\beta}])^{1/2}(n\boldsymbol{H}'\mathscr{I}_{\boldsymbol{\theta}}^{-1}\boldsymbol{H})^{1/2}
\end{aligned}$$

由此得

$$\mathrm{var}[\tilde{\beta}] \geqslant n^{-1}\boldsymbol{H}'\mathscr{I}_{\boldsymbol{\theta}}^{-1}\boldsymbol{H}$$

命题得证. ∎

定理 10.8 证明　证明分为三个步骤. 首先, 证明 $\overline{\ell}_n(\theta) \underset{p}{\to} \ell(\theta)$ 关于 θ 一致. 其次, 证明 $\ell(\hat{\theta}) \underset{p}{\to} \ell(\theta)$. 最后, 证明 $\hat{\theta} \underset{p}{\to} \theta$.

令 $g(x, \theta) = \log f(x|\theta)$, 且由定理 10.8 可推出第 18 章定理 18.2 的条件 (c) 满足, 则有

$$\sup_{\theta\in\Theta}\|\overline{\ell}_n(\theta) - \ell(\theta)\| \underset{p}{\to} 0 \tag{10.6}$$

这是第一步.

由于 θ_0 最大化 θ, 有 $\ell(\theta_0) \geqslant \ell(\hat{\theta})$. 因此,

$$0 \leqslant \ell(\theta_0) - \ell(\hat{\theta})$$

$$= \ell(\theta_0) - \bar{\ell}_n(\theta_0) + \bar{\ell}_n(\theta) - \ell(\hat{\theta}) + \bar{\ell}_n(\theta_0) - \bar{\ell}_n(\hat{\theta})$$

$$\leqslant \ell(\theta_0) - \bar{\ell}_n(\theta_0) + \ell_n(\hat{\theta}) - \ell(\theta)$$

$$\leqslant 2 \sup_{\theta \in \Theta} \|\bar{\ell}_n(\theta) - \ell(\theta)\|$$

$$\underset{p}{\to} 0$$

第二个不等号利用了 $\hat{\theta}$ 最大化 $\bar{\ell}_n(\theta)$, 所以 $\bar{\ell}_n(\theta_0) - \bar{\ell}_n(\hat{\theta}) \leqslant 0$. 第三个不等号利用上确界放大二者的差. 最后的收敛性为式 (10.6). 这是第二步.

图 10-7 展示了证明过程. 图中展示了预期的对数密度 $\ell(\theta)$ 和平均对数似然函数 $\bar{\ell}_n(\theta)$. 图中虚线表示真实值 θ 和极大似然估计处两个函数的距离 $\ell(\theta_0) - \ell_n(\theta_0)$ 和 $\bar{\ell}_n(\hat{\theta}) - \ell(\hat{\theta})$. 两个长度之和大于 $\ell(\theta_0)$ 和 $\ell(\hat{\theta})$ 的竖直距离. 这是因为 $\ell(\theta_0) - \ell(\hat{\theta})$ 等于 $\ell(\theta_0) - \ell_n(\theta_0)$ 与 $\bar{\ell}_n(\hat{\theta}) - \ell(\hat{\theta})$ 之和再减去 $\bar{\ell}_n(\theta)$ (在 θ_0 和 θ 之间) 加粗部分的竖直高度 $\bar{\ell}_n(\hat{\theta}) - \bar{\ell}_n(\theta_0)$, 由 $\bar{\ell}_n(\hat{\theta}) \geqslant \bar{\ell}_n(\theta_0)$ 得该高度为正[⊖]. 式 (10.6) 说明这些部分的和收敛到 0. 因此, $\ell(\hat{\theta})$ 收敛到 $\ell(\theta_0)$.

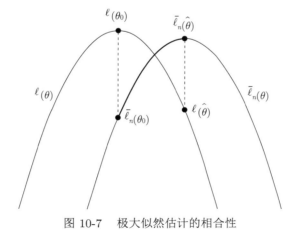

图 10-7　极大似然估计的相合性

⊖　原文此处表述较抽象, 此处进行了适当的改动. ——译者注

第三步证明 $\hat{\theta} \underset{p}{\to} \theta$. 取 $\varepsilon > 0$. 由第五个假设, 存在 $\delta > 0$, 有 $\|\theta_0 - \theta\| > \varepsilon$, 使得 $\ell(\theta_0) - \ell(\theta) \geqslant \delta$ 成立, 即 $|\theta_0 - \hat{\theta}| > \varepsilon$ 可推出 $\ell(\theta_0) - \ell(\hat{\theta}) \geqslant \delta$. 因此,

$$\mathbb{P}[\|\theta_0 - \hat{\theta}\| > \varepsilon] \leqslant \mathbb{P}[\ell(\theta_0) - \ell(\hat{\theta}) \geqslant \delta]$$

由于 $\ell(\hat{\theta}) \underset{p}{\to} \ell(\theta)$, 右边收敛到 0. 故左边也收敛到 0. 由于 ε 是任意的, 有 $\hat{\theta} \underset{p}{\to} \theta$.

为了说明, 再观察图 10-7, $\ell(\hat{\theta})$ 标记在 θ 的图中. 由于 $\ell(\hat{\theta})$ 收敛到 $\ell(\theta_0)$, $\ell(\hat{\theta})$ 沿着 $\ell(\theta)$ 曲线向上至最大值. 如果 $\ell(\theta)$ 在最大值处是平坦的, 那么 $\hat{\theta}$ 不收敛到 θ_0. 此时, 唯一最大值的假设被排除. ∎

习题

10.1 令 X 服从泊松分布: $\pi(k) = \dfrac{\exp(-\theta)\theta^k}{k!}$, 其中 k 为非负整数且 $\theta > 0$.

    (a) 计算对数似然函数 $\ell_n(\theta)$.

    (b) 计算 θ 的极大似然估计 $\hat{\theta}$.

10.2 令 X 服从正态分布 $N(\mu, \sigma^2)$, 参数 μ 和 σ^2 未知.

    (a) 计算对数似然函数 $\ell_n(\mu, \sigma^2)$.

    (b) 求关于 μ 的一阶条件, 并证明其解 $\hat{\mu}$ 不依赖 σ^2.

    (c) 定义中心化对数似然函数 $\ell_n(\hat{\mu}, \sigma^2)$. 求 σ^2 的一阶条件, 计算 σ^2 的极大似然估计 $\hat{\sigma}^2$.

10.3 令 X 服从帕累托分布, 其密度为 $f(x) = \dfrac{\alpha}{x^{1+\alpha}}$, $x \geqslant 1$ 且 $\alpha > 0$.

    (a) 计算对数似然函数 $\ell_n(\alpha)$.

    (b) 计算 α 的极大似然估计 $\hat{\alpha}$.

10.4 令 X 服从柯西分布, 其密度为 $f(x) = \dfrac{1}{\pi(1 + (x - \theta)^2)}$, $x \in \mathbb{R}$.

    (a) 计算对数似然函数 $\ell_n(\theta)$.

    (b) 计算 θ 的极大似然估计 $\hat{\theta}$ 的一阶条件. 无法通过解方程得到 $\hat{\theta}$.

10.5 令 X 服从双指数分布, 其密度为 $f(x) = \dfrac{1}{2}\exp(-|x - \theta|)$, $x \in \mathbb{R}$.

    (a) 计算对数似然函数 $\ell_n(\theta)$.

    (b) 额外的挑战: 计算 θ 的极大似然估计 $\hat{\theta}$. 由于密度函数不可导, 不能通过求解一阶条件得到极大似然估计.

10.6 令 X 服从伯努利分布 $\pi(X|p) = p^x(1 - p)^{1-x}$.

    (a) 利用得分函数的方差计算 p 的信息量.

(b) 利用对负的二阶导数求期望计算 p 的信息量. 二种计算方法得到的答案相同吗?

10.7 取帕累托模型 $f(x) = \alpha x^{1-\alpha}$, $x \geqslant 1$. 利用二阶导数计算 α 的信息量.

10.8 计算伯努利模型中参数 p 的 Cramér-Rao 下界 (利用习题 10.6 的结果). 10.3 节推导了 p 的极大似然估计 $\hat{p} = \overline{X}_n$. 计算 $\mathrm{var}[\hat{p}]$. 比较 $\mathrm{var}[\hat{p}]$ 和 Cramér-Rao 下界.

10.9 设帕累托模型. 回顾习题 10.3 中 α 的极大似然估计 $\hat{\alpha}$. 利用弱大数定律和连续映射定理证明 $\hat{\alpha} \xrightarrow{p} \alpha$.

10.10 设模型 $f(x) = \theta \exp(-\theta x)$, $x \geqslant 0, \theta > 0$.

(a) 计算 θ 的 Cramér-Rao 下界.

(b) 回顾上述 θ 的极大似然估计 $\hat{\theta}$. 注意到它是样本均值的函数. 利用该公式和 delta 方法计算 $\hat{\theta}$ 的渐近分布.

(c) 利用一般公式和极大似然估计的渐近分布计算 $\hat{\theta}$ 的渐近分布. 这个分布与 (b) 中的答案相同吗?

10.11 设伽马模型

$$f(x|\alpha, \beta) = \frac{\beta^\alpha}{\Gamma(\alpha)} x^{\alpha-1} \mathrm{e}^{-\beta x}, \quad x > 0$$

设 β 已知, 只需要估计 α. 令 $g(\alpha) = \log \Gamma(\alpha)$. 以导数 $g'(\alpha)$ 和 $g''(\alpha)$ 的形式写出答案. (不需要求解这些导数的解析解.)

(a) 计算 α 的信息量.

(b) 利用极大似然估计的渐近分布的一般公式计算 $\sqrt{n}(\hat{\alpha} - \alpha)$ 的渐近分布, 其中 $\hat{\alpha}$ 为极大似然估计.

(c) V 表示 (b) 中的渐近方差, 计算 V 的估计量 $\hat{V}$.

10.12 在伯努利模型中.

(a) 计算极大似然估计的渐近方差.

  提示: 利用习题 10.8.

(b) 计算渐近方差 V 的估计量.

(c) 证明当 $n \to \infty$ 时, 估计量是相合的.

(d) 计算极大似然估计 $\hat{p}$ 的标准误差 $s(\hat{p})$. (标准误差是 $\hat{p}$ 的方差的近似, 不是 $\sqrt{n}(\hat{p} - p)$ 的方差的近似. 如果已知 (b) 中 $\sqrt{n}(\hat{p} - p)$ 的方差的近似, 能否得到 $\hat{p}$ 的方差的合理近似?)

10.13 设 X 的密度为 $f(x)$ 且 $Y = \mu + \sigma X$. 设 $\{Y_1, Y_2, \cdots, Y_n\}$ 是来自分布 Y 的随

机样本.

(a) 计算 Y 的密度 $f_Y(y)$ 的表达式.

(b) 设 $f(x) = C\exp(-a(x))$, 其中 $a(x)$ 是可导函数, C 是常数. 计算 C. (由于 $a(x)$ 没有明确, 无法计算 C 的明确表达式, 只能写为积分形式.)

(c) 给定 (b) 中的密度, 计算样本 $\{Y_1, Y_2, \cdots, Y_n\}$ 的对数似然函数, 将其表示为参数 (μ, σ) 的函数.

(d) 计算极大似然估计 $(\hat{\mu}, \hat{\sigma}^2)$ 的一阶条件. (不必求解估计量.)

10.14 伽马密度函数, 其中 α 已知.

(a) 利用随机样本 $\{X_1, X_2, \cdots, X_n\}$, 计算 β 的极大似然估计 $\hat{\beta}$.

(b) 计算 $\sqrt{n}(\hat{\beta} - \beta)$ 的渐近分布.

10.15 贝塔密度函数, β 已知且 $\beta = 1$.

(a) 计算 $f(x|\alpha) = f(x|\alpha, 1)$.

(b) 利用随机样本 $\{X_1, X_2, \cdots, X_n\}$, 计算参数 α 的对数似然函数 $\ell_n(\alpha)$.

(c) 计算极大似然估计 $\hat{\alpha}$.

10.16 令 $g(x)$ 表示某个随机变量的密度函数, 其均值为 μ, 方差为 σ^2. 令 X 表示随机变量, 其密度为

$$f(x|\theta) = g(x)\big(1 + \theta(x - \mu)\big)$$

设 $g(x), \mu$ 和 σ^2 已知. 未知参数为 θ. 假设 X 的支撑有界, 则 $f(x|\theta) \geqslant 0$, 对所有的 x 成立. (如果 $f(x|\theta) \geqslant 0$, 不必担心.)

(a) 证明 $\int_{-\infty}^{\infty} f(x|\theta)\mathrm{d}x = 1$.

(b) 计算 $\mathbb{E}[X]$.

(c) 计算 θ 的信息量 $\mathscr{I}_\theta$. 将其表示成 X 函数的期望.

(d) 计算当 $\theta = 0$ 时, $\mathscr{I}_\theta$ 的简化表达式.

(e) 给定随机样本 $\{X_1, X_2, \cdots, X_n\}$, 计算 θ 的对数似然函数.

(f) 计算求解 θ 的极大似然估计 $\hat{\theta}$ 的一阶条件. 不必求解 $\hat{\theta}$.

(g) 利用已知的极大似然估计渐近分布, 计算当 $n \to \infty$ 时, $\sqrt{n}(\hat{\theta} - \theta)$ 的渐近分布.

(h) 该渐近分布当 $\theta = 0$ 时如何简化?

第 11 章 矩方法

11.1 引言

计量经济学中许多流行的估计方法都以矩方法为基础. 本章介绍矩方法的基本思想和方法. 回顾多元均值的估计、矩、光滑函数、参数模型和矩方程.

矩方法允许**半参数** (semi-parametric) 模型. 当分布不是参数分布时, 半参数使用在有限维参数的估计中. 例如, 当 X 的分布没有明确定义时, 均值 $\theta = \mathbb{E}[X]$ 的估计 (考虑有限维参数). 某个分布称为**非参数的** (nonparametric), 如果它不能用有限维参数描述.

本章使用与第 6 章相同的数据集说明矩方法, 取已婚的有 20 年潜在工作经验的工薪阶层白人男性为子样本, 包含 $n = 529$ 个观测值.

11.2 多元均值

随机向量 $\boldsymbol{X}$ 的多元均值为 $\boldsymbol{\mu} = \mathbb{E}[\boldsymbol{X}]$. 类推估计量为

$$\hat{\boldsymbol{\mu}} = \overline{\boldsymbol{X}}_n = \frac{1}{n} \sum_{i=1}^{n} \boldsymbol{X}_i$$

由定理 8.5 得 $\hat{\beta}$ 的渐近分布为

$$\sqrt{n}(\hat{\boldsymbol{\mu}} - \boldsymbol{\mu}) \xrightarrow{d} N(\boldsymbol{0}, \boldsymbol{\Sigma})$$

其中 $\boldsymbol{\Sigma} = \operatorname{var}[\boldsymbol{X}]$.

渐近协方差阵 $\boldsymbol{\Sigma}$ 通过样本协方差阵估计:

$$\hat{\boldsymbol{\Sigma}} = \frac{1}{n-1} \sum_{i=1}^{n} (\boldsymbol{X}_i - \overline{\boldsymbol{X}}_n)(\boldsymbol{X}_i - \overline{\boldsymbol{X}}_n)'$$

该估计量是 $\boldsymbol{\Sigma}$ 的相合估计: $\hat{\boldsymbol{\Sigma}} \xrightarrow{p} \boldsymbol{\Sigma}$. 向量 $\hat{\boldsymbol{\mu}}$ 中元素的标准误差为 $n^{-1}\hat{\boldsymbol{\Sigma}}$ 对角线元素的平方根.

类似地, 任意变换 $g(\boldsymbol{X})$ 的期望值为 $\boldsymbol{\theta} = \mathbb{E}[g(\boldsymbol{X})]$. 类推估计量为

$$\hat{\boldsymbol{\theta}} = \frac{1}{n}\sum_{i=1}^{n}g(\boldsymbol{X}_i)$$

$\hat{\boldsymbol{\theta}}$ 的渐近分布为

$$\sqrt{n}(\hat{\boldsymbol{\theta}} - \boldsymbol{\theta}) \underset{d}{\to} N(\mathbf{0}, \boldsymbol{V_\theta})$$

其中 $\boldsymbol{V_\theta} = \mathrm{var}[g(\boldsymbol{X})]$. 渐近协方差的估计为

$$\hat{\boldsymbol{V}}_{\boldsymbol{\theta}} = \frac{1}{n-1}\sum_{i=1}^{n}\big(g(\boldsymbol{X}_i) - \hat{\boldsymbol{\theta}}\big)\big(g(\boldsymbol{X}_i) - \hat{\boldsymbol{\theta}}\big)' \tag{11.1}$$

它是 $\boldsymbol{V_\theta}$ 的相合估计: $\hat{\boldsymbol{V}}_{\boldsymbol{\theta}} \underset{p}{\to} \boldsymbol{V_\theta}$. 向量 $\hat{\boldsymbol{\theta}}$ 中元素的标准误差为 $n^{-1}\hat{\boldsymbol{V}}_{\boldsymbol{\theta}}$ 对角线元素的平方根.

例如, 工资和受教育年限的样本均值和协方差阵为

$$\hat{\mu}_{\text{工资}} = 31.9$$

$$\hat{\mu}_{\text{受教育年限}} = 14.0$$

$$\hat{\boldsymbol{\Sigma}} = \begin{bmatrix} 834 & 35 \\ 35 & 7.2 \end{bmatrix}$$

两个估计的标准误差为

$$s(\hat{\mu}_{\text{工资}}) = \sqrt{834/529} = 1.3$$

$$s(\hat{\mu}_{\text{受教育年限}}) = \sqrt{7.2/529} = 0.1$$

11.3 矩

X 的 m 阶矩为 $\mu'_m = \mathbb{E}[X^m]$. 样本类推估计量为

$$\hat{\mu}'_m = \frac{1}{n}\sum_{i=1}^{n}X_i^m$$

$\hat{\mu}'_m$ 的渐近分布为

$$\sqrt{n}(\hat{\mu}'_m - \mu'_m) \underset{d}{\to} N(0, V_m)$$

其中

$$\hat{V}_m = \frac{1}{n-1} \sum_{i=1}^{n} (X_i^m - \hat{\mu}_m')^2 \underset{p}{\to} V_m$$

$\hat{\mu}_m'$ 的标准误差为 $s(\hat{\mu}_m) = \sqrt{n^{-1}\hat{V}_m}$.

表 11-1 展示了时薪的矩的估计, 单位为 100 美元. 1 阶矩到 4 阶矩在第二列, 标准误差在第三列.

表 11-1   时薪的矩的估计

矩	$\hat{\mu}_m'$	$s(\hat{\mu}_m')$	$\hat{\mu}_m$	$s(\hat{\mu}_m)$
1	0.32	0.01	0.32	0.01
2	0.19	0.02	0.08	0.01
3	0.19	0.03	0.07	0.02
4	0.25	0.06	0.10	0.02

11.4 光滑函数

我们感兴趣的许多参数可表示为

$$\beta = h(\theta) = h(\mathbb{E}[g(X)])$$

其中 X, g 和 h 都可以是向量. 当 h 连续可微时, 该模型称为**光滑函数模型** (smooth function model). 可得到嵌入式估计量:

$$\hat{\boldsymbol{\beta}} = h(\hat{\boldsymbol{\theta}})$$

$$\hat{\boldsymbol{\theta}} = \frac{1}{n} \sum_{i=1}^{n} g(\boldsymbol{X}_i)$$

利用定理 8.9 得到 $\hat{\boldsymbol{\beta}}$ 的渐近分布:

$$\sqrt{n}(\hat{\boldsymbol{\beta}} - \boldsymbol{\beta}) \underset{d}{\to} N(\boldsymbol{0}, \boldsymbol{V_\beta})$$

其中 $\boldsymbol{V_\beta} = \boldsymbol{H}'\boldsymbol{V_\theta}\boldsymbol{H}$, $\boldsymbol{V_\theta} = \text{var}[g(\boldsymbol{X})]$, $\boldsymbol{H} = \frac{\partial}{\partial \boldsymbol{\theta}} h(\boldsymbol{\theta})'$.

利用样本估计量替换对应元素, 得到渐近协方差阵 $\boldsymbol{V_\beta}$ 的估计量. $\boldsymbol{V_\theta}$ 的估计量是式 (11.1), 其中 $\boldsymbol{H}$ 的估计为

$$\hat{\boldsymbol{H}} = \frac{\partial}{\partial \boldsymbol{\theta}} h(\hat{\boldsymbol{\theta}})'$$

V_{β} 的估计为

$$\hat{V}_{\beta} = \hat{H}' \hat{V}_{\theta} \hat{H}$$

这个估计量是相合的: $\hat{V}_{\beta} \xrightarrow{p} V_{\beta}$.

下面介绍三个例子.

例 1   几何平均. 随机变量 X 的几何平均为

$$\beta = \exp \left(\mathbb{E}[\log(X)] \right)$$

在本例中, $h(\theta) = \exp(\theta)$. 嵌入式估计量为

$$\hat{\beta} = \exp(\hat{\theta})$$

$$\hat{\theta} = \frac{1}{n} \sum_{i=1}^{n} \log(X_i)$$

由于 $H = \exp(\theta) = \beta$, $\hat{\beta}$ 的渐近方差为

$$V_{\beta} = \beta^2 \sigma_{\theta}^2$$

$$\sigma_{\theta}^2 = \mathbb{E}[\log(X) - \mathbb{E}[\log(X)]]^2$$

渐近方差的估计量为

$$\hat{V}_{\beta} = \hat{\beta}^2 \hat{\sigma}_{\theta}^2$$

$$\hat{\sigma}_{\theta}^2 = \frac{1}{n-1} \sum_{i=1}^{n} (\log(X_i) - \hat{\theta})^2$$

在本例中, 工资的几何平均的估计值为 $\hat{\beta} = 24.9$, 其标准误差为 $s(\hat{\beta}) = \sqrt{n^{-1} \hat{\beta}^2 \hat{\sigma}_{\theta}^2}$ $= 24.9 \times 0.66/\sqrt{529} = 0.7$.

例 2   均值比. 设二元随机变量 (Y, X) 的均值为 (μ_Y, μ_X). 若 $\mu_X > 0$, 则均值比为

$$\beta = \frac{\mu_Y}{\mu_X}$$

在本例中, $h(\mu_Y, \mu_X) = \mu_Y/\mu_X$ 的嵌入式估计量等于

$$\hat{\mu}_Y = \overline{Y}_n$$

$$\hat{\mu}_X = \overline{X}_n$$

$$\hat{\beta} = \frac{\hat{\mu}_Y}{\hat{\mu}_X}$$

计算

$$\boldsymbol{H}(\boldsymbol{u}) = \left[\begin{array}{c} \dfrac{\partial}{\partial u_1} \dfrac{u_1}{u_2} \\[3mm] \dfrac{\partial}{\partial u_2} \dfrac{u_1}{u_2} \end{array} \right] = \left[\begin{array}{c} \dfrac{1}{u_2} \\[3mm] -\dfrac{u_1}{u_2^2} \end{array} \right]$$

注意到

$$\boldsymbol{V}_{Y,X} = \left[\begin{array}{cc} \sigma_Y^2 & \sigma_{YX} \\[2mm] \sigma_{YX} & \sigma_X^2 \end{array} \right]$$

因此, $\hat{\beta}$ 的渐近方差为

$$V_\beta = \boldsymbol{H}' \boldsymbol{V}_{Y,X} \boldsymbol{H} = \frac{\sigma_Y^2}{\mu_X^2} - 2\frac{\sigma_{YX}\mu_Y}{\mu_X^3} + \frac{\sigma_X^2\mu_Y^2}{\mu_X^4}$$

估计量为

$$\hat{V}_\beta = \frac{s_Y^2}{\hat{\mu}_X^2} - 2\frac{s_{XY}\hat{\mu}_Y}{\hat{\mu}_X^3} + \frac{s_X^2\hat{\mu}_Y^2}{\hat{\mu}_X^4}$$

例如, 令 β 表示平均工资和平均受教育年限的比. 样本估计值为 $\hat{\beta} = 31.9/14.0 = 2.23$. 方差估计值为

$$\hat{V}_\beta = \frac{834}{14^2} - 2\frac{35 \times 31.9}{14^3} + \frac{7.2 \times 31.9^2}{14^4} = 3.6$$

标准误差为

$$s(\hat{\beta}) = \sqrt{\frac{\hat{V}_\beta}{n}} = \sqrt{\frac{3.6}{529}} = 0.08$$

例 3 方差. X 的方差为 $\sigma^2 = \mathbb{E}[X^2] - (\mathbb{E}[X])^2$. 令 $g(X) = (X, X^2)'$, $h(\mu_1, \mu_2) = \mu_2 - \mu_1^2$. σ^2 的嵌入式估计量等于

$$\hat{\sigma}^2 = \frac{1}{n}\sum_{i=1}^n X_i^2 - \left(\frac{1}{n}\sum_{i=1}^n X_i\right)^2$$

计算

$$\boldsymbol{H}(\boldsymbol{u}) = \left[\begin{array}{c} \dfrac{\partial}{\partial u_1}(u_2 - u_1^2) \\[3mm] \dfrac{\partial}{\partial u_2}(u_2 - u_1^2) \end{array} \right] = \left[\begin{array}{c} -2u_1 \\[2mm] 1 \end{array} \right]$$

代入真实值得,

$$\boldsymbol{H} = \begin{bmatrix} -2\mathbb{E}[X] \\ 1 \end{bmatrix}$$

注意到

$$\boldsymbol{V_\theta} = \begin{bmatrix} \text{var}[X] & \text{cov}(X, X^2) \\ \text{cov}(X, X^2) & \text{var}[X^2] \end{bmatrix}$$

因此, $\hat{\sigma}^2$ 的渐近方差为

$$V_{\sigma^2} = \boldsymbol{H'V_\theta H} = \text{var}[X^2] - 4\text{cov}(X, X^2)\mathbb{E}[X] + 4\text{var}[X](\mathbb{E}[X])^2$$

可简化为

$$V_{\sigma^2} = \text{var}[(X - \mathbb{E}[X])^2]$$

有两种方法实现简化. 第一种方法是展开第二个表达式, 并证明其与第一个相同. 但是, 这很难反过来验证简化结果. 第二种方法利用不变性. 方差 σ^2 关于均值 $\mathbb{E}[X]$ 是不变的, 所以 $\hat{\sigma}^2$ 也是不变的. 因此, 样本方差的方差关于 $\mathbb{E}[X]$ 具有不变性. 不失一般性, 设 $\mathbb{E}[X]$ 为 0, 得到简化的公式 (中心化 X 为 $X - \mathbb{E}[X]$).

方差的估计为

$$\hat{V}_{\sigma^2} = \frac{1}{n} \sum_{i=1}^{n} \left((X_i - \overline{X}_n)^2 - \hat{\sigma}^2 \right)^2$$

标准误差为 $s(\hat{\sigma}^2) = \sqrt{n^{-1}\hat{V}_{\sigma^2}}$.

例如, 考虑工资分布的方差. 点估计为 $\hat{\sigma}^2 = 834$. $(X - \overline{X}_n)^2$ 的方差估计为 $\hat{V}_{\sigma^2} = 3\,011^2$. $\hat{\sigma}^2$ 的标准误差为

$$s(\hat{\sigma}^2) = \sqrt{\frac{\hat{V}_{\sigma^2}}{n}} = \frac{3\,011}{\sqrt{529}} = 131$$

11.5 中心矩

X 的 m $(m \geqslant 2)$ 阶中心矩为

$$\mu_m = \mathbb{E}[(X - \mathbb{E}[X])^m]$$

利用二项式定理 (定理 1.11) 得

$$\mu_m = \sum_{k=0}^{m} \binom{m}{k} (-1)^{m-k} \mu_k' \mu^{m-k}$$

$$= (-1)^m \mu^m + m(-1)^{m-1}\mu^m + \sum_{k=2}^{m} \binom{m}{k}(-1)^{m-k}\mu_k'\mu^{m-k}$$

$$= (-1)^m(1-m)\mu^m + \sum_{k=2}^{m-1} \binom{m}{k}(-1)^{m-k}\mu_k'\mu^{m-k} + \mu_m'$$

这是非中心矩的非线性函数, $k = 1, 2, \cdots, m$. 样本类推估计量为

$$\hat{\mu}_m = \frac{1}{n}\sum_{i=1}^{n}(X_i - \overline{X}_n)^m$$

$$= \sum_{k=0}^{m} \binom{m}{k}(-1)^{m-k}\hat{\mu}_k'\hat{\mu}^{m-k}$$

$$= (-1)^m(1-m)\overline{X}_n^m + \sum_{k=2}^{m-1}\binom{m}{k}(-1)^{m-k}\hat{\mu}_k'\hat{\mu}^{m-k} + \hat{\mu}_m'$$

该估计量属于光滑函数模型的一类. 由于 $\hat{\mu}_m$ 关于 μ 具有不变性, 考虑分布理论时, 如果 X 的中心为 μ, 可设 $\mu = 0$. 令 $\tilde{X} = X - \mu$,

$$Z = \begin{bmatrix} \tilde{X} \\ \tilde{X}^2 \\ \vdots \\ \tilde{X}^m \end{bmatrix}$$

和

$$\boldsymbol{V_\theta} = \begin{bmatrix} \mathrm{var}[\tilde{X}] & \mathrm{cov}(\tilde{X}, \tilde{X}^2) & \cdots & \mathrm{cov}(\tilde{X}, \tilde{X}^m) \\ \mathrm{cov}(\tilde{X}^2, \tilde{X}) & \mathrm{var}[\tilde{X}^2] & \cdots & \mathrm{cov}(\tilde{X}^2, \tilde{X}^m) \\ \vdots & \vdots & & \vdots \\ \mathrm{cov}(\tilde{X}^m, \tilde{X}) & \mathrm{cov}(\tilde{X}^m, \tilde{X}^2) & \cdots & \mathrm{var}[\tilde{X}^m] \end{bmatrix}$$

令

$$h(\boldsymbol{u}) = \left[(-1)^m(1-m)u_1^m + \sum_{k=2}^{m-1}\binom{m}{k}(-1)^{m-k}u_k u_1^{m-k} + u_m\right]$$

导数向量为

$$
\boldsymbol{H(u)} = \begin{bmatrix} (-1)^m(1-m)m\mu_1^{m-1} + \sum_{k=2}^{m-1}(-1)^{m-k}\binom{m}{k}(m-k)u_ku_1^{m-k-1} \\ (-1)^{m-2}\binom{m}{2}u_1^{m-2} \\ \vdots \\ (-1)\binom{m}{m-1}u_1 \\ 1 \end{bmatrix}
$$

将矩代入 $(\mu = 0)$, 得

$$
\boldsymbol{H} = \begin{bmatrix} -m\mu_{m-1} \\ 0 \\ \vdots \\ 0 \\ 1 \end{bmatrix}
$$

故 $\hat{\mu}_m$ 的渐近方差为

$$
\begin{aligned}
V_m &= \boldsymbol{H'V_\theta H} \\
&= m^2\mu_{m-1}^2\mathrm{var}[\tilde{X}] - 2m\mu_{m-1}\mathrm{cov}(\tilde{X}^m, \tilde{X}) + \mathrm{var}[\tilde{X}^m] \\
&= m^2\mu_{m-1}^2\mathrm{var}[X] - 2m\mu_{m-1}\mu_{m+1} + \mu_{2m} - \mu_m^2
\end{aligned}
$$

其中 $\mathrm{var}[\tilde{X}^m] = \mu_{2m} - \mu_m^2$, 且

$$
\mathrm{cov}(\tilde{X}^m, \tilde{X}) = \mathbb{E}\big[\big((X - \mathbb{E}[X])^m - \mu_m\big)(X - \mathbb{E}[X])\big] = \mathbb{E}\big[(X - \mathbb{E}[X])^{m+1}\big] = \mu_{m+1}
$$

估计量为

$$
\hat{V}_m = m^2\hat{\mu}_{m-1}^2\hat{\sigma}^2 - 2m\hat{\mu}_{m-1}\hat{\mu}_{m+1} + \hat{\mu}_{2m} - \hat{\mu}_m^2
$$

$\hat{\mu}_m$ 的标准误差为 $s(\hat{\mu}_m) = \sqrt{n^{-1}\hat{V}_m}$.

　　表 11-1 展示了时薪的中心矩的估计, 单位为 100 美元. 1 阶矩到 4 阶矩在第四列, 标准误差在最后一列. 标准误差相对于估计值是相当小的, 表明估计的精度很高.

11.6　最优无偏估计

　　目前为止, 把样本均值 $\hat{\mu} = \overline{X}_n$ 作为总体均值的估计, 唯一的理由为它是最优线性无偏估计, 即线性无偏估计量中方差最小的. 这个理由存在局限性, 因为线性限制不够

有说服力. 本节介绍一个更充分有效的理由, 样本均值在所有的无偏估计量中方差最小. 证明见 Hansen (2022b).

令 $\{X_1, X_2, \cdots, X_n\}$ 是从有限方差的分布中抽样得到的独立同分布样本. 令 $\mu = \mathbb{E}[X]$, $\sigma^2 = \mathrm{var}[X]$. μ 的矩估计量是样本均值 $\hat{\mu} = \overline{X}_n$, 并且有 $\mathbb{E}[\hat{\mu}] = \mu$ 和 $\mathrm{var}[\hat{\mu}] = n^{-1}\sigma^2$. 我们感兴趣的是, 是否存在其他无偏估计量 $\tilde{\mu}$, 其方差比 $\hat{\mu}$ 更小.

定理 11.1　对所有有限方差的分布, 若 $\tilde{\mu}$ 是 μ 的无偏估计, 则 $\mathrm{var}[\tilde{\mu}] \geqslant n^{-1}\sigma^2$.
这是最优线性无偏估计定理的改进, 因为估计量仅有的约束是无偏性.

回顾样本均值 $\hat{\mu} = n^{-1}\sum_{i=1}^{n} X_i$ 是无偏的, 方差为 $\mathrm{var}[\hat{\mu}] = \sigma^2/n$. 结合定理 11.1, 可推导出不存在无偏估计量 (包括线性和非线性估计量), 其方差比样本均值的更小.

定理 11.2　设 $\mathbb{E}[X^2] < \infty$. 样本均值 $\hat{\mu} = n^{-1}\sum_{i=1}^{n} X_i$ 在 μ 的所有无偏估计量中方差最小.

定理 11.2 表明样本均值是总体期望的 **最优无偏估计** (best unbiased estimator). 也就是说, 在 "最优线性无偏估计" 中的 "线性" 并不是必要的.

上述结果的关键是无偏性. 估计量无偏性的假设表示在所有的数据分布中都是无偏的. 这有效地排除了利用特殊信息的任意估计量. 这个结论非常重要. 很自然地有以下思路: "如果只知道 X 的分布的正确参数族 $F(x|\beta)$, 我们可以利用这些信息得到一个更好的估计量. " 这种推理的缺陷是任意 "更好的估计量" 会使用上述特殊信息, 当信息不正确时, 会产生有偏估计量. 在保证无偏性的条件下, 要改进估计的效率是不可能的.

现介绍在简化假设的条件下, 定理 11.1 的证明. 跳过该论证, 不影响后续阅读.

为简单起见, 设 X 的分布为 $F(x)$, 密度⊖为 $f(x)$, 其支撑 $\mathscr{X}$ 有界⊖. 不失一般性, 设真实均值满足 $\mathbb{E}[X] = 0$.

定义辅助密度函数

$$f_\mu(x) = f(x)\left(1 + \frac{x\mu}{\sigma^2}\right) \tag{11.2}$$

由于 X 的支撑 $\mathscr{X}$ 有界, 存在集合 B, 使得对所有的 $\mu \in B$ 和 $x \in \mathscr{X}$, 都有 $f_\mu(x) \geqslant 0$. 检查 $\int_{\mathscr{X}} f_\mu(x)\mathrm{d}x = 1$, 所以 $f_\mu(x)$ 是有效的密度函数. 对所有的 $\mu \in B$, f_μ 是分布函数为 F_μ 的密度函数参数族. 由于 $F_0 = F$, 参数族 F_μ 是正确设定的, 真实参数为 $\mu_0 = 0$.

图 11-1a 展示了一个例子, 真实密度函数为 $f(x) = (3/4)(1 - x^2)$, $x \in [-1, 1]$, 辅助

⊖　密度的假设可通过分布函数的 Radon-Nikodym 导数推出, 该方法可应用到所有的分布.
⊖　支撑集有界的假设可替换为更技术性的假设, 如截断和极限.

密度函数为 $f_\mu(x) = f(x)(1+x)$. 易见辅助密度是原始密度 $f(x)$ 的倾斜版本.

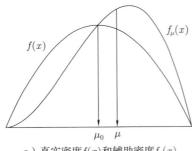
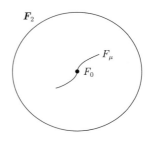

a）真实密度$f(x)$和辅助密度$f_\mu(x)$ b）分布函数空间

图 11-1   最优无偏估计

令 $\mathbb{E}_\mu$ 表示辅助密度的期望. 由于 $\int_{\mathscr{X}} x f(x)\mathrm{d}x = 0$ 和 $\int_{\mathscr{X}} x^2 f(x)\mathrm{d}x = \sigma^2$, 所以

$$\mathbb{E}_\mu[X] = \int_{\mathscr{X}} x f_\mu(x)\mathrm{d}x = \int_{\mathscr{X}} x f(x)\mathrm{d}x + \int_{\mathscr{X}} x^2 f(x)\mathrm{d}x\, \mu/\sigma^2 = \mu$$

故辅助密度的期望为 μ. 在图 11-1a 中, 两个密度的均值用指向 x 轴的箭头表示. 本例表明辅助密度的期望值较大, 由于密度向右倾斜. 也可看出辅助密度的方差有限.

综上, 辅助模型 F_μ $(\mu \in B)$ 是正则参数族, 其期望为 μ, 方差有限, 真实值 μ_0 是 B 的内点, 密度的支撑集不依赖 μ. 图 11-1b 用大圆圈展示了有限方差分布函数的空间 $\boldsymbol{F}_2$. 中间的点表示真实分布 $F = F_0$. 曲线表示分布族 F_μ. 分布族 F_μ 是一般分布空间 $\boldsymbol{F}_2$ 的切片, 且包括真实分布 F.

现令 $\tilde{\mu}$ 是 μ 的估计量 (满足上述假设), 且对所有有限方差的分布 (图 11-1b 中的大圆圈) 是无偏的. 此时, $\tilde{\mu}$ 在子集 F_μ (图 11-1b 中的曲线) 是无偏的, 因为 F_μ 是 $\boldsymbol{F}_2$ 的真子集.

辅助模型的似然得分函数为

$$S = \frac{\partial}{\partial \mu}\left(\log f(X) + \log\left(1 + \frac{X\mu}{\sigma^2}\right)\right)\bigg|_{\mu=0} = \frac{X}{\sigma^2}$$

利用定义 10.6 和 $\mathbb{E}[X^2] = \sigma^2$, 得到 $\mu = 0$ 时模型的信息量为

$$\mathscr{I}_0 = \mathbb{E}[S^2] = \frac{\mathbb{E}[X^2]}{\sigma^4} = \frac{1}{\sigma^2}$$

由于在模型式 (11.2) 中 $\tilde{\mu}$ 是无偏的, 且模型是正则参数模型, 由 Cramér-Rao 定理得

$$\mathrm{var}[\tilde{\mu}] \geqslant (n\mathscr{I}_0)^{-1} = \sigma^2/n$$

命题得证.

只需要检验一个辅助模型就可证明结论, 这是令人惊讶的. 为什么这样就足够了? 原因是不存在 Cramér-Rao 下界大于 σ^2/n, 而 σ^2/n 是样本均值 $\overline{X}_n$ 的方差. 故 σ^2/n 是最可能的方差下界. 事实上, 辅助模型式 (11.2) 的 Cramér-Rao 下界 σ^2/n 是特例, 简化了证明.

11.7 参数模型

经典的矩方法经常假设随机变量 X 服从某个参数分布, 其中参数未知. 通过求解分布的矩得到参数的估计.

令 $f(x|\boldsymbol{\beta})$ 表示某个参数密度, 参数向量 $\boldsymbol{\beta} \in \mathbb{R}^m$. 模型的矩为

$$\mu_k(\boldsymbol{\beta}) = \int x^k f(x|\boldsymbol{\beta})\mathrm{d}x$$

这是从参数空间到 $\mathbb{R}$ 的映射.

利用数据估计前 m 阶矩

$$\hat{\mu}_k = \frac{1}{n}\sum_{i=1}^{n} X_i^k$$

其中 $k = 1, 2, \cdots, m$. 得到 m 个矩方程

$$\mu_1(\boldsymbol{\beta}) = \hat{\mu}_1$$

$$\vdots$$

$$\mu_m(\boldsymbol{\beta}) = \hat{\mu}_m$$

m 个方程 m 个未知数, 求解得 $\hat{\boldsymbol{\beta}}$, 即为 $\boldsymbol{\beta}$ 的矩估计. 在某些情况下, 可解出解析解. 其他情况只能使用数值解.

矩估计方法可表示为样本矩的函数, 故 $\hat{\boldsymbol{\beta}} = h(\hat{\boldsymbol{\mu}})$. 因此, 利用定理 8.9 得到渐近分布:

$$\sqrt{n}(\hat{\boldsymbol{\beta}} - \boldsymbol{\beta}) \xrightarrow{d} N(0, \boldsymbol{V_\beta})$$

其中 $\boldsymbol{V_\beta} = \boldsymbol{H}'\boldsymbol{V_\mu}\boldsymbol{H}$, $\boldsymbol{V_\mu}$ 是矩的协方差矩阵, $\boldsymbol{H}$ 是 $h(\boldsymbol{\mu})$ 的导数.

11.8 参数模型的例子

例 4 指数分布. 其密度为 $f(x|\lambda) = \dfrac{1}{\lambda} \exp\left(-\dfrac{x}{\lambda}\right)$, 其中 $\lambda = \mathbb{E}[X]$. 期望 $\mathbb{E}[X]$ 利用样本均值 $\overline{X}_n$ 估计. 未知参数 λ 通过求解矩方程得到, 例如,

$$\hat{\lambda} = \overline{X}_n$$

此时, 方程有简单的解 $\hat{\lambda} = \overline{X}_n$.

在本例中, 易得渐近分布:

$$\sqrt{n}(\hat{\lambda} - \lambda) \xrightarrow{d} N(0, \sigma_X^2)$$

给定指数分布, 方差 $\sigma_X^2 = \lambda^2$. 渐近方差的估计包括 $\hat{\sigma}_X^2$ 和 $\hat{\lambda}^2 = \overline{X}_n^2$ (在参数假设下, $\overline{X}_n^2$ 是有效的).

例 5 正态分布 $N(\mu, \sigma^2)$. 该分布均值和方差分别为 μ 和 σ^2. 估计量为 $\hat{\mu} = \overline{X}_n$ 和 $\hat{\sigma}^2$.

例 6 伽马分布 Gamma (α, β). 前两阶中心矩为

$$\mathbb{E}[X] = \frac{\alpha}{\beta}$$

$$\mathrm{var}[X] = \frac{\alpha}{\beta^2}$$

求解矩方程得

$$\alpha = \frac{(\mathbb{E}[X])^2}{\mathrm{var}[X]}$$

$$\beta = \frac{\mathbb{E}[X]}{\mathrm{var}[X]}$$

矩估计量为

$$\hat{\alpha} = \frac{\overline{X}_n^2}{\hat{\sigma}^2}$$

$$\hat{\beta} = \frac{\overline{X}_n}{\hat{\sigma}^2}$$

考虑工资观测值的参数估计, 其中 $\overline{X}_n = 31.9$, $\hat{\sigma}^2 = 834$. 可推出 $\hat{\alpha} = 1.2$ 和 $\hat{\beta} = 0.04$.

现考虑 $\hat{\alpha}$ 的渐近方差, 其中

$$\hat{\alpha} = h(\hat{\mu}_1, \hat{\mu}_2) = \frac{\hat{\mu}_1^2}{\hat{\mu}_2 - \hat{\mu}_1^2}$$

$$\hat{\mu}_1 = \frac{1}{n} \sum_{i=1}^{n} X_i$$

$$\hat{\mu}_2 = \frac{1}{n} \sum_{i=1}^{n} X_i^2$$

渐近方差为

$$V_\alpha = \boldsymbol{H}' \boldsymbol{V} \boldsymbol{H}$$

其中

$$\boldsymbol{V} = \left[\begin{array}{cc} \text{var}[X] & \text{cov}(X, X^2) \\ \text{cov}(X, X^2) & \text{var}[X^2] \end{array} \right]$$

$\boldsymbol{H}$ 是 $h(\mu_1, \mu_2)$ 导数的向量:

$$\boldsymbol{H}(\mu_1, \mu_2) = \left[\begin{array}{c} \dfrac{\partial}{\partial \mu_1} \dfrac{\mu_1^2}{\mu_2 - \mu_1^2} \\ \dfrac{\partial}{\partial \mu_2} \dfrac{\mu_1^2}{\mu_2 - \mu_1^2} \end{array} \right] = \left[\begin{array}{c} \dfrac{2\mu_1 \mu_2}{(\mu_2 - \mu_1^2)^2} \\ \dfrac{-2\mu_1^2}{(\mu_2 - \mu_1^2)^2} \end{array} \right]$$

$$= \left[\begin{array}{c} \dfrac{2\mathbb{E}[X](\text{var}[X] + (\mathbb{E}[X])^2)}{\text{var}[X]^2} \\ \dfrac{-2(\mathbb{E}[X])^2}{\text{var}[X]^2} \end{array} \right] = \left[\begin{array}{c} 2\beta(1 + \alpha) \\ -2\beta^2 \end{array} \right]$$

例 7　对数正态分布. 它的密度为 $f(x|\theta, \nu^2) = \dfrac{1}{\sqrt{2\pi\nu^2}} x^{-1} \exp\left(-(\log x - \theta)^2 / 2\nu^2\right)$.
计算 X 的矩, 通过匹配方法得到 θ 和 ν^2 的估计量. 更简单的 (首选的) 方法是利用性质 $\log X \sim N(\theta, \nu^2)$, 其均值和方差为 θ 和 ν^2, 矩估计量为 $\log X$ 的均值和方差. 因此,

$$\hat{\theta} = \frac{1}{n} \sum_{i=1}^{n} \log X_i$$

$$\hat{\nu}^2 = \frac{1}{n-1} \sum_{i=1}^{n} (\log X_i - \hat{\theta})^2$$

利用工资数据, 有 $\hat{\theta} = 3.2$, $\hat{\nu}^2 = 0.43$.

例 8   尺度化学生 t 分布. 若 $T = (X - \theta)/\nu$ 服从自由度为 r 的学生 t 分布, 则 X 服从尺度化学生 t 分布. 当 $r > 4$ 时, X 的前四阶中心矩为

$$\mu = \theta$$

$$\mu_2 = \frac{r}{r - 2}\nu^2$$

$$\mu_3 = 0$$

$$\mu_4 = \frac{3r^2}{(r - 2)(r - 4)}\nu^4$$

利用 $\mu_4 \geqslant 3\mu_2$ (对学生 t 分布), 得

$$\theta = \mu$$

$$\nu^2 = \frac{\mu_4\mu_2}{2\mu_4 - 3\mu_2^2}$$

$$r = \frac{4\mu_4 - 6\mu_2^2}{\mu_4 - 3\mu_2^2}$$

利用一阶矩、二阶矩和四阶矩估计参数 (θ, ν^2, r). 令 $\overline{X}_n$, $\hat{\sigma}^2$ 和 $\hat{\mu}_4$ 表示样本均值、方差和中心四阶矩. 得到矩方程

$$\hat{\theta} = \overline{X}_n$$

$$\hat{\nu}^2 = \frac{\hat{\mu}_4\hat{\sigma}^2}{2\hat{\mu}_4 - 3\hat{\sigma}^4}$$

$$\hat{r} = \frac{4\hat{\mu}_4 - 6\hat{\sigma}^4}{\hat{\mu}_4 - 3\hat{\sigma}^4}$$

利用工资数据, 有 $\hat{\theta} = 32$, $\hat{\nu}^2 = 467$, $\hat{r} = 4.55$. 参数自由度的点估计值略高于有限四阶矩的阈值.

图 11-2 展示了利用四种分布的矩估计方法得到的密度函数: $N(32, 834)$、Gamma(1.2, 0.04)、LN(3.2, 0.43)[一] 和 $t(32, 467, 4.55)$. 正态密度和 t 密度可在负 x 轴取值. 伽马密度和对数正态密度是高度有偏的. 四个估计密度是不同的, 因为四个模型是不同的. 因此, 在此重申, 任何拟合的模型都应视为错误设定的. 有些模型可能是合理的近似, 有些可能不是.

○   对数正态. ——编辑注

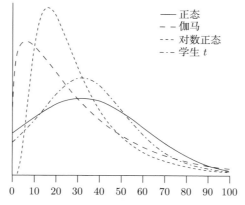

图 11-2 参数模型利用矩估计方法拟合工资数据

11.9 矩方程

在前述例子中, 感兴趣的参数可表示为总体矩的非线性函数, 利用对应样本矩的非线性函数得到嵌入式估计量.

在许多计量经济学模型中, 不能把参数表示为矩函数的显式形式. 然而, 可以把矩表示为参数的隐函数. 我们仍可以使用矩方法, 但必须通过数值方法求解矩方程得到参数的估计量.

这类估计量的求法如下. 设参数 $\boldsymbol{\beta} \in \mathbb{R}^k$, 函数 $m(x, \boldsymbol{\beta})$ 是随机变量和参数的函数. 该模型表明函数的期望已知且归一化, 所以它等于 0, 即

$$\mathbb{E}[m(X, \boldsymbol{\beta})] = 0$$

矩函数的样本形式为

$$\overline{m}_n(\boldsymbol{\beta}) = \frac{1}{n} \sum_{i=1}^{n} m(X_i, \boldsymbol{\beta})$$

矩方法估计量 $\hat{\boldsymbol{\beta}}$ 通过求解 k 个非线性方程得到

$$\overline{m}_n(\hat{\boldsymbol{\beta}}) = 0$$

这包括前述讨论的所有矩方程. 例如, 均值和方差满足

$$\mathbb{E} \left[\begin{array}{c} (X - \mu)^2 - \sigma^2 \\ X - \mu \end{array} \right] = 0$$

令

$$m(x, \mu, \sigma^2) = \begin{bmatrix} (x - \mu)^2 - \sigma^2 \\ x - \mu \end{bmatrix}$$

总体矩条件为

$$\mathbb{E}[m(X, \mu, \sigma^2)] = 0$$

$\mathbb{E}[m(X, \mu, \sigma^2)]$ 的样本估计量为

$$0 = \overline{m}_n(\mu, \sigma^2) = \begin{bmatrix} \dfrac{1}{n} \sum_{i=1}^n (X_i - \mu)^2 - \sigma^2 \\ \dfrac{1}{n} \sum_{i=1}^n (X_i - \mu) \end{bmatrix}$$

通过求解方程

$$0 = \overline{m}_n(\hat{\mu}, \hat{\sigma}^2)$$

得到估计量 $(\hat{\mu}, \hat{\sigma}^2)$. 它等于样本均值和样本方差.

11.10　矩方程的渐近分布

　　矩估计量的渐近理论可用推导极大似然估计渐近理论的类似方法. 本节介绍这些理论, 但不提供证明. 其过程本质上与极大似然估计的推导类似, 故将其省略.

　　非线性估计的关键问题是可识别性. 矩估计的正确设定假设与极大似然估计的相同.

　　定义 11.1　如果存在 $\beta_0 \in B$ 是矩方程

$$\mathbb{E}[m(X, \beta)] = 0$$

的唯一解, 则称矩参数 β 在 B 中是**可识别的** (identified).

　　首先考虑相合估计.

　　定理 11.3　假设

1. X_i 是独立同分布的.

2. $\|m(x, \beta)\| \leqslant M(x)$ 和 $\mathbb{E}[M(x)] < \infty$.

3. $m(X, \beta)$ 以概率 1 关于 β 连续.

4. B 是紧集.

5. β_0 是方程 $\mathbb{E}[m(X, \beta)] = 0$ 的唯一解.

由假设 $1 \sim 4$ 得矩函数 $\overline{m}_n(\beta)$ 一致收敛到其期望. 再由假设 5 得, 样本解 $\hat{\beta}$ 是总体解 β_0 的相合估计.

其次考虑渐近分布. 定义矩的矩阵

$$\boldsymbol{\Omega} = \mathrm{var}[m(X, \beta_0)]$$

$$\boldsymbol{Q} = \mathbb{E}\Big[\frac{\partial}{\partial\beta} m(X, \beta_0)'\Big]$$

令 $\mathcal{N}$ 表示 β_0 的邻域.

定理 11.4 设定理 11.3 的条件满足, 再加上

1. $\mathbb{E}\big[||m(X, \beta_0)||^2\big] < \infty$.

2. $\dfrac{\partial}{\partial\beta}\mathbb{E}[m(x, \beta)]$ 在 $\beta \in \mathcal{N}$ 处连续.

3. $m(X, \beta)$ 在 $\mathcal{N}$ 内利普希茨连续.

4. $\boldsymbol{Q}$ 是满秩的.

5. β_0 是 B 的内点.

则当 $n \to \infty$ 时, 有

$$\sqrt{n}(\hat{\beta} - \beta_0) \underset{d}{\to} N(0, \boldsymbol{V})$$

其中 $\boldsymbol{V} = \boldsymbol{Q}^{-1\prime}\boldsymbol{\Omega}\boldsymbol{Q}^{-1}$.

假设 1 表明矩方程的二阶矩有限, 可利用中心极限定理证明. 假设 2 表明矩方程期望的导数在 β_0 附近是连续的, 其证明是复杂的. 假设 3 表明 $m(X, \beta)$ 是利普希茨连续的, 保证了归一化的矩 $n^{-1/2}\sum_{i=1}^{n} m(X_i, \beta)$ 是渐近等价连续的. 假设 3 的等价条件在 18.6 节和 18.7 节讨论. 假设 4 表明导数矩阵 $\boldsymbol{Q}$ 是满秩的. 这是重要的可识别条件. 矩 $\mathbb{E}[m(X, \beta)]$ 随参数 β 变化, 保证了矩包含了参数值的信息. 假设 5 是证明均值扩展的必要条件. 若真实参数在参数空间的边界上, 则矩估计量无法服从标准的渐近分布.

利用嵌入原则, 方差估计值为

$$\hat{\boldsymbol{V}} = \hat{\boldsymbol{Q}^{-1}}\hat{\boldsymbol{\Omega}}\hat{\boldsymbol{Q}}^{-1}$$

$$\hat{\boldsymbol{\Omega}} = \frac{1}{n}\sum_{i=1}^{n} m(X_i, \hat{\beta})m(X_i, \hat{\beta})'$$

$$\hat{\boldsymbol{Q}} = \frac{1}{n}\sum_{i=1}^{n} \frac{\partial}{\partial\beta} m(X_i, \hat{\beta})$$

11.11 例子: 欧拉等式

下面是一个经典经济模型的简化版本, 导出一个非线性矩方程.

假设消费者在 t 时间内消费 C_t, $t+1$ 时间内消费 C_{t+1}, 其效用为

$$U(C_t, C_{t+1}) = u(C_t) + \frac{1}{\beta}u(C_{t+1})$$

其中 $u(c)$ 为效用函数, β 为折现因子. 顾客的预算约束为

$$C_t + \frac{C_{t+1}}{R_{t+1}} \leqslant W_t$$

其中 W_t 为消费者禀赋, R_{t+1} 为投资的不确定收益率.

在 t 时间内消费 C_t 的期望效用为

$$U^*(C_t) = \mathbb{E}\left[u(C_t) + \frac{1}{\beta}u\big((W_t - C_t)R_{t+1}\big)\right]$$

其中预算约束被替换为第二期的. 选择 C_t 的一阶条件为

$$0 = u'(C_t) - \mathbb{E}\left[\frac{R_{t+1}}{\beta}u'(C_{t+1})\right]$$

设消费者相对风险规避效用函数是常数: $u(c) = c^{1-\alpha}/(1-\alpha)$, 则 $u' = c^{-\alpha}$, 上述等式变为

$$0 = C_t^{-\alpha} - \mathbb{E}\left[\frac{R_{t+1}}{\beta}C_{t+1}^{-\alpha}\right]$$

由于 C_t 可视为已知 (消费者在 t 时间内选择的), 上式可转换为

$$\mathbb{E}\left[R_{t+1}\left(\frac{C_{t+1}}{C_t}\right)^{-\alpha} - \beta\right] = 0$$

为简单起见, 设 β 是已知的. 上述公式变为消费增长率 C_{t+1}/C_t、投资收益率 R_{t+1} 和风险规避参数 α 的非线性方程的期望.

通过定义

$$m(R_{t+1}, C_{t+1}, C_t, \alpha) = R_{t+1}\left(\frac{C_{t+1}}{C_t}\right)^{-\alpha} - \beta$$

考虑矩方法框架. 总体参数满足

$$\mathbb{E}[m(R_{t+1}, C_{t+1}, C_t, \alpha)] = 0$$

$\mathbb{E}[m(X,\alpha)]$ 的样本估计量为

$$\overline{m}_n(\alpha) = \frac{1}{n}\sum_{t=1}^{n} R_{t+1}\left(\frac{C_{t+1}}{C_t}\right)^{-\alpha} - \beta$$

利用数值方法求解

$$\overline{m}_n(\hat{\alpha}) = 0$$

得到估计量 $\hat{\alpha}$. 函数 $\overline{m}_n(\alpha)$ 关于 α 是单调的, 所以存在唯一的解 $\hat{\alpha}$.

矩估计量的渐近分布为

$$\sqrt{n}(\hat{\alpha} - \alpha) \xrightarrow[d]{} N(0, V)$$

其中

$$V = \frac{\mathrm{var}\left[R_{t+1}\left(\dfrac{C_{t+1}}{C_t}\right)^{-\alpha} - \beta\right]}{\left(\mathbb{E}\left[R_{t+1}\left(\dfrac{C_{t+1}}{C_t}\right)^{-\alpha}\log\left(\dfrac{C_{t+1}}{C_t}\right)\right]\right)^2}$$

渐近方差的估计为

$$\hat{V} = \frac{\dfrac{1}{n}\sum_{t=1}^{n}\left(R_{t+1}\left(\dfrac{C_{t+1}}{C_t}\right)^{-\hat{\alpha}} - \dfrac{1}{n}\sum_{t=1}^{n}R_{t+1}\left(\dfrac{C_{t+1}}{C_t}\right)^{-\hat{\alpha}}\right)^2}{\left(\dfrac{1}{n}\sum_{t=1}^{n}R_{t+1}\left(\dfrac{C_{t+1}}{C_t}\right)^{-\hat{\alpha}}\log\left(\dfrac{C_{t+1}}{C_t}\right)\right)^2}$$

11.12　经验分布函数

随机变量 X 的分布函数为 $F(x) = \mathbb{P}[X \leqslant x] = \mathbb{E}[\mathbb{1}\{X \leqslant x\}]$. 给定从 F 抽取的样本 $\{X_1, X_2, \cdots, X_n\}$, $F(x)$ 的矩估计量是观测值小于或等于 x 的比例:

$$F_n(x) = \frac{1}{n}\sum_{i=1}^{n}\mathbb{1}\{X_i \leqslant x\} \tag{11.3}$$

函数 $F_n(x)$ 称为**经验分布函数** (empirical distribution function, EDF).

对任意的样本, 经验分布函数是有效的分布函数. (它是非降的, 右连续的, 极限为 0 和 1.) 经验分布函数是离散分布, 每个观测值的概率质量为 $1/n$, 它是非参数估计量, 没有利用分布函数 $F(x)$ 的先验信息. 注意, 无论 $F(x)$ 是离散的或连续的, $F_n(x)$ 都是通过阶梯函数构造的.

随机向量 $\boldsymbol{X} \in \mathbb{R}^m$ 的分布函数为 $F(x) = \mathbb{P}[\boldsymbol{X} \leqslant \boldsymbol{x}] = \mathbb{E}[\mathbb{1}\{\boldsymbol{X} \leqslant \boldsymbol{x}\}]$，其中不等式是对向量中所有的元素应用. 样本 $\{\boldsymbol{X}_1, \boldsymbol{X}_2, \cdots, \boldsymbol{X}_n\}$ 的经验分布函数为

$$F_n(\boldsymbol{x}) = \frac{1}{n} \sum_{i=1}^{n} \mathbb{1}\{\boldsymbol{X}_i \leqslant \boldsymbol{x}\}$$

对随机向量, 多元经验分布函数是有效的分布函数, 其概率分布在每个观测值上的概率质量为 $1/n$.

图 11-3a 展示了表 6-1 中 20 个观测值的样本的经验分布函数, 它是一个阶高为 $1/20$ 的阶梯函数. 每条线段都是半开区间 $[a, b)$ 的形式. 阶梯出现在样本值上, 在横轴上用 "×" 表示.

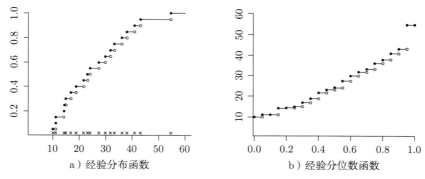

a）经验分布函数   b）经验分位数函数

图 11-3   经验分布函数和分位数函数

经验分布函数 $F_n(x)$ 是分布函数 $F(x)$ 的相合估计量. 注意, 对任意的 $\boldsymbol{x} \in \mathbb{R}^m$, $\mathbb{1}\{\boldsymbol{X}_i \leqslant \boldsymbol{x}\}$ 是有界的独立同分布随机变量, 其期望为 $F(\boldsymbol{x})$. 由弱大数定律 (定理 7.4) 得, $F_n(x) \underset{p}{\to} F(x)$. 推导经验分布函数的渐近分布也很容易.

定理 11.5   若 $\boldsymbol{X}_i \in \mathbb{R}^m$ 是独立同分布的, 则对任意的 $\boldsymbol{x} \in \mathbb{R}^m$, 当 $n \to \infty$ 时, 都有

$$\sqrt{n}(F_n(\boldsymbol{x}) - F(\boldsymbol{x})) \underset{d}{\to} N(0, F(\boldsymbol{x})(1 - F(\boldsymbol{x})))$$

11.13   样本分位数

分位数是分布的常用特征. 2.9 节定义了连续分布的分位数是方程 $\alpha = F(q(\alpha))$ 的解. 更一般地, 可定义任意分布的分位数.

定义 11.2   对任意的 $\alpha \in (0, 1]$, 分布 $F(x)$ 的 α 分位数为 $q(\alpha) = \inf\{x : F(x) \geqslant \alpha\}$.

当 $F(x)$ 是严格增函数时, $q(\alpha)$ 满足 $F(q(\alpha)) = \alpha$. 分布函数的逆函数如前定义.

分位数的含义可解释为它是分割概率质量的点, 使分布的 $100\alpha\%$ 在 $q(\alpha)$ 的左侧, $100(1 - \alpha)\%$ 在 $q(\alpha)$ 的右侧. 目前只定义了一元分位数, 没有定义多元分位数. 一个相关的概念是百分位数, 以百分数表示. 对任意的 α, α 分位数和 100α 百分数是相等的.

给定样本 $\{X_1, X_2, \cdots, X_n\}$, $q(\alpha)$ 的经验形式称为**经验分位数** (empirical quantile), 用经验分布函数 $F_n(x)$ 替换 $F(x)$ 得到:

$$\hat{q}(\alpha) = \inf\{x : F_n(x) \geqslant \alpha\}$$

也可表示为样本的次序统计量 $X_{(j)}$. (第 j 个次序样本值, 见 6.16 节.)　如果样本值是唯一的, 那么 $F_n(X_{(j)}) \geqslant j/n$ 是等价的. 令 $j = \lceil n\alpha \rceil$, 表示 $n\alpha$ 向上取整, 称为**上取整函数** (ceiling function). 故 $F_n(X_{(j)}) \geqslant j/n \geqslant \alpha$. 对任意的 $x < X_{(j)}$, 都有 $F_n(x) \leqslant (j-1)/n < \alpha$. 如前所述, $X_{(j)}$ 是 α 经验分位数.

定理 11.6　$\hat{q}(\alpha) = X_{(j)}$, 其中 $j = \lceil n\alpha \rceil$.

考虑表 6-1 的数据集工资中位数的估计, 其中 $n = 20$, $\alpha = 0.5$. 故 $\lceil n\alpha \rceil = 10$ 是整数. 工资的第 10 个次序统计量 (从小到大第 10 个观测工资) 为 $\text{wage}_{(10)} = 23.08$. 经验中位数 $\hat{q}(0.5) = 23.08$. 为估计分布的 0.66 分位数, 计算 $n\alpha = 13.2$, 向上取整为 14. 第 14 个次序统计量 (经验 0.66 分位数) 为 $\hat{q}(0.66) = 31.73$.

图 11-3b 展示了图 11-3a 中 20 个观测值的样本的经验分位数函数, 它是在 $1/20$, $2/20$, $\cdots$ 处有阶跃的阶梯函数. 阶梯的高度和次序统计量有关.

分位数和样本分位数的一个有用性质与**单调变换的等变性** (equivariant to monotone transformation). 特别地, 令 $h(\cdot) : \mathbb{R} \to \mathbb{R}$ 是非降函数, $W = h(Y)$. 令 $q^y(\alpha)$ 和 $q^w(\alpha)$ 表示 Y 和 W 的分位数函数. **等变性** (equivariance) 表示为 $q^w(\alpha) = h(q^y(\alpha))$, 即 W 的分位数是 Y 分位数的变换. 例如, $\log(X)$ 的 α 分位数是 X 的 α 分位数的对数.

在工资例子中, 工资中位数的对数为 $\log(\hat{q}(0.5)) = \log(23.08) = 3.14$, 等于对数工资观测值的第 10 个次序统计量. 由等变性可得, 二者相等.

当 $F(x)$ 严格递增时, 分位数估计量是 $q(\alpha)$ 的相合估计.

定理 11.7　若 $F(x)$ 在 $q(\alpha)$ 处严格递增, 则当 $n \to \infty$ 时, 有 $\hat{q}(\alpha) \xrightarrow{p} q(\alpha)$.

定理 11.7 是后续将要介绍的定理 11.8 的特例, 其证明略去. $F(x)$ 在 $q(\alpha)$ 处严格递增的假设, 排除了离散分布和具有平坦部分的分布.

对大多数经济学家, 上述知识足以理解和运用分位数. 为完整起见, 我们再给出一些细节.

定义 11.2 很好用, 因为它唯一地定义了分位数. 定义 **分位数区间** (quantile interval) 为 $\alpha = F(q(\alpha))$ 解的集合更准确. 为更严格的解释, 给出概率函数左极限的定义 $F^+(q) = \mathbb{P}[X < q]$. 定义 α 分位数区间为满足 $F^+(q) \leqslant \alpha \leqslant F(q)$ 的数 q 的集合, 等于 $[q(\alpha), q^+(\alpha)]$, 其中 $q(\alpha)$ 为定义 11.2 中的, $q^+(\alpha) = \sup\{x : F^+(x) \leqslant \alpha\}$. 当 $F(x)$ 在 $q(\alpha)$ 处 (两个方向上) 严格递增时, 有等式 $q^+(\alpha) = q(\alpha)$.

类似地可推广到经验分位数的定义. 区间 $[q(\alpha), q^+(\alpha)]$ 的经验类推是经验分位数区间 $[\hat{q}(\alpha), \hat{q}^+(\alpha)]$, 其中 $\hat{q}(\alpha)$ 是之前定义的经验分位数. $\hat{q}^+(\alpha) = \sup\{x : F_n^+(x) \leqslant \alpha\}$, 其中 $F_n^+(x) = \dfrac{1}{n} \sum_{i=1}^{n} \mathbb{1}\{X_i < x\}$. 当 $n\alpha$ 是整数时, $\hat{q}^+(\alpha) = X_{(j+1)}$, 其中 $j = \lceil n\alpha \rceil$, 否则 $\hat{q}^+(\alpha) = X_{(j)}$. 故当 $n\alpha$ 是一个整数时, 经验分位数区间为 $[X_{(j)}, X_{(j+1)}]$, 否则是唯一值 $X_{(j)}$.

$q(\alpha)$ 的各类估计量在一般的软件中都可计算. 本节计算其中的四种估计量, 程序命令使用 R 语言的符号系统.

类型 1 (Type 1) 估计量是经验分位数 $\hat{q}^1(\alpha) = \hat{q}(\alpha)$.

类型 2 (Type 2) 估计量取经验分位数区间 $[\hat{q}(\alpha), \hat{q}^+(\alpha)]$ 的中点. 故当 $n\alpha$ 为整数时, 估计量为 $\hat{q}^2(\alpha) = (X_{(j)} + X_{(j+1)})/2$, 否则估计量为 $X_{(j)}$. 这是 Stata 中的求解方法. 分位数可通过 `summarize`, `detail`, `xtile`, `pctile`, `_pctile` 等命令求解.

类型 5 (Type 5) 估计量定义为 $m = n\alpha + 0.5$, $\ell = \text{int}(m)$ (整数部分), $r = m - \ell$ (剩余部分). 集合 $\hat{q}^5(\alpha)$ 是 $X_{(\ell)}$ 和 $X_{(\ell+1)}$ 的加权平均, 内插权重分别为 $1 - r$ 和 r. 在 MATLAB 中利用 `quantile` 命令求解.

类型 7 (Type 7) 估计量定义为 $m = n\alpha + 1 - \alpha$, $\ell = \text{int}(m)$, $r = m - \ell$. 集合 $\hat{q}^7(\alpha)$ 是 $X_{(\ell)}$ 和 $X_{(\ell+1)}$ 的加权平均, 内插权重分别为 $1 - r$ 和 r. 在 R 中利用 `quantile` 命令求解. 其他方法 (包括类型 1、2 和 5 估计量) 可在 R 中通过设定 Type 选项得到.

类型 5 和类型 7 估计量可能不够直观. 首先, 利用内插法光滑经验函数, 构造严格递增的估计量, 插入经验分布函数得到对应的分位数. 二者的区别是实现内插的方法. 估计值落在 $[X_{(j-1)}, X_{(j+1)}]$, 其中 $j = \lceil n\alpha \rceil$, 但不必落在经验分位数区间 $[\hat{q}(\alpha), \hat{q}^+(\alpha)]$.

考虑表 6-1 中工资中位数的估计. 第 10 个和第 11 个次序统计量分别为 23.08 和 24.04, $n\alpha = 10$ 是整数, 所以中位数的经验分位数区间为 $[23.08, 24.04]$. 点估计值为 $\hat{q}^1(0.5) = 23.08$, $\hat{q}^2(0.5) = \hat{q}^5(0.5) = \hat{q}^7(0.5) = 23.56$.

考虑 0.66 分位数. 点估计值为 $\hat{q}^1(0.66) = \hat{q}^2(0.66) = 31.73$, $\hat{q}^5(0.66) = 31.15$ 和 $\hat{q}^7(0.66) = 30.85$. 注意, 后面两个小于经验分位数 31.73.

极值分位数的差距是最大的. 考虑 0.95 分位数. 第 19 个次序统计量的经验分位数

为 $\hat{q}^1(0.95) = 43.08$. 而 $\hat{q}^2(0.95) = \hat{q}^5(0.95) = 48.85$ 是第 19 个和第 20 个次序统计量的平均数. $\hat{q}^7(0.95) = 43.65$.

大样本条件下, 这些方法的差距逐渐缩小. 然而, 了解不同软件的估计方法, 比较不同的估计量是很用的.

定理 11.7 可推广到区间值分位数. 为此, 需要定义区间值参数的收敛性.

定义 11.3　称随机变量序列 Z_n **依概率收敛** (converge in probability) 到区间 $[a, b]$, $a \leqslant b$, $n \to \infty$, 记为 $Z_n \underset{p}{\to} [a, b]$, 如果对任意的 $\epsilon > 0$, 都有

$$\mathbb{P}[a - \epsilon \leqslant Z_n \leqslant b + \epsilon] \underset{p}{\to} 1$$

该定义表明随机变量 Z_n 落在区间 $[a, b]$ 的 ϵ 邻域内的概率趋近于 1.

下列结果包括上述描述的所有分位数估计量 (类型 1、2、5 和 7).

定理 11.8　令 $\hat{q}(\alpha)$ 为任意的估计量, 满足 $X_{(j-1)} \leqslant \hat{q}(\alpha) \leqslant X_{(j+1)}$, 其中 $j = \lceil n\alpha \rceil$. 若 X_i 是独立同分布的, 且 $0 < \alpha < 1$, 则 $\hat{q}(\alpha) \underset{p}{\to} [q(\alpha), q^+(\alpha)]$, $n \to \infty$.

证明见 11.15 节. 定理 11.8 可应用到所有的分布, 包括连续分布和离散分布.

下列分布理论可应用到分位数估计量.

定理 11.9　若 X 的密度 $f(x)$ 在 $q(\alpha)$ 上为正, 则

$$\sqrt{n}(\hat{q}(\alpha) - q(\alpha)) \underset{d}{\to} N\left(0, \frac{F(q(\alpha))(1 - F(q(\alpha)))}{f(q(\alpha))^2}\right), \quad n \to \infty$$

证明见 11.15 节. 该定理表明分位数估计量的精度依赖于点 $q(\alpha)$ 处的分布和密度函数, 在分布的尾部 (密度相对小的地方), 估计量相对不准确.

11.14　稳健方差估计

当真实分布不是正态分布时, 传统的标准差 σ 的估计量 s 不是估计分布分散程度的一个好估计. 它对少数较大的观测值较敏感, 倾向于高估分布的分散程度. 因此, 一些统计学家常使用分位数的不同估计量.

设随机变量 X 的分位数为 q_α, 定义**四分位距** (interquartile range) 为 0.75 分位数和 0.25 分位数的差, 记为 $R = q_{0.75} - q_{0.25}$. R 的非参数估计量是样本四分位距 $\hat{R} = \hat{q}_{0.75} - \hat{q}_{0.25}$.

一般地, R 是 σ 的倍数, 倍数值依赖于具体的分布. 当 $X \sim N(\mu, \sigma^2)$ 时, $R \simeq 1.35\sigma$, 故 $\sigma \simeq R/1.35$. 此时, σ 的估计值 (在正态假设下) 为 $\hat{R}/1.35$. 尽管该估计量在非正态

假设下不是 σ 的相合估计, 对某些分布, 偏差很小. 另一个估计为

$$\tilde{\sigma} = \min(s, \hat{R}/1.35)$$

取传统估计量和四分位距估计量的较小者, 防止 $\tilde{\sigma}$ 过大.

在计量经济学中, 稳健估计量 $\tilde{\sigma}$ 常常不作为标准差的直接估计. 然而, 在带宽选择时常使用这个稳健估计量 (见 17.9 节).

11.15 技术证明*

定理 11.8 证明 固定 $\epsilon > 0$. 令 $\delta_1 = F(q(\alpha)) - F(q(\alpha) - \epsilon)$. 注意, 由 $q(\alpha)$ 的定义得 $\delta_1 > 0$, 假设 $\alpha = F(q(\alpha)) > 0$. 由弱大数定律 (定理 7.4) 得

$$F_n(q(\alpha) - \epsilon) - F(q(\alpha) - \epsilon) = \frac{1}{n}\sum_{i=1}^{n} \mathbb{1}\{X_i \leqslant q(\alpha - \epsilon)\} - \mathbb{E}[\mathbb{1}\{X \leqslant q(\alpha) - \epsilon\}] \underset{p}{\to} 0$$

即存在 $\overline{n}_1 < \infty$, 使得对所有的 $n \geqslant \overline{n}_1$, 都有

$$\mathbb{P}[|F(q(\alpha) - \epsilon) - F_n(q(\alpha) - \epsilon)| > \delta_1/2] \leqslant \epsilon$$

设 $\overline{n}_1 > 2/\delta_1$. 由不等式 $\hat{q}(\alpha) \geqslant X_{(j-1)}$ 得, $\hat{q}(\alpha) < q(\alpha) - \epsilon$. 故

$$F_n(q(\alpha) - \epsilon) \geqslant (j-1)/n \geqslant \alpha - 1/n$$

对所有的 $n \geqslant \overline{n}_1$, 都有

$$\mathbb{P}[\hat{q}(\alpha) < q_\alpha - \epsilon] \leqslant \mathbb{P}[F_n(q(\alpha) - \epsilon) \geqslant \alpha - 1/n]$$
$$= \mathbb{P}[F_n(q(\alpha) - \epsilon) - F(q(\alpha) - \epsilon) \geqslant \delta_1 - 1/n]$$
$$\leqslant \mathbb{P}[|F_n(q(\alpha) - \epsilon) - F(q(\alpha) - \epsilon)| > \delta_1/2] \leqslant \epsilon$$

现令 $\delta_2 = F^+(q^+(\alpha) + \epsilon) - F^+(q^+(\alpha))$. 注意, 由 $q^+(\alpha)$ 的定义和假设 $\alpha = F^+(q^+(\alpha)) < 1$ 得 $\delta_2 > 0$. 由弱大数定律得

$$F_n^+(q(\alpha) + \epsilon) - F^+(q(\alpha) + \epsilon) = \frac{1}{n}\sum_{i=1}^{n} \mathbb{1}\{X_i < q(\alpha) + \epsilon\} - \mathbb{E}[\mathbb{1}\{X < q(\alpha) + \epsilon\}] \underset{p}{\to} 0$$

即存在 $\overline{n}_2 < \infty$, 使得对所有的 $n \geqslant \overline{n}_2$, 都有

$$\mathbb{P}[|F_n^+(q(\alpha) + \epsilon) - F^+(q(\alpha) + \epsilon)| > \delta_2/2] \leqslant \epsilon$$

设 $\overline{n}_2 > 2/\delta_2$. 由不等式 $\hat{q}(\alpha) \leqslant X_{(j+1)}$ 得 $\hat{q}(\alpha) > q^+(\alpha) + \epsilon$, 故

$$F_n^+(q^+(\alpha) + \epsilon) \leqslant j/n \leqslant \alpha + 1/n$$

对所有的 $n \geqslant \overline{n}_2$, 都有

$$\mathbb{P}[\hat{q}(\alpha) > q^+(\alpha) + \epsilon] \leqslant \mathbb{P}[F_n^+(q^+(\alpha) + \epsilon) \leqslant \alpha + 1/n]$$
$$\leqslant \mathbb{P}[F^+(q^+(\alpha) + \epsilon) - F_n^+(q^+(\alpha) + \epsilon) > \delta_2/2]$$
$$\leqslant \mathbb{P}[|F_n^+(q(\alpha) + \epsilon) - F^+(q(\alpha) + \epsilon)| > \delta_2/2] \leqslant \epsilon$$

故对所有的 $n \geqslant \max(\overline{n}_1, \overline{n}_2)$, 都有

$$\mathbb{P}[q(\alpha) - \epsilon \leqslant \hat{q}(\alpha) \leqslant q^+(\alpha) + \epsilon] \geqslant 1 - 2\epsilon$$

命题得证. ∎

定理 11.9 证明 固定 x. 利用泰勒展开, 得

$$\sqrt{n}\big(F(q(\alpha) + n^{-1/2}x) - \alpha\big) = \sqrt{n}\big(F(q(\alpha) + n^{-1/2}x) - F(q(\alpha))\big) = f(q(\alpha))x + O(n^{-1})$$

考虑随机变量 $U_{ni} = \mathbb{1}\{X_i \leqslant q(\alpha) + n^{-1/2}x\}$. 它是有界的, 其方差为

$$\operatorname{var}[U_{ni}] = F(q(\alpha) + n^{-1/2}x) - F(q(\alpha) + n^{-1/2}x)^2 \to F(q(\alpha)) - F(q(\alpha))^2$$

利用异方差中心极限定理 (定理 9.2), 得

$$\sqrt{n}(F_n(q(\alpha) + n^{-1/2}x) - F(q(\alpha) + n^{-1/2}x))$$
$$= \frac{1}{\sqrt{n}}\sum_{i=1}^n U_{ni} \xrightarrow{d} Z \sim N\big(0, F(q(\alpha))\big(1 - F(q(\alpha))\big)\big).$$

则有

$$\mathbb{P}[\sqrt{n}(\hat{q}(\alpha) - q(\alpha)) \leqslant x]$$
$$= \mathbb{P}[\hat{q}(\alpha) \leqslant q(\alpha) + n^{-1/2}x] \tag{11.4}$$
$$\leqslant \mathbb{P}[F_n(\hat{q}(\alpha)) \leqslant F_n(q(\alpha) + n^{-1/2}x)]$$
$$= \mathbb{P}[\alpha \leqslant F_n(q(\alpha) + n^{-1/2}x)]$$

$$= \mathbb{P}[\sqrt{n}(\alpha - F(q(\alpha) + n^{-1/2}x)) \leqslant \sqrt{n}(F_n(q(\alpha) + n^{-1/2}x) - F(q(\alpha) + n^{-1/2}x))]$$

$$= \mathbb{P}[-f(q(\alpha))x + O(n^{-1}) \leqslant \sqrt{n}(F_n(q(\alpha) + n^{-1/2}x) - F(q(\alpha) + n^{-1/2}x))]$$

$$\rightarrow \mathbb{P}[-f(q(\alpha)) \leqslant Z]$$

$$= \mathbb{P}[Z/f(q(\alpha)) \leqslant x].$$

用严格的不等号 $<$ 替换式 (11.4) 中的不等号 $\leqslant$, 前三行可替换为

$$\mathbb{P}[\sqrt{n}(\hat{q}(\alpha) - q(\alpha)) < x] \geqslant \mathbb{P}[F_n(\hat{q}(\alpha)) \leqslant F_n(q(\alpha) + n^{-1/2}x)]$$

收敛到 $\mathbb{P}[Z/f(q(\alpha)) \leqslant x]$. 对任意的 x, 都有

$$\mathbb{P}[\sqrt{n}(\hat{q}(\alpha) - q(\alpha)) \leqslant x] \rightarrow \mathbb{P}[Z/f(q(\alpha)) \leqslant x]$$

因此, $\sqrt{n}(\hat{q}(\alpha) - q(\alpha))$ 是渐近正态的, 其方差为 $F(q(\alpha))(1 - F(q(\alpha)))/f(q(\alpha))^2$. ∎

习题

11.1 X 的**变异系数** (coefficient of variation) 为 $\mathrm{cv} = 100 \times \sigma/\mu$, 其中 $\sigma^2 = \mathrm{var}[X]$, $\mu = \mathbb{E}[X]$.

(a) 计算 cv 的嵌入式估计量 $\widehat{\mathrm{cv}}$.

(b) 计算 $\sqrt{n}(\widehat{\mathrm{cv}} - \mathrm{cv})$ 的渐近分布的方差.

(c) 计算 $\widehat{\mathrm{cv}}$ 的渐近方差的估计量.

11.2 随机变量的偏度为

$$\mathrm{skew} = \frac{\mu_3}{\sigma^3}$$

其中 μ_3 是三阶中心矩.

(a) 计算偏度的嵌入式估计量 $\widehat{\mathrm{skew}}$.

(b) 计算 $\sqrt{n}(\widehat{\mathrm{skew}} - \mathrm{skew})$ 渐近分布的方差.

(c) 计算 $\widehat{\mathrm{skew}}$ 渐近方差的估计量.

11.3 伯努利随机变量 X 满足

$$\mathbb{P}[X = 0] = 1 - p$$

$$\mathbb{P}[X = 1] = p$$

(a) 计算 p 的矩估计量 $\hat{p}$.

(b) 计算 $\sqrt{n}(\hat{p} - p)$ 的渐近分布的方差.

(c) 利用所学知识化简伯努利分布的渐近方差.

(d) 计算 $\hat{p}$ 的渐近方差的估计量.

11.4 计算泊松分布 (3.6 节) 参数 λ 的矩估计量 $\hat{\lambda}$.

11.5 计算负二项分布 (3.7 节) 参数 (p, r) 的矩估计量 $(\hat{p}, \hat{r})$.

11.6 作为经济学探险队的一员, 你在 "估计" 星球探险. 一个家庭由一对个体组成, 定义为 "alpha" 和 "beta". 你对他们工资的分布感兴趣. 令 X_a 和 X_b 表示家庭成员的工资. 令 μ_a, μ_b, σ_a^2, σ_b^2 和 σ_{ab} 分别表示 alpha 和 beta 工资的均值、方差和协方差. 收集 n 个家庭的样本, 得到数据集 $\{(X_{a1}, X_{b1}), (X_{a2}, X_{b2}), \cdots, (X_{an}, X_{bn})\}$. 设 (X_{ai}, X_{bi}) 对所有的 i 是独立同分布的.

(a) 计算 beta 和 alpha 工资差异 $\theta = \mu_b - \mu_a$ 的估计量 $\hat{\theta}$.

(b) 计算 $\mathrm{var}[X_b - X_a]$, 将其表示为上述参数的函数.

(c) 推导当 $n \to \infty$ 时, $\sqrt{n}(\hat{\theta} - \theta)$ 的渐近分布. 将其表示为上述参数的函数.

(d) 写出渐近方差的估计量的明确形式.

11.7 你想要估计时薪低于 15 美元的总体百分比. 考虑如下三种方法.

(a) 通过极大似然估计正态分布. 利用拟合正态分布低于 15 美元的百分比.

(b) 通过极大似然估计对数正态分布. 利用拟合正态分布低于 15 美元的百分比.

(c) 利用经验分布函数估计 15 美元处的经验分布函数.

你推荐使用哪种方法? 为什么?

11.8 设 X 服从指数分布, 想要估计 $\theta = \mathbb{P}[X > 5]$. 已有估计 $\overline{X}_n = 4.3$, 标准误差 $s(\overline{X}_n) = 1$. 计算 θ 的估计值和估计的标准误差.

11.9 设 X 服从帕累托分布 $\mathrm{Pareto}(\alpha, 1)$. 想要估计 α.

(a) 利用帕累托模型计算 $\mathbb{P}[X \leqslant x]$.

(b) 给定样本量 $n = 100$ 的样本, 现有经验分布函数估计值 $F_n(5) = 0.9$. (即 $F_n(x) = 0.9$, 其中 $x = 5$.) 计算该估计值的标准误差.

(c) 利用上述信息得到 α 的估计量. 计算 $\hat{\alpha}$ 和其标准误差.

11.10 利用定理 11.9 计算样本中位数的渐近分布.

(a) 计算一般密度 $f(x)$ 的渐近分布.

(b) 计算 $f(x) \sim N(\mu, \sigma^2)$ 的渐近分布.

(c) 计算 $f(x)$ 是双指数分布时的渐近分布. 将结果表示为 X 的方差 σ^2 的形式.

(d) 比较 (b) 到 (c) 的结果. 哪种情况渐近分布的方差小? 可以通过直觉解释吗?

11.11   证明定理 11.5.

第 12 章　数值优化

12.1　引言

矩估计方法通过求解非线性方程组实现. 极大似然估计方法通过最大化对数似然函数实现. 在某些情况下, 这些函数可以得到解析解. 然而, 很多时候无法得到解析解. 当没有解析解时, 需要利用数值方法.

数值优化是数学的一个分支. 幸运的是, 数值优化领域的专家已经构建了相关算法及实现这些算法的软件, 所以经济学家不必做这些. 许多常用的估计方法在计量经济学软件中已有完整的程序包, 如 Stata, 数值优化就会自动完成, 无须用户编写具体的程序. 否则, 数值优化需要在标准的数值软件包中编写程序, 如 MATLAB 和 R.

在 MATLAB 中, 常用的优化软件包 `fminunc`, `fminsearch` 和 `fmincon`. `fminunc` 函数利用**拟牛顿法** (quasi-Newton) 和**信赖域法** (trust-region) 求可**微判别函数** (differentiable criterion function) 的无约束最小化. 类似地, `fmincon` 函数也可以求无约束最小化. `fminsearch` 函数利用 Nelder-Mead 算法求解可能的不可微判别函数的最小化.

在 R 中, 一维优化问题的常用软件包有 `optimize`, `optim` 和 `constrOptim`. `optim` 函数可用于超过一维的无约束最小化问题, `constrOptim` 函数可用于约束优化. `optim` 和 `constrOptim` 函数允许用户在多种最小化方法中选择.

理解数值优化算法的细节并不是必需的, 但有帮助. 掌握一些基本知识能够帮助你选择适当的方法, 了解何时从一种方法转换到另一种方法. 在实践中, 优化往往是一门艺术, 对基础工具的了解可以提高算法的使用效率.

本章将讨论数值微分、求根方法、一维最小化、多维最小化和约束优化.

12.2　数值计算和数值微分

数值优化的目标是对实值或向量值输入的函数 $f(x)$ 求根、求最小值点或最大值点. 在许多估计中, 函数 $f(x)$ 的形式是样本矩 $f(\theta) = \sum_{i=1}^{n} m(X_i, \theta)$, 但这并不重要.

第一步, 编写一个函数 (或算法), 对任意输入 x, 计算函数 $f(x)$. 这就要求用户编写一个算法来产生输出 $y = f(x)$. 这似乎是显然的, 但明确其过程是有用的.

一些数值优化方法需要计算 $f(\boldsymbol{x})$ 的导数. 一阶导数的向量

$$g(\boldsymbol{x}) = \frac{\partial}{\partial \boldsymbol{x}} f(\boldsymbol{x})$$

称为**梯度** (gradient). 二阶导数矩阵

$$\boldsymbol{H}(\boldsymbol{x}) = \frac{\partial^2}{\partial \boldsymbol{x} \partial \boldsymbol{x}'} f(\boldsymbol{x})$$

称为**黑塞矩阵** (Hessian).

计算 $g(\boldsymbol{x})$ 和 $\boldsymbol{H}(\boldsymbol{x})$ 的首选方法是代数方法. 需要用户编写相应的算法, 许多软件包 (包括 MATLAB、R、Mathematica 和 Maple) 都能够计算函数 $f(x)$ 导数的符号表达式. 这些式子无法直接用于数值优化, 但有助于求解正确的表达式. MATLAB 中的函数为 `diff`, R 中的函数为 `deriv`. 在某些情况下, 符号表达式有帮助; 但在其他情况下, 符号表达式没有用, 因为结果无法计算.

例如, 非负正态对数似然函数

$$f(\mu, \sigma^2) = \frac{n}{2} \log(2\pi) + \frac{n}{2} \log \sigma^2 + \frac{\sum\limits_{i=1}^{n} (X_i - \mu)^2}{2\sigma^2}$$

计算梯度

$$g(\mu, \sigma^2) = \left[\begin{array}{c} \dfrac{\partial}{\partial \mu} f(\mu, \sigma^2) \\[2ex] \dfrac{\partial}{\partial \sigma^2} f(\mu, \sigma^2) \end{array} \right] = \left[\begin{array}{c} -\dfrac{1}{\sigma^2} \sum\limits_{i=1}^{n} (X_i - \mu) \\[2ex] \dfrac{n}{2\sigma^2} - \dfrac{1}{2\sigma^4} \sum\limits_{i=1}^{n} (X_i - \mu)^2 \end{array} \right]$$

和黑塞矩阵

$$\boldsymbol{H}(\mu, \sigma^2) = \left[\begin{array}{cc} \dfrac{\partial^2}{\partial \mu^2} f(\mu, \sigma^2) & \dfrac{\partial^2}{\partial \mu \partial \sigma^2} f(\mu, \sigma^2) \\[2ex] \dfrac{\partial^2}{\partial \sigma^2 \partial \mu} f(\mu, \sigma^2) & \dfrac{\partial^2}{\partial (\sigma^2)^2} f(\mu, \sigma^2) \end{array} \right]$$

$$= \left[\begin{array}{cc} \dfrac{n}{\sigma^2} & \dfrac{1}{\sigma^4} \sum\limits_{i=1}^{n} (X_i - \mu) \\[2ex] \dfrac{1}{\sigma^4} \sum\limits_{i=1}^{n} (X_i - \mu) & -\dfrac{n}{2\sigma^4} + \dfrac{1}{\sigma^6} \sum\limits_{i=1}^{n} (X_i - \mu)^2 \end{array} \right]$$

它们可以直接计算.

再例如伽马分布, 负对数似然函数为

$$f(\alpha, \beta) = n \log \Gamma(\alpha) + n\alpha \log(\beta) + (1 - \alpha) \sum_{i=1}^{n} \log(X_i) + \sum_{i=1}^{n} \frac{X_i}{\beta}$$

梯度为

$$g(\alpha, \beta) = \begin{bmatrix} \dfrac{\partial}{\partial \alpha} f(\alpha, \beta) \\ \dfrac{\partial}{\partial \beta} f(\alpha, \beta) \end{bmatrix} = \begin{bmatrix} n\dfrac{\mathrm{d}}{\mathrm{d}\alpha} \log \Gamma(\alpha) + n \log(\beta) - \sum_{i=1}^{n} \log(X_i) \\ \dfrac{n\alpha}{\beta} - \dfrac{1}{\beta^2} \sum_{i=1}^{n} X_i \end{bmatrix}.$$

黑塞矩阵为

$$\boldsymbol{H}(\alpha, \beta) = \begin{bmatrix} \dfrac{\partial^2}{\partial \alpha^2} f(\alpha, \beta) & \dfrac{\partial^2}{\partial \alpha \partial \beta} f(\alpha, \beta) \\ \dfrac{\partial^2}{\partial \beta \partial \alpha} f(\alpha, \beta) & \dfrac{\partial^2}{\partial \beta^2} f(\alpha, \beta) \end{bmatrix} = \begin{bmatrix} n\dfrac{\mathrm{d}^2}{\mathrm{d}\alpha^2} \log \Gamma(\alpha) & \dfrac{n}{\beta} \\ \dfrac{n}{\beta} & -\dfrac{n\alpha}{\beta^2} + \dfrac{2}{\beta^3} \sum_{i=1}^{n} X_i \end{bmatrix}$$

注意这些式子依赖于一阶导数、二阶导数和 $\log \Gamma(\alpha)$. ($\log \Gamma(\alpha)$ 的一阶导数和二阶导数使用 `digamma` 和 `trigamma` 函数.) 上式都没有解析解. 然而, 在数值分析中, 这些函数都被研究过, 都有数值计算的命令, 也就是说, 求解上述梯度和黑塞矩阵的程序是容易编写的. 注意, 可写出表达式与数值计算的难易度并不等价, 求解过程可能容易也可能困难.

当导数无法进行代数计算时, 需要使用数值方法. 回顾定义

$$g(x) = \lim_{\epsilon \to 0} \frac{f(x + \epsilon) - f(x)}{\epsilon}$$

数值导数 (numerical derivative) 使用了该公式. 选择一个较小的 ϵ. 计算 x 和 $x + \epsilon$ 处的函数 f, 然后进行数值近似:

$$g(x) \simeq \frac{f(x + \epsilon) - f(x)}{\epsilon}$$

如果 $f(x)$ 在 x 处是光滑的且 ϵ 选择适当, 近似效果较好. 如果 $f(x)$ 在 x 处不连续 (无法定义导数) 或在 x 附近 $f(x)$ 不连续且 ϵ 过大, 近似会失效. 这种计算也称为求**离散导数** (discrete derivative).

当 $\boldsymbol{x}$ 是向量时, 数值导数也是向量. 在二维情况中, 梯度等于

$$g(\boldsymbol{x}) = \left[\begin{array}{c} \displaystyle\lim_{\epsilon \to 0} \frac{f(x_1 + \epsilon, x_2) - f(x_1, x_2)}{\epsilon} \\ \displaystyle\lim_{\epsilon \to 0} \frac{f(x_1, x_2 + \epsilon) - f(x_1, x_2)}{\epsilon} \end{array} \right]$$

数值近似为

$$g(\boldsymbol{x}, \epsilon) = \left[\begin{array}{c} \dfrac{f(x_1 + \epsilon, x_2) - f(x_1, x_2)}{\epsilon} \\ \dfrac{f(x_1, x_2 + \epsilon) - f(x_1, x_2)}{\epsilon} \end{array} \right]$$

一般地, m 维梯度的数值计算需要 $m + 1$ 个函数.

标准软件包中都有实现数值 (离散) 微分的函数. 在 MATLAB 中使用 `gradient` 函数, 在 R 中使用 Deriv 函数.

一个重要的挑战是 ϵ 的选择, 可设置 ϵ 是极小的 (例如接近机器的精度). 但是, 由于函数 $f(x)$ 的数值计算可能不够准确, 这样的选择是不明智的. 标准软件包中根据标准化过程自动选择 ϵ.

黑塞矩阵可表示为 $g(\boldsymbol{x})$ 的一阶导数:

$$\boldsymbol{H}(\boldsymbol{x}) = \frac{\partial}{\partial \boldsymbol{x}'} g(\boldsymbol{x}) = \left(\begin{array}{cc} \dfrac{\partial}{\partial x_1} g(\boldsymbol{x}) & \dfrac{\partial}{\partial \boldsymbol{x}_2} g(\boldsymbol{x}) \end{array} \right)$$

若能够得到梯度的解析形式, 则每个导数向量 $\dfrac{\partial}{\partial \boldsymbol{x}'} g_j(\boldsymbol{x})$ 可利用梯度的导数计算, 即 $\boldsymbol{H}(\boldsymbol{x})$ 通过计算 $m(m + 1)$ 个函数得到.

若无法得到梯度的解析形式, 利用数值方法计算黑塞矩阵. 当 $m = 2$ 时, 对数值梯度近似求导得到黑塞矩阵的数值近似:

$$\boldsymbol{H}(\boldsymbol{x}, \epsilon) = \left[\begin{array}{cc} \dfrac{g_1(x_1 + \epsilon, x_2, \epsilon) - g_1(x_1, x_2, \epsilon)}{\epsilon} & \dfrac{g_2(x_1 + \epsilon, x_2, \epsilon) - g_2(x_1, x_2, \epsilon)}{\epsilon} \\ \dfrac{g_1(x_1, x_2 + \epsilon, \epsilon) - g_1(x_1, x_2, \epsilon)}{\epsilon} & \dfrac{g_2(x_1, x_2 + \epsilon, \epsilon) - g_2(x_1, x_2, \epsilon)}{\epsilon} \end{array} \right]$$

其中 $m \times m$ 黑塞矩阵的计算需要 $2m(m + 1)$ 个函数. 若 m 足够大, 计算 $f(\boldsymbol{x})$ 速度很慢, 则计算成本增加.

代数方法和解析方法都很有用. 在许多情况下, 虽然能够计算代数导数 (或许需要借助编程软件), 但是公式很复杂, 容易出现错误. 因此, 谨慎的做法是, 通过将解析梯

度和解析黑塞矩阵与数值结果比较, 对程序进行检验. 二者的结果应该非常接近 (最多是数值误差), 除非程序不正确或函数高度不平滑. 二者差异较大通常表明程序出现了错误.

如果能够得到解析梯度和解析黑塞矩阵, 一般不使用数值计算. 解析计算常常更准确, 计算速度也更快. 然而, 如果需要简单和快速的结果, 数值方法是足够的.

12.3 求根方法

函数 $f(x)$ 的**根** (root) 是满足 $f(x_0) = 0$ 的解 x_0. 例如, 矩方法的估计量是非线性方程的根.

下面介绍三种标准的求根方法.

网格搜索法 (grid search). 网格搜索法是一种常用但计算效率不高的求根方法.

令 $[a, b]$ 为包含 x_0 的区间, (如果无法确定合适的选择, 尝试一个递增的序列, 如 $[-2^i, 2^i]$, 直到函数端点的符号相反) 则称 $[a, b]$ 为 x_0 的一个**划界** (bracket).

对整数 N, 令 $x_i = a + (b-a)i/N$, $i = 0, 1, \cdots, N$. 在 $[a, b]$ 上生成 $N+1$ 个间隔均匀的点. 这些点称为一个**网格** (grid). 在每个点计算函数 $f(x_i)$, 找到最小化 $|f(x_i)|$ 的点 x_i, 该点是 x_0 的数值近似. 精度为 $(b-a)/N$.

网格搜索法的主要优点是对函数形式是稳健的, 能够准确地说明精度. 主要缺点是计算成本比其他方法高.

牛顿法 (Newton's method). 牛顿法可用于单调可微函数 $f(x)$. 通过函数 $f(x)$ 的线性近似序列生成收敛到 x_0 的迭代序列 x_i, $i = 1, 2, \cdots$.

令 x_1 表示 x_0 的初值. 在 x_1 处进行泰勒展开

$$f(x) \approx f(x_1) + f'(x_1)(x - x_1)$$

在 $x = x_0$ 处展开, 利用 $f(x_0) = 0$, 得

$$x_0 \approx x_1 - \frac{f(x_1)}{f'(x_1)}$$

等式右边可视为 x_0 的新猜测. 记为

$$x_2 = x_1 - \frac{f(x_1)}{f'(x_1)}$$

即给定初值 x_1, 计算更新的值 x_2. 重复上述过程, 得到近似序列

$$f(x) \approx f(x_i) + f'(x_i)(x - x_i)$$

和迭代法则

$$x_{i+1} = x_i - \frac{f(x_i)}{f'(x_i)}$$

重复上述方法, 直到 $|f(x_{i+1})|$ 低于预先设定的阈值, 即为收敛. 该方法需要一个初值 x_1 或导数 $f'(x)$ 的解析或数值计算.

牛顿法的优点是, 当函数 $f(x)$ 是近似线性时, 能够通过少量的迭代达到收敛. 其缺点是: (1) 若 $f(x)$ 不是单调的, 迭代可能不收敛; (2) 算法对初值非常敏感; (3) 需要 $f(x)$ 是可微的, 也可能需要导数的数值计算.

考虑函数 $f(x) = x^{-1/2}\exp(x) - 2^{-1/2}\exp(2)$, 其根为 $x_0 = 2$. 图 12-1 a 用实线展示了区间 $[1, 4]$ 上的函数. 牛顿法序列在图中用点和箭头标记. 初值 $x_1 = 4$ 标记为 "1". 从 1 出发的箭头表示导数向量. 迭代的根 $x_2 = 3.1$ 标记为 "2". 从 2 出发的箭头表示导数向量. 迭代的根 $x_3 = 2.4$ 标记为 "3". 类似地, $x_4 = 2.06$ 和 $x_5 = 2.00$. 方程的根利用空心圆标记. 本例中, 算法通过 5 次迭代收敛, 需要计算 10 次 (5 个函数和 5 个导数).

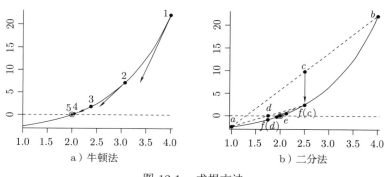

a) 牛顿法　　　　b) 二分法

图 12-1　求根方法

二分法 (bisection). 该方法适用于单根函数, 不需要 $f(x)$ 是可微的.

令 $[a, b]$ 表示一个包含 x_0 的区间, 满足 $f(a)$ 和 $f(b)$ 的符号相反. 令 $c = (a + b)/2$ 表示划界的中点. 计算 $f(c)$. 若 $f(c)$ 和 $f(a)$ 的符号相同, 则重置划界 $[c, b]$, 否则重置划界 $[a, c]$. 重置划界的长度是之前的一半. 通过迭代, 划界的长度依次缩短, 直到达到精度 $(b - a)/2^N$, 其中 N 是迭代次数.

二分法的优点是在已知的步数内收敛, 且不依赖单一的初值, 不使用导数, 对不可微和不单调函数 $f(x)$ 是稳健的, 其劣势是需要很多步迭代才能收敛.

图 12-1 b 展示了二分法. 最初的划界是 $[1, 4]$. 连接 a 点和 b 点的线段, 中点标记在 $c = 2.5$. 箭头的终点标记为 $f(c)$. 由于 $f(c) > 0$, 划界重置为 $[1, 2.5]$. 连接 a

点和 $f(c)$ 点的线段, 中点为 1.75, 标记为 "d" 点. 注意到 $f(d) < 0$, 故划界重置为 $[1.75, 2.5]$. 再重复上述步骤, 线段的中点为 2.12, 标记为 "e" 点. 注意到 $f(e) > 0$, 故划界重置为 $[1.75, 2.12]$. 再重复, 划界变为 $[1.94, 2.12]$, $[1.94, 2.03]$, $[1.98, 2.03]$, $[1.98, 2.01]$ 和 $[2.00, 2.01]$. (这些划界没有标记在图中, 如果标记会使图中线段和点过多重叠.) 迭代 9 次之后, 上述误差小于 0.01, 算法收敛. 每次迭代使划界正好减小二分之一.

12.4 一维最小化

函数 $f(x)$ 的**最小值点** (minimizer) 为

$$x_0 = \arg\min_x f(x)$$

极大似然估计是负的对数似然函数的最小值点[○]. 一些向量的最小化算法是把一维最小化作为子部分 [通常称为**线搜索** (line search)]. 一维最小化在应用计量经济学中使用广泛, 如带宽的交叉验证选择.

我们介绍四种标准方法.

网格搜索法 (grid search). 网格搜索法是一种常用但计算效率不高的最小化方法.

令 $[a, b]$ 表示包含 x_0 的区间. 在区间上构造整数 N 个网格值 x_i, 计算每个点的值 $f(x_i)$. 寻找使得 $f(x_i)$ 达到最小的点 x_i. 精度为 $(b - a)/N$.

网格搜索法和求根方法中的网格搜索法有类似的优点和缺点.

牛顿法 (Newton's method). 牛顿法适用于光滑 (二阶可微), 只有唯一局部最小值的凸函数. 该方法利用 $f(x)$ 的二次近似来生成收敛到 x_0 的迭代序列 x_i, $i = 1, 2, \cdots$.

令 x_1 表示猜测的初值. 利用 $f(x)$ 在 x_1 处的泰勒近似

$$f(x) \approx f(x_1) + f(x_1')(x - x_1) + \frac{1}{2}f''(x_1)(x - x_1)^2$$

等式右边是 x 的二次函数. 当

$$x = x_1 - \frac{f'(x_1)}{f''(x_1)}$$

时, 取得最小值. 此时, 在 x_i 处有

$$f(x) \approx f(x_i) + f'(x_i)(x - x_i) + \frac{1}{2}f''(x_i)(x - x_i)^2$$

○ 大多数优化软件是求函数的最小值而不是最大值. 我们将遵循这一传统. 这不影响求解, 因为 $f(x)$ 的最大值等于 $-f(x)$ 的最小值.

迭代法则为

$$x_{i+1} = x_i - \frac{f'(x_i)}{f''(x_i)}$$

牛顿法利用该迭代法则重复直到收敛. 收敛的标准是当 $|f'(x_{i+1})|$, $|x_{i+1} - x_i|$ 和/或 $|f(x_{i+1} - f(x_i)|$ 小于预先设定的阈值. 该方法需要一个初值 x_1, 且需要计算一阶和二阶导数.

若 $f(x)$ 是局部凹的 $(f''(x) < 0)$, 牛顿迭代过程是最大化 $f(x)$ 而不是最小化 $f(x)$, 故迭代朝错误的方向进行. 一个简单但有用的修正是限制估计的二阶导数. 例如, 把迭代法则变为

$$x_{i+1} = x_i - \frac{f'(x_i)}{|f''(x_i)|}$$

牛顿法的主要优点是当函数 $f(x)$ 接近二次时, 在很少的迭代次数下, 算法收敛. 当 $f(x)$ 是全局凸函数, $f''(x)$ 有解析形式, 牛顿法是一个不错的选择. 缺点是: (1) 依赖一阶导数和二阶导数, 可能需要数值计算; (2) 对函数的凸性较敏感; (3) 对二次函数较敏感; (4) 对初值较敏感.

考虑函数 $f(x) = -\log(x) + x/2$, 最小值点为 $x_0 = 2$. 计算区间 $[0.1, 4]$ 上的函数, 在图 12-2 a 中为实线. 牛顿迭代序列利用点和箭头标记, 初值 $x_1 = 0.1$. 导数 $f'(x) = -x^{-1} + 1/2$, $f''(x) = x^{-2}$. 更新法则为

$$x_{i+1} = 2x_i - \frac{x_i^2}{2}$$

生成迭代序列 $x_2 = 0.195$, $x_3 = 0.37$, $x_4 = 0.67$, $x_5 = 1.12$, $x_6 = 1.61$, $x_7 = 1.92$ 和 $x_8 = 2.00$, x_8 达到最小值, 用空心圆标记. 由于每次迭代需要 3 个函数, 共需要 $N = 24$ 次计算.

回溯算法 (backtracking algorithm). 如果函数 $f(x)$ 在最小值附近较陡峭, 牛顿迭代能够很快达到最小值. 如果迭代法则增加, 算法可能不收敛. 回溯算法是确保每一次迭代法则都下降的一种简单修正.

迭代序列为

$$x_{i+1} = x_i - \alpha_i \frac{f'(x_i)}{f''(x_i)}$$

$$\alpha_i = \frac{1}{2^j}$$

其中 j 满足

$$f\left(x_i - \frac{1}{2^j} \frac{f'(x_i)}{f''(x_i)}\right) < f(x_i)$$

标量 α 称为**步长** (step-length). 不妨设 $\alpha = 1$. 如果迭代法则不降低, 则依次将 α 减半, 直到法则降低.

黄金分割搜索法 (golden-section search). 黄金分割搜索法适用于单峰函数 $f(x)$.

分割搜索法是二分法的推广. 这种方法把最小值限制在某个划界内, 计算两个中间点的函数值, 然后移动划界, 使其包含最低的中间点. 黄金搜索法利用 "黄金比例" $\varphi = (1 + \sqrt{5})/2 \approx 1.62$ 选择中间点. 在迭代过程中, 中间点和包含中间点的划界被保留, 减少了计算函数的个数.

1. 从包含 x_0 的划界 $[a, b]$ 开始.

(a) 计算 $c = b - (b-a)/\varphi$.

(b) 计算 $d = a + (b-a)/\varphi$.

(c) 计算 $f(c)$ 和 $f(d)$.

(d) 这些点 (通过构造) 满足 $a < c < d < b$.

2. 检验 $f(a) > f(c)$ 和 $f(d) < f(b)$ 是否成立. 如果 $[a, b]$ 包括 x_0 且 $f(x)$ 是单峰的, 那么这些不等式成立. 如果这些不等式不成立, 扩大 $[a, b]$ 的划界. 如果划界无法扩大, 尝试另一种 (可扩大的) 划界或其他优化方法. 返回步骤 1.

3. 检验 $f(c) < f(d)$ 或 $f(c) > f(d)$. 如果 $f(c) < f(d)$:

(a) 重置划界为 $[a, d]$.

(b) 将 d 重新命名为 b, 并删去原来的 b.

(c) 将 c 重新命名为 d.

(d) 计算新的 $c = b - (b-a)/\varphi$.

(e) 计算 $f(c)$.

4. 否则, 如果 $f(c) > f(d)$:

(a) 重置划界为 $[c, b]$.

(b) 将 c 重新命名为 a, 并删去原来的 a.

(c) 将 d 重新命名为 c.

(d) 计算新的 $d = a + (b-a)/\varphi$.

(e) 计算 $f(d)$.

5. 重复步骤 3 和步骤 4, 直到收敛. 当 $|b-a|$ 小于某个预先设定的阈值时, 算法收敛.

在每次迭代中, 划界的大小减少 $100(1 - 1/\varphi) \approx 38\%$. 精度为 $(b - a)\varphi^{-N}$, 其中 N 是迭代次数.

黄金分割搜索法的优点是不需要求导, 对 $f(x)$ 的形状变化相对稳健. 主要缺点是, 如果初始的划界很大, 需要多次迭代才能收敛.

图 12-2 b 展示了黄金分割迭代过程, 其初始划界为 $[0.1, 4]$, 标记为 "a" 和 "b". 用虚线连接 $f(a)$ 和 $f(b)$, 计算中间点 $c = 1.6$ 和 $d = 2.5$ 并标记在直线上, 计算 $f(c)$ 和 $f(d)$ (用箭头标记). 由于 $f(c) < f(d)$ (略小于), 移动右端点至 d, 得到新的划界 $[a, d] = [0.1, 2.5]$. 用虚线连接 $f(a)$ 和 $f(d)$, 计算新的中间点, 标记为 "e", $e = 1.0$, 用箭头指向 $f(e)$. 由于 $f(e) > f(c)$, 移动左端点至 e, 得到新的划界 $[e, d] = [1.0, 2.5]$. 每次迭代将划界降低 38%. 经过 16 次迭代得到 $[1.99, 2.00]$, 长度为 0.01. 此次搜索需要计算函数 $N = 16$ 次.

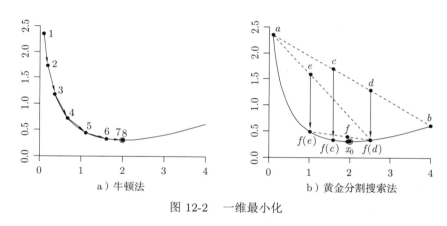

a) 牛顿法   b) 黄金分割搜索法

图 12-2   一维最小化

12.5   最小化失效情况

上一节中介绍的所有最小化方法都无法避免失败, 都会在某些情况下失效.

对网格搜索法, 当网格点相对于 $f(x)$ 的光滑度过于粗糙时, 算法会失效. 虽然函数 $f(x)$ 的图形有直观帮助, 但只有增加网格点数量, 才能判断其是否有效. 如果初始划界 $[a, b]$ 不包括 x_0, 算法也会失效. 如果数值最小化的点在两个端点取到, 这是一个信号, 说明初始的划界应该扩大.

对牛顿法, 如果 $f(x)$ 不是凸函数, 或 $f''(x)$ 不是连续的, 算法可能无法收敛. 此时, 需要改用其他方法. 如果 $f(x)$ 有多个局部最小值, 牛顿法可能会收敛到其中一个局部最小值而不是全局最小值. 最好尝试多个初值, 判断函数 $f(x)$ 是否有多个局部最小值. 如果发现多个局部最小值 x_0 和 x_1, 且有 $f(x_0) < f(x_1)$, 则全局最小值为 x_0, 否则为 x_1.

黄金分割搜索法在结构上是收敛的, 但可能收敛到局部最小值而不是全局最小值. 当可能存在这种情况时, 谨慎的做法是尝试不同的初始划界.

图 12-3 展示了一个存在多个局部最小值的函数, 函数⊖ $f(x)$ 在 $x_1 = -0.5$ 处有局部最小值, 在 $x_0 \approx 1$ 处有全局最小值. 牛顿法和黄金搜索法可收敛到 x_1 或 x_0, 取决于初值和其他特殊的选择. 如果迭代序列收敛到 x_1, 可能会误导读者认为函数在 x_1 处取得最小值.

各类最小化方法可结合使用. 使用粗糙的网格搜索法检验迭代法则, 对函数形状进行初步了解. 黄金分割搜索法在迭代开始时很有用, 因为它避免了函数形状的假设. 当划界缩小到函数的某个凸区域时, 可用牛顿法进行迭代.

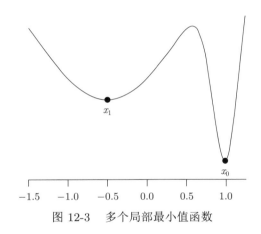

图 12-3　多个局部最小值函数

12.6　多维最小化

对于向量参数, 数值最小化求解极大似然估计必须是多维的. 在非线性估计方法中也是正确的. 高维数值最小化可能有难度. 列举几个常用的方法. 一般来说, 建议使用成熟的优化包, 而不是自己尝试编程. 了解算法不是为了自己编程, 而是了解它是如何工作的, 作为选择适当方法的指导.

优化目标是为了寻找 $m \times 1$ 维最小值点

$$\boldsymbol{x}_0 = \arg\min_{\boldsymbol{x}} f(\boldsymbol{x})$$

⊖ 函数为 $f(x) = -\phi(x + 1/2) - \phi(6x - 6)$.

网格搜索法 (grid search). 令 $[\boldsymbol{a}, \boldsymbol{b}]$ 表示包括 $\boldsymbol{x}_0$ 的 m 维划界, 其中 $\boldsymbol{a} \leqslant \boldsymbol{x}_0 \leqslant \boldsymbol{b}$. 对整数 G, 在每个轴上生成网格点. 取所有的组合, 得到 G^m 个网格点 $\boldsymbol{x}_i$. 在每个网格点计算函数 $f(\boldsymbol{x}_i)$, 选择最小化 $f(\boldsymbol{x}_i)$ 的点. 网格搜索法的计算成本随着 m 的增加而指数增加, 其优点是提供了函数 $f(\boldsymbol{x})$ 的完整特征, 缺点是如果 G 较大, 计算成本非常高. 此外, 如果网格点 G 的数量较少, 算法精度较低.

图 12-4 a 展示了尺度化的学生 t 密度的负对数似然函数, 它是自由度参数 r 和尺度参数 ν 的函数. 考虑具有 10 年至 15 年工作经验的西班牙裔妇女 ($n = 511$) 中心化对数工资. 这个模型嵌套了对数正态分布. 通过对数据中心化, 消除了位置参数的影响. 考虑一个容易可视化的二维问题. 图 12-4 a 展示了 $r \in [2.1, 20]$ 和 $\nu \in [0.1, 0.5]$ 时, 负对数似然函数的等高线图, 其中 r 的步长为 0.2, ν 的步长为 0.001. 二维方向上的网格点分别为 90 个和 401 个, 共需要计算 36090 个网格点. (图中圆点表示 1800 个网格点的简单阵列.) 利用网格搜索法得到全局最小值为 $\hat{r} = 5.4$ 和 $\hat{\nu} = 0.211$, 标记为等高线集的中心.

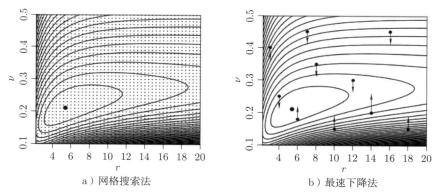

a) 网格搜索法　　　　　b) 最速下降法

图 12-4　网格搜索法和最速下降法

最速下降法 (steepest descent), 也称为**梯度下降法** (gradient descent). 该方法适用于可微函数. 迭代序列为

$$\boldsymbol{g}_i = \frac{\partial}{\partial \boldsymbol{x}} f(\boldsymbol{x}_i)$$

$$\alpha_i = \arg \min_{\alpha} f(\boldsymbol{x}_i - \alpha \boldsymbol{g}_i) \tag{12.1}$$

$$\boldsymbol{x}_{i+1} = \boldsymbol{x}_i - \alpha_i \boldsymbol{g}_i$$

向量 $\boldsymbol{g}$ 称为**方向** (direction), 标量 α 称为**步长** (step length). 该方法的动机是: 存在

$\alpha > 0$, 使得 $f(\boldsymbol{x}_i - \alpha \boldsymbol{g}_i) < f(\boldsymbol{x}_i)$. 故每次迭代降低了 $f(\boldsymbol{x})$. 梯度下降法可解释为对 $f(\boldsymbol{x})$ 的局部线性近似. 最小化式 (12.1) 可用回溯算法代替, 产生每次迭代都能够降低 (只是近似最小化) 的迭代法则.

该方法需要初值 $\boldsymbol{x}_1$, 且需要计算一阶导数.

当函数 $f(\boldsymbol{x})$ 是凸函数或 "表现良好" 时, 梯度下降法有好的效果, 否则会失效. 有时, 该方法能够作为一种初始的方法, 因为第一次迭代能够快速完成.

图 12-4 b 展示了尺度化学生 t 密度的负对数似然函数梯度 $\boldsymbol{g}_i$ 的 10 个初值, 每个梯度归一化为相同长度, 在图中用箭头标记. 本例中梯度的形状很特别, 它们几乎是垂直的, 即最速下降迭代将主要沿着尺度参数 ν 移动, 沿着 r 方向有很小的移动. 因此, (在本例中) 最速下降法很难找到最小值.

共轭梯度法 (conjugate gradient). 该方法是对梯度下降法的修正, 适用于可微函数和凸函数. 迭代序列为

$$\boldsymbol{g}_i = \frac{\partial}{\partial \boldsymbol{x}} f(\boldsymbol{x}_i)$$

$$\beta_i = \frac{(\boldsymbol{g}_i - \boldsymbol{g}_{i-1})' \boldsymbol{g}_i}{\boldsymbol{g}'_{i-1} \boldsymbol{g}_{i-1}}$$

$$\boldsymbol{d}_i = -\boldsymbol{g}_i + \beta_i \boldsymbol{d}_{i-1}$$

$$\alpha_i = \arg \min_{\alpha} f(\boldsymbol{x}_i + \alpha \boldsymbol{d}_i)$$

$$\boldsymbol{x}_{i+1} = \boldsymbol{x}_i + \alpha_i \boldsymbol{d}_i$$

其中 $\beta_1 = 0$. β_i 序列使算法加速. 该方法需要求一阶导数和初值.

该方法比最速下降法用更少的迭代次数达到收敛, 但当 $f(\boldsymbol{x})$ 不是凸函数时, 算法失效.

牛顿法 (Newton's method). 该方法适用于光滑 (二阶可微) 且有唯一局部最小值的凸函数.

令 $\boldsymbol{x}_i$ 表示第 i 次迭代. 在 $\boldsymbol{x}_i$ 处对 $f(\boldsymbol{x})$ 进行泰勒展开,

$$f(\boldsymbol{x}) \approx f(\boldsymbol{x}_i) + \boldsymbol{g}'_i(\boldsymbol{x} - \boldsymbol{x}_i) + \frac{1}{2}(\boldsymbol{x} - \boldsymbol{x}_i)' \boldsymbol{H}_i(\boldsymbol{x} - \boldsymbol{x}_i) \tag{12.2}$$

$$\boldsymbol{g}_i = \frac{\partial}{\partial \boldsymbol{x}} f(\boldsymbol{x}_i)$$

$$\boldsymbol{H}_i = \frac{\partial^2}{\partial \boldsymbol{x} \partial \boldsymbol{x}'} f(\boldsymbol{x}_i)$$

式 (12.2) 的右边是向量 $\boldsymbol{x}$ 的二次型. 二次型最小化 (当 $\boldsymbol{H}_i > 0$ 时) 的唯一解为

$$\boldsymbol{x} = \boldsymbol{x}_i - \boldsymbol{d}_i$$

$$\boldsymbol{d}_i = \boldsymbol{H}_i^{-1} \boldsymbol{g}_i$$

建议的迭代法则为

$$\boldsymbol{x}_{i+1} = \boldsymbol{x}_i - \alpha_i \boldsymbol{d}_i$$

$$\alpha_i = \arg\min_\alpha f(\boldsymbol{x}_i + \alpha \boldsymbol{d}_i) \tag{12.3}$$

向量 $\boldsymbol{d}$ 称为**方向** (direction), 标量 α 称为**步长** (step-length). 牛顿法迭代上述方程直至收敛. 一个简单的 (经典的) 牛顿法则令步长 $\alpha_i = 1$, 但一般不建议这样设置. 更合适的步长式 (12.3) 是用回溯算法代替, 产生每次迭代都能够降低 (只是近似最小化) 的迭代法则.

该方法需要设置初值 $\boldsymbol{x}_1$、计算一阶导数和二阶导数.

牛顿法对非凸函数较敏感. 如果黑塞矩阵 $\boldsymbol{H}$ 不是正定的, 更新法则会使迭代朝错误的方向进行, 导致无法收敛. 当 $f(\boldsymbol{x})$ 是复杂函数或维度较高时, 是非凸函数的可能性较大. 令 $\boldsymbol{H}$ 是半正定的, 牛顿法能够修正无法收敛的情况. 一种方法是对 $\boldsymbol{H}$ 的特征值设置约束或进行修正, 例如使用绝对值代替特征值. 具体实现过程如下. 计算 $\lambda_{\min}(\boldsymbol{H})$, 如果它是正的, 无须修正. 否则, **计算谱分解** (spectral decomposition)

$$\boldsymbol{H} = \boldsymbol{Q}' \boldsymbol{\Lambda} \boldsymbol{Q}$$

其中 $\boldsymbol{Q}$ 是 $\boldsymbol{H}$ 的特征向量矩阵, $\boldsymbol{\Lambda} = \mathrm{diag}\{\lambda_1, \lambda_2, \cdots, \lambda_m\}$ 是对应的特征值. 定义函数

$$c(\lambda) = \frac{1}{|\lambda|} \mathbb{1}\{\lambda \neq 0\}$$

如果 λ 不等于 0, $c(\lambda)$ 等于 λ 绝对值的倒数. 否则, $c(\lambda) = 0$. 令

$$\boldsymbol{\Lambda}^* = \mathrm{diag}\{c(\lambda_1), c(\lambda_2), \cdots, c(\lambda_m)\}$$

$$\boldsymbol{H}^{*-1} = \boldsymbol{Q}' \boldsymbol{\Lambda}^* \boldsymbol{Q}$$

对所有的黑塞矩阵 $\boldsymbol{H}$ 都能够定义 $\boldsymbol{H}^{*-1}$, 其中 $\boldsymbol{H}^{*-1}$ 是半正定的, 用来代替牛顿迭代序列中的 $\boldsymbol{H}^{-1}$.

牛顿法的优势是当 $f(\boldsymbol{x})$ 是凸函数时, 可以经过少量迭代后算法收敛. 然而, 当 $f(\boldsymbol{x})$ 是非凸函数时, 算法可能不收敛. 使用数值二阶导数且 m 较大时, 计算成本较高. 因此, 牛顿法通常无法在高维问题中使用.

图 12-5 a 展示了尺度化学生 t 密度的负对数似然函数的牛顿法方向向量 $\boldsymbol{d}_i$, 并使用了与图 12-4 b 中相同的 10 个初值. 每个初值的归一化长度相同, 在图中用箭头标记. 10 个点中的 4 个点的黑塞矩阵不是正定的, 故箭头 (细的) 远离全局最小值. 对这 4 个初值, 利用上述修正牛顿法对特征值做修正, 图中用粗箭头标记. 此时, 4 个点全部指向全局最小值⊖. 如果使用未修正的黑塞矩阵, 牛顿迭代法对许多初值不收敛 (在本例中). 然而, 修正牛顿迭代法对所有的初值都收敛.

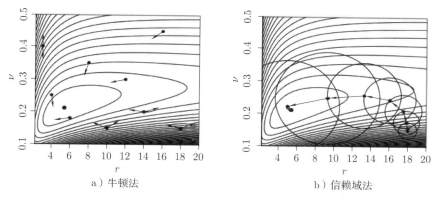

a）牛顿法   b）信赖域法

图 12-5   牛顿法和信赖域法

BFGS 法 (Broyden-Fletcher-Goldfarb-Shanno). 该方法适用于可微、有唯一局部最小值的函数, 也是可微函数的常用默认优化方法.

BFGS 法是 "拟牛顿" 算法类中常用的方法之一, 利用近似 $\boldsymbol{B}_i$ 代替牛顿法中计算成本较高的二阶导数矩阵 $\boldsymbol{H}_i$. 此外, BFGS 法对非凸函数 $f(\boldsymbol{x})$ 较稳健. 令 $\boldsymbol{x}_1$ 和 $\boldsymbol{B}_1$ 为初值. 迭代序列定义为

$$\boldsymbol{g}_i = \frac{\partial}{\partial \boldsymbol{x}} f(\boldsymbol{x}_i)$$

$$\boldsymbol{d}_i = \boldsymbol{B}_i^{-1} \boldsymbol{g}_i$$

$$\alpha_i = \arg\min_{\alpha} f(\boldsymbol{x}_i - \alpha \boldsymbol{d}_i)$$

$$\boldsymbol{x}_{i+1} = \boldsymbol{x}_i - \alpha_i \boldsymbol{d}_i$$

⊖   原文为 "maximum", 存在笔误. ——译者注

当 $\boldsymbol{B}_i$ 是二阶导数矩阵时, 上述步骤和牛顿法相同. 二者 $\boldsymbol{B}_i$ 的定义不同. 迭代更新法则为

$$\boldsymbol{h}_{i+1} = \boldsymbol{g}_{i+1} - \boldsymbol{g}_i$$

$$\Delta \boldsymbol{x}_{i+1} = \boldsymbol{x}_{i+1} - \boldsymbol{x}_i$$

$$\boldsymbol{B}_{i+1} = \boldsymbol{B}_i + \frac{\boldsymbol{h}_{i+1}\boldsymbol{h}'_{i+1}}{\boldsymbol{h}'_{i+1}\Delta \boldsymbol{x}_{i+1}} - \boldsymbol{B}_i \frac{\Delta \boldsymbol{x}_{i+1}\Delta \boldsymbol{x}'_{i+1}}{\Delta \boldsymbol{x}'_{i+1}\boldsymbol{B}_i\Delta \boldsymbol{x}_{i+1}}\boldsymbol{B}_i$$

该方法需要初值 $\boldsymbol{x}_1$ 和 $\boldsymbol{B}_1$, 也需要计算一阶导数的算法. $\boldsymbol{B}_1$ 的一个常用选择是二阶导数矩阵 (如有必要, 修正其为正定的). 另外一种选择是 $\boldsymbol{B}_1 = \boldsymbol{I}_m$.

相比于牛顿法, BFGS 法对非凸函数不敏感, 无须计算 $f(\boldsymbol{x})$ 的二阶导数, 每次迭代的计算成本不高, 这是该方法的优点. 其缺点是初始迭代对初值 $\boldsymbol{B}_1$ 较敏感, 当 $f(\boldsymbol{x})$ 不是凸函数时, 该方法可能不收敛.

信赖域法 (trust-region method). 该方法是对牛顿法和拟牛顿法的修正. 主要是利用局部 (而不是全局) 二次近似进行修正.

牛顿法最小化泰勒级数近似

$$f(\boldsymbol{x}) \approx f(\boldsymbol{x}_i) + g'_i(\boldsymbol{x} - \boldsymbol{x}_i) + \frac{1}{2}(\boldsymbol{x} - \boldsymbol{x}_i)'\boldsymbol{H}_i(\boldsymbol{x} - \boldsymbol{x}_i) \tag{12.4}$$

BFGS 算法同样用 $\boldsymbol{B}_i$ 代替 $\boldsymbol{H}_i$. 然而泰勒级数近似式 (12.4) 只具有局部有效性, 牛顿法和 BFGS 迭代把式 (12.4) 视为全局近似.

信赖域法把式 (12.4) 视为局部近似. 设在式 (12.4) 中用 $\boldsymbol{H}_i$ 或 $\boldsymbol{B}_i$ 是 $\boldsymbol{x}_i$ 邻域内可靠的近似,

$$(\boldsymbol{x} - \boldsymbol{x}_i)'\boldsymbol{D}(\boldsymbol{x} - \boldsymbol{x}_i) \leqslant \Delta \tag{12.5}$$

其中 $\boldsymbol{D}$ 是对角尺度矩阵, Δ 是信赖域常数. 在约束式 (12.5) 下, 迭代法则所得的 x 最小化式 (12.4) (如下讨论). 约束式 (12.5) 和牛顿法中步长的计算公式类似, 但在实际计算中不同.

我们只 "信赖" 某次计算邻域内的二次近似. 假设一个有约束的信赖域是为了防止算法在迭代过程中移动过快, 在最小化误差函数时特别有用.

Δ 的选择影响收敛速度. 较小的 Δ 会产生较好的二次近似, 但是步长小需要的迭代次数多. 较大的 Δ 会产生较大的步长, 故迭代次数少, 但会导致二次近似效果差, 产生不稳定的迭代. 信赖域迭代的标准方法是当两次迭代间 $f(\boldsymbol{x})$ 的减小量接近二次近似

式 (12.4) 预测的减小量时, 增加 Δ; 当两次迭代间 $f(\boldsymbol{x})$ 的减少量小于二次近似预测的减少量时, 减小 Δ. 下面讨论该问题.

最小化过程式 (12.4) 和式 (12.5) 的具体步骤如下. 首先, 求解标准的牛顿法过程 $\boldsymbol{x}_* = \boldsymbol{x}_i - \boldsymbol{H}_i^{-1}\boldsymbol{g}_i$. 若 $\boldsymbol{x}_*$ 满足式 (12.5), 则 $\boldsymbol{x}_{i+1} = \boldsymbol{x}_*$. 否则, 利用拉格朗日法表示最小化问题,

$$\mathscr{L}(\boldsymbol{x}, \alpha) = f(\boldsymbol{x}_i) + \boldsymbol{g}_i'(\boldsymbol{x} - \boldsymbol{x}_i) + \frac{1}{2}(\boldsymbol{x} - \boldsymbol{x}_i)'\boldsymbol{H}_i(\boldsymbol{x} - \boldsymbol{x}_i) + \frac{\alpha}{2}\left((\boldsymbol{x} - \boldsymbol{x}_i)'\boldsymbol{D}(\boldsymbol{x} - \boldsymbol{x}_i) - \Delta\right)$$

给定 α, $\boldsymbol{x}$ 的一阶条件为

$$\boldsymbol{x}(\alpha) = \boldsymbol{x}_i - (\boldsymbol{H}_i + \alpha\boldsymbol{D})^{-1}\boldsymbol{g}_i$$

选择拉格朗日乘数 α 使得约束恰好成立, 则有

$$\Delta = (\boldsymbol{x}(\alpha) - \boldsymbol{x}_i)'\boldsymbol{D}(\boldsymbol{x}(\alpha) - \boldsymbol{x}_i) = \boldsymbol{g}_i'(\boldsymbol{H}_i + \alpha\boldsymbol{D})^{-1}\boldsymbol{D}(\boldsymbol{H}_i + \alpha\boldsymbol{D})^{-1}\boldsymbol{g}_i$$

利用一维求根方法计算方程的解 α. 也可利用近似解代替.

选择尺度矩阵 $\boldsymbol{D}$ 使得参数关于约束式 (12.5) 是对称的. 一个合理的选择是令对角线元素和每个参数变化范围平方的倒数成比例.

如前所述, 信任域常数 Δ 可在不同的迭代中修正. 一个标准的方法如下, 记第 i 次迭代的信任域常数为 Δ_i.

1. 得到迭代 $\boldsymbol{x}_{i+1} = \boldsymbol{x}_i - (\boldsymbol{H}_i + \alpha_i\boldsymbol{D})^{-1}\boldsymbol{g}_i$ 后, 计算函数相对于近似预测值式 (12.4) 的改进百分比:

$$\rho_i = \frac{f(\boldsymbol{x}_i) - f(\boldsymbol{x}_{i+1})}{-\boldsymbol{g}_i'(\boldsymbol{x}_{i+1} - \boldsymbol{x}_i) - \dfrac{1}{2}(\boldsymbol{x}_{i+1} - \boldsymbol{x}_i)'\boldsymbol{H}_i(\boldsymbol{x}_{i+1} - \boldsymbol{x}_i)}$$

2. 若 $\rho_i \geqslant 0.9$, 则增加 Δ_i, 如 $\Delta_{i+1} = 2\Delta_i$.

3. 若 $0.1 \leqslant \rho_i \leqslant 0.9^{\ominus}$, 则保持 Δ_i 不变.

4. 若 $\rho_i < 0.1$, 则减小 Δ_i, 如 $\Delta_{i+1} = \dfrac{1}{2}\Delta_i$

当二次近似效果较好时, 增加 Δ; 当二次近似效果较差时, 减小 Δ.

信赖域方法是对牛顿法的重大改进. 它是现代优化软件的标准选择之一.

图 12-5 b 展示了尺度化学生 t 密度的负对数似然函数的信赖域收敛序列. 该序列从一个较难收敛的初值 ($r = 18, \nu = 0.15$) 开始, 此处对数似然函数是高度非凸的. 选择

$\ominus$ 原文 $\rho_i \geqslant 0.9$ 是笔误. ——译者注

尺度矩阵 D, 使其信赖域与图中有相似的尺度. 选择初始信赖域常数, 使得其半径对应参数 r 的标准单位. 用圆圈表示信赖域, 箭头表示迭代过程. 迭代序列沿着最速下降法的方向移动, 信赖域常数每次迭代增加一倍, 迭代 5 次后, 接近全局最优. 限制前 5 次迭代, 在信赖域的边界得到最小值. 第 6 次迭代是内解, 利用 $\alpha = 1/8$ 时的回溯算法选择步长. 最后两次迭代利用传统的牛顿法. 全局最小值是在第 8 次迭代得到.

Nelder-Mead 法. 该方法适用于潜在的非可微函数 $f(x)$. 这是一种直接的方法, 又称为**下降单纯形法** (downhill simplex).

设 m 为 x 的维度. 令 $\{x_1, x_2, \cdots, x_{m+1}\}$ 表示**单纯形** (simplex) 中线性独立的**测试点** (test point) 构成的集合, 即没有点在其**凸包** (convex hull) 内部. 例如, 当 $m = 2$ 时, 集合 $\{x_1, x_2, x_3\}$ 是三角形的顶点. 通过**反射点** (reflected point) 代替最高点来更新集合, 具体实现步骤如下.

1. 对元素**排序** (order), 使得 $f(x_1) \leqslant f(x_2) \leqslant \cdots \leqslant f(x_{m+1})$. 优化目标是舍弃最高点 x_{m+1}, 用另一个更好的点代替.

2. 计算最好的 m 个点的**中心** (center point), 即 $c = m^{-1} \sum\limits_{i=1}^{m} x_i$. 例如, 当 $m = 3$ 时, 中心点是最高点另一侧的中点.

3. 设 $x_r = 2c - x_{m+1}$, 通过 c **反射** (reflect) x_{m+1}. 其思路是朝现在最高点相反的方向移动. 若 $f(x_1) \leqslant f(x_r) \leqslant f(x_m)$, 则用 x_r 代替 x_{m+1}. 返回步骤 1, 并重复.

4. 若 $f(x_r) \leqslant f(x_1)$, 则计算**扩展点** (expanded point) $x_e = 2x_r - c$. 用 x_e 或 x_r 代替 x_{m+1}, 取决于 $f(x_e) \leqslant f(x_r)$ 还是 $f(x_e) \geqslant f(x_r)$. 若能产生更大的改进, 则扩展单纯形. 返回步骤 1, 并重复.

5. 计算**收缩点** (contracted point) $x_c = (x_{m+1} + c)/2$. 若 $f(x_c) \leqslant f(x_{m+1})$, 则用 x_c 代替 x_{m+1}. 返回步骤 1, 并重复. 若反射不能产生更大的改进, 则收缩单纯形.

6. 利用法则 $x_i = (x_i + x_1)/2$ **压缩** (shrink) 所有的点 (x_1 除外). 返回步骤 1, 并重复. 这一步只在极端情况中出现.

上述步骤不断重复, 直到达到停止规则. 此时, 最小值 x_1 是输出.

为直观地了解此方法, 想象在一座山的一侧放置一个三角形. 请西西弗斯同学把三角形移到山谷的最低点. 但需要遮住他的眼睛, 所以他无法看到山谷的位置, 只能感觉三角形的坡度. 西西弗斯同学抬起最高的顶点, 把三角形翻转来将其移动到山下. 如果某次翻转后, 原来最高的顶点现低于其他两个点, 他就把三角形拉长, 使其有两倍长度指向下坡. 如果翻转的结果是上坡 (糟了!), 他就把三角形翻转回去, 并通过把顶点推向中间来收缩三角形. 如果仍无法改善, 他需要把三角形放回初始位置, 把较高的两个顶点向最佳顶点收缩, 使三角形变小. 重复上述过程, 直到三角形停在底部, 并缩小到很小, 由此确定最低点.

图 12-6 展示了从两个不同的初始单纯形集合开始的 Nelder-Mead 搜索法. 图 12-6a 中从右下角标记为 "1" 的单纯形开始, 前两次迭代为扩展过程, 接着进行一次反射过程, 得到集合 "4". 在该点上, 算法进行两次收缩过程 (到 "6"), 完成左转. 之后进行一次反射和一次收缩过程 (到 "8") 和四次反射过程 (到 "12"). 接着进行一次收缩和一次反射过程, 到集合 "14", 这是一个包含全局最小值的较小集合. 单纯形集合仍然很大, 算法没有收敛, 很难在图中展示进一步的迭代.

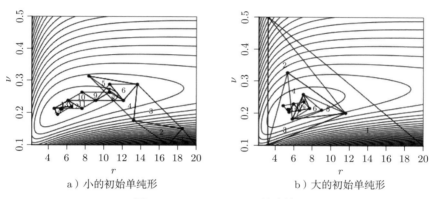

a) 小的初始单纯形　　　　　　　　b) 大的初始单纯形

图 12-6　Nelder-Mead 搜索法

图 12-6b 从一个包含大部分相关参数空间的较大单纯形开始. 前 8 次迭代都是收缩过程 (到 "9"), 接着是三次反射过程 (到 "12"). 这是一个包含全局最小值的较小集合.

Nelder-Mead 法适用于不可微或难以优化的函数. 但它的计算速度很慢, 特别是在高维问题中. 该方法不能保证收敛, 可以收敛到局部最小值而不是全局最小值.

12.7　约束优化

在许多情况中, 除非对参数参数空间进行适当的约束, 否则无法计算出 θ 的所有值. 例如, 尺度化学生 t 密度的对数似然函数. 参数必须满足 $s^2 > 0$, $r > 2$, 否则无法计算似然函数. 为了满足这些限制, 我们使用约束优化方法. 大多数约束可表示为参数的等式或不等式. 分别考虑如下两种情况.

等式约束 (equality constraint). 一般问题为

$$x_0 = \arg\min_x f(x)$$

需要满足约束条件

$$h(x) = 0$$

在某些情况下, 约束条件可通过替换消除. 但有时这不易做到, 或用上述公式表达问题更容易. 此时, 求解最小化问题的标准方法是**拉格朗日乘子** (Lagrange multiplier) **法**. 定义拉格朗日乘子为

$$\mathscr{L}(x, \boldsymbol{\lambda}) = f(x) + \boldsymbol{\lambda}' h(x)$$

令 $(x_0, \boldsymbol{\lambda}_0)$ 表示 $\mathscr{L}(x, \boldsymbol{\lambda})$ 的驻点 (满足鞍点性质), 可利用牛顿法、BFGS 法或 Nelder-Mead 法等计算.

不等式约束 (inequality constraint). 一般问题为

$$x_0 = \arg\min_x f(x)$$

需要满足约束条件

$$g(x) \geqslant 0$$

将不等式分开写为 $g_j(x) \geqslant 0\,(j = 1, 2, \cdots, J)$ 是有用的. 令 $g_1(x) = x - a$ 和 $g_2(x) = b - x$, 常用的公式包括闭区间边界约束 $a \leqslant x \leqslant b$. 但不包含开区间约束 $\sigma^2 > 0$. 当需要开区间约束时, 常假设约束 $\sigma^2 \geqslant 0$ (用该边界值可能出现错误) 或约束 $\sigma^2 \geqslant \epsilon$, 其中 $\epsilon > 0$ 是较小的数.

一个新的求解方法是**内点算法** (interior point algorithm). 该方法首先引入松弛系数 w_j, 使其满足

$$g_j(x) = w_j$$

$$w_j \geqslant 0$$

第二步通过拉格朗日乘子约束取对数实现非负约束. 对较小的 $\mu > 0$, 考虑惩罚公式

$$f(x, w) = f(x) - \mu \sum_{j=1}^{J} \log w_j$$

在约束 $g(x) = w$ 下. 该问题反过来又可以用拉格朗日乘子法表示为

$$\mathscr{L}(x, w, \boldsymbol{\lambda}) = f(x) - \mu \sum_{j=1}^{J} \log w_j - \boldsymbol{\lambda}'\big(g(x) - w\big)$$

其解是 $\mathscr{L}(x, w, \boldsymbol{\lambda})$ 的驻点. 这个问题可用等式约束的优化方法求解.

12.8　嵌套最小化

当 x 的维度较高时, 求解数值最小化可能是费时和困难的. 如果能减少数值搜索的维度, 可大大降低计算时间, 并提高精确度. 有时使用嵌套最小化原则实现降维. 令 $f(x, y)$ 表示两个潜在的向量值输入. **嵌套最小化原则** (principle of nested minimization) 是指联合解

$$(x_0, y_0) = \arg\min_{x,y} f(x, y)$$

等于嵌套解

$$x_0 = \arg\min_x \min_y f(x, y) \tag{12.6}$$

$$y_0 = \arg\min_y f(x_0, y)$$

注意, 式 (12.6) 是嵌套最小化, 而不是序列最小化. 因此, 式 (12.6) 是给定 x 时, 对 y 求内部最小化.

该结果对变量的任意分割有效. 当分割后内部最小化有解析解时, 该方法最有效. 若内部最小化有解析解 (或更一般地, 可快速计算出数值解), 则潜在困难的多元最小化问题简化为 x 在低维的最小化问题.

设函数 $f(x, y)$, 固定 x, 关于 y 求最小值. 其解为

$$y_0(x) = \arg\min_y f(x, y)$$

定义集中函数

$$f^*(x) = \min_y f(x, y) = f(x, y_0(x))$$

其最小值点为

$$x_0 = \arg\min_x f^*(x) \tag{12.7}$$

利用数值方法求解式 (12.7). 给定解 x_0, 计算 y 的解

$$y_0 = y_0(x_0)$$

例如, 考虑伽马分布, 其负对数似然为

$$f(\alpha, \beta) = n \log \Gamma(\alpha) + n\alpha \log(\beta) + (1 - \alpha) \sum_{i=1}^{n} \log(X_i) + \sum_{i=1}^{n} \frac{X_i}{\beta}$$

β 的一阶条件为

$$0 = \frac{n\alpha}{\hat{\beta}} - \sum_{i=1}^{n} \frac{X_i}{\hat{\beta}^2}$$

其解为

$$\hat{\beta}(\alpha) = \frac{\overline{X}_n}{\alpha}$$

这是一个简单的代数表达式, 将其代入负对数似然函数找到集中函数:

$$f^*(\alpha) = f^*(\alpha, \hat{\beta}(\alpha)) = f\left(\alpha, \frac{\overline{X}_n}{\alpha}\right) = n\log\Gamma(\alpha) + n\alpha\log\left(\frac{\overline{X}_n}{\alpha}\right) + (1-\alpha)\sum_{i=1}^{n}\log(X_i) + n\alpha$$

通过求 $f^*(\alpha)$ 的数值最小值得到极大似然估计 $\hat{\alpha}$, 这是一维数值搜索法. 给定 $\hat{\alpha}$, β 的极大似然估计为 $\hat{\beta} = \overline{X}_n / \hat{\alpha}$.

12.9 提示与技巧

数值优化不总是可靠的, 需要谨慎仔细地检查. 在编写代码时, 很容易出现错误, 即便再三检查也难以消除. 可以通过有效性和合理性验证代码.

当最小化某个函数时, 最好怀疑你的输出. 尽量尝试多种优化算法和初值.

优化问题对尺度变换较敏感. 通常, 尺度化参数使黑塞矩阵的对角线元素有相同的大小是有用的. 这与对回归变量进行尺度化, 使其方差大小相同类似.

参数的选择很重要. 可选择优化方差 σ^2, 标准差 σ 或精度 $\nu = \sigma^{-2}$. 尽管方差和标准差可能很常见, 但是对优化问题, 更好的标准是函数的凸性. 预先很难判断函数是否具有凸性, 如果算法出现问题, 可尝试选择其他参数进行优化.

系数的正交性可加速算法的收敛性, 改进算法表现. 系数不满足正交性会导致函数曲线出现脊, 难以使用优化方法求解. 迭代需要沿着脊运行, 在弯曲处可能会非常缓慢. 在回归分析中, 高度相关的回归变量可通过求差使变量大致满足正交性. 在非线性模型中很难实现正交性, 但大致的思路是通过变换使得系数控制问题的不同方面. 本章考虑的是尺度化学生 t 分布, 部分问题是尺度 s^2 和自由度 r 都影响观测值的方差. 另一种参数化方法是把模型写成方差 σ^2 和自由度参数的函数. 似然函数可能会更复杂, 但参数满足正交性的可能性更大. 此时, 重新参数化产生一个更容易优化的似然函数.

另一种约束最小化方法是重新参数化. 例如, 如果 $\sigma^2 > 0$, 可重新参数化 $\theta = \log\sigma^2$. 如果 $p \in [0, 1]$, 可重新参数化 $\theta = \log(p/(1-p))$. 通常不建议如此, 因为变换后的函数可能是高度非凸的, 更难实现优化. 一般地, 最好使变换后的函数具有凸性, 且可使用标准约束优化软件内的内点算法求解.

习题

12.1 设函数 $f(x) = x^2 + x^3 - 1$. 计算 $[0,1]$ 中方程的根.

  (a) 从牛顿法开始. 计算导数 $f'(x)$ 和迭代法则 $x_i \to x_{i+1}$.

  (b) 选择初值 $x_1 = 1$, 应用牛顿迭代计算 x_2.

  (c) 利用牛顿法的第二步计算 x_3.

  (d) 尝试二分法. 计算 $f(0)$ 和 $f(1)$. 它们的符号相反吗?

  (e) 计算二分法的两次迭代.

  (f) 比较牛顿法和二分法所求的 $f(x)$ 的根.

12.2 设函数 $f(x) = x - 2x^2 + \dfrac{1}{4}x^4$. 考虑 $x \geqslant 1$ 上函数的最小值.

  (a) x 取何值时, $f(x)$ 是凸函数?

  (b) 计算 $x_i \to x_{i+1}$ 的牛顿迭代法则.

  (c) 利用初值 $x_1 = 1$ 计算牛顿迭代 x_2.

  (d) 考虑黄金分割搜索法. 设初始划界 $[a,b] = [1,5]$. 计算中间点 c 和 d.

  (e) 计算 a, b, c, d 处的 $f(x)$. 该函数满足 $f(a) > f(c)$ 和 $f(d) < f(b)$ 吗?

  (f) 根据上述计算, 更新划界.

12.3 设参数 p 落在区间 $[0,1]$ 上. 如果利用黄金搜索法计算对数似然函数的最小值, 精度为 0.01, 需要迭代多少次?

12.4 设函数 $f(x,y) = -x^3 y + \dfrac{1}{2}y^2 x^2 + x^4 - 2x$. 在 $x \geqslant 0$, $y \geqslant 0$ 上计算联合最小值 (x_0, y_0).

  (a) 利用嵌套最小化法. 给定 x, 计算 $f(x,y)$ 关于 y 的最小值. 写出解 $y(x)$.

  (b) 将 $y(x)$ 代入 $f(x,y)$. 计算最小值点 x_0.

  (c) 计算 y_0.

第 13 章 假设检验

13.1 引言

经济学家大量使用假设检验. 检验提供了验证科学假设的证据. 我们利用假设检验得到的统计证据来了解模型和假设的合理性.

假设随机向量 $\boldsymbol{X}$ 的分布为 $F(\boldsymbol{x})$. 我们感兴趣由 $F \in \mathscr{F}$ 确定的实值 (标量) 参数 θ, θ 的参数空间为 Θ. 假设检验通过来自分布 F 的随机样本 $\{\boldsymbol{X}_1, \boldsymbol{X}_2, \cdots, \boldsymbol{X}_n\}$ 构建.

13.2 假设

点假设是指 θ 等于特定值 θ_0, 后者称为**假设值** (hypothesized value). 这里的记号与前面的略有不同, 前面用记号 θ_0 表示真实参数值. 相反, 假设值是由理论或假设推出的值.

例如, θ 用来衡量某个提议政策的效果. 一个常见的问题是政策效应是否为 0. 通过检验没有政策效应的假设来回答此问题, 即检验 $\theta = 0$, 假设值 $\theta_0 = 0$.

再例如, θ 表示不同组间平均特征或选择的差异. 假设各组间没有平均差异, 即 $\theta = 0$. 该假设为 $\theta = \theta_0$, $\theta_0 = 0$.

称被检验的假设是 "原假设".

定义 13.1 原假设或零假设(null hypothesis) 是约束 $\theta = \theta_0$, 记为 $\mathbb{H}_0 : \theta = \theta_0$.

原假设的补集 (不满足原假设的参数集合) 称为 "备择假设".

定义 13.2 备择假设 (alternative hypothesis) 是集合 $\{\theta \in \Theta : \theta \neq \theta_0\}$, 记为 $\mathbb{H}_1 : \theta \neq \theta_0$.

备择假设可以是**单边的** (one-sided), $\mathbb{H}_1 : \theta > \theta_0$ 或 $\mathbb{H}_1 : \theta < \theta_0$, 也可以是**双边的** (two-sided), $\mathbb{H}_1 : \theta \neq \theta_0$. 当原假设落在参数空间的边界时 ($\Theta = \{\theta \geqslant \theta_0\}$), 备择假设是单边的. 例如, 已知某项政策有非负效应. 当假设值是参数空间的内点时, 备择假设是双边的. 在应用中, 双边备择比单边备择更常用, 但单边检验更容易分析. 图 13-1 展示了参数空间分为原假设和备择假设.

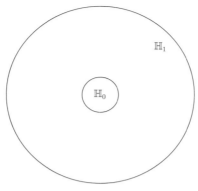

图 13-1　原假设和备择假设

在假设检验中, 我们假设存在真实但未知的 θ, 要么满足 $\mathbb{H}_0$, 要么不满足. 假设检验的目标是通过检验观测数据来判断 $\mathbb{H}_0$ 是否成立.

现举两个例子. 第一个例子考虑一个儿童早期教育项目对成年工资收入的影响. 我们想知道, 在儿童时期参与该项目是否会增加成年后的工资. 令 θ 表示参加儿童早期教育项目的人与没有参加的之间平均工资差异. 原假设是该项目对平均工资没有影响, 即 $\theta_0 = 0$. 备择假设是该项目提升了工资, 故备择假设是单边的 $\mathbb{H}_1 : \theta > 0$.

第二个例子假设从你家到大学有两条公交路线: 路线 1 和路线 2. 你想知道哪一条 (平均) 更快. 令 θ 表示路线 1 和路线 2 平均花费时间的差异. 合理的原假设是两条路线花费时间相同, 即 $\theta_0 = 0$. 备选假设是两条路线花费时间不同, 是双边假设 $\mathbb{H}_1 : \theta \neq 0$.

假设是对分布 F 的某种限制. 令 F_0 表示 $\mathbb{H}_0$ 下的分布. 原假设 F_0 是单一分布 (有唯一的分布函数)、某个参数分布族, 或非参数分布族. 当 $F(x|\theta)$ 是 θ 由 $\mathbb{H}_0$ 完全决定的参数分布时, 集合是唯一的. 此时, F_0 是唯一的模型 $F(x|\theta_0)$. 当仍存在自由参数时, 集合 F_0 属于某个参数分布族. 例如, 若模型为 $N(\theta, \sigma^2)$, $\mathbb{H}_0 : \theta = 0$, 则 F_0 是模型 $N(0, \sigma^2)$ 的一类分布. 这是一类分布, 因为方差 σ^2 在变动. 当 F 是非参数的, 集合 F_0 是非参数的. 例如, 假设 F 属于一类有限均值的随机变量, 则属于某个非参数族. 考虑假设 $\mathbb{H}_0 : \mathbb{E}[X] = 0$, 集合 F_0 属于零均值随机变量的一类.

为建立最优检验理论, 考虑 F_0 是单一分布的特殊情况. 引入下述定义, 讨论更一般的情况.

定义 13.3　如果集合 $\{F \in \mathscr{F} : \mathbb{H} \text{ 为真}\}$ 只有一个分布, 那么假设 $\mathbb{H}$ 称为**简单的** (simple).

定义 13.4　如果集合 $\{F \in \mathscr{F} : \mathbb{H} \text{ 为真}\}$ 包括多个分布, 那么假设 $\mathbb{H}$ 称为**复合的** (composite).

在实践中, 大多数假设是复合的.

13.3   接受和拒绝

假设检验是利用数据进行**决策** (decision). 决策的结果可能是**接受** (accept) 或**拒绝** (reject) 原假设 (支持备择假设), 简记为 "接受 $\mathbb{H}_0$" 或 "拒绝 $\mathbb{H}_0$".

决策依赖数据, 所以它是一个从样本空间到决策集的映射. 假设检验把样本空间分割成两个区域 S_0 和 S_1. 如果观测样本落在 S_0, 接受 $\mathbb{H}_0$; 如果样本落在 S_1, 拒绝 $\mathbb{H}_0$. 集合 $\mathbb{H}_0$ 称为**接受域** (acceptance region), 集合 S_1 称为**拒绝域** (rejection region) 或**临界域** (critical region).

考虑儿童早期教育项目的例子. 假设 $2n$ 个成年人的家庭成长背景类似, 其中 n 个人参与了儿童早期教育项目. 通过采访 (涉及很多问题) 来确定现在的工资, 利用假设检验比较两组人的平均工资是否有差异. 令 $\overline{W}_1$ 表示接受儿童早期教育组的平均工资, $\overline{W}_2$ 表示另一组的平均工资. 确定如下规则. 如果 $\overline{W}_1$ 和 $\overline{W}_2$ 的差大于某个阈值, 如每小时 A 美元, 拒绝两组样本对应的总体平均值相同的原假设; 如果 $\overline{W}_1$ 和 $\overline{W}_2$ 的差小于或等于每小时 A 美元, 接受原假设. 接受域 S_0 是集合 $\{\overline{W}_1 - \overline{W}_2 \leqslant A\}$. 拒绝域 S_1 是集合 $\{\overline{W}_1 - \overline{W}_2 > A\}$.

图 13-2 展示了 $(\overline{W}_1, \overline{W}_2)$ 空间中该例的接受域和拒绝域. 接受域是浅色区域, 拒绝域是深色区域, 它们是某种规则: 说明如何利用数据进行决策. 例如, 图中的点 a 和 b. 点 a 满足 $\overline{W}_1 - \overline{W}_2 \leqslant A$, 故 "接受 $\mathbb{H}_0$". 点 b 满足 $\overline{W}_1 - \overline{W}_2 > A$, 故 "拒绝 $\mathbb{H}_0$".

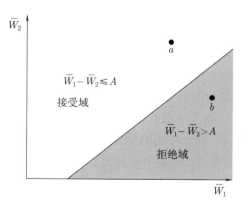

图 13-2   儿童早期教育项目的接受域和拒绝域

再考虑公交路线的例子. 你想通过某个实验来验证假设. 记录每次从家到学校乘坐公交车的时间. 令 X_1 和 X_2 表示两次记录的时间. 采用如下决策规则: 如果时间差的

绝对值大于 B 分钟, 拒绝平均花费时间相同的假设, 否则接受原假设. 接受域 S_0 是集合 $\{|X_1 - X_2| \leqslant B\}$. 拒绝域 S_1 是集合 $\{|X_1 - X_2| > B\}$. 图 13-3 展示了这两个集合. 由于备选假设是双边的, 拒绝域是两个不相交集合的并. 为了说明如何做决策, 图中标记了三个观测值: 点 a, b 和 c. 点 a 满足 $X_2 - X_1 > B$, 故 "拒绝 $\mathbb{H}_0$". 点 c 满足 $X_1 - X_2 > B$, 故也 "拒绝 $\mathbb{H}_0$". 点 b 满足 $|X_1 - X_2| \leqslant B$, 故 "接受 $\mathbb{H}_0$".

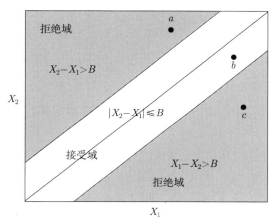

图 13-3　公交花费时间的接受域和拒绝域

另一种表示决策规则的方法是构造数据的实值函数, 称为**检验统计量** (test statistic)

$$T = T(X_1, X_2, \cdots, X_n)$$

其**临界域** (critical region) 为 C. 统计量和临界域满足: 对所有 S_1 中的样本, 有 $T \in C$; 对所有 S_0 中的样本, 有 $T \notin C$. 对大多数检验, 临界域可简化为某个**临界值** (critical value) c, 满足对所有 S_0 中的样本 $T \leqslant c$ 和所有 S_1 中的样本 $T > c$. 通常, 这对大多数单边和双边多重检验都成立. 对标量假设 (scalar hypothesis) 的双边检验, 通常取 $|T| > c$, 临界域为 $C = \{x : |x| > c\}$.

假设检验的决策规则可记为

1. 如果 $T \notin C$, 接受 $\mathbb{H}_0$.
2. 如果 $T \in C$, 拒绝 $\mathbb{H}_0$.

在儿童早期教育项目的例子中, 令 $T = \overline{W}_1 - \overline{W}_2$ 和 $c = A$. 在公交路线例子中, 令 $T = X_1 - X_2$ 和 $C = \{x < -B \text{ 且 } x > B\}$.

图 13-4 展示了接受域和拒绝域. 图 13-4a 表示 $T \leqslant c$ 时接受的检验. 图 13-4b 展

示了 $|T| \leqslant c$ 时接受的检验. 这些规则通过将 n 维的样本空间降低到更容易可视化的一维来实现样本空间的分割.

图 13-4　检验统计量的接受域和拒绝域

13.4　两类错误

某个决策可能正确或不正确. 不正确的决策会产生错误. 假设检验中存在两种错误, 简记为 "第一类" 和 "第二类". 弃真错误 ($\mathbb{H}_0$ 为真却被拒绝) 称为**第一类错误** (Type I error). 取伪错误 ($\mathbb{H}_1$ 为真却接受 $\mathbb{H}_0$) 称为**第二类错误** (Type II error). 给定空间 ($\mathbb{H}_0$ 或 $\mathbb{H}_1$) 的两种可能状态和两种可能的决策 (接受 $\mathbb{H}_0$ 或拒绝 $\mathbb{H}_0$). 表 13-1 展示了四种可能的状态和决策.

表 13-1　假设检验的决策

	接受 $\mathbb{H}_0$	拒绝 $\mathbb{H}_0$
$\mathbb{H}_0$ 为真	正确的决策	第一类错误
$\mathbb{H}_1$ 为真	第二类错误	正确的决策

在儿童早期教育的例子中, 第一类错误是项目没有效果, 却得出 "儿童早期教育项目提高成年后工资" 的错误结论. 第二类错误是项目有效果, 却得出 "儿童早期教育项目不增加成年后工资" 的错误结论.

在公交路线的例子中, 第一类错误是两条路线的平均花费时间相同, 却得出平均花费时间不同的错误结论. 第二类错误是两条路线的平均花费时间不同, 却得出平均花费时间相同的结论.

虽然第一类错误和第二类错误都是不正确的, 但二者类型不同, 产生的后果也不同, 不能视为是对称的. 在儿童早期教育项目的例子中, 第一类错误会导致即使无法达到预期目标也要实施项目, 将资源投入到项目中⊖. 相反, 第二类错误可能不支持该项目的实施, 项目的好处无法体现. 两类错误都会导致负面结果, 但二者类型不同, 并不对称.

再考虑公交路线问题. 第一类错误可能导致只乘坐路线 1 的公交, 其代价是避免选择路线 2 带来的不便. 犯第二类错误的结果是乘客搭乘更方便的公交车, 而不是时间更

⊖　我们只能考虑儿童早期教育项目的其他潜在收益.

短的. 其代价是不同路线间的时间差异.

不同错误产生后果的严重性取决于 (未知的) 实际情况. 在公交路线例子中, 如果两条路线的便利性是相同的, 第一类错误是可忽略的. 如果两条路线的平均花费时间相差较小 (如 1 分钟), 第二类错误是可忽略的. 然而, 如果便利性或花费时间的差异很大, 犯第一类错误或第二类错误可能会产生显著的代价.

在理想情况下, 假设检验能够做出无错误的决策, 分割样本空间 S_0 和 S_1, 使得 S_0 的样本只有当 $\mathbb{H}_0$ 为真时才出现, S_1 的样本只有当 $\mathbb{H}_1$ 为真时才出现. 此时, 通过检查数据来判断 $\mathbb{H}_0$ 是否为真. 然而, 在现实中, 假设检验做出无错误的决策是不可能的. 由于随机性的存在, 大多数决策中错误存在的概率是不可忽略的. 令犯错误的概率等于 0 是不可能的, 应尽可能最小化错误的概率.

注意, 检验统计量是随机变量, 可以用它们做出正确决策的概率来衡量其准确性. 下面给出功效函数的定义.

定义 13.5 假设检验的**功效函数** (power function) 是拒绝概率

$$\pi(F) = \mathbb{P}[拒绝 \ \mathbb{H}_0 | F] = \mathbb{P}[T \in C | F]$$

使用功效函数计算犯错误的概率. 两类错误的可分别记为两种名称.

定义 13.6 假设检验的**水平** (size) 是犯第一类错误的概率,

$$\mathbb{P}[拒绝 \ \mathbb{H}_0 | F_0] = \pi(F_0) \tag{13.1}$$

定义 13.7 假设检验的**势**或**功效** (power) 是犯第二类错误的概率的补,

$$1 - \mathbb{P}[接受 \ \mathbb{H}_0 | \mathbb{H}_1] = \mathbb{P}[拒绝 \ \mathbb{H}_0 | F] = \pi(F)$$

其中 $F \in \mathbb{H}_1$.

假设检验的水平和势都能通过功效函数计算. 水平等于原假设成立时的功效函数, 势等于备择假设成立时的功效函数.

设 T 是随机变量, 其抽样分布为 $G(x|F) = \mathbb{P}[T \leqslant x]$, 一般与总体分布 F 有关. 原假设成立时, 统计量 T 的抽样分布称为**零抽样分布** (null sampling distribution), 记为 $G_0(x) = G(x|F_0)$.

13.5 单边检验

现考虑拒绝域为 $T > c$ 的单边检验, 其功效函数为

$$\pi(F) = 1 - G(c|F) \tag{13.2}$$

检验的水平等于零分布 F_0 下的功效函数, 即

$$\pi(F_0) = 1 - G_0(c)$$

由于分布函数单调递增, 式 (13.2) 表明功效函数关于临界值 c 单调递减, 即犯第一类错误的概率关于 c 单调递减, 犯第二类错误的概率关于 c 单调递增 (因为犯第二类错误的概率等于 1 减去功效函数). 因此, c 的选择是两类错误权衡的结果. 降低犯某类错误的概率必然增加犯另一类错误的概率.

因为犯两类错误的概率不能同时降低, 所以需要采取某种折中办法. 由奈曼 (Neyman) 和皮尔逊 (Pearson) 提出的**经典方法** (classical approach) 是**控制** (control) 检验的水平 (限制水平使犯第一类错误的概率已知), 选择在限制条件下最大化势的检验. 今天该方法仍是经济学中的主流方法.

定义 13.8   由研究者确定的**显著性水平** (significance level) $\alpha \in (0, 1)$ 是最大可接受的假设检验的水平.

常见的显著性水平有 $\alpha = 0.10$, $\alpha = 0.05$ 和 $\alpha = 0.01$, 其中 $\alpha = 0.05$ 最常用, 即研究者可以接受 1/20 的概率出现假阳性 (弃真) 结果. 多年来, 该经验法则一直指导医学和社会科学的实证研究. 然而, 近年来, 许多学者认为应该选择一个小得多的显著性水平, 因为学术期刊发表了太多的假阳性结果. 特别地, 有些学者建议设 $\alpha = 0.005$, 200 次结果中只出现一次假阳性. 在任何情况中, α 的选择没有纯粹的科学依据.

下面讨论单边检验在经典方法中如何进行. 第一步, 确定显著性水平 α, 一般地, 设 $\alpha = 0.05$. 第二步, 选择检验统计量 T 及其零抽样分布 G_0. 例如, 如果 T 是来自正态总体的样本均值, 其零抽样分布为 $G_0(x) = \Phi(x/\sigma)$, 其中 σ 为参数. 第三步, 选择临界值 c, 使得检验的水平小于显著性水平,

$$1 - G_0(c) \leqslant \alpha \tag{13.3}$$

由于 G_0 是单调递增的, 存在反函数. 分布的反函数 G_0^{-1} 是分位数函数. 式 (13.3) 的解为

$$c = G_0^{-1}(1 - \alpha) \tag{13.4}$$

这是零抽样分布的 $1 - \alpha$ 分位数. 例如, 当 $G_0(x) = \Phi(x/\sigma)$ 时, 临界值 (13.4) 等于 $c = \sigma Z_{1-\alpha}$, 其中 $Z_{1-\alpha}$ 是 $N(0, 1)$ 的 $1 - \alpha$ 分位数, 如 $Z_{0.95} = 1.645$. 第四步, 根据数据集计算统计量 T. 最后, 如果 $T \leqslant c$, 接受 $\mathbb{H}_0$; 如果 $T > c$, 拒绝 $\mathbb{H}_0$. 这种方法产生了水平为 α 的检验.

定理 13.1 如果 $c = G_0^{-1}(1-\alpha)$, 假设检验的水平等于显著性水平 α:

$$\mathbb{P}[拒绝 \ \mathbb{H}_0 | F_0] = \alpha$$

图 13-5 展示了某个水平为 5% 检验的零抽样分布和临界域. 临界域 $T > c$ 在图中用阴影部分表示, 其概率质量为 5%. 接受域 $T \leqslant c$ 是未加阴影的部分, 其概率质量为 95%.

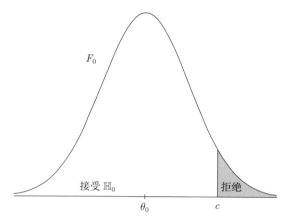

F_0

接受 $\mathbb{H}_0$ 拒绝

θ_0 c

图 13-5   单边检验的零抽样分布和临界域

检验的势为

$$\pi(F) = 1 - G(G_0^{-1}(1-\alpha)|F)$$

它依赖于 α 和分布 F. 考虑正态样本均值, $G(x|F) = \Phi((x-\theta)/\sigma)$, 其势为

$$\pi(F) = 1 - \Phi((\sigma Z_{1-\alpha} - \theta)/\sigma)$$

$$= 1 - \Phi(Z_{1-\alpha} - \theta/\sigma)$$

给定 α, $\pi(F)$ 是 θ/σ 的单调递增函数. 当备择假设为真时, 检验的势等于拒绝原假设的概率. 势函数随着 θ 的增加而增加, 随着 σ 的减少而增加.

图 13-6 展示了备择假设只取一个点时的抽样分布. 密度 "F_0" 表示零分布. 密度 F_1 表示备择假设成立时的分布. 临界域是阴影区域. 深色的阴影区域表示原假设成立时的临界域, 其概率质量为 5%. 全部的阴影区域表示备择成立时临界域的概率质量, 等于 37%. 对给定的 θ_1, 检验的势等于 37% (拒绝原假设的概率比 1/3 稍微大一些).

图 13-7 展示了给定 $\alpha = 0.1, 0.05, 0.005$ 时的正态功效函数, 它是 θ/σ 的函数. 功效函数是单调递增的, 且渐近趋于 1. 三种功效函数是严格排序的. 随着检验水平 (犯第

一类错误的概率) 的增加, 势 (犯第二类错误概率的补) 逐渐增加. 特别地, 水平为 0.005
的势远小于其他功效函数.

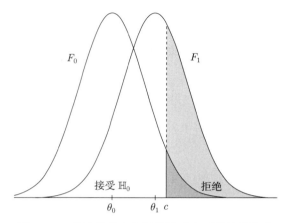

图 13-6 单边检验在备择假设成立下的抽样分布

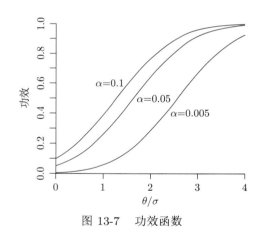

图 13-7 功效函数

13.6 双边检验

现考虑临界域为 $|T| > c$ 的双边检验, 其功效函数为

$$\pi(F) = 1 - G(c|F) + G(-c|F)$$

水平为

$$\pi(F_0) = 1 - G_0(c) + G_0(-c)$$

当零抽样分布关于 0 对称时 (如正态分布), 水平可表示为

$$\pi(F_0) = 2(1 - G_0(c))$$

对双边检验, 选择临界值 c 使水平等于显著性水平. 在 G_0 关于 0 对称的假设下, 有

$$2(1 - G_0(c)) \leqslant \alpha$$

其解为

$$c = G_0^{-1}(1 - \alpha/2)$$

当 $G_0 = \Phi(x/\sigma)$ 时, 双边临界值式 (13.4) 等于 $c = \sigma Z_{1-\alpha/2}$. 当 $\alpha = 0.05$ 时, $Z_{1-\alpha/2} = 1.96$. 如果 $|T| \leqslant c$, 接受 $\mathbb{H}_0$; 如果 $|T| > c$, 拒绝 $\mathbb{H}_0$.

图 13-8 展示了水平为 5% 双边检验的零抽样分布和临界域. 临界域是抽样分布两个尾部的并, 每部分的概率质量为 2.5%.

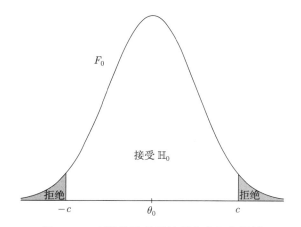

图 13-8　双边检验的零抽样分布和临界域

图 13-9 展示了备择假设成立时的抽样分布. 备择假设成立时, 有 $\theta_1 > \theta_0$, 故密度向右移动. 此时, 在备择假设成立的条件下, 分布在左尾拒绝域 $T < -c$ 的概率质量很小, 但在右尾的概率质量很大. 本例中, 检验的势为 26%.

13.7　如何理解 "接受 $\mathbb{H}_0$"

先说结论: "接受 $\mathbb{H}_0$" 并不意味着 $\mathbb{H}_0$ 为真.

传统方法优先考虑控制第一类错误, 即需要较强的证据拒绝 $\mathbb{H}_0$. 检验的水平通常设为一个很小的数, 如 0.05. 功效函数的连续性表示备择假设接近原假设时, 功效函数较

小 (接近 0.05). 当数据中信息量较小时, 即使备择假设远离原假设, 功效函数也可能较小. 设某检验的势为 25%, 即当备择假设为真, 原假设为假时, 有 3/4 的检验无法拒绝原假设. 设检验的势为 50%, 接受原假设的可能性相当于抛硬币. 即使检验的势为 80%, 原假设仍有 20% 的概率被接受. 不能拒绝 $\mathbb{H}_0$ 并不意味着 $\mathbb{H}_0$ 为真.

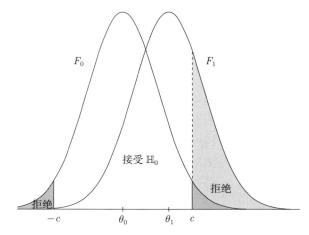

图 13-9   双边检验在备择假设成立下的抽样分布

更准确的说法是 "不能拒绝 $\mathbb{H}_0$", 而不是 "接受 $\mathbb{H}_0$". 一些学者采用这种说法, 但差别并不重要, 需要清楚统计检验的内涵.

以儿童早期教育项目为例. 通过检验 $\theta = 0$ 找到支持项目对成年后工资有正向效应的证据. 假设给定样本后, 不能拒绝原假设. 或许是因为儿童早期教育项目确实对成年后工资没有影响; 或许是因为相对于总体工资的分散程度, 项目的效应较小; 也或许是因为样本量不够大, 无法足够精确地衡量项目的效应. 这些都是可能的原因, 没有足够的信息, 我们无法判断到底是哪个原因. 如果检验统计量无法拒绝 $\theta = 0$, 直接得到结论 "有证据表明儿童早期教育项目对成年后工资没有影响" 是错误的. 你应该解释为 "该研究无法找到证据证明该项目对工资有影响". 更多的信息可通过检查 θ 的区间估计得到. 区间估计的内容将在下一章讨论.

13.8   正态抽样条件下的 t 检验

我们已经讨论了一般的检验方法, 但没有给出检验的具体步骤. 在实际应用中, 最常见的检验统计量是 t 检验.

首先考虑均值的检验. 令 $\mu = \mathbb{E}[X]$, 考虑假设检验 $\mathbb{H}_0 : \mu = \mu_0$. $\mathbb{H}_0$ 成立下的 t 统

计量为

$$T = \frac{\overline{X}_n - \mu_0}{\sqrt{s^2/n}}$$

其中 $\overline{X}_n$ 是样本均值, s^2 是样本方差. 决策取决于备择假设. 对单边备择假设 $\mathbb{H}_1 : \mu > \mu_0$, 若 $T > c$, 则检验拒绝 $\mathbb{H}_0$, 支持 $\mathbb{H}_1$. 对单边备择假设 $\mathbb{H}_1 : \mu < \mu_0$, 若 $T < c$, 则检验拒绝 $\mathbb{H}_0$, 支持 $\mathbb{H}_1$. 对双边备择假设 $\mathbb{H}_1 : \mu \neq \mu_0$, 若 $|T| > c$ 或等价地 $T^2 > c^2$, 则检验拒绝 $\mathbb{H}_0$, 支持 $\mathbb{H}_1$.

如果方差 σ^2 已知, 可把其代入 T 的公式中. 此时, 一些教材称 T 为 z 统计量.

检验还有其他等价的表示方法. 例如, 定义 $T = \overline{X}_n$, 若 $T > \mu_0 + c\sqrt{s^2/n}$, 则拒绝原假设, 支持 $\mu > \mu_0$.

通常选择合适的临界值控制检验的水平, 需要已知统计量 T 的零抽样分布 $G_0(x)$. 在正态抽样模型中, 当 $X \sim N(\mu, \sigma^2)$ 时, T 的精确分布 $G_0(x)$ 是自由度为 $n-1$ 的学生 t 分布.

考虑检验 $\mathbb{H}_1 : \mu > \mu_0$. 如前所述, 给定显著性水平 α, 目标是找到 c, 使其满足

$$1 - G_0(c) \leqslant \alpha$$

其解为

$$c = G_0^{-1}(1 - \alpha) = q_{1-\alpha}$$

其中 $q_{1-\alpha}$ 是自由度为 $n-1$ 的学生 t 分布的 $1-\alpha$ 分位数. 类似地, 考虑检验 $\mathbb{H}_1 : \mu < \mu_0$, 若 $T < q_\alpha$, 则拒绝原假设.

现考虑双边检验. 如前所述, 目标是找到 c, 使其满足

$$2(1 - G_0(c)) \leqslant \alpha$$

其解为

$$c = G_0^{-1}(1 - \alpha/2) = q_{1-\alpha/2}$$

若 $|T| > q_{1-\alpha/2}$, 则拒绝原假设. 等价地, 若 $T^2 > q_{1-\alpha/2}^2$, 则拒绝原假设.

定理 13.2 在正态抽样模型中 $X \sim N(\mu, \sigma^2)$:

1. 对 $\mathbb{H}_0 : \mu = \mu_0$ 和 $\mathbb{H}_1 : \mu > \mu_0$ 的 t 检验, 若 $T > q_{1-\alpha}$, 则拒绝原假设, 其中 $q_{1-\alpha}$ 是 t_{n-1} 分布的 $1-\alpha$ 分位数.

2. 对 $\mathbb{H}_0 : \mu = \mu_0$ 和 $\mathbb{H}_1 : \mu < \mu_0$ 的 t 检验, 若 $T < q_\alpha$, 则拒绝原假设.

3. 对 $\mathbb{H}_0 : \mu = \mu_0$ 和 $\mathbb{H}_1 : \mu \neq \mu_0$ 的 t 检验, 若 $|T| > q_{1-\alpha/2}$, 则拒绝原假设.

这些检验都有精确水平 α.

13.9　渐近 t 检验

当零抽样分布未知时, 我们通常使用渐近检验. 这些检验以第一类错误的概率的渐近近似 (大样本条件下) 为基础. 再次考虑检验的均值. $\mathbb{H}_0 : \mu = \mu_0$ 和 $\mathbb{H}_1 : \mu > \mu_0$ 的 t 检验统计量为

$$T = \frac{\overline{X}_n - \mu_0}{\sqrt{s^2/n}}$$

上式中的 s^2 可替换为 $\hat{\sigma}^2$. 若 $T > c$, 则拒绝 $\mathbb{H}_0$, 检验的水平为

$$\mathbb{P}[拒绝\ \mathbb{H}_0 | F_0] = \mathbb{P}[T > c | F_0]$$

该式通常是未知的. 然而, 由于 T 渐近服从标准正态分布, 当 $n \to \infty$ 时, 有

$$\mathbb{P}[T > c | F_0] \to \mathbb{P}[N(0,1) > c] = 1 - \Phi(c)$$

其中临界值建议选择正态分布下的 $c = Z_{1-\alpha}$. 对足够大的 n (如 $n \geqslant 60$), 使用学生 t 分位数可得到类似的结果.

检验 "若 $T > Z_{1-\alpha}$, 则拒绝 $\mathbb{H}_0$" 没有控制检验的精确水平, 它控制的是检验的渐近 (大样本条件下) 水平.

定义 13.9　检验的**渐近水平** (asymptotic size) 是当 $n \to \infty$ 时, 第一类错误的极限概率:

$$\alpha = \limsup_{n \to \infty} \mathbb{P}[拒绝\ \mathbb{H}_0 | F_0]$$

定理 13.3　若 X 的均值 μ 和方差 σ^2 都有限, 则

1. 对 $\mathbb{H}_0 : \mu = \mu_0$ 和 $\mathbb{H}_1 : \mu > \mu_0$ 的渐近 t 检验, 若 $T > Z_{1-\alpha}$, 则拒绝原假设, 其中 $Z_{1-\alpha}$ 是标准正态分布的 $1 - \alpha$ 分位数.

2. 对 $\mathbb{H}_0 : \mu = \mu_0$ 和 $\mathbb{H}_1 : \mu < \mu_0$ 的渐近 t 检验, 若 $T < Z_\alpha$, 则拒绝原假设.

3. 对 $\mathbb{H}_0 : \mu = \mu_0$ 和 $\mathbb{H}_1 : \mu \neq \mu_0$ 的渐近 t 检验, 若 $|T| > Z_{1-\alpha/2}$, 则拒绝原假设.

类似的检验方法适用于任何可计算 t 比的实值检验. 令 θ 表示感兴趣的参数, $\hat{\theta}$ 是估计量, $s(\hat{\theta})$ 是标准误差. 在标准条件下, 有

$$\frac{\hat{\theta} - \theta}{s(\hat{\theta})} \xrightarrow{d} N(0,1) \tag{13.5}$$

因此, 在 $\mathbb{H}_0 : \theta = \theta_0$ 的条件下, 有

$$T = \frac{\hat{\theta} - \theta}{s(\hat{\theta})} \xrightarrow{d} N(0,1)$$

这表明 t 统计量 T 和样本均值等价. 特别地, $\mathbb{H}_0$ 下的检验比较了 T 和标准正态的分位数大小.

定理 13.4　若式 (13.5) 成立, 则对 $T = (\hat{\theta} - \theta)/s(\hat{\theta})$, 有

1. 对 $\mathbb{H}_0 : \theta = \theta_0$ 和 $\mathbb{H}_1 : \theta > \theta_0$ 的渐近 t 检验, 若 $T > Z_{1-\alpha}$, 则拒绝原假设, 其中 $Z_{1-\alpha}$ 是标准正态分布的 $1 - \alpha$ 分位数.

2. 对 $\mathbb{H}_0 : \theta = \theta_0$ 和 $\mathbb{H}_1 : \theta < \theta_0$ 的渐近 t 检验, 若 $T < Z_\alpha$, 则拒绝原假设.

3. 对 $\mathbb{H}_0 : \theta = \theta_0$ 和 $\mathbb{H}_1 : \theta \neq \theta_0$ 的渐近 t 检验, 若 $|T| > Z_{1-\alpha/2}$, 则拒绝原假设.

这些检验的渐近水平为 α.

由于这些检验的渐近水平为 α, 精确水平不等于 α, 它们不能完全控制检验的水平. 此时, 犯第一类错误的概率可能高于显著性水平 α. 理论表明, 当 $n \to \infty$ 时, 渐近水平依概率收敛到 α, 但在任何应用中二者的差距是未知的. 因此, 渐近检验利用额外的误差 (未知有限的样本量) 来换取广泛的适用性和便利性.

13.10　简单假设的似然比检验

另一个重要的检验统计量是似然比. 本节考虑简单假设的情况. 似然函数表示取哪些参数值最可能和观测值相匹配. 极大似然估计量 $\hat{\theta}$ 是最可能产生观测数据的参数值. 因此, 使用似然函数计算特定参数 θ 的假设检验是合理的.

以简单假设 $\mathbb{H}_0 : \theta = \theta_0$ 和 $\mathbb{H}_1 : \theta = \theta_1$ 为例. 原假设和备择假设下的似然函数分别记为 $L_n(\theta_0)$ 和 $L_n(\theta_1)$. 若 $L_n(\theta_1)$ 远大于 $L_n(\theta_0)$, 则有证据表明 θ_1 比 θ_0 更接近真值. 定义检验统计量为两个似然函数之比:

$$\frac{L_n(\theta_1)}{L_n(\theta_0)}$$

如果 $L_n(\theta_1)/L_n(\theta_0) \leqslant c$, 则接受 $\mathbb{H}_0$; 如果 $L_n(\theta_1)/L_n(\theta_0) > c$, 则拒绝 $\mathbb{H}_0$. 通常对上述统计量取对数, 把似然函数之比转换为对数似然函数之差. 由于历史原因 (也是为了简化临界值的计算), 对这个差乘以 2, 定义简单假设的**似然比统计量** (likelihood ratio statistic)

$$\mathrm{LR}_n = 2(\ell_n(\theta_1) - \ell_n(\theta_0))$$

若 $\mathrm{LR}_n \leqslant c$, 则接受 $\mathbb{H}_0$; 若 $\mathrm{LR}_n > c$, 则拒绝 $\mathbb{H}_0$.

例 1　$X \sim N(\mu, \sigma^2)$, 其中 σ^2 已知. 对数似然函数为

$$\ell_n(\theta) = -\frac{n}{2} \log(2\pi\sigma^2) - \frac{1}{2\sigma^2} \sum_{i=1}^{n} (X_i - \theta)^2$$

检验 $\mathbb{H}_0 : \theta = \theta_0$ 和 $\mathbb{H}_1 : \theta = \theta_1 > \theta_0$ 的似然比统计量为

$$\mathrm{LR}_n = 2(\ell_n(\theta_1) - \ell_n(\theta_0))$$

$$= \frac{1}{\sigma^2} \sum_{i=1}^{n} \left((X_i - \theta_0)^2 - (X_i - \theta_1)^2 \right)$$

$$= \frac{2n}{\sigma^2} \overline{X}_n(\theta_1 - \theta_0) + \frac{n}{\sigma^2}(\theta_0^2 - \theta_1^2)$$

若 $\mathrm{LR}_n > c$, 则拒绝 $\mathbb{H}_0$, 支持 $\mathbb{H}_1$. 类似地, 若

$$T = \sqrt{n} \left(\frac{\overline{X}_n - \theta_0}{\sigma} \right) > b$$

则拒绝 $\mathbb{H}_0$. 令 $b = Z_{1-\alpha}$, 有

$$\mathbb{P}[T > Z_\alpha | \theta_0] = 1 - \Phi(Z_{1-\alpha}) = \alpha$$

因此, 在方差已知的正态假设下, 简单假设的似然比检验与方差已知的 t 检验是相同的.

13.11   奈曼–皮尔逊引理

13.5 节提到经典假设检验方法控制检验水平, 在给定水平的约束下, 最大化检验的势. 现在讨论最大化检验的势. 在简单假设检验的特定条件下有明确的结论.

记观测值的联合密度函数为 $f(x|\theta)$, $x \in \mathbb{R}^n$, 似然函数为 $L_n(\theta) = f(X|\theta)$. 考虑在固定的显著性水平 α 下, 简单原假设 $\mathbb{H}_0 : \theta = \theta_0$ 和简单备择假设 $\mathbb{H}_1 : \theta = \theta_1$ 的检验. 若 $L_n(\theta_1)/L_n(\theta_0) > c$, 则似然比检验拒绝 $\mathbb{H}_0$, 其中 c 满足

$$\mathbb{P}\left[\frac{L_n(\theta_1)}{L_n(\theta_0)} > c \Big| \theta_0 \right] = \alpha$$

令 $\psi_a(x) = \mathbb{1}\{f(x|\theta_1) > cf(x|\theta_0)\}$ 表示似然比检验函数, 即当拒绝原假设时, $\psi_a(x) = 1$; 否则, $\psi_a(x) = 0$. 令 $\psi_b(x)$ 表示其他任意水平为 α 的检验函数. 由于两个检验的水平都是 α, 有

$$\mathbb{P}[\psi_a(X) = 1 | \theta_0] = \mathbb{P}[\psi_b(X) = 1 | \theta_0] = \alpha$$

可表示为

$$\int \psi_a(x) f(x|\theta_0) \mathrm{d}x = \int \psi_b(x) f(x|\theta_0) \mathrm{d}x = \alpha \tag{13.6}$$

似然比检验的势为

$$
\mathbb{P}\left[\left.\frac{L_n(\theta_1)}{L_n(\theta_0)}\right|\theta_1\right] = \int \psi_a(x)f(x|\theta_1)\mathrm{d}x
$$

$$
= \int \psi_a(x)f(x|\theta_1)\mathrm{d}x - c\left(\int \psi_a(x)f(x|\theta_0)\mathrm{d}x - \int \psi_b(x)f(x|\theta_0)\mathrm{d}x\right)
$$

$$
= \int \psi_a(x)\big(f(x|\theta_1) - cf(x|\theta_0)\big)\mathrm{d}x + c\int \psi_b(x)f(x|\theta_0)\mathrm{d}x
$$

$$
\geqslant \int \psi_b(x)\big(f(x|\theta_1) - cf(x|\theta_0)\big)\mathrm{d}x + c\int \psi_b(x)f(x|\theta_0)\mathrm{d}x
$$

$$
= \int \psi_b(x)f(x|\theta_1)\mathrm{d}x
$$

$$
= \pi_b(\theta_1)
$$

第二个等号利用了式 (13.6). 第四行的不等式是因为若 $f(x|\theta_1) - cf(x|\theta_0) > 0$, 则 $\psi_a(x) = 1 \geqslant \psi_b(x)$. 若 $f(x|\theta_1) - cf(x|\theta_0) < 0$, 则 $\psi_a(x) = 0 \geqslant -\psi_b(x)$. 最后一个等号 (第六行) 表示检验 ψ_b 的势, 表明似然比检验的势大于检验 ψ_b 的势. 故似然比检验比同水平下的其他检验有更高的势.

定理 13.5 **奈曼–皮尔逊引理** (Neyman-Pearson lemma). 在所有水平为 α 的简单假设检验 $\mathbb{H}_0 : \theta = \theta_0$ 和 $\mathbb{H}_1 : \theta = \theta_1$ 中, 似然比检验的势最大.

奈曼–皮尔逊引理是检验理论中的一个基础结论.

前面已说明在方差已知的正态中, 简单假设的似然比检验与方差已知的 t 检验是相同的. 奈曼–皮尔逊引理表明 t 检验是正态条件下势最大的检验.

13.12 复合假设的似然比检验

现考虑双边备择假设 $\mathbb{H}_1 : \theta \neq \theta_0$. 在 $\mathbb{H}_1$ 下对数似然函数是求无约束的最大值. 令 $\hat{\theta}$ 表示最大化 $\ell_n(\theta)$ 的极大似然估计, 极大似然函数为 $\ell_n(\hat{\theta})$. 检验 $\mathbb{H}_0 : \theta = \theta_0$ 和 $\mathbb{H}_1 : \theta \neq \theta_0$ 的似然比检验统计量是极大似然函数与真似然函数之差的 2 倍:

$$
\mathrm{LR}_n = 2(\ell_n(\hat{\theta}) - \ell_n(\theta_0))
$$

若 $\mathrm{LR}_n \leqslant c$, 则接受 $\mathbb{H}_0$; 若 $\mathrm{LR}_n > c$, 则拒绝 $\mathbb{H}_0$.

图 13-10 展示了指数分布的对数似然函数及其假设的真值 θ_0 和极大似然估计 $\hat{\theta}$. 似然比检验统计量等于对数似然函数在 θ_0 和 $\hat{\theta}$ 之差的 2 倍. 如果该值很大, 似然比检验拒绝原假设.

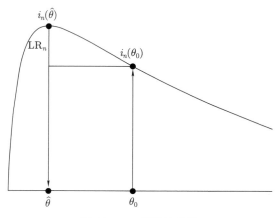

图 13-10   似然比检验

单边检验不够直观, 它把对数似然和系数估计的不等式结合起来. 令 $\hat{\theta}_+$ 表示在 $\theta \geqslant \theta_0$ 上 $\ell_n(\theta)$ 的最大值点. 一般地,

$$\hat{\theta}_+ = \begin{cases} \hat{\theta}, & \text{若 } \hat{\theta} > \theta_0 \\ \theta_0, & \text{若 } \hat{\theta} \leqslant \theta_0 \end{cases}$$

类似地, 可定义极大对数似然函数. 此时, 似然比统计量为

$$\begin{aligned} \text{LR}_n^+ &= 2(\ell_n(\hat{\theta}_+) - \ell_n(\theta_0)) \\ &= \begin{cases} 2(\ell_n(\hat{\theta}) - \ell_n(\theta_0)), & \text{若 } \hat{\theta} > \theta_0 \\ 0, & \text{若 } \hat{\theta} \leqslant \theta_0 \end{cases} \\ &= \text{LR}_n \mathbb{1}\{\hat{\theta} > \theta_0\} \end{aligned}$$

若 $\text{LR}_n^+ > c$, 即 $\text{LR}_n > c$ 且 $\hat{\theta} > \theta_0$, 则拒绝 $\mathbb{H}_0$.

例 2   设 $X \sim N(\theta, \sigma^2)$, 其中 σ^2 已知. 如前所述, 似然比检验 $\mathbb{H}_0 : \theta = \theta_0$ 和 $\mathbb{H}_1 : \theta = \theta_1 > \theta_0$, 当 $T > Z_{1-\alpha}$ 时, 拒绝原假设, 其中 $T = \sqrt{n}(\overline{X}_n - \theta_0)/\sigma$. 检验统计量 T 不依赖于特定的备择假设 θ_1. 因此, t 比还是单边备择检验 $\mathbb{H}_1 : \theta > \theta_0$ 的检验统计量. 此外, 由奈曼–皮尔逊引理可知, 它是备择假设为 $\mathbb{H}_1 : \theta = \theta_1$ (对任意的 $\theta_1 > \theta_0$) 的检验类中势最大的. 故 t 比检验是单边备择检验类 $\mathbb{H}_1 : \theta > \theta_0$ 中势一致最大的检验.

13.13　似然比和 t 检验

渐近近似表明简单原假设和复合备择假设的似然比检验和 t 检验类似. 可利用泰勒展开证明. 令 $\boldsymbol{\theta} \in \mathbb{R}^m$.

似然比统计量为

$$\mathrm{LR}_n = 2(\ell_n(\hat{\boldsymbol{\theta}}) - \ell_n(\boldsymbol{\theta}_0))$$

$\ell_n(\boldsymbol{\theta}_0)$ 在极大似然估计 $\hat{\boldsymbol{\theta}}$ 处的二阶泰勒展开为

$$\ell_n(\boldsymbol{\theta}_0) \simeq \ell_n(\hat{\boldsymbol{\theta}}) + \frac{\partial}{\partial \boldsymbol{\theta}} \ell_n(\hat{\boldsymbol{\theta}})'(\hat{\boldsymbol{\theta}} - \boldsymbol{\theta}_0) + \frac{1}{2}(\hat{\boldsymbol{\theta}} - \boldsymbol{\theta}_0)' \frac{\partial^2}{\partial \boldsymbol{\theta} \partial \boldsymbol{\theta}'} \ell_n(\hat{\boldsymbol{\theta}})(\hat{\boldsymbol{\theta}} - \boldsymbol{\theta}_0)$$

极大似然估计的一阶条件为 $\frac{\partial}{\partial \boldsymbol{\theta}} \ell_n(\hat{\boldsymbol{\theta}}) = 0$, 故等式右边的第二项等于 0. 对数似然函数的二阶导数等于 $\hat{\boldsymbol{\theta}}$ 的渐近协方差矩阵的黑塞估计量 $\hat{\boldsymbol{V}}$ 的负逆, 记为

$$\ell_n(\boldsymbol{\theta}_0) \sim \ell_n(\hat{\boldsymbol{\theta}}) - \frac{1}{2}(\hat{\boldsymbol{\theta}} - \boldsymbol{\theta}_0)' \hat{\boldsymbol{V}}^{-1}(\hat{\boldsymbol{\theta}} - \boldsymbol{\theta}_0)$$

代入似然比统计量公式, 得

$$\mathrm{LR}_n \sim (\hat{\boldsymbol{\theta}} - \boldsymbol{\theta}_0)' \hat{\boldsymbol{V}}^{-1}(\hat{\boldsymbol{\theta}} - \boldsymbol{\theta}_0)$$

当 $n \to \infty$ 时, LR_n 依分布收敛到 χ_m^2 分布, 其中 m 是 $\boldsymbol{\theta}$ 的维数.

因此, 临界值等于具有渐近正确水平的 χ_m^2 分布的 $1 - \alpha$ 分位数.

定理 13.6　对简单原假设, 在 $\mathbb{H}_0$ 下,

$$\mathrm{LR}_n = (\hat{\boldsymbol{\theta}} - \boldsymbol{\theta}_0)' \hat{\boldsymbol{V}}^{-1}(\hat{\boldsymbol{\theta}} - \boldsymbol{\theta}_0) + o_p(1) \underset{d}{\to} \chi_m^2$$

若 $\mathrm{LR}_n > q_{1-\alpha}$, 则检验 "拒绝 $\mathbb{H}_0$", 其中 $q_{1-\alpha}$ 是 χ_m^2 分布的 $1 - \alpha$ 分位数, 具有渐近水平 α.

此外, 在一维情况中, $(\hat{\boldsymbol{\theta}} - \boldsymbol{\theta}_0)' \hat{\boldsymbol{V}}^{-1}(\hat{\boldsymbol{\theta}} - \boldsymbol{\theta}_0) = T^2$, 其中 T^2 是 t 比的平方. 因此, 似然比检验和 t 检验是渐近等价的.

定理 13.7　当 $n \to \infty$ 时, "若 $\mathrm{LR}_n > c$, 检验拒绝 $\mathbb{H}_0$" 和 "若 $|T| > c$, 检验拒绝 $\mathbb{H}_0$" 是渐近等价的.

在一个给定的应用中, 渐近等价并不保证似然比检验和 t 检验的结果相同. 在样本量不大时 (小样本或中等样本) 或似然函数是高度非二次的, 似然比检验和 t 检验的结果差别很大. 这表明基于不同的检验统计量, 检验结果可能不同. 当这种情况发生时, 通

常采取以下两种措施. 首先, 相信似然比检验而不是 t 检验. 因为似然比检验对参数变换具有不变性, 在有限样本中效果通常更好. 其次, 对渐近正态持怀疑态度. 如果两个检验结果不同, 说明大样本近似理论没有提供一个很好的近似. 由此可见, 分布近似可能是不准确的.

13.14   统计显著性

当 θ 表示某个重要的指标或效应时, 通常感兴趣的假设是该指标或效应没有影响, 即 $\mathbb{H}_0: \theta = 0$. 如果检验拒绝原假设, 结论是 "效应是统计显著的". 一般会在结果处打 * 号表示拒绝的程度: * 表示在 10% 的显著性水平下拒绝, ** 表示在 5% 的显著性水平下拒绝, *** 表示在 1% 的显著性水平下拒绝. 笔者不喜欢这种把注意力集中到统计显著性而不是原因和内涵的说法. 另外的常见表达是: 如果在 10% 水平下拒绝原假设, "估计是轻微显著的"; 如果在 5% 水平下拒绝原假设, "估计是统计显著的"; 如果在 1% 水平下拒绝原假设, "估计是高度显著的". 这种表达可能更有用, 它聚焦在感兴趣的关键参数上.

尽管当判断某项政策的实用性和某个理论的科学价值时, 统计显著性是重要的, 但这和所有的参数和系数无关. 盲目地检验系数是否为 0, 很少能得到深刻的结论.

此外, 统计显著性常常不如某项指标的解释和估计精度的评价重要. 下一章介绍的置信区间, 重点对估计精度进行评价. 统计检验和置信区间有密切的联系, 但二者的用途和解释不同. 在评估一个经济模型时, 置信区间通常比假设检验更有效.

13.15 p 值

假设检验的形式为:"当 $T > c$ 时, 拒绝 $\mathbb{H}_0$". 该如何报告这个结果? 只需要报告 "接受" 或 "拒绝"? 是否应该报告 T 值和临界值 c? 或者是否应该报告 T 值和 T 的零分布?

一个简单的选择是报告 p 值:

$$p = 1 - G_0(T)$$

其中 $G_0(x)$ 是零抽样分布. 由于 $G_0(x)$ 是单调递增的, p 值是 T 的单调递减函数. 此时, $G_0(c) = \alpha$. "当 $T > c$ 时, 拒绝 $\mathbb{H}_0$" 等价于 "当 $p < \alpha$ 时, 拒绝 $\mathbb{H}_0$". 因此, 可以简单地报告 p 值. 给定 p 值, 可解释任意临界值的检验. p 值将 T 转换为一个容易解释的值.

当 T 有复杂的或不常见的分布时, 报告 p 是特别有用的. p 值能够方便地解释检验结果.

报告 p 值也无须把结果描述为 "轻微显著", 利用 $p = 0.09$ 解释这一结果.

报告 p 值允许推断是连续的, 而不是离散的. 在 5% 的水平下, 发现某个统计量 "拒绝", 另一个统计量 "接受", 看起来结果是清晰的. 但是进一步查看 p 值, 第一个统计量的 p 值为 0.049, 第二个统计量的 p 值为 0.051, 它们几乎是相等的. 一个不超过 0.05, 另一个超过 0.05, 部分是因为边界 0.05 造成的假象. 如果选择 $\alpha = 0.052$, 二者都是 "显著的"; 如果选择 $\alpha = 0.048$, 二者都 "不显著". 把上述两个结果视为相同可能更合适. 它们 (基本上) 都等于 0.05, 都存在一定的统计显著性, 但没有很强的说服力. 从 p 值来看, 应等价地看待二者.

p 值也能够解释为 "边际显著性值", 即为了拒绝原假设, α 需要设置多小. 例如, 设 $p = 0.11$. 若 $\alpha = 0.12$, 则 "拒绝" 原假设; 若 $\alpha = 0.10$, 则不能拒绝. 另一方面, 设 $p = 0.005$. 此时, α 要小到 0.006 才能拒绝原假设. 因此, p 值解释为推翻原假设的 "证据充足程度". p 值越小, 证据越充足.

p 值会被误用. 常见的错误解释是: p 值等于原假设为真的概率. 这是错误的. 一些作者对 p 值不是贝叶斯概率大做文章. 这是事实, 但不重要. p 值是检验统计量的变换, 它们具有相同的信息量. p 值是 $[0,1]$ 上的统计量, 不应该被解释为概率.

最近, 一些文章攻击 p 值和 0.05 阈值的过度使用. 这些批评不应视为对 p 值转换的攻击, 而是对**过度使用检验**的攻击, 或是对更小的显著性阈值的建议. 假设检验在实际中应谨慎、适当地使用.

13.16 复合原假设

目前为止, 我们讨论的方法在简单原假设下进行, 其抽样分布 G_0 唯一. 最常见的情况原假设是复合的, 会使问题变得复杂.

考虑参数化的例子, 正态抽样模型 $X \sim N(\mu, \sigma^2)$. 原假设为 $\mathbb{H}_0 : \mu = \mu_0$, 没有明确方差 σ^2, 故原假设是复合的. 考虑非参数化的例子, $X \sim F$, 原假设 $\mathbb{H}_0 : \mathbb{E}[X] = \mu_0$, 即对分布的均值加以限制, 对 F 没有限制.

本节考虑可以应用似然方法的参数化模型. 设 X 服从某个已知的分布, 其参数为向量 $\boldsymbol{\beta} \in \mathbb{R}^k$ (在正态分布中, $\boldsymbol{\beta} = (\mu, \sigma^2)$). 令 $\ell_n(\boldsymbol{\beta})$ 表示对数似然函数. 对实值参数 $\theta = h(\boldsymbol{\beta})$, 原假设和备择假设为 $\mathbb{H}_0 : \boldsymbol{\theta} = \boldsymbol{\theta}_0$ 和 $\mathbb{H}_1 : \boldsymbol{\theta} \neq \boldsymbol{\theta}_0$.

首先考虑 $\mathbb{H}_1$ 下 $\boldsymbol{\beta}$ 的估计, 其结果是直接的, 是无约束的极大似然估计

$$\hat{\boldsymbol{\beta}} = \arg\max_{\boldsymbol{\beta}} \ell_n(\boldsymbol{\beta})$$

其次考虑 $\mathbb{H}_0$ 下 $\boldsymbol{\beta}$ 的估计. 该估计需要在约束 $h(\boldsymbol{\beta}) = \theta_0$ 下求解

$$\tilde{\boldsymbol{\beta}} = \underset{h(\boldsymbol{\beta})=\theta_0}{\arg\max}\ \ell_n(\boldsymbol{\beta})$$

我们利用记号 $\tilde{\boldsymbol{\beta}}$ 表示约束估计, 需要满足原假设 $h(\tilde{\boldsymbol{\beta}}) = \theta_0$.

检验的似然比统计量等于对数似然函数在两个估计量处差的两倍:

$$\mathrm{LR}_n = 2(\ell_n(\hat{\boldsymbol{\beta}}) - \ell_n(\tilde{\boldsymbol{\beta}}))$$

该似然比统计量一定是非负的, 因为无约束的最大值不小于有约束的最大值. 若 $\mathrm{LR}_n > c$, 检验拒绝 $\mathbb{H}_0$, 支持 $\mathbb{H}_1$.

当检验参数模型中的简单假设时, 似然比检验的势最大. 当考虑复合假设时, (通常) 无法构建势最大的检验. 不过, 在参数模型的复合假设检验问题中, 使用似然比检验仍是标准的默认选择. 尽管存在一些反例表明其他检验的势更大, 但总体来说, 一般很难获得比似然比势更大的检验.

一般地, 构建似然比比较简单. 在原假设和备择假设成立的条件下估计参数, 求二者对数似然函数之差的两倍.

然而, 在某些情况下可得到简化的结果. 考虑正态抽样模型 $X \sim N(\mu, \sigma^2)$ 下的检验 $\mathbb{H}_0: \mu = \mu_0$ 和 $\mathbb{H}_1: \mu \neq \mu_0$. 对数似然函数为

$$\ell_n(\boldsymbol{\beta}) = -\frac{n}{2}\log(2\pi\sigma^2) - \frac{1}{2\sigma^2}\sum_{i=1}^{n}(X_i - \mu)^2$$

无约束的极大似然估计为 $\hat{\boldsymbol{\beta}} = (\overline{X}_n, \hat{\sigma}^2)$, 极大对数似然函数为

$$\ell_n(\hat{\boldsymbol{\beta}}) = -\frac{n}{2}\log(2\pi) - \frac{n}{2}\log(\hat{\sigma}^2) - \frac{n}{2}$$

考虑有约束的估计量. 令 $\mu = \mu_0$, 求最大化似然的 σ^2, 得到 $\tilde{\boldsymbol{\beta}} = (\mu_0, \tilde{\sigma}^2)$, 其中

$$\tilde{\sigma}^2 = \frac{1}{n}\sum_{i=1}^{n}(X_i - \mu_0)^2$$

极大似然函数为

$$\ell_n(\tilde{\boldsymbol{\beta}}) = -\frac{n}{2}\log(2\pi) - \frac{n}{2}\log(\tilde{\sigma}^2) - \frac{n}{2}$$

似然比检验统计量为

$$\mathrm{LR}_n = 2(\ell_n(\hat{\boldsymbol{\beta}}) - \ell_n(\tilde{\boldsymbol{\beta}}))$$

$$= -n\log(\hat{\sigma}2) + n\log(\tilde{\sigma}^2)$$

$$= n\log\left(\frac{\tilde{\sigma}^2}{\hat{\sigma}^2}\right)$$

若 $\mathrm{LR}_n > c$, 检验拒绝原假设, 类似地, 存在 b^2, 有

$$n\left(\frac{\tilde{\sigma}^2 - \hat{\sigma}^2}{\hat{\sigma}^2}\right) > b^2$$

拒绝原假设. 记

$$n\left(\frac{\tilde{\sigma}^2 - \hat{\sigma}^2}{\hat{\sigma}^2}\right) = \frac{\sum_{i=1}^n (X_i - \mu_0)^2 - \sum_{i=1}^n (X_i - \overline{X}_n)^2}{\hat{\sigma}^2} = \frac{n(\overline{X}_n - \mu_0)^2}{\hat{\sigma}^2} = T^2$$

其中

$$T = \frac{\overline{X}_n - \mu_0}{\sqrt{\hat{\sigma}^2/n}}$$

是 t 比, 分子为样本均值减去原假设值. 若 $T^2 > b^2$, 拒绝原假设. 类似地, 若 $|T| > b$, 拒绝原假设. 这说明似然比检验和绝对值 t 比检验类似.

由于 t 比的精确分布是自由度为 $n-1$ 的 t 分布, 犯第一类错误的概率为

$$\mathbb{P}[|T| > b|\mu_0] = 2\mathbb{P}[t_{n-1} > b] = 2(1 - G_{n-1}(b))$$

其中 $G_{n-1}(x)$ 是学生 t 分布的分布函数. 为达到检验水平 α, 令

$$2(1 - G_{n-1}(b)) = \alpha$$

或

$$G_{n-1}(b) = 1 - \alpha/2$$

即 b 等于 t_{n-1} 分布的 $1 - \alpha/2$ 分位数.

定理 13.8　在正态抽样模型 $X \sim N(\mu, \sigma^2)$ 中, 考虑 $\mathbb{H}_0 : \mu = \mu_0$ 和 $\mathbb{H}_1 : \mu \neq \mu_0$ 的似然比检验. 若 $|T| > q$, 拒绝原假设, 其中 q 是 t_{n-1} 分布的 $1 - \alpha/2$ 分位数. 检验的精确水平为 α.

13.17　渐近一致性

当原假设是复合的, 零抽样分布 $G_0(x)$ 可能随着零分布 F_0 变化. 此时, 构造合适的临界值和评估检验的水平有困难. 通常的方法是定义检验的一致水平. 这是满足原假设所有分布的最大拒绝概率. 令 $\mathscr{F}$ 表示模型的分布类, 令 $\mathscr{F}_0$ 表示满足 $\mathbb{H}_0$ 的分布类.

定义 13.10　假设检验的**一致水平** (uniform size) 为

$$\alpha = \sup_{F_0 \in \mathscr{F}_0} \mathbb{P}[\text{ 拒绝 } \mathbb{H}_0 | F_0]$$

许多传统教材简单地称其为检验水平. 在应用中, 计算一致水平可能是困难的.

实际上, 大多数计量模型中的检验都是渐近检验. 尽管检验的水平可能是逐点收敛, 但是不一定对原假设的所有分布满足一致收敛性. 因此, 定义检验的**一致渐近水平** (uniform asymptotic size) 为

$$\alpha = \limsup_{n \to \infty} \sup_{F_0 \in \mathscr{F}_0} \mathbb{P}[\text{ 拒绝 } \mathbb{H}_0 | F_0]$$

这是一个比渐近水平更强的定义.

9.4 节已说明可能会不满足依分布一致收敛. 因此, 一致渐近水平可能过大. 特别地, 令 $\mathscr{F}$ 表示一类有限方差的分布, $\mathscr{F}_0$ 表示满足 $\mathbb{H}_0 : \theta = \theta_0, \theta = E[X]$ 的子集, 则任意 t 比检验的一致渐近水平为 1. 控制检验的水平是不可能的.

对可控制水平的检验, 需要限制分布的类. 令 $\mathscr{F}$ 表示一类分布, 满足 $r > 2, B < \infty$ 和 $\delta > 0$, $\mathbb{E}|X|^r \leqslant B$ 和 $\text{var}[X] \geqslant \delta$. 令 $\mathscr{F}_0$ 表示满足 $\mathbb{H}_0 : \theta = \theta_0$ 的子集. 则

$$\limsup_{n \to \infty} \sup_{F_0 \in \mathscr{F}_0} \mathbb{P}[|T| > Z_{1-\alpha/2} | \mathscr{F}_0] = \alpha$$

故 t 比检验的一致渐近水平为 α. 这表明在更严格的假设下, 在渐近意义下, 一致水平是可能被控制的.

13.18　总结

总结本章假设检验的要点:

1. 假设是关于总体的陈述. 假设检验是利用数据判断假设是否为真.

2. 一般的检验决策是 "接受 $\mathbb{H}_0$" 或 "拒绝 $\mathbb{H}_0$". 存在两种可能的错误: 第一类错误和第二类错误. 经典检验尝试控制第一类错误的概率.

3. 一个合理的检验统计量是 t 比. 当 t 比较小时, 接受原假设; 当 t 比较大时, 拒绝原假设. 利用学生 t 分布 (正态抽样模型中) 和正态分布 (其他情况) 选择临界值.

4. 似然比检验通常是合适的检验统计量. 似然比的值较大时, 拒绝原假设. 临界值利用卡方分布计算. 在一维情况中, 其结果和 t 检验相同.

5. 奈曼–皮尔逊引理 (定理 13.5) 表明在一定的限制条件下, 似然比是势最大的检验统计量.

6. 可简单地通过 p 值报告检验结果.

习题

在所有习题中, 考虑给定分布下, 样本量为 n 的独立同分布样本的假设检验问题.

13.1　概率参数为 p 的伯努利模型. 想要检验 $\mathbb{H}_0 : p = 0.05$ 和 $\mathbb{H}_1 : p \neq 0.05$.

　　(a) 求以样本均值 $\overline{X}_n$ 为检验统计量的检验.

　　(b) 计算似然比统计量.

13.2　参数 λ 的泊松模型. 想要检验 $\mathbb{H}_0 : \lambda = 1$ 和 $\mathbb{H}_1 : \lambda \neq 1$.

　　(a) 求以样本均值 $\overline{X}_n$ 为检验统计量的检验.

　　(b) 计算似然比统计量.

13.3　参数为 λ 的指数模型. 想要检验 $\mathbb{H}_0 : \lambda = 1$ 和 $\mathbb{H}_1 : \lambda \neq 1$.

　　(a) 求以样本均值 $\overline{X}_n$ 为检验统计量的检验.

　　(b) 计算似然比统计量.

13.4　参数为 α 的帕累托模型. 想要检验 $\mathbb{H}_0 : \alpha = 4$ 和 $\mathbb{H}_1 : \alpha \neq 4$.

　　计算似然比检验统计量.

13.5　模型 $X \sim N(\mu, \sigma^2)$. 设计 $\mathbb{H}_0 : \mu = 1$ 和 $\mathbb{H}_1 : \mu \neq 1$ 的检验.

13.6　利用给定的信息, 考虑如下的双边检验, 其中 $\overline{X}_n$ 是样本均值, $s(\overline{X}_n)$ 是标准误差, s^2 是样本方差, n 是样本量, $\mu = \mathbb{E}[X]$.

　　(a) $\mathbb{H}_0 : \mu = 0$, $\overline{X}_n = 1.2$, $s(\overline{X}_n) = 0.4$.

　　(b) $\mathbb{H}_0 : \mu = 0$, $\overline{X}_n = -1.6$, $s(\overline{X}_n) = 0.9$.

　　(c) $\mathbb{H}_0 : \mu = 0$, $\overline{X}_n = -3.5$, $s^2 = 36$, $n = 100$.

　　(d) $\mathbb{H}_0 : \mu = 1$, $\overline{X}_n = 0.4$, $s^2 = 100$, $n = 1000$.

13.7　参数为 λ 的似然模型, 某人检验 $\mathbb{H}_0 : \lambda = 1$ 和 $\mathbb{H}_1 : \lambda \neq 1$. 他声称负似然比检验统计量 LR$= -3.4$. 你认为呢? 你的结论是什么?

13.8　假设你为 100 名学生讲授本科统计学课程, 给学生布置了一项任务: 要找到一个变量 (例如威斯康星州的降雪量), 计算该变量与股票价格收益率的相关性, 并检验相关性为零的原假设. 假设这 100 名学生中的每一位都选择了一个与股票价格收益率真正无关的变量, 你预计这 100 名学生中有多少人可以获得在 5% 水平

上有显著性的 p 值? 该如何解释学生的结果?

13.9   模型 $X \sim N(\mu, 1)$. 考虑检验 $\mathbb{H}_0 : \mu \in \{0, 1\}$ 和 $\mathbb{H}_1 : \mu \notin \{0, 1\}$. 考虑检验统计量

$$T = \min\{|\sqrt{n}\overline{X}_n|, |\sqrt{n}(\overline{X}_n - 1)|\}$$

令临界值等于随机变量 $\min\{|Z|, |Z - \sqrt{n}|\}$ 的 $1 - \alpha$ 分位数, 其中 $Z \sim N(0, 1)$. 证明 $\mathbb{P}[T > c | \mu = 0] = \mathbb{P}[T > c | \mu = 1] = \alpha$, 且检验 $\phi_n = \mathbb{1}\{T > c\}$ 的水平为 α. 提示: 利用 Z 和 $-Z$ 有相同的分布.

这是一个复合原假设在不同点零分布相同的例子. 因为 $\inf_{\theta_0 \in \Theta_0} \mathbb{P}[T > c | \theta = \theta_0]$ $= \sup_{\theta_0 \in \Theta_0} \mathbb{P}[T > c | \theta = \theta_0]$, 称检验 $\phi_n = \mathbb{1}\{T > c\}$ 为 **相似检验** (similar test).

13.10   某政府颁布了一项金融政策. 你想要评估该政策是否有坏的影响, 收集了 10 个受政策影响的银行 (样本量为 10). 进行 t 检验评估政策的效应, 得到 p 值等于 0.20. 由于检验是不显著的, 你会得到什么结论? 特别地, 可以得到 "该政策没有效果" 的结论吗?

13.11   考虑两个样本 (麦迪逊市和安阿伯市), 每个样本中包括 n 个人的月租金. 想要检验两个城市平均租金相同的假设. 建立合适的检验.

13.12   考虑两个样本, 数学和文学博士论文的长度, 以字符数 n 刻画长度. 你相信帕累托模型对 "长度" 拟合效果很好. 想要检验两个学科的帕累托分布的参数是否相同. 建立合适的检验.

13.13   设原假设 $\mathbb{H}_0$ 的渐近水平为 5%, 但不确定有限样本的渐近近似. 为该假设设计一个检验. 在计算机上进行模拟实验, 核查渐近分布是否是一个好的近似, 产生满足 $\mathbb{H}_0$ 的数据. 在每个模拟的样本中, 进行一次检验. 在 $B = 50$ 次独立试验中, 你发现 5 次拒绝, 45 次接受.

(a) 根据 $B = 50$ 次模拟试验, 计算拒绝的概率 p 的估计值 $\hat{p}$.

(b) 求 $\sqrt{B}(\hat{p} - p)$ 在 $B \to \infty$ 时的渐近分布.

(c) 检验假设 $p = 0.05 \sim p \neq 0.05$. 模拟的结果支持还是拒绝水平为 5% 的假设?

提示: $\mathbb{P}[|N(0, 1)| \geqslant 1.96] = 0.05$.

提示: 可以有不止一种检验方法, 这没问题, 只需要对你的方法进行充分的描述.

第 14 章 置信区间

14.1 引言

置信区间用来刻画估计的不确定性.

14.2 定义

定义 14.1 真实值参数 θ 的**区间估计** (interval estimator) 是区间 $C = [L, U]$, 其中 L 和 U 是统计量.

区间端点 L 和 U 是统计量, 它们是数据的函数, 是随机的. 区间估计的目标是使区间覆盖 (包括) 真实值 θ.

定义 14.2 区间估计 $C = [L, U]$ 的**覆盖概率** (cover probability) 是随机区间覆盖真实值 θ 的概率: $\mathbb{P}[L \leqslant \theta \leqslant U] = \mathbb{P}[\theta \in C]$.

覆盖概率通常依赖于分布 F.

定义 14.3 参数 θ 的 $1 - \alpha$ **置信区间** (confidence interval) 是覆盖概率为 $1 - \alpha$ 的随机区间 $C = [L, U]$.

置信区间 C 是记为 $[L, U]$ 的一对统计量, 其覆盖真实值的概率需要预先设定. 由于随机性, 很少计算覆盖概率为 100% 的置信区间, 因为这通常需要整个参数空间. 相反, 计算一个覆盖真实值概率很高的区间. 当我们考虑置信区间时, 需要产生度量 θ 估计中不确定性的范围. 给定数据和信息, 区间 C 是参数的一个合理可信的范围. 置信区间给出了估计的精度, 区间端点用来界定参数估计的可能范围.

数值 α 和假设检验中显著性水平类似, 但作用不同. 在假设检验中, 显著性水平通常被设为一个很小的数, 防止假阳性产生. 然而, 在置信区间估计中, 对合理参数估计的可能范围感兴趣. 标准的选择是 $\alpha = 0.05, 0.10$, 对应 95% 和 90% 置信度.

因为置信区间的解释和覆盖概率有关, 当报告置信区间时, 必须给出覆盖概率.

如果有限抽样分布是未知的, 可利用渐近极限近似覆盖概率.

定义 14.4 区间估计 C 的**渐近覆盖概率** (asymptotic coverage probability) 为

$$\lim_{n\to\infty}\inf \mathbb{P}[\theta\in C].$$

定义 14.5　参数 θ 的 $1-\alpha$ 渐近置信区间 (asymptotic confidence interval) 为 $C=[L,U]$, 其渐近覆盖概率为 $1-\alpha$.

14.3　简单置信区间

设参数为 θ, 其估计量为 $\hat{\theta}$, 标准误差为 $s(\hat{\theta})$. 下面给出三种基本置信区间.

参数 θ 的默认 95% 置信区间是一个简单的法则

$$C=[\hat{\theta}-2s(\hat{\theta}),\quad \hat{\theta}+2s(\hat{\theta})] \tag{14.1}$$

区间以参数点估计量 $\hat{\theta}$ 为中心, 加、减两倍的标准误差.

正态 $1-\alpha$ 置信区间为

$$C=[\hat{\theta}-Z_{1-\alpha/2}s(\hat{\theta}),\quad \hat{\theta}+Z_{1-\alpha/2}s(\hat{\theta})] \tag{14.2}$$

其中 $Z_{1-\alpha/2}$ 表示标准正态分布的 $1-\alpha/2$ 分位数.

学生化 $1-\alpha$ 置信区间为

$$C=[\hat{\theta}-q_{1-\alpha/2}s(\hat{\theta}),\quad \hat{\theta}+q_{1-\alpha/2}s(\hat{\theta})] \tag{14.3}$$

其中 $q_{1-\alpha/2}$ 表示自由度为 r 的学生 t 分布的 $1-\alpha/2$ 分位数.

当 $\alpha=0.05$ 时, 默认区间式 (14.1) 和式 (14.2)、式 (14.3) 相差不多. 由于 $Z_{0.975}=1.96$, 区间式 (14.2) 的长度稍短于式 (14.1). 当 $r=59$ 时, 学生化区间式 (14.3) 等于式 (14.1)；当 $r<59$ 时, 大于式 (14.1); 当 $r>59$ 时, 小于式 (14.1). 因此, 式 (14.1) 是式 (14.2) 和式 (14.3) 的一个简化近似.

当 t 比

$$T=\frac{\hat{\theta}-\theta_0}{s(\hat{\theta})}$$

的精确分布是正态分布时, 正态区间式 (14.2) 是精确的. 当 T 渐近正态时, 式 (14.2) 是渐近近似正态的.

当 t 比的精确分布是 t 分布时, 基于学生分布的区间式 (14.3) 是精确的. 当 T 的渐近分布是标准正态分布时, 由于式 (14.3) 比式 (14.2) 更宽, 所以式 (14.3) 也是有效的.

下节将讨论式 (14.2) 和式 (14.3) 的背景, 然后介绍其他置信区间.

14.4 正态抽样下样本均值的置信区间

基于学生分布的区间式 (14.3) 可用于正态抽样模型的均值估计. 临界值的自由度为 $n-1$.

令 $X \sim N(\mu, \sigma^2)$, 其中 μ 的估计量为 $\hat{\mu} = \overline{X}_n$, σ^2 的估计量为 s^2. $\hat{\mu}$ 的标准误差为 $s(\hat{\mu}) = s/n^{1/2}$. 区间式 (14.3) 等于

$$C = [\hat{\mu} - q_{1-\alpha/2}s/\sqrt{n}, \quad \hat{\mu} + q_{1-\alpha/2}s/\sqrt{n}]$$

为计算覆盖概率, 令真值为 μ, 则有

$$\mathbb{P}[\mu \in C] = \mathbb{P}[\hat{\mu} - q_{1-\alpha/2}s/\sqrt{n} \leqslant \mu \leqslant \hat{\mu} + q_{1-\alpha/2}s/\sqrt{n}].$$

第一步是从右边括号的三个部分减去 $\hat{\mu}$, 得

$$\mathbb{P}[-q_{1-\alpha/2}s/\sqrt{n} \leqslant \mu - \hat{\mu} \leqslant q_{1-\alpha/2}s/\sqrt{n}].$$

同乘 -1, 变换不等式为

$$\mathbb{P}[q_{1-\alpha/2}s/\sqrt{n} \geqslant \hat{\mu} - \mu \geqslant -q_{1-\alpha/2}s/\sqrt{n}]$$

整理得

$$\mathbb{P}[-q_{1-\alpha/2}s/\sqrt{n} \leqslant \hat{\mu} - \mu \leqslant q_{1-\alpha/2}s/\sqrt{n}]$$

除以 $s/\sqrt{n}$, 中间项变为 t 比,

$$\mathbb{P}[-q_{1-\alpha/2} \leqslant T \leqslant q_{1-\alpha/2}]$$

利用 $-q_{1-\alpha/2} = q_{\alpha/2}$ 计算概率

$$\mathbb{P}[q_{\alpha/2} \leqslant T \leqslant q_{1-\alpha/2}] = G(q_{1-\alpha/2}) - G(q_{\alpha/2}) = 1 - \frac{\alpha}{2} - \frac{\alpha}{2} = 1 - \alpha$$

此处, $G(x)$ 是自由度为 $n-1$ 的学生 t 分布的分布函数.

我们已经得到区间 C 是 $1 - \alpha$ 置信区间.

14.5 非正态抽样下样本均值的置信区间

令 $X \sim F$, 其均值为 μ, 方差为 σ^2, 其中 μ 的估计量为 $\hat{\mu} = \overline{X}_n$, σ^2 的估计量为 s^2. $\hat{\mu}$ 的标准误差为 $s(\hat{\mu}) = s/\sqrt{n}$. 区间式 (14.2) 等于

$$C = [\hat{\mu} - Z_{1-\alpha/2}s/\sqrt{n}, \quad \hat{\mu} + Z_{1-\alpha/2}s/\sqrt{n}]$$

利用 14.4 节中相同的步骤, 覆盖概率为

$$\mathbb{P}[\mu \in C] = \mathbb{P}[\hat{\mu} - Z_{1-\alpha/2}s/\sqrt{n} \leqslant \mu \leqslant \hat{\mu} + Z_{1-\alpha/2}s/\sqrt{n}]$$

$$= \mathbb{P}[-Z_{1-\alpha/2}s/\sqrt{n} \leqslant \mu - \hat{\mu} \leqslant Z_{1-\alpha/2}s/\sqrt{n}]$$

$$= \mathbb{P}[Z_{1-\alpha/2}s/\sqrt{n} \geqslant \hat{\mu} - \mu \geqslant -Z_{1-\alpha/2}s/\sqrt{n}]$$

$$= \mathbb{P}[-Z_{1-\alpha/2}s/\sqrt{n} \leqslant \hat{\mu} - \mu \leqslant Z_{1-\alpha/2}s/\sqrt{n}]$$

$$= \mathbb{P}[Z_{\alpha/2} \leqslant T \leqslant Z_{1-\alpha/2}]$$

$$= G_n(Z_{1-\alpha/2}|F) - G_n(Z_{\alpha/2}|F)$$

此处, $G_n(x|F)$ 是 T 的抽样分布.

利用中心极限定理 (定理 8.3), 对任意有限方差的分布 F, 有 $G_n(x|F) \to \Phi(x)$. 因此,

$$\mathbb{P}[\mu \in C] = G_n(Z_{1-\alpha/2}|F) - G_n(Z_{\alpha/2}|F)$$

$$\to \Phi(Z_{1-\alpha/2}) - \Phi(Z_{\alpha/2})$$

$$= 1 - \frac{\alpha}{2} - \frac{\alpha}{2} = 1 - \alpha$$

因此, 区间 C 是 $1 - \alpha$ 渐近置信区间.

14.6　估计参数的置信区间

设参数为 θ, 其估计量为 $\hat{\theta}$, 标准误差为 $s(\hat{\theta})$. 设它们满足中心极限定理,

$$T = \frac{\hat{\theta} - \theta}{s(\hat{\theta})} \xrightarrow{d} N(0, 1)$$

区间式 (14.2) 等于

$$C = [\hat{\theta} - Z_{1-\alpha/2}s(\hat{\theta}), \quad \hat{\theta} + Z_{1-\alpha/2}s(\hat{\theta})]$$

利用 14.3 节到 14.5 节的相同步骤, 覆盖概率为

$$\mathbb{P}[\theta \in C] = \mathbb{P}[\hat{\theta} - Z_{1-\alpha/2}s(\hat{\theta}) \leqslant \theta \leqslant \hat{\theta} + Z_{1-\alpha/2}s(\hat{\theta})]$$

$$= \mathbb{P}\left[-Z_{1-\alpha/2} \leqslant \frac{\hat{\theta} - \theta}{s(\hat{\theta})} \leqslant Z_{1-\alpha/2} \right]$$

$$= \mathbb{P}[Z_{\alpha/2} \leqslant T \leqslant Z_{1-\alpha/2}]$$

$$= G_n(Z_{1-\alpha/2}|F) - G_n(Z_{\alpha/2}|F)$$

$$\to \Phi(Z_{1-\alpha/2}) - \Phi(Z_{\alpha/2})$$

$$= 1 - \frac{\alpha}{2} - \frac{\alpha}{2} = 1 - \alpha$$

在第四行, $G_n(x|F)$ 是 T 的抽样分布. 此时, 区间 C 是 $1 - \alpha$ 渐近置信区间.

14.7 方差的置信区间

令 $X \sim N(\mu, \sigma^2)$, 均值为 μ, 方差为 σ^2. 设 μ 的估计量为 $\hat{\mu} = \overline{X}_n$, σ^2 的估计量为 s^2. 方差估计量有精确分布

$$\frac{(n-1)s^2}{\sigma^2} \sim \chi^2_{n-1}$$

令 $G(x)$ 表示 χ^2_{n-1} 分布, $q_{\alpha/2}$ 和 $q_{1-\alpha/2}$ 表示分布的 $\alpha/2$ 和 $1-\alpha/2$ 分位数. 此时, 有

$$\mathbb{P}\left[q_{\alpha/2} \leqslant \frac{(n-1)s^2}{\sigma^2} \leqslant q_{1-\alpha/2}\right] = 1 - \alpha$$

重新表示不等式, 得

$$\mathbb{P}\left[\frac{(n-1)s^2}{q_{1-\alpha/2}} \leqslant \sigma^2 \leqslant \frac{(n-1)s^2}{q_{\alpha/2}}\right] = 1 - \alpha$$

令

$$C = \left[\frac{(n-1)s^2}{q_{1-\alpha/2}}, \quad \frac{(n-1)s^2}{q_{\alpha/2}}\right]$$

这是 σ^2 的 $1 - \alpha$ 精确置信区间.

与式 (14.1)~ 式 (14.3) 不同, 区间 C 关于点估计量 s^2 不对称. 还需满足自然的边界 $\sigma^2 > 0$, 因为下端点是非负的.

14.8 置信区间与检验反演

区间式 (14.1)~ 式 (14.3) 不是唯一可能的置信区间. 为什么要使用这些给定的区间? 事实上, 构建置信区间的常用方法是通过**检验反演** (test inversion). 其基本思想是选择一个合理的检验统计量, 找到假设检验不能拒绝的参数值集合. 通常这就产生了一个满足置信区间性质的集合.

设参数 $\theta \in \Theta$, 令 $T(\theta)$ 是检验统计量, c 是水平为 α 的检验 $\mathbb{H}_0 : \theta = \theta_0$ 和 $\mathbb{H}_1 : \theta \neq \theta_0$ 的临界值. 如果 $T(\theta_0) > c$, 拒绝 $\mathbb{H}_0$. 定义集合

$$C = \{\theta \in \Theta : T(\theta) \leqslant c\} \tag{14.4}$$

设 φ 表示拒绝域为 "$T(\theta) > c$" 的检验$^{\ominus}$. 集合 C 是参数 θ 的集合, 与检验 φ 的 "接受域" 相同. C 的补集也是参数的集合, 与检验 φ 的 "拒绝域" 相同. 如果 $T(\theta)$ 是一个合理的检验统计量, 则集合 C 也是一个合理的区间估计量.

定理 14.1   若 $T(\theta)$ 为对所有的 $\theta \in \Theta$ 有真实水平 α 的检验统计量, 则 C 表示 θ 的 $1 - \alpha$ 置信区间.

定理 14.2   若 $T(\theta)$ 为对所有的 $\theta \in \Theta$ 有渐近水平 α 的检验统计量, 则 C 表示 θ 的 $1 - \alpha$ 渐近置信区间.

为证明此结果, 令 θ_0 为 θ 的真实值. 由定理 14.1 得

$$\mathbb{P}[\theta_0 \in C] = \mathbb{P}[T(\theta_0) \leqslant c]$$

$$= 1 - \mathbb{P}[T(\theta_0) > c]$$

$$\geqslant 1 - \alpha$$

其中最后一行的等号成立是因为 $T(\theta_0)$ 的真实水平为 α. 因此, C 是置信区间.

为了证明定理 14.2, 对上述公式的第二行求极限. 如果 $T(\theta_0)$ 的渐近水平为 α, 公式的第三行有极限. 因此, C 是渐近置信区间.

对 t 统计量

$$T(\theta) = \frac{\hat{\theta} - \theta}{s(\hat{\theta})}$$

区间式 (14.2) 和式 (14.3) 与式 (14.4) 相同的, 其中式 (14.2) 的临界值 $c = Z_{1-\alpha/2}$, 式 (14.3) 的临界值 $c = q_{1-\alpha/2}$.

因此, 传统的 "简单" 置信区间和 t 统计量的反演相同.

其他主要的检验统计量是似然比统计量. 似然比也可 "反演" 得到检验统计量. 一般地, 设全部参数的向量为 β, 想要获得函数 $\theta = h(\beta)$ 的置信区间. 检验 $\mathbb{H}_0 : \theta = \theta_0$ 和 $\mathbb{H}_1 : \theta \neq \theta_0$ 的似然比统计量为 $\mathrm{LR}_n(\theta_0)$, 其中

$$\mathrm{LR}_n(\theta) = 2\left(\max_{\beta} \ell_n(\beta) - \max_{h(\beta)=\theta} \ell(\tilde{\beta}) \right)$$

$\ominus$ 为方便表述, 符号 φ 为译者添加. ——译者注

它等于无约束对数似然函数最大值和有约束 $h(\beta) = \theta$ 的对数似然函数最大值之差的两倍. 若 $\mathrm{LR}_n(\theta) > q_{1-\alpha}$, 则拒绝渐近显著性水平为 α 的检验 $\mathbb{H}_0$, 其中 $q_{1-\alpha}$ 是 χ_1^2 分布的 $1 - \alpha$ 分位数. 由于 $\chi_1^2 = Z^2$, 因此, $q_{1-\alpha} = Z_{1-\alpha/2}^2$, $q_{0.95} = 1.96^2 = 3.84$.

通过反演似然比检验得到 θ 的区间估计是检验拒绝域的补集

$$C = \{\theta \in \Theta : \mathrm{LR}_n(\theta) \leqslant q_{1-\alpha}\}$$

这是某个水平的似然曲面的集合. 在标准条件下, 集合 C 是渐近置信区间.

图 14-1 展示了指数分布的对数似然函数. 似然函数最高点的值与极大似然估计一致, 最高点减去卡方临界值得到图中水平线. 对数似然函数超过水平线部分对应参数 θ 的值是似然比检验拒绝域的补集. 该集合是紧集, 因为对数似然函数是单峰的. 该集合是不对称的, 因为对数似然函数关于极大似然估计不对称. 通过反演检验得到的渐近置信区间为 $[L, U]$. 由于对数似然函数的不对称性, 该区间包括在极大似然估计右侧的 θ 值更多.

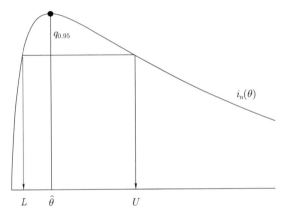

图 14-1　通过反演检验得到的渐近置信区间

14.9　置信区间的使用

在应用经济学中, 通常需要报告参数点估计 $\hat{\theta}$ 和其标准误差 $s(\hat{\theta})$. 好的论文也会报告模型参数估计计算 (估计量) 的标准误差. 常用的参数估计是渐近正态的, 故正态区间式 (14.2) 也是渐近置信区间. 学生 t 区间式 (14.3) 也是有效的, 因为它们比正态区间稍宽, 并且在正态抽样模型中是精确的.

大多数论文没有明确报告置信区间. 相反, 讨论参数估计和相关效应时, 常常使用

经验法则区间式 (14.1). 经验法则区间不需要明确给出, 很容易通过参数估计和其标准误差直观地计算.

应根据参数 θ 的含义解释置信区间. 上、下端点可用来得到估计的合理范围. 较宽的置信区间 (与参数的含义有关) 表明参数估计的精度较低, 故无法给出有用的信息. 当置信区间较宽时, 它会包含很多值, 导致 "接受" 默认原假设 (例如政策效应为 0 的假设). 在这种背景下, 实证研究提供了支持没有政策效应原假设的证据, 这是错误的. 相反, 正确的推理是, 样本的信息量不够大, 无法解释该问题. 探讨样本信息量不足的原因可能会引出实质性发现 (例如, 潜在的总体是高度异质的), 也可能不会. 在任何情况中, 当检验政策效应时, 同时考虑与政策效应参数有关的 p 值和置信区间的宽度是重要的.

较窄的置信区间 (同样与参数的含义有关) 表明参数估计的精度较高. 较窄的置信区间 (较小的标准误差) 在使用大数据集的现代应用经济学中非常常见.

14.10　一致置信区间

覆盖概率和渐近覆盖概率的定义使用了参数空间的逐点收敛. 这个概念简单但有局限. 更严格的概念是考虑一类分布的一致收敛性, 这和假设检验的一致水平类似.

令 $\mathscr{F}$ 表示某一类分布.

定义 14.6　区间估计 C 的**一致覆盖概率** (uniform coverage probability) 为 $\inf\limits_{F \in \mathscr{F}} \mathbb{P}[\theta \in C]$.

定义 14.7　参数 θ 的 $1 - \alpha$ **一致置信区间** (uniform confidence interval) 是一致覆盖概率为 $1 - \alpha$ 的区间估计 C.

定义 14.8　区间估计 C 的**渐近一致覆盖概率** (uniform asymptotic confidence interval) 为 $\lim\limits_{n \to \infty} \inf\limits_{F \in \mathscr{F}} \mathbb{P}[\theta \in C]$.

定义 14.9　参数 θ 的 $1 - \alpha$ **渐近一致置信区间** (uniform asymptotic confidence interval) 是渐近一致覆盖概率为 $1 - \alpha$ 的区间估计 C.

一致覆盖概率是某类分布中最差的覆盖概率.

在正态抽样模型中, 学生分布区间式 (14.3) 的覆盖概率对所有的分布是精确的. 因此式 (14.3) 是一致置信区间.

渐近区间可通过一致检验的类似方法拓展到渐近一致区间. 对中心极限定理应用一致性, 需要加强矩条件.

习题

14.1 设点估计值 $\hat{\theta} = 2.45$, 标准误差 $s(\hat{\theta}) = 0.14$.

(a) 计算 95% 渐近置信区间.

(b) 计算 90% 渐近置信区间.

14.2 设点估计值 $\hat{\theta} = -1.73$, 标准误差 $s(\hat{\theta}) = 0.84$.

(a) 计算 95% 渐近置信区间.

(b) 计算 90% 渐近置信区间.

14.3 设两组独立的样本, $\hat{\theta}_1 = 1.4$, $s(\hat{\theta}_1) = 0.2$, $\hat{\theta}_2 = 0.7$, $s(\hat{\theta}_2) = 0.3$. 你对均值差 $\beta = \theta_1 - \theta_2$ 感兴趣.

(a) 计算 $\hat{\beta}$.

(b) 计算标准误差 $s(\hat{\beta})$.

(c) 计算 β 的 95% 渐近置信区间.

14.4 设点估计值 $\hat{\theta} = 0.45$, $s(\hat{\theta}) = 0.28$. 你对 $\beta = \exp(\theta)$ 感兴趣.

(a) 计算 $\hat{\beta}$.

(b) 利用 delta 方法计算标准误差 $s(\hat{\beta})$.

(c) 利用 (a) 和 (b) 的结果计算 β 的 95% 渐近置信区间.

(d) 计算原始参数 θ 的 95% 渐近置信区间 $[L, U]$. 计算 β 的 95% 渐近置信区间 $[\exp(L), \exp(U)]$. 你能解释为什么这有效的吗? 将这个区间与 (c) 中结果比较.

14.5 为估计方差 σ^2, 设有估计量 $\hat{\sigma}^2 = 10$, 其标准差为 $s(\hat{\sigma}^2) = 7$.

(a) 构建 σ^2 的标准 95% 渐近置信区间.

(b) 求解 (a) 有困难吗? 解释其中的难度.

(c) 概率 p 的估计是否有类似的问题?

14.6 变量 X 的均值的置信区间为 $[L, U]$. 你决定尺度化数据, 令 $Y = X/1000$. 计算 Y 的均值的置信区间.

14.7 有人建议 θ 的置信区间如下. 从 $U \sim U[0, 1]$ 中抽取一个随机数, 令

$$C = \begin{cases} \mathbb{R}, & U \leqslant 0.95 \\ \varnothing, & U > 0.05 \end{cases}$$

(a) C 的覆盖概率是多少?

(b) C 是置信区间的好选择吗? 请解释.

14.8 有人报告 θ 的 95% 置信区间 $[L, U] = [0.1, 3.4]$. 同时声称 "$\theta = 0$ 的 t 统计量在 5% 水平下不显著". 你如何解释这个问题? 哪些理论可解释这种情况?

14.9 参数为 p 的伯努利模型. 利用样本量为 n 的随机样本估计 $\hat{p} = \overline{X}_n$.

(a) 计算 $s(\hat{p})$ 和 p 的默认 95% 置信区间.

(b) 给定 n, 默认 95% 置信区间的最宽长度是多少?

(c) 计算 n 使得长度小于 0.02.

14.10 令 $C = [L, U]$ 表示 θ 的 $1 - \alpha$ 置信区间. 考虑 $\beta = h(\theta)$, 其中 $h(\theta)$ 是单调递增的. 设 $C_\beta = [h(L), h(U)]$. 计算 C_β 的覆盖概率. C_β 是 $1 - \alpha$ 置信区间吗?

14.11 令 $C = [L, U]$ 表示 σ^2 的 $1 - \alpha$ 置信区间, 计算标准差 σ 的置信区间.

14.12 假设你在某政府机构工作, 负责监督就业培训项目. 一篇研究论文考察了特定的工作培训项目对时薪的影响. 该影响的估计 (以美元为单位) 为 $\hat{\theta} = 0.50$, 标准误差为 1.20. 你的主管得出结论:"该影响在统计意义下不显著. 该项目没有意义, 应该取消." 主管的结论是否正确? 你认为正确的解释是什么?

第 15 章 压缩估计

15.1 引言

本章介绍 Stein-Rule 压缩估计. 这类有偏估计的均方误差比极大似然估计更小. 假设感兴趣的参数为 $\boldsymbol{\theta} \in \mathbb{R}^K$, $\boldsymbol{\theta}$ 的初始估计量为 $\hat{\boldsymbol{\theta}}$. 例如, 估计量 $\hat{\boldsymbol{\theta}}$ 可能是样本均值或极大似然估计. 设 $\hat{\boldsymbol{\theta}}$ 是 $\boldsymbol{\theta}$ 的无偏估计, 协方差矩阵为 $\boldsymbol{V}$. James-Stein 压缩估计理论详见 Lehmann 和 Casella (1998), 也可参考 Wasserman (2006) 和 Efron (2010).

15.2 均方误差

本节将定义加权均方误差, 它是估计精度的一种度量, 并展示了它的一些特征.

对参数 θ 的标量估计量 $\tilde{\theta}$, 常用的度量是均方误差

$$\mathrm{mse}[\tilde{\theta}] = \mathbb{E}[(\tilde{\theta} - \theta)^2]$$

对向量估计量 $\tilde{\boldsymbol{\theta}}$ ($K \times 1$ 维), 没有简单的公式. 不加权的均方误差为

$$\mathrm{mse}[\tilde{\boldsymbol{\theta}}] = \sum_{j=1}^{K} \mathbb{E}\big[(\hat{\boldsymbol{\theta}}_j - \boldsymbol{\theta}_j)^2\big]$$
$$= \mathbb{E}\big[(\tilde{\boldsymbol{\theta}} - \boldsymbol{\theta})'(\tilde{\boldsymbol{\theta}} - \boldsymbol{\theta})\big]$$

结果通常不令人满意, 因为对参数的重尺度化没有不变性. 因此, 定义加权**均方误差** (mean squared error, MSE) 为

$$\mathrm{mse}(\tilde{\boldsymbol{\theta}}) = \mathbb{E}\big[(\tilde{\boldsymbol{\theta}} - \boldsymbol{\theta})'\boldsymbol{W}(\tilde{\boldsymbol{\theta}} - \boldsymbol{\theta})\big]$$

其中 $\boldsymbol{W}$ 为权重矩阵.

特别地, 可选择权重矩阵为 $\boldsymbol{W} = \boldsymbol{V}^{-1}$, 其中 $\boldsymbol{V}$ 是初始估计量 $\hat{\boldsymbol{\theta}}$ 的协方差矩阵. 当权重矩阵等于 $\boldsymbol{V}^{-1}$ 时, 加权均方误差对参数的线性变换具有不变性. 均方误差等于

$$\mathrm{mse}(\tilde{\boldsymbol{\theta}}) = \mathbb{E}\big[(\tilde{\boldsymbol{\theta}} - \boldsymbol{\theta})'\boldsymbol{V}^{-1}(\tilde{\boldsymbol{\theta}} - \boldsymbol{\theta})\big]$$

为简单起见, 本章考虑均方误差的这个定义.

记均方误差为

$$
\begin{aligned}
\mathrm{mse}[\tilde{\boldsymbol{\theta}}] &= \mathbb{E}\big[\mathrm{tr}((\tilde{\boldsymbol{\theta}} - \boldsymbol{\theta})' \boldsymbol{V}^{-1}(\tilde{\boldsymbol{\theta}} - \boldsymbol{\theta}))\big] \\
&= \mathbb{E}[\mathrm{tr}(\boldsymbol{V}^{-1}(\tilde{\boldsymbol{\theta}} - \boldsymbol{\theta})(\tilde{\boldsymbol{\theta}} - \boldsymbol{\theta})')] \\
&= \mathrm{tr}\left(\boldsymbol{V}^{-1}\mathbb{E}[(\tilde{\boldsymbol{\theta}} - \boldsymbol{\theta})(\tilde{\boldsymbol{\theta}} - \boldsymbol{\theta})']\right) \\
&= \mathrm{bias}[\tilde{\boldsymbol{\theta}}]' \boldsymbol{V}^{-1}\mathrm{bias}[\tilde{\boldsymbol{\theta}}] + \mathrm{tr}(\boldsymbol{V}^{-1}\mathrm{var}[\tilde{\boldsymbol{\theta}}])
\end{aligned}
$$

第一个等号是因为标量是 1×1 矩阵, 等于矩阵的迹. 第二个等号是因为 $\mathrm{tr}(\boldsymbol{B}\boldsymbol{A}) = \mathrm{tr}(\boldsymbol{A}\boldsymbol{B})$. 第三个等号是因为迹运算是线性变换, 可交换期望和迹的顺序. (更多关于迹的运算, 见附录 A.11 节.) 最后一个等号是因为令 $\mathrm{bias}[\tilde{\boldsymbol{\theta}}] = \mathbb{E}[\tilde{\boldsymbol{\theta}} - \boldsymbol{\theta}]$.

现考虑初始估计量 $\hat{\boldsymbol{\theta}}$ 的均方误差, 假设它是无偏的, 方差为 $\boldsymbol{V}$, 其加权均方误差等于 $\mathrm{mse}[\hat{\boldsymbol{\theta}}] = \mathrm{tr}(\boldsymbol{V}^{-1}\mathrm{var}[\hat{\boldsymbol{\theta}}]) = \mathrm{tr}(\boldsymbol{V}^{-1}\boldsymbol{V}) = K$.

定理 15.1 $\mathrm{mse}[\hat{\boldsymbol{\theta}}] = K$.

我们想要找到能降低均方误差的估计量, 即加权均方误差小于 K 的估计量.

15.3 压缩

本节聚焦压缩估计, 将初始的估计量压缩向零向量. 最简单的压缩估计量的形式为 $\tilde{\boldsymbol{\theta}} = (1 - w)\hat{\boldsymbol{\theta}}$, 其中 $w \in [0, 1]$ 是压缩权重. 令 $w = 0$, 得到 $\tilde{\boldsymbol{\theta}} = \hat{\boldsymbol{\theta}}$ (没有压缩). 令 $w = 1$, 得到 $\tilde{\boldsymbol{\theta}} = \boldsymbol{0}$ (完全压缩). 这类估计量的均方误差很容易计算. 回顾 $\hat{\boldsymbol{\theta}} \sim (\boldsymbol{\theta}, \boldsymbol{V})$. 压缩估计量 $\tilde{\boldsymbol{\theta}}$ 的偏差为

$$
\mathrm{bias}[\tilde{\boldsymbol{\theta}}] = \mathbb{E}[\tilde{\boldsymbol{\theta}}] - \boldsymbol{\theta} = \mathbb{E}[(1 - w)\hat{\boldsymbol{\theta}}] - \boldsymbol{\theta} = -w\boldsymbol{\theta} \tag{15.1}
$$

方差为

$$
\mathrm{var}[\tilde{\boldsymbol{\theta}}] = \mathrm{var}[(1 - w)\hat{\boldsymbol{\theta}}] = (1 - w)^2 \boldsymbol{V} \tag{15.2}
$$

均方误差等于

$$
\begin{aligned}
\mathrm{mse}[\tilde{\boldsymbol{\theta}}] &= \mathrm{bias}[\tilde{\boldsymbol{\theta}}]' \boldsymbol{V}^{-1}\mathrm{bias}[\tilde{\boldsymbol{\theta}}] + \mathrm{tr}(\boldsymbol{V}^{-1}\mathrm{var}[\tilde{\boldsymbol{\theta}}]) \\
&= w\boldsymbol{\theta}' \boldsymbol{V}^{-1}w\boldsymbol{\theta} + \mathrm{tr}(\boldsymbol{V}^{-1}\boldsymbol{V}(1 - w)^2) \\
&= w^2 \boldsymbol{\theta}' \boldsymbol{V}^{-1}\boldsymbol{\theta} + (1 - w)^2 \mathrm{tr}(\boldsymbol{I}_K)
\end{aligned}
$$

$$= w^2\lambda + (1-w)^2 K \tag{15.3}$$

其中 $\lambda = \boldsymbol{\theta}'\boldsymbol{V}^{-1}\boldsymbol{\theta}$. 可推出下述定理.

定理 15.2　若 $\hat{\boldsymbol{\theta}} \sim (\boldsymbol{\theta}, \boldsymbol{V})$ 且 $\tilde{\boldsymbol{\theta}} = (1-w)\hat{\boldsymbol{\theta}}$, 则

1. 如果 $0 < w < 2K/(K+\lambda)$, $\mathrm{mse}[\tilde{\boldsymbol{\theta}}] < \mathrm{mse}[\hat{\boldsymbol{\theta}}]$.

2. 当压缩权重 $w_0 = K/(K+\lambda)$ 时, $\mathrm{mse}[\tilde{\boldsymbol{\theta}}]$ 达到最小.

3. 最小的均方误差为 $\mathrm{mse}[\tilde{\boldsymbol{\theta}}] = K\lambda/(K+\lambda)$.

定理的第一部分表明压缩权重使压缩估计的均方误差降低. 定理的第二部分表明均方误差最小化压缩权重是 K 和 λ 的简单函数, 其中 λ 是 $\boldsymbol{\theta}$ 相对估计方差大小的度量. 当 λ 较大时 (系数较大), 最优压缩权重 w_0 较小; 当 λ 较小时 (系数较小), 最优压缩权重 w_0 较大. 第三部分计算了最优均方误差, 比样本均值的 $\hat{\boldsymbol{\theta}}$ 的均方误差小很多. 例如, 若 $\lambda = K$, 则 $\mathrm{mse}[\tilde{\boldsymbol{\theta}}] = K/2$, 是 $\hat{\boldsymbol{\theta}}$ 的均方误差的 $1/2$.

由于 λ 未知, 无法计算最优压缩权重. 因此, 这个结果虽然很好, 但不实用.

考虑一个实用的压缩估计量. λ 的嵌入式估计量 $\hat{\lambda} = \hat{\boldsymbol{\theta}}'\boldsymbol{V}^{-1}\hat{\boldsymbol{\theta}}$, 其期望为 $\lambda + K$, 它是 λ 的有偏估计. 构造无偏估计量 $\hat{\lambda} = \hat{\boldsymbol{\theta}}'\boldsymbol{V}^{-1}\hat{\boldsymbol{\theta}} - K$. 把该估计量代入最优权重的公式, 得

$$\hat{w} = \frac{K}{K+\hat{\lambda}} = \frac{K}{\hat{\boldsymbol{\theta}}'\boldsymbol{V}^{-1}\hat{\boldsymbol{\theta}}} \tag{15.4}$$

把压缩系数 (shrinkage coefficient) c 代入分子 K, 得到压缩估计量

$$\tilde{\boldsymbol{\theta}} = \left(1 - \frac{c}{\hat{\boldsymbol{\theta}}'\boldsymbol{V}^{-1}\hat{\boldsymbol{\theta}}}\right)\hat{\boldsymbol{\theta}} \tag{15.5}$$

该估计量称为 **Stein-Rule** 估计量 (Stein-Rule estimator).

15.4　James-Stein 压缩估计

设估计量 $\hat{\boldsymbol{\theta}} \sim N(\boldsymbol{\theta}, \boldsymbol{V})$, 包括正态抽样模型中的样本均值.

James 和 Stein(1961) 发现了如下定理.

定理 15.3　James-Stein 定理. 设 $K > 2$. 对式 (15.5) 定义的估计量 $\tilde{\boldsymbol{\theta}}$, $\hat{\boldsymbol{\theta}} \sim N(\boldsymbol{\theta}, \boldsymbol{V})$, 有

1. $\mathrm{mse}[\tilde{\boldsymbol{\theta}}] = \mathrm{mse}[\hat{\boldsymbol{\theta}}] - c(2(K-2) - c)J_K$, 其中

$$J_K = \mathbb{E}\left[\frac{1}{\hat{\boldsymbol{\theta}}'\boldsymbol{V}^{-1}\hat{\boldsymbol{\theta}}}\right] > 0$$

2. 如果 $0 < c < 2(K-2)$, $\mathrm{mse}[\tilde{\boldsymbol{\theta}}] < \mathrm{mse}[\hat{\boldsymbol{\theta}}]$.

3. 当 $c = K - 2$ 时, $\mathrm{mse}[\tilde{\boldsymbol{\theta}}]$ 达到最小, 等于 $\mathrm{mse}[\tilde{\boldsymbol{\theta}}] = K - (K-2)^2 J_K$.

证明见 15.9 节.

定理的第一部分给出了压缩估计量式 (15.5) 的均方误差的表达式, 它依赖于参数 K 的个数、压缩常数 c 和期望 J_K. (15.5 节给出 J_K 的明确表达式.)

定理的第二部分表明 $\tilde{\boldsymbol{\theta}}$ 的均方误差小于其他压缩估计 $\hat{\boldsymbol{\theta}}$ 的. 不等号严格成立, 即 Stein-Rule 估计量的均方误差严格更小. 不等号对所有的参数 $\boldsymbol{\theta}$ 成立, 即为一致严格不等式. 故 Stein-Rule 估计量均方误差一致优于估计量 $\hat{\boldsymbol{\theta}}$. 第二部分由第一部分推出, $\mathrm{mse}[\hat{\boldsymbol{\theta}}] = K$, $J_K > 0$.

Stein-Rule 估计量依赖压缩参数 c 的选择. 第三部分表明当 $c = K - 2$ 时, 均方误差达到最小. 这由第一部分推出, 明确的表达式为

$$\tilde{\boldsymbol{\theta}}_{\mathrm{JS}} = \left(1 - \frac{K-2}{\hat{\boldsymbol{\theta}}'\boldsymbol{V}^{-1}\hat{\boldsymbol{\theta}}}\right)\hat{\boldsymbol{\theta}} \tag{15.6}$$

该估计量称为 **James-Stein 估计量**.

定理 15.3 的结果震惊了统计界. 在正态抽样模型中, 极大似然估计 $\hat{\boldsymbol{\theta}}$ 是 Cramér-Rao 有效的. 定理 15.3 表明压缩估计量 $\tilde{\boldsymbol{\theta}}$ 的均方误差小于极大似然估计 $\hat{\boldsymbol{\theta}}$ 的. 这是一个惊人的结果, 因为之前人们认为不可能找到一个估计量优于 Cramér-Rao 有效的极大似然估计.

定理 15.3 依赖于条件 $K > 2$, 即在三维或高维情况中压缩估计量一致地降低均方误差.

实际上, $\boldsymbol{V}$ 是未知的, 可代入估计量 $\hat{\boldsymbol{V}}$, 有

$$\tilde{\boldsymbol{\theta}}_{\mathrm{JS}} = \left(1 - \frac{K-2}{\hat{\boldsymbol{\theta}}'\hat{\boldsymbol{V}}^{-1}\hat{\boldsymbol{\theta}}}\right)\hat{\boldsymbol{\theta}}$$

协方差 $\boldsymbol{V}$ 的估计量 $\hat{\boldsymbol{V}}$ 利用有限样本或渐近理论修正, 我们在此不做讨论.

定理 15.3 的证明利用了 Stein 引理的某个结果. 它是简单但著名的分部积分的应用.

定理 15.4 Stein 引理 (Stein's lemma). 若 $\boldsymbol{X} \sim N(\boldsymbol{\theta}, \boldsymbol{V})$, $g(\boldsymbol{x}) : \mathbb{R}^K \to \mathbb{R}^K$ 是绝对连续的, 则

$$\mathbb{E}[g(\boldsymbol{X})'\boldsymbol{V}^{-1}(\boldsymbol{X} - \boldsymbol{\theta})] = \mathbb{E}\left[\mathrm{tr}\left(\frac{\partial}{\partial \boldsymbol{x}}g(\boldsymbol{X})'\right)\right]$$

证明见 15.9 节.

15.5 数值计算

利用数值方法计算 $\tilde{\boldsymbol{\theta}}_{\text{JS}}$ 式 (15.6) 的均方误差, 结果见图 15-1. 如下所示, J_K 是 $\lambda = \boldsymbol{\theta}'\boldsymbol{V}^{-1}\boldsymbol{\theta}$ 的函数.

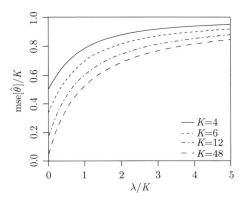

图 15-1　James-Stein 估计量的均方误差

绘制 $\text{mse}[\tilde{\boldsymbol{\theta}}]/K$ 的图像, 它是 λ/K 的函数, 其中 $K = 4, 6, 12, 48$. 由图可知, 函数的值一致小于 1 (极大似然估计的标准均方误差), 对较小和中等的 λ 都满足. 随着 K 增加, 均方误差降低, 当 K 较大时, 均方误差降低得更多. 随着 λ 的增加, 均方误差增加, 逐渐趋近于 $\hat{\boldsymbol{\theta}}$ 的均方误差 K.

绘图需要 J_K 的数值解. 求数值解的每个公式需要技术计算.

由定理 5.23 得, 随机变量 $\hat{\boldsymbol{\theta}}'\boldsymbol{V}^{-1}\hat{\boldsymbol{\theta}}$ 服从非中心卡方分布 $\chi_K^2(\lambda)$, 自由度为 K, 非中心参数为 λ, 密度定义如式 (3.4). 利用该定义, 得到 J_K 的明确表达式.

定理 15.5　对 $K > 2$,

$$J_K = \sum_{i=0}^{\infty} \frac{e^{-\lambda/2}}{i!} \frac{(\lambda/2)^i}{K + 2i - 2} \tag{15.7}$$

证明见 15.9 节.

该和为收敛级数. 图 15-1 展示了该级数前 200 项计算的 J_K.

15.6 Stein 效应的解释

James-Stein 定理 (定理 15.3) 的结果可能与之前理论产生冲突. 样本均值 $\hat{\boldsymbol{\theta}}$ 是极大似然估计, 它是方差最小且无偏的, 是 Cramér-Rao 有效的. James-Stein 压缩估计量的均方误差是如何达到一致更低的呢?

部分是因为之前的理论是在一定条件下的. Cramér-Rao 下界定理 (定理 10.6) 讨论的是无偏估计量, 因此没有考虑压缩估计. James-Stein 估计量降低了均方误差. 但是由于它是有偏的, 不是 Cramér-Rao 有效的. 因此, James-Stein 定理 (定理 15.3) 和 Cramér-Rao 下界定理 (定理 10.6) 并不冲突. 相反, 二者是互补的. 一方面, Cramér-Rao 下界定理给出了无偏估计类中方差最小的估计量. 另一方面, James-Stein 定理说明放宽无偏性的假设, 存在比极大似然估计的均方误差更小的估计量.

当 λ 较小时, James-Stein 估计量使均方误差降低较多. 此时, 参数 $\boldsymbol{\theta}$ 相对估计的方差 $\boldsymbol{V}$ 较小. 因此, 读者需要谨慎地选择中心点 (centering point).

15.7 估计的正部分

简单的 James-Stein 估计量有一个奇怪的性质, 会导致 "过压缩" (over-shrink). 当 $\hat{\boldsymbol{\theta}}'\boldsymbol{V}^{-1}\hat{\boldsymbol{\theta}} < K - 2$ 时, $\tilde{\boldsymbol{\theta}}$ 的符号与 $\hat{\boldsymbol{\theta}}$ 相反. 这并不合理, 可进一步改进. 一般的解决方法是限制压缩权重式 (15.4) 小于 1, 只使用 "正部分":

$$\tilde{\boldsymbol{\theta}}^+ = \begin{cases} \tilde{\boldsymbol{\theta}}, & \hat{\boldsymbol{\theta}}'\boldsymbol{V}^{-1}\hat{\boldsymbol{\theta}} \geqslant K - 2 \\ \boldsymbol{0}, & \hat{\boldsymbol{\theta}}'\boldsymbol{V}^{-1}\hat{\boldsymbol{\theta}} < K - 2 \end{cases}$$

$$= \left(1 - \frac{K-2}{\hat{\boldsymbol{\theta}}'\boldsymbol{V}^{-1}\hat{\boldsymbol{\theta}}}\right)_+ \hat{\boldsymbol{\theta}}$$

其中 $(a)_+ = \max[a, 0]$ 是函数的 "正部分". 或者, 记为

$$\tilde{\boldsymbol{\theta}}^+ = \hat{\boldsymbol{\theta}} - \left(\frac{K-2}{\hat{\boldsymbol{\theta}}'\boldsymbol{V}^{-1}\hat{\boldsymbol{\theta}}}\right)_1 \hat{\boldsymbol{\theta}}$$

其中 $(a)_1 = \min[a, 1]$.

正部分的估计量同时执行 "选择" 和 "压缩". 若 $\hat{\boldsymbol{\theta}}'\boldsymbol{V}^{-1}\hat{\boldsymbol{\theta}}$ 足够小, $\tilde{\boldsymbol{\theta}}^+$ "选择" 0. 当 $\hat{\boldsymbol{\theta}}'\boldsymbol{V}^{-1}\hat{\boldsymbol{\theta}}$ 中等大小时, $\tilde{\boldsymbol{\theta}}^+$ 使 $\hat{\boldsymbol{\theta}}$ 向 0 压缩. 当 $\hat{\boldsymbol{\theta}}'\boldsymbol{V}^{-1}\hat{\boldsymbol{\theta}}$ 非常大时, $\tilde{\boldsymbol{\theta}}^+$ 接近原始的估计量 $\hat{\boldsymbol{\theta}}$.

现在说明, 正部分估计量的均方误差一致地低于未修正的 James-Stein 估计量.

定理 15.6 在定理 15.3 的假设下, 有

$$\text{mse}[\tilde{\boldsymbol{\theta}}^+] < \text{mse}[\tilde{\boldsymbol{\theta}}] \tag{15.8}$$

定理 15.7 给出了均方误差的表达式.

定理 15.7 在定理 15.3 的假设下, 有

$$\mathrm{mse}[\tilde{\boldsymbol{\theta}}^+] = \mathrm{mse}[\tilde{\boldsymbol{\theta}}] - 2KF_K(K-2,\lambda) + KF_{K+2}(K-2,\lambda) + \lambda F_{K+4}(K-2,\lambda) +$$

$$(K-2)^2 \sum_{i=1}^{\infty} \frac{\mathrm{e}^{-\lambda/2}}{i!} \left(\frac{\lambda}{2}\right)^i \frac{F_{K+2i-2}(K-2)}{K+2i-2}$$

其中 $F_r(x)$ 和 $F_r(x,\lambda)$ 是中心和非中心卡方分布的分布函数.

定理 15.6 和定理 15.7 的证明见 15.9 节.

图 15-2 展示了未修正 (图中的 "JS") 和正部 (图中的 "JS+") 的 James-Stein 估计量, 其中 $K=4, 12$. 当 $K=4$ 时, 相对于未修正的估计量, 正部估计量的均方误差减小了, 特别是对较小的 λ. 当 $K=12$ 时, 两个估计量的均方误差差异更小.

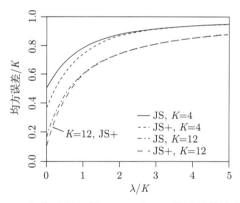

图 15-2 未修正和正部 James-Stein 估计量的均方误差

综上, 正部变换是对未修正的 James-Stein 估计量的重要改进. 它更合理, 且降低了均方误差. 更宽泛地说, 强加边界条件往往可改善修正估计量的性质.

15.8 总结

James-Stein 估计量是一种特殊的压缩估计量, 它具有良好的有效性质. 具有这种性质的不仅有压缩估计量或压缩类估计量. "模型选择" 和 "机器学习" 的方法都涉及压缩技术, 这些方法在统计学和计量经济学中变得越来越流行. 核心都涉及偏差–方差的权衡. 通过缩小参数空间或压缩到预先选定的点, 可减少估计方差. 这会产生偏差, 但这种权衡可能是有益的.

15.9 技术证明*

定理 15.3 证明 (第一部分)   利用 $\tilde{\boldsymbol{\theta}}$ 的定义, 展开二次项为

$$
\begin{aligned}
\mathrm{mse}[\tilde{\boldsymbol{\theta}}] &= \mathbb{E}\left[(\tilde{\boldsymbol{\theta}} - \boldsymbol{\theta})' \boldsymbol{V}^{-1} (\tilde{\boldsymbol{\theta}} - \boldsymbol{\theta})\right] \\
&= \mathbb{E}\left[\left(\hat{\boldsymbol{\theta}} - \boldsymbol{\theta} - \hat{\boldsymbol{\theta}} \frac{c}{\hat{\boldsymbol{\theta}}' \boldsymbol{V}^{-1} \hat{\boldsymbol{\theta}}}\right)' \boldsymbol{V}^{-1} \left(\hat{\boldsymbol{\theta}} - \boldsymbol{\theta} - \hat{\boldsymbol{\theta}} \frac{c}{\hat{\boldsymbol{\theta}}' \boldsymbol{V}^{-1} \hat{\boldsymbol{\theta}}}\right)\right] \\
&= \mathbb{E}\left[(\hat{\boldsymbol{\theta}} - \boldsymbol{\theta})' \boldsymbol{V}^{-1} (\hat{\boldsymbol{\theta}} - \boldsymbol{\theta})\right] + c^2 \mathbb{E}\left[\frac{1}{\hat{\boldsymbol{\theta}}' \boldsymbol{V}^{-1} \hat{\boldsymbol{\theta}}}\right] - 2c \mathbb{E}\left[\frac{\hat{\boldsymbol{\theta}}' \boldsymbol{V}^{-1} (\hat{\boldsymbol{\theta}} - \boldsymbol{\theta})}{\hat{\boldsymbol{\theta}}' \boldsymbol{V}^{-1} \hat{\boldsymbol{\theta}}}\right] \quad (15.9)
\end{aligned}
$$

式 (15.9) 的第一项等于 $\mathrm{mse}[\hat{\boldsymbol{\theta}}] = K$. 第二项等于 $c^2 J_K$. 第三项等于 $-2c$ 乘以 $\mathbb{E}[g(\hat{\boldsymbol{\theta}})' \boldsymbol{V}^{-1} (\hat{\boldsymbol{\theta}} - \boldsymbol{\theta})]$, 这里定义 $g(\boldsymbol{x}) = \boldsymbol{x}(\boldsymbol{x}' \boldsymbol{V}^{-1} \boldsymbol{x})^{-1}$. 利用矩阵微分, 得

$$
\mathrm{tr}\left(\frac{\partial}{\partial \boldsymbol{x}} g(\boldsymbol{x})'\right) = \mathrm{tr}\left(\boldsymbol{I}_K (\boldsymbol{x}' \boldsymbol{V}^{-1} \boldsymbol{x})^{-1} - 2\boldsymbol{V}^{-1} \boldsymbol{x}\boldsymbol{x}' (\boldsymbol{x}' \boldsymbol{V}^{-1} \boldsymbol{x})^{-2}\right) = \frac{K-2}{\boldsymbol{x}' \boldsymbol{V}^{-1} \boldsymbol{x}} \quad (15.10)
$$

应用 Stein 引理, 得

$$
\begin{aligned}
\mathbb{E}\left[g(\hat{\boldsymbol{\theta}})' \boldsymbol{V}^{-1} (\hat{\boldsymbol{\theta}} - \boldsymbol{\theta})\right] &= \mathbb{E}\left[\mathrm{tr}\left(\frac{\partial}{\partial \boldsymbol{x}} g(\hat{\boldsymbol{\theta}})'\right)\right] \\
&= \mathbb{E}\left[\frac{K-2}{\hat{\boldsymbol{\theta}}' \boldsymbol{V}^{-1} \hat{\boldsymbol{\theta}}}\right] \\
&= (K-2) J_K
\end{aligned}
$$

第二行是因为式 (15.10), 最后一行利用了 J_K 的定义. 已经证明式 (15.9) 的第三行等于 $-2c(K-2) J_K$. 三者相加, 式 (15.9) 等于

$$
\mathrm{mse}[\tilde{\boldsymbol{\theta}}] = \mathrm{mse}[\hat{\boldsymbol{\theta}}] + c^2 J_K - 2c(K-2) J_K = \mathrm{mse}[\hat{\boldsymbol{\theta}}] - c(2(K-2) - c) J_K
$$

即为定理的第一部分.   ∎

定理 15.4 证明   为简单起见, 设 $\boldsymbol{V} = \boldsymbol{I}_K$.

由于多元正态密度为 $\phi(\boldsymbol{x}) = (2\pi)^{-K/2} \exp(-\boldsymbol{x}'\boldsymbol{x}/2)$, 则

$$
\frac{\partial}{\partial \boldsymbol{x}} \phi(\boldsymbol{x} - \boldsymbol{\theta}) = -(\boldsymbol{x} - \boldsymbol{\theta}) \phi(\boldsymbol{x} - \boldsymbol{\theta})
$$

利用分部积分, 有

$$\mathbb{E}[g(\boldsymbol{X})'(\boldsymbol{X} - \boldsymbol{\theta})] = \int g(\boldsymbol{x})'(\boldsymbol{x} - \boldsymbol{\theta})\phi(\boldsymbol{x} - \boldsymbol{\theta})\mathrm{d}\boldsymbol{x}$$

$$= -\int g(\boldsymbol{x})' \frac{\partial}{\partial \boldsymbol{x}}\phi(\boldsymbol{x} - \boldsymbol{\theta})\mathrm{d}\boldsymbol{x}$$

$$= \int \mathrm{tr}\left(\frac{\partial}{\partial \boldsymbol{x}}g(\boldsymbol{x})'\right)\phi(\boldsymbol{x} - \boldsymbol{\theta})\mathrm{d}\boldsymbol{x}$$

$$= \mathbb{E}\left[\mathrm{tr}\left(\frac{\partial}{\partial \boldsymbol{x}}g(\boldsymbol{X})'\right)\right]$$

命题得证. ∎

定理 15.5 证明 利用式 (3.4), 并对每项求积分, 计算

$$J_K = \int_0^\infty x^{-1}f_K(x, \lambda)\mathrm{d}x = \sum_{i=1}^\infty \frac{\mathrm{e}^{-\lambda/2}}{i!}\left(\frac{\lambda}{2}\right)^i \int_0^\infty x^{-1}f_{K+2i}(x)\mathrm{d}x$$

卡方密度满足 $x^{-1}f_r(x) = (r-2)^{-1}f_{r-2}(x)$, $r > 2$. 故

$$\int_0^\infty x^{-1}f_r(x)\mathrm{d}x = \frac{1}{r-2}\int_0^\infty f_{r-2}(x)\mathrm{d}x = \frac{1}{r-2}$$

将其代入上式, 得式 (15.7). ∎

定理 15.6 证明 定义 $Q_K = \hat{\boldsymbol{\theta}}'\boldsymbol{V}^{-1}\hat{\boldsymbol{\theta}}$. 注意

$$(\tilde{\boldsymbol{\theta}} - \boldsymbol{\theta})'\boldsymbol{V}^{-1}(\tilde{\boldsymbol{\theta}} - \boldsymbol{\theta}) - (\tilde{\boldsymbol{\theta}}^+ - \boldsymbol{\theta})'\boldsymbol{V}^{-1}(\tilde{\boldsymbol{\theta}}^+ - \boldsymbol{\theta})$$

$$= \tilde{\boldsymbol{\theta}}'\boldsymbol{V}^{-1}\tilde{\boldsymbol{\theta}} - \tilde{\boldsymbol{\theta}}^{+\prime}\boldsymbol{V}^{-1}\tilde{\boldsymbol{\theta}}^+ + 2\boldsymbol{\theta}'\boldsymbol{V}^{-1}(\tilde{\boldsymbol{\theta}} - \tilde{\boldsymbol{\theta}}^+)$$

$$= \left(\tilde{\boldsymbol{\theta}}'\boldsymbol{V}^{-1}\tilde{\boldsymbol{\theta}} - \tilde{\boldsymbol{\theta}}^{+\prime}\boldsymbol{V}^{-1}\tilde{\boldsymbol{\theta}}^+ + 2\boldsymbol{\theta}'\boldsymbol{V}^{-1}(\tilde{\boldsymbol{\theta}} - \tilde{\boldsymbol{\theta}}^+)\right)\mathbb{1}\{Q_K < K - 2\}$$

$$= (\tilde{\boldsymbol{\theta}}'\boldsymbol{V}^{-1}\tilde{\boldsymbol{\theta}} + 2\boldsymbol{\theta}'\boldsymbol{V}^{-1}\tilde{\boldsymbol{\theta}})\mathbb{1}\{Q_K < K - 2\}$$

$$\geqslant 2\boldsymbol{\theta}'\boldsymbol{V}^{-1}\tilde{\boldsymbol{\theta}}\mathbb{1}\{Q_K < K - 2\}$$

$$= 2\boldsymbol{\theta}'\boldsymbol{V}^{-1}\hat{\boldsymbol{\theta}}\left(1 - \frac{K-2}{Q_K}\right)\mathbb{1}\{Q_K < K - 2\}$$

$$\geqslant 0$$

第二个等号成立是因为事件 $Q_K \geqslant K - 2$ 发生时, 等式为 0. 第三个等号成立是因为事件 $Q_K < K - 2$ 发生时, $\tilde{\boldsymbol{\theta}}^+ = \mathbf{0}$. 第一个不等式当 $\tilde{\boldsymbol{\theta}} = \mathbf{0}$ 时 (即零概率事件) 等号

成立. 最后的等号根据 $\tilde{\theta}$ 的定义得到. 最后的不等式是因为事件 $Q_K \geqslant K - 2$ 发生时, $(K - 2)/Q_K \geqslant 1$.

取期望得, $\mathrm{mse}[\tilde{\theta}] - \mathrm{mse}[\tilde{\theta}^+] > 0$, 命题得证. ■

定理 15.7 证明   定义 $Q_K = \hat{\theta}' \boldsymbol{V}^{-1} \hat{\theta} \sim \chi_K(\lambda)$. 估计量记为

$$\tilde{\theta}^+ = \hat{\theta} - \frac{(K-2)}{Q_K} \hat{\theta} - h(\hat{\theta})$$

其中

$$h(\boldsymbol{x}) = \boldsymbol{x} \left(1 - \frac{K-2}{\boldsymbol{x}' \boldsymbol{V}^{-1} \boldsymbol{x}} \right) \mathbb{1}\{\boldsymbol{x}' \boldsymbol{V}^{-1} \boldsymbol{x} < K - 2\}$$

注意

$$\mathrm{tr}\left(\frac{\partial}{\partial \boldsymbol{x}} h(\boldsymbol{x})' \right) = \mathrm{tr}\left(\boldsymbol{I}_K \left(1 - \frac{K-2}{\boldsymbol{x}' \boldsymbol{V}^{-1} \boldsymbol{x}} \right) - 2 \left(\frac{K-2}{(\boldsymbol{x}' \boldsymbol{V}^{-1} \boldsymbol{x})^2} \right) \boldsymbol{V}^{-1} \boldsymbol{x} \boldsymbol{x}' \right) \mathbb{1}\{\boldsymbol{x}' \boldsymbol{V}^{-1} \boldsymbol{x} < K-2\}$$

$$= \left(K - \frac{(K-2)^2}{\boldsymbol{x}' \boldsymbol{V}^{-1} \boldsymbol{x}} \right) \mathbb{1}\{\boldsymbol{x}' \boldsymbol{V}^{-1} \boldsymbol{x} < K - 2\}$$

利用这些公式、$\tilde{\theta}$ 的定义和二次项展开, 有

$$\mathrm{mse}[\tilde{\theta}^+] = \mathbb{E}[(\tilde{\theta} - \theta)' \boldsymbol{V}^{-1} (\tilde{\theta} - \theta)] +$$

$$\mathbb{E}[h(\hat{\theta})' \boldsymbol{V}^{-1} h(\hat{\theta})] +$$

$$\mathbb{E}\left[\frac{2(K-2)}{Q_K} \hat{\theta}' \boldsymbol{V}^{-1} h(\hat{\theta}) \right] -$$

$$2 \mathbb{E}[h(\hat{\theta})' \boldsymbol{V}^{-1} (\hat{\theta} - \theta)]$$

计算这四项, 得

$$\mathbb{E}\left[(\tilde{\theta} - \theta)' \boldsymbol{V}^{-1} (\tilde{\theta} - \theta) \right] = \mathrm{mse}[\tilde{\theta}]$$

$$\mathbb{E}[h(\hat{\theta})' \boldsymbol{V}^{-1} h(\hat{\theta})] = \mathbb{E}\left[\left(Q_K - 2(K-2) + \frac{(K-2)^2}{Q_K} \right) \mathbb{1}\{Q_K < K-2\} \right]$$

$$\mathbb{E}\left[\frac{2(K-2)}{Q_K} \hat{\theta}' \boldsymbol{V}^{-1} h(\hat{\theta}) \right] = \mathbb{E}\left[\left(2(K-2) - 2 \frac{(K-2)^2}{Q_K} \right) \mathbb{1}\{Q_K < K-2\} \right]$$

$$\mathbb{E}[h(\hat{\theta})' \boldsymbol{V}^{-1} (\hat{\theta} - \theta)] = \mathbb{E}\left[\left(K - \frac{(K-2)^2}{Q_K} \right) \mathbb{1}\{Q_K < K-2\} \right]$$

最后一行利用了 Stein 引理. 求和得

$$\mathrm{mse}[\tilde{\boldsymbol{\theta}}^+] = \mathrm{mse}[\tilde{\boldsymbol{\theta}}] - \mathbb{E}\left[\left(2K - Q_K - \frac{(K-2)^2}{Q_K}\right)\mathbb{1}\{Q_K < K-2\}\right]$$

$$= \mathrm{mse}[\tilde{\boldsymbol{\theta}}] - 2KF_K(K-2, \lambda) + \int_0^{K-2} x f_K(x, \lambda)\mathrm{d}x + (K-2)^2 \int_0^{K-2} x^{-1} f_K(x, \lambda)\mathrm{d}x$$

$$(15.11)$$

利用非中心卡方分布密度函数的定义式 (3.4), 得

$$f_K(x, \lambda) = \frac{K}{x} f_{K+2}(x, \lambda) + \frac{\lambda}{x} f_{K+4}(x, \lambda) \tag{15.12}$$

计算

$$\int_0^{K-2} x f_K(x, \lambda)\mathrm{d}x = K \int_0^{K-2} f_{K+2}(x, \lambda)\mathrm{d}x + \lambda \int_0^{K-2} f_{K+4}(x, \lambda)\mathrm{d}x$$

$$= K F_{K+2}(K-2, \lambda) + \lambda F_{K+4}(K-2, \lambda)$$

利用非中心卡方分布密度函数式 (3.4) 和 $\lambda = 0$ 时的式 (15.12), 计算

$$\int_0^{K-2} x^{-1} f_K(x, \lambda)\mathrm{d}x = \sum_{i=0}^\infty \frac{\mathrm{e}^{-\lambda/2}}{i!}\left(\frac{\lambda}{2}\right)^i \int_0^{K-2} x^{-1} f_{K+2i}(x)\mathrm{d}x$$

$$= \sum_{i=0}^\infty \frac{\mathrm{e}^{-\lambda/2}}{i!}\left(\frac{\lambda}{2}\right)^i \frac{1}{K+2i-2} \int_0^{K-2} f_{K+2i-2}(x)\mathrm{d}x$$

$$= \sum_{i=0}^\infty \frac{\mathrm{e}^{-\lambda/2}}{i!}\left(\frac{\lambda}{2}\right)^i \frac{F_{K+2i-2}(K-2)}{K+2i-2}$$

综上, 可得

$$\mathrm{mse}[\tilde{\boldsymbol{\theta}}^+] = \mathrm{mse}[\tilde{\boldsymbol{\theta}}] - 2KF_K(K-2, \lambda) + KF_{K+2}(K-2, \lambda) + \lambda F_{K+4}(K-2, \lambda) +$$

$$(K-2)^2 \sum_{i=0}^\infty \frac{\mathrm{e}^{-\lambda/2}}{i!}\left(\frac{\lambda}{2}\right)^i \frac{F_{K+2i-2}(K-2)}{K+2i-2}$$

命题得证. ∎

习题

15.1 令 $\overline{X}_n$ 表示随机样本的样本均值. 考虑估计量 $\hat{\theta} = \overline{X}_n$, $\tilde{\theta} = \overline{X}_n - c$ 和 $\bar{\theta} = c\overline{X}_n$, 其中 $0 < c < 1$.

(a) 计算三个估计量的均值和方差.

(b) 在均方误差准则下比较三个估计量.

15.2 令 $\hat{\theta}$ 和 $\tilde{\theta}$ 为两个估计量. 设 $\hat{\theta}$ 是无偏的, $\tilde{\theta}$ 是有偏的但方差比 $\hat{\theta}$ 小 0.09.

(a) 如果 $\tilde{\theta}$ 的偏差为 -0.1, 哪个估计量的均方误差更小?

(b) 当 $\tilde{\theta}$ 的偏差为何值时, 两个估计量的均方误差相等.

15.3 令标量 $X \sim N(\theta, \sigma^2)$. 利用 Stein 引理 (定理 15.4), 计算下述结果:

(a) $\mathbb{E}[g(X)(X - \theta)]$, 其中 $g(x)$ 是标量连续函数.

(b) $\mathbb{E}[X^3(X - \theta)]$.

(c) $\mathbb{E}[\sin(X)(X - \theta)]$.

(d) $\mathbb{E}[\exp(tX)(X - \theta)]$.

(e) $\mathbb{E}\left[\left(\dfrac{X}{1 + X^2}\right)(X - \theta)\right]$.

15.4 设 $\hat{\boldsymbol{\theta}} \sim N(\mathbf{0}, \boldsymbol{V})$. 计算下述结果.

(a) λ.

(b) 定理 15.5 中的 J_K.

(c) $\mathrm{mse}[\hat{\boldsymbol{\theta}}]$.

(d) $\mathrm{mse}[\tilde{\boldsymbol{\theta}}_{\mathrm{JS}}]$.

15.5 Bock (1975, 定理 A) 证明了若 $\boldsymbol{X} \sim N(\boldsymbol{\theta}, \boldsymbol{I}_K)$, 则对任意标量函数 $g(x)$, 有

$$\mathbb{E}[\boldsymbol{X} h(\boldsymbol{X}'\boldsymbol{X})] = \boldsymbol{\theta}\mathbb{E}[h(Q_{K+2})]$$

其中 $Q_{K+2} \sim \chi^2_{K+2}(\lambda)$. 设 $\hat{\boldsymbol{\theta}} \sim N(\boldsymbol{\theta}, \boldsymbol{I}_K)$, $\tilde{\boldsymbol{\theta}}_{\mathrm{JS}} = \left(1 - \dfrac{K - 2}{\hat{\boldsymbol{\theta}}'\hat{\boldsymbol{\theta}}}\right)\hat{\boldsymbol{\theta}}$.

(a) 利用 Bock 的结论计算 $\mathbb{E}\left[\dfrac{1}{\hat{\boldsymbol{\theta}}'\hat{\boldsymbol{\theta}}}\hat{\boldsymbol{\theta}}\right]$. 用函数 J_K 表示结果.

(b) 计算 $\tilde{\boldsymbol{\theta}}_{\mathrm{JS}}$ 的偏差.

(c) 描述偏差. 偏差是下降的、上升的, 还是趋于 0?

第 16 章　贝叶斯方法

16.1　引言

目前为止, 我们探讨的都是**经典的** (classical) 或**频率学派** (frequentist) 统计方法. 另一种统计方法称为**贝叶斯** (Bayesian) **统计**. 频率学派统计理论把概率模型的参数视为未知且固定的. 贝叶斯统计理论把概率模型的参数视为随机变量. 给定观测样本, 对参数进行推断. 两种方法都有优点和缺点.

贝叶斯方法简要总结如下. 选定一个概率模型 $f(x|\theta)$, 如第 10 章中, 得到样本的联合密度 $L_n(x|\theta)$. 也可给出参数的先验分布 $\pi(\theta)$, 得到随机变量和参数的联合分布 $L_n(x|\theta)\pi(\theta)$. 给定观测数据 X, 参数 θ 的条件分布 (利用贝叶斯公式计算) 称为 "后验分布" $\pi(\theta|X)$. 在贝叶斯分析中, 后验分布刻画了给定数据、模型和先验的参数信息. 参数 θ 的标准贝叶斯估计量是后验均值 $\hat{\theta} = \int_{\Theta} \theta\pi(\theta|X)\mathrm{d}\theta$. 区间估计量利用**可信集** (credible set) 构建, 覆盖概率通过后验分布计算. 标准贝叶斯可信集利用最高后验密度原则构造. 贝叶斯检验利用最大的真值后验概率选择假设. 一类重要的先验分布是共轭先验. 共轭先验是一类具有特定似然的分布族, 共轭分布族的后验和先验同属于一类分布族.

贝叶斯方法的第一个优点是提供了一个统一连贯的估计和推断方法, 避免了复杂抽样分布的问题. 第二个优点是贝叶斯方法能够推出类似 James-Stein 估计的压缩估计量, 与极大似然估计相比, 可以有效地改进估计的精度.

贝叶斯方法的一个潜在缺点是计算具有复杂性. 教材中只探讨简单模型, 脱离教材常常不存在后验分布和估计量的解析形式, 必须使用数值算法. 好消息是, 贝叶斯计量经济学的计算方法已取得巨大进步, 计算复杂的缺点已不再是障碍. 贝叶斯方法的另一个缺点是结果依赖于先验分布的选择. 在大多数应用中, 常常根据数学便利性选择先验, 其结果和这种便利性选择有关. 当数据关于参数的信息很少时, 贝叶斯后验与先验类似, 推断结果是关于先验的, 而不是真实世界的. 贝叶斯方法的第三个缺点是大多只适用于参数模型. 贝叶斯估计大致是极大似然估计的类推 (不是矩估计的). 然而, 大多数计量模型是半参数或非参数的. 尽管贝叶斯方法可拓展到非参数领域, 但不是常见的做法.

第四个缺点是当观测值存在非模型相依性 (聚集或时间序列) 或模型误设时, 很难得到稳健的贝叶斯推断方法. 相依性 (模型或无模型) 不是本书探讨的重点, 是《计量经济学》探讨的重点.

贝叶斯计量经济学的入门教材请参考 Koop、Poirier 和 Tobias (2007). 理论性质参考 Lehmann 和 Casella (1998)、van der Vaart (1998).

16.2 贝叶斯概率模型

贝叶斯方法应用在完全概率模型背景中. 设随机变量 X 的概率模型为 $f(x|\theta)$, 其中参数空间为 $\theta \in \Theta$. 在贝叶斯分析中, 假设模型是正确设定的, 即真实的分布 $f(x)$ 在假设的参数族中.

贝叶斯推断的关键是把参数 θ 视为随机的. 一个理解是, 未知量 (如参数) 是随机的, 直到不确定性消除. 设参数 θ 有概率密度 $\pi(\theta)$, 称其为**先验** (prior). 先验是观测数据之前参数的分布. 先验的支撑集应等于 Θ. 如果 $\pi(\theta)$ 的支撑集是 Θ 的严格子集, 等价于将 θ 限制在该子集上.

先验的选择是贝叶斯分析中的关键一步. 选择先验的方法很多, 包括主观法、客观法和压缩法. **主观法** (subjectivist) 是指先验反映参数的先验信念, 刻画已有信息. 合理的先验应当是对已有信息的总结. 此时, 估计和推断的目标是利用数据集更新已有信息. 贝叶斯方法适用于个人使用、商业决策和政策制定, 因为在这些应用中信息是明确的. 然而, 在探讨科学问题时, 不同的人可能有不同的先验, 贝叶斯方法可能产生不同的结果. **客观法** (objectivist) 是指参数的先验是无信息的. 估计和推断的目标是了解数据如何描述现实. 这是一种科学的方法, 困难在于存在多种无信息先验. **压缩法** (shrinkage) 是指把先验作为得到正则化估计, 提高估计精度的工具. 利用压缩法选择的先验与 Stein-Rule 估计使用的约束相似. 贝叶斯压缩的优点是不必囿于 Stein-Rule 估计理论. 缺点是没有选择压缩程度的准则.

X 和 θ 的联合密度为

$$f(x,\theta) = f(x|\theta)\pi(\theta)$$

这是联合密度的一个标准分解: 条件密度 $f(x|\theta)$ 和边缘密度 $\pi(\theta)$ 的乘积. X 的**边缘密度** (marginal density) 等于联合密度对 θ 积分

$$m(x) = \int_\Theta f(x,\theta)\mathrm{d}\theta$$

例如, 设模型为 $X \sim N(\theta,1)$, 先验为 $\theta \sim N(0,1)$. 由定理 5.17 得 (X,θ) 的联合分布是

二元正态分布, 其均值为 $(0,0)'$, 协方差矩阵为 $\begin{bmatrix} 2 & 1 \\ 1 & 1 \end{bmatrix}$. X 的边缘密度为 $X \sim N(0, 2)$.

来自 $f(x|\theta)$ 的 n 个独立样本 $X = (X_1, X_2, \cdots, X_n)$ 的联合分布为

$$L_n(x|\theta) = \prod_{i=1}^{n} f(x_i|\theta)$$

其中 $x = (x_1, x_2, \cdots, x_n)$. X 和 θ 的联合密度为

$$f(x, \theta) = L_n(x|\theta)\pi(\theta)$$

X 的边缘密度为

$$m(x) = \int_{\Theta} f(x, \theta)\mathrm{d}\theta = \int_{\Theta} L_n(x|\theta)\pi(\theta)\mathrm{d}\theta$$

在简单的分布假设下, 可直接计算边缘密度. 然而, 在许多应用中, 边缘密度的计算需要使用数值方法, 通常会导致应用问题中的计算难度增加.

16.3　后验密度

设随机样本的样本量为 n, 观测值是来自模型 $f(x|\theta)$ 的独立同分布样本, θ 为参数. 代入观测值 X, 联合条件密度 $L_n(x|\theta)$ 是似然函数 $L_n(X|\theta) = L_n(\theta)$. 边缘密度 $m(x)$ 称为**边缘似然** (marginal likelihood) $m(X)$.

贝叶斯公式表明给定 $X = x$, 参数的条件密度等于

$$\pi(\theta|x) = \frac{f(x, \theta)}{\displaystyle\int_{\Theta} f(x, \theta)\mathrm{d}\theta} = \frac{L_n(x|\theta)\pi(\theta)}{m(x)}$$

条件为 $X = x$. 由于许多作者把贝叶斯方法描述为数据是固定的. 这种说法不太正确, 但有助于理解. 正确的表述是贝叶斯方法以给定数据为条件.

把观测值 X 代入条件密度, 该条件密度称为 θ 的**后验密度** (posterior density), 或简称**后验** (posterior):

$$\pi(\theta|X) = \frac{f(X, \theta)}{\displaystyle\int_{\Theta} f(X, \theta)\mathrm{d}\theta} = \frac{L_n(X|\theta)\pi(\theta)}{m(X)}$$

其中 "先验" 和 "后验" 表示: 先验 $\pi(\theta)$ 是观测数据之前 θ 的分布, 后验 $\pi(\theta|X)$ 是观测数据之后 θ 的分布.

考虑之前的例子, 设 $X \sim N(\theta, 1)$, $\theta \sim N(0, 1)$. 由定理 5.17 得, θ 得后验密度为 $\theta \sim N\left(\dfrac{X}{2}, \dfrac{1}{2}\right)$.

16.4 贝叶斯估计

极大似然估计量在 $\theta \in \Theta$ 上最大化似然函数 $L(X|\theta)$. 标准的贝叶斯估计量是后验密度的均值,

$$\hat{\theta}_{\text{Bayes}} = \int_{\Theta} \theta \pi(\theta|X) \mathrm{d}\theta = \frac{\int_{\Theta} \theta L_n(X|\theta) \pi(\theta) \mathrm{d}\theta}{m(X)}$$

称为**贝叶斯估计量** (Bayes estimator) 或**后验均值** (posterior mean).

一种修正估计量的方法如下. 令 $\ell(T, \theta)$ 表示损失函数, 其中 $T = T(X)$ 是估计量, θ 为真值. 该损失函数是利用 T 估计 θ 产生的损失 (利润损失, 效用损失). 估计量 T 的**贝叶斯风险** (Bayes risk) 是用后验密度 $\pi(\theta|X)$ 计算得到的数学期望:

$$R(T|X) = \int_{\Theta} \ell(T, \theta) \pi(\theta|X) \mathrm{d}\theta$$

可解释为以后验为权重的加权损失.

给定损失函数 $\ell(T, \theta)$, 最优的贝叶斯估计量通过最小化贝叶斯风险得到. 原则上, 对不同的经济问题可定义不同的损失函数, 求解指定的估计量. 然而, 在实践中, 除了几个经典的损失函数外, 很难找到使贝叶斯风险达到最小的估计量 T.

最常用的损失函数是二次损失

$$\ell(\boldsymbol{T}, \boldsymbol{\theta}) = (\boldsymbol{T} - \boldsymbol{\theta})'(\boldsymbol{T} - \boldsymbol{\theta})$$

此时, 贝叶斯风险为

$$\begin{aligned}
R(\boldsymbol{T}|X) &= \int_{\Theta} (\boldsymbol{T} - \boldsymbol{\theta})'(\boldsymbol{T} - \boldsymbol{\theta}) \pi(\boldsymbol{\theta}|X) \mathrm{d}\boldsymbol{\theta} \\
&= \boldsymbol{T}'\boldsymbol{T} \int_{\Theta} \pi(\boldsymbol{\theta}|X) \mathrm{d}\boldsymbol{\theta} - 2\boldsymbol{T}' \int_{\Theta} \boldsymbol{\theta} \pi(\boldsymbol{\theta}|X) \mathrm{d}\boldsymbol{\theta} + \int_{\Theta} \boldsymbol{\theta}'\boldsymbol{\theta} \pi(\boldsymbol{\theta}|X) \mathrm{d}\boldsymbol{\theta} \\
&= \boldsymbol{T}'\boldsymbol{T} - 2\boldsymbol{T}'\hat{\boldsymbol{\theta}}_{\text{Bayes}} + \hat{\mu}_2
\end{aligned}$$

其中 $\hat{\boldsymbol{\theta}}_{\text{Bayes}}$ 是后验均值, $\hat{\mu}_2 = \displaystyle\int_{\Theta} \boldsymbol{\theta}'\boldsymbol{\theta} \pi(\boldsymbol{\theta}|X) \mathrm{d}\boldsymbol{\theta}$. 二次风险是 $\boldsymbol{T}$ 的线性二次函数. 最小化的一阶条件是 $0 = 2\boldsymbol{T} - 2\hat{\boldsymbol{\theta}}_{\text{Bayes}}$, 即 $\boldsymbol{T} = \hat{\boldsymbol{\theta}}_{\text{Bayes}}$. 故后验均值在二次损失下最小化贝叶斯风险.

再例如, 对标量 θ 考虑绝对损失 $\ell(T, \theta) = |T - \theta|$. 此时, 贝叶斯风险为

$$R(T|X) = \int_{\Theta} |T - \theta| \pi(\theta|X) \mathrm{d}\theta$$

当

$$\tilde{\theta}_{\text{Bayes}} = \text{median}(\theta|X)$$

是后验密度的中位数时, 风险达到最小. 故后验中位数是绝对损失下的贝叶斯估计量.

上述例子表明, 贝叶斯估计量通过给定损失函数后的后验分布计算. 在实践中, 最常用的是后验均值, 其次是后验中位数.

16.5　参数化先验

通常定义先验密度 $\pi(\theta|\boldsymbol{\alpha})$ 是参数空间 Θ 上的参数分布. 参数先验依赖于参数 α, α 控制先验的形状 (中心位置和分散程度). 先验密度通常从标准参数族中选择.

先验参数族的选择部分依赖于参数空间 Θ.

1. 概率 (如伯努利模型中的 p) 落在 $[0, 1]$ 上, 需要限制在该区间上的分布. 贝塔分布是一个自然的选择.

2. 方差落在 $\mathbb{R}_+$ 上, 需要限制在正实轴上的分布. 伽马或逆伽马分布是自然的选择.

3. 正态分布的均值 μ 是无约束的, 需要无约束的分布. 正态分布是自然的选择.

给定参数先验 $\pi(\theta|\alpha)$, 选择先验参数 α. 选择先验参数时考虑中心位置和分散程度. 以正态分布的均值 μ 为例, 考虑先验 $N(\overline{\mu}, \nu)$. 先验的中心为 $\overline{\mu}$, 分散程度由 ν 控制, 二者控制先验的形状.

客观法、主观法和压缩法的先验参数选择方法可能不同. 客观法的先验是相对无信息的, 后验刻画了数据中关于参数的信息. 因此, 客观法设置的中心参数使先验相对集中在参数空间的中心, 设置的分散参数使先验散布在整个参数空间. 例如, 正态先验 $N(0, \nu)$, 其中 ν 相对较大. 主观法在已有研究和信息的基础上, 设置的中心参数与参数可能取值的已有信息相匹配. 分散参数的大小与参数的已有信息多少有关. 如果关于某个参数的信息是优质的, 可设置分散参数相对较小; 如果信息是模糊的, 可设置分散参数相对较大, 类似于客观法的先验. 压缩法把先验中心位置参数设置在 "默认" 参数值附近, 通过分散参数控制压缩程度. 设置恰当的分散参数可能弥补有限的样本信息. 贝叶斯估计量可把不精确的极大似然估计压缩向默认的参数值, 减小估计方差.

16.6　正态–伽马分布

下述层级分布广泛使用在正态抽样模型的贝叶斯分析中.

$$X|\nu \sim N(\mu, 1/(\lambda\nu))$$

$$\nu \sim \text{gamma}(\alpha, \beta)$$

其中参数为 $(\mu, \lambda, \alpha, \beta)$, 记为 $(X, \nu) \sim \text{NormalGamma}(\mu, \lambda, \alpha, \beta)$.

(X, ν) 的联合密度为

$$f(x, \nu|\mu, \lambda, \alpha, \beta) = \frac{\lambda^{1/2}\beta^\alpha}{\sqrt{2\pi}}\nu^{\alpha-1/2}\exp(-\nu\beta)\exp\left(-\frac{\lambda\nu(X-\mu)^2}{2}\right)$$

分布的矩为

$$\mathbb{E}[X] = \mu$$

$$\mathbb{E}[\nu] = \frac{\alpha}{\beta}$$

X 的边缘分布是尺度化学生 t 分布. 定义 $Z = \sqrt{\lambda\nu}(X-\mu) \sim N(0,1)$. 由于 Z 和 ν 独立, Z 和 $Q = 2\beta\nu \sim \chi^2_{2\alpha}$ 独立. 故 $Z/\sqrt{Q/2\alpha}$ 服从自由度为 2α 的学生 t 分布. 把 X 转换为

$$X - \mu = \sqrt{\frac{\beta}{\lambda\alpha}}\frac{Z}{\sqrt{Q/2\alpha}}$$

服从尺度参数为 $\beta/(\lambda\alpha)$, 自由度为 2α 的尺度化学生 t 分布.

16.7　共轭先验

若先验分布 $\lambda(\theta)$ 和后验分布 $\pi(\theta|X)$ 属于同一个参数分布族, 则称先验 $\pi(\theta)$ 与似然函数 $L(X|\theta)$ 共轭 (conjugate). 共轭性为估计和推断提供便利, 因为在这种情况下, 后验均值和其他感兴趣的统计量通过简单的计算得到. 因此需要了解如何计算共轭先验 (当其存在时).

为方便表述, 定义某个正比于密度的函数. 若 $g(\theta) = cf(\theta)$, $c > 0$, 则称 $g(\theta)$ **正比于** (proportional) 密度 $f(\theta)$, 记为 $g(\theta) \propto f(\theta)$. 对于似然函数和后验分布, 常数 c 可能依赖于数据 X, 但不能与 θ 有关. 可计算常数 c, 但选择共轭先验时, c 的具体值并不重要.

例如,

1. $g(p) = p^x(1-p)^y$ 正比于贝塔密度 beta$(1+x, 1+y)$.
2. $g(\theta) = \theta^a \exp(-\theta b)$ 正比于伽马密度 gamma$(1+a, b)$.
3. $g(\mu) = \exp(-a(\mu-b)^2)$ 正比于正态密度 $N(b, 1/2a)$.

公式

$$\pi(\theta|X) = \frac{L_n(X|\theta)\pi(\theta|\alpha)}{m(X)}$$

表明后验正比于似然函数和先验的乘积. 当下述两个条件成立时, 后验和先验属于同一类参数族.

1. 似然函数视为参数 θ 的函数正比于 $\pi(\theta|\alpha)$, α 为参数.
2. 乘积 $\pi(\theta|\alpha_1)\pi(\theta|\alpha_2)$ 正比于 $\pi(\theta|\alpha)$, α 为参数.

上述条件表明后验正比于 $\pi(\theta|\alpha)$, 因此, 先验与似然函数共轭.

给出满足第二个条件的参数族的一些例子可能是有帮助的. 第二个条件是密度的乘积和先验属于同一个分布族.

例 1 贝塔分布.

$$\text{beta}(\alpha_1, \beta_1) \times \text{beta}(\alpha_2, \beta_2) \propto x^{\alpha_1-1}(1-x)^{\beta_1-1}x^{\alpha_2-1}(1-x)^{\beta_2-1}$$

$$= x^{\alpha_1+\alpha_2-2}(1-x)^{\beta_1+\beta_2-2}$$

$$\propto \text{beta}(\alpha_1 + \alpha_2 - 1, \beta_1 + \beta_2 - 1)$$

例 2 伽马分布.

$$\text{gamma}(\alpha_1, \beta_1) \times \text{gamma}(\alpha_2, \beta_2) \propto x^{\alpha_1-1}\exp(-x\beta_1)x^{\alpha_2-1}\exp(-x\beta_2)$$

$$= x^{\alpha_1+\alpha_2-2}\exp(-x(\beta_1+\beta_2))$$

$$\propto \text{gamma}(\alpha_1 + \alpha_2 - 1, \beta_1 + \beta_2)$$

其中 $\alpha_1 + \alpha_2 > 1$.

例 3 正态分布.

$$N(\mu_1, 1/\nu_1) \times N(\mu_2, 1/\nu_2) \propto N(\overline{\mu}, 1/\overline{\nu}) \tag{16.1}$$

$$\overline{\mu} = \frac{\nu_1\mu_1 + \nu_2\mu_2}{\nu_1 + \nu_2}$$

$$\overline{\nu} = \nu_1 + \nu_2$$

此处, 正态分布的参数使用精度 $\nu = 1/\sigma^2$ 而不是方差. 这通常是因为贝叶斯分析中的代数运算的便利性. 代数推导见习题 16.1.

例 4 正态–伽马分布.

$$\text{NormalGamma}(\mu_1, \lambda_1, \alpha_1, \beta_1) \times \text{NormalGamma}(\mu_2, \lambda_2, \alpha_2, \beta_2)$$

$$= N(\mu_1, 1/(\lambda_1 \nu)) \times N(\mu_2, 1/(\lambda_2 \nu)) \times \text{gamma}(\alpha_1, \beta_1) \times \text{gamma}(\alpha_2, \beta_2)$$

$$\propto N\left(\frac{\lambda_1 \mu_1 + \lambda_2 \mu_2}{\lambda_1 + \lambda_2}, \frac{1}{(\lambda_1 + \lambda_2)\nu}\right) \text{gamma}(\alpha_1 + \alpha_2 - 1, \beta_1 + \beta_2)$$

$$= \text{NormalGamma}\left(\frac{\lambda_1 \mu_1 + \lambda_2 \mu_2}{\lambda_1 + \lambda_2}, \lambda_1 + \lambda_2, \alpha_1 + \alpha_2 - 1, \beta_1 + \beta_2\right)$$

16.8 伯努利抽样

概率质量函数为 $f(x|p) = p^x(1-p)^{1-x}$.

考虑有 n 个观测值的随机样本. 令 $S_n = \sum_{i=1}^n X_i$. 似然函数为

$$L_n(X|p) = p^{S_n}(1-p)^{n-S_n}$$

似然函数正比于密度 $p \sim \text{beta}(1 + S_n, 1 + n - S_n)$. 由于多个贝塔密度的乘积仍然是贝塔密度, 这表明伯努利似然函数的共轭先验是贝塔密度.

给定贝塔先验

$$\pi(p|\alpha, \beta) = \frac{p^{\alpha-1}(1-p)^{\beta-1}}{\text{B}(\alpha, \beta)}$$

似然函数和先验的乘积为

$$L_n(X|p)\pi(p|\alpha, \beta) \propto p^{S_n}(1-p)^{n-S_n} p^{\alpha-1}(1-p)^{\beta-1}$$

$$= p^{S_n + \alpha - 1}(1-p)^{n-S_n+\beta-1}$$

$$\propto \text{beta}(p|S_n + \alpha, n - S_n + \beta)$$

参数 p 的后验密度为

$$\pi(p|X) = \text{beta}(x|S_n + \alpha, n - S_n + \beta)$$

$$= \frac{p^{S_n + \alpha - 1}(1-p)^{n-S_n+\beta-1}}{\text{B}(S_n + \alpha, n - S_n + \beta)}$$

由于 beta(α, β) 的均值为 $\alpha/(\alpha + \beta)$, 后验均值 (p 的贝叶斯估计量) 为

$$\hat{p}_{\text{Bayes}} = \int_0^1 p\ \pi(p|X)\mathrm{d}p$$
$$= \frac{S_n + \alpha}{n + \alpha + \beta}$$

参数 p 的极大似然估计为

$$\hat{p}_{\text{mle}} = \frac{S_n}{n}$$

图 16-1 展示了先验 beta$(5, 5)$ 和样本量为 $n = 10$ 和 $n = 30$ 的两个后验. 极大似然估计都是 $\hat{p} = 0.8$. 先验的中心是 0.5, 包含最大的概率质量, 即参数 p 的先验可信值接近 0.5. 从另一种视角看, 贝叶斯估计量把极大似然估计压缩向 0.5. 后验密度是有偏的, 后验均值分别为 $\hat{p} = 0.65$ 和 $\hat{p} = 0.725$, 用箭头标记在图中, 从后验密度指向横轴. 后验密度是先验和极大似然估计信息的混合, 其中极大似然估计的权重随着样本量的增加而增大.

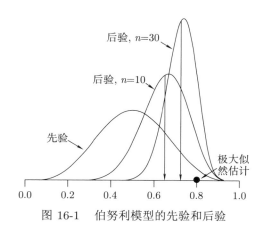

图 16-1　伯努利模型的先验和后验

16.9　正态抽样

如前所述, 贝叶斯分析通常把模型参数写为**精度** (precision) $\nu = \sigma^{-2}$ 而不是方差. 似然函数可写为 μ 和 ν 的函数

$$L(X|\mu, \nu) = \frac{\nu^{n/2}}{(2\pi)^{n/2}} \exp\left(-\frac{\sum_{i=1}^n (X_i - \mu)^2}{2/\nu} \right)$$

$$= \frac{\nu^{n/2}}{(2\pi)^{n/2}} \exp\left(-\nu\frac{n\hat{\sigma}_{\text{mle}}^2}{2}\right) \exp\left(-n\nu\frac{(\overline{X}_n - \mu)^2}{2}\right) \qquad (16.2)$$

其中 $\hat{\sigma}_{\text{mle}}^2 = n^{-1} \sum_{i=1}^{n} (X_i - \overline{X}_n)^2$.

考虑三种情况: ν 已知时, μ 的估计; $\mu = 0$ 时, ν 的估计; μ 和 ν 的估计.

ν 已知时, μ 的估计. 似然函数是 μ 的函数, 正比于 $N(\overline{X}_n, 1/(n\nu))$. 自然的共轭先验是正态分布. 令先验为 $\pi(\mu) = N(\overline{\mu}, 1/\overline{\nu})$, 其中 $\overline{\mu}$ 是位置参数, $\overline{\nu}$ 是尺度参数.

似然函数和先验的乘积为

$$L_n(X|\mu)\pi(\mu|\overline{\mu}, \overline{\nu}) = N\big(\overline{X}_n, 1/(n\nu)\big) \times N(\overline{\mu}, 1/\overline{\nu})$$

$$\propto N\left(\frac{n\nu\overline{X}_n + \overline{\nu} \cdot \overline{\mu}}{n\nu + \overline{\nu}}, \frac{1}{n\nu + \overline{\nu}}\right)$$

$$= \pi(\mu|X)$$

故后验密度为 $N\left(\dfrac{n\nu\overline{X}_n + \overline{\nu} \cdot \overline{\mu}}{n\nu + \overline{\nu}}, \dfrac{1}{n\nu + \overline{\nu}}\right)$. 参数 μ 的后验均值 (贝叶斯估计量) 为

$$\hat{\mu}_{\text{Bayes}} = \frac{n\nu\overline{X}_n + \overline{\nu} \cdot \overline{\mu}}{n\nu + \overline{\nu}}$$

该估计量是样本均值 $\overline{X}_n$ 和先验均值 $\overline{\mu}$ 的加权平均. 当 $n\nu$ 较大 (估计方差较小) 或 $\overline{\nu}$ 较小时, 样本均值的权重较大; 否则, 样本均值的权重较小. 对固定的先验, 随着样本量 n 的增加, 后验均值收敛到样本均值 $\overline{X}_n$.

先验尺度参数 $\overline{\nu}$ 的一种解释是 "相对于方差观测值的数量". 假设不利用先验, 增加 $N = \overline{\nu}/\nu$ 个观测值到原来的样本中, 每个观测值都为 $\overline{\mu}$. 扩充后的样本均值等于 $\hat{\mu}_{\text{Bayes}}$. 因此, 一种确定 $\overline{\nu}$ 相对于 ν 大小的方法是根据观测值数量考虑先验信息.

$\mu = 0$ 时, ν 的估计. 令 $\mu = 0$, $\tilde{\sigma}_{\text{mle}}^2 = n^{-1} \sum_{i=1}^{n} X_i^2$. 似然函数等于

$$L_n(X|\nu) = \frac{\nu^{n/2}}{(2\pi)^{n/2}} \exp\left(-\nu\frac{n\tilde{\sigma}_{\text{mle}}^2}{2}\right)$$

正比于 $\text{gamma}\left(1 + n/2, \sum_{i=1}^{n} X_i^2/2\right)$. 自然的共轭先验是伽马分布. 令先验 $\pi(\nu) = \text{gamma}(\alpha, \beta)$, 其中均值为 $\overline{\nu} = \alpha/\beta$, 控制位置. 或者, 通过 $\overline{\sigma}^2 = 1/\overline{\nu} = \beta/\alpha$ 控制位置. 随着 α 和 β 的增加, ν 的分散程度增加 (σ^2 的分散程度减小).

似然函数和先验的乘积为

$$L_n(X|\nu)\pi(\nu|\alpha,\beta) = \text{gamma}\left(1 + \frac{n}{2}, \frac{n\tilde{\sigma}_{\text{mle}}^2}{2}\right) \times \text{gamma}(\alpha, \beta) \propto$$

$$\text{gamma}\left(\frac{n}{2} + \alpha, \frac{n\tilde{\sigma}_{\text{mle}}^2}{2} + \beta\right)$$

$$= \pi(\nu|X)$$

后验密度为 $\text{gamma}\left(n/2 + \alpha, \frac{1}{2}n\tilde{\sigma}_{\text{mle}}^2 + \beta\right) = \chi_{n+\alpha}^2/(n\tilde{\sigma}_{\text{mle}}^2 + 2\beta)$. 精度 ν 的后验均值 (贝叶斯估计量) 为

$$\hat{\nu}_{\text{Bayes}} = \frac{\dfrac{n}{2} + \alpha}{\dfrac{n}{2}\tilde{\sigma}_{\text{mle}}^2 + \beta} = \frac{n + 2\alpha}{n\tilde{\sigma}_{\text{mle}}^2 + 2\alpha\overline{\sigma}^2}$$

其中第二个等号利用了关系 $\beta = \alpha\overline{\sigma}^2$. 方差 σ^2 的估计量是精度估计量的倒数,

$$\hat{\sigma}_{\text{Bayes}}^2 = \frac{n\tilde{\sigma}_{\text{mle}}^2 + 2\alpha\overline{\sigma}^2}{n + 2\alpha}$$

这是极大似然估计 $\tilde{\sigma}_{\text{mle}}^2$ 和先验值 $\overline{\sigma}^2$ 的加权平均, 当 n 较大或 α 较小时, 极大似然估计的权重较大, 其中 α 对应 σ^2 分布的尺度参数的先验.

先验参数 α 也可从观测值数量的角度解释. 假设增加 2α 个观测值到样本中, 每个值都等于 $\overline{\sigma}$. 扩充后样本的极大似然估计等于 $\hat{\sigma}_{\text{Bayes}}^2$. 故先验参数 α 可解释为关于 σ^2 的可信度, 以观测值数量度量.

μ 和 ν 的估计. 似然函数式 (16.2) 是 (μ, ν) 的函数, 正比于

$$(\mu, \nu) \sim \text{NormalGamma}(\overline{X}_n, n, (n+1)/2, n\hat{\sigma}_{\text{mle}}^2/2)$$

由此得自然共轭先验是正态–伽马分布.

令先验为 $\text{NormalGamma}(\overline{\mu}, \lambda, \alpha, \beta)$. 参数 $\overline{\mu}$ 和 λ 控制先验均值 μ 的位置和尺度. 参数 α 和 β 控制先验参数 ν 的位置和尺度. 如前所述, 通常定义 $\overline{\sigma}^2 = \beta/\alpha$ 为先验方差的位置参数. 我们可以将参数 λ 解释为估计 μ 时, 先验控制的观测值数量参数 2α 解释为估计 ν 时, 先验控制的观测值数量.

似然函数和先验的乘积为

$$L_n(X|\mu,\nu)\pi(\mu,\nu|\overline{\mu},\lambda,\alpha,\beta) = \mathrm{NormalGamma}\left(\overline{X}_n, n, \frac{n+1}{2}, \frac{n\hat{\sigma}^2_{\mathrm{mle}}}{2}\right) \times$$

$$\mathrm{NormalGamma}(\overline{\mu},\lambda,\alpha,\beta) \propto$$

$$\mathrm{NormalGamma}\left(\frac{n\overline{X}_n + \lambda\overline{\mu}}{n+\lambda}, n+\lambda, \frac{n-1}{2}+\alpha, \frac{n\hat{\sigma}^2_{\mathrm{mle}}}{2}+\beta\right)$$

$$= \pi(\mu,\nu|X)$$

故后验密度是正态–伽马的.

μ 的后验均值为

$$\hat{\mu}_{\mathrm{Bayes}} = \frac{n\overline{X}_n + \lambda\overline{\mu}}{n+\lambda}$$

是样本均值和先验均值的简单加权平均, 权重分别为 n 和 λ. 先验参数 λ 可解释为先验控制的观测值的数量.

ν 的后验均值为

$$\hat{\nu}_{\mathrm{Bayes}} = \frac{n-1+2\alpha}{n\hat{\sigma}^2_{\mathrm{mle}}+2\beta}$$

方差 σ^2 的估计量为

$$\hat{\sigma}^2_{\mathrm{Bayes}} = \frac{(n-1)s^2 + 2\alpha\overline{\sigma}^2}{n-1+2\alpha}$$

其中 $\beta = \alpha\overline{\sigma}^2$, $s^2 = (n-1)^{-1}\sum_{i=1}^{n}(X_i - \overline{X}_n)^2$. 贝叶斯估计量是修正偏差的方差估计量 s^2 和先验值 $\overline{\sigma}^2$ 的加权平均, 当 n 较大或 α 较小时, s^2 的权重较大.

知道边缘后验密度是有用的. 利用正态–伽马分布的性质, μ 的边缘后验密度是尺度化学生 t 分布, 均值为 $\hat{\mu}_{\mathrm{Bayes}}$, 自由度为 $n-1+2\alpha$, 尺度参数为 $1/\big((n+\lambda)\hat{\nu}_{\mathrm{Bayes}}\big)$. ν 的边缘后验为

$$\mathrm{gamma}\left((n-1)/2+\alpha, \frac{1}{2}n\hat{\sigma}^2_{\mathrm{mle}}+\beta\right) = \chi^2_{n-1+2\alpha}/(n\hat{\sigma}^2_{\mathrm{mle}}+2\beta)$$

当先验集 $\lambda = \alpha = \beta = 0$ 时, 它们对应样本均值的精确分布和正态抽样模型的方差估计量.

图 16-2 展示了正态模型均值 μ 的边缘先验和两个边缘后验, 边缘后验的样本量分别为 $n=10$ 和 $n=30$. 极大似然估计 (MLE) 为 $\hat{\mu}=1$ 和 $1/\hat{\sigma}^2=0.5$. 先验分布为 $\mathrm{NormalGamma}(0,3,2,2)$. 边缘先验和后验都是学生 t 分布. 后验均值利用从后验密度到横轴的箭头表示, 随着 n 的增加, 后验均值逐渐靠近极大似然估计.

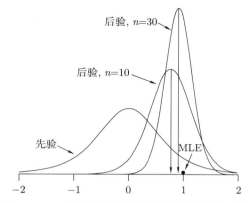

图 16-2　正态模型均值的边缘先验和边缘后验

图 16-3 展示了正态模型精度的边缘先验和两个边缘后验, 样本量、极大似然估计和先验和图 16-1 中的相同. 边缘先验分布和边缘后验分布是伽马分布. 先验分布是扩散的, 故后验均值接近极大似然估计 (MLE).

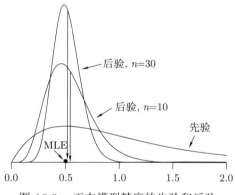

图 16-3　正态模型精度的先验和后验

16.10　可信集

实值参数 θ 的区间估计量是一个区间 $C = [L, U]$, 区间是观测值的函数. 贝叶斯区间估计选择区间 C 作为可信区域, 视参数是随机的, 且在给定观测样本的条件下. 相反, 频率统计选择区间作为置信区域, 视参数是固定的, 且观测值是随机的.

定义 16.1　参数 θ 的 $1 - \eta$ **可信区间** (credible interval) 是区间估计量 $C = [L, U]$, 满足

$$\mathbb{P}[\theta \in C | X] = 1 - \eta$$

可信区间 C 是数据的函数, 计算概率时将 C 视为固定的. 因此, 随机性在参数 θ 中, 而不是 C 中. 可信区间的概率由 θ 的后验计算,

$$\mathbb{P}[\theta \in C|X] = \int_C \pi(\theta|X)\mathrm{d}\theta$$

贝叶斯统计中最常用的方法是按照最高后验密度 (HPD) 原则选择 C. 最高后验密度区间是所有 $1-\eta$ 可信区间中长度最短的.

定义 16.2   令 $\pi(\theta|X)$ 表示后验密度. 若 C 是一个区间, 满足

$$\int_C \pi(\theta|X)\mathrm{d}\theta = 1-\eta$$

且对所有的 $\theta_1, \theta_2 \in C$, 都有

$$\pi(\theta_1|X) \geqslant \pi(\theta_2|X)$$

则区间 C 被称为概率 $1-\eta$ 的**最高后验密度** (highest posterior density, HPD) 区间.

最高后验密度区间通过 (边缘) 后验集构建. 给定后验密度 $\pi(\theta|X)$, $1-\eta$ 最高后验密度区间 $C = [L, U]$ 满足 $\pi(L|X) = \pi(U|X)$ 和 $\int_L^U \pi(\theta|X)\mathrm{d}\theta = 1-\eta$. 大多数情况下, 不存在可信区间的解析解. 然而, 可通过数值方法求解下列方程. 令 $F(\theta)$、$f(\theta)$ 和 $Q(\eta)$ 分别表示后验分布、密度和分位数函数. 下端点 L 通过求解方程

$$f(L) = f\big(Q(1-\eta+F(L))\big) = 0$$

得到. 给定 L, 区间上端点是 $U = Q\big(1-\eta+F(L)\big)$.

例 5   正态均值. 考虑均值 μ 和精度 ν 未知的正态抽样模型. μ 的边缘密度是尺度化学生 t 分布, 其均值为 $\hat{\mu}_{\text{Bayes}}$, 自由度为 $n-1+2\alpha$, 尺度参数为 $1/\big((n+\lambda)\hat{\nu}_{\text{Bayes}}\big)$. 由于学生 t 分布是对称分布, 最高后验密度可信区间关于 $\hat{\mu}_{\text{Bayes}}$ 对称. $1-\eta$ 可信区间等于

$$C = \left[\hat{\mu}_{\text{Bayes}} - \frac{q_{1-\eta/2}}{\sqrt{(n+\lambda)\hat{\nu}_{\text{Bayes}}}}, \quad \hat{\mu}_{\text{Bayes}} + \frac{q_{1-\eta/2}}{\sqrt{(n+\lambda)\hat{\nu}_{\text{Bayes}}}}\right]$$

其中 $q_{1-\eta/2}$ 是自由度为 $n-1-2\alpha$ 的学生 t 分布的 $1-\eta/2$ 分位数. 当先验系数 λ 和 α 较小时, 可信区间和正态抽样模型下 $1-\eta$ 经典 (频率) 置信区间类似.

图 16-4 展示了图 16-2 中 $n = 10$ 时均值的后验密度. 95% 贝叶斯可信区间用水平线标记, 箭头指向横轴. 箭头间后验密度的面积等于 95%, 两个端点的后验密度高度相等, 故该区间是最高后验密度可信区间. 贝叶斯估计量 (后验均值) 用箭头标记. 极

大似然估计 (MLE) 和 95% 置信区间也标记在图中, 置信区间的箭头在横轴下方. 贝叶斯可信区间的长度比经典置信区间长度短, 因为贝叶斯方法利用先验信息加强对均值的推断.

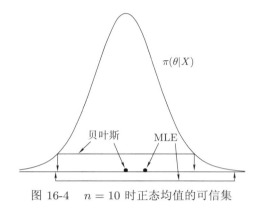

图 16-4 $n = 10$ 时正态均值的可信集

例 6   正态方差. 考虑同样的正态模型, 构建 ν 的可信区间, 其边缘密度为 $\chi^2_{n-1+2\alpha}/(n\hat{\sigma}^2_{\mathrm{mle}} + 2\beta)$. 由于后验是不对称的, 可信集也是不对称的.

图 16-5 展示了图 16-3 中 $n = 10$ 时均值的后验密度. 95% 贝叶斯可信区间用水平线标记, 箭头指向横轴. 不同于之前的例子, 后验是不对称的, 可信集关于后验均值 (用 "贝叶斯" 标记) 也是不对称的. 极大似然估计 (MLE) 和 95% 置信区间也标记在图中, 置信区间的箭头在横轴下方. 贝叶斯可信区间的长度比经典置信区间长度短, 因为贝叶斯方法利用了先验信息. 然而, 在本例中差别不是很大, 因为先验是相对扩散的, 即关于精度的先验信息并不充分.

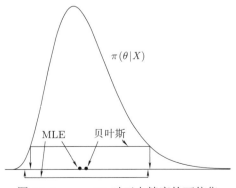

图 16-5 $n = 10$ 时正态精度的可信集

如果考虑精度变换的置信区间, 该变换可直接用于可信集的端点. 在本例中, 端点为 $L = 0.17$ 和 $U = 0.96$. 因此, 方差 σ^2 的 95% 最高后验密度可信区间为 $[1/0.96, 1/0.17] = [1.04, 5.88]$, 标准差为 $[1/\sqrt{0.96}, 1/\sqrt{0.17}] = [1.02, 2.43]$.

16.11 贝叶斯假设检验

一般来说, 相比于频率学派的计量经济学家, 贝叶斯计量经济学家较少地使用假设检验, 即便使用其形式也非常不同. 不同于奈曼–皮尔逊的假设检验方法, 贝叶斯检验尝试计算哪个模型为真的概率最高. 贝叶斯假设把模型视为对称的, 而不是标记为 "原假设" 和 "备择假设".

假设我们有 J 个模型或假设, 记为 $\mathbb{H}_j$, $j = 1, 2, \cdots, J$. 每个模型 $\mathbb{H}_j$ 包含参数密度 $f_j(x|\boldsymbol{\theta}_j)$, 其中 $\boldsymbol{\theta}_j$ 是向量值, 似然函数为 $L_j(X|\boldsymbol{\theta}_j)$, 先验密度为 $\pi_j(\boldsymbol{\theta}_j)$, 边缘似然为 $m_j(X)$, 后验密度为 $\pi_j(\boldsymbol{\theta}_j|X)$. 此外, 定义每个模型为真的先验概率:

$$\pi_j = \mathbb{P}[\mathbb{H}_j]$$

其中

$$\sum_{j=1}^{J} \pi_j = 1$$

利用贝叶斯公式, 模型 $\mathbb{H}_j$ 为真的后验概率为

$$\pi_j(X) = \mathbb{P}[\mathbb{H}_j|X] = \frac{\pi_j m_j(X)}{\sum_{i=1}^{J} \pi_i m_i(X)}$$

贝叶斯检验选择具有最高后验概率的模型. 由于公式的分母在每个模型中是相同的, 等价于选择 $\pi_j m_j(X)$ 最大的模型. 当所有的模型给定相同的先验概率 (对诊断贝叶斯假设检验是常用的), 等价于选择具有最高边缘似然函数 $m_j(X)$ 的模型.

当比较两个模型 $\mathbb{H}_1$ 和 $\mathbb{H}_2$ 时, 如果

$$\pi_1 m_1(X) < \pi_2 m_2(X)$$

选择 $\mathbb{H}_2$. 或等价地, 如果

$$1 < \frac{\pi_2}{\pi_1} \frac{m_2(X)}{m_1(X)}$$

选择 $\mathbb{H}_2$.

使用如下术语. $\mathbb{H}_2$ 相对 $\mathbb{H}_1$ 的**先验比率** (prior odds) 为 π_2/π_1. $\mathbb{H}_2$ 相对 $\mathbb{H}_1$ 的**后验比率** (posterior odds) 为 $\pi_2(X)/\pi_1(X)$. $\mathbb{H}_2$ 相对 $\mathbb{H}_1$ 的**贝叶斯因子** (Bayes factor) 为 $m_2(X)/m_1(X)$. 因此, 当 $\mathbb{H}_2$ 相对 $\mathbb{H}_1$ 的后验比率超过 1 或先验比率乘以贝叶斯因子超过 1 时, 选择 $\mathbb{H}_2$. 当模型的先验概率相同时, $\mathbb{H}_2$ 相对 $\mathbb{H}_1$ 的贝叶斯因子超过 1 时, 选择 $\mathbb{H}_2$.

16.12 正态模型中的抽样性质

本节介绍贝叶斯估计量的抽样性质, 并与频率估计量比较. 在正态模型中, μ 的贝叶斯估计量为

$$\hat{\mu}_{\text{Bayes}} = \frac{n\overline{X}_n + \lambda\overline{\mu}}{n + \lambda}$$

现计算估计量的偏差、方差和精确抽样分布.

定理 16.1 在正态抽样模型中,

1. $\mathbb{E}[\hat{\mu}_{\text{Bayes}}] = \dfrac{n\mu + \lambda\overline{\mu}}{n + \lambda}$.

2. $\text{bias}[\hat{\mu}_{\text{Bayes}}] = \dfrac{\lambda}{n + \lambda}(\overline{\mu} - \mu)$.

3. $\text{var}[\hat{\mu}_{\text{Bayes}}] = \dfrac{\sigma^2}{n + \lambda}$.

4. $\hat{\mu}_{\text{Bayes}} \sim N\left(\dfrac{n\mu + \lambda\overline{\mu}}{n + \lambda}, \dfrac{\sigma^2}{n + \lambda}\right)$.

因此, 当 $\lambda > 0$ 时, 贝叶斯估计量降低了方差 (相对于样本均值). 当 $\lambda > 0$ 且 $\overline{\mu} \neq \mu$ 时贝叶斯估计量存在偏差. 贝叶斯估计量的抽样分布是正态分布.

16.13 渐近分布

如果极大似然估计是渐近正态的, 对应的贝叶斯估计量在大样本条件下和极大似然估计的性质类似. 若先验是固定的, 支撑集包含真实参数, 则后验分布收敛到正态分布, 标准化的后验均值依分布收敛到正态向量.

向量值估计量的一般结论如下. 令 $\boldsymbol{\theta}$ 是 $k \times 1$ 维的. 定义尺度化参数 $\boldsymbol{\zeta} = \sqrt{n}(\hat{\boldsymbol{\theta}}_{\text{mle}} - \boldsymbol{\theta})$, 重中心化的后验密度为

$$\pi^*(\boldsymbol{\zeta}|X) = \pi(\hat{\boldsymbol{\theta}}_{\text{mle}} - n^{-1/2}\boldsymbol{\zeta}|X) \tag{16.3}$$

定理 16.2 Bernstein-von Mises. 设定理 10.9 的条件成立, $\boldsymbol{\theta}_0$ 是先验 $\pi(\boldsymbol{\theta})$ 的

支持的一个内点, 先验在 $\boldsymbol{\theta}_0$ 的邻域内连续. 当 $n \to \infty$ 时,

$$\pi^*(\boldsymbol{\zeta}|X) \underset{p}{\to} \frac{\det(\mathscr{I}_{\boldsymbol{\theta}})^{k/2}}{(2\pi)^{k/2}} \exp\left(-\frac{1}{2}\boldsymbol{\zeta}'\mathscr{I}_{\boldsymbol{\theta}}\boldsymbol{\zeta}\right)$$

该定理表明后验密度收敛到正态密度. 查看图 16-1~ 图 16-3 的后验密度, 每种情况下似乎都是满足的, 随着样本量的增加, 密度函数趋近正态密度. Bernstein-von Mises 定理表明该性质对所有满足极大似然估计渐近正态性条件的参数模型成立. 关键条件是先验的正支撑上包含真实参数. 否则, 如果先验在真实值处没有支撑, 则对应后验在真实值处的支撑为 0. 因此, 谨慎的做法是始终使用整个相关参数空间上具有正支撑的先验.

定理 16.2 给出了后验密度的渐近形状和贝叶斯估计量的渐近分布.

定理 16.3   设定理 16.2 的条件满足. 当 $n \to \infty$ 时, 有

$$\sqrt{n}(\hat{\boldsymbol{\theta}}_{\text{Bayes}} - \boldsymbol{\theta}_0) \underset{d}{\to} N(\mathbf{0}, \mathscr{I}_{\boldsymbol{\theta}}^{-1})$$

定理 16.3 表明贝叶斯估计量的渐近分布和极大似然估计的相同. 事实上, 该定理表明贝叶斯估计量和极大似然估计渐近等价:

$$\sqrt{n}(\hat{\boldsymbol{\theta}}_{\text{Bayes}} - \hat{\boldsymbol{\theta}}_{\text{mle}}) \underset{p}{\to} 0$$

贝叶斯方法通常不使用定理 16.3 进行推断. 相反, 使用贝叶斯方法构建可信集. 定理 16.3 的一个作用是证明经典估计和贝叶斯估计之间的差距随着样本量的增加会缩小. 直觉的理解是, 当样本信息很强时, 它将控制先验信息. 如果贝叶斯估计量和极大似然估计之间存在较大差距, 需要进一步分析. 一个可能的原因是, 样本关于参数的信息很少. 另一种可能是先验的信息很强. 在任一情况中, 得到结论前进一步分析样本是有帮助的.

16.14   技术证明*

定理 16.2 证明 *   利用重中心化的密度式 (16.3) 的比, 有

$$\frac{\pi^*(\boldsymbol{\zeta}|X)}{\pi^*(0|X)} = \frac{\pi(\hat{\boldsymbol{\theta}}_{\text{mle}} - n^{-1/2}\boldsymbol{\zeta}|X)}{\pi(\hat{\boldsymbol{\theta}}_{\text{mle}}|X)}$$

$$= \frac{L_n(X|\hat{\boldsymbol{\theta}}_{\text{mle}} - n^{-1/2}\boldsymbol{\zeta})}{L_n(X|\hat{\boldsymbol{\theta}}_{\text{mle}})} \frac{\pi(\hat{\boldsymbol{\theta}}_{\text{mle}} - n^{-1/2}\boldsymbol{\zeta})}{\pi(\hat{\boldsymbol{\theta}}_{\text{mle}})}$$

对固定的 $\boldsymbol{\zeta}$, 先验满足

$$\frac{\pi(\hat{\boldsymbol{\theta}}_{\text{mle}} - n^{-1/2}\boldsymbol{\zeta})}{\pi(\hat{\boldsymbol{\theta}}_{\text{mle}})} \xrightarrow{p} 1$$

利用泰勒展开和极大似然估计的一阶条件, 有

$$\ell_n(\hat{\boldsymbol{\theta}}_{\text{mle}} - n^{-1/2}\boldsymbol{\zeta}) - \ell_n(\hat{\boldsymbol{\theta}}_{\text{mle}}) = -n^{-1/2}\frac{\partial}{\partial\boldsymbol{\theta}}\ell_n(\hat{\boldsymbol{\theta}}_{\text{mle}})'\boldsymbol{\zeta} + \frac{1}{2n}\boldsymbol{\zeta}'\frac{\partial^2}{\partial\boldsymbol{\theta}\partial\boldsymbol{\theta}'}\ell_n(\boldsymbol{\theta}^*)\boldsymbol{\zeta}$$

$$= \frac{1}{2n}\boldsymbol{\zeta}'\frac{\partial^2}{\partial\boldsymbol{\theta}\partial\boldsymbol{\theta}'}\ell_n(\boldsymbol{\theta}^*)\boldsymbol{\zeta}$$

$$\xrightarrow{p} -\frac{1}{2}\boldsymbol{\zeta}'\mathscr{I}_{\boldsymbol{\theta}}\boldsymbol{\zeta} \tag{16.4}$$

其中 $\boldsymbol{\theta}^*$ 在 $\hat{\boldsymbol{\theta}}_{\text{mle}}$ 和 $\hat{\boldsymbol{\theta}}_{\text{mle}} - n^{-1/2}\boldsymbol{\zeta}$ 之间. 因此, 似然比满足

$$\frac{L_n(X|\hat{\boldsymbol{\theta}}_{\text{mle}} - n^{-1/2}\boldsymbol{\zeta})}{L_n(X|\hat{\boldsymbol{\theta}}_{\text{mle}})} = \exp(\ell_n(\hat{\boldsymbol{\theta}}_{\text{mle}} - n^{-1/2}\boldsymbol{\zeta}) - \ell_n(\hat{\boldsymbol{\theta}}_{\text{mle}})) \xrightarrow{p} \exp\left(-\frac{1}{2}\boldsymbol{\zeta}'\mathscr{I}_{\boldsymbol{\theta}}\boldsymbol{\zeta}\right)$$

故后验密度 $\pi^*(\boldsymbol{\zeta}|X)$ 渐近正比于 $\exp\left(-\frac{1}{2}\boldsymbol{\zeta}'\mathscr{I}_{\boldsymbol{\theta}}\boldsymbol{\zeta}\right)$, 即为多元正态分布. 定理得证. ∎

定理 16.3 证明 * 一个技术性的证明可知对任意的 $\eta > 0$, 可找到一个紧集 C 关于 0 对称, 使得后验 $\pi^*(\boldsymbol{\zeta}|X)$ 集中在 C 的概率超过 $1 - \eta$. 因此, 可把后验视为紧集 C 的截断. 完整的证明见 van der Vaart(1998) 的 10.3 节.

定理 16.2 表明重中心化的后验密度逐点收敛到正态密度. 我们把该结论推广到 C 上的一致收敛. 在定理 10.9 的条件下, $\frac{1}{n}\frac{\partial^2}{\partial\boldsymbol{\theta}\partial\boldsymbol{\theta}'}\ell_n(\boldsymbol{\theta})$ 在 $\boldsymbol{\theta}_0$ 的邻域内一致依概率收敛到其期望, 式 (16.4) 对 $\boldsymbol{\zeta} \in C$ 是一致收敛的, 剩余部分也是一致收敛的. 因此, 重中心化的后验密度一致收敛到正态密度 $\phi_{\boldsymbol{\theta}}(\boldsymbol{\zeta})$.

后验均值和极大似然估计的差等于

$$\sqrt{n}(\hat{\boldsymbol{\theta}}_{\text{Bayes}} - \hat{\boldsymbol{\theta}}_{\text{mle}}) = \sqrt{n}\int(\hat{\boldsymbol{\theta}} - \hat{\boldsymbol{\theta}}_{\text{mle}})\pi(\boldsymbol{\theta}|X)\mathrm{d}\boldsymbol{\theta} - \hat{\boldsymbol{\theta}}_{\text{mle}}$$

$$= \int\boldsymbol{\zeta}\pi(\hat{\boldsymbol{\theta}}_{\text{mle}} - n^{-1/2}\boldsymbol{\zeta}|X)\mathrm{d}\boldsymbol{\zeta}$$

$$= \int\boldsymbol{\zeta}\pi^*(\boldsymbol{\zeta}|X)\mathrm{d}\boldsymbol{\zeta}$$

$$= \hat{\boldsymbol{m}}$$

其中 $\hat{\boldsymbol{m}}$ 是重中心化后验密度的均值. 计算

$$
\begin{aligned}
|\hat{\boldsymbol{m}}| &= \left| \int_C \boldsymbol{\zeta} \pi^*(\boldsymbol{\zeta}|X) \mathrm{d}\boldsymbol{\zeta} \right| \\
&= \left| \int_C \boldsymbol{\zeta} \phi_{\boldsymbol{\theta}}(\boldsymbol{\zeta}) \mathrm{d}\boldsymbol{\zeta} + \int_C \boldsymbol{\zeta} \big(\pi^*(\boldsymbol{\zeta}|X) - \phi_{\boldsymbol{\theta}}(\boldsymbol{\zeta})\big) \mathrm{d}\boldsymbol{\zeta} \right| \\
&= \left| \int_C \boldsymbol{\zeta} \big(\pi^*(\boldsymbol{\zeta}|X) - \phi_{\boldsymbol{\theta}}(\boldsymbol{\zeta})\big) \mathrm{d}\boldsymbol{\zeta} \right| \\
&\leqslant \int_C |\boldsymbol{\zeta}| \left| \big(\pi^*(\boldsymbol{\zeta}|X) - \phi_{\boldsymbol{\theta}}(\boldsymbol{\zeta})\big) \right| \mathrm{d}\boldsymbol{\zeta} \\
&\leqslant \int_C |\boldsymbol{\zeta}| \mathrm{d}\boldsymbol{\zeta} \sup_{\boldsymbol{\zeta} \in C} \left| \big(\pi^*(\boldsymbol{\zeta}|X) - \phi_{\boldsymbol{\theta}}(\boldsymbol{\zeta})\big) \right| \\
&= o_p(1)
\end{aligned}
$$

第三个等号利用了正态密度 $\phi_{\boldsymbol{\theta}}(\boldsymbol{\zeta})$ 的均值为 0. 最后的等号成立是因为后验一致收敛到正态密度且 C 是紧集.

综上可知,

$$
\sqrt{n}(\hat{\boldsymbol{\theta}}_{\mathrm{Bayes}} - \hat{\boldsymbol{\theta}}_{\mathrm{mle}}) = \hat{\boldsymbol{m}} \underset{p}{\to} 0
$$

即 $\hat{\boldsymbol{\theta}}_{\mathrm{Bayes}}$ 和 $\hat{\boldsymbol{\theta}}_{\mathrm{mle}}$ 是渐近等价的. 因为在定理 10.9 的条件下, $\hat{\boldsymbol{\theta}}_{\mathrm{mle}}$ 的渐近分布为 $N(\boldsymbol{0}, \mathscr{I}_{\boldsymbol{\theta}}^{-1})$, 所以 $\hat{\boldsymbol{\theta}}_{\mathrm{Bayes}}$ 的渐近分布也为 $N(\boldsymbol{0}, \mathscr{I}_{\boldsymbol{\theta}}^{-1})$. ∎

习题

16.1 证明式 (16.1). 这与证明

$$
\sqrt{\nu_1 \nu_2} \phi(\nu_1(x - \mu_1)) \phi(\nu_2(x - \mu_2)) = c\sqrt{\overline{\nu}} \phi(\overline{\nu}(x - \overline{\mu}))
$$

一样, 其中 c 依赖于参数而非 x.

16.2 令 p 表示本书作者 Bruce 的罚球命中率.

(a) 考虑先验 $\pi(p) = \mathrm{beta}(1,1)$ (参数 $\alpha = 1$ 和 $\beta = 1$ 的贝塔分布). 写出先验密度. 你认为该先验是刻画 p 不确定性的好选择吗?

(b) Bruce 进行了一次罚球, 但没有命中. 写出似然函数和后验密度. 计算后验均值 $\hat{p}_{\mathrm{Bayes}}$ 和极大似然估计 $\hat{p}_{\mathrm{mle}}$.

(c) Bruce 进行了第二次罚球, 仍没有命中. 计算两次罚球后的后验密度和后验均值. 计算极大似然估计.

(d) Bruce 进行了第三次罚球, 这次命中. 计算后验均值 $\hat{p}_{\text{Bayes}}$ 和极大似然估计 $\hat{p}_{\text{mle}}$.

(e) 比较每次罚球后的估计量. 贝叶斯估计量和极大似然估计哪个更合理?

16.3 考虑指数密度 $f(x|\lambda) = \dfrac{1}{\lambda} \exp\left(-\dfrac{x}{\lambda}\right)$, $\lambda > 0$.

(a) 计算共轭先验 $\pi(\lambda)$.

(b) 给定随机样本, 计算后验 $\pi(\lambda|X)$.

(c) 计算后验均值 $\hat{\lambda}_{\text{Bayes}}$.

16.4 考虑泊松密度 $f(x|\lambda) = \dfrac{\mathrm{e}^{-\lambda}\lambda^x}{x!}$, $\lambda > 0$.

(a) 计算共轭先验 $\pi(\lambda)$.

(b) 给定随机样本, 计算后验 $\pi(\lambda|X)$.

(c) 计算后验均值 $\hat{\lambda}_{\text{Bayes}}$.

16.5 考虑帕累托密度 $f(x|\alpha) = \dfrac{\alpha}{x^{\alpha+1}}$, $x > 1, \alpha > 0$.

(a) 计算共轭先验 $\pi(\alpha)$. (可能有难度.)

(b) 给定随机样本, 计算后验 $\pi(\alpha|X)$.

(c) 计算后验均值 $\hat{\alpha}_{\text{Bayes}}$.

16.6 考虑均匀分布 $U[0,\theta]$, 密度为 $f(x|\theta) = 1/\theta$, $0 \leqslant x \leqslant \theta$.

(a) 计算共轭先验 $\pi(\theta)$. (可能有难度.)

(b) 给定随机样本, 计算后验 $\pi(\theta|X)$.

(c) 计算后验均值 $\hat{\theta}_{\text{Bayes}}$.

第 17 章　非参数密度估计

17.1　引言

有时, 估计连续随机变量的密度函数是有用的. 一般地, 密度函数的形状是任意的. 此时, 密度函数本质是**非参数的** (nonparametric), 不能用有限参数描述. 估计密度函数最常用的方法是利用**核光滑** (kernel smoothing) 估计量. 核光滑估计量和《计量经济学》的第 19 章有关.

有许多关于非参数密度估计的优秀专著, 包括 Silverman(1986) 和 Scott(1992). 更详细的内容见 Pagan 和 Ullah(1999)、Li 和 Racine(2007).

本章介绍一元密度估计. 设实值随机变量 X, 有 n 个独立观测值. 设 X 服从连续密度 $f(x)$. 目标是在单独点 x 或 X 的支撑集的内点上估计 $f(x)$. 简单起见, 我们探讨单点 x 上的估计.

17.2　直方图密度估计

再次考虑 2009 年 3 月美国现行人口调查数据 (见 6.3 节). 在此应用中使用亚裔女性的子样本, 其中观测值的样本量为 $n = 1149$. 目标是估计该组中时薪的密度 $f(x)$.

一个常见的简单密度估计量是直方图. 把 $f(x)$ 的范围分为 B 个宽度为 w 的箱, 计算落在每个箱的观测值数量 n_j. 第 j 个箱中 $f(x)$ 的直方图估计量为

$$\hat{f}(x) = \frac{n_j}{nw} \tag{17.1}$$

直方图绘制了这些高度, 用矩形表示. 通过尺度化使得矩形面积之和为 $\sum_{j=1}^{B} wn_j/nw = 1$, 故直方图估计量是有效的密度.

图 17-1a 展示了上述样本的直方图估计, 箱宽为 10 美元. 例如, 第一个矩形表示 1149 人中有 189 人的时薪落在 $[0, 10)$ 中, 直方图的高度为 $189/(1149 \times 10) = 0.016$.

图 17-1a 只是一个粗略的估计. 例如, 它无法提供时薪落在 $11 \sim 19$ 美元的人的信息. 为解决此问题, 图 17-1b 展示了箱宽为 1 美元的直方图. 与图 17-1a 相比, 图 17-1b

中的矩形更杂乱, 猜测图中的峰和谷是由于随机抽样导致的. 我们想要得到的估计量需避免图 17-1 所示的两种极端情况. 下节将探讨光滑估计量.

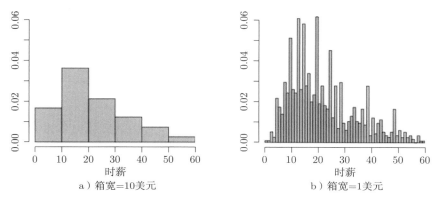

a) 箱宽=10美元   b) 箱宽=1美元

图 17-1   亚裔女性时薪密度的直方图估计

17.3   核密度估计

继续考虑 17.2 节中时薪密度的例子. 假设我们想要估计 $x = 13$ 美元处的密度. 图 17-1 a 中的直方图密度估计是利用区间 $[10, 20)$ 上观测值的频率绘制的. 窗 $[10, 20)$ 的中心不是 $x = 13$, 窗是有偏的. 更合理的设置是把 $x = 13$ 设为窗的中心, 如使用 $[8, 18)$ 而不是 $[10, 20)$. 或给靠近 $x = 13$ 的观测值更大的权重, 窗边界处的值更小的权重.

上述讨论产生了 $f(x)$ 的**核密度估计量** (kernel density estimator):

$$\hat{f}(x) = \frac{1}{nh} \sum_{i=1}^{n} K\left(\frac{X_i - x}{h}\right) \tag{17.2}$$

其中 $K(u)$ 是权重函数, 称为**核函数** (kernel function); $h > 0$ 是标量, 称为**窗宽** (bandwidth). 估计量式 (17.2) 是 "核光滑" 函数 $h^{-1}K\left(\dfrac{X_i - x}{h}\right)$ 的样本平均, 它首次由 Rosenblatt(1956) 和 Parzen(1962) 提出, 也称为 "Rosenblatt" 或 "Rosenblatt-Parzen" 核密度估计.

核密度估计式 (17.2) 可通过满足下述定理的任意核构建.

定义 17.1   一个 (二阶) **核函数** (kernel function) $K(u)$ 满足

1. $0 \leqslant K(u) \leqslant \overline{K} < \infty$.

2. $K(u) = K(-u)$.

3. $\displaystyle\int_{-\infty}^{\infty} K(u)\mathrm{d}u = 1.$

4. 对任意的正整数 r, 有 $\displaystyle\int_{-\infty}^{\infty} |u|^r K(u)\mathrm{d}u < \infty.$

本质上, 核函数是一个有界、关于 0 对称的概率密度函数. 定义 17.1 中的假设 4 对大多数结果并不重要, 是一个方便的简化. 实际中常用的核函数都满足此假设.

此外, 如果限制核的方差为 1, 一些核函数的数学表达式可简化.

定义 17.2 **规范化核函数** (normalized kernel function) 满足 $\displaystyle\int_{-\infty}^{\infty} u^2 K(u)\mathrm{d}u = 1.$

大多数函数满足定义 17.1, 其中许多函数已程序化在统计软件中. 表 17-1 列举了最重要的几个函数: **矩形** (rectangular) 核、**高斯** (Gaussian) 核、**Epanechnikov** 核、**三角形** (triangular) 核和**双权** (biweight) 或**四次** (quartic) 核. 图 17-2 展示了这些核函数 $(u \geqslant 0)$. 在实践中, 上述 5 种核函数能满足大多数需求.

表 17-1   常用规范化二阶核

核	公式	R_K	C_K
矩形	$K(u) = \begin{cases} \dfrac{1}{2\sqrt{3}}, & \|u\| < \sqrt{3} \\ 0, & \text{其他} \end{cases}$	$\dfrac{1}{2\sqrt{3}}$	1.064
高斯	$K(u) = \dfrac{1}{\sqrt{2\pi}} \exp\left(-\dfrac{u^2}{2}\right)$	$\dfrac{1}{2\sqrt{\pi}}$	1.059
Epanechnikov	$K(u) = \begin{cases} \dfrac{3}{4\sqrt{5}}\left(1 - \dfrac{u^2}{5}\right), & \|u\| < \sqrt{5} \\ 0, & \text{其他} \end{cases}$	$\dfrac{3\sqrt{5}}{25}$	1.049
三角形	$K(u) = \begin{cases} \dfrac{1}{\sqrt{6}}\left(1 - \dfrac{\|u\|}{\sqrt{6}}\right), & \|u\| < \sqrt{6} \\ 0, & \text{其他} \end{cases}$	$\dfrac{\sqrt{6}}{9}$	1.052
双权	$K(u) = \begin{cases} \dfrac{15}{16\sqrt{7}}\left(1 - \dfrac{u^2}{7}\right)^2, & \|u\| < \sqrt{7} \\ 0, & \text{其他} \end{cases}$	$\dfrac{5\sqrt{7}}{49}$	1.050

当 $K(u)$ 是均匀密度核时, 在箱的中点处 (图 17-1a 中 $x = 5$ 或 $x = 15$), 核密度估计量等于直方图密度估计量. 核密度估计量是直方图估计的推广, 主要体现在以下两个方面. 首先, 窗以点 x 为中心, 而不是按直方图的箱分割. 其次, 观测值以核函数为权重. 因此, 估计量式 (17.2) 可视为光滑直方图. $\hat{f}(x)$ 计算了靠近 x 的观测值 X_i 的频率.

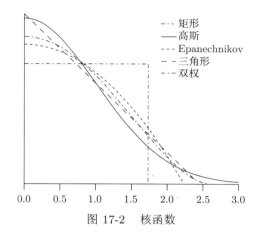

图 17-2　核函数

不建议使用矩形核, 因为它会产生不连续的密度估计. 更好的选择是 Epanechnikov 核、双权核和高斯核, 它们给靠近 x 点处观测值 X_i 更大的权重. 在大多数实际应用中, 由这三个核计算出的密度估计非常相似, 相比而言, 高斯核更光滑. 高斯核是一种方便的选择, 因为它能得到全部阶可导的密度估计量. 三角形核通常不用于密度估计, 但常用在其他非参数估计中.

核 $K(u)$ 是观测值的权重, 基于 X_i 和 x 的距离. 窗宽 h 决定了 "接近" 程度. 因此, 估计量式 (17.2) 依赖于窗宽 h.

定义 17.3　窗宽 (bandwidth) **或调优参数** (tuning parameter) $h > 0$ 是一个实数, 用来控制非参数估计量的光滑程度.

通常, 较大的窗宽 h 产生较光滑的估计量, 较小的窗宽 h 产生欠光滑的估计量.

核估计量关于尺度化核函数和窗宽具有不变性, 即估计量式 (17.2) 使用核函数 $K(u)$ 和窗宽 h 等价于对任意 $b > 0$, 对核密度估计量使用核函数 $K_b(u) = K(u/b)/b$ 和窗宽 h/b.

核密度估计量也对数据尺度化具有不变性. 令 $Y = cX$, $c > 0$, 则 Y 的密度 $f_Y(y) = f_X(y/c)/c$. 若 $\hat{f}_X(x)$ 是利用观测值 X_i 和窗宽 h 得到的估计量式 (17.2), $\hat{f}_Y(y)$ 是利用尺度化观测值 Y_i 和窗宽 ch 得到的估计量, 则 $\hat{f}_Y(y) = \hat{f}_X(y/c)/c$.

核估计量式 (17.2) 是有效的密度函数, 它是非负的且积分为 1:

$$\int_{-\infty}^{\infty} \hat{f}(x)\mathrm{d}x = \frac{1}{nh}\sum_{i=1}^{n}\int_{-\infty}^{\infty} K\left(\frac{X_i - x}{h}\right)\mathrm{d}x = \frac{1}{n}\sum_{i=1}^{n}\int_{-\infty}^{\infty} K(u)\mathrm{d}u = 1$$

其中第二个等号利用了变量变换 $u = (X_i - x)/h$, 最后的等号利用了定义 17.1 中的假设 3.

图 17-3 展示了核密度估计量, 使用高斯核和窗宽 $h = 2.14$ 的核密度估计量. (窗宽选择见 17.9 节.) 密度估计比直方图估计更光滑, 密度是单峰且非对称的, 众数在 $x = 13$ 美元取到.

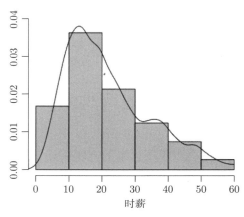

图 17-3   亚裔女性时薪密度的核密度估计量

17.4   密度估计量的偏差

本节讨论密度估计量偏差的近似. 因为核密度估计量式 (17.2) 是独立同分布观测值的平均, 其期望为

$$\mathbb{E}\big[\hat{f}(x)\big] = \mathbb{E}\left[\frac{1}{nh}\sum_{i=1}^{n} K\left(\frac{X_i - x}{h}\right)\right] = \mathbb{E}\left[\frac{1}{h}K\left(\frac{X - x}{h}\right)\right]$$

到此为止, 还不确定是否可以继续进行推断, 因为 $K((X_i - x)/h)$ 是随机变量 X_i 的非线性函数. 把期望写为积分形式:

$$\int_{-\infty}^{\infty} \frac{1}{h}K\left(\frac{v - x}{h}\right)f(v)\mathrm{d}v$$

下一步需要技巧. 做变量变换 $u = (v - x)/h$, 积分等于

$$\int_{-\infty}^{\infty} K(u)f(x + hu)\mathrm{d}u = f(x) + \int_{-\infty}^{\infty} K(u)\big(f(x + hu) - f(x)\big)\mathrm{d}u \tag{17.3}$$

其中最后的等号利用了定义 17.1 的性质 3.

式 (17.3) 说明 $\hat{f}(x)$ 的期望值是函数 $f(u)$ 在点 $u = x$ 处的加权平均. 若 $f(x)$ 是线性的, 则 $\hat{f}(x)$ 是 $f(x)$ 的无偏估计. 然而, $\hat{f}(x)$ 一般是 $f(x)$ 的有偏估计.

当 h 减小到 0, 偏差项式 (17.3) 也趋于 0:

$$\mathbb{E}\big[\hat{f}(x)\big] = f(x) + o(1)$$

直观上, 式 (17.3) 是 $f(u)$ 关于 x 的局部窗的平均. 若窗足够小, 则平均值应接近 $f(x)$.

在较强的光滑条件下, 可对偏差进行改进. 利用 $f(x + hu)$ 的二阶泰勒展开, 有

$$f(x + hu) = f(x) + f'(x)hu + \frac{1}{2}f''(x)h^2u^2 + o(h^2)$$

代入式 (17.3) 得

$$\int_{-\infty}^{\infty} K(u)f(x + hu)\mathrm{d}u = f(x) + \int_{-\infty}^{\infty} K(u)\left(f'(x)hu + \frac{1}{2}f''(x)h^2u^2\right)\mathrm{d}u + o(h^2)$$

$$= f(x) + f'(x)h\int_{-\infty}^{\infty} uK(u)\mathrm{d}u + \frac{1}{2}f''(x)h^2\int_{-\infty}^{\infty} u^2K(u)\mathrm{d}u + o(h^2)$$

$$= f(x) + \frac{1}{2}f''(x)h^2 + o(h^2)$$

最后的等号利用了 $\int_{-\infty}^{\infty} uK(u)\mathrm{d}u = 0$ 和 $\int_{-\infty}^{\infty} u^2K(u)\mathrm{d}u = 1$. 已证明式 (17.3) 可简化为

$$\mathbb{E}\big[\hat{f}(x)\big] = f(x) + \frac{1}{2}f''(x)h^2 + o(h^2)$$

该结果表明 $\hat{f}(x)$ 的偏差的近似为 $\frac{1}{2}f''(x)h^2$, 这与之前的结果 (当 h 趋近于 0 时, 偏差减小) 一致. 偏差依赖于 $f(x)$ 潜在的曲率, 曲率通过二阶导数刻画. 若 $f''(x) < 0$ 时 (一般在众数附近), 偏差为负, $\hat{f}(x)$ 通常小于真值 $f(x)$. 若 $f''(x) > 0$ 时 (可能在尾部附近), 偏差为正, $\hat{f}(x)$ 通常大于真值 $f(x)$. 这是光滑偏差.

总结上述结果. 令 $\mathcal{N}$ 表示 x 的邻域.

定理 17.1 若 $f(x)$ 在 $\mathcal{N}$ 上是连续的, 则当 $h \to 0$ 时, 有

$$\mathbb{E}\big[\hat{f}(x)\big] = f(x) + o(1) \tag{17.4}$$

若 f'' 在 $\mathcal{N}$ 上是连续的, 则当 $h \to 0$ 时, 有

$$\mathbb{E}\big[\hat{f}(x)\big] = f(x) + \frac{1}{2}f''(x)h^2 + o(h^2) \tag{17.5}$$

证明见 17.16 节.

在 $f(x)$ 是连续的最低假设下, 渐近无偏性式 (17.4) 满足. 在二阶导数连续的较强假设下, 渐近展开式 (17.5) 满足. 这些假设称为**光滑性** (smoothness) 假设. 可解释为密度的变化不是很大. 在非参数理论中, 光滑性假设通常用来得到渐近近似.

图 17-4 展示了核密度估计量的光滑偏差, 其中密度

$$f(x) = \frac{3}{4}\phi(x - 4) + \frac{1}{3}\phi\left(\frac{x - 7}{3/4}\right)$$

用实线表示. 密度函数是双峰的, 峰在 4 和 7 处. 利用高斯核和窗宽 $h = 0.5$ (参考样本量 $n = 200$ 时 17.9 节介绍的参照法则), 估计量的期望 $\mathbb{E}[\hat{f}(x)]$ 用长虚线表示. 长虚线和 $f(x)$ 有相同的形状, 相同的局部尖峰, 但峰和谷处相对平缓. 期望比精确密度更光滑. 渐近近似 $f(x) + f''(x)h^2/2$ 在图中用短虚线表示, 它和期望 $\mathbb{E}[\hat{f}(x)]$ 类似, 但并不相等. $f(x)$ 和 $\mathbb{E}[\hat{f}(x)]$ 的差是估计量的偏差.

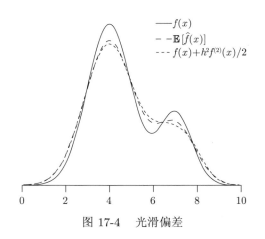

图 17-4　光滑偏差

17.5　密度估计量的方差

由于 $\hat{f}(x)$ 是核光滑函数的样本平均, 核光滑函数是独立同分布的, $\hat{f}(x)$ 的精确方差为

$$\mathrm{var}[\hat{f}(x)] = \frac{1}{n^2 h^2}\mathrm{var}\left[\sum_{i=1}^{n} K\left(\frac{X_i - x}{h}\right)\right] = \frac{1}{nh^2}\mathrm{var}\left[K\left(\frac{X - x}{h}\right)\right]$$

利用计算偏差近似类似的思路可推出方差的近似.

定理 17.2　$\hat{f}(x)$ 的精确方差为

$$V_{\hat{f}} = \text{var}\big[\hat{f}(x)\big] = \frac{1}{nh^2}\text{var}\bigg[K\Big(\frac{X-x}{h}\Big)\bigg] \tag{17.6}$$

若 $f(x)$ 在 $\mathcal{N}$ 上连续, 则当 $h \to 0$, $nh \to \infty$, 有

$$V_{\hat{f}} = \frac{f(x)R_K}{nh} + o\Big(\frac{1}{nh}\Big) \tag{17.7}$$

其中

$$R_K = \int_{-\infty}^{\infty} K(u)^2 \mathrm{d}u \tag{17.8}$$

称为核 $K(u)$ 的**粗糙度** (roughness).

证明见 17.16 节.

式 (17.7) 表明 $\hat{f}(x)$ 的渐近方差与 nh 成反比例, 其中 nh 是有效样本量. 方差与密度 $f(x)$ 的高度和核粗糙度 R_K 成正比. 核函数 R_K 的值见表 17-1.

17.6　方差估计和标准误差

式 (17.6) 和式 (17.7) 可用来得到方差 $V_{\hat{f}}$ 的估计量. 利用有限样本公式 (17.6) 得到的估计量是核光滑函数 $h^{-1}K\Big(\dfrac{X_i-x}{h}\Big)$ 的尺度化样本方差:

$$\hat{V}_{\hat{f}}(x) = \frac{1}{n-1}\bigg(\frac{1}{nh^2}\sum_{i=1}^{n} K\Big(\frac{X_i-x}{h}\Big)^2 - \hat{f}(x)^2\bigg)$$

利用渐近公式 (17.7) 得到的估计量为

$$\hat{V}_{\hat{f}}(x) = \frac{\hat{f}(x)R_K}{nh} \tag{17.9}$$

对上述两个估计量, $\hat{f}(x)$ 的标准误差为 $\hat{V}_{\hat{f}}(x)^{1/2}$.

17.7　密度估计量的积分均方误差

密度估计量的一个常用的精度度量指标是**积分均方误差** (intergrated mean squared error, IMSE):

$$\text{IMSE} = \int_{-\infty}^{\infty} \mathbb{E}\Big[\big(\hat{f}(x) - f(x)\big)^2\Big]\mathrm{d}x$$

它是 $\hat{f}(x)$ 关于所有 x 的平均精度. 利用定理 17.1 和定理 17.2, 计算得

$$\text{IMSE} = \frac{1}{4}R(f'')h^4 + \frac{R_K}{nh} + o(h^4) + o\left(\frac{1}{nh}\right)$$

其中

$$R(f'') = \int_{-\infty}^{\infty} \left(f''(x)\right)^2 \mathrm{d}x$$

称为二阶导数 $f''(x)$ 的**粗糙度** (roughness). 前两项

$$\text{AIMSE} = \frac{1}{4}R(f'')h^4 + \frac{R_K}{nh} \tag{17.10}$$

称为**渐近积分均方误差** (asymptotic integrated mean squared error, AIMSE). 渐近积分均方误差是积分均方误差的渐近近似. 在非参数理论中, 常用渐近积分均方误差评价精度.

式 (17.10) 表明当 $R(f'')$ 较大时, $\hat{f}(x)$ 的精度较低, 即随着 $f(x)$ 的曲率增加, 精度降低. 该式也表明 AIMSE 的第一项 (平方偏差) 是关于 h 的增函数, 第二项是关于 h 的减函数. 因此, h 的选择是式 (17.10) 对偏差和方差的一种权衡.

可通过求解一阶条件 (见习题 17.2) 计算最小化 AIMSE 的窗宽. 解为

$$h_0 = \left(\frac{R_K}{R(f'')}\right)^{1/5} n^{-1/5} \tag{17.11}$$

窗宽的形式为 $h_0 = cn^{-1/5}$, 满足条件的一个有趣比例为 $h_0 \sim n^{-1/5}$.

一个常见的错误是把 $h \sim n^{-1/5}$ 解释为 $h = n^{-1/5}$. 这是不正确的, 在实际应用中会产生巨大的错误. 常数 c 非常重要.

当 $h \sim n^{-1/5}$ 时, AIMSE $\sim n^{-4/5}$, 即密度估计量以速度 $n^{-2/5}$ 收敛. 收敛速度比标准参数分析中的 $n^{-1/2}$ 要慢. $n^{-1/2}$ 是非参数分析中一个常见的收敛速度. 这可解释为非参数估计问题比参数估计问题更复杂, 需要更多的观测值得到精确的估计.

定理 17.3 总结了上述结果.

定理 17.3   若 $f''(x)$ 是一致连续的, 则

$$\text{IMSE} = \frac{1}{4}R(f'')h^4 + \frac{R_K}{nh} + o(h^4) + o\left((nh)^{-1}\right)$$

前两项 (AIMSE) 利用式 (17.11) 中的 h_0 达到最小.

17.8 最优核

式 (17.10) 表明不同的核函数只通过 R_K 影响渐近积分均方误差. 因此, 最小 R_K 的核有最小的渐近积分均方误差. 如 Hodges 和 Lehmann(1956) 所证, Epanechnikov 核的 R_K 最小, Epanechnikov 核密度估计是渐近积分均方误差有效的. Epanechnikov(1969) 建议使用该核进行密度估计.

定理 17.4 *Epanechnikov 核的渐近积分均方误差最小.*

证明在本节后面提供.

我们也对利用不同核计算效率损失感兴趣. 把最优窗宽式 (17.11) 代入式 (17.10) 中, 进行一些运算可得, 对任意的核函数, 最优渐近积分均方误差为

$$\text{AIMSE}_0(K) = \frac{5}{4} R(f'')^{1/5} R_K^{4/5} n^{-4/5}$$

高斯核与 Epanechnikov 核的最优渐近积分均方误差比的均方根为

$$\left(\frac{\text{AIMSE}_0(高斯核)}{\text{AIMSE}_0(\text{Epanechnikov 核})} \right)^{1/2} = \left(\frac{R_K(高斯核)}{R_K(\text{Epanechnikov 核})} \right)^{2/5} = \left(\frac{1/2\sqrt{\pi}}{3\sqrt{5}/25} \right)^{2/5} \simeq 1.02$$

因此, 高斯核相比于 Epanechnikov 核的效率损失[⊖] 只有 2%. 这不是很大, 从效率角度, Epanechnikov 核是最优的, 高斯核是接近最优的.

相比于 Epanechnikov 核, 高斯核还具有其他优势. 高斯核的所有阶导数均存在 (无限光滑). Epanechnikov 核不具有该性质, 它的一阶导数在支撑集的边界处不连续. 因此, 高斯核计算出的估计更光滑, 更适合密度导数的估计. 另一个特征是, 对所有的 x, 所有高斯核密度估计 $\hat{f}(x)$ 都不为 0, 其倒数 $\hat{f}^{-1}(x)$ 都存在. 这些优势促使我们在实际应用中更推荐高斯核. 另一种折中选择是双权核, 其效率和 Epanechnikov 核接近, 但它只是四阶可微的. 双权核常用在低阶密度导数的估计中.

现证明定理 17.4. 利用变分法, 构造拉格朗日乘子:

$$\mathscr{L}(K, \lambda_1, \lambda_2) = \int_{-\infty}^{\infty} K(u)^2 \mathrm{d}u - \lambda_1 \left(\int_{-\infty}^{\infty} K(u)\mathrm{d}u - 1 \right) - \lambda_2 \left(\int_{-\infty}^{\infty} u^2 K(u)\mathrm{d}u - 1 \right)$$

第一项为 R_K, 约束条件为核的积分为 1, 二阶矩为 1. 求 $\mathscr{L}(K, \lambda_1, \lambda_2)$ 关于 $K(u)$ 的导数, 令导数为 0, 得

$$\frac{\mathrm{d}}{\mathrm{d}K(u)} \mathscr{L}(K, \lambda_1, \lambda_2) = \big(2K(u) - \lambda_1 - 2\lambda_2 u^2\big) \mathbb{1}\{K(u) \geqslant 0\} = 0$$

⊖ 通过渐近积分均方误差的均方根度量.

求解 $K(u)$, 其解

$$K(u) = \frac{1}{2}(\lambda_1 + \lambda_2 u^2)\mathbb{1}\{\lambda_1 + \lambda_2 u^2 \geqslant 0\}$$

是截断二次型. 常数 λ_1 和 λ_2 可利用 $\int_{-\infty}^{\infty} K(u)\mathrm{d}u = 1$ 和 $\int_{-\infty}^{\infty} u^2 K(u)\mathrm{d}u = 1$ 求解. 进行一些运算后, 其解为表 17-1 中列出的 Epanechnikov 核.

17.9 参照窗宽

密度估计量式 (17.2) 主要依赖于窗宽 h. 缺少选择 h 的明确方法, 估计方法是不完整的. 因此, 非参数估计的一个重要步骤是建立依赖数据的窗宽选择法则.

Silverman(1986) 提出了一个简单的窗宽选择方法, 称为**参照窗宽** (reference bandwidth) 或 **Silverman 经验法则** (Silverman's rule-of-thumb). 在真实密度为正态的简单假设下, 利用该法则及其变体来计算窗宽式 (17.11). 在很多估计中, 该法则提供的窗宽都是合理的.

Silverman 法则为

$$h_r = \sigma C_K n^{-1/5} \tag{17.12}$$

其中 σ 表示 X 分布的标准差,

$$C_K = \left(\frac{8\sqrt{\pi}R_K}{3}\right)^{1/5}$$

常数 C_K 由核确定. 表 17-1 列出了不同核对应的 C_K 值.

Silverman 法则很容易推导. 利用变量变换计算得, 当 $f(x) = \sigma^{-1}\phi(x/\sigma)$ 时, $R(f'') = \sigma^{-5}R(\phi'')$. 利用技术性计算 (见定理 17.5 下面) 得到 $R(\phi'') = 3/(8\sqrt{\pi})$. 利用这两个结果, 得到参照估计 $R(f'') = \sigma^{-5}3/(8\sqrt{\pi})$, 代入 Silverman 法则式 (17.11) 中, 得到式 (17.12).

对高斯核, $R_K = 1/(2\sqrt{\pi})$, 故常数 C_K 为

$$C_K = \left(\frac{8\sqrt{\pi}}{3}\frac{1}{2\sqrt{\pi}}\right)^{1/5} = \left(\frac{4}{3}\right)^{1/5} \simeq 1.059 \tag{17.13}$$

故 Silverman 法则式 (17.12) 也记为

$$h_r = \sigma 1.06 n^{-1/5} \tag{17.14}$$

事实上, 式 (17.13) 的常数对核的选择非常稳健. 注意 C_K 只通过 R_K 与核有关. R_K 由 Epanechnikov 核最小化, 此时 $C_K \simeq 1.05$; 由矩形核 (所有的单峰核) 最小化, 此时, $C_K \simeq 1.06$. 故常数 C_K 关于核大体具有不变性. 因此, 任意具有单位方差的核都可使用 Silverman 法则式 (17.14).

未知的标准差 σ 需要替换为样本估计量. 利用样本标准差 s 得到高斯核的经典参照法则, 在正态假设下, 有时称为最优窗宽:

$$h_r = s1.06n^{-1/5} \tag{17.15}$$

Silverman(1986, 3.4.2 节) 建议使用 11.14 节给出的稳健估计量 $\tilde{\sigma}$, 由此得到参照法则的第二种形式:

$$h_r = \tilde{\sigma}1.06n^{-1/5} \tag{17.16}$$

Silverman(1986) 观察到当密度 $f(x)$ 厚尾或多峰时, 利用常数 $C_K = 1.06$ 计算的窗宽会有些大. 因此, Silverman(1986) 建议在实际中使用稍小的 $C_K = 0.9$. 由此得到参照法则的第三种形式:

$$h_r = 0.9\tilde{\sigma}n^{-1/5} \tag{17.17}$$

法则式 (17.17) 在软件中很常见, 通常被称为 **Silverman 经验法则**.

利用上述任何参照窗宽得到的核密度估计量都是完全依赖数据的, 因此是有效估计量 (也就是说, 不依赖使用者选择的调整参数). 这是一个好的性质.

最后, 利用更一般的方法计算 $R(\phi'') = 3/(8\sqrt{\pi})$. 证明见 17.16 节.

定理 17.5　对任意的整数 $m \geqslant 0$,

$$R(\phi^{(m)}) = \frac{\mu_{2m}}{2^{m+1}\sqrt{\pi}} \tag{17.18}$$

其中 $\mu_{2m} = (2m-1)!! = \mathbb{E}[Z^{2m}]$ 是标准正态密度的 $2m$ 阶矩.

17.10　Sheather-Jones 窗宽*

本节讨论由 Sheather 和 Jones(1991) 提出的窗宽选择法则, 该法则改进了参照法则. 渐近积分均方误差最优窗宽式 (17.11) 依赖于未知粗糙度 $R(f'')$. 参照法则一个可能的改进是利用非参数估计量代替 $R(f'')$.

考虑 $S_m = \displaystyle\int_{-\infty}^{\infty} (f^{(m)}(x))^2 \mathrm{d}x$ (整数 $m \geqslant 0$) 的一般估计问题. 利用 m 次分部积分, 得

$$S_m = (-1)^m \int_{-\infty}^{\infty} f^{(2m)}(x)f(x)\mathrm{d}x = (-1)^m \mathbb{E}\big[f^{(2m)}(x)\big]$$

其中第二个等号利用了 $f(x)$ 是 X 的密度函数. 令 $\hat{f}(x) = (nb_m)^{-1} \sum_{i=1}^{n} \phi((X_i - x)/b_m)$ 是利用高斯核和窗宽 b_m 的核密度估计. $f^{(2m)}(x)$ 的估计量为

$$\hat{f}^{(2m)}(x) = \frac{1}{nb_m^{2m+1}} \sum_{i=1}^{n} \phi^{(2m)}\left(\frac{X_i - x}{b_m}\right)$$

S_m 的非参数估计量为

$$\hat{S}_m(b_m) = \frac{(-1)^m}{n} \sum_{i=1}^{n} \hat{f}^{(2m)}(X_i) = \frac{(-1)^m}{n^2 b_m^{2m+1}} \sum_{i=1}^{n} \sum_{j=1}^{n} \phi^{(2m)}\left(\frac{X_i - x}{b_m}\right)$$

Sheather 和 Jones(1991) 计算了估计量 $\hat{S}_m$ 的均方误差最优窗宽 b_m 为

$$b_m = \left(\sqrt{\frac{2}{\pi}} \frac{\mu_{2m}}{S_{m+1}}\right)^{1/(3+2m)} n^{-1/(3+2m)} \tag{17.19}$$

其中 $\mu_{2m} = (2m-1)!!$. 窗宽式 (17.19) 依赖于未知的 S_{m+1}. 一个解决方法是用参照估计代替 S_{m+1}. 在定理 17.5 的条件下, $S_{m+1} = \sigma^{-3-2m} \mu_{2m+2}/2^{m+2}\sqrt{\pi}$. 代入式 (17.19) 并化简得到参照窗宽为

$$\tilde{b}_m = \sigma \left(\frac{2^{m+5/2}}{2m+1}\right)^{1/(3+2m)} n^{-1/(3+2m)}$$

利用 $\tilde{b}_m$ 估计 S_m, 得到可用估计量 $\tilde{S}_m = \hat{S}_m(\tilde{b}_m)$. $\tilde{S}_2$ 和 $\tilde{S}_3$ 常用的参照窗宽为

$$\tilde{b}_2 = 1.24\sigma n^{-1/7}$$

和

$$\tilde{b}_3 = 1.23\sigma n^{-1/9}$$

嵌入式窗宽 (plug-in bandwidth) h 通过利用 $\tilde{S}_2$ 代替式 (17.11) 中未知的 $S_2 = R(f'')$ 得到. 然而, 估计量的好坏关键取决于初始窗宽 b_2, 初始窗宽依赖于参照法则估计量 $\tilde{S}_3$.

Sheather 和 Jones(1991) 通过下述算法改进嵌入式窗宽. 考虑 h 和 b_2 的相互影响. 取下列两个方程, 用参照估计 $\tilde{S}_2$ 和 $\tilde{S}_3$ 代替最优 h 和 b_2 中的 S_2 和 S_3:

$$h = \left(\frac{R_K}{\tilde{S}_2}\right)^{1/5} n^{-1/5}$$

$$b_2 = \left(\sqrt{\frac{2}{\pi}} \frac{3}{\tilde{S}_3}\right)^{1/7} n^{-1/7}$$

利用第一个等式求解 n, 将其代入第二个等式中, 把 b_2 视为 h 的函数, 得

$$b_2(h) = \left(\sqrt{\frac{2}{\pi}} \frac{3}{R_K} \frac{\tilde{S}_2}{\tilde{S}_3} \right)^{1/7} h^{5/7}$$

现利用 $\tilde{b}_2(h)$ 把估计量 $\hat{S}_2(\tilde{b}_2(h))$ 表示为 h 的函数. 计算 h, h 是下述方程的解:

$$h = \left(\frac{R_K}{\hat{S}_2(\tilde{b}_2(h))} \right)^{1/5} n^{-1/5} \tag{17.20}$$

求解 h 必须使用数值算法, 容易利用 Newton-Raphson 方法求解. 理论和数值分析表明在很多情况下, 得到的窗宽 h 和密度估计量 $\hat{f}(x)$ 表现很好.

当考虑高斯核时, 对应的公式变为

$$b_2(h) = 1.357 \left(\frac{\tilde{S}_2}{\tilde{S}_3} \right)^{1/7} h^{5/7}$$

和

$$h = \frac{0.776}{\hat{S}_2(\tilde{b}(h))^{1/5}} n^{-1/5}$$

17.11 窗宽选择的建议

一般建议利用你的判断选择多个窗宽, 估计每个窗宽的密度函数, 绘制结果并比较. 综合考虑所得结果、估计的目的和你的判断选择合适的密度估计量.

例如, 17.2 节的例子考虑了亚裔女性工资的子样本, 有 $n = 1149$ 个观测值. 故 $n^{-1/5} = 0.24$, 样本标准差为 $s = 20.6$, 高斯最优法则式 (17.15) 为

$$h = s1.06n^{-1/5} = 5.34$$

四分位距为 $\hat{R} = 18.8$, 标准差的稳健估计为 $\tilde{\sigma} = 14.0$. 经验法则式 (17.17) 为

$$h = 0.9sn^{-1/5} = 3.08$$

该值小于高斯最优窗宽, 主要是因为稳健标准差远小于样本标准差.

Sheather-Jones 窗宽通过求解方程式 (17.20) 得 $h = 2.14$, 远小于上述两个窗宽. 这是因为经验粗糙度估计 $\hat{S}_2$ 远大于正态参照值.

图 17-5 展示了利用上述三个窗宽和高斯核绘制的密度, 可见利用最大窗宽 (高斯最优) 得到的估计量是最光滑的, 利用最小窗宽 (Sheather-Jones) 得到的估计量是最不光

滑的. 相比于其他两个估计, 高斯最优估计低估了密度众数, 高估了左尾. 高斯最优估计似乎是过光滑的. 利用经验法则窗宽和 Sheather-Jones 窗宽得到的估计很接近, 二者的选择部分取决于图形的美观. 经验法则估计更光滑, 看起来更美观; Sheather-Jones 估计提供了更多的信息. 笔者更喜欢使用更详细的 Sheather-Jones 窗宽. 图 17-3 中的密度估计使用了 $h = 2.14$ 的 Sheather-Jones 窗宽.

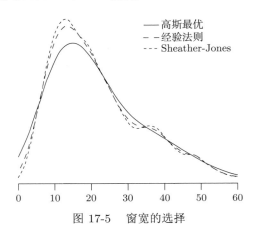

图 17-5   窗宽的选择

如果你使用的软件只能提供一种窗宽 (如 Stata), 建议通过增加或减少适度的标准差 (如 20%~30%) 得到替代的窗宽进行实验, 评估绘制的密度图.

现探讨核函数的选择. 图 17-6 展示了利用矩形核、高斯核和 Epanechnikov 核, 以及 Sheather-Jones 窗宽 (关于高斯核最优) 绘制的密度估计. 三种密度估计的形状非常类似, 高斯核和 Epanechnikov 核密度估计几乎无法区分, 高斯核估计略光滑. 然而, 矩形核估计非常不同, 它是不稳定和不光滑的. 图 17-6 表明矩形核在密度估计中不是一个好的选择, 高斯核和 Epanechnikov 核在密度估计中差别很小.

17.12   密度估计的实际问题

密度估计量 $\hat{f}(x)$ 最常见的用途是绘制类似图 17-3 的密度图. 在这种情况下, 利用 x 的网格值计算估计量 $\hat{f}(x)$, 然后绘制图形. 通常绘制一个合理的密度图, 100 个网格点是足够的. 然而, 如果密度估计有陡峭部分, 需要使用更多的网格点, 否则绘制效果会很差.

有时, 当观测值在某种程度上介于连续和离散之间时, 是否可使用密度估计量是值得怀疑的. 例如, 许多变量记录为整数, 潜在的模型把变量视为连续的. 一个实用的建议是不要使用密度估计, 除非数据集至少存在 50 个不同的值.

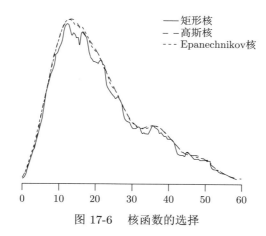

图 17-6　核函数的选择

还需要考虑的实际问题是样本量. 要应用核密度估计量, 需要多大的样本量? 由于收敛速度很慢, 预期所需的观测数据比参数估计量所需的更多. 笔者建议最小的样本量为 $n = 100$. 即便如此, 估计的精度也可能很差.

17.13　计算

在 Stata 中, 通过 kdensity 命令计算和绘制核密度估计量式 (17.2). 默认使用 Epanechnikov 核和参照法则式 (17.17) 选择窗宽. 在 Stata 中, kdensity 命令的不足之处是, 对非单位方差的核 (包括除 Epanechnikov 核和高斯核外所有的核) 都会错误地选择参照法则. kdensity 命令只适用于 Epanechnikov 核和高斯核.

R 中有一些密度估计的命令, 包括内置命令 density. density 命令默认使用高斯核和参照法则式 (17.17), 其中参照法则可利用选项 nrd0 明确指定, 核和窗宽选择方法也是可选的, 利用 nrd 设定方程式 (17.16), SJ 设定 Sheather-Jones 方法.

MATLAB 中有内置命令 kdensity, 默认使用高斯核和参照法则式 (17.16).

17.14　渐近分布

本节讨论核密度估计量式 (17.2) 的渐近极限理论. 首先给出一致性结论.

定理 17.6　若 $f(x)$ 在 $\mathcal{N}$ 上连续, 则当 $h \to 0$, $nh \to \infty$ 时, 有 $\hat{f}(x) \underset{p}{\to} f(x)$.

该定理表明在很弱的假设下, 非参数估计量 $\hat{f}(x)$ 是 $f(x)$ 的一致估计. 定理 17.6 由式 (17.4) 和式 (17.7) 推出.

现给出渐近分布理论.

定理 17.7   若 $f''(x)$ 在 $\mathcal{N}$ 上连续, 则当 $nh \to \infty$ 使得 $h = O(n^{-1/5})$ 时,

$$\sqrt{nh}\big(\hat{f}(x) - f(x) - \frac{1}{2}f''(x)h^2\big) \underset{d}{\to} N(0, f(x)R_K)$$

证明见 17.16 节.

定理 17.1 和定理 17.2 给出了渐近偏差和渐近方差. 定理 17.7 利用 Lindeberg 中心极限定理表明渐近分布是正态的.

定理 17.7 中收敛结果与参数方法有两点不同. 首先, 收敛速度是 $\sqrt{nh}$ 而不是 $\sqrt{n}$. 这是因为估计量依赖于局部光滑, 局部估计的有效观测值数量为 nh 而不是全部样本量 n. 其次, 该定理给出了偏差修正的明确形式, 估计量 $\hat{f}(x)$ 以 $f(x) + \frac{1}{2}f''(x)h^2$ 为中心. 这是因为偏差不是渐近可忽略的, 需要进行修正. 在核估计的渐近理论中, 通常都需要修正偏差.

定理 17.7 增加了 $h = O(n^{-1/5})$ 的额外技术条件. 该条件加强了 $h \to 0$ 的假设, 收敛速度至少为 $n^{-1/5}$. 该条件保证了偏差是近似渐近可忽略的. 如果增加 $f(x)$ 的光滑性假设, 该条件可减弱.

17.15   欠光滑

一种消去定理 17.7 中偏差项的技术方法是利用**欠光滑** (undersmoothing) 窗宽, 窗宽 h 收敛到 0 的速度快于最优速度 $n^{-1/5}$, 即 $nh^5 = o(1)$. 在实践中, h 比最优窗宽小, 故估计量 $\hat{f}(x)$ 不是渐近积分均方误差有效的. 欠光滑窗宽可通过设置 $h = n^{-\alpha}h_r$ 得到, 其中 h_r 是参照窗宽或嵌入式窗宽, 且 $\alpha > 0$.

越小的窗宽, 估计量的偏差越小, 方差越大. 因此, 偏差是渐近可忽略的.

定理 17.8   若 $f''(x)$ 在 $\mathcal{N}$ 上连续, 则当 $nh \to \infty$ 使得 $nh^5 = o(1)$ 时, 有

$$\sqrt{nh}(\hat{f}(x) - f(x)) \underset{d}{\to} N(0, f(x)R_K)$$

该定理似乎和定理 17.7 相同, 但显著的区别是省略了偏差项. 定理 17.8 给出了 (渐近) 无偏估计量, 看起来这个结果是一个 "更好的" 分布. 然而, 这种理由不充分. 定理 17.7 (包含偏差项) 是一个更好的、更准确的分布结果. 因为它刻画了渐近偏差. 定理 17.8 不够准确是因为它没有刻画偏差. 从另一个角度思考, 定理 17.7 比定理 17.8 更忠实地刻画了分布.

值得注意的是, 假设 $nh^5 = o(1)$ 等价于 $h = o(n^{-1/5})$. 一些学者使用前者, 一些使用后者. 该假设表明估计量的收敛速度慢于最优的, 故不是渐近积分均方误差有效的.

虽然欠光滑假设 $nh^5 = o(1)$ 从技术上消除了渐近分布的偏差, 但它实际上没有消除有限样本的偏差. 因此, 在实践中, 最好把欠光滑窗宽产生的估计量视为 "低偏差的" 而不是 "零偏差的". 还应该注意, 欠光滑窗宽的方差比积分均方误差最优的窗宽更大.

17.16　技术证明*

为简单起见, 所有正式的结果假设核 $K(u)$ 的支撑集有界, 即对 $a < \infty$, 有 $K(u) = 0, |u| > a$. 除高斯核外, 应用中大多数核函数满足此条件. 该结果也可用于高斯核, 但需要更细致的条件.

定理 17.1 证明　首先证明式 (17.4). 固定 $\epsilon > 0$. 由于 $f(x)$ 在邻域 $\mathcal{N}$ 上连续, 存在 $\delta > 0$, 使得对满足 $|\nu| \leqslant \delta$ 的 ν, 都有 $|f(x+\nu) - f(x)| \leqslant \epsilon$. 令 $h \leqslant \delta/a$. 则由 $|u| \leqslant a$ 可得 $|hu| \leqslant \delta$ 且 $|f(x+hu) - f(x)| \leqslant \epsilon$. 利用式 (17.3), 有

$$\left| \mathbb{E}\big[\hat{f}(x) - f(x)\big] \right| = \left| \int_{-a}^{a} K(u)\big(f(x+hu) - f(x)\big)\mathrm{d}u \right|$$

$$\leqslant \int_{-a}^{a} K(u)|f(x+hu) - f(x)|\mathrm{d}u$$

$$\leqslant \epsilon \int_{-a}^{a} K(u)\mathrm{d}u$$

$$= \epsilon$$

由于 ϵ 是任意的, 当 $h \to 0$ 时, $\big|\mathbb{E}\big[\hat{f}(x) - f(x)\big]\big| = o(1)$.

接着证明式 (17.5). 利用均值定理,

$$f(x + hu) = f(x) + f'(x)hu + \frac{1}{2}f''(x + hu^*)h^2 u^2$$

$$= f(x) + f'(x)hu + \frac{1}{2}f''(x)h^2 u^2 + \frac{1}{2}\big(f''(x + hu^*) - f''(x)\big)h^2 u^2$$

其中 u^* 在 0 和 u 之间. 代入式 (17.3), 利用 $\displaystyle\int_{-\infty}^{\infty} K(u)u\mathrm{d}u = 0$ 和 $\displaystyle\int_{-\infty}^{\infty} K(u)u^2\mathrm{d}u = 1$, 得

$$\mathbb{E}\big[\hat{f}(x)\big] = f(x) + \frac{1}{2}f''(x)h^2 + h^2 R(h)$$

其中

$$R(h) = \frac{1}{2}\int_{-\infty}^{\infty} \big(f''(x + hu^*) - f''(x)\big)u^2 K(u)\mathrm{d}u$$

还需要证明当 $h \to 0$ 时, $R(h) = o(1)$. 固定 $\epsilon > 0$. 由于 $f''(x)$ 在邻域 $\mathcal{N}$ 上连续, 存在 $\delta > 0$, 使得对满足 $|\nu| \leqslant \delta$ 的 ν, 都有 $|f''(x + \nu) - f''(x)| \leqslant \epsilon$. 令 $h \leqslant \delta/a$. 则由 $|u| \leqslant a$ 可得 $|hu^*| \leqslant |hu| \leqslant \delta$ 且 $|f''(x + hu^*) - f''(x)| \leqslant \epsilon$. 则

$$|R(h)| \leqslant \frac{1}{2} \int_{-\infty}^{\infty} |f''(x + hu^*) - f''(x)| u^2 K(u) \mathrm{d}u \leqslant \frac{\epsilon}{2}$$

由于 ϵ 是任意的, $R(h) = o(1)$, 命题得证. ∎

定理 17.2 证明   如前所述, 为简单起见, 设 $K(u) = 0, |u| > a$.

式 (17.6) 在 17.5 节构建. 现证明式 (17.7). 利用类似定理 17.1 证明中的求导运算, 由于 $f(x)$ 在 $\mathcal{N}$ 上连续, 有

$$\frac{1}{h} \mathbb{E}\left[K\left(\frac{X-x}{h} \right)^2 \right] = \int_{-\infty}^{\infty} \frac{1}{h} K\left(\frac{\nu - x}{h} \right)^2 f(\nu) \mathrm{d}\nu$$

$$= \int_{-\infty}^{\infty} K(u)^2 f(x + hu) \mathrm{d}u$$

$$= \int_{-\infty}^{\infty} K(u)^2 f(x) \mathrm{d}u + o(1)$$

$$= f(x) R_K + o(1)$$

由于观测值是独立同分布的, 利用式 (17.5) 得

$$nh\mathrm{var}\big[\hat{f}(x)\big] = \frac{1}{h}\mathrm{var}\left[K\left(\frac{X-x}{h} \right) \right]$$

$$= \frac{1}{h}\mathbb{E}\left[K\left(\frac{X-x}{h} \right)^2 \right] - h\left(\mathbb{E}\left[\frac{1}{h} K\left(\frac{X-x}{h} \right) \right] \right)^2$$

$$= f(x) R_K + o(1)$$

命题得证. ∎

定理 17.5 证明   用 m 次分部积分, $\phi^{(2m)}(x) = He_{2m}(x)\phi(x)$, 其中 $He_{2m}(x)$ 是 Hermite 多项式 (见 5.10 节) 的第 $2m$ 个, $\phi(x)^2 = \phi(\sqrt{2}x)/\sqrt{2\pi}$, 变量变换 $u = x/\sqrt{2}$, Hermite 多项式的明确表达式, 正态矩 $\int_{-\infty}^{\infty} u^{2mj}\phi(u)\mathrm{d}u = (2m-1)!! = (2m)!/(2^m m!)$

(第二个等号见附录 A.3) 和二项式定理 (定理 11.1), 可得

$$R\big(\phi^{(m)}\big) = \int_{-\infty}^{\infty} \phi^{(m)}(x)\phi^{(m)}(x)\mathrm{d}x$$

$$= (-1)^m \int_{-\infty}^{\infty} He_{2m}(x)\phi(x)^2\mathrm{d}x$$

$$= \frac{(-1)^m}{\sqrt{2\pi}} \int_{-\infty}^{\infty} He_{2m}(x)\phi(\sqrt{2}x)\mathrm{d}x$$

$$= \frac{(-1)^m}{2\sqrt{\pi}} \int_{-\infty}^{\infty} He_{2m}(u/\sqrt{2})\phi(u)\mathrm{d}u$$

$$= \frac{(-1)^m}{2\sqrt{\pi}} \int_{-\infty}^{\infty} \sum_{j=0}^{m} \frac{(2m)!}{j!(2m-2j)!2^m}(-1)^j u^{2m-2j}\phi(u)\mathrm{d}u$$

$$= \frac{(-1)^m(2m)!}{2^{2m+1}m!\sqrt{\pi}} \sum_{j=0}^{m} \frac{m!}{j!(m-j)!}(-1)^j$$

$$= \frac{(2m)!}{2^{2m+1}m!\sqrt{\pi}}$$

$$= \frac{\mu_{2m}}{2^{m+1}\sqrt{\pi}}$$

命题得证. ■

定理 17.7 证明　定义

$$Y_{ni} = h^{-1/2}\left(K\left(\frac{X_i - x}{h}\right) - \mathbb{E}\left[K\left(\frac{X_i - x}{h}\right)\right]\right)$$

满足

$$\sqrt{nh}\big(\hat{f}(x) - \mathbb{E}[\hat{f}(x)]\big) = \sqrt{n}\,\overline{Y}_n$$

必须验证 Lindeberg 中心极限定理 (定理 9.1). 需要验证 Lindeberg 条件, 因为李雅普诺夫条件不满足.

在定理 9.1 的记号中, $\bar{\sigma}_n^2 = \mathrm{var}[\sqrt{n}\overline{Y}_n] \to R_K f(x)$, $h \to 0$. 注意这个核函数是正的和有限的, $0 \leqslant K(u) \leqslant \overline{K}$, 则 $Y_{ni}^2 \leqslant h^{-1}\overline{K}^2$. 固定 ϵ, 则

$$\lim_{n\to\infty} \mathbb{E}[Y_{ni}^2 \mathbb{1}\{Y_{ni}^2 > \epsilon n\}] \leqslant \lim_{n\to\infty} \mathbb{E}[Y_{ni}^2 \mathbb{1}\{\overline{K}^2/\epsilon > nh\}] = 0$$

最后一个等号满足是因为对足够大的 n, 有 $nh > \overline{K}^2/\epsilon$. Lindeberg 条件式 (9.1) 成立, 表明

$$\sqrt{nh}(\hat{f}(x) - \mathbb{E}[\hat{f}(x)]) = \sqrt{n}\overline{Y} \underset{d}{\to} N(0, f(x)R_K)$$

此时, 式 (17.5) 成立:

$$\mathbb{E}[\hat{f}(x)] = f(x) + \frac{1}{2}f''(x)h^2 + o(h^2)$$

由于 $h = O(n^{-1/5})$, 所以

$$\sqrt{nh}(\hat{f}(x) - f(x) - \frac{1}{2}f''(x)h^2) = \sqrt{nh}(\hat{f}(x) - \mathbb{E}[\hat{f}(x)]) + o(1)$$
$$\underset{d}{\to} N(0, f(x)R_K)$$

命题得证. ∎

习题

17.1 若 X^* 是随机变量, 其密度是由式 (17.2) 得到的 $\hat{f}(x)$, 证明
(a) $\mathbb{E}[X^*] = \overline{X}_n$.
(b) $\mathrm{var}[X^*] = \hat{\sigma}^2 + h^2$.

17.2 证明式 (17.11) 最小化式 (17.10).
提示: 对式 (17.10) 关于 h 求导, 并令导数为 0. 这是优化的一阶条件. 检查二阶条件并证明它是最小值.

17.3 设 $f(x)$ 是 $[0,1]$ 上的均匀密度. 式 (17.11) 表明最优窗宽 h 应是多少? 如何解释这个结果?

17.4 以美元为单位估计开支的密度函数, 然后以百万美元为单位重新估计. 两次估计使用相同的窗宽 h. 你期望密度图如何变化? 应该如何选择窗宽使密度图具有相同的形状?

17.5 你收集了 1000 名男性和 1000 名女性的工资样本. 利用相同的窗宽 h 估计两组的密度函数 $\hat{f}_m(x)$ 和 $\hat{f}_w(x)$. 求出平均值 $\hat{f}(x) = (\hat{f}_m(x) + \hat{f}_w(x))/2$. 平均值估计和男女混合样本得到的密度估计有何不同?

17.6 把样本量从 $n = 1000$ 增加到 $n = 2000$. 对一维密度估计, 渐近积分均方误差最优窗宽如何变化? 如果样本量从 $n = 1000$ 增加到 $n = 10000$ 呢?

17.7 利用渐近公式 (17.19) 计算 $\hat{f}(x)$ 的标准误差 $s(x)$. 找到一个 $s(x)$ 使得 $\hat{f}(x) - 2s(x) < 0$ 成立, 即 95% 渐近置信区间包含负值. x 取何值时这种情况可能出现 (即在众数附近还是尾部附近)? 如果绘制 $\hat{f}(x)$ 及其置信带, 置信带包含负值, 该如何解释?

第 18 章　经验过程理论

18.1　引言

渐近理论一个高等且有用的分支是经验过程理论, 考虑随机函数的渐近分布. 两个重要的结论是一致大数定律和泛函中心极限定理.

本章只是简单的介绍, 但仍是本书中最深入的理论. 更详细的知识建议阅读 Pollard(1990)、Andrews(1994)、van der Vaart 和 Wellner(1996) 以及 van der Vaart(1998) 的第 18 章和第 19 章.

18.2　框架

经验过程理论的一般设置是考虑随机函数: 一般函数空间上的随机元素. 实际的应用包括经验分布函数、**部分和过程** (partial sum process)，以及把对数似然函数视为参数空间的函数. 具体来说, 我们对随机函数是样本平均或正态样本平均感兴趣.

令 $\boldsymbol{X}_i \in \mathscr{X} \subset \mathbb{R}^m$ 是独立同分布的随机向量, $g(\boldsymbol{x}, \boldsymbol{\theta})$ 是 $\boldsymbol{x} \in \mathscr{X}$ 和 $\boldsymbol{\theta} \in \mathbb{R}^k \subset \Theta$ 的向量函数, 其平均为

$$\overline{g}_n(\boldsymbol{\theta}) = \frac{1}{n} \sum_{i=1}^{n} g(\boldsymbol{X}_i, \boldsymbol{\theta}) \tag{18.1}$$

现考虑 $\overline{g}_n(\boldsymbol{\theta})$ 的性质, 它是 $\boldsymbol{\theta} \in \Theta$ 的函数. 例如, 我们感兴趣的是, 一致大数定律成立的条件. 一个应用是非线性模型的一致估计理论 (极大似然估计或矩方法), 此时, 函数 $g(\boldsymbol{x}, \boldsymbol{\theta})$ 等于对数密度函数 (极大似然估计) 或矩函数 (矩方法).

考虑正态平均

$$\nu_n(\boldsymbol{\theta}) = \sqrt{n}(\overline{g}_n(\boldsymbol{\theta}) - \mathbb{E}[\overline{g}_n(\boldsymbol{\theta})]) = \frac{1}{\sqrt{n}} \sum_{i=1}^{n} \left(g(\boldsymbol{X}_i, \boldsymbol{\theta}) - \mathbb{E}[g(\boldsymbol{X}_i, \boldsymbol{\theta})] \right) \tag{18.2}$$

的性质, 它是关于 $\boldsymbol{\theta} \in \Theta$ 的函数. 一个应用是证明极大似然估计的渐近正态性 (如定理 10.9), 其中 $g(\boldsymbol{x}, \boldsymbol{\theta})$ 等于得分函数 (对数密度的导数).

18.3　Glivenko-Cantelli 定理

经验过程理论从研究经验分布函数 (EDF) 开始:

$$F_n(\boldsymbol{\theta}) = \frac{1}{n} \sum_{i=1}^{n} \mathbb{1}\{\boldsymbol{X}_i \leqslant \boldsymbol{\theta}\} \tag{18.3}$$

如 11.12 节所述, 经验分布函数是分布函数 $F(\boldsymbol{\theta}) = \mathbb{E}[\mathbb{1}\{\boldsymbol{X} \leqslant \boldsymbol{\theta}\}]$ 的估计量. 式 (18.3) 是 $g(\boldsymbol{x}, \boldsymbol{\theta}) = \mathbb{1}\{\boldsymbol{x} \leqslant \boldsymbol{\theta}\}$ 时式 (18.1) 的特例. 经验过程理论可用于证明 $F_n(\boldsymbol{\theta})$ 是 $F(\boldsymbol{\theta})$ 的一致相合估计, 并给出其渐近分布, 视为 θ 的函数.

对任意的 $\theta \in \mathbb{R}$, $F_n(\theta)$ 是独立同分布随机变量 $\mathbb{1}\{X_i \leqslant \theta\}$ 的样本平均. 由弱大数定律得 $F_n(\theta) \underset{p}{\to} F(\theta)$ 对任意的 θ 都成立. 由于收敛性对固定的 θ 值成立, 称其为依概率**逐点** (pointwise) 收敛. 依概率**一致** (uniform) 收敛是下述更强的性质.

定义 18.1　若对任意的 $\theta \in \Theta$, 都有

$$\sup_{\theta \in \Theta} ||S_n(\theta) - S(\theta)|| \underset{p}{\to} 0$$

则 $S_n(\theta)$ **依概率一致收敛** 到 $S(\theta)$.

检验图 18-1 中展示了函数 $S_n(\theta)$ (虚线) 的序列, 其中 n 取 3 个不同值. 由图可知, 对任一 θ, $S_n(\theta)$ 收敛到极限函数 $S(\theta)$. 然而, 对任一 n, 函数 $S_n(\theta)$ 在右边区域存在一个剧烈的下降, 导致 $S_n(\theta)$ 的整体趋势和极限函数 $S(\theta)$ 不同. 特别地, $S_n(\theta)$ 的最小化序列收敛到参数空间的右极限, 极限函数 $S(\theta)$ 的最小值是参数空间的内点.

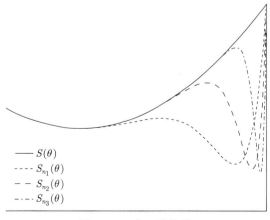

图 18-1　非一致收敛

图 18-2 展示了一致收敛的例子. 粗实线表示函数 $S(\theta)$, 虚线表示 $S(\theta) + \epsilon$ 和 $S(\theta) - \epsilon$. 细实线表示 $S_n(\theta)$. 图中 $S_n(\theta)$ 满足 $\sup_{\theta \in \Theta} |S_n(\theta) - S(\theta)| < \epsilon$. 函数 $S_n(\theta)$ 在 $S(\theta)$ 的上、下 ϵ 范围内波动. 如果对足够大的 n, 任意小的 ϵ, 图中事件以很高的概率发生, 则一致收敛性成立. 尽管图 18-2 中 $S_n(\theta)$ 上下摆动, 但摆动幅度的上界为 2ϵ. 如果对任意的 $\epsilon > 0$, 足够大的 n, 该界满足, 则一致收敛性成立.

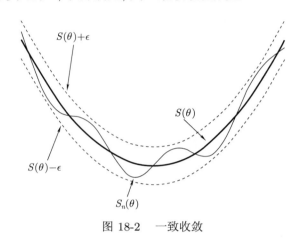

图 18-2　一致收敛

下述著名的结论表明经验分布函数式 (18.3) 满足一致收敛性.

定理 18.1　Glivenko-Cantelli 若 $X_i \in \mathbb{R}$ 是独立同分布的, 其分布为 $F(\theta)$, 则

$$\sup_{\theta \in \mathbb{R}} |F_n(\theta) - F(\theta)| \underset{p}{\to} 0 \qquad (18.4)$$

Glivenko-Cantelli 定理是经验过程理论中的基本结论. 该定理一个极好的性质是不依赖任何技术性和正规条件, 对连续、离散和混合分布都成立. 定理 18.1 的证明不是很难, 但由于它是在划界条件下一致大数定律 (见 18.5 节定理 18.2) 的特例, 故证明过程在后面给出.

18.4　填装数、覆盖数和划界数

为了排除图 18-1 中不稳定的情况, 函数在 Θ 上不能变化太大. 本节介绍通过有限函数近似函数空间来描述变异性的方法. 根据不同的表述, 给出三种常见的概率 (填装、覆盖和划界).

首先定义函数空间的范数. 最常用的是 L_r 范数, $r \geqslant 1$. 对函数 $h(x)$, L_r **范数** (norm) 为

$$||h||_r = \left(\mathbb{E}[||h(X)||^r]\right)^{1/r}$$

该范数依赖 X 的分布 F. 有时我们需要明确这种依赖关系. 对某个分布 Q, 令 $\mathbb{E}_Q[h(X)] = \int h(x)\mathrm{d}Q(x)$,

$$||h||_{Q,r} = \left(\mathbb{E}_Q\left[||h(X)||^r\right]\right)^{1/r}$$

当能够利用分布 Q 计算期望时, 上式是 L_r 范数.

利用 L_r 和 $L_r(Q)$ 范数度量不同 θ 间的距离. θ_1 和 θ_2 间的 L_r **距离** (distance) 或 **度量** (metric) 为

$$d_r(\theta_1, \theta_2) = ||g(X, \theta_1) - g(X, \theta_2)||_r$$

$L_r(Q)$ 距离为

$$d_{Q,r}(\theta_1, \theta_2) = ||g(X, \theta_1) - g(X, \theta_2)||_{Q,r}$$

上述距离利用随机变量 $g(X, \theta_1)$ 和 $g(X, \theta_2)$ 差的 r 阶矩度量 θ_1 和 θ_2 的差距. 若 $g(\theta)$ 是非随机的, L_r 和 $L_r(Q)$ 简化为 $||g(\theta_1) - g(\theta_2)||$.

除上述记号外, 还需要下述定义.

定义 18.2 如果对任一 $x \in \mathscr{X}$ 和 $\theta \in \Theta$, 都有 $||g(x, \theta)|| \leqslant G(x) < \infty$, 则称 $G(x)$ 是函数 $g(x, \theta)$ 的**包络函数** (envelope function).

例如, 设经验分布函数为 $g(x, \theta) = \mathbb{1}\{x \leqslant \theta\}$, 包络 $G(x) = 1$. 设 $g(x, \theta) = x^\theta$, $x \in [0, 1]$, 包络 $G(x) = 1$. 再设 $g(x, \theta) = x(y - x'\theta)$, $||\theta|| \leqslant C$, 包络 $G(x) = ||xy|| + ||x||^2 C$. 该例表明在一些情况下, 有限包络只能在有界参数空间内得到.

现定义填装数和覆盖数. 填装数是指 "填装" Θ 的点的个数, 其中点与点之间需要保持最小的距离. 覆盖数是指覆盖 Θ 所需的球的个数. 中心为 θ_j, 半径为 ϵ 的 $L_r(Q)$ 球是集合 $\{\theta : d_{Q,r}(\theta, \theta_j) < \epsilon\}$.

定义 18.3 **填装数** (packing number) $D_r(\epsilon, Q)$ 是填装 Θ 的点 θ_j 的最大数量, 每对点满足 $d_{Q,r}(\theta_1, \theta_2) > \epsilon$. **覆盖数** (covering number) $N_r(\epsilon, Q)$ 是覆盖 Θ 所需的半径为 ϵ 的 $L_r(Q)$ 球的最小数量. **一致填装数** (uniform packing number) 和**一致覆盖数** (uniform covering number) 定义为

$$D_r(\epsilon) = \sup_Q D_r(\epsilon||G||_{Q,r}, Q)$$

$$N_r(\epsilon) = \sup_Q N_r(\epsilon||G||_{Q,r}, Q)$$

填装数和覆盖数密切相关, 因为它们满足 $N(\epsilon) \leqslant D(\epsilon) \leqslant N(\epsilon/2)$. 故它们都有相同的渐近性质. 选择填装数还是覆盖数取决于便利性. 通常使用覆盖数. 一致填装数或一致覆盖数的作用是消除对特定概率 Q 的依赖. 注意到它们的定义都是用包络函数的大小规范化 ϵ. 规范化是必要的, 因为 $D_r(\epsilon)$ 和 $N_r(\epsilon)$ 可能是无限的.

图 18-3 用圆展示了填装过程. 图中标记了 7 个点 θ_j, 相距 ϵ. 由图可见, 不可能在圆中找到另一点与这些点距离为 ϵ. 故 $D(\epsilon) = 7$.

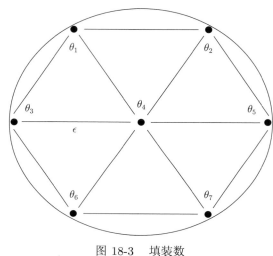

图 18-3   填装数

图 18-4 利用方形展示了覆盖过程. 图中标记了 9 个圆, 半径均为 ϵ. 圆完全覆盖了方形, 不可能用更少的圆覆盖方形. 故 $N(\epsilon) = 9$.

划界方法是另一种近似. 若对任意的 $x \in \mathscr{X}$, 都有函数 $h(x) \in \mathbb{R}$ 满足 $\ell(x) \leqslant h(x) \leqslant u(x)$, 则称函数 $h(x)$ 被函数 $\ell(x)$ 和 $u(x)$ **划界** (bracketed). 给定一对函数 ℓ 和 u, **划界** (bracket) $[\ell, u]$ 是对任意的 $x \in \mathscr{X}$, 都满足 $\ell(x) \leqslant h(x) \leqslant u(x)$ 的函数 h 构成的集合. 若 $||u(X) - \ell(X)||_{Q,r} \leqslant \epsilon$, 则称其为 $\epsilon\text{-}L_r(Q)$ 划界. 若对任意的 $\theta \in \Theta$, 存在 j 使得 $[\ell_j, u_j]$ 为 $g(x, \theta)$ 的划界, 则称划界集 $[\ell_j, u_j]$ **覆盖** (cover) Θ. 划界函数 $\ell(x)$ 和 $u(x)$ 不必属于 $g(x, \theta)$ 函数类.

定义 18.4   划界数 (bracketing number) $N_{[\,]}(\epsilon, L_r(Q))$ 是覆盖 Θ 的 $\epsilon\text{-}L_r(Q)$ 划界的最小值.

图 18-5 展示了区域 $[0, 1]^2$ 上的划界过程. 考虑函数 $g(x, \theta) = x^\theta$, $X \sim U[0, 1]$. 图中展示了函数 $g(x, \theta)$ 的 7 个 θ 值. 值的选择使得两个相邻点之间的 L_2 距离相等. 故最低和最高函数区域内包括 6 个划界.

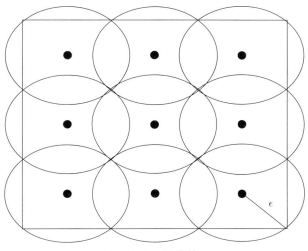

图 18-4　覆盖数

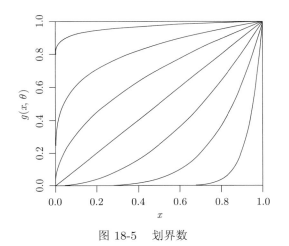

图 18-5　划界数

若 $g(x, \theta)$ 在 $2\epsilon\text{-}L_r(Q)$ 划界 $[\ell, u]$ 内, 则它在以 $(\ell + u)/2$ 为中心, ϵ 为半径的球内. 覆盖数和划界数满足关系 $N_r(\epsilon, Q) \leqslant N_{[\,]}(2\epsilon, L_r(Q))$. 故划界数的界覆盖数, 即划界数有更强的限制. 然而, 下节给出的定理将表明一致覆盖数 $N_r(\epsilon)$ 的限制比划界数 $N_{[\,]}(\epsilon, L_r(Q))$ 更强. 因此, 无法判断一致覆盖数 $N_r(\epsilon)$ 和划界数 $N_{[\,]}(\epsilon, L_r(Q))$ 的限制哪个更强.

填装数、覆盖数和划界数表明函数 $g(x, \theta)$ 的复杂度. 随着 ϵ 减小到 0, $D(\epsilon)$、$N(\epsilon)$ 和 $N_{[\,]}(\epsilon)$ 趋于无穷的速度刻画了用有限元素近似函数 g 的难度.

为了说明这一点, 以经验分布函数 $g(x, \theta) = \mathbb{1}\{x \leqslant \theta\}$ 为例. 回顾分布 $Q(x)$ 的分位数 $q(\alpha)$ (定义 11.2). 给定 ϵ, 令 $N = 2\epsilon^{-r}$, $\theta_j = q(j/N)$, $\ell_j(x) = \mathbb{1}\{x \leqslant \theta_j\}$ 和 $u_j(x) = \mathbb{1}\{x \leqslant \theta_{j-1}\}$. 数对 $[\ell_j, u_j]$ 对 $\mathbb{1}\{x \leqslant \theta\}$ 划界, 其中 $\theta_{j-1} < \theta \leqslant \theta_j$. 注意, $(j/N) \leqslant Q(\theta_j) < (j+1)/N$. 划界满足 $\|u_j(X) - \ell_j(X)\|_{Q,r} = \left(Q(\theta_j) - Q(\theta_{j-1})\right)^{1/r} \leqslant (2/N)^{1/r} = \epsilon$. 因此, $N_{[\,]}(\epsilon, L_r(\theta)) \leqslant 2\epsilon^{-r}$. 由划界数和覆盖数的关系可得 $N_r(\epsilon, Q) \leqslant 2^{1-r}\epsilon^{-r}$. 二者都与 Q 和 $\|G\|_{Q,r} \leqslant 1$ 无关, 故 $N_{[\,]}(\epsilon, L_r(\theta)) \leqslant 2\epsilon^{-r}$ 和 $N_r(\epsilon) \leqslant 2^{1-r}\epsilon^{-r}$ 也与 $\|G\|_{Q,r} \leqslant 1$ 无关.

18.5   一致大数定律

现把经验分布函数的一致收敛式 (18.4) 推广到一般函数的样本平均.

定义 18.5   若对任意的 $\theta \in \Theta$, 都有

$$\sup_{\theta \in \Theta} \|\bar{g}_n(\theta) = g(\theta)\| \underset{p}{\to} 0$$

则称式 (18.1) 中定义的样本平均 $\bar{g}_n(\theta)$ 满足**一致大数定律** (uniform law of large number).

在经验过程的相关文献中, 一致大数定律的另一个名称是 $\bar{g}_n(\theta)$ 满足 **Glivenko-Cantelli** 定理.

定理 18.2   **一致大数定律**. 若

1. X_i 是独立同分布的.

2. $\mathbb{E}[G(X)] < \infty$.

3. 满足下述条件之一:

(a) 对任意的 $\epsilon > 0$, 都有 $N_{[\,]}(\epsilon, L_1) < \infty$,

(b) 对任意的 $\epsilon > 0$, 都有 $N_1(\epsilon) < \infty$,

(c) $g(X, \theta)$ 关于 θ 以概率 1 连续, 且 Θ 是紧集.

则称 $\bar{g}_n(\theta)$ 满足 Θ 上的一致大数定律.

定理 18.2 表明样本均值 $\bar{g}_n(\theta)$ 在下述三个条件之一下满足一致大数定律: 划界数、一致覆盖数或 $g(x, \theta)$ 的连续性. (a) 部分和 (c) 部分的证明见 18.9 节. 对于 (b) 部分, 证明见 van der Vaart(1998) 的定理 9.13.

如前所述, 定理 18.1 是定理 18.2 的特例. 如 18.4 节所述, 经验分布函数的包络函数 $G(X) = 1$ 是有界的, 划界数满足 $N_{[\,]}(\epsilon, L_1) \leqslant 2\epsilon^{-1} < \infty$. 满足定理 18.2 的条件. 故 $F_n(\theta)$ 满足一致大数定律的条件. 定理 18.1 得证.

定理 18.2 的 (c) 部分表明一致大数定律对连续函数的样本平均成立. 该条件的约束不强, 除连续性外未对光滑性提出限制. 当取不连续点的概率为 0 时, 一致大数定律对非连续函数也成立. 例如, 考虑经验分布函数, 函数 $g(x,\theta) = \mathbb{1}\{x \leqslant \theta\}$ 在 $\theta = x$ 处不连续. 但如果 X 是连续分布, $g(X,\theta)$ 以概率 1 连续. 类似地, 当 X 是连续分布时, 函数 $g(Y,X,\theta) = Y\mathbb{1}\{X \leqslant \theta\}$ 满足 (c) 部分条件.

一致大数定律大多应用在连续 (或以概率 1 连续) 函数上, 故可利用定理 18.2 的 (c) 部分. 对不满足该条件的函数, 建议使用 (a) 部分或 (b) 部分. 在许多情况下, 划界数 $N_{[\,]}(\epsilon, L_1)$ 可明确计算 (见 18.4 节最后对经验分布函数的计算), 此时可使用 (a) 部分. 在其他情况中, 一般的技术条件是对一致覆盖数 $N_1(\epsilon)$ 加以限制, 详见 van der Vaart 和 Wellner(1996) 以及 van der Vaart(1998).

定理 18.2 的直观理解如下. 考虑 (a) 部分. 对任意的 $\epsilon > 0$, 覆盖 Θ 的球数是有限的. 固定这些球, 弱大数定律可用于每个球的中心点. 由于球数是固定的, 设置误差一致小于 ϵ. 故函数一致在期望的 2ϵ 内. 现考虑 (b) 部分. 对任意的 $\epsilon > 0$, 覆盖 Θ 的划界数是有限的. 固定这些划界, 弱大数定律可用于每个划界的下端点 $\ell_j(X)$ 和上端点 $u_j(X)$, 设置误差一致小于 ϵ. 最后考虑 (c) 部分. 若 $g(x,\theta)$ 关于 θ 连续, 则对任意的 ϵ 和 θ, 存在 ϵ-L_r 划界. 由于 Θ 是紧集, 可用有限个划界覆盖. 故 (b) 部分条件满足.

18.6 泛函中心极限定理

回顾式 (18.2) 中定义的规范化平均 $\nu_n(\theta)$, 它是 $\theta \in \Theta$ 上的随机函数, 称其为**随机过程** (stochastic process). 有时记为 $\nu_n(\theta)$, 表示过程和 θ 有关; 有时记为 ν_n, 表示整个函数. 一些作者使用记号 $\nu_n(\cdot)$.

我们对过程 ν_n 的渐近分布感兴趣, 它是尺度规范化的, 故 $\nu_n(\theta)$ 满足关于 θ 的逐点中心极限定理. 现将其推广至整个过程.

随机过程的渐近分布理论有很多名称. 如**泛函中心极限定理** (functional central limit theory)、**不变原理** (invariance principle)、**经验过程极限理论** (empirical process limit theory)、**弱收敛** (weak convergence) 和 **Donsker** 定理. 如今更多使用**依分布收敛** (convergence in distribution) 的概念, 强调和有限维的关系.

首先, 考虑规范化经验分布函数式 (18.3):

$$\nu_n(\theta) = \sqrt{n}(F_n(\theta) - F(\theta)) \tag{18.5}$$

由中心极限定理得, 对任意的 θ, $\nu_n(\theta)$ 渐近服从 $N\big(0, F(\theta)(1 - F(\theta))\big)$. 然而, 有时需要整体 ν_n 的分布. 例如, 为检验 $F(\theta)$ 是某个特定分布的假设, 当 Kolmogorov-Smirnov 统

计量 $\mathrm{KS}_n = \max_\theta |\nu_n(\theta)|$ 较大时, 拒绝原假设, 该统计量刻画了经验分布函数和零分布 $F(\theta)$ 的最大差别. 统计量 KS_n 是整体随机函数 $\nu_n(\theta)$ 的函数, KS_n 的分布也是 $\nu_n(\theta)$ 的函数, 故需要整体函数 ν_n 的分布.

令 V 表示从 Θ 到 $\mathbb{R}$ 的函数空间. 随机函数 ν_n 是 V 的元素. 为了度量 V 中两个元素的距离, 利用一致⊖度量

$$\rho(\nu_1, \nu_2) = \sup_{\theta \in \Theta} |\nu_1(\theta) - \nu_2(\theta)| \tag{18.6}$$

下面给出随机函数依分布收敛的定义.

定义 18.6   若随机过程 $\nu_n(\theta)$ 和 $\nu(\theta)$ 满足对任意有界、连续的 $f \in V$, 都有 $\mathbb{E}[f(\nu_n)] \to \mathbb{E}[f(\nu)]$, 其中连续性用一致度量式 (18.6) 定义, 则当 $n \to \infty$ 时, 称 $\nu_n(\theta)$ 在 $\theta \in \Theta$ 上**依分布收敛** (converge in distribution) 于极限随机过程 $\nu_n(\theta)$, 记为 $\nu_n \xrightarrow{d} \nu$.

一些作者使用 "弱收敛", 常见的记号有 $\nu_n \Rightarrow \nu$ (如 Billingsley, 1999) 或 $\nu_n \rightsquigarrow \nu$ (如 van der Vaart, 1998). 详见 Billingsley(1999) 的第 1 章和第 2 章和 van der Vaart (1998) 的第 18 章. 随机过程的依分布收敛满足标准的性质, 包括连续映射定理, 其中连续性用一致度量式 (18.6) 定义.

对规范化平均式 (18.2), 依分布收敛也称为 **Donsker** 性质.

对一致大数定律, 随机过程的收敛需要 "排除" 过于不稳定的函数. 下面给出技术性的充分条件.

定义 18.7   若对任意的 $\eta > 0, \epsilon > 0$, 都存在 $\delta > 0$, 满足

$$\limsup_{n \to \infty} \mathbb{P}\left[\sup_{d(\theta_1, \theta_2) \leqslant \delta} ||S_n(\theta_1) - S_n(\theta_2)|| > \eta \right] \leqslant \epsilon$$

如果没有指定具体的度量, 默认使用欧氏距离: $d(\theta_1, \theta_2) = ||\theta_1 - \theta_2||$.

当 θ_1 和 θ_2 之间的距离较小时, $g(\theta_1)$ 和 $g(\theta_2)$ 的距离也较小, 则函数 $g(\theta)$ 是**一致连续的** (uniformly continuous). 如果该函数族中的所有函数一致满足这种连续, 则称该函数族为**等度连续的** (equicontinuous). 渐近等度连续可用概率表示: 若当 θ_1 和 θ_2 间的距离较小时, $g_n(\theta_1)$ 和 $g_n(\theta_2)$ 的距离在大样本条件下以很高的概率也较小. 若 $g_n(\theta)$ 是等度连续或在更宽泛的情况下满足该条件, 该结果成立. $g_n(\theta)$ 可是不连续的, 但取不连续点的概率很小. 当 $n \to \infty$ 时, 渐近等度连续趋近于连续性. 渐近等度连续也称为**随机等度连续** (stochastic equicontinuity).

概率论中一个更深入的理论给出了依分布收敛的条件.

⊖   当 ν_n 渐近连续时, 这是一个恰当的选择. 当函数有跳跃点时, 需要另一种度量.

定理 18.3　**泛函中心极限定理** (functional central limit theorem). $\nu_n \underset{d}{\to} \nu$ 在 $\theta \in \Theta$ 上成立当且仅当下述条件成立:

1. $(\nu_n(\theta_1), \cdots, \nu_n(\theta_m)) \underset{d}{\to} (\nu(\theta_1), \cdots, \nu(\theta_m))$, $n \to \infty$, 对 Θ 上每个有限点集 $\theta_1, \cdots, \theta_m$ 成立.

2. 存在有限分割 $\Theta = \cup_{j=1}^{J} \Theta_j$, 使得 $\nu_n(\theta)$ 在 $\theta \in \Theta_j (j = 1, \cdots, J)$, 上是渐近等度连续的.

证明需要更深入的理论, 见 Billingsley(1999) 的定理 7.1 和定理 7.2 或 van der Vaart(1998) 的定理 18.14.

条件 1 有时称为 "有限维分布收敛". 通常利用多元中心极限定理得到.

$\nu_n(\theta)$ 渐近等度连续的假设很难在具体的应用中直接验证, 常使用覆盖数和划界数的条件. 定义**划界积分** (bracketing integral) 为

$$J_{[\,]}(\delta, L_2) = \int_0^\delta \sqrt{\log N_{[\,]}(x, L_2)} \mathrm{d}x$$

当划界数 $N_{[\,]}(\epsilon, L_2)$ 随着 $\epsilon \to 0$ 增加到无穷的速度不是非常快时, 积分是有限的, 且随着 $\delta \to 0$, 减小到 0. $J_{[\,]}(\delta, L_2) < \infty$ 的充分条件为 $N_{[\,]}(\epsilon, L_2) \leqslant O(\epsilon^{-\rho})$, $0 < \rho < \infty$. Pollard(1990) 称该速度为**欧氏的** (Euclidean); van der Vaart(1998) 称该速度为**多项式的** (polynomial).

类似地, 一致覆盖积分为

$$J_2(\delta) = \int_0^\delta \sqrt{\log N_2(x)} \mathrm{d}x = \int_0^\delta \sqrt{\log \sup_Q N_2(x \| G \|_{Q,2}, Q)} \mathrm{d}x$$

当一致覆盖数增加到无穷的速度不是非常快时, 积分是有限的. 一个充分条件是多项式速度 $N_2(\epsilon) \leqslant O(\epsilon^{-\rho})$.

定理 18.4　若 $J_{[\,]}(\delta, L_2) < \infty$ 或 $J_2(\delta) < \infty$, 且 $\mathbb{E}[G(X)^2] < \infty$, 则 $\nu_n(\theta)$ 在 $\theta \in \Theta$ 上是渐近等度连续的.

详见 van der Vaart(1998) 的定理 19.5 和定理 19.14.

事实上, 由有限划界积分或一致覆盖积分可推出渐近等度连续, 故泛函中心极限定理并不直观. 正式的证明需要更深入、更具技术性的理论, 也不是非常直观. 笔者此处做几点评论, 尝试提出一种不严格的解释.

对于过程 $\nu_n(\theta)$ 考虑在定义 18.7 中所描述的事件, 这涉及 $\nu_n(\theta_1)$ 和 $\nu_n(\theta_2)$ 的最大差距, 其中参数属于不可数集 $A = \{d(\theta_1, \theta_2) \leqslant \delta\}$. 现通过**链** (chaining) 论证来理解. 为

集合 A 构造有限覆盖序列, 其中第 j 个覆盖包含半径为 $\delta_j = \delta/2^j$ 的球. 利用定义, 在第 j 个覆盖中存在至少 $N_2(\delta_j)$ 个球. 取任意点 $\theta_1, \theta_2 \in A$. 由覆盖序列, 找到中心为 θ_j 的球序列, 连接 θ_1 和 θ_2, 距离满足 $d(\theta_{j-1}, \theta_j) \leqslant \delta_j$. 该序列称为**链** (chain). A 的上确界定义是所有链的上确界, 包括无穷和 (关于所有覆盖 $j = 1, 2, \cdots, \infty$) 以及覆盖中的球数 $N_2(\delta_j)$. 利用马尔可夫不等式 (定理 7.3) 和布尔不等式 (定理 1.2), 定义 18.7 中的概率界为 $\sum_{j=0}^{\infty} \mathbb{E}[\max_{\theta_j} ||\nu_n(\theta_{j-1}) - \nu_n(\theta_j)]$, 其中最大值在第 j 个覆盖中的第 $N_2(\delta_j)$ 个球取到. 对有限 p 阶矩的 N 个随机变量, 其最大值的期望满足 $O(N^{1/p})$ (类似定理 9.7), 当 $p \to \infty$ 时, 该界渐近趋于对数. 事实上, 若随机变量是正态的, 其最大值的期望满足 $O(\sqrt{\log N})$. 然而, 规范化平均 $\nu_n(\theta)$ 不是有限正态的. 但在大样本条件下是渐近正态的, 故渐近界为 $O(\sqrt{\log N})$. 由此产生形式为 $\sum_{j=0}^{\infty} \sqrt{\log N_2(\delta_j)} \delta_j$ 的界, 其上界为积分 $J_2(\delta)$. 当 $J_2(\delta)$ 有限时, 可通过选择足够小的 δ, 得到任意小的 $J_2(\delta)$. 因此, 定义 18.7 满足, 过程是渐近等度连续的. 这是一个简短的解释 (完整的证明需要更深入的概率理论), 此处只提供了证明的一些细节, 用来解释覆盖数或划界数对数的平方根 (根据最大值不等式) 和积分 (根据近似链的无限和).

18.7   渐近等度连续的条件

18.6 节中的定理 18.3 表明渐近等度连续函数的泛函中心极限定理成立. 定理 18.4 表明当划界积分或一致覆盖积分有限时, 泛函中心极限定理成立. 这些条件是抽象且不直观的. 本节考虑这些条件成立的简单和可解释的假设.

下述结论对更宽泛的一类函数成立, 包括大多数参数化应用.

定理 18.5   设对任意的 $\delta > 0$, $\theta_1 \in \Theta$, 都有

$$\left(\mathbb{E}\left[\sup_{||\theta - \theta_1|| < \delta} ||g(X, \theta) - g(X, \theta_1)||^2 \right] \right)^{1/2} \leqslant C\delta^{\psi} \tag{18.7}$$

其中 $C < \infty$, $0 < \psi < \infty$, 则 $J_{[\,]}(\delta, L_2) < \infty$, 且 $\nu_n(\theta)$ 是渐近等度连续的.

证明见 Andrews(1994) 的定理 5.

满足条件式 (18.7) 的一个特例是利普希茨连续函数.

定义 18.8   若存在 $B(x)$ 使得 $\mathbb{E}[B(X)^2] < \infty$, 有

$$||g(x, \theta_1) - g(x, \theta_2)|| \leqslant B(x)||\theta_1 - \theta_2||$$

对任意的 $x \in \mathscr{X}$ 和 $\theta_1, \theta_2 \in \Theta$ 都成立, 则称函数 $g(x, \theta)$ 在 $\theta \in \Theta$ 上是**利普希茨连续的** (Lipschitz-continuous).

直接代入, 如果 $g(x, \theta)$ 是利普希茨连续的, 它满足式 (18.7), 其中 $C = \|B(X)\|_2$, $\psi = 1$, 即由利普希茨连续性可推出渐近等度连续. 条件式 (18.7) 更宽泛, 允许不连续的函数 (如示性函数).

下述结果适用于不同函数类的组合.

定理 18.6　设 $\mathbb{E}[G(X)^2] < \infty$, 且

1. $g(x, \theta)$ 是利普希茨连续的,

2. $g(x, \theta) = h(\theta' \psi(x))$, 其中 $h(u)$ 的全局方差有限,

3. $g(x, \theta)$ 是 1 部分和 2 部分给出函数加、乘、最小值、最大值以及复合运算的组合.

则 $J_2(\delta) < \infty$, 且 $\nu_n(\theta)$ 是渐近等度连续的.

证明见 Andrews(1994) 的定理 2 和定理 3. 更宽泛的函数组合见 van der Vaart(1998) 的定理 2.6.18. 条件 2 部分包含的函数类可能范围较窄, 但已适用于大多数计量经济学应用. 可行的函数 $h(u)$ 包括示性函数和符号函数, 它们是最常用的不连续函数.

满足一致覆盖的更宽泛的函数类被称为 **Vapnik-Červonenkis (VC) 类**. VC 类的理论需要组合学. 详见 Pollard(1990) 的第 3 章, van der Vaart 和 Wellner(1996) 的 2.6 节以及 van der Vaart(1998) 的第 19 章. 实际上, VC 类包含的函数足够宽泛, 适用于大多数情况.

定理 18.7　若 $\{g(\cdot, \theta) : \theta \in \Theta\}$ 是一个 VC 类, 则 $J_2(\delta) < \infty$. 此外, 若 $\mathbb{E}[G(X)^2] < \infty$, 则 $\nu_n(\theta)$ 在 $\theta \in \Theta$ 上渐近等度连续.

见 van der Vaart(1998) 的引理 19.15.

本节讨论的定理 18.5~18.7 给出了特定应用中证明渐近等度连续的各类条件. 定理 18.5 适用于连续或渐近连续函数; 定理 18.6 适用于利普希茨连续函数、有限变差和线性函数的组合; 定理 18.7 适用于 VC 类函数.

18.8　Donsker 定理

现把泛函中心极限定理 (定理 18.3) 应用到规范化经验分布函数式 (18.5) 中.

首先验证定理 18.3 的条件 1. 对任意的 θ, 都有

$$\nu_n(\theta) = \frac{1}{\sqrt{n}} \sum_{i=1}^{n} (\mathbb{1}\{X_i \leqslant \theta\} - \mathbb{E}[\mathbb{1}\{X_i \leqslant \theta\}]) = \frac{1}{\sqrt{n}} \sum_{i=1}^{n} U_i$$

其中 U_i 是独立同分布的, 均值为 0, 方差为 $F(\theta)(1 - F(\theta))$. 由中心极限定理得,

$$\nu_n(\theta) \underset{d}{\to} N\big(0, F(\theta)(1 - F(\theta))\big)$$

对任意点 (θ_1, θ_2), 都有

$$\begin{pmatrix} \nu_n(\theta_1) \\ \nu_n(\theta_2) \end{pmatrix} = \frac{1}{\sqrt{n}} \sum_{i=1}^{n} \begin{pmatrix} \mathbb{1}\{X_i \leqslant \theta_1\} - F(\theta_1) \\ \mathbb{1}\{X_i \leqslant \theta_2\} - F(\theta_2) \end{pmatrix} = \frac{1}{\sqrt{n}} \sum_{i=1}^{n} U_i$$

其中 U_i 是独立同分布的, 均值为 0, 协方差矩阵为

$$\mathbb{E}[U_i U_i'] = \begin{pmatrix} F(\theta_1)(1 - F(\theta_1)) & F(\theta_1 \wedge \theta_2) - F(\theta_1)F(\theta_2) \\ F(\theta_1 \wedge \theta_2) - F(\theta_1)F(\theta_2) & F(\theta_2)(1 - F(\theta_2)) \end{pmatrix}$$

利用多元中心极限定理得

$$\begin{pmatrix} \nu_n(\theta_1) \\ \nu_n(\theta_2) \end{pmatrix} \underset{d}{\to} N \left(0, \begin{pmatrix} F(\theta_1)(1 - F(\theta_1)) & F(\theta_1 \wedge \theta_2) - F(\theta_1)F(\theta_2) \\ F(\theta_1 \wedge \theta_2) - F(\theta_1)F(\theta_2) & F(\theta_2)(1 - F(\theta_2)) \end{pmatrix} \right)$$

该性质可推广到任意点集 $(\theta_1, \theta_2, \cdots, \theta_m)$. 故条件 1 满足.

其次验证定理 18.3 (渐近等度连续) 的条件 2. 如 18.4 节最后的讨论, 对任意的分布函数 $F(\theta)$, 划界数满足多项式速度 $N_{[\ ]}(\epsilon, L_2) \leqslant 2\epsilon^{-2}$. 故划界积分是有限的. 由定理 18.4 得, $\nu_n(\theta)$ 是渐近等度连续的. 由此建立 Donsker 定理.

定理 18.8 Donsker. 若 X_i 是独立同分布的, 其分布函数为 $F(\theta)$, 则 $\nu_n(\theta) \underset{d}{\to} \nu$, 其中 ν 是随机过程, 其边缘分布为 $\nu(\theta) \sim N(0, F(\theta)(1 - F(\theta)))$, 协方差函数为

$$\mathbb{E}[\nu(\theta_1)\nu(\theta_2)] = F(\theta_1 \wedge \theta_2) - F(\theta_1)F(\theta_2)$$

这是由 Monroe Donsker 首先构建的泛函中心极限定理, 其结果是非常一般化的, 对所有的分布 $F(\theta)$, 包括连续和离散分布都成立.

一个重要的特例是当 $F(\theta)$ 是均匀分布 $U[0,1]$ 时. 极限随机过程的分布 $B(\theta) \sim N(0, \theta(1 - \theta))$, 其协方差函数为

$$\mathbb{E}[B(\theta_1)B(\theta_2)] = \theta_1 \wedge \theta_2 - \theta_1\theta_2$$

该随机过程称为**布朗桥** (Brownian bridge). 渐近分布的一个推论是 Kolmogorov-Smirnov 统计量.

定理 18.9 当 $X \sim N(0,1)$ 时, $\nu_n \underset{d}{\to} B$, 其中 B 是 $[0,1]$ 上标准的布朗桥. Kolmogorov-Smirnov 统计量的零渐近分布为

$$\mathrm{KS}_n \underset{d}{\to} \sup_{0 \leqslant \theta \leqslant 1} |B(\theta)|$$

利用变量变换, $X \sim U[0,1]$ 的假设可替代为 $F(\theta)$ 是连续的. 然而, ν_n 的极限分布不再是布朗桥, Kolmogorov-Smirnov 统计量的渐近分布是不变的.

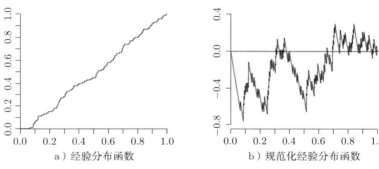

a) 经验分布函数　　　　　　　b) 规范化经验分布函数

图 18-6　均匀随机变量的经验分布函数和过程

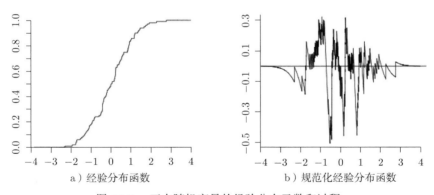

a) 经验分布函数　　　　　　　b) 规范化经验分布函数

图 18-7　正态随机变量的经验分布函数和过程

图 18-6 展示了均匀随机变量, 图 18-7 展示了正态随机变量. 在每个图中, 图 a 展示了 $n = 100$ 个观测值计算的经验分布函数. 图 b 展示了规范化经验分布函数式 (18.5). 在图 18-6 中 (均匀随机变量), 由于真实的分布函数是接近线性的, 其经验分布函数接近直线, 经验分布的取值为 $[0,1]$. 在图 18-7 中 (正态随机变量), 经验分布函数有正态分布的曲线形状. 规范化经验分布函数的取值为 $\mathbb{R}$, 在图中用 $[-4, 4]$ 绘制. 因为中心附近的观测值最多, 故该过程在中心的变化比边缘的更大.

18.9 技术证明*

划界条件下定理 18.2 的证明   固定 $\epsilon > 0$ 和 $\eta > 0$. 令 $[\ell_j, u_j]$, $j = 1, 2, \cdots, N = N_{[\,]}(\epsilon, L_1)$ 表示覆盖 Θ 的 $\epsilon\text{-}L_1$ 划界集. 构造 $|u_j(X)| \leqslant G(X)$, $|\ell_j(X)| \leqslant G(X)$, 其期望有限. 由假设得, $N < \infty$, 且

$$\mathbb{E}[u_j(X)] - \mathbb{E}[\ell_j(X)] = ||u_j(X) - \ell_j(X)||_1 \leqslant \epsilon \tag{18.8}$$

由弱大数定律得它们的样本平均依概率收敛到其期望, 即对足够大的 n, 有

$$\mathbb{P}\left[\left|\frac{1}{n}\sum_{i=1}^{n}(u_j(X_i) - \mathbb{E}[u_j(X)])\right| > \epsilon\right] \leqslant \frac{\eta}{2N} \tag{18.9}$$

和

$$\mathbb{P}\left[\left|\frac{1}{n}\sum_{i=1}^{n}(\ell_j(X_i) - \mathbb{E}[\ell_j(X)])\right| > \epsilon\right] \leqslant \frac{\eta}{2N}$$

由布尔不等式 (定理 1.2 的性质 6) 和式 (18.9) 得

$$\mathbb{P}\left[\max_{1\leqslant j\leqslant n}\left|\frac{1}{n}\sum_{i=1}^{n}(u_j(X_i) - \mathbb{E}[u_j(X)])\right| > \epsilon\right] = \mathbb{P}\left[\bigcup_{j=1}^{N}\left\{\left|\frac{1}{n}\sum_{i=1}^{n}(u_j(X_i) - \mathbb{E}[u_j(X)])\right| > \epsilon\right\}\right]$$

$$\leqslant \sum_{j=1}^{N}\mathbb{P}\left[\left|\frac{1}{n}\sum_{i=1}^{n}(u_j(X_i) - \mathbb{E}[u_j(X)])\right| > \epsilon\right] \leqslant \frac{\eta}{2} \tag{18.10}$$

类似地, 有

$$\mathbb{P}\left[\max_{1\leqslant j\leqslant n}\left|\frac{1}{n}\sum_{i=1}^{n}(\ell_j(X_i) - \mathbb{E}[\ell_j(X)])\right| > \epsilon\right] \leqslant \frac{\eta}{2} \tag{18.11}$$

取任意的 $\theta \in \Theta$ 和其划界 $[\ell_j, u_j]$. 由 $\ell_j \leqslant g \leqslant u_j$, 得

$$\frac{1}{n}\sum_{i=1}^{n}(g(X_i, \theta) - \mathbb{E}[g(X, \theta)]) \leqslant \frac{1}{n}\sum_{i=1}^{n}(u_j(X_i) - \mathbb{E}[\ell_j(X)]) \leqslant \frac{1}{n}\sum_{i=1}^{n}(u_j(X_i) - \mathbb{E}[\ell_j(X)]) + \epsilon$$

其中第二个不等号是式 (18.8). 类似地, 有

$$\frac{1}{n}\sum_{i=1}^{n}(g(X_i, \theta) - \mathbb{E}[g(X, \theta)]) \geqslant \frac{1}{n}\sum_{i=1}^{n}(\ell_j(X_i) - \mathbb{E}[u_j(X)]) \leqslant \frac{1}{n}\sum_{i=1}^{n}(\ell_j(X_i) - \mathbb{E}[\ell_j(X)]) - \epsilon$$

联合上述结果得

$$\sup_{\theta \in \Theta} ||\overline{g}_n(\theta) - g(\theta)|| \leqslant \max_{1 \leqslant j \leqslant n} \left| \frac{1}{n} \sum_{i=1}^{n} \left(u_j(X_i) - \mathbb{E}[u_j(X)] \right) \right| +$$

$$\max_{1 \leqslant j \leqslant n} \left| \frac{1}{n} \sum_{i=1}^{n} \left(\ell_j(X_i) - \mathbb{E}[\ell_j(X)] \right) \right| + \epsilon$$

结合式 (18.10) 和式 (18.11) 得

$$\mathbb{P}\Big[\sup_{\theta \in \Theta} ||\overline{g}_n(\theta) - g(\theta)|| > 3\epsilon \Big] \leqslant \mathbb{P}\left[\max_{1 \leqslant j \leqslant n} \left| \frac{1}{n} \sum_{i=1}^{n} \left(u_j(X_i) - \mathbb{E}[u_j(X)] \right) \right| > \epsilon \right] +$$

$$\mathbb{P}\left[\max_{1 \leqslant j \leqslant n} \left| \frac{1}{n} \sum_{i=1}^{n} \left(\ell_j(X_i) - \mathbb{E}[\ell_j(X)] \right) \right| > \epsilon \right] \leqslant \eta$$

由于 ϵ 和 η 是任意的, 命题得证. ■

连续性条件下定理 18.2 的证明 固定 $\epsilon > 0$ 和 $\eta > 0$. 给定 θ_j, 令 $B_j(\delta)$ 表示中心为 θ_j, 半径为 $\delta/2$ 的球. 令 $u_j(x, \delta) = \sup_{\theta \in B_j(\delta)}$, $\ell_j(x, \delta) = \inf_{\theta \in B_j(\delta)} g(x, \theta)$. 构建划界 $[\ell_j, u_j]$ 包括任意的 $g(x, \theta)$, $\theta \in B_j(\delta)$. 由于 $g(X, \theta)$ 关于 θ 以概率 1 连续, 当 $\epsilon \to 0$ 时, $u_j(X, \delta) - \ell_j(X, \delta) \to 0$, 以概率 1 成立. 由于

$$\mathbb{E}|u_j(X, \delta) - \ell_j(X, \delta)| \leqslant 2\mathbb{E}[G(X)] < \infty$$

由控制收敛定理 (定理 A.26) 得, $\delta \to 0$, $\mathbb{E}|u_j(X, \delta) - \ell_j(X, \delta)| \to 0$. 故对足够小的 δ, 有 $\mathbb{E}|u_j(X, \delta) - \ell_j(X, \delta)| \leqslant \epsilon$, 即 $[\ell_j, u_j]$ 为 $\epsilon\text{-}L_1$ 划界. 所有形如 $[\ell_j, u_j]$ 的 $\epsilon\text{-}L_1$ 划界族覆盖 Θ. 由于 Θ 是紧集, 存在有限覆盖. 故 $N_{[\,]}(\epsilon, L_1) < \infty$. 划界条件下定理 18.2 的条件满足, 表明 $\overline{g}_n(\theta)$ 满足 Θ 上的一致大数定律. ■

习题

18.1 令 $g(x, \theta) = \mathbb{1}\{x \leqslant \theta\}$, $\theta \in [0, 1]$. 设 $X \sim F = U[0, 1]$. 令 $N_1(\epsilon, F)$ 表示 L_1 填装数.

  (a) 证明 $N_1(\epsilon, F)$ 等于利用欧氏度量 $d(\theta_1, \theta_2) = |\theta_2 - \theta_1|$ 构建的填装数.

  (b) 证明 $N_1(\epsilon, F) \leqslant \lceil 1/\epsilon \rceil$.

18.2 找到下述函数的样本平均是随机等度连续的条件.

  (a) $g(X, \theta) = X\theta$, $\theta \in [0, 1]$.

  (b) $g(X, \theta) = X\theta^2$, $\theta \in [0, 1]$.

(c) $g(X, \theta) = X/\theta$, $\theta \in [a, 1]$, $a > 0$. $a = 0$ 是否可行?

18.3 定义 $\nu_n(\theta) = \frac{1}{\sqrt{n}} \sum_{i=1}^{n} X_i \mathbb{1}\{X_i \leqslant \theta\}$, $\theta \in [0, 1]$, 其中 $\mathbb{E}[X] = 0$ 且 $\mathbb{E}[X^2] = 1$.

(a) 证明 $\nu_n(\theta)$ 是随机等度连续的.

(b) 找到随机过程 $\nu(\theta)$, 使其是 $\nu_n(\theta)$ 的渐近有限维分布.

(c) 证明 $\nu_n \xrightarrow{d} \nu$.

附录: 数学基础

A.1 极限

定义 A.1 若对任意的 $\delta > 0$, 存在 $n_\delta < \infty$, 使得对任意的 $n \geqslant n_\delta$, 都有 $|a_n - a| \leqslant \delta$, 则称序列 a_n 的**极限** (limit) 为 a, 记为 $a_n \to a, n \to \infty$, 或 $\lim\limits_{n \to \infty} a_n = a$.

定义 A.2 当 a_n 的极限 a 有限时, 则称 a_n 是**收敛的** (convergent).

定义 A.3 $\liminf\limits_{n \to \infty} a_n = \lim\limits_{n \to \infty} \inf\limits_{m \geqslant n} a_m$.

定义 A.4 $\limsup\limits_{n \to \infty} a_n = \lim\limits_{n \to \infty} \sup\limits_{m \geqslant n} a_m$.

定理 A.1 若 a_n 的极限为 a, 则 $\liminf\limits_{n \to \infty} a_n = \lim\limits_{n \to \infty} a_n = \limsup\limits_{n \to \infty} a_n$.

定理 A.2 **柯西准则** (Cauchy criterion). 若对任意的 $\epsilon > 0$, 都有

$$\inf_m \sup_{j > m} |a_j - a_m| \leqslant \epsilon$$

则序列 a_n 收敛.

A.2 级数

定义 A.5 **求和符号** (summation notation). $a_1, a_2, \cdots, a_n$ 的和为

$$S_n = a_1 + a_2 + \cdots + a_n = \sum_{i=1}^{n} a_i = \sum_{1}^{n} a_i = \sum a_i$$

和 S_n 的序列称为**级数** (series).

定义 A.6 若当 $n \to \infty$ 时, 级数 S_n 的极限有限, 则称 S_n 是**收敛的** (convergent), 即 $S_n \to S < \infty$.

定义 A.7 若 $\sum\limits_{i=1}^{n} |a_i|$ 收敛, 则级数 S_n 是**绝对收敛的** (absolutely convergent).

定理 A.3   级数收敛的判定方法. *如果下述条件满足, 则级数 S_n 是绝对收敛的:*

1. **比较判别法** (comparison test). 如果 $0 \leqslant a_i \leqslant b_i$ 且 $\sum\limits_{i=1}^{n} b_i$ 收敛.

2. **比值判别法** (ratio test). 如果 $a_i \geqslant 0$ 且 $\lim\limits_{n \to \infty} \dfrac{a_{n+1}}{a_n} < 1$.

3. **积分判别法** (integral test). 如果 $a_i = f(i) > 0$, 其中 $f(x)$ 是单调不增函数, 且 $\int_1^{\infty} f(x)\mathrm{d}x < \infty$.

定理 A.4   Cesaro 均值定理 (theorem of Cesaro means). *若 $a_i \to a$, $i \to \infty$, 则 $n^{-1} \sum\limits_{i=1}^{n} a_i \to a$, $n \to \infty$.*

定理 A.5   Toeplitz 引理 (Toeplitz lemma). *设对所有的 i, w_{ni} 满足当 $n \to \infty$ 时 $w_{ni} \to 0$, 且 $\sum\limits_{i=1}^{n} w_{ni} = 1$, $\sum\limits_{i=1}^{n} |w_{ni}| < \infty$. 若 $a_n \to a$, 则 $\sum\limits_{i=1}^{n} w_{ni} a_i \to a$, $n \to \infty$.*

定理 A.6   Kronecker 引理 (Kronecker lemma). *若 $\sum\limits_{i=1}^{n} i^{-1} a_i \to a < \infty$, $n \to \infty$, 则 $n^{-1} \sum\limits_{i=1}^{n} a_i \to 0$, $n \to \infty$.*

A.3   阶乘

阶乘运算广泛使用在概率公式中.

定义 A.8   对正整数 n, **阶乘** (factorial) $n!$ 是 1 到 n 所有整数的乘积:

$$n! = n \times (n-1) \times \cdots \times 1 = \prod_{i=1}^{n} i$$

此外, $0! = 1$.

简单的递归性质为 $n! = n \times (n-1)!$.

定义 A.9   对正整数 n, **双阶乘** (double factorial) $n!!$ 是不超过正整数 n 且与它有相同奇偶性的所有正整数的乘积:

$$n!! = n \times (n-2) \times (n-4) \times \cdots = \prod_{i=0}^{\lceil n/2 \rceil - 1} (n - 2i)$$

此外, $0!! = 1$.

对偶数 n,

$$n!! = \prod_{i=1}^{n/2} 2i$$

对奇数 n,

$$n!! = \prod_{i=1}^{(n+1)/2} (2i-1)$$

双阶乘满足递归性质 $n!! = n \times (n-2)!!$.

双阶乘可表示为阶乘的形式. 对偶数和奇数, 有

$$(2m)!! = 2^m m!$$

$$(2m-1)!! = \frac{(2m)!}{2^m m!}$$

A.4　指数函数

指数函数的形式为 a^x. 通常用 "指数函数" 表示函数 $\mathrm{e}^x = \exp(x)$, 其中 e 表示自然常数 $\mathrm{e} = 2.718\cdots$.

定义 A.10　**指数函数** (exponential function) 为 $\mathrm{e}^x = \exp(x) = \sum_{i=0}^{\infty} \frac{x^i}{i!}$.

定理 A.7　*指数函数的性质有*

1. $\mathrm{e} = \mathrm{e}^0 = \exp(0) = \sum_{i=0}^{\infty} \frac{1}{i!}$.

2. $\exp(x) = \lim_{n \to \infty} \left(1 + \frac{x}{n}\right)^n$.

3. $(\mathrm{e}^a)^b = \mathrm{e}^{ab}$.

4. $\mathrm{e}^{a+b} = \mathrm{e}^a \mathrm{e}^b$.

5. $\exp(x)$ 在 $\mathbb{R}$ 上严格递增, 处处为正, 且是凸函数.

A.5　对数函数

在概率、统计和计量经济学中, "对数函数" 通常是指自然对数, 即指数函数的逆. 我们使用记号 "log" 而不是记号 "ln".

定义 A.11　**对数函数** (logarithm) 定义在 $(0, \infty)$ 上, 满足 $\exp(\log(x)) = x$, 或等价地, $\log(\exp(x)) = x$.

定理 A.8   对数函数的性质有

1. $\log(ab) = \log(a) + \log(b)$.
2. $\log(a^b) = b\log(a)$.
3. $\log(1) = 0$.
4. $\log(e) = 1$.
5. $\log(x)$ 是 $\mathbb{R}_+$ 上的单增函数, 且为凹函数.

A.6   微分

定义 A.12   如果对任意的 $\epsilon > 0$, 存在 $\delta > 0$, 使得对任意满足 $||x - c|| \leqslant \delta$ 的 x, 都有 $||f(x) - f(c)|| \leqslant \epsilon$, 则称函数 $f(x)$ 在 $x = c$ 处连续.

定义 A.13   函数 $f(x)$ 的**导数** (derivative), 记为 $f'(x)$ 或 $\dfrac{\mathrm{d}}{\mathrm{d}x}f(x)$, 等于

$$\frac{\mathrm{d}}{\mathrm{d}x}f(x) = \lim_{h \to 0} \frac{f(x+h) - f(x)}{h}$$

如果导数存在且唯一, 则称函数 $f(x)$ 是**可微的** (differentiable).

定义 A.14   函数 $f(x, y)$ 关于 x 的**偏导数** (partial derivative) 为

$$\frac{\partial}{\partial x}f(x, y) = \lim_{h \to 0} \frac{f(x+h, y) - f(x, y)}{h}$$

定理 A.9   **微分链式法则** (chain rule of differentiation). 对实值函数 $f(x)$ 和 $g(x)$, 有

$$\frac{\mathrm{d}}{\mathrm{d}x}f\big(g(x)\big) = f'\big(g(x)\big)g'(x)$$

定理 A.10   **微分求导法则** (derivative rule of differentiation). 对实值函数 $u(x)$ 和 $v(x)$, 有

$$\frac{\mathrm{d}}{\mathrm{d}x}\frac{u(x)}{v(x)} = \frac{v(x)u'(x) - u(x)v'(x)}{v(x)^2}$$

定理 A.11   **微分的线性性质** (linearity of differentiation).

$$\frac{\mathrm{d}}{\mathrm{d}x}\big(ag(x) + bf(x)\big) = ag'(x) + bf'(x)$$

定理A.12　洛必达法则 (L'Hôpital's rule). 对实值函数 $f(x)$ 和 $g(x)$, 满足 $\lim\limits_{x \to c} f(x) = 0$, $\lim\limits_{x \to c} g(x) = 0$, 且 $\lim\limits_{x \to c} \dfrac{f(x)}{g(x)}$ 存在, 则

$$\lim_{x \to c} \frac{f(x)}{g(x)} = \lim_{x \to c} \frac{f'(x)}{g'(x)}$$

定理 A.13　常用导数

1. $\dfrac{\mathrm{d}}{\mathrm{d}x} c = 0$.

2. $\dfrac{\mathrm{d}}{\mathrm{d}x} x^a = a x^{a-1}$.

3. $\dfrac{\mathrm{d}}{\mathrm{d}x} \mathrm{e}^x = \mathrm{e}^x$.

4. $\dfrac{\mathrm{d}}{\mathrm{d}x} \log(x) = \dfrac{1}{x}$.

5. $\dfrac{\mathrm{d}}{\mathrm{d}x} a^x = a^x \log(x)$.

A.7　均值定理

定理 A.14　均值定理 (mean value theorem). 若 $f(x)$ 在 $[a, b]$ 上连续, 在 (a, b) 上可微, 则存在点 $c \in (a, b)$, 使得

$$f'(c) = \frac{f(b) - f(a)}{b - a}$$

均值定理通常用于将 $f(b)$ 表示为 $f(a)$ 与斜率乘以两点之差的和:

$$f(b) = f(a) + f'(c)(b - a)$$

定理 A.15　泰勒定理 (Taylor's theorem). 令 s 表示正整数. 若 $f(x)$ 在 a 处 s 阶可微, 则存在函数 $r(x)$, 使得

$$f(x) = f(a) + f'(a)(x - a) + \frac{f''(a)}{2}(x - a)^2 + \cdots + \frac{f^{(s)}(a)}{s!}(x - a)^s + r(x)$$

其中

$$\lim_{x \to a} \frac{r(x)}{(x - a)^s} = 0$$

$r(x)$ 称为**余项** (remainder). 定理的最后一个方程表明余项的阶数低于 $(x-a)^s$.

定理 A.16　泰勒定理的均值形式 (Taylor's theorem, mean-value form). 令 s 表示正整数. 若 $f^{(s-1)}(x)$ 在 $[a,b]$ 上连续, 在 (a,b) 上可微, 则存在点 $c \in (a,b)$, 使得

$$f(b) = f(a) + f'(a)(x-a) + \frac{f''(a)}{2}(b-a)^2 + \cdots + \frac{f^{(s)}(c)}{s!}(b-a)^s$$

泰勒定理本质上是局部近似, 它是给定点 x 处函数的近似. 泰勒定理表明 $f(x)$ 可被 s 阶多项式局部近似.

定义 A.15　$f(x)$ 在 a 处的**泰勒级数展开** (Taylor series expansion) 为

$$\sum_{k=0}^{\infty} \frac{f^{(k)}(a)}{k!}(x-a)^k$$

定义 A.16　$f(x)$ 的**麦克劳林级数展开** (Maclaurin series expansion) 是在 $a = 0$ 处的泰勒级数展开:

$$\sum_{k=0}^{\infty} \frac{f^{(k)}(0)}{k!}x^k$$

泰勒级数展开存在的一个必要条件是 $f(x)$ 在 a 处是无穷可微的, 但这不是一个充分条件. 函数 $f(x)$ 在某个区间上等于收敛的幂级数, 称函数在该区间**解析** (analytic).

A.8　积分

定义 A.17　函数 $f(x)$ 在区间 $[a,b]$ 上的**黎曼积分** (Riemann integral) 为

$$\int_a^b f(x)\mathrm{d}x = \lim_{N \to \infty} \frac{1}{N} \sum_{i=1}^{N} f\left(a + \frac{i}{N}(b-a)\right)$$

等式右边的求和等于宽为 $(b-a)/N$ 的近似 $f(x)$ 的矩形的面积之和.

定义 A.18　函数 $g(x)$ 在 $[a,b]$ 上关于 $f(x)$ 的 **Riemann-Stieltjes** 积分为

$$\int_a^b g(x)\mathrm{d}f(x) = \lim_{N \to \infty} \sum_{j=0}^{N-1} g\left(a + \frac{j}{N}(b-a)\right)\left(f\left(a + \frac{j+1}{N}(b-a)\right) - f\left(a + \frac{j}{N}(b-a)\right)\right)$$

等式右边的求和等于矩形面积的加权和, 其中权重是函数 f 的变化.

定义 A.19　如果 $\int_{\mathscr{X}} |f(x)|\mathrm{d}x < \infty$, 函数 $f(x)$ 是**可积的** (integrable).

定理 A.17　积分的线性性质 (linearity of integration).

$$\int_a^b (cg(x) + df(x))\mathrm{d}x = c\int_a^b g(x)\mathrm{d}x + d\int_a^b f(x)\mathrm{d}x$$

定理 A.18　常用积分.

1. $\int x^a \mathrm{d}x = \dfrac{1}{a+1} x^{a+1} + C.$

2. $\int \mathrm{e}^x \mathrm{d}x = \mathrm{e}^x + C.$

3. $\int \dfrac{1}{x}\mathrm{d}x = \log|x| + C.$

4. $\int \log x \mathrm{d}x = x\log x - x + C.$

定理 A.19　微积分第一基本定理 (first fundamental theorem of calculus). 令 $f(x)$ 是 $[a,b]$ 上的连续实值函数. 设 $F(x) = \int_a^x f(t)\mathrm{d}t.$ 则对任意的 $x \in (a,b)$, $F(x)$ 存在导数 $F'(x) = f(x)$.

定理 A.20　微积分第二基本定理 (second fundamental theorem of calculus). 令 $f(x)$ 是 $[a,b]$ 上的实值函数. 设 $F(x)$ 表示不定积分, 满足 $F' = f(x)$, 则

$$\int_a^b f(x)\mathrm{d}x = F(b) - F(a)$$

定理 A.21　分部积分 (integration by parts). 对实值函数 $u(x)$ 和 $v(x)$, 有

$$\int_a^b u(x)v'(x)\mathrm{d}x = u(b)v(b) - u(a)v(a) - \int_a^b u'(x)v(x)\mathrm{d}x.$$

方程也可记为

$$\int u\mathrm{d}v = uv - \int v\mathrm{d}u$$

定理 A.22　莱布尼茨法则 (Leibniz rule). 对实值函数 $a(x)$、$b(x)$ 和 $f(x,t)$, 有

$$\frac{\mathrm{d}}{\mathrm{d}x}\int_{a(x)}^{b(x)} f(x,t)\mathrm{d}t = f(x,b(x))\frac{\mathrm{d}}{\mathrm{d}x}b(x) - f(x,a(x))\frac{\mathrm{d}}{\mathrm{d}x}a(x) + \int_{a(x)}^{b(x)} \frac{\partial}{\partial x}f(x,t)\mathrm{d}t$$

当 a 和 b 是常数时, 方程简化为

$$\frac{\mathrm{d}}{\mathrm{d}x}\int_a^b f(x,t)\mathrm{d}t = \int_a^b \frac{\partial}{\partial x}f(x,t)\mathrm{d}t$$

定理 A.23 富比尼定理 (Fubini's theorem). 若 $f(x, y)$ 是可积的, 则

$$\int_{\mathscr{Y}} \int_{\mathscr{X}} f(x, y) \mathrm{d}x \mathrm{d}y = \int_{\mathscr{X}} \int_{\mathscr{Y}} f(x, y) \mathrm{d}y \mathrm{d}x$$

定理 A.24 Fatou 引理. 若 f_n 是非负函数序列, 则

$$\int \liminf_{n \to \infty} f_n(x) \mathrm{d}x \leqslant \liminf_{n \to \infty} \int f_n(x) \mathrm{d}x$$

定理 A.25 单调收敛定理 (monotone convergence theorem). 若 $f_n(x)$ 是单增函数序列, 且逐点收敛到 $f(x)$, 则 $\int f_n(x) \mathrm{d}x \to \int f(x) \mathrm{d}x$, $n \to \infty$.

定理 A.26 控制收敛定理 (dominated covergence theorem). 若 $f_n(x)$ 是逐点收敛到 $f(x)$ 的函数序列, 且 $|f_n(x)| \leqslant g(x)$, 其中 $g(x)$ 是可积的, 则 $f(x)$ 是可积的, 且 $\int f_n(x) \mathrm{d}x \to \int f(x) \mathrm{d}x$, $n \to \infty$.

A.9 高斯积分

定理 A.27 $\int_{-\infty}^{\infty} \exp(-x^2) \mathrm{d}x = \sqrt{\pi}.$

证明

$$\begin{aligned}
\left(\int_0^{\infty} \exp(-x^2) \mathrm{d}x \right)^2 &= \int_0^{\infty} \exp(-x^2) \mathrm{d}x \int_0^{\infty} \exp(-y^2) \mathrm{d}y \\
&= \int_0^{\infty} \int_0^{\infty} \exp\left(-(x^2 + y^2) \right) \mathrm{d}x \mathrm{d}y \\
&= \int_0^{\infty} \int_0^{\pi/2} r \exp(-r^2) \mathrm{d}\theta \mathrm{d}r \\
&= \frac{\pi}{2} \int_0^{\infty} r \exp(-r^2) \mathrm{d}r \\
&= \frac{\pi}{4}
\end{aligned}$$

第三个等号是关键, 通过变量变换为极坐标 $x = r\cos\theta$, $y = r\sin\theta$, 使得 $x^2 + y^2 = r^2$. 变换的雅可比行列式为 r. 在 (x, y) 坐标轴中, 积分区域是第一象限 (右上角区域), 对应极坐标 θ 从 0 到 $\pi/2$ 的积分. 最后两个等号利用简单的积分. 取平方根, 得

$$\int_0^{\infty} \exp(-x^2) \mathrm{d}x = \frac{\sqrt{\pi}}{2}$$

由于对正实轴和负实轴的积分相同, 命题得证.　　　　　　　　　　　　　　■

A.10　伽马函数

定义 A.20　对 $x > 0$, **伽马函数** (gamma function) 为

$$\Gamma(x) = \int_0^\infty t^{x-1} \mathrm{e}^{-t} \mathrm{d}t$$

伽马函数没有解析解, 需要使用数值算法计算.

定理 A.28　*伽马函数的性质.*

1. 对正整数 n, $\Gamma(n) = (n-1)!$.
2. 对 $x > 1$, $\Gamma(x) = (x-1)\Gamma(x-1)$.
3. $\displaystyle\int_0^\infty t^{x-1} \exp(-\beta t)\mathrm{d}t = \beta^{-\alpha}\Gamma(x)$.
4. $\Gamma(1) = 1$.
5. $\Gamma(1/2) = \sqrt{\pi}$.
6. $\displaystyle\lim_{n\to\infty} \frac{\Gamma(n+x)}{\Gamma(n)n^x} = 1$.
7. **勒让德倍元公式** (Legendre's duplication formula): $\Gamma(x)\Gamma\left(x+\dfrac{1}{2}\right) = 2^{1-2x}\sqrt{\pi}\Gamma(2x)$.
8. **斯特林近似** (Stirling's approximation): $\Gamma(x+1) = \sqrt{2\pi x}\left(\dfrac{x}{\mathrm{e}}\right)^x \left(1 + O\left(\dfrac{1}{x}\right)\right)$, $x \to \infty$.

性质 1 和性质 2 利用分部积分证明. 性质 3 利用变量变换证明. 性质 4 是指数积分. 性质 5 利用变量变换和高斯积分证明. 其他性质的证明需要更深入的理论, 不在本书讨论的范围.

A.11　矩阵代数

这是一个简短的总结. 更详细的内容见《计量经济学》的附录 A.

标量 (scalar) a 是一个数字. **向量** (vector) $\boldsymbol{a}$ 是 $k \times 1$ 维的数, 通常记为一列:

$$\boldsymbol{a} = \begin{bmatrix} a_1 \\ a_2 \\ \vdots \\ a_k \end{bmatrix}$$

矩阵 (matrix) $\boldsymbol{A}$ 是 $k \times r$ 维数组, 记为

$$\boldsymbol{A} = \begin{bmatrix} a_{11} & a_{12} & \cdots & a_{1r} \\ a_{21} & a_{22} & \cdots & a_{2r} \\ \vdots & \vdots & & \vdots \\ a_{k1} & a_{k2} & \cdots & a_{kr} \end{bmatrix}$$

一般地, a_{ij} 表示 $\boldsymbol{A}$ 的第 i 行和第 j 列的元素. 若 $r = 1$, 则 $\boldsymbol{A}$ 是列向量. 若 $k = 1$, 则 $\boldsymbol{A}$ 是行向量. 若 $r = k = 1$, 则 $\boldsymbol{A}$ 是标量. 有时, 矩阵 $\boldsymbol{A}$ 表示为 (a_{ij}).

矩阵 $\boldsymbol{A}$ 的**转置** (transpose) 记为 $\boldsymbol{A}'$, $\boldsymbol{A}^\top$, 或 $\boldsymbol{A}^t$, 通过关于对角线翻转得到. 在大多数计量经济学文献和教材中, 使用 $\boldsymbol{A}'$ 表示 $\boldsymbol{A}$ 的转置. 在数学文献中通常使用 $\boldsymbol{A}^\top$. 因此,

$$\boldsymbol{A}' = \begin{bmatrix} a_{11} & a_{21} & \cdots & a_{k1} \\ a_{12} & a_{22} & \cdots & a_{k2} \\ \vdots & \vdots & & \vdots \\ a_{1r} & a_{2r} & \cdots & a_{kr} \end{bmatrix}$$

或者, 令 $\boldsymbol{B} = \boldsymbol{A}'$, 则 $b_{ij} = a_{ji}$. 注意, 若 $\boldsymbol{A}$ 是 $k \times r$ 维的, 则 $\boldsymbol{A}'$ 是 $r \times k$ 维的. 若 $\boldsymbol{a}$ 是 $k \times 1$ 维向量, 则 $\boldsymbol{a}'$ 是 $1 \times k$ 维行向量.

若 $k = r$, 矩阵称为**方阵** (square). 若 $\boldsymbol{A} = \boldsymbol{A}'$, 则称方阵是**对称的** (symmetric), 即 $a_{ij} = a_{ji}$. 若方阵的非对角元素为 0, 即 $a_{ij} = 0$, $i \neq j$, 则称其为**对角阵** (diagonal).

一类重要的对角阵是**单位矩阵** (identity matrix), 其对角线元素均为 1. $k \times k$ 维单位矩阵记为

$$\boldsymbol{I}_k = \begin{bmatrix} 1 & 0 & \cdots & 0 \\ 0 & 1 & \cdots & 0 \\ \vdots & \vdots & & \vdots \\ 0 & 0 & \cdots & 1 \end{bmatrix}$$

两个相同维度的**矩阵和** (matrix sum) 为

$$\boldsymbol{A} + \boldsymbol{B} = (a_{ij} + b_{ij})$$

矩阵 $\boldsymbol{A}$ 和标量 c 的乘积定义为

$$\boldsymbol{A}c = c\boldsymbol{A} = (a_{ij}c)$$

若 $\boldsymbol{a}$ 和 $\boldsymbol{b}$ 都是 $k \times 1$ 维的, 则它们的内积为

$$\boldsymbol{a}'\boldsymbol{b} = a_1 b_1 + a_2 b_2 + \cdots + a_k b_k = \sum_{j=1}^{k} a_j b_j$$

注意 $\boldsymbol{a}'\boldsymbol{b} = \boldsymbol{b}'\boldsymbol{a}$. 若 $\boldsymbol{a}'\boldsymbol{b} = 0$, 则称向量 $\boldsymbol{a}$ 和 $\boldsymbol{b}$ 是**正交的** (orthogonal).

若 $\boldsymbol{A}$ 是 $k \times r$ 维的, $\boldsymbol{B}$ 是 $r \times s$ 维的, $\boldsymbol{A}$ 的列维数等于 $\boldsymbol{B}$ 的行维数, 称 $\boldsymbol{A}$ 和 $\boldsymbol{B}$ 是**可相乘的** (conformable). 此时, 矩阵乘积 $\boldsymbol{AB}$ 是可定义的. 把 $\boldsymbol{A}$ 记为一行向量, $\boldsymbol{B}$ 记为一列向量 (长度为 r), **矩阵乘积** (matrix product) 定义为

$$\boldsymbol{AB} = \begin{bmatrix} \boldsymbol{a}_1'\boldsymbol{b}_1 & \boldsymbol{a}_1'\boldsymbol{b}_2 & \cdots & \boldsymbol{a}_1'\boldsymbol{b}_s \\ \boldsymbol{a}_2'\boldsymbol{b}_1 & \boldsymbol{a}_2'\boldsymbol{b}_2 & \cdots & \boldsymbol{a}_2'\boldsymbol{b}_s \\ \vdots & \vdots & & \vdots \\ \boldsymbol{a}_k'\boldsymbol{b}_1 & \boldsymbol{a}_k'\boldsymbol{b}_2 & \cdots & \boldsymbol{a}_k'\boldsymbol{b}_s \end{bmatrix}$$

$k \times k$ 维方阵 $\boldsymbol{A}$ 的**迹** (trace) 是对角线元素之和:

$$\mathrm{tr}(\boldsymbol{A}) = \sum_{i=1}^{k} a_{ii}$$

一个有用的性质为

$$\mathrm{tr}(\boldsymbol{AB}) = \mathrm{tr}(\boldsymbol{BA})$$

若不存在 $k \times 1$ 维 $\boldsymbol{c} \neq \boldsymbol{0}$ 使得 $\boldsymbol{Ac} = \boldsymbol{0}$ 成立, 则称 $k \times k$ 维方阵 $\boldsymbol{A}$ 称为**非奇异的** (nonsingular).

如果 $k \times k$ 维方阵 $\boldsymbol{A}$ 是非奇异的, 则存在唯一的 $k \times k$ 维矩阵 $\boldsymbol{A}^{-1}$ 满足

$$\boldsymbol{AA}^{-1} = \boldsymbol{A}^{-1}\boldsymbol{A} = \boldsymbol{I}_k$$

对非奇异的 $\boldsymbol{A}$ 和 $\boldsymbol{C}$, 有用的性质为

$$(\boldsymbol{A}^{-1})' = (\boldsymbol{A}')^{-1}$$

$$(\boldsymbol{AC})^{-1} = \boldsymbol{C}^{-1}\boldsymbol{A}^{-1}$$

若对所有的 $\boldsymbol{c} \neq \boldsymbol{0}$, 都有 $\boldsymbol{c}'\boldsymbol{Ac} \geqslant 0$, 则称 $k \times k$ 实对称方阵 $\boldsymbol{A}$ 是**半正定的** (positive semidefinite), 记为 $\boldsymbol{A} \geqslant \boldsymbol{0}$. 若对所有的 $\boldsymbol{c} \neq \boldsymbol{0}$, 都有 $\boldsymbol{c}'\boldsymbol{Ac} > 0$, 则称 $k \times k$ 实对称方阵

A 是**正定的** (positive definite), 记为 $A > 0$. 若 A 和 B 都是 $k \times k$ 维的, 则 $A - B \geqslant 0$ 记为 $A \geqslant B$. 表示 A 和 B 的差是半正定的. 类似地, $A - B > 0$ 记为 $A > B$.

许多学生将 "$A > 0$" 理解为 A 的元素都是非零的. 这是错误的. 不等号表示矩阵是正定的.

下述介绍一些性质:

1. 若 $A = G'BG$, 其中 $B \geqslant 0$, 则 $A \geqslant 0$.

2. 若 $A > 0$, 则 A 是非奇异的, A^{-1} 存在且 $A^{-1} > 0$.

3. 若 $A > 0$, 则 $A = CC'$, 其中 C 是非奇异的.

方阵 A 的**行列式** (determinant) 是变换 Ax 的标量度量, 记为 $\det A$ 或 $|A|$. 行列式的精确定义需要技术性, 详见《计量经济学》的附录 A. 有用的性质有

1. A 是非奇异的当且仅当 $\det A = 0$.

2. $\det A^{-1} = \dfrac{1}{\det A}$.

参 考 文 献

Amemiya, Takeshi (1994): *Introduction to Statistics and Econometrics*. Cambridge, MA: Harvard University Press.

Andrews, Donald W. K. (1994): "Empirical process methods in econometrics", in *Handbook of Econometrics*, Volume 4, chapter 37. Robert F. Engle and Daniel L. McFadden, eds., 2247-2294. Amsterdam: Elsevier.

Ash, Robert B. (1972): *Real Analysis and Probability*. Cambridge, MA: Academic Press.

Billingsley, Patrick (1995): *Probability and Measure*, Third Edition. New York: Wiley.

Billingsley, Patrick (1999): *Convergence of Probability Measure*, Second Edition. New York: Wiley.

Bock, Mary Ellen (1975): "Minimax estimators of the mean of a multivariate normal distribution," *Annals of Statistics* 3, 209-218.

Casella, George, and Roger L. Berger (2002): *Statistical Inference*, Second Edition. Pacific Grove, CA: Duxbury Press.

Efron, Bradley (2010): *Large-Scale Inference: Empirical Bayes Methods for Estimation, Testing and Prediction*. Cambridge: Cambridge University Press.

Epanechnikov, V. I. (1969): "Non-parametric estimation of a multivariate probability density," *Theory of Probability and Its Application* 14, 153-158.

Gallant, A. Ronald (1997): *An Introduction to Econometric Theory*. Princeton, NJ: Princeton University Press.

Gosset, William S. (a.k.a. "Student") (1908): "The probable error of a mean," *Biometrika* 6, 1-25.

Hall, Peter (1992): *The Bootstrap and Edgeworth Expansion*. New York: Springer-Verlag.

Hansen, Bruce E. (2022a): *Econometrics*. Princeton, NJ: Princeton University Press.

Hansen, Bruce E. (2022b): "A modern Gauss-Markov theorem," *Econometrica*.

Hodges Joseph L., and Erich L. Lehmann (1956): "The efficiency of some nonparametric competitors of the t-test," *Annals of Mathematical Statistics* 27, 324-335.

Hogg, Robert V., and Allen T. Craig (1995): *Introduction to Mathematical Statistics*, Fifth Edition. Hoboken, NJ: Prentice Hall.

Hogg, Robert V., and Elliot A. Tanis (1997): *Probability and Statistical Inference*, Fifth Edition. Hoboken, NJ: Prentice Hall.

James, W., and Charles M. Stein (1961): "Estimation with quadratic loss," *Proceedings of the*

Fourth Berkeley Symposium on Mathematical Statistics and Probability 1, 361-380.

Jones, M. C., and S. J. Sheather (1991): "Using non-stochastic terms to advantage in kernel-based estimation of integrated squared density derivatives," *Statistics and Probability Letters* 11, 511-514.

Koop, Gary, Dale J. Poirier, and Justin L. Tobias (2007): *Bayesian Econometric Methods.* Cambridge: Cambridge University Press.

Lehmann, Erich L., and George Casella (1998): *Theory of Point Estimation*, Second Edition. New York: Springer.

Lehmann, Erich L., and Joseph P. Romano (2005): *Testing Statistical Hypotheses*, Third Edition. New York: Springer.

Li, Qi, and Jeffrey Racine (2007): *Nonparametric Econometrics.* Princeton, NJ: Princeton University Press.

Linton, Oliver (2017): *Probability, Statistics, and Econometrics.* Cambridge, MA: Academic Press.

Mann, Henry B., and Abraham Wald (1943): "On stochastic limit and order relationships," *Annals of Mathematical Statistics* 14, 217-226.

Marron, James S., and Matt P. Wand (1992): "Exact mean integrated squared error," *Annals of Statistics* 20, 712-736.

Pagan, Adrian, and Aman Ullah (1999): *Nonparametric Econometrics.* Cambridge: Cambridge University Press.

Parzen, Emanuel (1962): "On estimation of a probability density function and mode," *Annals of Mathematical Statistics* 33, 1065-1076.

Pollard, David (1990): *Empirical Processes: Theory and Applications.* Hayward, CA: Institute of Mathematical Statistics.

Ramanathan, Ramu (1993): *Statistical Methods in Econometrics.* Cambridge, MA: Academic Press.

Rosenblatt, Murrey (1956): "Remarks on some non-parametric estimates of a density function," *Annals of Mathematical Statistics* 27, 832-837.

Rudin, Walter (1976): *Principles of Mathematical Analysis*, Third Edition. New York: McGraw Hill.

Rudin, Walter (1987): *Real and Complex Analysis*, Third Edition. New York: McGraw Hill.

Scott, David W. (1992): *Multivariate Density Estimation.* New York: Wiley-Interscience.

Shao, Jun (2003): *Mathematical Statistics*, Second Edition. New York: Springer.

Sheather, Simon J., and M. C. Jones (1991): "A reliable data-based bandwidth selection method for kernel density estimation," *Journal of the Royal Statistical Society, Series* B 53, 683-690.

Silverman, Bernard W. (1986): *Density Estimation for Statistics and Data Analysis.* London: Chapman and Hall.

van der Vaart, Aad W. (1998): *Asymptotic Statistics.* Cambridge: Cambridge University Press.

van der Vaart, Aad W., and Jon A. Wellner (1996): *Weak Convergence and Empirical Processes.*

New York: Springer.

Wasserman, Larry (2006): *All of Nonparametric Statistics.* New York: Springer.

White, Halbert (1982): "Instrumental variables regression with independent observations," *Econometrica* 50, 483–499.

White, Halbert (1984): *Asymptotic Theory for Econometricians.* Cambridge MA: Academic Press.

推荐阅读

■ **线性代数及其应用**（原书第6版）
ISBN：978-7-111-72803-0

■ **线性代数**（原书第10版）
ISBN：978-7-111-71729-4

■ **代数**（原书第2版）
ISBN：978-7-111-48212-3

■ **抽象代数基础教程**（原书第8版）
ISBN：978-7-111-75498-5

■ **工程数学基础**
ISBN：978-7-111-75357-5

■ **凸优化算法**
ISBN：978-7-111-74663-8

推荐阅读

■ **统计学基础：透过数据看世界**（原书第3版）
ISBN: 978-7-111-73206-8

■ **统计学高级教程：回归分析**（原书第8版）
ISBN: 978-7-111-74210-4

■ **数理统计学导论**（原书第8版）
ISBN: 978-7-111-73466-6

■ **概率统计**（原书第4版）
ISBN: 978-7-111-74666-9

■ **统计学习导论：基于R应用**（原书第2版）
ISBN: 978-7-111-76176-1

■ **数理统计及其应用**（原书第6版）
ISBN: 978-7-111-72919-8